AF463122

DICTIONNAIRE

RAISONNÉ

D'AGRICULTURE

ET

D'ÉCONOMIE DU BÉTAIL

3152. — Paris, imprimerie Guiraudet et Jouaust,
338, rue Saint-Honoré.

DICTIONNAIRE
RAISONNÉ
D'AGRICULTURE
ET
D'ÉCONOMIE DU BÉTAIL

SUIVANT LES PRINCIPES DES SCIENCES NATURELLES APPLIQUÉES

Par A. RICHARD (du Cantal)

Agriculteur, Docteur en médecine
Membre-Fondateur et Vice-Président de la Société zoologique d'acclimatation
Membre de plusieurs Sociétés d'agriculture et de sciences naturelles
Ancien Directeur de l'École des Haras et Professeur suppléant à l'Institut agronomique de Grignon
Ancien Membre des Assemblées constituante et législative

DÉFINITION DES TERMES TECHNIQUES D'AGRICULTURE; ÉCONOMIE RURALE; MULTIPLICATION, PERFECTIONNEMENT, HYGIÈNE, ÉLEVAGE, ACCLIMATATION DES ANIMAUX DOMESTIQUES; ÉTUDE DE LEUR BONNE ET MAUVAISE CONFORMATION; CHOIX DES TYPES REPRODUCTEURS; LEUR INFLUENCE SUR L'AMÉLIORATION DES RACES; ÉLÉMENTS D'ANATOMIE, DE PHYSIOLOGIE ANIMALE ET VÉGÉTALE, DE BOTANIQUE FOURRAGÈRE, DE ZOOLOGIE, DE PHYSIQUE, DE CHIMIE, D'ENTOMOLOGIE AGRICOLES, D'ART VÉTÉRINAIRE, ETC., ETC.

TOME IIe, I—Z

PARIS
LIBRAIRIE CENTRALE D'AGRICULTURE ET DE JARDINAGE
QUAI DES GRANDS-AUGUSTINS, 41
Auguste GOIN, éditeur

1854

DICTIONNAIRE
RAISONNÉ
D'AGRICULTURE
ET
D'ÉCONOMIE DU BÉTAIL

I

IBÉRIDE. Genre de la famille des crucifères. L'ibéride, peu importante comme plante fourragère, fournit quelques espèces cultivées pour l'ornement de nos parterres.

ICHNEUMON. Genre d'insectes de l'ordre des hyménoptères. Les ichneumons rendent beaucoup de services à l'agriculture par la grande quantité d'insectes nuisibles qu'ils font périr. Ce genre comprend plusieurs espèces, qui déposent leurs œufs dans les larves ou les chrysalides d'autres insectes; et les individus qui en résultent sont des parasites qui se nourrissent et se développent aux dépens des sujets qui les alimentent. C'est ainsi que les insectes nuisibles ont aussi leurs ennemis, qui vivent de leur substance, et contrarient leur multiplication.

ICHOR. Liquide sanguinolent, souvent mélangé de pus sanieux qui s'écoule des ulcères ou des plaies de mauvaise nature. La présence de l'ichor est toujours d'un mauvais augure dans les maladies externes des animaux.

ICHTHYOLOGIE. Science qui s'occupe de l'étude des poissons. — V. *Pisciculture.*

IDIOSYNCRASIE. V. *Tempérament.*

IF. Genre d'arbres toujours verts, de la famille des conifères. L'if commun est le plus cultivé, surtout dans les pays froids. Son feuillage touffu, d'un vert obscur et d'un aspect triste, rappelle le deuil et l'a fait adopter comme symbole de douleur et de pieux souvenir dans les cimetières. Le bois d'if, de couleur rougeâtre, est très dur, très compacte; il est employé par les tourneurs et les ébénistes. On fait avec ce bois, qui est d'une grande durée, des objets de marqueterie très beaux et très estimés. Les divers bois exotiques employés aux mêmes usages, surtout pour les placages, ne leur sont pas préférables.

Les feuilles comme l'écorce et les racines d'if sont vénéneuses. Cette propriété leur a été reconnue dès la plus haute antiquité; des expériences, répétées aux écoles vétérinaires d'Alfort et de Lyon, sur le cheval surtout, ont confirmé ce fait. Il faudrait donc se garder de laisser manger aux animaux les feuilles d'if, qui paraissent être un véritable poison pour eux. La croissance de l'if est très lente. Malgré les qualités incontestables de son bois, qui est un des meilleurs que l'on puisse désirer dans les arts ou l'industrie, il n'est guère exploité comme arbre de produit; on ne le cultive que dans les parcs ou les jardins comme arbre d'ornement; il se prête surtout avec une remarquable facilité à la taille, et on lui donne une infinité de formes diverses plus ou moins originales. La durée des ifs est très longue; on en cite que l'on croit avoir plusieurs milliers d'années.

IGNAME-BATATE. (*Dioscorea-japonica.*) L'igname appartient à la famille des dioscorées, et est cultivée en Chine pour la nourriture de l'homme. Elle a été importée en France par M. de Montigny, consul à Chang-Haï et membre de la Société zoologique d'acclimatation. Cette plante précieuse, cultivée au Muséum d'histoire naturelle de Paris, et étudiée avec soin par M. Decaisne, paraît destinée à offrir d'immenses ressources à nos subsistances. Ses racines, qui sont de véritables rhisomes, sont charnues, succulentes, et contiennent une grande quantité de fécule. Sous ce rapport, l'igname offre, dit-on, les mêmes avantages que la parmentière. On la consomme crue, cuite à l'eau et sous la cendre, ou préparée de diverses manières. M. de Montigny m'a affirmé que, pendant son séjour à Chang-Haï, l'igname figurait toujours sur sa table, et était un de ses mets favoris. M. Decaisne conseille, avec toute la confiance que donne la certitude du succès, l'adoption de l'igname aux jardiniers; nous conseillons aux agriculteurs de faire des expériences de leur côté; et si l'igname réussit, comme on a droit de l'espérer, ce serait un bonheur pour nos populations malheureuses. La maladie de la parmentière ne serait plus un sujet d'épouvante et un événement qui prend toutes les proportions d'une calamité publique.

ILÉON. Nom donné à la portion de l'intestin grêle des animaux qui fait suite au jéjunum et se rend au cœcum; c'est surtout dans l'iléon que se fait la plus grande partie de l'absorption du chyle pendant la digestion. Aussi, pour faciliter cette opération importante, est-il très long dans les herbivores surtout; chez eux, il décrit une infinité de circonvolutions: les aliments, parcourant ainsi un long trajet dans cette partie d'intestin, ont le temps de laisser prendre aux bouches absorbantes des chylifères les substances alibiles qu'ils contiennent. —V. *Absorption, Chyle, Digestion.*

ILIUM. Partie du coxal qui forme la base de la région supérieure de la croupe et de la pointe de la hanche. —V. *Coxal, Croupe, Hanche.*

IMBIBITION. Propriété particulière aux corps liquides de pénétrer dans les pores des corps solides. L'imbibition joue un grand rôle dans la nature: c'est par elle que l'eau pénètre le sol, le rafraîchit, dissout les corps salubres qui doivent servir à la nutrition et au développement des plantes, et favorise la végétation entière. Les labours, les herbages, les amendements divers, ont pour but de rendre les sols plus meubles, plus perméables aux influences atmosphériques, à l'humidité surtout, et par conséquent de favoriser l'imbibition de la terre. Les végétaux eux-mêmes se laissent imbiber par l'eau, qui les rafraîchit; elle leur rend de plus une partie de celle qu'ils perdent par la transpiration ou la volatilisation de leur eau de végétation sous l'influence de l'action desséchante du hâle ou de l'ardeur du soleil.

C'est par l'imbibition qu'agissent, d'une manière si efficace, les irrigations dans les prairies; c'est par elle aussi que les purins, les engrais liquides, pénètrent le sol et lui donnent une si grande fécondité partout où ils sont employés.

Dans la médecine des animaux, l'imbibition joue aussi son rôle: les lotions, les fomentations, les bains médicamenteux, pénètrent les tissus malades, par absorption en partie, il est vrai; mais l'imbibition n'y est pas étrangère, surtout pour les tissus cornés : ces tissus sont gonflés et ramollis par son action, et ce n'est pas seulement l'eau qui est imbibée dans ces cas, mais encore les huiles et les corps gras liquéfiés par le calorique.

Dans les arts et l'industrie, l'imbibition offre de grands avantages pour la conservation des bois peints. C'est par elle que l'huile pénètre dans leurs couches et les rend imperméables à l'eau. On imbibe aussi, avec des dissolutions de sulfate de cuivre ou autres sels conservateurs, des bois exposés à l'air, tels que les échalas, les treillages, etc. L'imbibition joue aussi naturellement un rôle actif dans le système de coloration du bois si ingénieusement inventé par le docteur Boucheri. Grâce à cette découverte, la menuiserie, l'ébénisterie, etc., trouvent dans nos essences indigènes des remplaçants des bois exotiques, dont le prix élevé bornait l'emploi aux ameublements de luxe.

Enfin l'imbibition est utilisée pour produire quelquefois des forces énormes. Ainsi, lorsqu'on veut fendre une roche, on y fait une rainure dans laquelle on fiche des coins en bois sec qu'on fait entrer de force; on les arrose ensuite. Ces coins se gonflent par imbibition, et la force d'expansion qui en résulte est si grande, qu'elle fait éclater le roc.

Lorsqu'on veut obtenir une grande traction au moyen de câbles, on les emploie bien secs; et quand ils sont attachés et bien tendus, on les mouille : l'imbibition les fait raccourcir, et il en résulte une force de traction énorme. On s'est quelquefois servi de ce moyen pour sortir de l'eau des vaisseaux d'un poids immense qui avaient sombré, et qu'on aurait peut-être été obligé d'abandonner sans ce procédé.

En agriculture, on profite quelquefois de la propriété qu'ont les cordes de se raccourcir par imbibition d'eau dans le cas de rupture d'un timon, d'un brancard, d'une volée, etc. On fixe ces objets momentanément avec une corde sèche; on la mouille ensuite, pour la faire serrer très fortement.

Dans l'art du charron, du charpentier, du tonnelier, on fait aussi imbiber des bois pour leur donner des courbures exigées. On sait, du reste, dans nos campagnes, que, lorsque des planchers sont faits dans des rez-de-chaussée et sur un sol humide, les planches s'imbibent en dessous et se courbent de manière à être creuses en dessus par la dilatation opérée sur la surface exposée à l'humidité.

IMMOBILE. Nom donné au cheval atteint d'immobilité. — V. *Immobilité.*

IMMOBILITÉ. Maladie particulière au cheval. L'immobilité, classée parmi les vices rédhibitoires par la loi de mai 1838, est l'effet d'une cause inconnue jusqu'ici; cependant on pense généralement que son siége doit être dans le système cérébro-spinal. Elle est caractérisée par une espèce de catalepsie incomplète, mais qui rend le cheval impropre aux usages ordinaires de la selle ou du trait. On remarque, dans la physionomie de l'animal immobile, un air de stupéfaction, une certaine attitude de la tête et notamment des oreilles, un regard fixe qui les fait bientôt reconnaître des praticiens. C'est sur les bords du Rhin que j'en ai le plus observé; on les y désigne sous le nom de *kolre.* Les animaux affectés de cette singulière maladie semblent avoir perdu la sensibilité à la couronne des pieds. Lorsqu'on leur comprime cette partie, ils ne témoignent aucune douleur; si on leur croise les jambes de devant, ils les laissent telles qu'on les place, et ils éprouvent de la difficulté pour reculer, surtout sous le cavalier. On voit même des chevaux immobiles qui traînent sur le sol leurs membres antérieurs raidis, lorsqu'on les force à se porter en arrière; ils ne les déplacent pas comme à l'état normal. Lorsqu'ils mangent, ils suspendent souvent la mastication avec la bouche pleine de fourrage, pour continuer ensuite mollement cette fonction; d'un autre côté, les actes du cheval immobile, l'expression de sa physionomie, ont un caractère de stupidité particulière qu'on ne remarque pas dans un cheval en santé.

L'immobilité paraît commune en Allemagne; on l'observe aussi dans le nord de la France; mais elle est très rare dans le midi. Je ne l'ai jamais observée dans ce pays, pas plus qu'en Afrique, où elle semble être inconnue.

Du reste, quelle que soit la cause qui produit l'immobilité, quel que soit son siége, elle est reconnue incurable. Jusqu'ici on n'est pas encore parvenu à la guérir, malgré les études faites et les traitements divers employés pour y parvenir.

Nous avons dit que l'immobilité est classée dans les vices rédhibitoires par la loi de mai 1838. Le délai de la garantie, dans ce cas, est de neuf jours. — V. *Rédhibitoire.*

IMMORTELLE. Nom donné à quelques plantes appartenant à la famille des composées, parcequ'elles ont la propriété de conserver long-temps leurs fleurs avec leur port et leurs couleurs naturelles. Quelques gnaphales, les xéranthèmes, sont de ce nombre. La culture a obtenu diverses variétés d'immortelles, blanches, jaunes, etc. On les cultive comme plantes d'ornement, et on en fait des couronnes que la piété des souvenirs fait déposer sur la tombe de ceux qu'on n'a pas oubliés.

IMPÉNÉTRABILITÉ. Propriété de la matière en vertu de laquelle un corps ne peut pas s'annihiler. Lorsqu'un corps liquide s'imbibe dans un corps solide, il ne le pénètre pas; il s'interpose dans les espaces laissés entre ses molécules, mais il ne prend pas leur place. L'impénétrabilité offre les mêmes phénomènes dans les liquides que dans les solides. La molécule d'un corps occupe toujours sa place, qui ne saurait être prise par une autre.

IMPÉRATOIRE. Genre de plantes de la famille des ombellifères. Les impératoires offrent peu d'intérêt au point de vue agricole, mais leur racine est quelquefois employée en médecine des animaux comme remède tonique et excitant; c'est dans les maladies de langueur, dans les affections chroniques du tube intestinal surtout, qu'on en fait usage.

IMPERMÉABILITÉ. Propriété qu'ont certains corps de ne pas

se laisser pénétrer par les liquides. Les sols imperméables ne sont pas propres à une bonne culture; ils ont besoin d'être amendés de manière à se laisser humecter par l'humidité et la pluie. On peut jusqu'à un certain point modifier les couches labourables des terrains imperméables par des amendements et des procédés agricoles bien compris; mais lorsque les sous-sols partagent cet inconvénient, les difficultés sont plus grandes: ne se laissant pas traverser par les eaux, ils les retiennent et rendent les cultures très difficiles, sinon souvent impossibles. On doit destiner ces sortes de sols soit aux plantations qui peuvent leur convenir, soit à faire des prairies naturelles ou des pacages, en les assainissant par des amendements et des procédés agricoles bien compris. — V. *Assainissement*, *Desséchement*, *Drainage*.

IMPERMÉABLE. État d'un corps qui ne se laisse pas pénétrer par l'eau ou tout autre liquide. — V. *Imperméabilité*.

IMPONDÉRÉ. Nom donné à un corps qui n'a pas été pesé: tels sont la lumière, le calorique, l'électricité. Ces corps sont aussi nommés impondérables; mais, comme on ignore si un jour on ne parviendra pas à leur reconnaître un degré quelconque de pesanteur relative, on a préféré leur donner le nom d'impondérés.

IMPORTATION. Introduction de produits étrangers pour la consommation d'un peuple. La France, malgré ses immenses ressources, malgré la richesse de son sol, l'intelligence et l'activité de ses habitants, fait chaque année des importations considérables en produits de toute nature; elle importe des chevaux de luxe, des animaux de boucherie, des laines, des huiles, des cuirs, de la soie, etc., pour des centaines de millions. C'est surtout par la production animale qu'elle manque; et pourtant non seulement elle pourrait se suffire à elle-même sous ce rapport, mais elle pourrait exporter bien plus qu'elle ne fait, et percevoir ainsi des tributs de l'étranger au lieu d'en être tributaire. N'avons-nous pas sous nos yeux tout ce qu'il faut pour produire assez de chevaux de luxe, comme nous en faisons assez de trait? Ne pouvons-nous pas obtenir de notre sol bien cultivé assez de soies, d'huiles, de bœufs, de moutons? Et l'Algérie! que ne peut-on pas faire venir sous un pareil climat et dans un pareil terrain!

Pour nous empêcher de recourir aux importations, pour parvenir à ce but, nous n'avons qu'à répandre l'instruction professionnelle en agriculture. Le sol de la France comme celui de l'Algérie fourniront à tous nos besoins, quand ils seront exploités suivant de bonnes règles indiquées par la science agricole pratique sérieusement enseignée. — V. *Exportation.*

IMPRODUCTIF. V. *Infécond.*

INAPPÉTENCE. Défaut d'appétit. Dans les animaux, l'inappétence est un signe d'indisposition, de maladie ou de fatigue. On ne devra jamais négliger de rechercher les causes qui peuvent la déterminer, afin de juger de leur nature, et d'arrêter ou prévenir toute affection dont le défaut d'appétit ne pourrait être qu'un symptôme précurseur.

INCENDIE. Feu qui se déclare dans un bâtiment, une forêt, une récolte, etc. De toutes les calamités dont est menacé ou frappé le cultivateur, l'incendie n'est pas la moins terrible, la moins ruineuse. Que de pauvres habitants des campagnes sont chaque année réduits à la misère par le feu, soit qu'il vienne de la foudre ou qu'il soit la suite d'une imprudence ou de la malveillance! Les incendies les plus fréquents sont ceux des cheminées. Il est un moyen assez simple de les arrêter. Lorsque le feu prend à une cheminée, il est de suite alimenté par un grand courant d'air qui s'y précipite. Le meilleur moyen à mettre en pratique immédiatement, dans ce cas, c'est de boucher la cheminée avec du foin ou un drap mouillé; le feu, n'ayant plus d'aliment est de suite étouffé. J'ai eu plus d'une fois occasion d'observer ce fait, qui s'explique et se comprend d'ailleurs facilement. Si on a de la fleur de soufre, on fera bien de la jeter sur le brasier, sans pour cela négliger de tenir le devant de la cheminée fermé, quand on ne peut pas boucher son ouverture inférieure. En brûlant, le soufre absorbe l'oxygène de l'air qui active le feu, et l'incendie s'éteint plus facilement.

Dans tout cas, et surtout dans les campagnes, où l'on est le plus souvent dépourvu de pompes et de tout secours efficace, on prendra toute précaution pour prévenir les incendies. Il faut ici que l'œil du maître exerce la plus grande surveillance.

Les pompes à incendies sont d'un grand secours pour éteindre le feu partout où il se déclare. Dans les villes, et à Paris surtout, le service des pompes est si bien organisé, que les incendies sont rapidement arrêtés; mais dans nos malheureuses campagnes on est loin de trouver les mêmes avantages. — V. *Pompe*.

INCESTE. V. *Consanguinité*.

INCINÉRATION. Opération qui consiste à réduire en cendres des substances organiques végétales ou animales. C'est par l'incinération qu'on obtient la potasse des végétaux, la soude des plantes marines, etc. On incinère aussi dans quelques cas des plantes qu'on veut détruire ou qu'on emploie pour amender certains sols. Dans les champs, dans les jardins, on incinère souvent de mauvaises herbes qu'on a fait sécher, pour les détruire, surtout lorsqu'elles ont porté graine. On incinère aussi, par l'écobuage, des gazons de mauvaise qualité, lorsqu'on veut changer la nature de l'herbe qu'ils produisent. — V. *Cendres*, *Écobuage*.

INCISION. Opération au moyen de laquelle on incise des corps avec un instrument tranchant. On pratique des incisions sur les animaux dans des cas de maladies chirurgicales. On incise aussi certaines parties de végétaux, soit pour les greffer, soit pour borner l'activité de leur sève sur un point, afin de la diriger sur un autre. — V. *Greffe*, *Taille*.

INCLINAISON. Une légère inclinaison des sols cultivés est favorable à leur exploitation, surtout lorsque, dans les pays froids et humides, elle a lieu du nord au midi. Une pareille disposition du terrain facilite l'écoulement des eaux, l'égouttement des sols, et surtout leur irrigation. — V. *Exposition*.

Les inclinaisons trop fortes sont peu favorables aux cultures; elles exposent les terres à être ravinées, entraînées par les eaux. Aussi conseille-t-on de planter les terrains en pente, ou de les gazonner de manière à en faire des prairies ou des pâturages. En général, on ne devrait jamais labourer les terrains en pente; la charrue ne devrait entrer que dans les sols en plaine ou légèrement inclinés; tous les autres devraient être plantés ou gazonnés.

INCUBATION. Fonction d'un ovipare qui couve ses œufs. La durée de l'incubation varie suivant les espèces : elle est de trente jours pour le dindon, de vingt à vingt-deux pour la poule, de dix-huit à vingt jours pour le pigeon.

On nomme incubations artificielles les procédés au moyen desquels on fait couver des œufs. Ces procédés, d'ailleurs, sont fort simples : il s'agit de mettre les œufs dans un lieu à une température égale de trente-cinq degrés environ ; on élève ainsi très bien des poulets, qu'on peut obtenir en toute saison sans le secours des couveuses. Quelques éducateurs de volaille ont fait de l'incubation artificielle un objet d'industrie assez lucratif aux environs des grandes villes.

On fabrique des *couveuses artificielles* qui ne sont que des espèces de boîtes à tiroirs pour placer les œufs. On y entretient la température convenable pour faire éclore les œufs au moyen d'une lampe qu'on a soin d'entretenir pendant tout le temps de l'incubation ; un thermomètre est, dans ce cas, indispensable pour régler l'uniformité de la température de la couveuse. — V. *Couvaison, Couvée.*

En art vétérinaire, on nomme temps d'incubation celui qui s'écoule entre l'action d'une cause qui détermine une maladie, et le développement des symptômes de cette maladie. Ainsi, chez un animal, les affections contagieuses, la rage, le claveau, etc., ne se déclarent qu'après un temps plus ou moins éloigné du moment où leur cause a agi sur les sujets.

INCULTE (*Sol*). Nous avons en France des espaces immenses de terrains incultes qui n'attendent que l'intelligence éclairée des cultivateurs et des capitaux pour être mis en en bon rapport. Il en est qui sont de très bonne qualité, tels que certains communaux, par exemple, dont la culture pourrait être immédiatement productive en céréales comme en prairies naturelles ou artificielles; les autres devraient au moins être plantés jusqu'à ce que la charrue et les engrais pussent les mettre dans les conditions de production ordinaire. En attendant, ces terrains donneraient du bois, et ils s'engraisseraient par ses détritus, au lieu d'être improductifs et de ne rien gagner en fertilité. Dans un pays civilisé et bien gouverné, il ne devrait pas y avoir un hectare de terre inculte ; tout devrait être en produit, soit en bois, soit en fourrages, en céréales ou autres végétaux.

INDIGÈNE. Nom donné à tout produit croissant dans un pays qui est sa patrie originaire ou adoptive. Ce mot est l'opposé d'exotique. — V. *Exotique*, *Exportation*, *Importation*, *Production*.

INDIGESTION. Trouble subit et momentané survenu dans la digestion. Les animaux sont assez fréquemment sujets aux indigestions, soit par suite d'indisposition accidentelle, soit par suite d'excès de travail, de fatigue, d'alimentation de mauvaise nature. Le cheval paraît le plus disposé aux indigestions, par la raison sans doute qu'il est, de tous les animaux, le plus exposé aux fatigues d'un travail forcé, aux exigences de l'homme dans toutes les conditions de sa vie. Le bœuf vient ensuite, et l'indigestion chez lui est quelquefois la conséquence d'un incident spécial dont nous parlerons plus bas.

Lorsque l'indigestion est la suite d'une indisposition accidentelle, elle n'a rien de grave ; vingt-quatre heures d'un régime diététique, accompagné de repos, suffisent pour sa guérison, qui ne laisse plus de trace ; mais lorsqu'elle est la conséquence d'une irritation de l'estomac, elle demande des soins mieux entendus et plus prolongés. Les mauvais fourrages, tels que les foins moisis, vasés ou rouillés, les plantes vénéneuses, les eaux séléniteuses, corrompues, pendant les chaleurs de l'été, causent des indigestions qu'on doit combattre d'abord en faisant cesser les causes qui les produisent ; on soumet ensuite les animaux à un régime hygiénique ou à un traitement raisonné.

Les ruminants sont souvent atteints d'indigestions d'une nature différente de celle des chevaux. On observe surtout ces indispositions dans les pays de culture de trèfle ou de luzerne, lorsqu'on ne prend pas les précautions nécessaires pour administrer ces fourrages en vert. Lorsqu'ils sont mouillés par la rosée ou par la pluie, et que les animaux les consomment surtout avec avidité, il en résulte une fermentation dans le rumen. Les gaz qui se forment alors dans ce grand réservoir, n'ayant pas d'issue, causent la météorisation et souvent la mort par asphyxie, si on n'y porte un prompt remède par une opération qui consiste à percer l'estomac ballonné. — V. *Ponction*, *Tympanite*.

INFÉCOND. Le règne animal, notamment les animaux domestiques, offrent des exemples d'infécondité dont il importe de tenir compte dans l'industrie de l'élevage. On voit souvent des étalons comme des femelles inféconds. Des études faites sur la matière fécondante des mâles ont démontré que, quand cette matière est dépourvue d'animalcules qu'on a appelés *spermatozoïdes*, la fécondation des femelles n'a pas lieu, malgré les saillies auxquelles elles sont soumises. Pour être fécond, un étalon doit donc avoir des spermatozoïdes dans son sperme. — V. *Spermatozoïde*.

Les signes de l'infécondité des femelles ne sont pas faciles à bien constater; on sait seulement que celles qui sont très grasses ou qui ont beaucoup d'aptitude à l'engraissement sont plus difficilement fécondées; souvent même on est obligé de les faire maigrir pour les présenter au mâle avec des chances de succès. On remarque ce fait non seulement dans les individus de diverses races, mais dans les races elles-mêmes. Ainsi, les vaches de la race Durham sont généralement moins fécondes que celles de nos races françaises, ce que l'on attribue à leur aptitude à s'engraisser. Les juments, les brebis, les truies grasses, sont plus difficilement fécondées.

Si l'excès de nourriture tend à engraisser les animaux de manière à les rendre inféconds, le même fait semble se produire dans les végétaux. Les fleurs doubles, dont la multiplicité des pétales est due à une culture spéciale et à des soins particuliers, sont infécondes et ne produisent pas de graine; cela tient à ce que, par suite d'un excès de nourriture, leurs organes sexuels mâles se sont changés en pétales; ils ont ainsi *doublé* la fleur, mais ils ont perdu leurs propriétés sexuelles. La preuve du fait que nous avançons ici est dans le retour des fleurs doubles à leur état primitif et naturel quand elles sont abandonnées à elles-mêmes dans les champs et aux uniques soins de la nature.

Beaucoup d'hybrides, dans le règne animal, sont inféconds : ainsi la mule et le mulet, issus de l'espèce cheval et de l'espèce âne, ne produisent pas généralement. Les exemples du contraire sont très rares. Certains physiologistes ont affirmé que la cause de ce phénomène dans le mulet est due à l'absence des spermatozoïdes dans son sperme. Quant aux femelles, on n'a pas trouvé de cause appréciable; elle reste donc inconnue.

Mais ce que nous disons ici du genre cheval ne s'applique pas au genre chien. J'ai vu au Muséum d'histoire naturelle de Paris de jeunes animaux issus de l'accouplement du loup et du chien, du chacal et du chien, et réciproquement. Ces hybrides se reproduisent entre eux, et font des variétés qui se perpétuent avec des caractères mélangés des espèces dont ils émanent. On peut visiter ces animaux au Muséum même, et se convaincre de la vérité de ce que j'avance ici.

Dans les oiseaux, on voit aussi certains mulets féconder des femelles.

Quant aux végétaux, l'hybridation ne les rend pas inféconds en général. C'est par elle, en effet, qu'on a obtenu une infinité de variétés de fleurs qui donnent des graines, et qui se reproduisent parfaitement. Cette question de l'hybridation des végétaux fournit même aux naturalistes un sujet d'études et d'observations très curieuses et très intéressantes. — V. *Fécondation, Génération, Hybridation, Mulet, Sperme.*

INFECTION. Action délétère de miasmes qui infectent l'air et le vicient de manière à causer des maladies. L'infection peut résulter de la décomposition de substances organiques pendant les chaleurs surtout, et notamment dans les marécages. Certaines maladies contagieuses infectent aussi l'air, qui communique les éléments contagieux aux animaux: la clavelée, dans le mouton, paraît être au nombre des affections de cette nature.

Les savants ont longuement discuté sur les questions d'infection. Nous nous bornons ici à signaler ce fait sans commentaire; mais ce qui est incontestable, ce qu'il n'est pas possible de nier, c'est qu'il y a des lieux qui, fréquentés à certaines époques, causent des maladies aux hommes et aux animaux; et c'est à l'infection de leur atmosphère qu'on doit en attribuer la cause.

C'est encore par infection que des harnais, des objets qui ont été mis en contact avec des animaux atteints de maladies contagieuses, communiquent ces mêmes affections. La pustule maligne, les affections charbonneuses, se transmettent facilement par cette voie.

La plupart des épizooties qui désolent périodiquement nos campagnes sont la conséquence soit de l'infection de l'atmosphère en général, bien que nos moyens actuels d'investigation soient souvent insuffisants pour pouvoir en obtenir la preuve matérielle, soit de l'infection des étables ou écuries qu'on n'a pas eu la précaution de tenir dans de bonnes conditions de salubrité. Cette grave question, qui se rattache à l'hygiène publique et à la police sanitaire, mérite d'attirer l'attention la plus soutenue des cultivateurs comme de l'autorité, tant pour la conservation de la santé de l'homme que pour nous préserver des pertes de nos animaux domestiques. — V. ***Assainissement*, *Contagion*, *Désinfection***, *Épizootie.*

INFLAMMATION. Maladie d'un tissu caractérisée par son gonflement, par la chaleur et la douleur dont il est le siége. Lorsqu'une cause d'irritation agit sur une partie du corps d'un animal, le sang s'y porte immédiatement en abondance, et y occasionne une perturbation qu'on a appelée inflammation. Comme les causes de ces maladies varient à l'infini, leurs effets doivent aussi offrir de nombreuses variations que les hommes spéciaux seuls savent apprécier et traiter suivant les règles prescrites par la science et l'observation. Toutes les maladies dont les animaux sont atteints, offrent presque toujours les symptômes d'inflammations dont la gravité varie suivant l'importance de l'organe enflammé. Celle de la poitrine, dans les animaux de travail surtout, sont généralement les plus compliquées et les plus dangereuses ; viennent ensuite les inflammations du tube intestinal. L'administration des aliments de mauvaise nature est, pour les divers organes qui composent ce long canal, une cause permanente d'irritations. — V. ***Coliques*, *Gastrites*, *Phlegmon*, *Pleurésie*, *Pneumonie*.**

INFLORESCENCE. Disposition des fleurs. Dans les végétaux divers, l'inflorescence varie à l'infini; non seulement on voit les fleurs différer de couleur, d'arrangement dans les familles diverses, mais encore souvent dans les mêmes familles. Ainsi, dans les composées, les radiées diffèrent des corymbifères, celles-ci des cynarocéphales. Dans les graminées, les fleurs sont disposées en épis dont l'inflorescence varie aussi. Dans les rosacées, les crucifères, les renonculacées, dans presque toutes les familles naturelles, on observe dans l'inflorescence des variations qui offrent toujours des caractères plus ou moins tranchés, lesquels servent à distinguer les genres et leurs variétés.

INFUSION. Opération qui consiste à plonger des plantes dans un liquide bouillant et à les y laisser plus ou moins long-temps. Les infusions servent ordinairement de tisanes ; elles sont adoucissantes, émollientes, toniques, sudorifiques, excitantes, etc., suivant la nature des substances médicamenteuses qui ont servi à les faire. On les administre aux animaux d'après le genre de maladies qu'elles servent à combattre. — V. *Adoucissant*, *Émollient*, *Excitant*, *Sudorifique*, *Tonique*.

INFUSOIRES. Animaux microscopiques qui se développent dans les liquides par la décomposition des matières organiques. Les variétés innombrables des infusoires diffèrent autant par leur forme que par leur volume. Les eaux croupies en contiennent de grandes quantités, qu'on ne peut observer qu'à l'aide du microscope. Cuvier a fait des infusoires la dernière classe des zoophytes.

INGUINAL. (*Anneau inguinal.*) L'anneau inguinal est une ouverture qui se trouve placée aux aines des animaux. Cette ouverture donne passage aux testicules, qui descendent dans les bourses et aux cordons testiculaires. C'est par l'anneau inguinal que passent les intestins qui forment les hernies inguinales. — V. *Hernies*.

INJECTION. Opération qui consiste à introduire un liquide médicamenteux ou simple dans les veines d'un animal ou dans l'une de ses cavités naturelles ou artificielles. On se sert ordinairement de seringues pour les injections. On injecte des liquides de natures diverses dans la bouche, dans les naseaux, dans les voies urinaires, dans des fistules, dans des foyers purulents, dans des kystes, soit pour les déterger, soit pour changer la nature de leurs tissus ou leur mode d'inflammation. — V. *Kystes*, *Fistules*.

INONDATION. Les inondations peuvent être classées au nombre des plus grandes calamités dont l'agriculture puisse être victime sur le trajet des fleuves et rivières. Qui ne connaît les ravages faits par les débordements de la Loire, du Rhône, du Rhin, de la Garonne, de la Durance, de la Saône, etc. ? Les inondations laissent toujours, partout où elles passent, des souvenirs ineffaçables, des traces ruineuses, que des siècles entiers ne font souvent pas disparaître. Des habitations sont englouties, des hommes et des animaux périssent surpris par les eaux; les récoltes, les terrains, sont souvent entraînés ou ensablés de manière à rendre stériles les fonds les plus riches, les plus fertiles.

Quand on est témoin de ces calamités si fréquentes, et qu'on voit la possibilité, sinon de les éviter d'une manière absolue, du moins d'en atténuer les effets dans de grandes proportions, n'est-on pas attristé d'être impuissant à y porter remède? Les inondations deviennent de plus en plus fréquentes : on en attribue la cause aux déboisements des terrains en pente, à celui des montagnes et à la destruction de leurs gazons. Il serait non seulement possible de prévenir ces dévastations, qui par leurs conséquences deviennent de véritables calamités publiques, mais on pourrait y remédier, partout où elles ont eu lieu, par des plantations et des semis; d'autre part, un bon système général d'irrigations, tout en offrant à notre agriculture des éléments incalculables de fertilité et de richesse, serait un puissant auxiliaire pour prévenir les inondations. Si des canaux d'irrigations étaient pratiqués de distance en distance sur les deux rives des fleuves et rivières, il suffirait de les ouvrir, tout le long de leur cours, pour en dériver les eaux; ce moyen bien simple atténuerait les effets des inondations, d'une part, et permettrait de conserver dans nos campagnes les masses d'engrais et de limons fertilisants qui vont s'engloutir en pure perte dans l'Océan ou la Méditerranée.

Un système raisonné d'irrigations procurerait des avantages immenses : il préviendrait les dévastations, d'une part; de l'autre, il arroserait le sol, qui s'engraisserait en même temps par les couches limoneuses qui seraient déposées sur sa surface. — V. *Irrigations*.

INORGANIQUE. Corps inorganique, privé d'organes, et par conséquent d'organisation et de vie. Les corps inorganiques composent la masse du globe; ils comprennent tous les corps solides, liquides ou gazeux. Ce sont eux qui, sous des natures diverses, mais toujours en état de dissolution, servent d'aliments aux végétaux qui nourrissent les herbivores. Les corps inorganiques ont des caractères tranchés qui les font distinguer, d'une manière bien précise, des corps organisés. — V. *Corps*.

INSALIVATION. Imbibition de la salive dans les aliments triturés par la mastication. Le mélange de la salive avec les aliments mastiqués est une opération préliminaire indispensable à la déglutition et à une bonne digestion. — V. *Digestion, Mastication.*

INSECTES. Les insectes nuisibles à l'agriculture sont un des fléaux les plus redoutables qui puissent affliger nos campagnes. Il n'est pas un seul point du globe qui n'ait eu, de tout temps, à déplorer les pertes énormes qu'ils ont provoquées par leurs ravages sur la production végétale de toute nature; cependant rien n'est encore plus ignoré que les moyens de nous préserver de l'action de ces terribles ennemis de nos subsistances, qui se multiplient d'autant plus que les récoltes qu'ils dévorent sont plus étendues et plus abondantes. Souvent nos semis sont détruits, nos récoltes sur pied et en magasin sont dévorées, nos forêts, nos arbres fruitiers et d'agrément, nos jardins, nos prairies naturelles ou artificielles, nos vignes, nos plantes industrielles et d'ornement sont dévastées par des myriades de vermine de toute espèce, et nous sommes témoins de leur voracité sans pouvoir nous y soustraire. Que de misères trop ignorées ont été la conséquence de ces désastres? que de malheurs ils ont provoqués dans l'antiquité comme de nos jours?

Comme dans les cas de grandes calamités publiques, les vœux, les prières, les bénédictions des récoltes, ont été les uniques obstacles qu'on opposait aux ravages des insectes. Chorier rapporte que vers le commencement du XVIe siècle les chenilles exerçaient dans le Dauphiné des ravages tels, qu'en désespoir de cause, le procureur général de cette province crut devoir faire un réquisitoire en forme pour enjoindre à ces insectes *de déguerpir et de vider les lieux*. Je laisse à penser si les chenilles obtempérèrent au réquisitoire de M. le procureur.

En 1543, un membre de la municipalité de Grenoble, désolé de voir les ravages faits par les limaces et les chenilles, demandait au conseil « *qu'on priât l'official de vouloir excommunier les » distes bestes, et procéder contre elles par voie de censure, pour » obvier aux dommages qu'elles faisaient journellement, et » qu'elles feraient à l'avenir.* » Le conseil prit un arrêté conforme à l'esprit de cette singulière proposition. (V. *Thémis*, t. I, p. 197.)

Au commencement du XVIIIe siècle, l'autorité crut devoir intervenir d'une manière plus efficace; frappée des désastres causés par les insectes nuisibles, et notamment par les chenilles, elle crut pouvoir y soustraire l'agriculture en faisant couper et brûler les bourses de ces larves observées sur les branches d'arbres et d'arbustes. Un arrêt émané du conseil le 4 février 1732 ordonna donc la destruction de ces bourses à tout propriétaire ou fermier, sous peine de 50 livres d'amende. L'esprit de cet arrêt fut renouvelé en 1777 et en 1786; mais ses prescriptions cessèrent d'être obligatoires à la révolution.

Cependant la Constituante ne pouvait pas livrer, comme avant l'arrêt de 1732, l'agriculture aux ravages des insectes sans intervenir. La loi du 16 août 1790 et celle du 28 septembre 1791 recommandèrent aux autorités départementales la destruction des insectes; mais comme elle ne rendit pas ses prescriptions obligatoires, la loi resta sans effet. Pour combler cette lacune, la loi du 26 ventôse an IV, sur l'échenillage, fut promulguée, et c'est elle qui est aujourd'hui en vigueur.

Mais une triste expérience nous a démontré depuis bien longtemps déjà l'insuffisance de la loi du 26 ventôse. Cette loi, en effet, ne prescrit que la destruction des chenilles. Le 20 février de chaque année est l'époque fixée pour faire exécuter ses prescriptions, dont le plus souvent les administrations locales ne tiennent aucun compte. Du reste, son exécution même la plus rigoureuse serait loin d'atteindre le but proposé. A l'époque où cette loi fut promulguée, la science de l'entomologie, au point de vue de l'étude spéciale des insectes nuisibles surtout, était peu avancée en France, et l'administration manquait de documents suffisants pour présenter aux assemblées législatives de bons projets de loi sur la matière. Aujourd'hui, il n'en est plus de même; les travaux de nos entomologistes, notamment ceux de MM. Audoin, Guérin-Méneville, Eugène Robert; les recherches de Ratzeburg en Prusse, de Curtis en Angleterre, de Harris aux États-Unis, etc., ont élucidé la question sur une infinité de ses détails. Déjà le moyen de détruire la pyrale, qui pendant les siècles précédents a fait la désolation des pays vignobles, est connu; cette découverte est due aux recherches d'Audoin sur les mœurs de cet insecte, et à l'heureuse idée d'un simple vigneron,

M. Raclet, pour détruire ses œufs au moyen de l'eau bouillante, jetée sur les écorces des souches qui les contiennent dans leurs crevasses. M. Guérin-Méneville a indiqué des procédés assurés pour détruire le ver de l'olive, qui dévore chaque année environ un tiers de la récolte de l'olivier. Il a aussi donné les moyens de détruire l'aiguillonnier, qui attaque les céréales sur pied dans certains pays. Le docteur Eugène Robert a découvert des procédés, garantis par des expériences répétées, pour préserver nos forêts des ravages des scolytes, des cosus, etc. ; ces insectes sont surtout en grand nombre sur les ormes qui ornent nos promenades ou bordent nos routes. Pourquoi ne pas profiter de ces découvertes de la science? pourquoi ne pas prescrire ses indications dans l'intérêt public?

Dans une proposition que j'eus l'honneur de faire à l'Assemblée nationale, le 31 mars 1849, sur l'étude des moyens propres à détruire les insectes nuisibles à l'agriculture, j'avais cherché à évaluer les pertes annuelles que nous faisaient éprouver ces ennemis de nos produits végétaux, en me fondant sur les travaux publiés par nos entomologistes les plus éminents. Ces pertes, dont le chiffre ne fut pas contesté, se montaient à deux ou trois cent millions de francs par an, et je crus alors, comme je le pense encore aujourd'hui, que j'étais au dessous de la vérité. Voici comment j'avais procédé pour baser mon opinion :

Suivant les savantes recherches de M. Guérin-Méneville dans les divers points de la France qu'il a eu mission d'étudier, plusieurs espèces d'insectes dévorent nos céréales sur pied et en magasins; il estime les pertes qu'ils nous font éprouver annuellement du dixième au moins au quart de nos grains de toute nature dans les années les plus désastreuses. Or, comme le produit annuel de nos céréales s'élève à deux milliards cinquante-cinq millions, la perte supposée au minimum, c'est-à-dire au dixième seulement, serait de. . . . . 205,500,000 fr.

La récolte annuelle de nos oliviers est évaluée à vingt-quatre millions. Suivant l'opinion admise par les praticiens observateurs de la zone de l'olivier, et les recherches de M. Guérin-Méneville, ordonnées par l'administra-

A reporter. . . 205,500,000 fr.

Report. . . .	205,500,000 fr.
tion, la perte est évaluée au quart au moins de la récolte des olives, soit.	6,000,000
D'après un rapport fait à la Société d'agriculture de Lyon, en 1843, par M. Sauzey, sur la nécessité urgente de se préserver des ravages de la pyrale, les pertes annuelles que faisait éprouver cet insecte aux seuls départements du Rhône et de Saône-et-Loire étaient de	7,000,000
Total.	218,500,000 fr.

Si nous avions des documents suffisants pour évaluer les pertes que nous font éprouver la pyrale et autres insectes ennemis des vignes dans tous nos départements producteurs de vins, sans compter la terrible maladie qui menace notre industrie viticole; si nous pouvions estimer celles que provoquent les dégâts des insectes divers qui attaquent nos forêts de toute essence, nos plantations de toute nature, nos légumes, nos fruits, nos plantes oléagineuses, nos racines fourragères ou saccharines, nos prairies naturelles ou artificielles, toute notre production végétale enfin, nous doublerions peut-être le chiffre que je viens d'indiquer.

On voit donc de quelle importance est pour nos subsistances l'étude des moyens de détruire les insectes nuisibles à l'agriculture, et combien le pays doit être intéressé à se soustraire au tribut énorme qu'il paie annuellement au fléau que je viens de signaler. Pour plus de détails, V. *Alucite*, *Altise*, *Charançon*, *Chenilles*, *Cossus*, *Hanneton*, *Pyrale*, *Scolyte*, *Termite*, *etc.*

INSECTIVORE. En histoire naturelle, on donne le nom d'insectivore à une famille de l'ordre des carnassiers composée d'individus qui se nourrissent d'insectes. Tels sont les hérissons, les musaraignes, les chauves-souris, les taupes, etc. Mais, dans son acception générale, le mot insectivore doit s'étendre à tous les animaux qui se nourrissent d'insectes. Dans ce cas, une immense quantité d'oiseaux sont insectivores et rendent de grands services à l'agriculture.

On devrait favoriser la multiplication des insectivores de tout ordre, au lieu de les détruire, pour leur faire dévorer la plus grande quantité possible d'insectes qui font des ravages considérables dans notre production végétale et animale. — V. *Insectes*.

INSTITUT AGRICOLE. L'institut agricole en France est un établissement où l'on enseigne, avec l'agriculture pratique, les sciences naturelles, mathématiques et administratives, qui se rattachent à l'exploitation du sol. L'institut agricole diffère de la ferme-école en ce que l'enseignement ne s'y borne pas à la pratique raisonnée du métier d'agriculteur; il s'étend à toutes les sciences qui peuvent l'éclairer et expliquer tous les phenomènes relatifs à la végétation, à la météorologie, à l'action des amendements et engrais, au perfectionnement, à la multiplication et à l'acclimatation des animaux utiles, etc. Les écoles régionales sont de véritables instituts agricoles, dont l'école de Versailles devait couronner le faîte, d'après le décret du 7 octobre 1848. — V. *Régional, Fermes*.

INSTRUMENT. Outil, machine portative, qui sert à faire un ouvrage manuel. Les instruments d'agriculture, de jardinage, sont nombreux et variés suivant le genre de travail à faire et les pays où on l'exécute. — V. *Bêche, Charrue, Herse, Houe*, etc.

On nomme instruments de pansage ceux qui sont utilisés pour panser les animaux.

INTERMITTENT. Nom donné à certaines maladies dont les symptômes apparaissent d'une manière plus tranchée par intervalles plus ou moins éloignés. Ainsi, la fluxion périodique dans le cheval, l'épilepsie dans tous les animaux atteints de cette affection, sont des maladies intermittentes. — V. *Epilepsie, Fluxion*,

L'homme est quelquefois atteint de fièvres intermittentes, qui reconnaissent pour cause l'influence des miasmes délétères qui se dégagent des étangs et marécages, notamment pendant les chaleurs de l'été. Ces fièvres sont plus ou moins dangereuses et quelquefois mortelles. — V. *Desséchement, Etang, Marais, Marécage*.

INTESTIN. Nom donné au long canal, de dimensions différentes, qui s'étend de l'estomac à l'anus. Les intestins sont le siége de l'absorption des substances alimentaires digérées par l'estomac. Suivant que ces substances sont plus ou moins riches en principes nutritifs, le tube intestinal est plus ou moins développé. Toute proportion gardée, la nourriture animale, très riche en matières assimilables, n'a pas besoin d'être prise en aussi grande quantité relative que les substances végétales pour alimenter les animaux qui s'en nourrissent. Aussi les carnivores ont-ils les intestins très courts et très petits comparativement aux herbivores; et, chose remarquable, chez les espèces sauvages devenues domestiques, les intestins s'allongent ou se raccourcissent, suivant les modifications auxquelles leur régime est soumis. Ainsi, dans le chat qui, à l'état sauvage, vit exclusivement de matières animales, l'intestin est plus court, moins développé, que dans le chat domestique, qui consomme souvent des substances végéles. Dans le porc, c'est l'inverse. Le sanglier, qui se nourrit toujours de végétaux, a le tube intestinal plus développé que le porc, qui, à l'état domestique, mange souvent des substances animales. La nature est ici, comme dans les autres cas, conséquente avec elle-même. La nourriture végétale, contenant proportionnellement moins de principes nutritifs que les substances animales, avait besoin d'être prise en plus grande quantité pour nourrir les animaux, et les intestins qui la reçoivent devaient avoir de plus grandes dimensions pour la contenir.

Ce principe s'applique même aux individus d'une même espèce. Un cheval nourri de tout temps avec du fourrage riche en principes nutritifs et avec de l'avoine a les intestins moins développés qu'un animal nourri dès le bas âge avec des fourrages grossiers, qui contiennent, sous un gros volume, peu de matières alibiles. Aussi ce dernier animal a-t-il un ventre volumineux lorsque l'autre semble levretté.

Les ruminants, destinés à se nourrir de végétaux moins nutritifs que les chevaux, ont un développement considérable du tube intestinal, par les renflements qui composent leur quatre estomacs. — V. *Ruminant*, *Rumination*.

Les différences de dimensions des intestins, comme les diverses parties qui composent ce long tube, l'ont fait diviser en plusieurs parties, connues sous le nom de jéjunum, de duodénum, de cœcum, de colon et de rectum. — V. ces mots.

INULE. V. *Aunée.*

INVERTÉBRÉ. Animal dépourvu de vertèbres, et par conséquent du système osseux. Les vers, les sangsues, les limaces, etc., sont des invertébrés.

IODE. Corps indécomposé contenu dans plusieurs plantes marines, d'où il est extrait. On emploie l'iode en pommade et en teinture contre les engorgements chroniques des animaux domestiques. Cette substance est un fondant très énergique. En médecine des animaux, on n'emploie jamais l'iode à l'état de pureté, mais on s'en sert quelquefois en combinaison avec d'autres corps. Ainsi allié à la potasse, avec laquelle il forme l'iodure de potassium, il est utilisé pour combattre les glandes, les engorgements chroniques. Dans ce cas, on le mélange avec de la graisse, pour en faire une pommade. Ce remède est l'un des plus efficaces que l'on connaisse.

IPÉCACUANA. En médecine des animaux, on donne le nom d'ipécacuana à des racines produites par des arbrisseaux de la famille des rubiacées, et qui naissent en Amérique. Ces racines ont des propriétés médicinales qui les font utiliser assez fréquemment comme vomitif dans l'homme. On les emploie aussi en poudre pour les animaux, notamment pour le chien. Cependant l'usage de ce médicament est assez borné en art vétérinaire.

IRIDÉES. Famille de plantes herbacées qui fournit quelques fleurs d'agrément. Les diverses variétés d'iris appartiennent à cette famille.

IRIS. Membrane colorée de l'œil placée derrière la cornée lucide (la vitre), et disposée de manière à former la pupille. Généralement brun, de couleur de suie, dans les animaux domestiques, l'iris change de couleur quelquefois dans le cheval. L'œil vairon de cet animal en est un exemple.

La fonction de l'iris est très importante. C'est lui qui, par sa contraction ou sa dilatation, élargit ou resserre la pupille. Suivant que les rayons lumineux sont plus ou moins abondants, cette ouverture augmente ou diminue, pour ne laisser passer que la quantité de lumière nécessaire à la vue, sans la fatiguer. — V. *Amaurose*, *Pupille*.

IRIS. Plante de la famille des iridées. L'iris a plusieurs variétés, souvent cultivées comme plantes d'ornement. La racine d'iris a une odeur de violette, qui la fait employer quelquefois pour communiquer son odeur soit au linge, soit à d'autres objets.

IRRIGATIONS. La question des irrigations peut être classée au premier rang de celles qui intéressent l'agriculture et la richesse générale du pays. Non seulement on pourrait augmenter la production du sol, et notamment la production animale, dans des proportions incalculables, par un bon système d'irrigation, mais encore on trouverait dans son application judicieuse et bien dirigée, les moyens de nous préserver des inondations qui dévastent périodiquement les campagnes sur les bords des fleuves, des rivières, et entraînent à la mer des masses incalculables de terres végétales et d'engrais. Il y a long-temps déjà que les gouvernements, les administrations locales, les conseils généraux, les sociétés d'agriculture, tous les hommes spéciaux, ont compris et signalé tout ce que le bon emploi des eaux de nos fleuves, rivières et ruisseaux, offre de richesses à notre pays. Sur ce point, l'opinion est unanime en France, et pourtant l'agriculture attend toujours la solution pratique du problème depuis long-temps résolu dans tous les esprits. Les chemins de fer sont appelés à rendre à la civilisation, à l'industrie et au commerce, des services immenses; on peut en juger par ceux qu'ils ont déjà rendus; mais au point de vue de la production végétale et animale, à celui de la richesse effective du sol, il ne saurait y avoir de comparaison à établir. Pourtant les chemins de fer ont toutes les faveurs de l'opinion de notre époque, surtout celles de la finance; on les confectionne avec empressement sur tous les points du territoire. Nous nous en félicitons pour le bien du pays. Mais n'aura-t-on jamais que des phrases pour les irrigations? jusqu'ici on n'a formé que des vœux stériles pour elles.

Je viens de dire que les avantages offerts par les irrigations seraient d'une importance bien autrement majeure que ceux qui nous sont procurés par les chemins de fer dont le pays va être sillonné. Prenons un exemple isolé, pour prouver ce que nous avons avancé. Le département du Var est un de ceux dont l'administration locale a le mieux étudié les effets des arrosages. Vers 1840, M. le préfet songea à s'occuper de l'étude des cours d'eau dans ce pays, et M. Bosc, géomètre en chef du cadastre, fut spécialement chargé de ce travail. Ce géomètre distingué en présenta le résultat en 1845 dans un rapport officiel adressé au préfet. Il ne nous est pas possible de donner ici les longs développements contenus dans ce document important; mais voici la conclusion, qui doit nous intéresser le plus. On verra, par des chiffres officiels et établis sur place, les résultats immenses qu'ont produits les irrigations dans le Var, par le revenu net des terres arrosées et celui des sols qui ne le sont pas.

Arrondissements de	Revenu net par hectare de terre non arrosée,	Revenu net par hectare de terre arrosée.
Brignoles.	60 fr. 30 c.	176 »
Toulon.	53 » 37 »	389 »
Draguignan	26 » 25 »	117 »
Grasse.	23 » 70 »	117 »
Moyennes.	33 fr. 50 c.	202 fr. 90 c.

D'après l'évaluation de M. Bosc, les frais d'établissement de canaux pour les irrigations s'élèvent à 45 fr. par hectare; en y ajoutant 33 fr. 50 c., qui sont le revenu net moyen des terres non arrosées, on a un total de 58 fr. 50 c. Ce total, défalqué de 202 fr. 90 c. produits par les sols irrigués, il reste un bénéfice net de 144 fr. 40 c. par hectare, donné par l'arrosage. Or, supposons que, sur nos 45,000,000 d'hectares environ de terre en production en France, nous pouvons en arroser seulement un dixième, dans quelles proportions immenses n'élevons-nous pas notre production territoriale! D'après les statistiques officielles, la moyenne du revenu net de notre sol serait de 25 fr. environ par hectare. Si des irrigations bien entendues étaient faites le long de tous nos cours d'eau, de combien de millions le revenu territorial de la France ne s'élèverait-il pas ? L'expérience faite dans le département du Var peut nous le dire.

Nos prairies naturelles occupent 4,200,000 hectares d'espace environ, et nous n'avons, à peu près, que 95,000 hectares de prés irrigués. Les 4,105,000 qui restent ne reçoivent que l'eau du ciel. Par de bonnes irrigations on triplerait largement leur produit ; on augmenterait donc dans les mêmes proportions notre bétail, qui en est la conséquence essentielle, et nous ne manquerions ni de viande, ni de chevaux, ni de laines, ni de cuirs, ni de suif, etc., etc., que nous achetons annuellement à l'étranger pour des sommes énormes.

Notre infériorité relative en production de bétail est déplorable. Si nous nous comparons à l'Angleterre, par exemple, nous voyons que cette grande et riche nation avec 23,500,000 hectares de terre cultivable, sur une étendue totale de 31,740,000 d'hectares, élève 3,000,000 de chevaux, 16,000,000 de bœufs et 57,000,000 de moutons. En France, avec 45,000,000 d'hectares de terre cultivable, sur 52,768,610 hectares d'étendue, nous n'avons que 3,000,000 de chevaux, 10,000,000 de bœufs, et 32,000,000 de moutons. Avec moitié moins d'espace, les Anglais élèvent donc plus d'animaux que nous; si nous ajoutons que la valeur relative de leurs races est plus élevée que celle des nôtres, par rapport aux améliorations qu'ils ont obtenues dans leurs animaux, nous pourrions peut-être affirmer que sur une étendue de terrain moitié moindre les Anglais élèvent leur production animale à une valeur trois fois plus considérable que la nôtre.

On peut conclure de ce fait qu'un bon système d'irrigations, joint à un bon enseignement professionnel de l'agriculture, qui éclairerait tous nos cultivateurs sur leur métier, ne tarderait pas à nous placer au premier rang des nations de l'Europe pour la production animale surtout, au lieu de n'occuper jusqu'ici que l'un des derniers, malgré nos immenses ressources de toute nature.

Dans quelques pays de montagnes, tels que les Vosges, les Alpes, l'Auvergne, etc., les habitants sont quelquefois très ingénieux pour distribuer leurs sources ou les petits cours d'eau dont ils peuvent disposer ; mais ce sont des exemples isolés, sur de très petites échelles. Et cependant on y trouve des avantages tels, que le partage des eaux y occasionne des rixes dont les effets nécessitent quelquefois l'intervention de la force armée et de la police. Si ces petits cours d'eau sont si recherchés, que serait-ce donc des grands cours puisés par de grands canaux dans les fleuves et rivières ? Il y a là tout un système nouveau de fortune publique et privée qui n'attend que son application pour prouver tout ce qu'il renferme de fécond et de positif pour la richesse nationale.

IRRITATION. V. *Inflammation.*

ISABELLE. Nom donné à la robe du cheval dont la couleur est d'un jaune café au lait plus ou moins clair, avec les crins et les poils des extrémités foncés. Le cheval isabelle est souvent pourvu de la raie de mulet.

ISOLEMENT. Séparation. Dans une ferme bien tenue, les animaux malades devraient toujours être isolés pour être plus tranquilles et pour être mieux observés, mieux soignés ; mais si l'isolement peut offrir des avantages dans les cas ordinaires, il devient une nécessité urgente dans les cas de maladie contagieuse. Que de pertes éprouvées, que de pauvres cultivateurs ont été ruinés pour n'avoir pas été préservés de maladies épizootiques contagieuses par l'isolement !

Tous les praticiens observateurs qui ont étudié la péripneumonie épizootique qui désole encore nos campagnes en ce moment, en décimant nos espèces bovines, sont convaincus que cette terrible maladie est contagieuse. Ceux qui ont suivi avec attention sa marche savent que des animaux vendus par des propriétaires qui avaient la maladie l'ont communiquée dans les pays où ils ont été conduits. Eh bien ! pourquoi donc les bestiaux malades ne sont-ils pas mis dans l'isolement le plus rigoureux ? Comment se fait-il que les propriétaires conduisent dans les foires et marchés leurs animaux déjà malades ou sous l'influence de la maladie ? Comment se fait-il qu'une surveillance active ne les empêche pas de propager ainsi la cause du mal, et d'empester les pays ou ils se rendent avec leurs animaux ? L'autorité devrait punir sévèrement de semblables abus. Tout animal atteint de maladie reconnue ou soupçonnée contagieuse devrait être connu de l'autorité, et séquestré avec le plus grand soin, sous peine de punition sévère. — V. *Contagion, Péripneumonie.*

ISSUES. Terme de boucherie. Les issues comprennent toutes les parties d'un animal égorgé qui ne sont pas vendues comme viande nette : tels sont les pieds, la tête, les poumons, le cœur, le foie, la rate, les intestins, le suif, tout ce qui n'est pas livré au commerce comme chair musculaire fixée aux os. Le rendement de la viande nette varie suivant la nature des animaux; dans les concours régionaux il a varié de soixante environ à soixante-dix pour cent. Les issues seraient donc du poids de trente à quarante pour cent dans nos races bovines de bonne qualité et en état convenable d'engraissement; elles sont plus considérables dans les animaux maigres. — V. *Rendement.*

IVOIRE. Substance osséiforme fournie par les défenses des éléphants. L'ivoire est très employé dans l'industrie pour la fabrication de divers objets d'art, ou pour les orner.

Les dents des animaux sont composées d'ivoire recouvert par une matière dure nacrée, qu'on nomme émail. — V. *Dent, Émail.*

IVRAIE (*enivrante*). Plante graminée qui croît quelquefois dans les blés, les seigles, les orges et les avoines, etc. Le grain de l'ivraie a une propriété enivrante, et son mélange avec celui des céréales destinées à faire le pain peut causer des accidents. On criblera donc les grains qui les contiennent, surtout ceux qui sont destinés aux ensemencements, pour ne pas multiplier cette plante.

Le genre ivraie, outre l'espèce enivrante, comprend d'autres variétés connues sous le nom de raygrass. On les cultive quelquefois, soit comme plante fourragère, soit pour faire des gazons bien garnis. Ces ivraies sont vivaces, au lieu d'être annuelles comme l'enivrante. — V. *Raygrass.*

IXIODE. Genre d'aptères dont quelques espèces se fixent à la peau des animaux, sucent leur sang et prennent un développement énorme. Les *tiques* ou *ricins* sont de ce nombre; ces insectes s'accrochent surtout aux oreilles des chiens. — V. *Tique.*

J

JABOT. Nom donné au premier renflement du tube intestinal des oiseaux. Ce renflement est situé au bas de l'œsophage. Les granivores surtout ont ce renflement très prononcé. Cette espèce d'estomac, formé par une membrane muqueuse très dilatable, contient une infinité de petites glandes sécrétant un liquide qui humecte d'abord les grains ou autres aliments pris par l'oiseau. Ces aliments éprouvent ainsi d'abord un ramollissement, un commencement de macération, qui rend leur trituration plus facile dans le gésier. — V. ce mot.

Sous le rapport de ses fonctions, le jabot des oiseaux a quelque analogie avec le rumen des ruminants. Ce renflement reçoit aussi les aliments qui doivent subir des élaborations ultérieures pour être digérés. — V. *Digestion*, *Rumen*.

On nomme encore jabot, en médecine vétérinaire, des dilatations accidentelles de l'œsophage des animaux, causées par quelque maladie ou par la présence de corps étrangers. Dans ce cas, le jabot est la conséquence d'un accident plus ou moins grave, suivant la nature de la cause qui l'a produit. Un praticien habile peut seul juger de l'emploi des moyens exigés pour remédier au mal. Ils consistent quelquefois dans des opérations chirurgicales qui demandent une main exercée pour être faites avec succès.

JACÉE. Plante de la famille des composées. La jacée, assez commune dans quelques prairies naturelles, surtout dans les sols secs et élevés, donne un assez bon fourrage avec ses feuilles; mais sa tige est dure lorsqu'elle est en maturité. Elle ne fournit donc alors qu'un aliment de médiocre qualité pour les bestiaux. Du reste, la présence de la jacée dans une prairie caractérise généralement une bonne qualité de fourrage.

JACHÈRE. Repos plus ou moins prolongé dans lequel on laisse la terre, après une ou plusieurs récoltes consécutives. La question des jachères a soulevé bien des discussions, surtout vers la fin du siècle passé et au commencement de celui-ci. Elle nous paraît cependant bien simple, bien facile à résoudre, pour quiconque a étudié sérieusement les sciences agricoles au point de vue pratique. Quel était, en effet, le raisonnement des partisans des jachères ? Ils disaient que la terre se fatigue à produire, et que, comme nous, elle a besoin de repos après le travail. Ils avaient remarqué dans leur pratique, en effet, qu'un sol qui s'était reposé rendait une meilleure récolte que celui qu'on n'avait pas cessé d'ensemencer, surtout avec le même végétal, et ils l'attribuaient à son prétendu repos. Cette théorie, basée sur l'analogie d'une part, et sur des faits pratiques de l'autre, était d'un certain poids dans la bouche des praticiens qui la soutenaient. A cette époque, d'ailleurs, l'étude des assolements n'était pas très avancée, surtout au point de vue pratique; et quand il s'agit d'innover, l'homme de progrès a toujours des résistances à vaincre, des préjugés à combattre, même après avoir fourni ses preuves sur le sol. Nous avons de ces exemples tous les jours sous les yeux.

Et d'abord, la terre prend soin de nous prouver elle-même qu'elle ne se repose jamais, et que, par conséquent, elle n'a pas besoin du repos qu'on veut absolument lui imposer. Elle produit malgré les discussions, parceque la mission qu'elle a reçue de Dieu est de produire. Si elle ne donne pas des récoltes qu'on refuse de lui confier, elle donne autre chose, ici de l'herbe, là de la bruyère, ailleurs des broussailles, des ronces, des mousses, des lichens, des fougères, des champignons, etc. C'est peu de chose, dira-t-on; mais enfin elle ne se repose pas, elle produit toujours. Ce n'est donc pas parcequ'elle a besoin de repos qu'on est quelquefois obligé d'avoir recours aux jachères, mais parcequ'on ne peut pas pas lui rendre une partie au moins des éléments qu'elle a prodigués avec générosité aux récoltes que nous avons faites sur elle. Il est certain que, si l'on voulait continuer à demander toujours à la terre, sans jamais lui donner, on la fatiguerait, on l'épuiserait, et elle finirait par devenir, sinon absolument stérile, du moins relativement très improductive. La question de la suppression des jachères est donc une question de capital et de savoir. Voici comment il est possible de la résoudre :

Si on possède la science de l'agriculture pratique raisonnée suivant de bons principes, et le capital indispensable à une exploitation donnée, on étudiera d'abord quels sont les végétaux qu'il convient le mieux d'adopter. On réglera ensuite leur mode de succession, c'est-à-dire l'assolement; on se procurera les engrais nécessaires, et l'on cultivera avec fruit et sans jachères. Si, au contraire, on manque de capital, si celui dont on peut disposer est insuffisant pour l'étendue de terre qu'on peut cultiver, on sera obligé d'avoir recours aux jachères, non pas pour laisser reposer la terre, mais parcequ'on est dans l'impossibilité de lui rendre ce qu'il lui faut pour la mettre en état de produire avec bénéfice ce qu'on lui demande.

Ainsi donc, la solution de la question des jachères est subordonnée aux ressources morales et physiques du cultivateur. Si, par son savoir et son capital, celui-ci est plus fort que la terre qu'il exploite, s'il domine sa situation, il adoptera un assolement régulier, et il ne fera pas de jachères; si, au contraire, il est dominé par l'étendue et la nature de son sol, si la puissance lui manque par l'insuffisance du capital, il concentrera ses forces disponibles sur la quantité d'espace qui paraîtra offrir le plus de ressources à sa situation, et il fera des jachères sur les points de son exploitation où il jugera convenable de les établir. Toute la question des jachères est donc renfermée dans la limite des ressources du cultivateur. — V. *Assolement*.

JACINTHE. Genre de plantes d'ornement cultivées pour leur fleur. Les jacinthes appartiennent à la famille des liliacées. La culture en a fait une infinité de variétés, recherchées pour l'ornement de nos parterres. On multiplie ordinairement cette plante par ses oignons et ses caïeux; mais on peut l'obtenir aussi par ses graines.

JAIS. (*Noir jais.*) Nuance de couleur noir franc et brillant. Cette expression sert à caractériser les robes des animaux, notamment du cheval, dans les signalements. — V. *Jayet*.

JALAP. Plante de la famille des convolvulacées. Le jalap, qui est une variété de liseron, est cultivé en Amérique, et notamment au Mexique; il fournit une racine employée comme purgatif pour l'homme et pour les animaux. — V. *Purgatif.*

JAMBE. La jambe, en terme d'extérieur des animaux, est la région du membre postérieur qui s'étend de la rotule au jarret. L'os tibia lui sert de base. Sa beauté dépend du développement de ses muscles. Si une jambe est bien nourrie, bien fournie, si la partie charnue de ses muscles descend près des jarrets, elle sera bien conformée; l'animal sera alors bien *culotté*, bien *gigotté*. Si, au contraire, cette région est mince, amaigrie, aplatie d'un côté à l'autre, si les jarrets s'éloignent de la partie charnue des cuisses, elle sera mal musclée; elle manquera non seulement de force dans les animaux de travail, mais elle fournira peu de viande; l'animal manquera *par la culotte.*

Une jambe bien musclée, bien culottée, et dont les muscles descendent très bas, dans le cheval, est non seulement un indice de force et de vigueur, mais encore cette disposition mécanique favorise la vitesse des allures par l'étendue de constraction musculaire.

Dans les animaux de boucherie surtout, une jambe devra toujours être bien fournie, parceque la viande qu'elle donne est de bonne qualité; elle concourt à former le gigot. — V. *Cuisse.*

La chèvre a la jambe plus allongée et plus amaigrie que le mouton; aussi est-il facile de distinguer, par sa longueur relative, un gigot de chèvre d'un gigot de mouton.

JARDON. (*Jarde.*) Tumeur osseuse, dont le siége est en dehors et en arrière du jarret, au point opposé à l'éparvin dans le cheval. Le jardon a quelquefois l'inconvénient de provoquer des déviations anormales des ligaments qui unissent les os tarsiens aux métatarsiens. Dans ce cas, il peut causer des boiteries plus ou moins intenses, et le plus souvent incurables. Lorsque cette tare est très volumineuse, et qu'elle se prolonge en arrière jusqu'à la corde tendineuse, la boiterie se complique, devient intense, surtout pendant le travail, et on peut la considérer comme incurable.

Les jardons sont quelquefois héréditaires, surtout dans les jeunes animaux issus de producteurs ruinés par les courses à outrance d'hippodrome. On a essayé de les combattre par des vésicatoires par l'application du feu; mais les résultats ont été loin d'être toujours heureux. — V. *Exostose.*

JARDIN. Terrain, ordinairement clos, destiné à la culture des légumes, à celle des arbres fruitiers, généralement en espaliers, ou des fleurs d'agrément.

Les jardins réservés à la culture des légumes offriraient d'immenses ressources dans nos fermes s'ils étaient mieux cultivés. Malheureusement l'horticulture est non seulement négligée, mais le plus souvent inconnue des cultivateurs. — V. *Horticulture*, *Légume*, *Potager.*

JARDINAGE. Nom vulgaire donné aux produits du jardin potager. — V. *Légumes.*

JARDINIER. Ouvrier qui cultive les jardins. Rien n'est plus rare dans nos campagnes que les bons jardiniers; ils s'établissent tous aux environs des villes, pour être à portée de vendre leurs légumes aux marchés qu'ils approvisionnent. Aussi, les jardins des campagnes, ceux des fermes, sont-ils généralament mal tenus, mal cultivés, ce qui tient à la négligence apportée dans l'enseignement de l'horticulture. — V. *Horticulture.*

JARRE. Poils grossiers, généralement droits, qui croissent avec la laine de certaines races de moutons communs. C'est surtout au dessus et au dessous du cou des béliers communs que l'on remarque la jarre, dont la longueur dépasse ordinairement celle de la laine.

JARRET. Région du membre postérieur qui a pour base les os tarsiens et le tendon d'Achille. De toutes les articulations des animaux, la plus puissante comme la plus solide est celle du jarret. Cette condition était indispensable à ses fonctions. Le jarret, en effet, mis en action par les puissances musculaires qui se fixent à sa pointe, est le grand ressort dont la détente chasse en avant le corps des animaux. La beauté de cette partie réside dans sa largeur et dans son intégrité. Plus le jarret sera large, plus il aura de force; mais il devra être exempt de tares connues sous les noms de courbes, d'éparvins, de jardons, de vessigons. — V. ces mots.

L'angle formé par le jarret est plus ou moins ouvert, ce qui l'a fait distinguer en jarret droit et jarret coudé. Le jarret droit, ordinairement plus étroit, a une étendue de détente plus considérable; il est, par conséquent, plus favorable à la vitesse. Le jarret coudé est généralement plus large : il a plus de force, mais il est moins favorable à la rapidité des allures, parceque l'étendue de son action est plus bornée que celle du jarret droit. Les animaux qui ont les jarrets coudés ne sont pas construits pour avoir une grande vitesse au galop.

On nomme clos ou crochus les jarrets dont les pointes se rapprochent l'une de l'autre, surtout pendant le repos. Cette disposition, qui ne nuit pas à leur force, se remarque surtout dans les animaux des montagnes, et notamment dans les chevaux.

La complication de l'articulation des jarrets, la nature de leurs fonctions fatigantes, sont la cause des tares fréquentes qu'on y remarque, surtout chez le cheval. L'examen de cette articulation mérite donc toujours une attention spéciale dans les acquisitions. Les tares auxquelles elle est le plus exposée sont les jardons, les éparvins, les vessigons, les capelets, etc. — V. ces mots.

JARREUX, EUSE. Qui contient de la jarre. Laine jarreuse. — V. *Jarre.*

JARROSSE. V. *Gesse.*

JASMIN. Arbrisseau de la famille des jasminées. Le jasmin est cultivé comme plante d'ornement; sa fleur a une odeur agréable qui la fait rechercher. On fait quelquefois des haies de jasmin pour entourer les bosquets.

JASMINÉES. Famille de plantes qui fournit des arbrisseaux cultivés comme sujets d'ornement. Cette famille offre peu d'intérêt pour l'agriculture.

JAUNISSE. La jaunisse est causée par une maladie du foie; elle se fait quelquefois remarquer chez les animaux. Quand elle existe, les membranes muqueuses de la bouche, celles des naseaux et des yeux, ont une teinte jaunâtre. Dans les grands animaux domestiques, on ne regarde pas généralement cette affection comme dangereuse. Cependant, lorsque la jaunisse est causée par une maladie grave du foie, il est essentiel d'employer les moyens propres à la combattre. — V. *Hépatite.*

JAVART. Le mot *javart* est une dénomination vicieuse; le langage médical vétérinaire devrait la proscrire. Tantôt ce mot est synonyme de furoncle qui se déclare sur le paturon ou autour de la couronne; tantôt, au contraire, il indique une altération du tissu corné, et enfin une maladie du cartilage du pied. Il en est résulté des dénominations différentes, telles que celles de javart cutané (V. *Furoncle*), de javart encorné, de javart cartilagineux.

Le javart cutané n'offre pas de gravité; il guérit assez facilement avec un traitement local très simple, et au moyen d'émollients. Mais les javarts encornés et cartilagineux sont plus ou moins graves et compliqués; ils exigent un traitement raisonné ou des opérations chirurgicales que des praticiens expérimentés seuls peuvent bien faire.

JAVELAGE. Pratique agricole qui consiste à laisser quelque temps les javelles sur le champ. Le javelage a pour but de faire sécher les grains, la paille et les herbes qu'elle contient, avant de faire les gerbes et de les mettre en meule ou aux gerbiers : sans ce procédé, l'humidité nuirait nécessairement aux grains comme aux pailles, qui se moisiraient si les gerbes n'étaient pas convenablement sèches. D'un autre côté, les grains en javelle complètent à l'air et au soleil leur maturation.

JAVELLE. Faisceau de céréales déposé sur le champ par les moissonneurs avant d'être lié en gerbe. Lorsqu'on moissonne à la faucille, c'est le moissonneur lui-même qui fait et place la javelle. Lorsqu'au contraire on se sert de la faux, le faucheur ne s'en occupe pas, un aide le suit et forme les javelles. — V. *Fauchage, Faucille, Faux, Gerbe.*

JAYET. Variété de charbon minéral d'un noir foncé et brillant. En extérieur des animaux, on nomme noir jayet tout individu dont le fond de la robe reflète un noir brillant; c'est surtout dans les chevaux qu'on observe cette particularité. — V. *Jais.*

On fabrique dans les arts, avec le jayet, divers objets d'ornement d'un bel effet; ces objets, qui forment quelquefois des bijoux, sont employés pour la parure des dames.

JÉJUNUM. Partie flottante de l'intestin grêle qui suit le duodénum. Le jéjunum forme la portion la plus étendue de l'intestin grêle des animaux ; il est très long dans les herbivores, surtout dans les ruminants. C'est surtout dans cette partie d'intestin que se fait l'absorption du chyle. — V. *Absorption, Chyle.*

JET. Pousse d'une année sur la branche, le tronc ou la souche d'un végétal. La longueur des jets varie suivant la nature des végétaux, comme suivant celle de la terre et du climat où ils croissent. Généralement peu développés dans les sols maigres, sur les terrains arides élevés, où la température est ordinairement basse, ils sont forts et robustes dans les sols fertiles, favorisés par une température convenable à leur croissance. Les bois taillis ne sont que des jets de souches soumis à des coupes réglées suivant les circonstances. — V. *Taillis.*

JETAGE. Écoulement de matières liquides par les naseaux des animaux. Dans le cheval, le jetage de mucosités plus ou moins purulentes ou sanguinolentes est causé par des maladies différentes des voies respiratoires, et notamment par la morve. — V. *Gourme, Morve.*

JOINTÉ. Un cheval est dit long-jointé lorsqu'il a les paturons longs. Cette conformation est défavorable à sa force, parcequ'elle allonge le bras de levier formé par le paturon et le pied qui pose sur le sol. L'animal court-jointé, qui a les paturons courts, se trouve dans des conditions opposées. Quelques races de chevaux de selle sont long-jointées; elles ont ainsi les paturons souples, flexibles; et si, d'une part, cette conformation leur fait perdre de la force et de la résistance, de l'autre elle favorise l'élasticité, la souplesse des extrémités des membres, et par conséquent la douceur des allures. Il y a donc, dans ce cas, compensation pour le cheval de selle, surtout pour celui qui ne sert qu'à la promenade; mais pour le cheval d'attelage léger, et surtout pour celui de trait, les paturons longs et souples sont toujours un défaut qui accélère la fatigue et provoque l'usure rapide des animaux.

JOINTURE. V. *Articulation.*

JONC. Genre de plantes de la famille des joncacées. Les joncs ont, pour la plupart, des tiges sans feuilles, cylindriques, plus ou moins élevées, pourvues d'une moelle, et ils croissent généralement dans les marécages ou les sols humides; leurs espèces sont nombreuses. Les animaux les dédaignent ordinairement. Le jonc congloméré, le plus commun dans les pâturages humides, croît par touffes toujours vertes; on le coupe pour faire de la litière au bétail. La moelle de jonc sert dans certaines campagnes à faire des mèches de lampions ou de veilleuses. On emploie les joncs quelquefois pour garnir et protéger les bords des canaux, comme on le voit pour le canal du Midi surtout; on en fait des nattes; on s'en sert aussi pour lier les légumes dans les jardins, pour attacher les branches d'espaliers, de vignes, etc.

JONC MARIN. (*Genêt épineux, Ajonc, etc.*) — V. *Ajonc*.

JONCACÉES. Famille de plantes vivaces herbacées, qui croissent dans les lieux humides et marécageux, sur les bords des étangs, des canaux et des rivières. Cette famille comprend notamment les joncs (V. ce mot). Les joncacées ne donnent qu'un mauvais fourrage.

JONQUILLE. (*Narcisse jaune.*) Plante de la famille des amaryllidées. Les jonquilles, qui croissent quelquefois dans les prairies du Midi, sont souvent cultivées comme plantes d'ornement. On les multiplie par leurs oignons. — V. *Narcisse*.

JOUBARBE. Plante grasse de la famille des grassulacées. La joubarbe croît sur les murs, sur les rochers, et surtout sur les toits en chaume. On lui attribue des propriétés astringentes; mais elle n'est généralement pas utilisée sous ce rapport en médecine vétérinaire. — V. *Sédum*.

JOUE. Région qui occupe le côté de la tête des animaux. Les joues remplissent, dans les animaux comme dans l'homme, un rôle important dans la mastication; elles concourent à ramener sous les dents mâchelières les aliments qui s'en écartent par le mouvement et la pression des mâchoires. Dans le cheval, les joues devront être bien accentuées, sans bosselure ni traces de cicatrices qui pourraient être l'effet de l'emploi de moyens curatifs de maladies, et notamment de la fluxion périodique des yeux.

JOUG. Pièce de bois disposée de manière à atteler les bœufs. Les jougs sont simples ou doubles : ils sont doubles lorsqu'ils joignent deux bœufs l'un à l'autre; ils sont simples lorsque chaque bœuf attelé est indépendant de son camarade. Le joug simple est plus favorable au développement de la force des animaux, parcequ'il leur permet d'agir isolément, et d'employer ainsi tous leurs moyens. Mais si ce joug a un avantage sur le joug double dans les labours et les chemins convenables, le joug double, qui fixe les bœufs l'un à l'autre, facilite les moyens de les conduire plus sûrement, de mieux les diriger dans les passages difficiles et très souvent dangereux dans les pays de montagnes, où les chemins sont mauvais et difficiles.

Les jougs doubles ou simples varient de forme et sont plus ou moins bien confectionnés, suivant les pays ou on les emploie.

JOUGLE. Lanière en cuir, plus ou moins élargie, qui sert à fixer les jougs à la tête ou aux cornes des bœufs.

JUCHOIR. (*Juc.*) Assemblage de perches disposé dans un poulailler, pour faire percher la volaille.

JUGULAIRE. Grosse veine située dans la gouttière de l'encolure. C'est à la jugulaire que l'on saigne généralement, avec une flamme, les animaux, notamment le cheval et le bœuf. Dans les animaux, particulièrement dans le cheval, la jugulaire peut être obstruée d'un côté de l'encolure, à la suite d'une maladie, d'un trombus, etc. On devra donc s'assurer si le sang circule dans ce gros vaisseau des deux côtés de l'encolure; il sera facile de s'en assurer en arrêtant avec la main le sang sur le passage de la jugulaire, et en faisant fluer ce liquide, qui, arrêté dans son trajet, fait grossir la veine. Dans le cas où cette veine serait obstruée, on devrait en tenir compte. Le retour du sang de la tête au cœur se ferait alors par une seule jugulaire, qui pourrait ne pas suffire, dans les allures vives surtout, et les animaux seraient menacés d'être frappés, dans ce cas, d'une attaque d'apoplexie cérébrale. — V. *Saignée, Trombus.*

JUJUBE. Fruit du jujubier. Les jujubes sont communes dans nos possessions d'Afrique; elles ont une saveur douce et sucrée assez agréable. On en fait souvent des tisanes adoucissantes pour l'homme; on les fait sécher, et on les livre ainsi au commerce.

JUJUBIER. Arbre de la famille des rhamnées. Le jujubier, très commun en Algérie, croît dans le midi de la France, où sa culture est plutôt un objet de curiosité ou d'agrément que de produit.

JULIENNE. Genre de plantes de la famille des crucifères. Les juliennes offrent peu d'intérêt au point de vue agricole. Quelques essais tentés pour la cultiver comme plante oléagineuse n'ont pas réussi. Les juliennes donnent quelques variétés qui fournissent des fleurs d'ornement pour nos parterres.

JUMART. Ce nom imaginé a été donné à un prétendu produit de l'espèce bovine croisée avec l'espèce chevaline ; une vision a pu seule donner lieu à une pareille erreur : un produit semblable est physiologiquement impossible, et n'a jamais existé.

JUMEAU, MELLE. Nom donné aux produits d'une femelle ordinairement unipare. On affirme que dans l'espèce bovine l'une des jumelles d'une double parturition reste stérile. J'ai observé moi-même un cas de ce genre; il serait intéressant et utile de vérifier si ce fait est toujours exact. Des cultivateurs me l'ont garanti comme constant et vrai.

JUMENT. V. *Poulinière*.

JURISPRUDENCE. La jurisprudence relative au commerce des bestiaux et à leurs vices rédhibitoires est réglée par la loi de mai 1838, et par les règlements et ordonnances concernant les maladies contagieuses. — V. *Contagion*, *Rédhibitoire, Vice*.

JUSQUIAME. Genre de plantes de la famille des solanées. Les jusquiames sont toutes vénéneuses, comme la plupart des plantes qui appartiennent à la famille des solanées. La couleur de leurs tiges et de leurs feuilles est ordinairement d'un vert sombre, obscur; leur odeur est vireuse, repoussante, ce qui les fait heureusement repousser par les animaux. Les espèces les plus communes sont la jusquiame noire et la blanche. La propriété narcotique de ces deux plantes les fait employer dans la médecine des animaux. On se sert surtout de leurs feuilles, vertes ou sèches, soit à l'intérieur, mais avec beaucoup de circonspection, contre les affections nerveuses, telles que le vertige, le tétanos, etc., soit à l'extérieur en lotions ou en cataplasmes pour calmer les douleurs; leur décoction est quelquefois donnée aussi en lavements dans les violentes coliques.

K

KANGUROO. Mammifère de l'ordre des marsupiaux, originaire de l'Australie. Les kanguroos fournissent plusieurs variétés qui pourraient être naturalisées en France. Leur chair est d'une excellente qualité; leurs peaux sont recherchées par la chamoiserie, et leurs poils servent à faire des feutres. Le kanguroo est acclimaté sur divers points de l'Europe, où il se reproduit comme dans sa patrie originaire. La Société zoologique d'acclimation ne saurait manquer de s'occuper, en France, de la multiplication de cet animal alimentaire.

KAOLIN. Nom donné à une matière feldspatique, argiliforme, qui sert à faire de la porcelaine. Nous avons en France plusieurs dépôts de kaolin. L'un des plus riches est celui de Saint-Yrieix, dans le Limousin; il est employé dans les fabriques des belles porcelaines de Limoges.

KENT (*Race de*). Race de moutons anglais. La race dite *New-Kent* a été importée en France pour faire des croisements avec quelques unes de nos espèces indigènes. Les résultats de ce croisement sont généralement peu connus des éleveurs. On ignore donc encore en France les avantages ou les inconvénients offerts à nos produits croisés par les Kent.

KERMÈS *minéral*. Préparation de soufre et d'antimoine. On emploie le kermès en médecine vétérinaire contre les maladies des voies respiratoires et des poumons. Il agit aussi sur la peau comme sudorifique. Suivant les doses, il provoque des vomissements ou des purgations. Ce médicament est toujours administré à l'intérieur.

KETMIE. Genre de plantes de la famille des malvacées. Les ketmies comprennent plusieurs variétés cultivées comme plantes d'ornement pour les fleurs qu'elles fournissent; elles sont connues sous les noms de mauve en arbre, d'althéa. Les plus cultivées de ces plantes sont la ketmie rose de la Chine, et celle de Syrie.

KILOGRAMME. Mesure de pesanteur qui équivaut à mille grammes ou à deux livres de l'ancien système des poids et mesures.

KILOMÈTRE. Mesure de longueur qui équivaut à mille mètres. Quatre kilomètres équivalent à la lieue de poste. — V. *Mètre*, *Métrique*.

KIOSQUE. Nom donné à une espèce de pavillon qui sert à orner nos jardins anglais et nos bosquets. On place ordinairement les kiosques sur des élévations naturelles ou artificielles, pour l'agrément du coup d'œil.

KIRSCH-WASSER. (*Eau de cerise*.) Liqueur obtenue par la distillation des cerises sauvages. En Franche-Comté, en Suisse, en Allemagne, on fabrique d'assez grandes quantités de kirchwasser livrées au commerce sous le nom de kirsch.

KOCKLANI. Nom donné à une variété très estimée du cheval arabe. Si le type du cheval arabe est en général assez connu en France, nous avons peu de données sur les caractères distinctifs des races diverses des pays où il est élevé; il en résulte pour nous une confusion qui ne nous permet pas de distinguer facilement les caractères propres aux diverses variétés de chevaux des différentes contrées de l'Asie qui les produisent. — V. *Arabe*.

KOESTSCH-WASSER. (*Eau de prune*.) Liquide qui a de l'analogie avec le kirsch, et qui est obtenu par la distillation des prunes. On fabrique cette liqueur dans plusieurs endroits, et notamment sur les bords du Rhin. Les kœstsch sont généralement peu estimés comme liqueur alcoolique.

KYSTE. D'un mot grec qui signifie *vessie*. Espèce de bourse qui se développe dans les tissus des animaux, notamment sous la peau. Le kiste contient des liquides variés, tantôt séreux, tantôt sanguinolents, quelquefois huileux, purulents, etc. La tumeur qu'on nomme éponge, et qui vient à la pointe du coude des chevaux, n'est souvent qu'un kyste. Le capelet est aussi quelquefois dû à la formation d'une tumeur de ce genre sur la pointe du jarret. On observe aussi les kistes sur les points où frottent les harnais. Pour faire disparaître ces sortes de bourses, on est obligé de les opérer, et souvent de cautériser la membrane qui les forme; sans cette précaution, elles se reforment après l'écoulement des liquides qu'elles contiennent.

Les injections faites avec des liquides irritants, caustiques, sont souvent employées pour détruire les membranes qui forment les poches des kystes.

L

LABIAL, LE. Les lèvres des animaux sont pourvues de muscles, de vaisseaux et de nerfs que l'on nomme labiaux. Le muscle labial forme sous la peau la base du pourtour des lèvres. C'est lui qui, par ses contractions, leur fait exécuter leurs mouvements divers et les maintient les unes contre les autres de manière à les tenir fermées. Dans le cheval comme dans le mouton et la chèvre, le muscle labial joue un rôle important pour la préhension des aliments, surtout pour saisir l'herbe des pâturages.

LABIÉES. Famille naturelle de végétaux dont les caractères

communs sont bien tranchés. Les labiées sont, de tout le règne végétal, les plantes qui ont le plus d'analogie entre elles, tant par les caractères essentiels qui les font toujours distinguer, que par le port et la disposition de leurs tiges, généralement carrées, la configuration de leurs feuilles opposées et de leurs fleurs, l'odeur aromatique qu'elles répandent, et leur composition chimique. Si, au point de vue de leurs qualités fourragères, les labiées n'occupent qu'un rang secondaire, les ressources qu'elles offrent à l'art de traiter les animaux les font classer parmi les plus intéressantes. Toutes ont des propriétés plus ou moins toniques et stimulantes; toutes peuvent être employées à ce titre, soit à l'intérieur, soit à l'extérieur, dans les maladies des animaux domestiques comme pour l'homme. L'huile essentielle qu'elles contiennent leur donne l'odeur qui les caractérise et qui les fait considérer de plus comme plantes assaisonnantes des fourrages, lorsqne leur mélange s'y trouve dans des proportions convenables; en excès, elles les rendraient trop aromatiques, trop stimulants. Les animaux de boucherie élevés dans les lieux pourvus de plantes aromatiques, telles que le thym commun, la lavande, le serpolet, la sauge, etc., ont la viande de bonne qualité et d'une saveur agréable. Les chasseurs, comme les gourmets, savent très bien distinguer, à la saveur et au fumet, un lièvre ou un lapin d'un pays où croissent des plantes aromatiques, surtout le thym. Les mêmes espèces d'animaux qui proviennent de contrées basses, humides, dont les plantes aqueuses sont sans saveur et sans mélange d'aromates, n'ont pas les mêmes qualités.

Les labiées les plus utilisées en médecine vétérinaire sont les sauges, les menthes, les lavandes, les romarins, les thyms et serpolets, les mélisses, etc. On les emploie en infusions dans le vin, dans le cidre ou dans l'eau, qu'on administre à l'intérieur comme breuvages contre les indigestions, l'inappétence, contre la pourriture du mouton, contre les vers intestinaux, contre l'atonie générale du tube digestif, qui est tonifié, stimulé par ce remède. On donne aussi avec les décoctions de labiées des lavements toniques contre des diarrhées opiniâtres; à l'extérieur on emploie les décoctions de labiées tantôt comme bains stimulants contre les engorgements des membres, tantôt en lotions ou injections sur des plaies de mauvaise nature, sur des tumeurs chroniques indolentes, pour y appeler la vie et provoquer leur résolution.

Les essences de lavande, de mélisse, sont aussi employées comme toniques en frictions sur les engorgements de toutes les parties du corps, lorsqu'ils sont passés à l'état chronique surtout.

La famille des labiées est très nombreuse, et l'on trouve de ses plantes dans tous les points du globe, surtout dans l'ancien monde, et à toutes les latitudes.

LABOUR. Travail d'ameublissement du sol. C'est par la charrue ou l'araire que se font généralement les labours dans la grande culture; ceux qui sont pratiqués à la bêche ou à la houe sont l'exception, ils se bornent à la très petite culture et à l'horticulture. De toutes les opérations agricoles, les labours sont les plus essentielles, les plus indispensables; elles sont la base de toutes les autres; mais les moyens de les faire varient nécessairement suivant une infinité de circonstances, et sont loin de répondre toujours aux besoins d'une manière convenable. Sauf quelques pays où l'agriculture est avancée, les instruments de labour sont encore généralement mal confectionnés en France; malgré les progrès incontestables que nous avons obtenus sous ce rapport, notamment depuis que les élèves de Roville, de Grignon et de Grandjouan ont répandu les bonnes méthodes enseignées par leurs maîtres, nous avons encore les neuf dixièmes au moins de notre sol mal labourés par de mauvais instruments qui n'ont pas les qualités indispensables à un travail convenable. La plupart de ces instruments, sans coutre et sans soc tranchant, et on peut dire sans versoir remplacé par des morceaux de bois appelés oreilles, déchirent la terre, ne coupent pas les racines des mauvaises plantes, et donnent beaucoup de tirage pour un résultat qui est loin de répondre au but. Telles sont ces mauvaises araires à long timon raide qu'on voit encore dans le midi de la France et dans les montagnes du centre, et qui n'ont pas été modifiées depuis les Romains. Ces araires simulent, par la barre de fer pointue qui sert de soc, et leurs oreilles en bois, une sorte de cône qui ne sert qu'à bourrer, à fouler ou déplacer la terre, sans la retourner. Le travail d'un bon instrument doit, autant que possible, imiter celui de la bêche; il doit trancher une bande de terre verticalement au moyen de son coutre, horizontalement au moyen de son soc, et la retourner avec son versoir. Ces opérations simultanées ne donnent pas plus de tirage, et le travail est incomparablement meilleur.

La profondeur des labours doit varier suivant la quantité de fumiers dont on peut disposer, et surtout suivant la nature du sous-sol. Des laboureurs sans expérience ont eu plus d'une fois à se repentir d'avoir enfoui la terre végétale et ramené à la surface une terre stérile qui compromettait leurs récoltes. Lorsqu'on veut approfondir les labours, on prendra donc la précaution de faire des essais d'abord, et de n'attaquer le sous-sol, même de bonne nature, que peu à peu, pour bien mélanger chaque année sa terre *neuve* à celle qui est en culture.

L'époque comme le temps favorable aux labours varient suivant les usages des pays et la nature des sols. Les praticiens de chaque localité savent parfaitement choisir, dans ce cas, les circonstances qui conviennent le mieux; mais il est une saison toujours favorable à l'ameublissement du sol, c'est celle qui précède les gelées. Nul ne conteste ce fait général, la pratique l'a sanctionné partout; les gelées en effet, par leur intermittence, soulèvent le sol, l'émiettent, et le rendent toujours très favorable aux ensemencements. Les labours sont faits en planches, en ados, ou en sillons plus ou moins larges, suivant la nature des terrains, et surtout suivant qu'ils sont secs ou humides et plus ou moins perméables. Les labours en ados, en sillons étroits, sont plus favorables à l'égouttement des champs et à l'écoulement des eaux pluviales. — V. *Ados*, *Araire*, *Bêche*, *Charrue*, *Planche*, *Sillon*.

LABOUREUR. Pris dans son acception rigoureuse, le mot *laboureur* s'applique à l'homme qui laboure une terre, aux bouviers, aux charretiers, qui exécutent des labours. En règle générale, un laboureur est un propriétaire ou fermier qui cultive lui-même; dans ce cas il est synonyme d'agriculteur. — V. ce mot.

LAC. La différence qui existe entre un lac et un étang ne saurait être toujours bien tranchée; cependant un lac contient de plus grandes masses d'eau, couvre de plus grandes étendues de terrain. Un lac n'est donc qu'un grand étang, qui offre les mêmes avantages et les mêmes inconvénients aux lieux où il se trouve. On observe souvent des lacs formés sur de hautes montagnes et alimentés par des sources d'eau vive ou la fonte des neiges. Les montagnes de la Suisse, des Alpes, des Pyrénées, de l'Auvergne, offrent des exemples fréquents de formation de ces masses d'eau. — V. *Étang, Marais.*

LACRYMAL, ALE. Qui a rapport aux larmes. On reconnaît l'appareil lacrymal, la glande lacrymale, le conduit lacrymal. L'œil avait besoin d'être toujours humecté pour que ses membranes ne fussent point irritées par le frottement des paupières, et pour que leur limpidité ne fût pas troublée. A cet effet, la nature a pourvu les organes de la vue d'un appareil sécréteur dont le travail non interrompu fournit les larmes nécessaires au but proposé. — V. *Humeur*, *Larmes*, *OEil.*

LACTATION. Fonction des mamelles par laquelle le lait est sécrété et excrété. Le mot *lactation* indique la fonction par laquelle les glandes mammaires fabriquent le lait avec le sang qu'elles reçoivent. Le mot *lactation* est aussi considéré comme synonyme d'allaitement. — V. *Allaitement, Lait*, *Mamelle*, *Sécrétion.*

LACTOMÈTRE. Instrument dont on se sert pour s'assurer de la qualité du lait et juger de ses propriétés butireuses ou caséeuses. On ne se sert guère du lactomètre que dans les marchés des grandes villes, pour tâcher de découvrir la fraudede ceux qui mêlent le lait avec l'eau, ou dans les fruitières, pour estimer les quantités relatives de fromage qu'il contient. — V. *Fruitière*, *Lait.*

LACTOSCOPE. D'un mot latin qui veut dire *lait*, et d'un mot grec qui signifie *examiner*. Le lactoscope est un instrument spécialement réservé à l'examen du lait sous le rapport de ses propriétés butireuses.

LACUSTRE. On nomme plantes lacustres celles qui croissent sur les bords des lacs ou des étangs. Les joncs, les massettes, les nénuphars, etc., sont des plantes lacustres.

LADRE (*Tache de*). Nom donné aux taches qui, dans les chevaux, se font quelquefois remarquer aux lèvres, autour des yeux et des ouvertures naturelles; elles se font distinguer par leur nuance ordinairement blanchâtre, différente de celle du fond de la robe.

Le mot *ladre* s'applique aussi au porc atteint de ladrerie. — V. *Ladrerie*.

LADRERIE. Nom d'une maladie particulière au porc. La ladrerie est causée par le développement de vers appelés cysticerques (V. ce mot) dans tous les tissus charnus des animaux. Cette affection est très obscure à son début, et l'on ne se doute pas de son existence. Dans les marchés, des praticiens nommés langueyeurs s'assurent si les animaux ne sont pas atteints de la ladrerie en examinant leur langue. Souvent l'existence de cette maladie se reconnaît à des points proéminents blanchâtres qui se trouvent surtout sur les côtés de cet organe.

Les causes de la ladrerie, comme son traitement, sont encore inconnus.

La viande d'un porc ladre prend généralement mal le sel, et ne se dessèche pas bien après la salaison; elle reste toujours plus ou moins humide et molle, et perd beaucoup à la cuisson.

LAGUNE. Espace de terrain formé par les bancs de sable et des îlots qui sortent à fleur d'eau sur les rivages de la mer ou à l'embouchure des fleuves. Les eaux, dans les lagunes, forment des flaques, de petits lacs circonscrits par les terrains ou des sables qui leur servent de digues naturelles.

Les lagunes des embouchures des fleuves pourraient quelquefois produire du bois; mais celles du littoral des mers sont généralement improductives, parceque leurs îlots ne sont formés ordinairement que de sables, sans terre végétale.

LAICHE. Genre de plantes de la famille des cypéracées. Les laiches ont les tiges généralement triangulaires. Leurs feuilles sont âpres, rudes au toucher, munies, sur les bords, de petites dentelures en forme de scie; elles ont du reste de la ressemblance avec les feuilles des graminées.

Ces plantes croissent dans les prairies humides tourbeuses. Quelques variétés se trouvent aussi dans des sols très secs; elles fournissent généralement de mauvais fourrages, durs, peu nutritifs. Les bestiaux les dédaignent, soit aux herbages, soit sous forme de foin qu'on leur donne en hiver.

On ne doit pas négliger de détruire les laiches des prairies par des assainissements, par des engrais ou des amendements tels que les cendres, les charrées, la chaux, les marnes, etc.

LAINE. Poil frisé fourni par l'espèce ovine, et employé par l'industrie pour la fabrication des draps, des étoffes ou de vêtements divers. La laine est un des produits les plus précieux de notre industrie agricole. De tout temps elle a attiré l'attention particulière des divers gouvernements de l'Europe, et jusqu'à ce jour la laine fine du mouton mérinos a été celle qui a le plus intéressé l'agriculture comme les manufactures, par l'emploi multiplié qui en a été fait, et les bénéfices qu'elle a donnés. Ce n'est que depuis la fin du siècle passé que la France élève des espèces mérinos en grande quantité; avant cette époque, nous étions tributaires de l'étranger pour ce produit, et c'est surtout l'Espagne qui nous le vendait pour alimenter nos fabriques de draps. — V. *Mérinos*.

Suivant les espèces et la manière dont on les nourrit, comme aussi suivant le régime hygiénique auxquels ils sont soumis, les troupeaux donnent des laines plus ou moins fines, avec des qualités plus ou moins estimées. Un mouton régulièrement et convenablement nourri, bien soigné, donne une laine dont le brin est uniforme, souple, élastique et résistant. Ces qualités sont recherchées pour faire de bons tissus. Les laines qui les possèdent font moins de déchet, soit au peigne, soit à la carde, et elles résistent mieux aux divers apprêts auxquels on les soumet avant d'être livrées au commerce, sous quelque forme que ce soit. Les objets qu'elles servent à fabriquer sont d'ailleurs d'un bon usage.

Lorsque les moutons sont mal soignés, au contraire, quand ils sont mal nourris, la laine devient sèche, plus ou moins cassante; elle manque de moelleux, d'élasticité, de résistance, fait beaucoup de déchet au travail, et les tissus qu'elle sert à fabriquer ne sont pas de durée. Il en est de même des animaux qui sont alternativement bien et mal nourris: le calibre du brin de laine est irrégulier, comme étranglé partiellement, et il en résulte à peu près les mêmes inconvénients que dans les cas de nourriture insuffisante.

La laine varie en couleur dans les races communes. Les laines noires, grises, rousses, que l'on remarque dans divers points de la France, servent à faire des étoffes communes pour habiller les ouvriers des campagnes et la grande majorité de nos populations rurales. Nos étoffes fines, teintes de divers couleurs, sont faites avec des laines blanches provenant en général des espèces mérinos ou de leurs métis.

Cependant la production de la laine mérinos est loin d'offrir désormais à l'agriculture les avantages qu'elle en retirait au commencement de ce siècle. Le prix élevé de cette laine de choix, avant que le mérinos fût aussi répandu qu'il l'est aujourd'hui en Europe, laissait de grands bénéfices aux cultivateurs ; il n'en est pas de même maintenant : la concurrence étrangère, d'une part, les procédés perfectionnés de fabrication des tissus, de l'autre, ont fait baisser les prix des laines de premier choix ; il en est résulté que beaucoup d'éleveurs de moutons à laine fine sont découragés ; ils songent à élever des espèces communes, moins exigeantes sous le rapport des frais d'élevage, et donnant cependant des bénéfices raisonnables, surtout comme animaux de boucherie. Je ne serais pas surpris que sous peu d'années, la production de la laine subît une modification profonde dans notre pays, au point de vue de sa finesse.

Le gouvernement a créé chez nous des bergeries pour étudier les moyens de faire des laines fines, ondulées ou droites, pour la carde ou le peigne ; c'est surtout à Rambouillet, à Alfort et à Gévrolles que les expériences ont lieu. — V. *Gévrolles*, *Mauchamp*, *Rambouillet*.

LAIT. Liquide blanc, légèrement visqueux, d'une saveur douce et sucrée, secrété par les glandes mammaires des femelles après la parturition. Le lait est la nourriture unique des nouveau-nés, surtout à l'état sauvage. La nature a soin de donner à ce liquide des propriétés spéciales, suivant l'âge et la force des jeunes animaux, comme suivant leurs besoins. C'est ainsi qu'après le part, le lait a une propriété purgative, afin de purger l'individu naissant, et de débarrasser son tube intestinal des matières qu'il contient et qu'on a nommées méconium. Pendant le premier âge des animaux le lait est abondant, mais séreux ; il est alors plus léger, moins nourrissant, d'une digestion plus facile, plus en harmonie avec la force digestive de l'estomac des nourrissons. Lorsque cet organe se développe et se fortifie, le lait sécrété diminue de quantité; mais il devient plus épais, plus nutritif. Enfin, quand le jeune animal peut se nourrir d'autres substances, et se passer de lait, la femelle n'en donne plus, elle se tarit.

Cependant la domesticité a modifié dans nos femelles domestiques, dont nous prolongeons la sécrétion du lait par la traite, cette marche régulière de la nature chez les animaux sauvages. Nous avons des vaches surtout qui donnent du lait pendant deux ans et plus après la parturition, chez des nourrisseurs qui ne les conservent que dans ce but. On a affirmé même que des vaches châtrées au moment où elles donnent du lait dans les meilleures conditions désirées continuent à le secréter dans ces mêmes conditions pendant toute leur vie. J'ignore si ce fait annoncé a été rigoureusement vérifié en France, mais on m'a assuré qu'il avait été observé en Amérique et en Suisse. — V. *Castration*.

Le lait est composé de trois parties bien distinctes : l'une d'elles se nomme crème, et sert à faire le beurre; la seconde est le caillé (*caseum*), il sert à faire le fromage ; la troisième prend le nom de *serum* (vulgairement petit-lait). On obtient la crème en laissant reposer le lait : comme cette substance est plus légère que les autres parties du liquide, elle monte à la surface et on l'écrème. Le caillé se sépare du petit-lait, ou se précipite par l'action des acides.

De toutes les substances qui concourent à la nourriture de l'homme et des animaux, le lait est la seule qui réunisse toutes les conditions d'une bonne alimentation. Ce liquide contient, en effet, tous les principes élémentaires nécessaires à la nourriture des animaux, et nous en avons la preuve dans les jeunes sujets qui croissent et se développent dans toutes les parties de leurs corps sans recevoir d'autre alimentation que le lait de leur mère. Le lait de vache est celui qui est le plus employé pour la nourriture de l'homme, soit qu'on le consomme en nature, soit qu'il serve à la fabrication du beurre ou du fromage. Dans ces divers emplois, il donne lieu à des industries très lucratives, d'une part, et, de l'autre, il fournit à nos populations rurales, surtout dans les pays producteurs de fourrages, un aliment sain et nutritif. Le laitage est même souvent, dans ce cas, la base de la nourriture des cultivateurs et des herbagers, somme on le voit en Auvergne, etc., etc.

Nous avons vu que le lait de la vache, comme celui des autres femelles, est d'autant plus séreux et abondant que l'époque de la parturition est plus récente. Ce liquide s'épaissit et diminue de quantité à mesure que sa sécrétion approche du temps où elle doit cesser : c'est une loi générale observée par la nature, qui n'a en vue que l'alimentation et la conservation du jeune sujet ; mais à l'état domestique, nous avons vu qu'il n'en est pas de même.

Le lait contenu dans les pis des vaches varie de qualité, quelle que soit du reste l'époque de la lactation à laquelle on l'examine. C'est ainsi que le premier qui sort des mamelles est le plus séreux ; le dernier, au contraire, est le plus riche en crème. On pourrait donc obtenir trois qualités de lait de la même vache et à la même traite. Le premier sorti serait le moins estimé, celui qui viendrait après serait meilleur, enfin le dernier serait de qualité supérieure. Cela s'explique : la traite n'a lieu généralement que deux fois par jour ; pendant le séjour du lait dans les vaisseaux lactifères du pis, la crème monte à la partie supérieure, comme elle le fait dans un vase où il est déposé, et le lait le plus séreux se trouve placé inférieurement et sort le premier du mamelon.

La même vache ne donne pas la même qualité ni la même quantité de lait à la même époque de l'année. Les laitières nourries au sec pendant l'hiver en donnent moins qu'au printemps, époque ou on les met dans les herbages ; alors la sécrétion de leur mamelle augmente par la consommation de l'herbe tendre. Le même phénomène se fait observer lorsque les vaches mangent le regain des prés après leur séjour dans les pacages d'été, où l'herbe a été plus ou moins dure, sèche et abondante.

Le genre de nourriture a donc une grande influence sur les quantités de lait obtenues d'une vache, comme aussi sur sa qualité. Du reste, les praticiens n'ignorent pas que ces deux conditions du lait sont loin de marcher toujours de front. Plus le lait est abondant en général dans une vache, moins il est riche en principes butireux et caséeux; dans ce cas, c'est le sérum qui domine.

Une vache bonne laitière se reconnaît à des caractères généraux et particuliers que nous avons signalés au mot *Vache.*

Après la vache, la chèvre est la femelle de nos animaux domestiques qui fournit le plus de lait; on emploie le plus ordinairement le lait de chèvre à faire des fromages, assez estimés.

La brebis fournit un lait de très bonne qualité; c'est avec son lait qu'on fait le fromage de Roquefort, si recherché dans le commerce et par les consommateurs.

Le lait d'ânesse n'est employé que comme remède adoucissant pour les personnes dont la poitrine est faible, et qui sont menacées de phthisie.

LAITERIE. Lieu disposé pour recevoir et conserver le lait dans les fermes. Les conditions indispensables d'une bonne laiterie sont la propreté et la fraîcheur. Le lait mal tenu, dans des vases qui ne sont pas bien appropriés, est susceptible de se cailler, de *tourner*. Une bonne ménagère devra donc avoir un soin tout particulier de sa laiterie, pour la préserver de la malpropreté, de la chaleur et des mouches. Par ce moyen, on pourra conserver le lait dans de bonnes conditions non seulement pour la vente, mais encore pour la fabrication du beurre ou du fromage. La Hollande, la Suisse, l'Allemagne, la Flandre, etc., se font surtout remarquer par la bonne tenue des laiteries.

Dans les montagnes de l'Auvergne et du Rouergue, où l'on fait pâturer des vaches laitières pour la fabrication du fromage, le buron sert de laiterie. — V. *Buron, Fromage, Lait, Montagne.*

LAITIÈRE. Vache laitière. V. *Vache.*

LAITRON. Genre de plantes de la famille des composées. Les tiges de laitron contiennent un suc laiteux; ce caractère leur est particulier. Les laitrons fournissent du reste un bon fourrage, recherché par les bestiaux.

LAITUE. Genre de plantes de la famille des composées. Les laitues comprennent plusieurs variétés sauvages; on en cultive dans nos jardins, pour faire des salades, sous le nom de laitues pommées, frisées, sous celui de laitue romaine, de chicon, etc.

On fait cuire aussi les laitues, dans les ménages, et on les consomme comme légumes, préparées de diverses manières.

Dans les fermes, on donne les laitues montées aux porcs, qui en sont très friands; tous les bestiaux les mangent aussi avec plaisir. Elles forment l'un des genres les plus intéressants de la famille des composées.

Une variété de laitue est connue sous le nom de laitue vireuse; on la classe parmi les plantes vénéneuses. On en en obtient une préparation pharmaceutique qu'on appelle thridace. Cette substance a quelque analogie avec l'opium par ses effets narcotiques; mais elle est encore peu employée, surtout pour les bestiaux.

LAMA. Genre de mammifère de l'ordre des ruminants. Le genre lama, originaire du Pérou, habite les montagnes des Cordilières. Il comprend trois espèces, qui sont le lama, l'alpaca et la vigogne. Ces trois animaux vivent dans des pays froids, à une élévation de 3,000 mètres et plus au dessus du niveau de la mer. Nos climats du nord et des hautes montagnes du centre ne seraient donc pas un obstacle à leur acclimatation. Le lama est domestiqué en Amérique depuis des temps inconnus. « Lors de la » découverte de l'Amérique, dit M. Isidore Geoffroy Saint-Hi» laire dans son remarquable rapport au ministre sur la domesti» cation et la naturalisation des animaux utiles, les Européens » y trouvèrent, avec le chien, qui s'est rencontré partout, deux » espèces seulement d'animaux domestiques, le cochon d'Inde » et le lama. Soixante ans étaient à peine écoulés que l'inutile » cobaie était naturalisé en Europe. Après quatre siècles presque » accomplis, nous attendons encore le lama, lui à la fois bête » de somme, bête laitière, excellent animal de boucherie, et » surtout chargé d'une laine que son extrême abondance dans » quelques races, sa finesse dans l'une d'elles, rendent égale» ment précieuse. »

L'idée de l'acclimatation du lama en France n'est pas nouvelle. Vers le milieu du siècle passé, au moment où Daubenton commençait ses études expérimentales sur la naturalisation du mérinos, que l'on n'avait jamais pu acclimater en France avant lui, Buffon faisait ressortir toute l'importance de l'acclimatation du lama, et si un incident fâcheux n'était survenu, peut-être aurions-nous acquis presqu'en même temps, pour notre agriculture et notre industrie, deux animaux également précieux : le mérinos, qui a été pour la France une source de richesses incalculables (V. *Mérinos*), et le lama. Voici comment M. Isidore Geoffroy Saint-Hilaire raconte, dans l'ouvrage que je viens de citer, ce fait déplorable : « Après Buffon vient l'abbé Béliardy; » un long séjour en Espagne l'avait mis à même de recueillir de » nombreux documents sur le lama, l'alpaca et la vigogne. Il » insiste sur l'utilité de l'importation de ces animaux, et aussitôt » Buffon reprend l'idée dont il avait eu l'initiative. Il s'unit à Béliardy, adopte, reproduit son travail; plus que septuagénaire, » il retrouve, pour rendre encore un service à son pays, l'ardeur de la jeunesse, intervient à plusieurs reprises auprès du » gouvernement, et il est sur le point d'obtenir qu'un essai soit » tenté. Mais on consulte un haut fonctionnaire administratif : Il » est impossible, dit celui-ci, que le lama vive sans l'ycho et les » autres herbes des Cordilières, et d'ailleurs des expériences faites ont échoué. En vain l'abbé Bexon réfute-t-il victorieusement ces deux objections, tout est arrêté, et Buffon se retire » attristé, mais toujours convaincu. *Je persiste, dit-il, à croire » qu'il serait aussi possible qu'utile de naturaliser chez nous ces » trois espèces d'animaux si utiles au Pérou.* »

Après les efforts de Béliardy et de Bexon, viennent les tentatives de l'impératrice Joséphine pour doter notre pays du lama. Cette princesse avait pu se procurer en Amérique un troupeau assez considérable de lamas; mais les événements de la guerre empêchèrent ces animaux d'arriver en France, et cette tentative, qui aurait pu être si fructueuse sous le patronage de l'impératrice, échoua.

Enfin le duc d'Orléans voulut aussi acclimater le lama et l'alpaca en France comme en Algérie. Il avait chargé un naturaliste voyageur, M. de Castelnau, qui devait explorer l'Amérique, d'acheter un troupeau de ces animaux et de les envoyer en France. Le troupeau fut acheté en effet, et, quand il fut prêt à être embarqué sur des bâtiments de l'état, les commandants des navires n'avaient pas reçu l'ordre de recevoir ces animaux pour les transporter en France, et ils restèrent en Amérique.

Des essais d'acclimatation du lama ont été faits dans ces derniers temps d'une manière plus absolue, sinon plus heureuse. Le 14 septembre 1849, M. Lanjuinais, ministre de l'agriculture, demanda à M. Isidore Geoffroy Saint-Hilaire des instructions pour l'achat d'un troupeau de lamas et d'alpacas composé de deux cents têtes, et le pria en même temps de lui désigner une personne de confiance pour ramener ces animaux en France au moyen des bâtiments de l'état. Pendant que ce projet était en voie d'exécution, la vente d'un troupeau de lamas et d'alpacas qui avaient été élevés en Hollande par les soins du roi Guillaume II fut arrêtée. M. le ministre de l'agriculture profita de cette heureuse circonstance, et pria M. Isidore Geoffroy Saint-Hilaire d'aller en Hollande acheter ces animaux; la vente eut lieu le 3 octobre 1849. Le savant professeur du Muséum d'histoire naturelle se rendit à La Haie, accompagné de M. Florent Prévost, son aide naturaliste. Le troupeau de lamas et d'alpacas fut acheté, et ramené en très bon état à Paris par M. Florent Prévost. Ce troupeau séjourna pendant un mois et demi au Muséum, où nous avons plus d'une fois eu occasion d'admirer la beauté et l'état de santé des individus qui le composaient; il fut ensuite conduit à l'Institut de Versailles, lieu où il devait recevoir les soins nécessaires à son acclimatation et à sa multiplication. Mais malheureusement encore cet essai devait être infructueux : les lamas se portèrent bien pendant une année, la plupart des femelles avaient mis bas leurs petits dans de bonnes conditions. Cependant tout le troupeau, comme ses nouveaux produits, périrent tous quelque temps après, et un rapport officiel, résultant d'une enquête sérieuse, constata que ces animaux étaient morts phthisiques par défaut de soins hygiéniques, compliqué d'une alimentation insuffisante et de mauvaise nature. Cet incident, arrivé dans un établissement d'enseignement comme l'Institut agricole de Versailles, fut regrettable à plus d'un titre; mais il ne prouve rien contre la possibilité de l'acclimatation du lama et de l'alpaca. Les sujets qui composaient le troupeau de Versailles avaient été élevés en Hollande dans des parages humides, *au dessous du niveau de la mer*, comme le fait si judicieusement remarquer M. Isidore Geoffroy Saint-Hilaire. Ils auraient donc très bien prospéré à Versailles s'ils y avaient reçu les soins ordinaires donnés aux autres animaux.

Le Muséum d'histoire naturelle de Paris a été plus heureux que

Versailles : les lamas que l'on y admire y vivent et s'y multiplient parfaitement, quoique enfermés dans un enclos trop étroit. J'y ai observé de jeunes sujets dont la croissance était d'une grande rapidité, et nous n'avons pas, parmi nos animaux domestiques, de jeunes individus qui se développent dans de meilleures conditions de force, de vigueur et de santé, preuve évidente que l'acclimatation, comme la multiplication du lama, est facile en France, et qu'on peut en faire l'épreuve avec la certitude de réussir.

Du reste, nous ne tarderons pas à avoir la preuve de ce que je n'hésite pas à avancer ici. La Société zoologique d'acclimatation compte dans son sein plusieurs membres qui font venir à leurs frais des lamas et alpacas du Pérou. Grâce à cette initiative toute patriotique, nous espérons que notre agriculture comme notre industrie verront augmenter le nombre des animaux industriels et alimentaires qui pourront concourir à leur prospérité.

Du reste, il ne faut pas s'étonner des insuccès de l'acclimatation du lama et de l'alpaca. Pendant cent ans entiers, depuis Colbert jusqu'à Trudaine, l'acclimatation du mérinos échoua en France, malgré tous les essais tentés pour sa réussite. Aujourd'hui nous avons des moyens d'action plus rapides et plus rationnels, et la science de Buffon et de Daubenton, vulgarisée par les travaux pratiques et la publication de la Société zoologique d'acclimatation, rendra plus faciles, comme plus fructueuses, toutes les expériences qui se feront désormais sur la naturalisation et la multiplication d'espèces diverses d'animaux utiles.

Les qualités de la laine du lama, surtout de l'alpaca, sont de jour en jour mieux appréciées par l'industrie, et c'est surtout l'Angleterre qui a pris l'initiative sous ce rapport. D'après les recherches faites par M. Isidore Geoffroy Saint-Hilaire, l'importation de la laine de l'alpaca s'est accrue de trois cents pour cent en Angleterre, où les industriels sont si bons juges en cette matière. Ainsi les quantités de laines d'alpaca reçues à Liverpool furent :

En 1835 de	8,000	balles pesant	environ	262,600 kil.
En 1836 de	12,800	—	—	420,150
En 1837 de	17,500	—	—	574,400
En 1838 de	25,765	—	—	845,700
En 1839 de	34,543	—	—	1,133,850

Dès 1840, nos fabriques du Nord ont commencé à employer les laines d'alpaca pour la fabrication d'étoffes livrées aujourd'hui au commerce. La France est donc tributaire de l'étranger pour ces laines, comme elle l'était avant les travaux de Daubenton pour les laines du mérinos ; on comprend donc de quelle importance est pour nous l'acclimatation des espèces du genre lama, et quels services rendra au pays la Société zoologique d'acclimatation en le dotant de ces précieux animaux.

LAMIER. Genre de plantes de la famille des labiées. On connaît vulgairement sous le nom d'ortie blanche le lamier blanc. Les lamiers sont communs en France ; ils croissent le long des murs et des haies ; les animaux les consomment, sans les rechercher.

LAMPAS. Nom donné par des empiriques à une prétendue maladie qui aurait son siége au palais des chevaux, par suite de l'épaississement de la muqueuse de cette partie. On déchire cette muqueuse en arrière des incisives avec la pointe d'une corne de chamois, pour y faire une saignée. La science de la médecine des animaux a fait justice de cette pratique. Lorsqu'une affection de la bouche se déclare, on la traite d'une manière rationnelle. Une irritation qui détermine le gonflement de la membrane buccale est combattue par un régime adoucissant ; le plus souvent des remèdes simples suffisent pour obtenir une guérison radicale. Quand la saignée est exigée, elle doit être pratiquée méthodiquement.

LANDAIS (*Cheval*). Le petit cheval landais, élevé dans les landes de Gascogne, forme une race qui s'est conservée de temps immémorial avec ses caractères propres à la localité qui le produit. Si cette race ne s'est pas améliorée, elle ne s'est pas abâtardie par l'influence malheureuse de croisements inconsidérés, comme la majorité des autres espèces de chevaux légers, tels que ceux de l'Auvergne, du Limousin, de la Navarre, du Morvan, etc. ; ces petits chevaux ont fait comme ceux de la Camargue : ils sont restés ce qu'ils furent, tels que les a faits l'agriculture du lieu, dont ils sont la conséquence. Dans les Landes, comme partout ailleurs, les animaux de toutes les espèces subissent les conditions bonnes ou mauvaises des lieux où ils sont produits.

Grands, forts, bien développés, dans les lieux où une riche culture peut leur fournir une alimentation abondante, ils restent chétifs et rabougris, quoi qu'on fasse d'ailleurs, si les conditions de leur alimentation insuffisante ne sont pas modifiées, si elles restent les mêmes. Cette règle, malheureusement trop ignorée, ne souffre pas d'exception; on la retrouve partout la même, toujours appliquée dans toute sa rigueur, toujours inflexible; et si nous avons eu tant de mécomptes sur le perfectionnement de nos races diverses, c'est parceque, méconnaissant cette loi immuable de la nature, nous nous sommes mis en opposition avec elle.

Le cheval landais, malgré sa petite taille, qui ne dépasse guère celle de 1 mètre 20 à 25 cent., est remarquable par sa vigueur, sa sobriété, sa souplesse, sa résistance au travail. On ne croirait jamais tout ce que ce petit animal, si petit, et d'apparence si chétive, est capable de supporter de fatigues et de privations; qu'il soit employé à la selle, à la somme, à traîner de petites voitures ou aux travaux agricoles, on le retrouve toujours le même, aussi ardent au travail que propre à résister long-temps à ses conséquences. Chez ces petits chevaux, les membres surtout, bien articulés et bien musclés, résistent admirablement à tout ce qu'on exige d'eux, et on les voit rarement tarés.

Dans la lande où il naît, le petit cheval qui nous occupe coûte peu à élever; vivant le plus souvent dehors et à l'état demi-sauvage, il se nourrit des maigres végétaux que lui fournit le sol aride qu'il parcourt, et ce n'est que lorsqu'on veut l'exposer en vente qu'on lui donne pendant quelque temps un petit supplément de nourriture, pour le mettre un peu *en état*.

Cependant il ne faudrait pas supposer que la petite race de chevaux landais forme un type condamné à rester rabougri par nature, comme quelques autres espèces d'animaux domestiques; l'observation a toujours prouvé que ces animaux ne doivent leur défaut de taille et de développement qu'au manque de soins et de nourriture. Cela est si vrai que, lorsqu'ils sont vendus dès l'âge de deux à trois ans à des propriétaires qui les nourrissent bien, ils croissent et se développent beaucoup plus que s'ils étaient restés à paître dans leurs landes; du reste, ce fait se remarque aussi dans les chevaux camargues, à peu près soumis au même régime d'élevage. Je ne crains pas d'affirmer que, si l'agriculture des landes progressait, comme elle pourrait le faire au moyen d'améliarations foncières, d'amendements, d'engrais, de bons labours et d'arrosements appropriés, le cheval landais prendrait non seulement plus de taille, mais formerait une de nos bonnes races de chevaux légers, et que la cavalerie légère y trouverait de grandes ressources pour les remontes.

Comme partout ailleurs, on a cherché à croiser le cheval landais avec des espèces plus grandes, plus développées; mais, comme ailleurs, on a eu des déceptions pour résultat. Comprend-on une jument landaise, petite, chétive, livrée à un grand étalon haut-monté, de race normande, anglaise, etc.? Peut-on concevoir que des hommes sérieux aient pu conseiller de pareils croisements pour augmenter la taille des produits, sans rien ajouter à leur nourriture habituelle dans le pays? Aussi qu'est-il résulté d'une pareille erreur? Il en est résulté de malheureux animaux qui n'avaient ni les qualités du père, ce qui se conçoit facilement, ni celles de la mère, ni celle de la race indigène, toute chétive qu'elle est; ces produits décousus, sans harmonie dans les formes, sans énergie et sans valeur commerciale, n'ont pas tardé à faire comprendre aux crédules que sans modification de l'alimentation, il ne fallait pas songer à la modification de l'espèce locale, et qu'il fallait la conserver telle qu'elle est, avec ses défauts et ses qualités, si les progrès de l'agriculture ne viennent pas fournir des moyens assurés, mais uniques, de la perfectionner.

Le prix des chevaux landais varie de 100 à 200 fr., et même plus, suivant que l'agriculture y est plus ou moins avancée et permet de les nourrir plus ou moins bien. Ils sont ordinairement soumis au service de la selle; on les attelle aussi à de petites voitures, qu'ils traînent avec beaucoup de rapidité; ils n'est pas rare de voir dans les villes, même à Paris, de petits attelages de chevaux landais dont on admire la pétulance et la vitesse des allures.

Les caractères qui distinguent les chevaux landais ont fait penser que ces animaux sont d'origine orientale. Voici ce que dit à ce sujet M. Goux, l'un des vétérinaires les plus distingués du Midi : « Le cheval landais est connu par sa petite taille et sa résistance à la fatigue. Tout en lui est nerf, vigueur et souplesse;

tout, dans ce corps chétif, annonce une organisation de feu, héritage du sang oriental que lui ont légué les ancêtres arabes dont il descend. »

» Nous trouvons dans l'histoire la preuve de cette noble descendance.

» Les Landes, en raison de leur désolante stérilité, ont dû être habitées après les régions voisines; elles ont tiré leurs chevaux de la Navarre, pays fertile et peuplé avant elles. Sous l'influence d'un climat nouveau et sur une terre ingrate où ils n'ont trouvé qu'une alimentation insuffisante, ces animaux ont été modifiés, et ces modifications ont été d'autant plus sensibles, qu'ils se sont plus éloignés des lieux d'où était sortie la souche paternelle. Les meilleurs chevaux landais viennent en effet des parties des Landes les plus rapprochées de la Navarre et de l'ancien Armagnac.

» Maintenant d'où sortait la race chevaline élevée dans ces provinces ? L'Arabie l'avait fournie, sans aucun doute, par deux souches distinctes, et à deux époques éloignées : la première au VIIIe siècle, lorsque les Maures tentèrent la conquête de la France; la seconde, lorsque les croisés revinrent de l'Orient.

» Ainsi, les probabilités historiques font remonter l'origine du cheval landais à l'Arabie, ou, si l'on aime mieux, au cheval oriental. Il tient aussi de ce dernier quelques qualités brillantes; sa tête petite et carrée, son œil vif et intelligent, sa crinière soyeuse, son garrot saillant, les articulations larges et son pied solide, sont autant de caractères propres aux races orientales..... »

Telle est l'opinion de M. Goux sur l'origine du cheval landais, dont il a fait une étude toute spéciale sur les lieux mêmes. Si par suite du défaut d'alimentation cette race est arrivée au degré de dégénération où elle est aujourd'hui, ce qui n'est pas douteux pour nous, nous ne doutons pas non plus du perfectionnement auquel on pourrait l'élever par le simple emploi d'une nourriture suffisante et par de bons accouplements ou des croisements bien raisonnés, bien adaptés.

Tels seraient les moyens bien simples de perfectionner le cheval landais et d'en faire un animal d'un service plus étendu en lui donnant plus de taille et plus de force; mais parviendra-t-on jamais à les mettre en pratique ? Il y a des siècles que cette amélioration est désirée; elle se fera probablement attendre long-temps encore. En France, les progrès de cette nature sont si lents à se réaliser, malgré les besoins pressants que nous en avons !

LANDES. Terres incultes, le plus souvent couvertes de bruyères, d'ajoncs, de genêts, etc , dans la majeure partie de leur étendue. Les landes occupent la plus grande surface de nos neuf à dix millions d'hectares de terrains improductifs; les provinces qui en ont le plus sont la Bretagne, la Sologne, et la partie de la Gascogne connue sous le nom de Landes.

La production des landes est presque nulle; il serait cependant possible d'y faire croître au moins du bois. Les essais faits sur divers points au moyen d'essences résineuses l'ont prouvé; non seulement on peut retirer par ce procédé un revenu avantageux des landes, mais les détritus du bois engraissent leur sol et le fertilisent. Les praticiens savent par expérience que les plantations ou les semis sont les moyens les plus fructueux et les plus économiques à employer pour ces terrains incultes. Ce fait a été surtout constaté à Grand-Jouan, par son habile directeur, M. Rieffel, qui ne manque pas de le signaler à ses élèves.

Plusieurs causes réunies peuvent contribuer à la stérilité des landes. Cette stérilité peut résulter de la mauvaise composition du sol, qui ne contient pas les éléments nécessaires à une bonne végétation. Dans d'autres cas, elle peut être due à l'imperméabilité du sous-sol, qui retient les eaux, cause la formation de marécages insalubres, qui empêchent toute végétation, d'une part, et exhalent, de l'autre, des miasmes délétères pour l'homme comme pour les animaux. La science de l'agriculture peut remédier peu à peu à ces inconvénients et rendre aux landes la fertilité qui leur manque. D'abord, lorsque leur sol n'est pas humide, on a remarqué que l'emploi des amendements calcaires produit des effets merveilleux. On a rendu à la culture, par de bons chaulages et des marnages convenables, lorsqu'il a été possible de les pratiquer dans de bonnes conditions économiques, de grandes étendues de landes qui n'avaient donné de tout temps que des bruyères ou des ajoncs. Ces sols sont aujourd'hui soumis à des cultures régulières et productives; les landes de la Sologne, surtout, offrent de nombreux exemples de ce fait.

Quant aux sols aqueux imperméables, il est probable que le

drainage, que l'on se dispose de pratiquer aujourd'hui en France sur une vaste échelle, provoquera une heureuse révolution dans les défrichements des landes qui ne demandent que des assainissements pour être productives. Le vieux proverbe qui a dit du sol des Landes : *Lande tu as été, lande tu es et lande tu seras*, pourrait bien avoir tort lorsque le pays sera bien éclairé sur l'art de cultiver la terre, et que les capitaux y trouveront un bénéfice raisonnable, surtout des garanties que les grandes spéculations industrielles et commerciales sont loin d'offrir toujours, notamment dans les crises politiques qui ont caractérisé ce siècle.

La facilité des transports des amendements par les chemins de fer, la faveur récente accordée par leurs administrations au transport des tuyaux de drainage que l'on fabrique en grande quantité dans divers points de la France où ils peuvent être employés, contribueront beaucoup au défrichement de tous nos terrains incultes. Déjà la Sologne commence à se ressentir de cette heureuse influence, et nous espérons que dans quelques années nous n'aurons pas la douleur de voir aux portes de la capitale, et sous un climat heureux, des étendues immenses de terre improductive, dont la population chétive et fiévreuse attriste tous ceux qui sont témoins de ses misères.

LANGUE. La langue est un des organes les plus indispensables à la vie des animaux, surtout des herbivores. Non seulement elle concourt à la déglutition des aliments et à leur mastication en les poussant sous les mâchelières à mesure qu'ils s'en écartent, mais encore elle sert, dans le bœuf surtout, à saisir les fourrages, et remplace ainsi le défaut de mobilité de ses lèvres. Chez ce ruminant aussi, la langue est armée de petites papilles cornées, dirigées en arrière, surtout dans sa partie mobile. Cette disposition la rend très propre à saisir l'herbe et le fourrage.

La langue est l'organe essentiel du goût. Lorsque l'animal, trompé par sa vue et son odorat, prend un *mauvais morceau*, comme on dit vulgairement, la langue ne tarde pas à le distinguer au goût; elle le repousse alors et le rejette. Cet organe sert de plus à boire aux animaux, en faisant les fonctions de piston dans la bouche, et en formant ainsi le vide. Dans le chien et le chat, elle sert de cuiller pour prendre les liquides.

On peut juger, d'après ces fonctions, de quelle importance est la langue et sa mobilité dans les animaux. — V. *Déglutition*, *Mastication*.

LANGUEUR. État d'un animal qui dépérit, malgré tous les soins qu'on puisse lui donner. La langueur est la conséquence d'une cause inconnue ou d'une maladie grave et lente dans sa marche; il importe d'étudier et de reconnaître son origine, afin d'y remédier ou de prendre un parti conforme aux intérêts des propriétaires des animaux qui en sont atteints.

LANGUEYAGE. Examen de la langue du porc afin de découvrir les caractères de la ladrerie. — V. *Ladrerie*.

LANGUEYEUR. Praticien qui a l'habitude d'exercer le langueyage.

LANGUISSANT. Animal languissant, atteint de langueur. — V. ce mot.

LANTERNE. Une bonne lanterne est un meuble indispensable au cultivateur, qui doit tout voir dans sa propriété, tout surveiller, de nuit comme de jour. Dans une exploitation bien tenue, les lanternes sont toujours bien entretenues, toujours prêtes à être allumées et à être employées. Avec elles, on peut faire des visites dans les étables et écuries, sans craindre les incendies. Les lanternes les plus commodes sont celles qui sont formées avec un globe en verre à deux ouvertures, auxquelles s'adaptent des montures en cuivre qui portent un lampion et une anse. On fabrique aujourd'hui ces lanternes à bon marché.

LAPIN. Petit mammifère du genre lièvre et de l'ordre des rongeurs. Nous avons en France le lapin sauvage et le domestique, dont on a formé plusieurs variétés. Ce petit animal se multiplie très rapidement; le temps de la gestation n'est que d'un mois. Dans quelques contrées où l'on n'élève pas de volaille, il peut être d'une grande utilité pour les besoins de la table, surtout dans les campagnes éloignées des marchés.

Le lapin sauvage fait souvent de grands dégâts aux plantations et aux récoltes sur la lisière des forêts, surtout quand il s'y trouve en abondance. — V. *Garenne*.

LARD. Le lard est la partie graisseuse qui se trouve sous la peau du porc; sa couche est plus ou moins épaisse, suivant que l'animal est plus ou moins fort et gras. Dans nos campagnes, on sale le lard, puis on le fait sécher pour le conserver; il sert à faire cuire des légumes, à faire la soupe, etc. On le donne même comme portion de viande aux ouvriers agriculteurs. De toutes les substances animales, le lard est une de celles qui offrent le plus de ressources aux ménagères, dans nos populations rurales.

LARME. Pour conserver son intégrité et sa limpidité, l'œil a toujours besoin d'être humecté sur toute sa surface libre: pour cette fin, la nature a pourvu la partie supérieure de cet organe d'une petite glande appelée lacrymale; celle-ci, sécrétant toujours les larmes, les verse sans cesse au moyen de petits canaux sur la surface du globe de l'œil exposée à l'air. Par leurs mouvements en quelque sorte instinctif, les paupières concourent à les répandre et à lubrifier ainsi leurs surfaces internes, comme celles qu'elles recouvrent. Les larmes, coulant dans la partie la plus déclive des yeux après les avoir arrosés, se rendent à l'angle nasal de l'œil. Là se trouve un véritable dégorgeoir, pourvu d'un canal qui les conduit dans les naseaux. En se volatilisant dans ces cavités, les larmes concourent encore à y entretenir une humidité essentielle aux muqueuses qui les tapissent; par ce moyen, non seulement la nature fait remplir aux larmes un double but, mais elle prévient leur écoulement au dehors, ce qui aurait causé une irritation permanente et des érosions sur la peau de la face des animaux.

Lorsque l'œil est irrité, soit par des gaz tels que l'ammoniaque, le chlore, etc., soit par de la poussière, de petits graviers, ou une maladie inflammatoire, les larmes, sécrétées en abondance, le mouillent comme pour le débarrasser des corps qui l'irritent, et protéger sa surface. Dans ce cas, le dégorgeoir naturel est insuffisant; son calibre ne permet pas le passage de tout le liquide lacrymal, et il s'écoule au dehors. Si, par suite d'accident ou de maladie, l'ouverture de ce canal de dérivation est bouchée, les larmes coulent sur le chanfrein des animaux, et occasionnent la chute des poils sur leur passage; elles causent dans ce cas à la peau une irritation d'autant plus difficile à faire disparaître que la cause qui la produit est permanente. Dans l'homme on pratique une opération (l'opération de la fistule lacrymale) pour déboucher le canal lacrymal. Dans les animaux, cette opération n'a pas été faite, que nous sachions, avec succès.

LARMOIEMENT. Ecoulement de larmes. Le larmoiement des animaux indique toujours une irritation des yeux, quelle que soit la cause qui le détermine. Dans les ophtalmies il y a toujours une plus grande sécrétion de larmes qu'en l'état naturel. — V. *Larmes.*

LARVE. Nom donné aux insectes après leur sortie de l'œuf, jusqu'à ce qu'ils soient à l'état de chrysalide. C'est à l'état de larve (*chenille*), ordinairement très vorace, que les insectes nuisibles font tant de ravages et dévorent à l'agriculture pour trois cents millions au moins de produits végétaux, sur pied ou en magasin.

Les larves varient de développement comme de formes, suivant les espèces, et chacune d'elles vit sur des corps différents et particuliers, qui lui servent d'aliments. Ainsi les larves des grosses mouches, qui déposent leurs œufs dans la viande, vivent de cette nourriture; celles du hanneton (ver blanc) rongent les racines des végétaux. Le ver à soie, que nous élevons aujourd'hui en France, et qui est la larve d'un bombix, vit de feuilles du mûrier, tandis que d'autres larves vivent dans le corps même de certains animaux. — V. *Ichneumon, Insectes.*

LARYNX. Le larynx est un organe composé de plusieurs pièces cartilagineuses ajustées l'nne à l'autre; il termine la partie supérieure de la trachée-artère, en formant un véritable instrument à vent, et il est l'organe essentiel de la voix, dans l'homme comme dans les animaux. Le larynx des oiseaux chanteurs, dont ils tirent de si merveilleux sons, offre des particularités très remarquables.

LATENT. D'un mot latin qui signifie *caché*. Une maladie cachée, dont les symptômes obscurs ne précisent pas les caractères, est appelée latente en médecine des animaux. Ces affections sont d'autant plus difficiles à guérir, que leur siége comme les causes qui les ont déterminées sont inconnus.

LATEX. Nom donné à un liquide contenu dans les végétaux, et dont les fonctions ne paraissent pas encore déterminées d'une manière absolue. C'est du latex extrait par incision de certains végétaux de la famille des euphorbiacées qu'on obtient, dans les pays chauds, le caoutchouc, dont les usages sont si multipliés aujourd'hui. — V. *Caoutchouc.*

LATICIFÈRES. Nom donné aux vaisseaux des végétaux qui contiennent le latex. — V. *Latex.*

LATITUDE. Distance d'un point du globe à l'équateur: Cette distance est graduée de manière à pouvoir reconnaître les divers lieux de la terre que l'on veut désigner. Le mode de végétation des plantes, comme leur nature, varie suivant le degré de latitude où elles croissent; ainsi, on trouve près de l'équateur, sous la zone torride, des végétaux qu'il serait impossible de cultiver dans le voisinage des pôles ou sur les montagnes élevées. Ce fait, observé partout, explique très bien pourquoi l'agriculture doit varier suivant les pays où elle est pratiquée; souvent même les plus petites distances exigent des modifications dans le mode de culture comme dans le choix des espèces de plantes à cultiver. C'est ainsi que, dans le midi de la France, on cultive l'olivier avec succès sur quelques points, tandis qu'il est impossible de l'obtenir sur d'autres. Ce que je dis de l'olivier s'applique à la vigne, au maïs, etc., à diverses plantes cultivées qui, réussissant admirablement sous tel degré de latitude, ne sauraient être adoptées sous les autres. Aussi, lorsqu'on importera des végétaux, comme des animaux, pour les naturaliser et les multiplier, il faudra toujours chercher à connaître les conditions climatériques de leur patrie originaire, pour savoir si celles qu'on leur offrira pourront être un obstacle à leur adoption.

Au point de vue agricole comme à celui de la végétation, les montagnes offrent les mêmes conditions que les divers degrés de latitude du globe. Suivant leur élévation et les pays où elles sont, elles peuvent représenter à leur base le climat de la zone torride; sur le milieu de leur hauteur, celui des zones tempérées; et enfin à leur sommet, les climats des zones glaciales; il résulte de ce fait que les conditions climatériques sont modifiées sur les montagnes suivant l'élévation des points où l'on se trouve.

L'agriculture doit donc varier suivant les mêmes conditions; aussi observe-t-on quelquefois, en partant du pied de certaines montagnes, comme les Pyrénées, les Alpes, la culture de l'olivier et de l'oranger à leur base, ensuite celle de la vigne, celle des céréales, des prairies naturelles et artificielles; puis les essences des pays froids, telles que les pins, les sapins, les mélèses, les bouleaux, le hêtre, etc.; enfin à une certaine élévation, on ne voit plus que quelques plantes herbacées qui croissent à mesure que les neiges fondent, ou sous leurs couches. — V. *Acclimatation, Montagnes, Naturalisation.*

LATRINES. Lieux où sont déposés les excréments humains. Les cultivateurs qui comprennent l'importance de la confection et de l'exploitation des latrines sont rares. Cependant on se plaint toujours de la pénurie des engrais. Nous avons en France près de 36 millions d'habitants, et l'on peut dire que l'agriculture perd les déjections de presque toute cette immense population. A l'exception de Paris et de quelques villes du Nord, les engrais que l'on pourrait obtenir des fosses d'aisances, et qui sont si énergiques et si fertilisants, sont généralement perdus. Paris fait des poudrettes, mais les engrais liquides ne sont pas exploités comme ils le mériteraient. Soit préjugé, soit indifférence, l'agriculture perd peut-être pour deux ou trois cents millions d'engrais de toute nature dans les rues de nos villes, de nos villages. Au lieu de féconder nos terres et d'être transformés en riches produits, ces engrais sont le plus souvent transformés en miasmes pestilentiels, source de maladies de tout ordre. Quand donc nos cultivateurs français comprendront-ils, comme le font ceux de la Belgique et du nord de la France, que les excréments humains, dont ils pourraient si facilement profiter, sont les meilleurs engrais qu'ils puissent se procurer. Il serait de la plus grande utilité d'étudier les moyens propres à faire cesser cette négligence, si contraire aux intérêts de l'agriculture. — V. *Excréments.*

LAUDANUM. Préparation médicinale dont l'opium forme la base. Le laudanum est un calmant très usité dans l'homme; il est peu employé en médecine vétérinaire.

LAURIER. Genre d'arbres ou d'arbrisseaux des pays chauds

appartenant à la famille des laurinées. On reconnaît plusieurs espèces de lauriers, qui offrent plus ou moins d'intérêt, suivant leurs produits. Le camphre, la cannelle, le sassafras, sont fournis par des lauriers.

Le laurier commun qui croît dans le midi de la France est un bel arbre, toujours vert, dont les feuilles aromatiques sont employées comme assaisonnement dans l'art culinaire. On cultive, comme arbre d'ornement, un cerisier connu sous le nom de laurier-cerise, et un arbrisseau de la famille des apocynées nommé laurier-rose. Cet arbrisseau est très commun sur les bords des ruisseaux en Algérie. On le trouve aussi dans le midi de la France, en Espagne, en Italie, etc. Le laurier-rose double est un des ornements les plus estimés dans nos serres et parterres, tant par son beau et élégant feuillage, toujours vert, que pour ses belles fleurs rosées. — V. *Apocynées.*

LAURINÉES. Famille de végétaux qui croissent dans les pays chauds. Cette famille comprend toutes les variétés de lauriers. Les laurinées ont presque toutes une odeur aromatique plus ou moins marquée, et fournissent à l'art de guérir, comme à celui de préparer les aliments, des substances estimées, telles que le camphre, la cannelle, le sassafras, les baies de laurier, etc.

LAVANDE. (*Aspic.*) Genre de plantes de la famille des labiées. Les lavandes ont généralement une odeur aromatique très prononcée. La variété connue sous le nom d'aspic dans le midi de la France sert à faire, par sa distillation, l'huile *d'aspic*, ou essence de lavande. On emploie souvent cette essence dans le traitement des maladies des animaux, surtout en frictions sur les tumeurs anciennes. Les lavandes forment un des genres les plus intéressants de la nombreuse famille des labiées. — V. *Labiées.*

LAVE. Espèce de roche sortie en fusion des volcans. Les montagnes volcaniques, telles que celles de l'Auvergne, contiennent beaucoup de laves, qui se présentent sous des formes diverses. Les unes sont prismatiques, comme cristallisées ; les autres sont aplaties et superposées les unes aux autres. Les détritus des laves forment un terrain ordinairement siliceux, mais de bonne qualité, surtout lorsqu'on peut l'amender par des calcaires.

LAVEMENT. Les lavements, faits avec l'eau naturelle simplement tiédie ou chargée de médicaments, sont très usités en médecine vétérinaire. On les emploie surtout contre les coliques des animaux, contre les diarrhées opiniâtres, les constipations et les irritations du tube intestinal. Dans nos campagnes, les plus petites fermes peuvent avoir toujours à leur disposition ce remède, qui est aussi simple qu'économique et facile à administrer.

Les lavements donnés aux animaux sont presque toujours émollients, adoucissants, laxatifs, et quelquefois narcotiques; on les fait tantôt avec du son trempé dans l'eau tiède, tantôt avec de l'amidon, souvent avec des mauves ou des guimauves, etc. Lorsqu'on veut les rendre narcotiques, on emploie quelques gouttes de laudanum, ou une tête de pavot qu'on fait infuser dans l'eau qui sert à les donner.

LAXATIF. (*Minoratif.*) Nom donné aux remèdes qui ont la propriété d'agir comme purgatifs légers sur les animaux. On les emploie contre les constipations opiniâtres, contre les maladies de la peau. L'huile de ricin, le miel, la casse, la manne, le sulfate de magnésie, etc., sont des laxatifs.

LÉGUMES. Nom généralement donné aux végétaux cultivés dans les jardins pour l'usage des ménages. Les légumes offriraient de grandes ressources à l'alimentation des cultivateurs si leur culture était mieux connue, mieux appréciée. — V. ***Horticulture.***

Les légumes sont divisés en légumes verts et en légumes secs: les premiers sont consommés à l'état frais; les seconds sont fournis surtout par des plantes de la famille des légumineuses, telles que les pois, les fèves, les haricots divers, les lentilles. Ceux-ci offrent en tout temps une grande ressource à l'alimentation de nos populations ouvrières surtout. On est parvenu à dessécher même les légumes verts de manière à pouvoir les conserver des années entières. En les faisant tremper dans l'eau, ils reprennent leurs qualités de légumes ordinaires. C'est à M. Masson que l'industrie doit ce procédé. La marine fait une grande consommation de ces légumes, soumis à une grande pression et réduits en petits cubes très durs et peu encombrants. — V. *Choux*, *Haricots*, *Pois*, etc.

LÉGUMINEUSES. (*Papillonnacées.*) Famille de végétaux très répandus sur toute la surface du globe. Au point de vue agricole et économique, la famille des légumineuses peut être classée aux premiers rangs dans le règne végétal; elle fournit non seulement des bois précieux à l'art du menuisier, du charron, de l'ébéniste, du tourneur, etc., des principes colorants à l'art du tinturier, des substances médicamenteuses à la médecine, mais encore des légumes, des fruits précieux pour la nourriture de l'homme, et des fourrages de première qualité pour les animaux. Les fèves, les haricots, les pois, les lentilles, etc., d'une conservation si facile et d'un si grand secours pour l'alimentation de populations rurales surtout, sont des graines de légumineuses récoltées en grandes quantités. Le trèfle, la luzerne, le sainfoin, les vesces, les gesces, les pois, etc., cultivés comme fourrages, sont précieux pour les cultivateurs, tant pour la nourriture du bétail, que comme ressource pour les assolements. Le robinier, *faux acacia*, est devenu un de nos arbres d'ornement les plus précieux; son feuillage est très propre à la nourriture des bestiaux et son bois est employé avec avantage dans l'industrie. La gomme arabique, si utilisée en médecine, est fournie par un mimosa qui appartient aux légumineuses. La réglisse, la casse, le séné, etc., plusieurs baumes, tels que ceux de copahu, du Pérou, etc., appartiennent à cette famille, comme certains bois précieux, tels que ceux de palissandre, de campêche, de Fernambouc, etc. Un grand nombre de légumineuses croissent même dans les plus mauvais terrains, et fournissent les moyens d'en tirer quelques produits; on en trouve dans les landes les plus stériles : tels sont les genêts, les ajoncs, etc., et ces derniers sont souvent cultivés pour l'alimentation des animaux, et sont pour eux une bonne nourriture verte.

La disposition de la fleur, surtout celle du fruit des légumineuses, offre des caractères tranchés qui les font distinguer, au premier coup d'œil, de toutes les autres plantes. Les fruits des légumineuses, en effet, sont toujours des gousses, quelles que soient leurs dimensions. Il n'est donc pas possible de les confondre avec d'autres produits. Quant aux fleurs, elles sont disposées en forme de papillons, comme on peut le voir dans les pois, les genêts et les haricots, etc., et ces caractères constants donnent à toutes les légumineuses un air de famille qui ne permet pas de les confondre avec d'autres plantes. — V. *Haricots, Luzerne, Pois, Robinier,* etc.

LEMMENG. Petit mammifère de l'ordre des rongeurs, qui cause des ravages dans le nord de l'Europe. Le lemmeng est inconnu dans nos climats.

LENTILLE. Genre de plantes de la famille des légumineuses. Les lentilles sont surtout utilisées pour la nourriture de l'homme; elles fournissent un excellent légume sec, consommé, soit en purée, soit au naturel, accommodé de diverses manières. Quelle que soit la préparation qu'elles subissent dans les ménages, les lentilles offrent toujours un aliment substantiel, nourrissant, agréable au goût, et d'une grande ressource dans nos campagnes.

Les pailles de lentilles sont un bon fourrage, qui équivaut à un foin de bonne qualité. — V. *Equivalents, Fourrage.*

LÉPIDOPTÈRES. Nom donné à des insectes composant un ordre d'individus pourvus de quatre ailes colorées par de petites écailles qui se détachent au toucher comme de la poussière. Les larves des lépidoptères sont connues sous le nom de chenilles, de diverses couleurs, tantôt nues, tantôt munies de poils plus ou moins longs et rudes sur la surface de leur corps. Ces chenilles font des ravages énormes par leur voracité. Suivant leur genre et leur mœurs, elles dévorent des végétaux avec leurs fleurs et leurs fruits, les tiges, les racines; les laines, les draps, les pelleteries, les cuirs, les meubles les plus précieux comme les plus communs, etc., ne sont pas à l'abri de leurs atteintes. Les papillons, les sphynx, les phalènes, les bombices, les pyrales, les alucites, les teignes, etc., sont des lépidoptères. — V. *Insectes, Larves.*

LÉROT. Petit rongeur du genre loir. Le lérot commet des dégâts dans les vergers et jardins, en dévorant les fruits de toute espèce, notamment les pêches, les raisins, etc.; c'est surtout pendant la nuit que les lérots vont marauder. On doit leur tendre des piéges, les empoisonner, employer enfin tout moyen de les détruire, comme animaux malfaisants.

LISSIVE. Dissolution alcaline plus ou moins concentrée, préparée pour nettoyer, dégraisser et blanchir le linge. La cendre de bois, cuite dans l'eau, sert dans les campagnes à faire la lessive pour le lessivage du linge sale. On emploie aussi la même dissolution pour nettoyer et approprier les meubles et les planchers des maisons. La potasse est le principe actif des lessives de cendres.— V. *Cendres, Charrée.*

LEVAIN. Substance acide conservée pour provoquer et activer la fermentation de la pâte destinée à faire le pain. Dans nos campagnes, le levain n'est qu'une petite quantité de pâte aigrie et conservée dans un lieu frais et de manière à ce qu'elle ne puisse pas se dessécher par l'action de l'air. Lorsqu'on veut se servir de cette pâte comme levain, on la délaie dans de l'eau tiède, et on la mêle dans le pétrin avec la pâte destinée à faire le pain.

LEVIER. Tige en bois ou en fer dont on se sert pour soulever ou déplacer des fardeaux. Pour agir, un levier a toujours besoin d'un point d'appui. Suivant la disposition de ce point d'appui, le levier est dit du premier, du deuxième ou du troisième genre. Le levier est du premier genre lorsque le point d'appui se trouve placé entre la résistante et la puissance qui le fait mouvoir. Ainsi, lorsqu'on veut soulever un fardeau, si on prend appui sur une pierre ou un bloc de bois qui porte sur le sol, et qu'on presse sur le levier, on agit en vertu d'un levier du premier genre. Le point d'appui se trouve dans ce cas, en effet, entre la résistante à vaincre et la puissance qui agit. Si, pour soulever le même fardeau, on prend appui sur le sol, et qu'on soulève le levier pour vaincre ainsi la résistance, on agit en vertu d'un levier du deuxième genre, parceque le point d'appui est à une extrémité du levier, la puissance à l'autre extrémité, et la résistante entre les deux. Lorsque la puissance agit entre la résistante et le point d'appui, le levier est du troisième genre. Un pêcheur agit en vertu d'un levier de troisième genre lorsqu'il tire de l'eau son filet fixé au bout d'une perche, d'une main, pendant que l'autre lui sert de point d'appui fixe. Dans ce cas, le filet est la résistante placée à une extrémitée du levier, le point d'appui est à l'extrémité opposée, et la puissance active est au milieu, entre la résistante et le point d'appui. Les leviers formés par les os jouent un grand rôle dans l'économie animale; c'est en vertu de leur action que s'exécute la locomotion dans les animaux, par les muscles, qui agissent sur eux comme puissance.—V. *Allure, Locomotion, Muscles, Os.*

LÈVRE. Partie charnue plus ou moins amincie et mobile formée par la peau et des muscles. Les lèvres servent à fermer hermétiquement la bouche des animaux et à la préserver du contact de l'air, qui la dessécherait ; ces organes concourent de plus à y retenir la salive pour l'empêcher de s'écouler, à humer l'eau, et quelquefois à saisir l'herbe et le fourrage, comme on l'observe dans le cheval, le mouton et la chèvre.

Dans le cheval les lèvres ont donné lieu à une étude particulière de la part des hippiatres. A nos yeux ils ont beaucoup trop exagéré les résultats de leur action au sujet des fonctions du mors de la bride. En effet, ces organes, sans force ni résistance, ne sauraient s'opposer à la puissance du levier formé par les branches du mors à l'aide de la gourmette, et mis en action par le bras d'un homme. Qu'elles soient grosses ou minces, les lèvres ne sont donc pas un obstacle pour maîtriser, réduire un animal; le seul caractère important que nous leur reconnaissons, c'est que les lèvres amincies, très mobiles, appartiennent généralement aux espèces fines, distinguées, tandis que les races communes ont les lèvres grosses, peu mobiles, enroulées de manière à former des rebords assez volumineux.

Pour être dans de bonnes conditions de conformation, les lèvres doivent donc être amincies, moyennement fendues et très mobiles; non seulement dans ce cas, elles indiqueront le degré de distinction des animaux, mais encore elles rempliront bien leurs fonctions.

LEVURE. Espèce d'écume qui se produit pendant la fermentation de la bière. On conserve la levure pour l'employer à provoquer et activer la fermentation de la bière dans les brasseries. On emploie aussi quelquefois la levure comme levain pour faire le pain. —V. *Levain.*

LÉZARD. Genre de reptile de l'ordre des sauriens. Ce genre comprend plusieurs espèces et variétés qui sont toutes très utiles à l'agriculture par la grande quantité d'insectes qu'elles détruisent et qui forment leur nourriture. Nous avons notamment en France deux espèces de lézards très communs et très connus des cultivateurs : ce sont le lézard gris des murailles et le lézard vert. Au lieu de faire la chasse à ces animaux, comme on le fait quelquefois, on devrait favoriser leur multiplication.

LIANE. Nom commun donné aux plantes sarmenteuses qui, dans les forêts d'Amérique comme aux Antilles, forment des berceaux, simulent des cordages tendus d'un arbre à l'autre, après les avoir entourés, comme font les chèvrefeuilles, les houblons, dans nos contrées. Les glycines forment des lianes, des guirlandes, dont les fleurs en grappes longues et pendantes font un effet admirable partout où on les cultive comme plantes d'ornement.

LIBELLULE. (*Demoiselle.*) Les libellules forment un genre d'insectes de l'ordre des névróptères. Connues sous le nom de *demoiselles*, on les trouve surtout le long des ruisseaux. Ces insectes sont carnassiers et font la guerre à ceux qu'ils peuvent dévorer ; ils sont donc sous ce rapport utiles à l'agriculture.

LIBER. On nomme *liber* les premières couches internes de l'écorce des arbres. L'analogie de ces couches avec les feuillets d'un livre a été l'origine de cette dénomination. Le liber repose immédiatement sur l'aubier et le recouvre. — V. *Aubier, Écorce.*

LICHENS. Végétaux formant une famille nombreuse d'individus qui croissent sur les pierres, où ils forment des taches blanches ou verdâtres, etc., sur les troncs et les branches des arbres, sur le sol, etc. Quelques lichens sont comestibles, pour l'homme comme pour quelques animaux. Le renne, dans le nord de l'Europe, en consomme. Du reste, ces végétaux n'offrent aucun intérêt sérieux pour l'agriculture.

On débarrasse ordinairement les branches des arbres fruitiers des lichens ainsi que des mousses qui s'y développent, dans les pays humides surtout. Sur les arbres résineux des montagnes élevées, dans celles du Mont-d'Or, d'Auvergne, du Cantal, on observe de ces végétaux qui pendent en longues mèches de quarante et cinquante centimètres. L'orseille employé par les teinturiers est une espèce de lichen qui croît notamment sur les pierres volcaniques ; on l'utilise dans l'industrie après lui avoir fait subir une préparation au moyen de la chaux et de l'urine.

Le lichen d'Irlande sert à faire des tisanes pectorales, employées contre les rhumes opiniâtres dans l'homme.

LICIET. Genre de plantes de la famille des solanées. Le genre liciet comprend plusieurs espèces que l'on pourrait multiplier avec avantage ; leurs tiges, la plupart sarmenteuses, peuvent être utilisées pour garnir des haies, former des berceaux. Suivant l'opinion de Bosc, les liciets de Chine et d'Europe pourraient être très utiles dans les mauvais sols, où ils croissent assez bien ; ils produiraient des broussailles pour chauffer le four, et des feuilles qui fertiliseraient la terre ou pourraient être employées comme litière. Je n'ai pas eu occasion d'étudier cette plante de manière à émettre une opinion sérieuse sur les avantage de sa multiplication.

LICOL. Lien en cuir ou en corde, disposé de manière à être adapté à la tête du cheval. Un licol est toujours pourvu d'une longe au moyen de laquelle on attache les chevaux. Pour empêcher les animaux de *s'enchevêtrer,* il est essentiel de fixer les longes au moyen d'un anneau en fer dans lequel elles peuvent couler librement à l'aide d'un billot assez lourd pour faire contrepoids. Sans cette précaution, les chevaux, en cherchant à se gratter à la tête, surtout avec les membres postérieurs, se prennent dans les longes, et font, pour se débarrasser, de violents efforts qui peuvent avoir pour conséquence des accidents graves. — V. *Enchevêtrure*.

LIE. Dépôt formé au fond des tonneaux par les liquides qu'ils contiennent. La lie du vin, qui contient beaucoup de tartrate de potasse et d'autres substances de peu d'importance pour les agriculteurs, est quelquefois utilisée en médecine des animaux. On l'emploie comme bains toniques et stimulants pour réduire les engorgements des membres des animaux, notamment des chevaux. On conçoit que la partie spiritueuse mêlée à l'acide tannique contenu dans la lie peut avoir une action astringente et tonique qui peut produire de bons résultats.

LIÉGE. Substance spongieuse végétale, produite par l'écorce d'un chêne connu sous le nom de chêne-liége. Ce chêne est cultivé dans le midi de la France, et principalement en Espagne; le versant sud des Pyrénées en fournit des quantités considérables, qui donnent lieu à un revenu annuel très élevé. Le produit du liége a un débouché toujours certain; son exportation est facile, grâce à sa légèreté, et le prix en est toujours assez élevé. Le midi de la France devrait adopter la culture de cet arbre dans des proportions plus étendues; son agriculture pourrait se faire ainsi un revenu considérable.

LIERRE. Genre de plantes de la famille des hédéracées. Les lierres, communs dans les bois, grimpent sur les arbres, sur les murs, sur les maisons, partout où ils sont plantés; leurs crampons poussent toujours sur les tiges du côté où ils doivent s'accrocher. Le lierre est souvent employé comme plante grimpante pour orner, avec ses feuilles toujours vertes, les murs, les berceaux, quelquefois des habitations. Dans certains pays, on ramasse, pendant l'hiver surtout, les feuilles et les jeunes pousses de lierre pour les donner aux vaches. Du reste, au point de vue agricole, le lierre offre peu d'intérêt.

LIÈVRE. Genre de mammifère de l'ordre des rongeurs. Le lièvre est très répandu sur le globe; il fournit un excellent gibier, recherché par les chasseurs de tout pays. Comme les autres animaux alimentaires, le lièvre subit l'influence des lieux sous le rapport des qualités de sa viande. Celui des vallées humides, où croissent des végétaux aqueux, prend beaucoup de développement; mais sa chair n'est ni savoureuse ni ferme comme le lièvre des plateaux ou des montagnes élevées, qui mange des plantes fines, très nutritives et aromatiques. On chasse le lièvre au chien courant et au chien d'arrêt; on le prend aussi avec des filets, et les braconniers en détruisent de grandes quantités pendant l'hiver, du temps des neiges, en les suivant à la piste. La peau du lièvre donne un poil très fin et très recherché pour faire des fourrures, et surtout des chapeaux de feutre; c'est surtout pendant l'hiver que cette fourrure a le plus de prix.

LIGAMENT. Tissu plus ou moins résistant, qui sert à fixer ou lier des organes dans les animaux. De tous les ligaments qui existent dans le corps d'un animal, les articulaires sont les plus solides, ceux qui résistent le plus à la rupture; leur tenacité est telle, que, dans de violents efforts, on a vu des portions d'os se détacher ou se rompre par suite de la résistance des ligaments aux puissances musculaires, aux entorses ou aux chutes.

Les ligaments articulaires, de couleur blanche nacrée, rénitente, sont inextensibles; ils sont formés de fibres longitudinales, réunies en faisceaux de formes diverses, suivant les besoins : tantôt ils sont aplatis comme des lanières, tantôt arrondis comme des cordes; quelquefois enfin ils ressemblent à de fortes toiles servant à fixer, à serrer des organes de manière à empêcher leur déplacement. Leur rôle est donc de la plus haute importance dans l'économie animale, surtout dans les fonctions qui se rattachent à la locomotion.

Les ligaments jaunes sont d'une nature bien différente de celle des ligaments blancs; ils sont élastiques, extensibles comme du caoutchouc, ce qui était indispensable à leurs fonctions. La tête, par exemple, est soutenue dans les grands animaux domestiques par un ligament jaune élastique, qui peut s'allonger et se rétracter suivant les besoins. Le ventre, susceptible de se dilater et de se rétrécir, a aussi au nombre de ses parois un ligament jaune qui s'étend ou se resserre en vertu de son élasticité, suivant les circonstanses. — V. *Cervical*.

LIGNEUX, EUSE. D'un mot latin qui signifie *bois*. Nom donné aux plantes qui ont la texture et la consistance du bois. Les plantes sont ligneuses ou herbacées suivant que leurs tiges ont de la ressemblance avec du bois ou de l'herbe.

LIGNITE. D'un mot latin qui signifie *bois*. Les lignites sont des charbons de terre de formation plus récente que la houille; ils sont combustibles. On les utilise comme tels dans l'industrie.

Une variété de lignite est connue sous le nom de *jais* ou *jayet*. Cette variété de charbon minéral est susceptible d'être polie, et on en fait des objets d'ornement de toilette, tels que des colliers, des bracelets, des broches, etc. — V. *Jayet*.

LILAS. Genre de la famille des jasminées. Les lilas, originaires du levant, sont des arbrisseaux cultivés sur divers points du globe pour leurs belles fleurs en grappes, d'une odeur suave. On en distingue plusieurs espèces, dont une variété est blanche. Toutes les espèces de lilas sont également recherchées; mais la variété connue sous le nom de lilas commun est la plus répandue. Le lilas connu sous le nom de lilas de Perse donne une des plus belles fleurs qui puissent orner nos parcs, nos jardins ou nos parterres.

On fait avec des lilas des berceaux, des haies bien garnies, et qui supportent bien la taille. Ces haies sont toujours un bel ornement pour les jardins, et leur servent de barrière en même temps.

Le lilas est très rustique; il pousse dans tous les sols, et s'acclimate partout. Comme plante d'ornement, cet arbrisseau est une des plus agréables conquêtes que l'homme ait faites sur le règne végétal.

LILIACÉES. Famille de plantes généralement bulbeuses. Les liliacées offrent des ressources à l'économie domestique comme aux cultures d'agrément. L'ail, l'oignon, le poireau, etc., appartiennent à cette famille. Les lys, les jacinthes, les ornithogales, etc., sont aussi des liliacées.

La scille maritime, l'aloès, font partie des liliacées; ils donnent des produits médicamenteux souvent utilisés en médecine vétérinaire. — V. *Aloès*, *Scille*.

LIMACE. Mollusque gastéropode terrestre, dépourvu de coquille. Les limaces, qui se reproduisent avec une grande rapidité partout où elles se trouvent, malgré leurs ennemis naturels, tels que les reptiles et divers oiseaux, aiment surtout les lieux humides. Elles font quelquefois des ravages considérables dans les récoltes, notamment dans les semis d'automne et de printemps. On est souvent obligé de les faire détruire par des dindons ou des canards, qui en sont assez friands; on conduit dans ce but ces oiseaux par bandes dans les champs. C'est surtout dans les jardins que les limaces font des dégâts; elles dévorent les légumes, en choisissant toujours les plus frais, les plus tendres. Pendant le jour elles se cachent sous les feuilles, dans les murs, les haies, et c'est pendant la nuit surtout qu'elles sortent pour manger; elles quittent aussi leurs retraites lorsqu'il pleut. La chaux, la suie, les cendres répandues sur les semis de légumes, contrarient beaucoup les limaces; mais ce moyen de prévenir les résultats de leur voracité est insuffisant, il faut les détruire par tout moyen possible. Ce procédé est le seul radical. On réussit à en détruire beaucoup en plaçant de vieilles planches inclinées sur le sol le long des chemins, dans les jardins qu'elles dévastent; les limaces s'y réfugient pour se cacher, et tous les matins on peut ainsi en détruire de grandes quantités.

LIMACE. On donne le nom de limace, en médecine des animaux, à une inflammation particulière de la portion de peau qui se trouve entre les onglons du bœuf. Souvent cette maladie a pour conséquence des ulcérations qui pourraient devenir graves si elles atteignaient les ligaments interdigités. La malpropreté, la présence de graviers, de corps irritants entre les onglons des bœufs, sont le plus souvent l'unique cause de la limace. L'entretien de la propreté, des lotions émollientes, et au besoin des cataplasmes émollients, sont les premiers moyens à employer pour combattre les maladies. Dans le cas où ces moyens seraient insuffisants, on devrait recourir aux astringents, tels que l'onguent égyptiac, les dissolutions de sulfate de zinc, d'acétate de plomb, et même d'acétate de cuivre employé avec prudence.

LIMAÇON. Quoique moins répandus et moins nombreux que les limaces, les limaçons doivent aussi être détruits. — V. *Escargot.*

LIMITE. Les limites d'une propriété sont marquées par des bornes plus ou moins fixes et difficiles à déplacer. Certains propriétaires de mauvaise foi cherchent souvent à empiéter sur les propriétés voisines, ce qui donne quelquefois lieu à des procès aussi onéreux que scandaleux. Il est un moyen sûr de prévenir ces procédés de mauvais aloi, c'est de faire tracer le plan des propriétés avec désignation de leurs contenances; par ce moyen il est impossible d'être victime des fripons, alors même qu'ils déplaceraient les bornes, parceque le plan d'une propriété sera toujours un guide assuré pour éclairer la conscience des arbitres ou des juges. — V. *Borne, Plan.*

LIMON. Terre déposée par les eaux, soit au fond des canaux ou des étangs, soit sur la surface des sols inondés par les eaux bourbeuses des fleuves ou rivières qui débordent. Les dépôts de limon sont toujours des éléments de fertilité, parcequ'ils sont composés de terre végétale, souvent bien engraissée, que les eaux pluviales entraînent des montagnes dans les vallées. C'est à cause du limon déposé par le Nil que l'Egypte possède un des sols les plus fertiles de la terre. Certains propriétaires intelligents ont doublé, triplé la valeur de leurs propriétés, en faisant, sur les bords des rivières, des prises d'eau qui ont déposé leurs limons. Ils ont ainsi fertilisé leurs prés comme leurs champs. J'ai été moi-même témoin de ce fait, sur les bords de l'Aude. On ne devrait jamais négliger de profiter d'une richesse pareille, qui va s'engloutir dans les mers; toutes les fois qu'il est possible d'en soustraire une partie aux eaux qui l'entraînent, on fait toujours une bonne opération. — V. *Colmatage*.

LIMONIER. Cheval ou mulet qui est attelé aux limons de la charrette. Le limonier doit toujours être l'animal le plus robuste et le plus fort de tout l'attelage. Non seulement il faut qu'il traîne sa part du fardeau, surtout dans les tournants, mais encore il en supporte une partie au moyen de la dossière. Dans les descentes, il est seul chargé de retenir la voiture. Un charretier doit avoir le plus grand soin de son limonier; il doit surtout le ménager beaucoup au travail, parcequ'il est forcé d'en faire toujours plus que chacun des autres animaux de l'attelage.

LIMOUSIN (*Races du*). Le Limousin a élevé jadis une race de chevaux de selle qui avait une réputation bien méritée. Ces animaux joignaient à une grande distinction beaucoup de souplesse et d'énergie. Ils étaient, pour la selle, les véritables chevaux de luxe de leur époque. On les voyait briller partout, dans les promenades et les manéges, et partout ils prenaient et gardaient le premier rang dans leur spécialité. Ils devaient nécessairement ce privilége à leur origine orientale et au sang de même provenance qui les entretenait avec leurs qualités distinctives. Des croisements mal adaptés ont concouru à détruire cette espèce précieuse. Elle n'existe plus, elle est remplacée par de mauvais produits, qui n'ont ni les qualités de leur nouvelle provenance, ni celles de leur ancien type. C'est une race empoisonnée. Si on veut rétablir l'ancienne race limousine, il faut la refaire de toutes pièces, et employer pour y parvenir les moyens qui servirent à la produire au début.

L'espèce bovine du Limousin n'a pas subi le même sort; conservée telle qu'elle est, sans croisement irrationnel, elle forme une de nos bonnes races françaises, pour le travail surtout. Les plus beaux types de cette espèce sont élevés aux environs de Limoges. Leur conformation est régulière; ils ont le poil froment plus ou moins foncé, leur taille peut atteindre jusqu'à un mètre cinquante centimètres, et leur poids vif est de huit à douze cents kilog. quand ils sont engraissés. L'espèce du bœuf limousin est une bonne race pour le travail; mais elle est médiocre pour la production du lait.

LIMOUSINES (*Vaches*). Les vaches appelées limousines, d'après le système Guénon, sont caractérisées par un écusson dont la forme simule assez celle d'un Λ renversé. Cette classe est l'une des dernières de la classification du cultivateur de Libourne; elle est donc, d'après ce système, médiocrement laitière.

LIN. Genre de plantes de la famille des linées. Le lin commun, cultivé comme plante textile et oléagineuse, est très répandu, et il est partout l'une des plantes les plus précieuses de nos cultures. Dans le nord de la France il donne lieu à une industrie importante très lucrative. Cette plante occupe une grande quantité de bras, tant par sa culture que pour la fabrication de l'huile, ou celle de toiles très estimées qui forment, dans le nord surtout, une branche de commerce très considérable. La graine de lin fournit par la coction une boisson mucilagineuse, adoucissante et diurétique. Réduite en farine, cette graine sert à faire les meilleurs cataplasmes émollients qui puissent être employés. Sous ce rapport nulle autre substance végétale ne saurait lui être comparée; il n'en est pas de plus employée en médecine humaine comme en art vétérinaire. On fait aussi avec la graine de lin ou avec sa farine une tisane mucilagineuse et rafraîchissante employée contre les irritations du tube intestinal et celles des organes urinaires des animaux.

La graine de lin fournit aussi une huile grasse très utilisée dans les arts et l'industrie. Cette huile est employée à l'éclairage dans l'économie domestique, et dans les arts elle sert à la peinture, à la fabrication des savons, etc.

Lorsque les chevaux ont le tube intestinal fatigué, lorsqu'ils sont *échauffés* par le travail ou une nourriture excitante, les Anglais mettent dans l'avoine qu'ils leurs donnent de la farine de graine de lin, pour les rafraîchir. Cette méthode est excellente, et nous ne saurions assez la conseiller aux propriétaires de chevaux. Non seulement dans ce cas la graine de lin est rafraîchissante, mais elle est nutritive, et les chevaux la mangent avec plaisir.

Les tourteaux de graine de lin servent à engraisser les animaux, surtout les bœufs; on les utilise aussi dans le nord comme engrais pour fertiliser les terres. — V. *Tourteau.*

LINAIGRETTES. Genre de plantes de la famille des cypéracées. Les linaigrettes se font remarquer dans les prairies humides et tourbeuses par leurs épillets surmontés, à la maturité, de houppes soyeuses blanches, qui ressemblent à du coton. On a cherché dit-on à utiliser, mais sans succès, dans les arts, le coton des linaigrettes mélangé au coton ordinaire. Du reste, les linaigrettes donnent un mauvais fourrage, et leur présence indique des prairies qui ne sont pas de bonne nature.

LINAIRE. Les linaires forment un genre de la famille des scrophulariées. Ces plantes croissent dans les lieux arides, sur les murs et dans leurs crevasses. Les linéaires donnent d'assez belles fleurs, mais elles n'offrent aucun intérêt pour l'agriculture.

LINÉES. Famille de plantes séparée des caryophyllées dont elles ont fait partie. Cette famille comprend les variétés de lins cultivées comme plantes textiles et oléagineuses. — V. *Lin.*

LINIMENT. D'un mot latin qui veut dire *oindre*. En médecine vétérinaire, on donne le nom de *liniment* à un médicament qui a pour base des corps gras (surtout les huiles), auxquels on mélange des substances médicamenteuses diverses, suivant les effets qu'on veut produire. Ainsi, les liniments sont émollients, toniques, excitants, antipsoriques, narcotiques, etc., suivant le genre de maladie qu'on a à combattre. Pour faire ces médicaments, on mélange avec les huiles tantôt le camphre, l'ammoniaque, l'opium, tantôt des cantharides, du sulfure de potasse, etc., selon l'emploi qui doit en être fait et les maladies qu'on a à combattre.

LIPOME. D'un mot grec qui veut dire *graisse*. Pelote de graisse qui se développe dans les tissus des animaux. L'extraction est le seul moyen curatif du lipome. Quand il est sous la peau, l'opération est généralement sans danger et facile à pratiquer.

LIQUIDES. On donne le nom générique de *liquides* à tous les corps dont les molécules mobiles les unes sur les autres leur permettent de couler, comme l'eau, le mercure, l'huile, etc. Lorsqu'un corps liquide est isolé dans l'espace, il tend toujours à prendre la forme sphérique, en vertu de la loi de cohésion qui fait grouper ses molécules le plus près possible du centre. C'est en vertu de cette loi que la goutte d'eau qui tombe a la forme sphérique; le plomb fondu qu'on laisse couler d'un point élevé dans l'espace pour faire le plomb de chasse obéit à la même loi. La masse des liquides du globe prend aussi la forme sphérique. Les eaux des mers nous en fournissent la preuve par la courbe qu'elles décrivent à leur surface; elles obéissent ainsi à la loi générale de cohésion des liquides.

Les liquides jouent un grand rôle dans la nature organisée. C'est sous forme liquide que les végétaux comme les animaux peuvent recevoir la nourriture qui sert à l'entretien de leur vie. Les substances nutritives dissoutes par les liquides coulent dans leurs vaisseaux et se rendent ainsi, suivant leur destination, à chacune des parties du corps qu'elles doivent alimenter. — V. *Digestion, Circulation.*

Les liquides qui concourent à la nutrition des corps organisés servent à en former d'autres, dans les végétaux surtout, et nous en faisons notre profit. Nous cultivons les vignes, les plantes oléagineuses et plusieurs autres végétaux, pour récolter les vins et liqueurs diverses, les huiles grasses et les essences.

Dans les animaux, les liquides jouent un rôle bien autrement important encore. Non seulement ils concourent à la formation du lait, qui nous fournit une nourriture si saine, mais encore ils sont le véhicule général de toutes les substances qui entrent dans la composition de tous les tissus animaux. Ainsi les muscles,

les ligaments, les os eux-mêmes, la peau, les poils, la corne, etc., ont été liquides avant d'avoir leurs formes et leur consistance normale; c'est à l'état liquide que ces tissus divers reçoivent les éléments nutritifs qui servent à leur entretien, à leur nutrition.

Les liquides jouent encore d'autres rôles non moins importants dans la vie des animaux; chacun d'eux a une fonction particulière, et il a, pour la remplir, non seulement sa composition chimique spéciale, mais toutes les conditions physiques indispensables au but proposé par la nature. — V. ***Bile*, *Chyle*, *Humeur*, *Lait***, ***Larmes*, *Lymphe*, *Mucus*, *Pancréas*, *Salive*, *Sang***, ***Sérosité*, *Solides*, *Sperme***, ***Suc***, ***Synovie***, ***Urine***, ***etc.***

LIS. Genre de la famille des liliacées. Les lis, qui comprennent plusieurs variétés, sont cultivés comme plantes d'ornement. La variété de lis blanc est une des plus belles fleurs de nos parterres. Du reste, ces plantes offrent peu d'intérêt au point de vue agricole.

Les bulbes du lis ont une propriété émolliente qui les fait employer comme cataplasmes après les avoir fait cuire.

LISERON. Genre de la famille des convolvulacées. Les liserons, communs dans les haies, dans les vignes, dans les champs, fournissent plusieurs variétés, généralement grimpantes et sarmenteuses. On les cultive quelquefois comme plantes d'agrément, pour orner des berceaux par leurs belles fleurs en cloche ou en entonnoir.

Le jalap, utilisé en médecine des animaux comme purgatif, est fourni par la racine d'une variété de liseron cultivée au Mexique.

LISIER. V. *Purin*.

LISIÈRES. Nom donné par Guénon à une classe de vaches dont l'écusson périnéal ressemble à une lisière qui s'étend du pis à la vulve. Cet écusson s'amoindrit de plus en plus en longueur comme en largeur, et finit par être presque imperceptible à la base du pis. Suivant le développement de l'écusson, les vaches *lisières* sont classées dans différents ordres, dont les types sont d'autant moins laitiers que les signes qui les font distinguer sont moins marqués.

LISTE. Bande blanche plus ou moins étroite qu'on observe

quelquefois sur le chanfrein du cheval. La liste sert à caractériser les animaux dans les signalements. — V. *Signalement*.

LITIÈRE. Paille ou autre végétal sec placé sous les animaux dans les étables ou écuries. L'emploi de la litière a pour but de faire mieux reposer les bestiaux en les isolant du pavé, toujours dur et froid, et d'augmenter la masse des fumiers. On fait la litière avec toutes les pailles, avec les fougères sèches, les bruyères, les mousses, les fanes, toutes les substances végétales qu'on peut se procurer. Lorsqu'on a de la tourbe, de la marne, à sa disposition, on doit les employer, après les avoir fait dessécher, pour absorber les urines et les engrais liquides. La terre sèche, à défaut de litière, peut encore être utilisée avec avantage dans une ferme, où l'augmentation des engrais doit être un but permanent; on doit utiliser, pour servir de litière, tout végétal qui n'est pas employé à la nourriture des animaux. Si les végétaux manquent, la marne ou la terre sèches doivent y suppléer, surtout pour l'espèce bovine et ovine.

LITRE. Le litre est une unité de mesure de capacité qui, d'après le système métrique des poids et mesures, est représentée par un décimètre cube. Les liquides sont tous mesurés au litre; les graines, les fruits, se mesurent aussi au litre, au décalitre, et à l'hectolitre. — V. *Métrique*.

LOAM. Terme anglais accepté en France. On donne le nom de loams à des terres franches, qui sont dans de bonnes conditions de composition pour produire de bonnes récoltes et être d'un travail facile.

LOCOMOTION. Fonction par laquelle les animaux se transportent d'un point à un autre. La locomotion est une des propriétés des animaux qui les font le plus distinguer des végétaux. Ce n'est que dans les derniers échelons du règne animal, que l'on trouve des individus fixés au sol comme les plantes : tels sont les zoophytes, l'éponge, le corail, etc.

Les animaux ayant des sexes séparés, et devant pourvoir à leur nourriture, avaient besoin de se transporter d'un point à un autre pour se rechercher, se reproduire et se nourrir. Les végétaux, au contraire, pourvus, pour la plupart, des organes mâles et femelles, sur le même individu; ou, dans le cas contraire, la fécondation pouvant s'opérer chez eux par le contact de la poussière fécondante qui est transportée par les vents (V. *Fécondation*), n'avaient pas besoin de locomotion pour se reproduire. D'autre part, ils trouvent leur nourriture dans le sol où ils sont fixés par leurs racines et dans l'air qui les entoure; il leur était donc inutile de se mouvoir pour la chercher.

Les membres sont les organes de la locomotion. Comme, dans les animaux domestiques, la force, la vitesse, la durée, dépendent de l'organisation de ces colonnes de support et de mouvement, leur examen est important pour les cultivateurs. — V. *Conformation, Membres, Pieds, Tares.*

La locomotion s'exécute au moyen des muscles, qui agissent comme puissance, et des os, qui leur servent de levier. — V. *Allure, Articulation, Levier, Muscles, Os, Progression.*

LOGEMENT. — V. *Habitation.*

LOI (*sur les vices rédhibitoires*). — V. *Rédhibitoires, Vices.*

LOIR. Le loir est un petit mammifère hivernant, de l'ordre des rongeurs. Ce rongeur a quelque analogie avec le lérot, qui appartient au même genre, mais il n'est pas aussi malfaisant que lui, parcequ'il vit éloigné des habitations. La queue du loir est touffue et a de l'analogie avec celle de l'écureuil. Il se nourrit de fruits et passe sa vie sur les arbres des bois du midi de l'Europe.

LOMBAIRE. (*Vertèbres, muscles lombaires.*) On nomme vertèbres lombaires celles qui forment la base des reins. Les muscles qui occupent la même région du corps forment les filets qui, dans le bœuf surtout, donnent une viande de première qualité.—V. *Reins.*

LONG-JOINTÉ. Un cheval est dit long-jointé quand il a les paturons longs. Cette conformation favorise la souplesse dans les chevaux de selle et convient au cheval de promenade; mais elle est nuisible à la force, à la résistance musculaire des membres. Un paturon long est toujours un vice de construction pour le cheval de trait, dont les membres surtout doivent offrir toutes les conditions de force, de solidité, de résistance et de durée possibles. Le cheval espagnol, l'ancienne race limousine, si estimée pour les manéges, sont long-jointés. — V. *Paturon.*

LONGE. Corde ou courroie adaptée au licol des chevaux pour les attacher. — V. *Licol.*

LORANTHACÉES. Famille de plantes qui comprennent divers arbrisseaux parasites. Le gui qui croît dans nos contrées appartient à cette famille. — V. *Gui.*

LOTIER. Genre de plantes de la famille des légumineuses. Les lotiers croissent dans les prairies et les pelouses; leurs feuilles ressemblent à celles du trèfle, mais elles sont plus petites; ils donnent un assez bon fourrage et leur présence indique ordinairement une bonne nature de prairies, parcequ'ils croissent généralement sur les lieux secs et élevés.

LOTION. Action de laver. En médecine vétérinaire, le mot *lotion* comporte l'idée de remède appliqué sur la peau. On fait des lotions émollientes, astringentes, antipsoriques, etc., suivant la nature des maladies à combattre et les moyens thérapeutiques qu'elles exigent.

Les lotions sont fréquemment employées en art vétérinaire, parcequ'elles sont, en général, un remède aussi simple et facile à faire que peu dispendieux.

LOUP. Mammifère carnassier, du genre chien. Les loups exercent leurs ravages dans nos campagnes sur nos troupeaux de moutons et sur les chèvres; ils attaquent aussi les poulains, les veaux, et même les sujets adultes. On fait périodiquement la chasse aux loups; une prime est accordée pour chaque individu tué. On les prend au piége; souvent on les empoisonne avec la noix vomique. Pendant les hivers rigoureux, lorsque la faim les tourmente, ces carnassiers entrent dans les villages, mangent les immondices, et dévorent souvent des chiens qui ne sont pas en état de se défendre. Le loup s'accouple avec le chien et le chacal, et réciproquement; les métis qui en résultent s'accouplent eux-mêmes et se reproduisent. J'ai observé moi-même ce fait au Muséum d'histoire naturelle, où M. Is. Geoffroy Saint-Hilaire a fait des études expérimentales à ce sujet.

LOUPE. On donne le nom de loupe, en médecine des animaux, à des tumeurs de nature diverse qui se développent sous la peau des animaux. Ces tumeurs renferment quelquefois des matières séreuses, des matières grasses, d'une consistance plus ou moins dure. Le plus sûr moyen de guérir les loupes, c'est de les extraire, comme les lipomes, quand elles renferment un corps solide; on les perce, et on cautérise leur intérieur avec le fer rougi, quand elles contiennent des matières liquides ou molles.

LOUVET. Nom caractéristique de la robe des animaux. Le poil louvet a une nuance d'un gris un peu jaunâtre foncé qui se rapproche de celle de la peau du loup. Le poil louvet est assez rare; le cheval en offre quelques exemples dans les espèces communes.

LUMIÈRE. Fluide impondéré, subtil, répandu dans l'univers par le soleil et les astres; il est produit aussi partiellement par les corps en combustion, comme le bois, les résines, les graisses, les huiles, les essences, etc. Le calorique à certains degrés produit aussi de la lumière; on peut s'en convaincre par le fer chauffé à blanc : à mesure que ce fer se refroidit la lumière diminue d'intensité et finit par disparaître complétement. L'électricité produit une lumière très vive; on en a la preuve par les éclairs de la foudre. On fait aujourd'hui des expériences qui tendent à faire employer à l'éclairage l'électricité produite par des moyens chimiques. Le temps où nos villes seront ainsi éclairées n'est peut-être pas éloigné.

La lumière exerce une grande influence sur la nature animée. On remarque tous les jours qu'un végétal privé de lumière s'étiole, languit et meurt sans se reproduire. Sa consistance est molle, ses tissus sont aqueux, décolorés, blafards; les fibres qui les composent sont lâches, sans force ni résistance; tout y annonce l'absence des conditions non seulement indispensables à la reproduction, à la conservation de l'espèce, mais encore à l'entretien de la vie même de l'individu. La privation de la lumière, quoique d'un effet moins apparent d'abord dans les animaux, ne leur est pas moins funeste. Les populations privées de la lumière du soleil s'étiolent aussi; leur organisation se dégrade, et elles périraient indubitablement si des croisements périodiques n'entretenaient chez elles des éléments de force vitale qui les fait résister plus long-temps que les végétaux à l'action débilitante de la privation de la lumière directe du soleil.

La lumière est donc indispensable aux bonnes conditions de la vie en général, et plus spécialement à celle des végétaux, qu ne sauraient vivre ni se multiplier sans elle. Dans les champs on voit les plantes les plus robustes étouffer les plus faibles par leur ombrage ; elles absorbent pour elles la lumière qui serait indispensable à celles qui meurent à leurs pieds. Dans les forêts, les jeunes sujets s'allongent, s'étiolent en quelque sorte, pour tâcher de s'élever au niveau des arbres qui les ombragent. S'ils parviennent à mettre leur cime au soleil, ils sont sauvés ; ils croissent et se reproduisent. Dans le cas contraire ils meurent, la lumière directe du soleil leur a manqué.

L'action de la lumière sur les végétaux est facile à expliquer. On sait que les plantes se nourrissent par leurs feuilles et leurs branches comme par leurs racines ; la nourriture qu'elles puisent dans l'air est dans le carbone de l'acide carbonique qu'il contient. Elles décomposent cet acide carbonique, s'emparent de son carbonne, qu'elles s'approprient, et rendent à l'oxygène la liberté, ce qui explique la purification de l'air par l'action des végétaux. Mais pour que cette opération chimique puisse se faire par les plantes, la lumière du soleil est indispensable, l'expérience l'a démontré, les faits le prouvent tous les jours aux observateurs. Or, comme le carbone est la substance qui forme la majeure partie des végétaux et leur donne leur consistance, on conçoit que, lorsque, privés de lumière, ils ne peuvent pas s'approprier celui qui est contenu dans l'acide carbonique de l'atmosphère, leur développement en souffre, et ils ne peuvent pas acquérir leur force, leur consistance naturelles. Telle est la raison pour laquelle les végétaux privés de lumière s'étiolent, ne se reproduisent pas et meurent.

LUNATIQUE. Nom donné vulgairement aux chevaux atteints de la fluxion périodique des yeux. — V. *Fluxion*.

LUPIN. Les lupins, qui forment un genre de la famille des légumineuses, sont des plantes qui sont cultivées dans certaines contrées comme fourrages pour leurs graines et pour être employées comme engrais verts. J'ai fait quelques expériences sur la culture du lupin comme fourrage vert, mais mes bestiaux se sont montrés peu empressés à le consommer, quelques animaux même le refusaient absolument. Il paraît, du reste, que, dans le midi de l'Europe, la culture du lupin blanc offre des avantages réels, surtout lorsqu'on emploie cette plante comme un engrais vert.

Une variété de lupin vivace est quelquefois cultivée comme plante d'ornement. Cette variété fournit de belles fleurs en grappes qui produisent beaucoup d'effet dans les jardins et parterres.

Les lupins craignent le froid, et leur graine ne mûrit que dans des climats doux. Ils sont peu répandus dans le nord, malgré les avantages qu'ils pourraient offrir comme fourrage et comme engrais.

LUPULINE. (*Luzerne lupuline*, ***Minette dorée, Trèfle jaune.***) La lupuline, qui appartient à la famille des légumineuses et au genre luzerne, est une des meilleures plantes fourragères de nos cultures. Elle croît spontanément, dans les terrains même les plus médiocres. Très rustique de sa nature, on peut donc la semer dans tous les sols comme dans presque tous les climats, et les bestiaux la recherchent toujours avec avidité. On mélange généralement sa graine avec celle de trèfle, de luzerne, de sainfoin, ou de divers gramens, pour faire des prairies. — V. *Luzerne.*

LUTTE. Dans l'espèce ovine, l'accouplement se nomme lutte. Lorsque le temps où les femelles sont disposées à être fécondées est arrivé, on leur donne les béliers. Un mâle peut servir de quarante à cinquante femelles. Pour empêcher que les béliers ne se battent entre eux, ce qui arrive toujours dans ces cas, on parque les femelles par groupes de quarante environ avec un mâle, jusqu'à ce que la lutte soit terminée.

LUXATION. Déplacement, déboîtement des surfaces articulaires des os des animaux. C'est surtout dans les membres et sur les jeunes sujets que les luxations ont lieu. Pour être réduites, il faut des connaissances anatomiques et une expérience que donne la pratique. Dans des cas d'accidents de cette nature, on aura recours aux praticiens éclairés, et on ne s'en rapportera pas aux remèdes des empiriques. On ne confiera donc les animaux malades qu'à ceux qui sont capables de les traiter rationnellement, et non aux charlatans qui cherchent à exploiter notre confiance.

LUZERNE. Genre de la famille des légumineuses. La luzerne est une des plantes fourragères qui offrent le plus de ressources à l'agriculture. Cultivée en prairie artificielle, elle peut donner de trois à cinq coupes abondantes quand elle est dans de bonnes conditions, et l'on fauche certaines luzernières arrosées jusqu'à six fois, dans le midi de la France ; il n'est pas de prairie, de quelque nature qu'elle soit, qui fournisse du fourrage de meilleure qualité et plus nutritif.

La luzerne dure long-temps dans les bons fonds. On en voit dans le Roussillon qui ont trente, quarante ans et plus; mais dans le centre et le nord de la France, la moyenne de la durée d'une luzernière est de dix à quinze ans. Après cette époque, elle s'éclaircit, les mauvaises herbes la gagnent, et il est important de la rompre.

Dès leur troisième année, les luzernières sont en plein rapport. Si l'on peut leur reprocher d'être exigeantes, si elles ne viennent bien que dans les terres franches qui ont du fond, et surtout dans les climats chauds, la profondeur de leurs racines, qui s'enfoncent dans le sol souvent jusqu'à un mètre et plus, les rend moins sensibles à l'action de la sécheresse que les autres plantes. En effet, lorsque par une saison très sèche on coupe la luzerne, on la voit repousser avec vigueur, et ses tiges vertes et bien nourries contrastent avec celles des autres plantes sèches et rabougries qui les entourent. Ce fait se remarque surtout dans les vieilles luzernières éclaircies dont les graminées se sont emparées. C'est alors surtout qu'on peut juger de la supériorité du produit de la luzerne sur celui des autres plantes fourragères.

Originaire des pays chauds, la luzerne n'offre généralement pas à la culture les mêmes avantages dans tous les climats. Plus elle avance vers le nord et s'éloigne de sa patrie originaire, et plus elle perd, en qualité comme en quantité; elle redoute surtout les froids, les gelées, sur les montagnes élevées. Dans ces pays on ne peut guère faire des luzernières que dans des sols de choix, et surtout bien exposés. La chaleur est une des conditions qui la font le mieux prospérer. Quand cet élément manque, les résultats sont loin d'être les mêmes.

L'administration de la luzerne en vert aux animaux demande les mêmes précautions que celle du trèfle. Chez les ruminants, qui en sont très avides, elle cause souvent des météorisations, surtout lorsqu'elle est mouillée par la rosée, ou par la pluie. Le meilleur moyen de prévenir cet accident, c'est de la laisser se flétrir un peu au soleil ou à l'air, après l'avoir coupée. Dans cet état, elle est moins susceptible de fermenter dans le rumen et de causer des tympanites qui déterminent souvent des asphyxies foudroyantes, si on n'y porte un prompt remède. — V. *Tympanite.*

Comme fourrage sec, la luzerne est très nutritive. Les chevaux de halage du Rhône ne résistent bien à la fatigue que lorsqu'ils sont nourris avec du foin de luzerne; mais cette propriété paraît avoir des inconvénients pour les animaux qui ne travaillent pas. Je n'ai pas moi-même observé le fait, mais il paraît que le foin de luzerne finit par donner un sang trop riche, trop plastique; il en résulte une irritation du canal intestinal, des constipations et des prédispositions aux maladies inflammatoires; on affirme même qu'il peut rendre les chevaux poussifs. Il serait donc utile de ne pas se servir de ce fourrage pur et de le mélanger avec des pailles ou des foins naturels. Cependant, je dois le répéter ici, je n'ai pas eu occasion de faire des observations pratiques à ce sujet. Il faudrait donc étudier la question avant de la résoudre d'une manière absolue.

On connaît une autre espèce de luzerne, désignée sous le nom de lupuline ou de minette dorée. Cette variété, très recherchée par les bestiaux, et surtout par les moutons, croît spontanément dans les champs et les prairies naturelles. Comme les autres légumineuses fourragères, la lupuline augmente les qualités des fourrages naturels; et les prairies dans lesquelles on la remarque en grande quantité sont généralement de bonne nature. — V. *Lupuline.*

LUZULE. Plante de la famille des joncacées. Les luzules croissent généralement dans les lieux humides et ombragés; elles fournissent un mauvais fourrage et leur présence dans les prairies indique une nature de sol médiocre ou mauvais.

LYCHNIDE. Genre de plantes de la famille des caryophyllées. Les lychnides croissent dans les prairies, souvent dans les champs, surtout dans les céréales de printemps; on les sarcle comme plantes salissantes. Les bestiaux les consomment volontiers. Quelques lychnides sont cultivées comme plantes d'ornement dans les parterres.

LYCOPERDON. Genre de végétal de la famille des champignons et dont diverses espèces sont connues dans nos campagnes sous le nom de *vesse-de-loup*. La fumée du lycoperdon desséché et mis en combustion a une propriété narcotique qui engourdit les abeilles pendant quelque temps et permet de récolter leur miel sans danger. J'ai vu faire moi-même cette opération par un apiculteur habile, M. Debauvois. Il narcotisa ainsi les abeilles d'une ruche en présence de plusieurs membres de la Société zoologique d'acclimatation, au Muséum d'histoire naturelle de Paris, dans le jardin de M. Is. Geoffroy Saint-Hilaire. On pourrait employer ce procédé avec avantage pour la récolte du miel. Il paraît du reste que ce moyen est très connu et employé dans ce but dans la Russie méridionale. — V. *Miel*.

LYMPHATIQUE. (*Système, tempérament, vaisseaux, glandes lymphatiques.*) On nomme lymphatiques les vaisseaux dans lesquels circulent un liquide séreux qui est versé dans le torrent de la circulation. Lorsque ces vaisseaux sont nombreux et développés dans les animaux, ils constituent les tempéraments lymphatiques.

Les glandes lymphatiques sont des ganglions d'un gris jaunâtre qui se rencontrent dans le mésantère, notamment aux aines et aux aisselles des animaux. Leurs usages ne sont pas encore déterminés.

Le système lymphatique comprend les vaisseaux et ganglions du même nom. Les vaisseaux chylifères sont aussi appelés lymphatiques. — V. *Chylifères, Chyle, Ganglion, Tempérament.*

LYMPHE. Liquide séreux qui circule dans les vaisseaux lymphatiques des animaux. — V. *Lymphatique.*

LYSIMAQUE. Genre de la famille des primulacées. Les lysimaques croissent généralement dans les lieux frais; elles offrent peu d'intérêt au point de vue agricole; mais quand on les rencontre dans les prairies, ces prairies doivent être humides, et leurs fourrages, en général, ne doivent pas être de bonne qualité.

LYTHRARIÉES. Famille de végétaux qui croissent spécialement dans les lieux frais et ombragés. La salicaire, qui est une de nos belles plantes sauvages, cultivée quelquefois comme plante d'ornement, appartient à cette famille.

M

MACHE. (*Doucette, Valérianelle.*) Genre de plantes de la famille des valérianées. Les mâches croissent spontanément dans les champs; on les ramasse pour faire des salades pendant l'hiver ou le printemps. Aux environs des grandes villes, on cultive ces plantes pour l'approvisionnement des marchés. Dans ce cas, elles prennent un développement beaucoup plus considérable que celui qu'elles ont à l'état normal.

MACHE. On a donné le nom de mache à des grains, surtout à ceux d'orge, plongés dans l'eau bouillante pour les faire ramollir et les donner aux chevaux fatigués. Cette méthode, employée par les Anglais, rend les grains d'une mastication plus facile et d'une digestion moins laborieuse; elle convient aux estomacs fatigués.

MACHELIÈRE. V. *Molaires.*

MACHINE. Assemblage d'instruments, d'appareils disposés de manière à produire un résultat avantageux par l'application des puissances qui les mettent en action. La science de la mécanique a fait faire des progrès rapides à l'art de construire les machines employées dans les arts et manufactures depuis la fin du dernier siècle. L'usage de la vapeur, surtout, y a puissamment contribué. L'agriculture aurait dû être la première à en profiter, comme la reine de toutes les industries, comme la plus ancienne, la plus répandue et la plus indispensable de toutes; mais il n'en est malheureusement pas ainsi, tant s'en faut; à peine si dans quelques pays privilégiés, et chez des cultivateurs riches, on voit quelques machines à battre, plus ou moins bien confectionnées. L'application de la mécanique perfectionnée à l'art d'exploiter le sol est encore dans l'enfance chez nous. Si nous comparons la différence de précision que l'on observe dans nos exhibitions industrielles, entre les instruments aratoires et les machines employées dans l'industrie manufacturière, on voit de combien celle-ci l'emporte par la confection de son matériel sur sa sœur aînée, qui lui fournit cependant les matières premières de fabrication.

Une machine à piocher la terre mise en jeu par la vapeur a été imaginée par le docteur Barrat. Je l'ai vue fonctionner. On pourrait en faire l'application avec fruit pour les défrichements et les labours. Eh bien ! la force d'inertie et la routine ont un tel pouvoir chez nous en agriculture, que cette machine reste sous la remise, lorsqu'elle devrait être employée depuis long-temps à la conquête des terres incultes de nos landes. La terre d'Afrique surtout, si fertile, et dont les défrichements sont si dispendieux par le prix élevé de la main-d'œuvre, pourrait être exploitée avec économie par l'emploi de la machine Barrat; et quels avantages la colonie n'y trouverait-elle pas ?

On parle dans ce moment d'une nouvelle machine où l'air atmospherique chauffé jouerait le rôle de moteur. Cette machine économiserait, dit-on, 90 p. 100 de calorique; des expériences ont été répétées à ce sujet en Amérique, et elles ont réussi. Pourquoi ne pas se livrer à ces études en France pour en faire l'application à la culture du sol ? Il y a toute une heureuse révolution à faire pour la richesse du pays et le bien-être de nos populations dans l'étude sérieuse et bien dirigée de la fabrication des machines agricoles. Nous en avons la preuve dans la révolution qui a été produite sous ce rapport dans l'industrie manufacturière. — V. ***Mécanique***.

MACHOIRE. Les mâchoires sont composées d'un assemblage d'os qui, dans les animaux, contribuent à former la tête et concourent à la mastication des aliments au moyen des dents qu'elles contiennent. C'est aux dents incisives, placées aux extrémités des mâchoires, que l'on reconnaît l'âge des animaux. — V. ***Age***, ***Maxillaire***.

MACRE. (*Truffe d'eau*, *Châtaigne d'eau*.) Plante de la famille des onagrariées. Les macres croissent dans les mares, dans les fossés qui entourent les villes, etc., sur les bords des étangs et des rivières dont le cours est tranquille. Elles fournissent un fruit charnu entouré d'une enveloppe noire, blanc à l'intérieur, et d'une saveur assez agréable. La macre pourrait être cultivée comme plante alimentaire ; elle offrirait, sous ce rapport, quelques ressources aux habitants des campagnes.

MADIA. Genre de la famille des composées. Le genre madia fournit une plante appelée *madia sativa*, qui a été cultivée comme plante oléagineuse. Les essais qui ont été faits de sa culture paraissent avoir été fructueux, je l'ai moi-même cultivée avec un plein succès; cependant je ne sache pas qu'elle ait été définitivement adoptée. Ses graines ont l'inconvénient de ne pas mûrir ensemble, et l'huile qui en provient conserve une odeur dont il est difficile de la dépouiller. Il est probable que ces causes réunies auront contribué à faire renoncer à son exploitation.

MAGNANERIE. Lieu destiné à l'éducation des vers à soie. Une température convenable et la pureté de l'air sont deux conditions essentielles aux magnaneries; l'humidité leur est aussi contraire. Il faut donc ménager, dans ces locaux, des courants d'air continus, sans abaisser leur température. On remarque dans la pratique que les petits éducateurs qui élèvent leurs vers dans leurs petits logements, où l'air se renouvelle sans cesse par les portes ou fenêtres, et par la cheminée où se fait le feu du ménage, n'éprouvent pas les pertes causées dans les grandes éducations par les maladies telles que la muscardine, etc. — V. ***Muscardine***.

MAGNOLIA. (***Magnolier***.) Le magnolia est un des plus beaux arbres d'ornement que nous ayons pour décorer nos jardins, nos bosquets ou nos parcs. Ses grandes fleurs blanches, d'un blanc éclatant, et qui ont la forme de la fleur de la tulipe, font le plus bel effet partout où il est cultivé.

Le magnolia à grandes fleurs, le plus beau de tous les magnoliers, est originaire de l'Amérique septentrionale. Il réussit bien dans le midi de la France, où il commence à être répandu.

MAGNOLIACÉES. Famille de végétaux à laquelle appartiennent les magnoliers, qui sont tous des arbres d'ornement. La fleur blanche en tulipe du magnolia à grandes fleurs est une des plus belles que le règne végétal puisse produire. Cet arbre d'ornement a été importé en Europe des forêts de la Floride. Il est assez rustique et il réussit très bien dans le midi et même dans le centre de la France. — V. *Magnolia*.

MAIE. Espèce de coffre qui sert de pétrin dans la campagne. — V. *Pétrissoir*.

MAIGREUR. État d'un animal qui est dans l'amaigrissement. La maigreur est souvent la conséquence d'un excès de fatigue ou celle d'une nourriture mauvaise ou insuffisante. Les animaux de travail qui sont dans cet état n'ont ni la vigueur ni la force nécessaire à leur destination. Un agriculteur intelligent ne doit jamais avoir ses bestiaux dans cette condition. Il vaut mieux en avoir un plus petit nombre et les bien entretenir; ils rendent ainsi plus de bénéfice, soit par leur travail, soit par leurs produits. Du reste, la maigreur des animaux indique souvent une production fourragère mauvaise ou insuffisante pour leur alimentation.

MAIS. (*Blé d'Espagne, blé de Turquie.*) Plante de la famille des graminées. Le maïs comprend plusieurs variétés, qui se distinguent surtout par la couleur du grain. C'est un des végétaux qui offrent le plus de ressources à l'agriculture, tant pour l'alimentation de l'homme que pour celle des animaux. Cultivé comme grain, le maïs donne une farine dont on fait des bouillies (gaudes), des galettes. D'après Parmentier, cette farine peut aussi faire du pain agréable au goût, lorsqu'elle est mélangée, pétrie, avec de la farine de blé.

Pour les animaux, le grain du maïs est une excellente nourriture; ils sert surtout à engraisser la volaille, les porcs. On a la précaution de le faire macérer, pour le ramollir et le rendre d'une mastication plus facile.

On cultive en France deux espèces de maïs : l'un d'eux se nomme quarantin, par rapport à sa précocité; l'autre, plus tardif, est plus répandu. Il est cultivé dans le sud-ouest de la France sur une grande échelle comme plante sarclée. Souvent on lui intercale des haricots, des pois ou des parmentières.

Cultivé comme fourrage vert, le maïs est très recherché par les bestiaux. Les ruminants surtout en sont très avides. Il convient principalement aux vaches laitières, dont il augmente la sécrétion du lait.

Sous quelque rapport qu'on l'envisage, comme grain ou comme fourrage, le maïs est une des plus précieuses conquêtes que l'agriculture ait faites sur le règne végétal. Il paraît, malgré les opinions diverses émises à ce sujet, que c'est au Nouveau-Monde que nous en sommes redevable. Ce précieux végétal nous était, dit-on, inconnu, avant la découverte de l'Amérique.

MAL. Nom générique donné à des affections diverses qui se déclarent dans les animaux. Ce mot est synonyme de maladies ou de blessures On reconnaît le mal de garrot, le mal de rognon, le mal de taupe, etc., qui sont la conséquence de blessures faites au garrot, aux reins, à la nuque. — V. *Garrot*, *Nuque*, *Reins*, *Taupe*.

MAL DE BROU. Nom donné à une maladie du tube intestinal causée par les jeunes pousses du bois dans les forêts, et notamment par celles de chêne. Lorsqu'on conduit les animaux paître dans les bois au printemps, le mal de brou est fréquent et fait quelquefois périr les animaux.

Cette maladie se reconnaît par les symptômes d'une irritation du tube digestif. Les membranes muqueuses buccales, celles des yeux, sont rouges; la bouche est chaude, le poil est sec; la constipation ou la diarrhée se font remarquer, avec le pissement de sang.

Le mal de brou est souvent mortel. Pour le combattre avec succès, il faut d'abord détruire la cause qui l'a produit. On retirera donc les animaux des bois; on les soumettra ensuite à un régime émollient; on leur administrera des boissons mucilagineuses, de l'eau blanche et des lavements émollients. Quelquefois la saignée est indiquée, pour les jeunes sujets surtout.

Du reste, lorsqu'on conduit les animaux au bois, il vaut mieux attendre que l'herbe y ait bien poussé, et que les feuilles et les pousses du bois aient pris de la consistance. Elles sont alors moins recherchées. Quand les animaux quittent, au printemps, la nourriture sèche, ils sont avides de vert; ils dévorent tout ce qu'ils trouvent, et c'est ainsi qu'ils contractent plus facilement la maladie que nous signalons ici.

MALADIE. Altération plus ou moins grave de la santé. La vie

des animaux, comme celle des végétaux, est la conséquence des fonctions normales des organes qui les composent. Lorsque des causes morbides réagissent sur ces fonctions et les troublent, il en résulte des maladies générales ou partielles qui causent à l'agriculture des pertes plus ou moins sensibles, non seulement par la mort des animaux, mais par les frais de traitement, la moins-value de ceux qui ne meurent pas, et le défaut de travail des bestiaux employés aux exploitations.

Les maladies générales épizootiques dévastent souvent les campagnes, et portent la désolation surtout dans les pays ou l'élevage des bestiaux forme l'unique ressource des habitants. La péripneumonie des bêtes à cornes est dans ce cas. Depuis longtemps déjà de malheureuses familles de cultivateurs sont ruinées dans plusieurs pays de la France, et même d'Europe, par ses ravages.

Les maladies contagieuses surtout sont un fléau qu'il faut combattre énergiquement à sa source. Si on n'y prend garde, il envahit des régions entières et cause des pertes incalculables. Le typhus contagieux des bêtes à cornes, la clavelée des moutons, le charbon, la rage, la gale, etc., sont des maladies qui se communiquent d'un animal à l'autre. On doit donc s'empresser de prendre les mesures convenables pour séquestrer les animaux malades.

Les maladies sont aiguës ou chroniques. Elles sont aiguës lorsqu'elles parcourent rapidement leur périodes; dans ce cas, les animaux meurent promptement ou guérissent de même. Les maladies chroniques, au contraire, marchent avec lenteur; leur traitement est toujours long, plus ou moins dispendieux, et souvent inutile. Il est des maladies chroniques qui sont incurables.

On pourrait prévenir une infinité de maladies des animaux par de bons soins hygiéniques, en étudiant bien les causes qui les provoquent, et en les détruisant lorsqu'on les connaît. — V. *Épizootie, Etable, Hygiène, Soins, Travail.*

MALADIF. Animal maladif, sujet aux maladies. On ne doit jamais conserver un animal maladif; non seulement il paie mal la nourriture qu'il consomme, mais encore il occasionne des dépenses pour son traitement ; d'ailleurs, on ne peut pas compter sur lui lorsqu'on a besoin de son travail.

Quant aux animaux de rente, ils ne profitent jamais bien des soins qu'on peut avoir d'eux ; il faut donc toujours s'en débarrasser le plus tôt possible lorsqu'ils sont souffreteux.

MAL-DENTÉ. Nom donné à un animal dont les dents, surtout les incisives, sont mal disposées. Il est difficile, dans ce cas, de juger de leur âge à leur examen.

Lorsqu'un animal a les incisives mal disposées, mal rangées, il importe de s'en assurer. S'il est destiné à paître, il ne peut pas bien saisir l'herbe pour l'inciser ou l'arracher, et son alimentation en souffre. Un bœuf, une vache, un mouton à l'engrais dans les pâturages, doivent avoir leur dentition complète et dans de bonnes conditions. Dans le cas contraire, ils s'engraissent avec plus de difficulté.

J'ai observé moi-même une de mes vaches qui dépérissait de jour en jour sans cause connue. Une étude attentive me fit remarquer qu'elle était mal dentée à ses mâchelières. Je fus obligé de la faire nourrir avec des farineux, et, quand elle fut en état d'être égorgée, je la fis abattre pour la faire saler et servir à la consommation du personnel de la ferme.

Il importe donc de s'assurer toujours si les animaux que l'on achète ont une dentition régulière et capable de bien remplir ses importantes fonctions.

MALE. Individu du sexe masculin. Quand un animal n'est pas castré, le mot mâle est souvent synonyme d'étalon. — V. ce mot.

On reconnaît dans les plantes monoïques les fleurs mâles et les fleurs femelles. Les étamines sont les organes mâles, et les pistils les organes femelles. — V. *Etamine*, *Pistil*.

MALVACÉES. Famille de végétaux qui offrent à la médecine des animaux des ressources aussi efficaces qu'économiques. Les malvacées sont des plantes émollientes et mucilagineuses dont les décoctions surtout sont très usitées en art vétérinaire. La mauve et la guimauve, si communes dans nos campagnes, font partie de cette famille ; elles servent à faire des cataplasmes, des boissons mucilagineuses, des bains, des lavements émollients et adoucissants.

La guimauve est cultivée comme plante d'ornement dans nos jardins, sous le nom de rose trémière.

Diverses variétés de cotonniers, qui produisent les cotons dont les tissus sont si employés généralement dans les usages domestiques, appartiennent à la famille des malvacées. — V. *Coton*.

MAMELLES. Glandes plus ou moins volumineuses qui sécrètent le lait. La vache et la chèvre sont, de nos espèces domestiques, les femelles dont les mamelles sont le plus développées et donnent le plus de lait. Le volume des mamelles n'est pas toujours un indice de qualité laitière ; elles sont quelquefois très charnues, très grosses, sans contenir beaucoup de lait. On voit souvent des vaches dont le pis diminue à peine de volume après la traite. — V. *Pis*, *Sécrétion*, *Vache*.

Tous les ruminants ont, comme la jument et l'ânesse, les mamelles inguinales, c'est-à-dire placées près des anneaux inguinaux; tandis que la truie, la chienne, la chatte, la lapine, les ont ventrales, c'est-à-dire placées sur deux rangs, sous le ventre et jusque sous la poitrine.

MAMELON. Bout aminci des mamelles. C'est par le mamelon que le jeune sujet tète le lait de sa mère.

MAMMAIRE. Qui appartient aux mamelles. On reconnaît les glandes mammaires, les veines et artères mammaires.

Sous le ventre de la vache, on aperçoit une veine plus ou moins grosse et tortueuse qui, partant de chaque côté du pis, se dirige en avant. Elle forme plusieurs courbures plus ou moins nombreuses et accentuées, et disparaît ensuite sous la peau, dans une petite cavité que l'on sent très bien avec le doigt. Pour beaucoup de praticiens, le développement de cette veine est un indice de bonne qualité laitière. La physiologie explique jusqu'à un certain point ce fait d'observation pratique. Plus une mamelle sécrète de lait, plus elle doit recevoir de sang artériel qui sert à cette sécrétion. On conçoit donc qu'une grande quantité de sang apporté par les artères aux mamelles exige un développement plus grand des veines qui, des mamelles, portent le sang vers le centre, pour y subir la transformation de sang veineux en sang artériel. — V. *Circulation*, *Hématose*, *Respiration*.

MAMMIFÈRE. De deux mots latins qui signifient *mamelle* et *porter*. Nom donné à tous les animaux qui ont des mamelles. Ainsi l'homme, comme tous les quadrupèdes, sont des mammifères.

MAN. (*Maon*, *Ver blanc*.) La larve du hanneton se nomme *man* dans certaines localités. L'agriculture n'a pas d'ennemi plus vorace des végétaux que cette hideuse chenille; les prairies, les jardins, sont ravagés par elle, et cette larve ronge les racines des végétaux herbacés jusqu'à leur collet et les fait périr par quantités immenses. Pour prévenir ses ravages, si onéreux pour l'agriculture, il faudrait trouver un moyen de détruire les hannetons, ce qui ne serait pas bien difficile, et l'on préserverait ainsi nos récoltes de toute nature d'un de leurs ennemis les plus redoutables.

MANADE. Nom donné dans la Camargue aux troupeaux de chevaux élevés et entretenus dans cette île pour dépiquer, battre le blé. Avec une meilleure nourriture, et des soins bien entendus, les chevaux des manades de la Camargue pourraient faire d'excellents types de cavalerie légère. — V. *Camargue*.

MANCENILLIER. Arbre de la famille des euphorbiacées, célèbre par ses propriétés vénéneuses. Les sucs laiteux de cet arbre sont un poison violent. On assure que les naturels des pays où il croît (Antilles) en empoisonnaient leurs flèches. Les émanations même des feuilles de cet arbre sont dangereuses pour la santé de l'homme, comme pour celle des animaux.

MANCHERON. Levier fixé en arrière de la charrue pour la contenir en action et en régulariser la marche. Dans les bonnes charrues ou araires à versoir, les mancherons sont doubles; ils fatiguent ainsi moins le laboureur, qui peut employer à son travail ses deux mains. au lieu d'une.

MANDIBULE. Nom donné aux mâchoires des oiseaux et des insectes.

MANDRAGORE. Plante de la famille des solanées. La mandragore a des propriétés narcotiques qui pourraient la rendre utile en art vétérinaire; ce sont surtout ses racines et ses feuilles qu'il serait possible d'utiliser à l'extérieur comme narcotiques dans des cas de douleurs aiguës, de gonflements, provoqués par des contusions, ou pour combattre des inflammations de diverses parties du corps.

MANÉGE. Lieu destiné à monter à cheval, soit pour apprendre l'équitation, soit pour dresser les animaux. Les manéges ont été très répandus et en grande faveur avant la confection des grandes routes, parceque l'on voyageait beaucoup à cheval. Le nombre de ces établissements est infiniment diminué aujourd'hui, et bientôt ils se borneront aux garnisons de cavalerie pour l'instruction des troupes à cheval; les grandes villes seules auront quelques rares manéges pour l'agrément des amateurs d équitation, dont le nombre diminue aussi tous les jours. Nous regrettons ce fait incontestable; l'équitation est non seulement un exercice salutaire, mais elle entretient le goût du cheval de selle et celui de son élevage, qui tend de plus en plus à se circonscrire, pour faire place à l'élevage du cheval de trait et du mulet. — V. *Equitation.*

On nomme aussi manége un lieu circulaire où l'on emploie des animaux pour mettre une machine en mouvement.

MANGEOIRE. Espèce d'auge formée avec des planches ajustées ou avec des pierres creusées pour faire boire ou manger les animaux. Les auges en pierre sont préférables pour les mangeoires, parcequ'elles ne s'imbibent pas, comme celles de bois, par les liquides qu'elles peuvent contenir, et qui les pourrissent.

MANIE. V. *Habitude.*

MANIEMENT. Le mot *maniement* est interprété de diverses manières par les praticiens. Les uns l'appliquent à des parties diverses du corps des animaux de boucherie, que l'on palpe pour s'assurer de l'état de leur engraissement. Ainsi, les principaux maniements du bœuf gras sont au jarret, à côté de la base de la queue, en arrière de l'épaule, en arrière du scrotum, au poitrail, sur divers points des côtes. Chez le mouton, les maniements sont sur les reins, à côté de la base de la queue, sur les côtes, sur les épaules, à la pointe du sternum, etc.

D'autres praticiens appellent maniement l'opération qui consiste à tâter, à palper un animal dans ses diverses parties, soit pour s'assurer de son état d'engraissement, soit pour connaître l'état de sa peau, la nature de son poil, celle de sa santé, de sa conformation, etc.

Pour l'examen d'un animal, on a besoin du coup d'œil d'abord, pour juger de l'état général de sa construction ; mais les maniements sont d'une grande ressource dans la pratique, pour pouvoir bien juger de la nature des tissus des animaux, de la densité de leurs muscles, de la souplesse de leur peau, du moelleux ou de la dureté de leur poil, etc. — V. *Peau, Poil.*

Le docteur Bardonnet des Martels vient de publier, sur les maniements des animaux, un livre spécial du plus grand intérêt. Le savoir étendu, la pratique éclairée de l'auteur de cet ouvrage, ne sauraient manquer d'attirer l'attention des agriculteurs. Nous le considérons comme un des meilleurs écrits qui aient été publiés sur cette question importante, et nous ne saurions assez le recommander à tous ceux qui s'occupent d'économie du bétail.

MANIOC. (*Médicinier manioc.*) Arbrisseau de la famille des euphorbiacées, cultivé notamment en Amérique pour sa fécule alimentaire, abondante dans ses racines. Ces racines offrent le singulier contraste de contenir, d'une part, un suc laiteux très vénéneux, et, de l'autre, une fécule très nourrissante qui sert à l'alimentation des naturels et surtout des nègres. Lorsque la racine du manioc est récoltée, on la râpe, on exprime le suc âcre qu'elle contient au moyen d'une forte pression et par le lavage; on obtient ensuite une espèce de farine qu'on peut consommer au naturel; le plus souvent on en fait des galettes ou du pain nommé *pain de cassane.* La fécule vendue sous le nom de *tapioka* n'est que de la fécule de la racine de manioc.

MANNE. Substance sucrée, purgative, fournie par différentes variétés de frêne. Le frêne de nos contrées ne la produit pas. C'est surtout dans le sud de l'Italie qu'on la récolte; la manne de la Calabre est la plus estimée. On l'emploie quelquefois en médecine vétérinaire pour purger les jeunes animaux.

MARAICHÈRE. Culture maraîchère, qui a rapport à la culture des jardins. La culture maraîchère est la plus productive, la plus perfectionnée de toutes les cultures. Un hectare de terre en culture maraîchère suffit, aux environs d'une grande ville, pour occuper plusieurs bras, et entretetenir dans l'aisance plusieurs familles. Les légumes qui approvisionnent les marchés des grandes villes sont produits par les jardins qui sont dans leur voisinage, et donnent lieu à une branche de commerce très étendue. Les progrès accomplis dans l'art du jardinier maraîcher sont dus à la science de la physiologie végétale appliquée à la culture des légumes. L'enseignement pratique qui a eu lieu sur ce point au Jardin-des-Plantes de Paris, et qui date d'un siècle environ, a produit des résultats immenses, non seulement en France, mais sur divers points du globe par les élèves jardiniers formés à l'école d'André Thouin et de ses successeurs au Muséum d'histoire naturelle. Si la production générale du sol avait été aussi bien comprise que la production maraîchère en France, notre pays serait le plus riche de la terre. — V. *Muséum*, *Production*.

MARAICHINS. Nom donné dans la Saintonge et le Poitou aux bœufs engraissés dans les marais desséchés de ces pays. Ces marais offrent d'immenses ressources non seulement à l'engraissement des animaux, mais à leur élevage en général.

MARAIL. Oiseau de l'ordre nombreux des gallinacés, qui vit en troupes dans la Guyane. Le marail est de la force d'une grosse poule. Il est classé par M. Isidore Geoffroy-Saint-Hilaire parmi les oiseaux alimentaires qui peuvent être facilement naturalisés et domestiqués. Déjà ce gallinacé a été élevé avec succès en France et sur divers points de l'Europe; il pourra donc un jour augmenter le nombre de nos oiseaux de basse-cour.

MARAIS. Espace de terrain couvert d'eau. La formation des marais est due à la disposition des sols qui ne permettent pas l'écoulement des eaux, soit des sources, soit des pluies. Leur fond est souvent tourbeux ou argileux et imperméable, ce qui empêche l'eau de s'infiltrer dans le sol et de disparaître.

Pendant les chaleurs de l'été, les eaux des marais diminuent, et les miasmes qui en résultent par suite de la décomposition des substances organiques qu'ils contiennent déterminent, pour les hommes comme pour les animaux, des affections souvent mortelles. Les fièvres intermittentes sont les maladies ordinaires des habitants du voisinage des marais. Dans ces mêmes lieux, la pourriture décime les troupeaux de l'espèce ovine, si on ne les fait pas émigrer pendant les grandes chaleurs de l'été. Aussi, l'industrie des pays où se trouvent des marais se borne-t-elle, dans beaucoup d'endroits, à engraisser des moutons au lieu de les élever. — V. *Cachexie.*

L'existence des marais, dans certains lieux, est une honte pour notre pays; ils devraient être desséchés partout où c'est possible, ne serait-ce que pour l'hygiène et la salubrité publiques. Les miasmes des marais sont un véritable poison, pour l'espèce humaine surtout, et il y a inhumanité à les laisser subsister. Ces foyers d'infection miasmatique pourraient devenir des foyers de richesse, de bien-être et de salubrité : il est donc bien regrettable que l'autorité n'intervienne pas toujours avec énergie pour faire disparaître de la surface du sol tous les marais susceptibles d'être desséchés. — V. *Desséchement.*

MARASME. Dernier degré de maigreur d'un animal. Le marasme est la suite de longues maladies et de souffrances extrêmes long-temps continuées. — V. *Hectisie, Maigreur.*

MARC. Résidu de végétaux soumis à la pression ou à d'autres procédés employés pour en extraire les substances utilisées dans les arts ou l'industrie, ou pour augmenter nos subsistances. Les marcs sont généralement recherchés, soit pour la nourriture des animaux, soit pour engraisser les terres. Les marcs de raisins, ceux de pommes et autres fruits employés à faire des boissons, sont donnés aux animaux, aux volailles. Ceux des plantes oléagineuses, connus sous le nom de tourteaux, servent à engraisser les animaux ainsi que le sol. Dans le Nord, les marcs sont très employés à ce dernier usage. Ceux qui proviennent des féculeries, des distilleries de parmentières, sont les moins estimés; on les donne ordinairement aux ruminants. — V. *Tourteau.*

Les marcs de betterave sont d'une grande ressource, partout où l'on fabrique du sucre ou des alcools avec cette racine précieuse. Ces marcs servent pour l'engraissement des animaux de boucherie, surtout pour celui bœuf. Le département du Nord est celui qui retire le plus d'avantages de cette industrie; l'engraissement du bétail s'est accru dans ce pays dans des proportions immenses depuis quelques années. — V. *Engraissement.*

MARCOTTAGE. Procédé de multiplication de végétaux par des tiges, qui, fixées aux troncs, sont mises en rapport avec la terre, de manière à pousser des racines. Ce mode de multiplication est très utilisé pour se procurer des sujets absolument analogues à ceux dont ils sont extraits. Le marcottage d'ailleurs est une opération très simple : il consiste à courber une tige et à la mettre en rapport avec le sol ; on couvre avec la terre la partie à laquelle on désire faire pousser les racines, et on la fixe de manière à rester immobile. Lorsqu'on juge que ces racines sont suffisantes pour alimenter le sujet (ce dont on peut s'assurer avant sa séparation de la tige-mère), on le coupe, et on le plante comme un arbre ordinaire ; par ce moyen, on est assuré d'avoir le végétal semblable au type qui l'a fourni.

Lorsqu'on veut pratiquer le marcottage sur une cépée, on doit en courber toutes les branches ou couper celles qu'on ne veut pas marcotter ; cette précaution est utile pour la bonne réussite de toutes les marcottes. Si on laissait des branches droites, la sève, qui tend toujours à monter, les choisirait de préférence, et le marcottage en souffrirait. Pour faciliter le marcottage d'une cépée, on pratique autour d'elle un fossé. La terre qu'on en retire forme un petit monticule circulaire auquel on fixe les marcottes, après les avoir enterrées aux points où l'on désire obtenir les racines, puis on couvre leurs courbures et leur souche avec de la terre. Lorsque les marcottes ont pris racine, on les coupe, on les replante, on découvre ensuite la souche mère, qui donne bientôt de nouvelles branches bonnes à marcotter encore. Une seule souche peut ainsi fournir de nombreuses marcottes en peu de temps et multiplier rapidement un végétal estimé dans une contrée.

On marcotte souvent des branches sur les arbres même au moyen d'un petit vase plein de terre traversé par la tige à laquelle on veut faire prendre racine. Cette tige se trouve ainsi dans les mêmes conditions que les marcottes fixées au sol ; mais il faut avoir soin de l'arroser pour favoriser le développement des racines.

Tout le monde connaît la manière simple de marcotter les œillets, dans les jardins comme dans les pots à fleurs des croisées. La pratique comme la théorie de ce procédé de multiplication si simple s'appliquent à tous les végétaux qu'on veut multiplier par le marcottage.

MARCOTTE. Tige d'un végétal à laquelle on a fait pousser des racines par le marcottage. — V. *Marcottage*.

MARCOTTER. Pratiquer le marcottage. — V. ce mot.

MARE. Excavation creusée pour recevoir et conserver les eaux de pluie afin de servir d'abreuvoir aux animaux. C'est surtout dans les pays de plaines privés de sources que l'on creuse des mares. Dans les villages, ces sortes de réservoirs reçoivent les eaux qui y arrivent après avoir traversé les chemins, les sentiers, les cours des fermes et maisons, et quelquefois les fumiers. Il en résulte que des boues, des détritus animaux et végétaux, etc., rendent souvent ces abreuvoirs infects et insalubres; on y voit même quelquefois surnager des animaux morts, des chiens, des chats, etc. Les crapauds, les grenouilles, s'y réfugient; une infinité d'insectes aquatiques s'y développent. Les eaux que peuvent contenir les mares doivent donc être loin d'être toujours saines, propres à entretenir la santé des animaux qui s'y abreuvent, et cependant les bestiaux n'ont souvent pas d'autre ressource pour se désaltérer. On comprend, dans ce cas, combien on doit être intéressé à maintenir ces abreuvoirs dans les meilleures conditions possibles de propreté et de salubrité.

Pour parvenir à ce but, on devra les nettoyer périodiquement, en extraire les vases, les détritus animaux et végétaux qui y sont entraînés. On évitera surtout d'y jeter des animaux morts, d'y noyer de jeunes chats, de jeunes chiens.

Dans beaucoup de contrées où les herbages sont privés de sources, comme en Normandie, on creuse des mares pour abreuver les animaux à l'engrais. Ces mares sont toujours plus saines que celles des villages, parcequ'elles ne reçoivent par leurs immondices; elles ne sont alimentées que par les eaux du ciel, qui y coulent par des pentes naturelles ou artificielles couvertes de gazon. — V. *Abreuvoir*.

MARÉCAGE. Terrain aquatique fangeux contenant des flaques d'eau stagnante qui s'évapore en partie par l'action des grandes chaleurs de l'été. Les marécages sont toujours des foyers d'insalubrité, pour les hommes comme pour les animaux. Les plantes y sont de mauvaise qualité, et celles qui s'y décomposent exhalent des miasmes délétères qui empestent les lieux où ils se développent. Le marécage de Boufarik, dans la plaine de la Mitidja, en Afrique, était un foyer pestilentiel auquel rien ne résistait pendant les chaleurs de l'été. Durant cette époque, les Arabes fuyaient ce lieu comme une habitation mortelle. Ce marécage a été assaini par les Français au moyen de tranchées qui ont donné l'écoulement aux eaux. Aujourd'hui Boufarik n'est pas plus mal sain qu'un autre point de la riche plaine dans le centre de laquelle il est situé. — V. *Desséchement, Marais.*

MARÉCAGEUX. Terrain marécageux, qui a rapport au marécage. Sol marécageux, plantes marécageuses. Les sols marécageux sont toujours insalubres; leurs plantes sont grossières, de mauvaise nature; les renoncules, les dypsacées, y abondent. — V. *Desséchement, Marais, Marécage.*

MARÉCHAL. Ouvrier qui ferre les animaux domestiques. Les bons maréchaux ferrants ne sont pas communs dans nos campagnes; pourtant ils y seraient très utiles, non seulement pour le ferrage des animaux de travail, chez lesquels ils pourraient prévenir une infinité de boiteries et d'altérations du pied, mais encore pour fabriquer de bons instruments d'agriculture. Ce sont, en effet, généralement les maréchaux qui, dans nos villages, font presque tous les ouvrages en fer nécessités par le matériel d'exploitation des fermes.

MARÉCHALERIE. Profession du maréchal ferrant. — V. *Maréchal.*

MARGUERITE. Plante de la famille des composées. On cultive dans nos jardins, sous les noms de reines-marguerites, des marguerites qui font l'un des plus beaux ornements de nos parterres. La culture des amateurs en a créé une infinité de variétés par l'hybridation. Les reines-marguerites sont devenues aujourd'hui des fleurs à la mode dont un parterre ne saurait se passer. Les jardiniers-fleuristes en font, vers l'automne, une branche d'industrie assez importante aux environs des grandes villes.

MARIN, NE. Plante marine, qui croît dans les eaux de la mer.

Les goémons, les fucus, les varechs, sont des plantes marines dont on se sert sur les côtes de l'Océan pour engraisser les terres; on en extrait aussi la soude et l'iode. — V. *Fucus*.

MARITIME. On nomme plantes maritimes celles qui croissent sur les bords de la mer. Les pins maritimes sont employés pour borner la marche des dunes, surtout dans le golfe de Gascogne. — V. *Dunes*.

MARNAGE. Opération qui consiste à mettre de la marne dans les sols pour leur donner du calcaire qui leur manque, ou modifier leur composition dans le but de les améliorer. Les marnages bien adaptés produisent toujours un bon effet dans les sols en culture; ils leur donnent des principes fertilisants qu'ils n'ont pas, modifiant leur consistance, leur texture, de manière à en faciliter le travail, et à les rendre plus perméables aux agents de l'atmosphère. Les sols argileux, compactes, connus sous les noms de terrains forts, gras, sont tenaces, durs, quand ils sont secs. Leur division est difficile par la charrue comme par la herse et le rouleau. Un bon marnage modifie leur nature. Le calcaire s'interpose entre les molécules argileuses, les divise, et rend ainsi la terre qu'elles composent plus friable, plus poreuse, plus accessible à l'humidité, à l'air, aux gaz, à la chaleur et à la lumière. La marne facilite donc ainsi la végétation en rendant la terre plus friable, plus facile à ameublir. Sous ce rapport, le marnage agit physiquement, mécaniquement.

Au point de vue chimique, le marnage n'est pas moins utile; il donne l'élément calcaire aux terres qui ne l'ont pas, et non seulement, dans ce cas, il concourt à la nutrition plus avantageuse des plantes, mais il facilite le développement de celles qui sont de bonne nature, au détriment des mauvaises. Le calcaire, en effet, favorise la multiplication des légumineuses, telles que les diverses variétés de trèfles, de luzernes, de lotiers, etc., dont le fourrage est recherché des bestiaux.

Le marnage peut faire la fortune d'un cultivateur; c'est surtout dans les défrichements des landes qu'on en observe l'heureuse influence; il peut transformer en sols de bonne qualité des terres médiocres ou mauvaises. On ne doit donc pas négliger de l'employer toutes les fois que cela est possible, en faisant, du reste, des essais préliminaires, pour établir les comptes de frais qu'il occasionnera et les comparer aux résultats qu'il produira. Je le répéterai sans cesse, toute opération agricole, quels que soient les avantages qu'on a le droit d'en attendre, doit toujours être soumise au contrôle de la comptabilité.

Lorsqu'on voudra marner une terre, on fera bien d'y transporter la marne en automne : les gelées de l'hiver tendront à la dilater, à la diviser, et, par conséquent, à rendre son mélange plus facile avec la terre qu'on veut marner.

MARNE. Mélange de calcaire avec d'autres substances terreuses. Les marnes varient de nature et de richesse, suivant leur composition et la quantité de calcaire qu'elles contiennent. Elles sont dites argileuses quand l'argile y domine, sablonneuses quand la quantité de sable l'emporte sur celle du calcaire et de l'argile, et calcaires lorsque l'élément calcaire forme la plus grande partie de leur composition.

Les marnes argileuses conviennent aux sols légers; elles leur donnent de la consistance, du corps; les marnes calcaires, surtout lorsqu'elles contiennent du sable et peu d'argile, sont préférables, au contraire, dans les terrains forts, argileux, compactes; elles concourent mieux à diviser leurs molécules, à les rendre plus friables, plus perméables aux agents de l'atmosphère, à tous ceux qui favorisent la végétation. — V. *Marnage*.

MARNEUX, SE. Sol marneux, qui contient naturellement de la marne. — V. *Marne, Marnage*.

MARNIÈRE. Nom donné à une carrière de marne. La découverte d'une marnière dans une propriété où elle était inconnue, et qui a besoin de calcaire, augmente de beaucoup sa valeur. On ne doit donc négliger aucun moyen de chercher par des sondages les couches de marne. — V. *Marne*, *Marnage*.

MARRONNIER. Arbre de la famille des hippocastanées, cultivé comme arbre d'agrément dans les promenades publiques et les parcs. Le port du marronnier d'Inde, la beauté de son feuillage et de ses fleurs, sa croissance rapide, la précocité de sa feuillaison et de sa floraison, en fait un des plus beaux types des végétaux d'ornement. On a voulu utiliser son fruit. Des recherches nombreuses ont été faites à ce sujet, surtout au commencement de ce siècle. On a extrait la fécule que contiennent les marrons pour l'employer, comme les autres fécules, aux usages domestiques; mais jusqu'ici les résultats n'ont pas encore répondu à toutes les espérances qu'on avait. On s'est borné à faire consommer les marrons par les animaux, après les avoir soumis à un degré de coction qui tend à diminuer leur amertume.

Le bois de marronnier, de consistance molle, est peu utilisé. Cependant on l'a employé pour confectionner des panneaux de certains meubles; sa couleur, d'un blanc mat, donne une certaine originalité assez agréable.

MARRUBE. Genre de plante de la famille des labiées. Les marrubes, repoussés par les bestiaux, sont communs dans les décombres, dans les haies, le long des fossés et des chemins. Cette plante est sans intérêt pour l'agriculteur.

MARSUPIAUX. Famille particulière d'animaux pourvus d'une bourse placée en avant du pubis. C'est dans cette bourse que se développent les fœtus informes qui se collent aux mamelles des femelles. Le kanguroo, qui pourrait être naturalisé en France pour sa chair, sa peau et son poil, appartient à cette singulière famille d'animaux. — V. *Kanguroo*.

MARTE. Genre de la famille des carnassiers. Le genre marte comprend la marte proprement dite, la fouine, le putois, le furet, la belette.

Tous les animaux de cette famille sont des ennemis mortels de la volaille, des pigeons, des lapins. La fouine et le putois ravagent, quant ils peuvent, les poulaillers de nos fermes.

Quant à la marte, elle habite le plus souvent les bois, et s'approche rarement des habitations de l'homme. On doit détruire, comme très nuisibles, la marte et tous les individus qui composent son genre. On les prend ordinairement au piége; quelquefois on les chasse avec de petits chiens bassets. — V. ***Fouine***, *Putois*.

MARTIN. Genre de l'ordre nombreux des passereaux. Le martin a beaucoup d'analogie avec l'étourneau; comme lui il se nourrit surtout d'insectes et rend de grands services à l'agriculture. La variété du martin désignée par le surnom de *tristis* fut importée, dit M. Isidore Geoffroy Saint-Hilaire, dans l'île de la Réunion vers le milieu du dix-huitième siècle, par Poivre, pour y dévorer les sauterelles, qui faisaient de grands ravages. L'acclimatation de cet oiseau eut les plus heureux résultats.

Plus tard, l'amiral de Mackau importa le martin *tristis* dans nos colonies d'Amérique pour détruire les insectes nuisibles. Cet oiseau ne réussit bien qu'à la Guyane.

MARTINET. Oiseau de l'ordre des passereaux et du genre hirondelle. Les martinets sont, comme les hirondelles, très utiles par la grande quantité d'insectes qu'ils dévorent. Du reste, ces oiseaux sont tout à fait inoffensifs, et, loin de les détruire, on doit faciliter autant que possible leur multiplication.

MARTINGALE. Lanière fixée, d'une part, aux sangles de la selle, sous la poitrine, et, de l'autre, à la muserolle de la bride ou aux rennes du filet. On emploie la martingale pour maîtriser les chevaux fougueux et les empêcher de *porter au vent.* Son usage est d'ailleurs exceptionnel, et un bon cavalier ne doit jamais s'en servir.

MASSAGE. Opération qui consiste à presser avec les mains les parties du corps de l'homme ou des animaux dans lesquelles on veut activer la circulation et stimuler l'action vitale. Les avantages de ce procédé ne sont pas assez appréciés, en médecine des animaux surtout. On pourrait l'employer pour combattre des engorgements chroniques, notamment aux membres. Les frictions sèches, si souvent ordonnées, n'ont pas d'autre effet que celui des massages; mais, pour rendre ces procédés efficaces, il faut les employer souvent et long-temps. Une affection qui est la conséquence de l'action d'une cause lente ne peut être combattue avec succès que par des moyens qui agissent lentement et d'une manière soutenue. Pour les engorgements chroniques des tendons des membres des chevaux surtout, on prescrit les massages. On les fait en comprimant la partie malade et en faisant glisser à plusieurs reprises la main dans le sens de la direction du poil, sur la peau qui recouvre la tumeur. Par ce moyen long-temps continué, on parvient souvent à réduire des engorgements très opiniâtres.

MASSETTE. Genre de plantes de la famille des typhacées. Les massettes, croissent dans les marécages, aux bords des étangs, dans les fossés remplis d'eau, etc. Elles se font remarquer par leur élévation et la disposition de leurs fleurs, situées à la partie supérieure des tiges, sur lesquelles elles forment un cylindre qui a de la ressemblance avec une massette. On se sert des feuilles de ces plantes pour faire des nattes, des paillassons, de petits couverts de cabanes, etc.

MASTICATION. Opération par laquelle les aliments sont broyés, moulus par les dents mâchelières, pour en rendre la digestion plus facile. C'est dans les herbivores que la mastication est la plus complète; la table de leurs dents chargées de diviser les aliments fibreux dont ces animaux se nourrissent est pourvue d'aspérités qui remplissent admirablement les fonctions de meules de moulins. — V. *Dent*, *Molaire*.

Dans les ruminants, tels que le bœuf, le mouton, la chèvre, le chameau, le lama, etc., la mastication s'opère de même que dans le cheval; le bœuf surtout, destiné par sa nature à se nourrir d'aliments plus grossiers que le cheval, avait besoin, pour les triturer et les diviser le plus possible, d'un procédé particulier qu'on a appelé rumination (V. ce mot). Aussi, si l'on compare les excréments du bœuf à ceux du cheval, on voit quelle différence il y a dans la division de leurs détritus : ceux du cheval contiennent des débris de fourrages assez grossiers, souvent des grains d'avoine entiers; la bouse du bœuf, au contraire, n'est composée que de parcelles d'une extrême division.

Dans le porc, la mastication est moins complète que dans le cheval et le bœuf; se nourrissant surtout de racines, de fruits et de grains, son système masticateur n'avait pas à broyer le foin et la paille : il n'avait donc pas besoin d'être aussi compliqué.

Les carnivores n'opèrent pas de mastication proprement dite. Au lieu de triturer leurs aliments, ils ne font que les inciser en quelque sorte; leurs molaires se rencontrent à la manière de branches de ciseaux au lieu de se superposer, et tranchent la viande.

Dans les oiseaux, il n'y a pas de mastication orale. Les granivores opèrent cette fonction dans leur gésier. — V. *Digestion*, *Gésier*.

MATRICAIRE. Genre de plantes de la famille des composées. La matricaire, qui offre plusieurs variétés, est employée quelquefois en art vétérinaire comme tonique et stimulant. Cette propriété médicinale lui est commune avec plusieurs autres genres de sa famille, comme la tanaisie, l'absinthe, etc. — V. *Composée.*

MATRICE. V. *Utérus.*

MATURATIF. Nom donné en art vétérinaire aux substances médicamenteuses employées dans le but de hâter la maturation des abcès. Les cataplasmes émollients, les onguents populéum, basilicum, etc., sont considérés comme maturatifs.

MATURATION. Action des phénomènes physiologiques par laquelle les fruits mûrissent. On peut accélérer la maturation comme on peut la retarder. On l'accélère dans les serres, comme en plein air, en procurant aux fruits une chaleur artificielle, soit au moyen de cloches ou de châssis, ou de bâches, soit au moyen d'abris disposés suivant des procédés raisonnés et consacrés par la pratique. — V. *Abri*, *Bâche*, *Serre.*

MATURITÉ. Condition d'un fruit qui a acquis les propriétés nécessaires pour la multiplication des espèces. Un fruit en maturité n'a plus besoin du concours du végétal qui l'a produit et nourri. Il s'en sépare spontanément pour remplir le but que la nature s'est proposée en le formant. Ce fruit est un œuf, simple ou multiple, désormais indépendant. Soumis aux conditions qui doivent le faire éclore, il va former le nouvel être dont il contient le germe. — V. *Fruit*, *Germination.*

En agriculture, une bonne économie ne permet pas toujours d'attendre la maturité de tous les produits pour les récolter. Quand on fait les fourrages, par exemple, on n'attend pas que les graines des herbes qui les composent soient mûres pour les couper; des considérations physiologiques d'un haut intérêt économique s'y opposent. — V. *Fanaison*, *Fauchaison*, *Foin.*

MAUCHAMP (*Espèce ovine de*). L'espèce ovine de Mauchamp est une création nouvelle due au hasard et à la sagacité d'un cultivateur. M. Graux, agriculteur à Mauchamp, avait un troupeau de mérinos; un agneau mâle, dont la laine était d'une nature particulière, différente de celle de tous les autres sujets du troupeau, naquit. M. Graux l'observa, l'étudia, et trouva que sa laine, d'une finesse extrême, longue et d'un reflet brillant et soyeux, pourrait être la souche d'une race nouvelle. Lorsque cet agneau fut bélier, il fut employé pour croiser des femelles, dont les produits eurent naturellement quelques qualités du père. Par des mariages nouveaux et le choix des types, la nouvelle race se créa peu à peu. M. Graux arriva à son but au point de vue de la nature de la laine qu'il voulut obtenir; mais son nouveau type péchait par la conformation. Il fallut donc faire une nouvelle opération pour perfectionner les formes de la race par de bons choix et des accouplements judicieux: la race de Mauchamp fut modifiée dans sa conformation; elle est aujourd'hui satisfaisante.

La race Mauchamp a donc été créée par M. Graux, qui, du reste, a été encouragé par l'administration. Cette race sert à former une sous-race par son croisement avec les mérinos Rambouillet. Des études commencées à l'école vétérinaire d'Alfort par M. Ysart sur ce point important sont continuées à la bergerie de Gévrolles; elles ont donné déjà des résultats satisfaisants, et tout fait espérer que nous aurons bientôt une nouvelle race dont notre industrie n'aura qu'à se féliciter. — V. *Gevrolles.*

MAUVE. Plante de la famille des malvacées. Le genre mauve comprend plusieurs espèces, toutes utilisées comme plantes émollientes, adoucissantes et mucilagineuses dans toutes leurs parties; ce sont ordinairement les feuilles, les fleurs et les racines qui sont le plus employées. On en fait des cataplasmes, des décoctions adoucissantes données en boissons, en bains, en lavements, aux animaux. Il n'est pas, dans tout le règne végétal, de meilleur émollient, de plus simple et de plus économique remède que les mauves.

On cultive aussi les mauves comme plantes d'ornement. Leurs fleurs ont des couleurs variées, très belles et très recherchées par la délicatesse de leur ton surtout.

MAXILLAIRES. Les maxillaires sont les os de la tête qui contiennent les dents dans des cavités particulières nommées alvéoles. Ils sont distingués en maxillaires supérieurs et inférieurs. Les maxillairs supérieurs sont au nombre de quatre soudés ensemble dans les mammifères domestiques ; deux d'entre eux contiennent les dents molaires, les autres les dents incisives. Le maxillaire inférieur est formé d'une pièce unique en forme de V qui correspond aux quatre maxillaires supérieurs.

Les lames osseuses des maxillaires qui contiennent les molaires sont écartées par les grosses dents enchâssées profondément dans leurs alvéoles. C'est cet écartement qui, dans le jeune âge, fait paraître le chanfrein des chevaux contourné, arrondi, comme boursoufflé sur les côtés. A mesure que les sujets vieillissent et que les molaires s'usent, ces dents sont chassées de leur alvéoles par le rapprochement des lames osseuses quelles tenaient écartées ; il en résulte que la partie du chanfrein qui était arrondie d'abord se trouve déprimée, creuse, en quelque sorte, dans les vieux sujets. Les praticiens exercés n'ont pas besoin d'autre caractère pour distinguer au premier coup d'œil la vieillesse ou la jeunesse d'un cheval. — V. *Age*.

MAZUT. Dans le Cantal, on appelle mazuts les chalets qui sont sur les montagnes où les vachers fabriquent le fromage. — V. *Chalet*, *Fromage*, *Montagne*.

MÉCANIQUE. La science de la mécanique a fait faire aux arts et à l'industrie des progrès immenses depuis la révolution française. Avant cette époque, l'emploi des machines était très borné, par plusieurs raisons. D'abord, l'enseignement des sciences physiques et mathématiques appliquées aujourd'hui à la mécanique, à la confection des machines, était moins répandu, moins généralisé ; il était dirigé plutôt vers la science spéculative que dans le sens de ses applications aux arts et à l'industrie. D'un autre côté, les moteurs étaient bornés ; ils consistaient dans l'emploi de l'eau, dans celui du vent, des animaux ou de l'homme ; et cette cause était un des obstacles qui s'opposaient le plus au développement de l'usage des machines. Mais la fin du siècle passé donna aux progrès de l'esprit humain en France une impulsion telle que la puissance de la vapeur de l'eau, déjà signalée par Salomon de Caux et démontrée par Papin, ne pouvait rester plus long-temps sans utilité. Elle fut donc appliquée comme moteur, et dès lors une véritable révolution s'opéra dans la mécanique. La vapeur fut employée surtout aux manufactures, qui en ont obtenu des effets dont notre imagination est encore étonnée. Des milliers de bras sont aujourd'hui remplacés par elle pour la confection de tissus, de mille objets divers, et le travail qu'elle opère est fait avec une précision qui égale la rapidité de l'exécution.

La mécanique ne rend pas moins de services à la navigation, aux communications de tout ordre, sur terre comme sur mer, qu'elle en a rendu à l'industrie et aux arts; mais elle a encore une lacune à remplir, et les services que nous en attendons sous ce rapport ne seront ni moins importants ni moins utiles que ceux dont nous avons été témoins depuis un demi-siècle : je veux parler de ses applications à l'agriculture. La mécanique agricole, comparée aujourd'hui à celle qui a fait faire de si rapides progrès à l'industrie manufacturière, est tout à fait dans l'enfance de l'art. Cependant le moment où l'agriculture va enfin jouir des avantages offerts par la mécanique, partout où elle a été employée, semble être venu; nous en avons la preuve dans les machines à battre; elles commencent à remplacer sur plusieurs points les bras des ouvriers. J'ai vu fonctionner deux autres machines qui ne sauraient tarder d'être appliquées aussi : je veux parler de la machine inventée par le docteur Mazier pour moissonner les céréales, et de la machine du docteur Barat pour labourer, défoncer le sol. L'application de la vapeur comme moteur des machines agricoles remplacera, dans une infinité d'opérations pénibles et dispendieuses, les bras d'hommes qui manquent, comme les animaux de travail. Des défrichements, des assainissements, de grands travaux agricoles, seront exécutés par des machines à vapeur, et les résultats qui en seront la conséquence pour la production du sol ne seront pas moins importants que ceux qui ont été obtenus dans les arts et l'industrie par cet auxiliaire puissant. — V. *Machine*.

Il est un autre genre de mécanique dont l'étude serait aussi très utile : je veux parler de la mécanique animale. Nos animaux de travail sont de véritables locomotives, soumises aux mêmes lois de dynamique et de statique que toutes les machines possibles. Dans les machines vivantes comme dans les machines inanimées, les bonnes ou mauvaises conditions d'action sont subordonnées à la nature des leviers, à celle des puissances et des résistances qui président à leur action. Eh bien! en France, on ne connaît pas cette question comme elle mérite de l'être pour provoquer une solution heureuse. Les discussions permanentes et inutiles qui ont lieu depuis des siècles au sujet du perfectionnement du cheval, exclusivement employé comme locomotive animée, ne connaissent pas d'autre origine. Nous avons inutilement dépensé des millions par centaines pour perfectionner nos races de chevaux sans être plus avancés sur l'art de les améliorer. — V. *Accouplement*, *Conformation*, *Croisement*, *Étalon*, *Muscle*, *Os*, *Perfectionnement*, *Squelette*.

MÉCONIUM. On nomme méconium les matières contenues dans le tube intestinal des jeunes animaux à leur naissance. Ces matières proviennent des mucosités sécrétées par les muqueuses du tube digestif, qui en est débarrassé par la propriété purgative du colostrum au début de l'allaitement. — V. *Colostrum*, *Lait*.

MÉDECINE des animaux. V. *Vétérinaire*.

MÉDICAMENT. Substance médicinale employée pour combattre les maladies des animaux. Les trois règnes de la nature fournissent des médicaments aussi variés par leur action que dans leur composition chimique; cependant, le règne végétal est celui qui donne les plus nombreux, les plus économiques et les plus faciles à se procurer. — V. *Remède*.

MÉDICINAL. Qui a les propriétés de médicament. Plantes médicinales, substances médicinales. — V. *Remède*, *Médicament*.

MÉDICINIER. V. *Manioc*.

MÉDULLAIRE. Canal médullaire. Nom donné au canal du centre de la tige des végétaux pourvus de moelle. Ce canal est très grand dans le sureau. — V. *Moelle*.

Le même nom est donné au canal des os des membres des animaux qui contiennent la moelle. Ce canal a la propriété de donner à ces organes plus de force sans augmenter leur poids en concourant à former un cylindre creux. Toute substance ainsi disposée offre plus de résistance à la rupture comme à la flexion. On peut s'en convaincre en disposant en cylindre creux une lame de tôle ou une plaque de plomb. Cette disposition, que l'on rencontre aux os longs des membres, contribue à leur solidité, sans augmenter le poids ni la quantité relative de la matière. — V. *Os*.

MÉLAMPYRE. (*Blé de vache, Rougeole, Queue de renard.*) Plante de la famille des scrophulariées. Le mélampyre des champs, très recherché par les ruminants, produit une graine qui, mélangée au blé et réduite en farine avec lui, donne au pain une couleur d'un noir rougeâtre très caractérisée. J'ai mangé de ce pain en Franche-Comté; il n'avait pas de mauvais goût, et on ne lui reconnaissait pas de propriété malfaisante dans ce pays. Cependant on doit toujours purger les blés des graines de mélampyre, ce qui est facile par un assolement raisonné et en coupant les blés assez haut pour laisser cette plante dans les chaumes et la faire consommer par les bestiaux. Du reste, le blé qui contient du mélampyre est naturellement repoussé dans les marchés, et ne saurait être employé par la boulangerie.

MÉLANGE. Les mélanges semblent être souvent une loi de la nature, utile à un but proposé. Ainsi la nourriture des herbivores à l'état sauvage est un mélange d'herbes différentes, qui fournissent par la digestion les éléments divers qui composent les animaux. Le sol lui-même, qui nourrit les plantes, n'est-il pas un mélange de produits minéraux et de détritus végétaux et animaux. Sans parler de la proportion d'eau en vapeur et d'acide carbonique qu'il contient, l'air que nous respirons est un mélange d'oxygène et d'azote dans des proportions convenables à la respiration des animaux.

En agriculture, nous imitons la nature bien souvent, sans nous en douter, par les mélanges que nous faisons, et dont l'expérience nous a démontré les avantages. Nous mélangeons la nourriture des animaux pour la rendre plus appétissante. Un animal sans cesse nourri d'une même substance finit par s'en dégoûter; il fait comme nous, qui sommes aussi obligés de changer et de mélanger nos mets pour entretenir notre appétit dans de bonnes conditions. Les engraisseurs connaissent parfaitement ce principe; ils savent que pour engraisser un animal suivant de bonnes règles de l'art, il faut varier sa nourriture et la mélanger.

Les composts sont un mélange de diverses substances minérales, végétales et souvent animales. Lorsque nous amendons les terres pour les améliorer, faisons-nous autre chose qu'un mélange d'éléments reconnus utiles pous former un fond de bonne qualité?

Ainsi le sol qui alimente les végétaux est un mélange; les végétaux qui nourrissent les animaux sont un mélange; l'air que nous respirons, les aliments que nous consommons, sont des mélanges. Nous avons donc eu raison de dire en commençant cet article que le mélange est souvent, dans la nature, une loi dont elle a reconnu la nécessité.

MÉLANOSE. On nomme *mélanose* des tumeurs remarquées surtout dans les chevaux gris ou blancs. Ces tumeurs forment des bosselures variées, inégales, noires à l'intérieur. Elles composent souvent des masses irrégulières qui prennent un développement considérable autour des ouvertures naturelles, surtout de l'anus. On ne connaît pas plus la cause de ces productions que les moyens curatifs à employer pour les faire disparaître.

MÊLÉE. On donne le nom de *mêlée*, dans quelques pays, à un fourrage vert composé d'un mélange d'avoine, de seigle, de pois, vesces, etc., pour la nourriture des bestiaux. Le mélange de paille et de regain préparé en automne comme fourrage d'hiver se nomme aussi *mêlée*. Ce mélange a le double avantage de faciliter la conservation du regain, qui n'est pas toujours rentré bien sec dans les granges, et de donner à la paille un goût qui la rend appétissante pour les bestiaux. Dans les montagnes de l'Auvergne, on a l'habitude de faire ces sortes de mélanges, que les ruminants consomment avec appétit.

MÉLÈZE. Arbre de la famille des conifères. Le mélèze est un des plus beaux arbres de nos forêts; son beau port, sa forme pyramidale et l'élévation de son tronc, le font aussi cultiver dans les parcs comme arbre d'ornement. Il fournit un excellent bois de construction, surtout par sa longue résistance à la décomposition. Le mélèze fait d'excellentes poutres, des planches de très bonne qualité; on en fait des bateaux, des tonneaux, etc. Presque incorruptible dans l'eau, il peut servir à toutes les constructions maritimes, comme à divers usages ordinaires, notamment pour faire de aqueducs souterrains.

Le mélèze fournit une résine connue sous le nom de *résine de Venise*, et une espèce de manne commune récoltée sur ses tiges et ses feuilles, et qu'on appelle *manne de Briançon*. Cette manne a à peu près les mêmes propriétés que celle du frêne, mais elle est moins utilisée.

MÉLILOT. Genre de plantes de la famille des légumineuses. Le genre mélilot comprend plusieurs espèces, qui, mélangées à d'autres plantes dans des proportions convenables, pourraient être cultivées comme plantes fourragères. Celui dont on a le plus parlé dans ce but, et qu'on a le plus conseillé d'adopter, est le mélilot dit *de Sibérie;* mais ses tiges deviennent dures, grosses, presque ligneuses, quand il acquiert tout son développement. Il faudrait donc le couper à temps convenable pour qu'il pût être consommé par les bestiaux. Dans tous les cas, l'expérience a prouvé que le mélilot ne saurait remplacer le trèfle, la luzerne ou le sainfoin; ce ne pourrait être que dans quelques cas exceptionnels que l'on pourrait l'adopter définitivement, après avoir bien étudié sa culture par des expériences bien faites et bien suivies.

Le mélilot officinal, assez commun, a une odeur aromatique qu'il communique au foin, avec lequel il est quelquefois mélangé; mais il ne faut pas qu'il soit en trop grande quantité, son odeur dominerait trop celle des autres plantes et rendrait le fourrage désagréable par son odeur trop caractérisée.

MÉLISSE. (*Citronnelle.*) Plante de la famille des labiées. La mélisse a une odeur aromatique très prononcée; elle est employée comme plante médicinale tonique. La plupart des labiées sont dans le même cas.

On prépare avec la mélisse une liqueur spiritueuse connue sous le nom d'*eau de mélisse*, et qui est considérée comme tonique et stomachique.

MELON. Plante de la famille des cucurbitacées et du genre concombre. Le melon a été importé d'Asie; la saveur exquise de son fruit, sa propriété rafraîchissante, l'a fait adopter dans la plus grande partie du globe où sa culture est possible. Originaire des pays chauds, le melon exige de la chaleur pour mûrir. Dans les pays du nord, et même sous le climat de Paris, la chaleur naturelle ne lui est pas suffisante; on lui en donne une artificielle au moyen de cloches, de bâches, de châssis ou de paillassons.

On compte plusieurs variétés de melons; le melon cantaloup est très estimé, un des plus recherchés par son parfum et par la délicatesse de sa chair. La culture du melon est un art particulier, dont il faut avoir étudié les principes et la pratique pour bien réussir; elle est d'autant plus difficile qu'elle est tout artificielle, et que, pour la faire prospérer, il faut être en lutte permanente avec la nature de notre climat du nord, où les maraîchers le cultivent en grand pour l'approvisionnement des marchés des grandes villes. Du reste, peu de cultures donnent plus de bénéfice qu'une bonne melonnière bien gouvernée et près d'un grand centre de consommation.

MELONGÈNE. V. *Aubergine.*

MEMBRANE. Nom donné à des tissus animaux ou végétaux amincis, tapissant des cavités, formant des cloisons, ou enveloppant des organes pour les protéger. Dans les végétaux, les membranes servent souvent à tapisser l'intérieur de certains fruits, comme on le voit dans les légumineuses, les crucifères; tantôt elles préservent certains organes, comme les bractées, les spathes; tantôt elles servent d'ailes à certains fruits pour favoriser leur dissémination, comme on l'observe dans les graines d'orme. — V. *Bractées*, *Dissémination*, *Spathes.*

Dans les animaux, les membranes ont reçu plusieurs noms; suivant leur texture et leurs usages, on les nomme muqueuses, fibreuses ou séreuses. Les muqueuses sont celles de la bouche, des naseaux, et toutes celles enfin qui garnissent l'intérieur des ouvertures naturelles et toutes les cavités internes qui communiquent au dehors. Elles sécrètent des humeurs qui humectent leurs surfaces et facilitent l'expulsion des matières qui doivent être sécrétées, expulsées de l'économie. — V. *Mucus.*

Les membranes fibreuses sont d'une texture très résistante; elles forment des espèces de toiles, des enveloppes, qui protégent les organes et les fixent de manière à les empêcher de se déplacer. Le cerveau, le cœur, sont entourés de membranes fibreuses d'une texture très solide.

Les membranes séreuses sont les plus amincies, les plus délicates; elles enveloppent certains organes, dont elles préviennent l'irritation par frottement, en sécrétant sur leur surface une humeur onctueuse qui favorise leur glissement sans altération. — V. *Méninge, Muqueuses, Péricarde, Séreuses, Synoviales*.

MÉMARCHURE. V. *Entorse*.

MEMBRANEUX, SE. Qui a la forme de membrane. Les végétaux offrent beaucoup de parties membraneuses. Telles sont: les spathes, les bractées, les balles, certaines feuilles. L'épiderme de quelques écorces est aussi membraneux; l'écorce de bouleau en offre un exemple.

MEMBRE. On donne le nom de membres aux colonnes articulées et mobiles qui servent à supporter les animaux, et à leur locomotion. Dans les individus de travail, les membres doivent être un sujet d'examen sérieux; ils peuvent être, en effet, une marque de force et de durée, de faiblesse et d'usure rapide. Les membres courts, bien musclés, bien articulés, d'aplomb, pourvus de tendons forts, bien détachés, sont généralement un indice de force, d'énergie, de durée, de résistance au travail. Les membres allongés, au contraire, amincis, grêles, avec des articulations étroites, des rayons longs, dégarnis de muscles, n'offrant que des tendons minces, collés aux os, sont une marque de faiblesse, d'usure rapide, et le plus souvent de mauvaise constitution de l'animal. Ce caractère est presque toujours celui des espèces étiolées, irritables et nerveuses, qui dépensent en peu de temps tout ce qu'elles ont de force, d'énergie, de vigueur; leurs membres, d'ailleurs, s'usent d'autant plus vite qu'elles ont plus de courage, plus d'ardeur au travail. On peut observer ce fait dans nos races chevalines comme dans nos espèces bovines; on pourrait même l'appliquer aux autres espèces d'animaux, comme aux moutons, aux chiens, aux oiseaux, sans en excepter les races humaines. On pourrait dire, en quelque sorte, qu'une loi de nature a stipulé que les sujets trapus, à membres courts et forts, seraient robustes, vivaces, résistants par destination, ce qui est le contraire pour les individus effilés, élancés, amincis et sveltes.

On devra donc prendre en considération sérieuse la conformation des membres dans le choix qu'on aura à faire d'un animal, quelle que soit d'ailleurs sa destination, puisque l'étude de ces parties du corps peut, jusqu'à un certain point, faire juger du tempérament, de la rusticité des sujets. — V. *Avant-bras, Bras, Canon, Coude, Cuisse, Épaule, Jambe, Jarret, Paturon.*

MÉNAGERIE. — La ménagerie du Muséum d'histoire naturelle de Paris fut créée par Étienne Geoffroy Saint-Hilaire, en 1793. Cet établissement a servi à faire des études importantes sur les animaux utiles. Au mot *Muséum,* nous avons tracé l'historique rapide de la fondation et de l'utilité de cette importante innovation, qui eut lieu pendant les temps les plus difficiles de la république française. — V. *Muséum.*

MÉNINGE. La méninge est une membrane fibreuse qui enveloppe le cerveau, le fixe, et forme les cloisons qui séparent les lobes et le cervelet. La méninge se continue ensuite, pour entourer dans toute sa longueur la moelle épinière; du reste, celle-ci n'est elle-même qu'une dépendance du cerveau, un prolongement de cet organe contenu dans le canal rachidien, qui peut être considéré lui-même comme une sorte de prolongement du crâne.

MENSURATION (*des animaux*). Opération qui consiste à mesurer les animaux pour connaître la taille, la grosseur et la longueur de leur corps. La mensuration du bœuf a été appliquée à l'appréciation de son poids par plusieurs praticiens. Mathieu de Dombasle a rendu l'emploi de ce procédé aussi simple que facile au moyen d'un ruban de fil gradué et gommé, pour le rendre imperméable et inextensible. Ce procédé est basé sur le rapport qu'il y a entre le périmètre de la poitrine et le poids de l'animal. Sans être rigoureusement exact, comme nous aurons occasion de le voir plus bas, ce moyen donne cependant des résultats souvent assez justes, et j'ai eu bien souvent occasion de m'en convaincre moi-même.

Voici en quoi consiste la méthode de M. de Dombasle : le ruban qu'il a fait confectionner est gradué par centimètres et par mètres; chaque centimètre représente le poids de trois kilog. de viande nette, ou plus, suivant la grosseur de l'animal. Voici les proportions données par le fondateur de Roville, dans la cinquième livraison des Annales de cet établissement :

TABLEAU DE MENSURATION DU BOEUF
SUIVANT MATHIEU DE DOMBASLE.

MESURE.		POIDS.	MESURE.		POIDS.	MESURE.		POIDS.
mètr.	c.	kilogr.	mètr.	c.	kilogr.	mètr.	c.	kilogr.
1	81	175	2	12	279	2	43	425
1	82	178	2	13	283	2	44	430
1	83	181	2	14	287	2	45	435
1	84	184	2	15	291	2	46	440
1	85	187	2	16	295	2	47	445
1	86	190	2	17	300	2	48	450
1	87	193	2	18	304	2	49	455
1	88	196	2	19	308	2	50	460
1	89	200	2	20	312	2	51	465
1	90	203	2	21	316	2	52	470
1	91	206	2	22	320	2	53	475
1	92	209	2	23	325	2	54	481
1	93	212	2	24	330	2	55	487
1	94	215	2	25	335	2	56	493
1	95	218	2	26	340	2	57	500
1	96	221	2	27	345	2	58	506
1	97	225	2	28	350	2	59	512
1	98	228	2	29	355	2	60	518
1	99	232	2	30	360	2	61	525
2	00	235	2	31	365	2	62	531
2	01	239	2	32	370	2	63	537
2	02	242	2	33	375	2	64	543
2	03	246	2	34	380	2	65	550
2	04	250	2	35	385	2	66	556
2	05	253	2	36	390	2	67	562
2	06	257	2	37	395	2	68	568
2	07	260	2	38	400	2	69	575
2	08	264	2	39	405	2	70	581
2	09	267	2	40	410	2	71	587
2	10	271	2	41	415	2	72	593
2	11	275	2	42	420	2	73	600

Pour se servir du ruban gradué de Mathieu de Dombasle, ou de tout autre cordon équivalent et gradué de la même manière, on place d'abord le bœuf dans une position horizontale ; les pieds antérieurs doivent être sur la même ligne, la tête sera disposée naturellement, et la direction de l'encolure devra être à peu près parallèle à celle de l'axe du corps, c'est-à-dire horizontale. L'opérateur, se trouvant à gauche du bœuf, place sur le sommet du garrot, auquel correspond le sommet des épaules, l'un des bouts du cordon, tandis qu'il passe l'autre bout obliquement de derrière le coude gauche de l'animal en avant de l'avant-bras droit, pour le relever sur le plat de l'épaule droite et le joindre à l'autre bout du cordon maintenu sur le garrot ; on examine alors quelle est la quantité de centimètres que représente la grosseur de la poitrine, et on en tient compte. Après avoir opéré de gauche à droite, on en fait autant et de la même manière de droite à gauche. Si on a obtenu le même quotient, on en tire la conclusion suivant le tableau ci-dessus ; si, au contraire, on a trouvé une différence de grosseur de la poitrine dans les deux opérations de mesurage, on prend la moyenne, qui doit être l'expression du poids que l'on cherche à établir.

Nous avons dit que le procédé de mensuration de M. de Dombasle, quoique d'un grand secours pour l'appréciation du poids de viande nette des animaux, n'était pas toujours rigoureusement juste. Il ne peut pas l'être, en effet, dans bien des circonstances ; pour qu'il pût être toujours satisfaisant, il faudrait que, dans toutes les races comme dans tous les individus, la capacité de la poitrine fût dans des rapports déterminés et constants avec les autres régions du corps ; il faudrait que le train antérieur de l'animal fût dans des proportions toujours les mêmes avec le train postérieur, et cela n'est pas, non seulement dans les diverses races d'animaux, mais encore dans les mêmes individus, à toutes les époques de leur vie. Ainsi tout praticien sait, par exemple, qu'un veau castré jeune, pendant qu'il tète encore, aura son train postérieur plus développé à l'âge de trois ou quatre ans que s'il était resté taureau jusque alors. La mensuration de sa poitrine ne pourrait donc pas donner les mêmes résultats dans les deux cas. On sait que l'avant-train d'un taureau l'emporte toujours en développement relatif sur son arrière-train, qui paraît comparativement faible et aminci ; cet état change d'une manière aussi tranchée que rapide après la castration. Quand le taureau est devenu bœuf, son encolure s'amincit, le volume relatif de tout son avant-train diminue, tandis que celui de son arrière-train augmente. La mensuration suivant le système Dombasle doit donc avoir, dans ce cas, des résultats différents dont on doit tenir compte.

On remarque encore des races qui ont pour caractères distinctifs l'arrière-train faible relativement à l'avant-train. La race des Salers, par exemple, est en général dans ce cas. Il est donc important de tenir compte de cette particularité pour ne pas être trompé sur le rendement net d'un animal suivant la mensuration de sa poitrine.

Un praticien habile, dans l'expérience duquel j'ai la plus grande confiance, mon honorable ami le docteur Bardonnet des Martels, signale dans son excellent *Traité des maniements* (p. 287) un fait de mensuration de poitrine qui prouve la vérité de ce que j'avance ici d'après mes propres observations. Un bœuf gras dont le périmètre du thorax avait 2^{m}.30, qui représentent 360 kilog. de viande nette d'après le tableau Dombasle, n'en donna que 337 kilog. : c'était donc 23 kilog. en moins sur la quantité indiquée.

Si je signale ce fait à l'appui de mes propres observations, ce n'est pas pour faire la critique de la méthode de mensuration Dombasle. J'ai eu plus d'une fois occasion d'observer ses avantages. Mais il importe d'attirer sur ce point l'attention de ceux qui voudront l'employer, afin qu'ils n'oublient pas de tenir compte des conditions relatives de développement de la poitrine des animaux dont on veut apprécier le rendement, dans les individus comme dans les races.

MENTHE. Genre de la famille des labiées. Les mentes comprennent plusieurs variétés assez communes. Elles croissent généralement dans les lieux frais, aux bords des ruisseaux, des marais, des fossés, le long des haies; elles répandent toutes une odeur aromatique assez forte. Leur saveur, souvent chaude et piquante, est quelquefois, au contraire, fraîche et agréable; celle de la menthe poivrée en est un exemple. Comme plusieurs autres labiées, les menthes fournissent des plantes médicinales stimulantes et toniques, employées en médecine des animaux.

MENTON. Nom donné, en extérieur des animaux, à la houppe qui, dans le cheval surtout, se trouve placée en dessous et en arrière de la lèvre inférieure, en avant du passage de la gourmette. Les chevaux de sang, l'âne et le mulet, ont la houppe du menton bien caractérisée; elle est peu apparente et noyée dans les tissus de la lèvre inférieure chez les races communes.

MÉPHITIQUE. Air méphitique. On donne le nom de méphitique à l'air chargé de miasmes ou de gaz délétères qui altèrent la santé et provoquent même la mort par asphyxie. Les miasmes putrides qui s'élèvent des lieux infectés par la décomposition de substances végétales ou animales vicient l'air, le rendent méphitique. Des maladies graves, quelquefois mortelles, sont la conséquence de leur action plus ou moins prolongée sur l'économie animale. C'est surtout dans le voisinage des marais et pendant les grandes chaleurs qu'on les observe.

Dans les étables malsaines, où sont entassés des animaux, sans ouvertures suffisantes pour renouveler l'air, l'atmosphère est méphitique et cause des maladies de toute nature, notamment aux organes de la respiration. Cet air est surtout la cause des phthisies dont sont atteints les animaux enfermés dans ces cloaques infectes. — V. *Désinfection*, *Étable*.

MERCURE. (*Vif argent.*) Métal liquide employé dans divers usages, notamment dans la confection des baromètres et des thermomètres. Ce métal a la singulière propriété de dissoudre l'or, comme l'eau a celle de dissoudre le sel ou le sucre. Par la chaleur, le mercure se réduit en vapeurs très dangereuses pour la respiration. En pharmacie, on en fait diverses préparations médicinales, dont l'usage, assez répandu, demande beaucoup de prudence ; mélangé avec de la graisse, il forme l'onguent mercuriel, qu'on emploie quelquefois dans la campagne pour détruire la vermine des bestiaux, ou pour dissoudre certaines tumeurs indurées. Cet onguent entre aussi quelquefois dans la composition d'autres préparations médicinales employées contre les maladies de la peau.

Le sublimé corrosif, poison violent, est un composé de mercure et de chlore. Le mercure doux ou calomélas, administré comme purgatif, est composé des mêmes éléments, mais dans des proportions différentes; le chlore y est en plus petite quantité. — V. *Sublimé corrosif*.

MERCURIALE. Genre de plante de la famille des euphorbiacées. La mercuriale croît communément dans les lieux cultivés, dans les jardins, dont on doit la faire disparaître. Cette plante n'a pas les propriétés vénéneuses de beaucoup d'euphorbiacées; on l'emploie quelquefois pour faire des cataplasmes émollients.

MÈRE. Nom donné, en agriculture, à un tronc de végétal qui fournit des marcottes pour sa multiplication. — V. *Marcotte*.

MÉRINOS (*Mouton*). L'acclimatation du mouton mérinos ne date pas de long-temps en France, et cependant les services qu'elle a rendus, tant à l'agriculture qu'à notre industrie, sont incalculables. Colbert fit les premières tentatives de naturalisation du mérinos. Cet habile administrateur, qui donna à l'industrie manufacturière française une impulsion qu'elle n'avait pas avant lui, avait surtout favorisé la fondation de munufactures de draps fins; nous en exportions alors de grandes quantités dans divers pays d'Europe; mais pour les fabriquer, nous étions obligés d'acheter les laines à l'Espagne, et le grand ministre pensa à l'acclimatation des mérinos vers 1666. Plusieurs essais furent faits inutilement par son ordre, mais il lui manquait l'unique moyen qui pouvait faire réussir son entreprise, la science des moyens propres à faire prospérer l'élevage de ces animaux précieux. Ses tentatives faites sur plusieurs points de la France furent infructueuses, et l'on finit par y renoncer, en concluant que notre climat était contraire à l'élevage du mérinos.

Cette opinion erronée s'accrédita d'année en année, au point de devenir un acte de foi. Nous en subirions encore peut-être les conséquences sans le concours d'un naturaliste célèbre, le vénérable Daubenton. Or, voici comment ce patriarche des sciences naturelles et de l'agriculture fut conduit à s'occuper de la naturalisation, ou plutôt de la création du mérinos français avec nos types.

En 1766, Trudaine, intendant des finances, reprit la question du mérinos, vainement soulevée par Colbert. A cette époque, nos fabriques de Sédan, d'Elbeuf, d'Abbeville, etc., étaient en pleine prospérité; mais elles s'alimentaient par les laines d'Espagne. Cette nation organisait de son côté aussi des fabriques de drap, et Trudaine pensait avec raison que, si les Espagnols montaient des fabriques, ils emploieraient leurs laines, et que notre industrie en souffrirait. Mieux inspiré que Colbert, qui, cent ans plus tôt, avait eu la même pensée, Trudaine fit appel à la science. Il s'adressa au naturaliste Daubenton, et lui demanda si réellement le climat de la France était impropre à la naturalisation du mérinos. Le savant professeur du muséum d'histoire naturelle, qui connaissait sans doute les heureuses expériences d'Alstroëmer, en Suède, depuis 1715, déclara formellement que non seulement on pouvait naturaliser le mérinos en France, mais qu'il se chargeait, lui, de le créer de toutes pièces avec nos types français. Il pensait avec raison que, puisqu'on avait fait ailleurs le mérinos avec des races qui descendaient du mouflon, considéré comme le type sauvage du mouton, il parviendrait à le faire aussi avec les ressources dont il pouvait disposer en France. Il se mit donc à l'œuvre immédiatement. Il créa la bergerie de Montbard, lieu de sa naissance comme de celle du grand Buffon, son ami et son maître. Deux ans après, en 1768, il communiquait officiellement à l'Académie des sciences le fruit de ses premières expériences. Elles ne furent pas infructueuses. Vers 1774, les laines du troupeau créé par le naturaliste du Muséum commençaient à rivaliser avec celles des mérinos d'Espagne. Des échantillons de draps fabriqués avec les laines *du crû*, comme on les appelait alors chez Van-Robais, à Abbeville, étaient tout aussi beaux, tout aussi fins, que ceux des laines d'Espagne. Les connaisseurs n'y trouvaient pas de différence. En 1776, Montbard reçut quelques types mérinos d'Espagne ; mais alors l'expérience était faite, elle était concluante. Daubenton avait produit ce qu'il voulait, les laines que la France désirait. D'un autre côté, les travaux scientifiques et la pratique des savants naturalistes avaient ouvert la carrière. Ils avaient démontré que depuis Colbert, c'est-à-dire depuis 100 ans, on s'était trompé. Ce n'était plus le cas de dire alors avec Fontenelle que *toute erreur qui a vécu* 100 *ans passe pour vérité acquise*. La science de l'histoire naturelle donna un démenti formel au proverbe.

Voici, du reste, comment Daubenton raconte lui-même dans ses Instructions pour les bergers le fait que je signale ici :

« En 1766, Daniel-Charles Trudaine, intendant des finances, et qui avait le commerce dans son département, prévoyait que les Espagnols refuseraient de nous fournir de la laine dès qu'ils auraient établi assez de manufactures pour employer toute celle de leur pays. Trudaine sentit le grand préjudice que ce changement causerait à notre commerce, puisque nous ne pourrions plus faire de draps fins. Il s'occupa des moyens de prévenir ce dommage, et de libérer en même temps la France d'une sorte de tribut de plusieurs millions qu'il lui en coûtait chaque année pour avoir des laines d'Espagne. Ce moyen était unique : c'était de faire croître en France des laines aussi fines que celles d'Espagne, avec lesquelles on ferait d'aussi beaux draps.

» MM. Trudaine, père et fils, me firent l'honneur de me consulter, en 1766, afin de savoir s'il serait possible d'améliorer les laines de France au point de suppléer aux laines étrangères dans nos manufactures de draps fins. Les observations que j'avais faites depuis longtemps sur les races métisses des animaux domestiques me firent penser que, par un bon choix de béliers et de brebis pour leurs alliances, on pourrait rendre les laines plus fines et plus longues. D'après ces considérations, MM. Trudaine me proposèrent de faire les expériences nécessaires pour cet objet. Je m'en chargeai avec d'autant plus d'espérance de succès, que le climat de la France me paraissait plus favorable aux bêtes à laine que celui de l'Espagne ou de l'Angleterre, parcequ'il y a moins de chaleur en France qu'en Espagne, et moins de brouillards qu'en Angleterre.

» MM. Trudaine obtinrent de M. Laverdy, alors contrôleur général des finances, tout ce qui était nécessaire pour mes expériences. Le gouvernement fit venir successivement des béliers et des brebis du Roussillon, de Flandre, d'Angleterre, du Maroc, du Thibet et d'Espagne. Je mis toutes ces races de bêtes à laine dans la bergerie que j'ai établie en Bourgogne, près de la ville de Montbard, dans un canton un peu montueux, et par conséquent favorable à la production des laines superfines, qui étaient mon principal objet. Je ne construisis point d'étables; je tins tous ces animaux en plein air, nuit et jour, pendant toute l'année, sans aucun abri; cette expérience eut un plein succès, dont je rendis compte à l'académie, en 1769, dans une assemblée publique.

» J'alliai les béliers dont la laine était la plus fine avec des brebis à laine jarreuse, qui avaient autant de poil que de laine, pour juger, par ces extrêmes, de l'effet de la laine du bélier sur celle de la brebis. Je fus très surpris de voir sortir de ce mélange un bélier à laine superfine. Cette grande amélioration me donna d'autant plus d'espérance pour le succès de mon entreprise, qu'elle avait été produite par un bélier du Roussillon, car je n'avais point alors de béliers d'Espagne.

» En 1776, il me vint des béliers et des brebis d'Espagne; alors j'eus sept races de bêtes à laine très distinctes, y compris la race de l'Auxois, qui est le pays où ma bergerie est située. J'ai perpétué jusqu'à présent toutes ces races sans mélange, pour savoir ce qu'elles deviendraient dans ma bergerie. J'ai aussi allié ces sept races entre elles, pour avoir d'autres races métisses, et pour connaître à quel degré elles influeraient les unes sur les autres, relativement à l'amélioration des laines.

» Par ces expériences, suivies avec les plus grandes précautions, pour qu'il n'y eût point d'équivoque, j'ai amené toutes les races de ma bergerie au degré de finesse de la laine d'Espagne, sans tirer de nouveaux béliers de ce pays ni du Roussillon. »

Daubenton ne voulut pas se borner aux expériences qu'il avait faites pour le perfectionnement des moutons de la nouvelle race qu'il avait créée; il voulut aller jusqu'au bout; il voulut prouver que ses travaux ne laissaient rien à désirer et qu'il avait tenu la promesse qu'il avait faite à Trudaine en 1766.

« Après s'être assuré, dit Lasteyrie, par des expériences et des comparaisons plusieurs fois réitérées, que les laines de son troupeau égalaient en beauté et en finesse celles des plus beaux troupeaux d'Espagne, Daubenton fit fabriquer du drap, en 1783, avec ces laines lavées à dos, dont il envoya 404 kilogrammes (832 livres) à la manufacture du Château-du-Parc, près Châteauroux en Berry. Le fabricant, après avoir fait avec ces laines du drap de différentes couleurs, s'engagea à les payer au plus haut prix de celles d'Espagne transportées en France. On fit, l'année suivante, un second essai, qui produisit des draps plus souples et aussi doux que ceux des laines d'Espagne de première qualité; et l'on remarqua même que la laine améliorée avait un nerf plus fort et plus sensible que celui de la laine espagnole. Van Robais, à Abbeville, et Decretot, à Louviers, fabriquèrent aussi avec les laines du troupeau de Daubenton des draps qui offrirent le même degré de perfection et de finesse que ceux qui furent faits comparativement dans la même fabrique avec les laines superfines d'Espagne ; enfin les essais de la manufacture de Julienne, aux Gobelins, eurent un égal succès, et les draps prirent une belle teinture écarlate. »

Par l'application des sciences naturelles à l'élevage du mouton, Daubenton était donc parvenu en peu d'années à obtenir des types aussi beaux que ceux d'Espagne, et nous aurions pu nous en passer à cette époque. Cependant, malgré les succès incontestés de la bergerie de Montbard, le gouvernement français ne renonça pas à l'importation directe des mérinos de la péninsule. Il savait enfin que, si l'on avait marché d'erreur en erreur précédemment, on pouvait désormais être assuré de la réussite. Il demanda, en 1785, à l'Espagne, un troupeau de mérinos qu'il obtint. En 1786, 360 animaux de cette espèce entrèrent en France, Rambouillet fut choisi pour les recevoir ; ils y réussirent parfaitement, grâce aux Instructions pour les bergers publiées par Daubenton, et dont la réimpression fut décrétée par la Convention nationale le 1er nivôse an III.

Le savant dont les travaux, après ceux de Daubenton, contribuèrent le plus à faire prospérer la naturalisation du mérinos en France, fut Gilbert. Envoyé en Espagne pour faire de nouvelles études et acheter d'autres mérinos, cet agronome y mourut victime de son zèle pour la prospérité de l'agriculture de son pays.

La science du mouton a éclairé la France aujourd'hui Nous n'avons plus besoin de l'étranger pour la production de nos laines fines ; ce fait a été prouvé depuis la fin du siècle passé, à Montbard d'abord, à Rambouillet, à Perpignan et à Alfort ensuite, et de nos jours à Mauchamp, à Naz, à la Charmoise, à Gevrolles, etc., on a vu ce que peut faire l'intelligence d'un cultivateur éclairé sur son métier. — V. *Mauchamp, Naz, Charmoise, Gevrolles.*

MERISIER. Cerisier sauvage qui croît dans nos forêts et dans les tertres. Le fruit du merisier sert à faire les liqueurs connues sous le nom de Kirschwasser. — V. *Cerise, Cerisier, Kirsch.*

MERLE. Genre d'oiseau de l'ordre nombreux des passereaux. Le merle commun est très connu des cultivateurs ; bien qu'il fasse quelques dégâts dans les vignes en mangeant des raisins, il est plus utile que nuisible à l'agriculture par la grande quantité d'insectes qu'il dévore, soit pour alimenter ses petits, soit pour se nourrir lui-même. Sous ce rapport, il a de l'analogie avec les grives et les étourneaux, qui se nourrissent à peu près des mêmes substances.

MERLERAULT. Province de la Normandie qui comprenait le département de l'Orne. Le Merlerault était renommé jadis par les excellents chevaux de selle qu'il fournissait au commerce, surtout à l'armée. Ces chevaux avaient la réputation justement acquise d'être énergiques, sobres, vigoureux, mais un peu difficiles, ce que l'on devait attribuer à leur mode d'élevage à l'état demi-sauvage dans les herbages. Aujourd'hui cette précieuse race a presque complétement disparu ; la race percheronne tend tous les jours à la remplacer. — V. *Percheron.*

MERRAIN. Bois fendu en lames plus ou moins longues et larges, pour faire des tonneaux. L'agriculture trouve dans la fabrication du merrain un moyen avantageux de vendre ses bois de chêne, de mélèze, etc., quand elle en a les débouchés.

MÉSANGE. Genre de petits oiseaux de l'ordre des passereaux. Nous avons en France plusieurs variétés de mésanges, utiles par les grandes qualités d'insectes qu'elles dévorent ; c'est surtout sur les troncs d'arbres qu'elles leur font la guerre. On ne doit donc pas détruire les mésanges ; on doit plutôt favoriser leur multiplication, qui est facile par la multitude d'œufs qu'elles produisent.

MÉSENTÈRE. Le mésentère est formé par les lames adossées du péritoine qui entoure les intestins. C'est entre ces lames que sont contenus les vaisseaux chylifères. C'est aussi entre elles que se dépose la graisse qui forme le suif dans les ruminants, le saindoux dans le porc. V. *Péritoine*.

MESURAGE. V. *Mensuration.*

MESURE. Quantité prise pour unité de mesurage. — V. *Métrique.*

MÉTACARPE. On donne le nom de *métacarpe* dans les animaux aux os qui sont placés sous le genou. — V. *Canon péroné.*

MÉTACARPIEN. Nom donné aux os du métacarpe.

MÉTAIRIE. Nom réservé à une propriété exploitée suivant les conditions du métayage.

MÉTATARSE. Nom donné aux os qui sont au dessous du jarret des animaux.

MÉTATARSIEN (*Os*). Os du métatarse. Le canon, les péronés des membres postérieurs, sont des métatarsiens dans le bœuf et le cheval, etc.

MÉTAYAGE. Mode de culture par lequel le propriétaire d'un domaine partage ses produits avec le métayer, qui l'exploite suivant des conventions stipulées à l'avance. Ce mode est pratiqué surtout dans le midi et le centre de la France ; il indique naturellement une agriculture arriérée. Voici pourquoi. — Dans les pays de métayage, les cultivateurs pauvres n'ont que leurs bras pour cultiver ; point d'avances : il en résulte que les propriétaires sont obligés de fournir, avec la propriété, tout le matériel d'exploitation en bestiaux, en instruments aratoires, etc. Le métayer se présente avec ses bras et ceux de sa famille ; il traite avec le propriétaire, partage avec lui les produits de ses travaux, suivant des proportions convenues, et c'est ainsi qu'il s'acquitte. Le plus souvent les produits des ventes sont partagés de manière à ce que chaque intéressé en ait la moitié ; mais s'il y a perte, elle est naturellement pour le propriétaire, le métayer ne pouvant la partager, puisqu'il n'a rien en général.

Le métayage est un mauvais moyen d'exploitation du sol. Le métayer, n'étant pas intéressé aux améliorations foncières, n'y attache aucune importance ; au contraire, il s'y oppose souvent, soit qu'il craigne que ses intérêts soient compromis, soit par aveuglement, par ignorance ou par routine. Le propriétaire, cependant, est forcé d'en subir les conséquences, parceque, le plus souvent, il n'a pas d'autre moyen d'exploiter sa terre. Il n'y a que l'instruction agricole qui puisse éclairer les cultivateurs de manière à leur faire comprendre les avantages des baux à ferme. — V. *Assolement*, *Bail*, *Ferme*.

MÉTAYER. V. *Métayage*.

MÉTEIL. Mélange de froment et de seigle mêlés ensemble. On

a blâmé et approuvé la culture du méteil. Le blâme a surtout été basé sur la différence de l'époque de maturité des deux grains qui composent ce mélange; le seigle, en effet, mûrit de douze à quinze jours avant le froment. Cependant il est des circonstances où le méteil offre des avantages aux cultivateurs. La pratique semble avoir confirmé ce fait dans beaucoup d'occasions. C'est donc toujours elle qu'il faut consulter en pareil cas, dans chaque localité où l'on cultive le seigle mêlé au froment

MÉTÉORE. Nom donné à des phénomènes observés dans l'atmosphère; les éclairs produits par la foudre, les pluies, les vents, la grêle, les brouillards, etc., sont des météores.

MÉTÉORISATION. V. *Tympanite*.

MÉTÉOROLOGIE. Science qui s'occupe de l'étude des météores. Au point de vue agricole, la météorologie est d'un grand secours pour expliquer certains phénomènes observés, tant dans la végétation des plantes cultivées, que sur la vie, la santé des animaux. Les météores, en effet, réagissent sur l'atmosphère, sur les végétaux ou les animaux, d'une manière fâcheuse ou avantageuse, suivant la nature de leur action. — V. *Atmosphère*, *Brouillard*, *Chaleur*, *Dégel*, *Électricité*, *Froid*, *Gelée*, *Humidité*, *Sécheresse*, *etc*.

MÉTÉOROLOGIQUE. Phénomène météorologique, qui a rapport à la météorologie. Les études météorologiques sont utiles à l'agriculteur pour comprendre les effets des météores sur la production végétale et animale. Les instruments les plus usuels qui servent aux observations météorologiques sont : le pluviomètre, le thermomètre, l'hygromètre, etc.

MÉTIS. Animal produit par le croisement de deux races ou de deux variétés de races différentes. Ainsi, par exemple, un poulain provenant d'un cheval arabe avec une jument normande est un métis; un bélier de race Mauchamp avec une brebis de Rambouillet produisent aussi un métis. — V. *Mauchamp*.

On fait des métis dans les oiseaux, surtout dans les oiseaux chanteurs tels que le serin, le chardonneret, etc. Dans les végétaux, ont fait aussi des métis, et c'est par ce procédé que les fleuristes font une infinité de variétés de fleurs par des fécondations artificielles. — V. *Fécondation*, *Hybridation*, *Hybride*.

MÉTISSAGE. V. *Croisement.*

MÈTRE. D'un mot grec qui signifie *mesure*. Le mètre est la dix-millionième partie du quart du méridien terrestre. Cette mesure sert de base générale au système métrique des poids et mesures. Depuis l'heureuse idée de l'application de ce système, dont l'initiative appartient à la France, les poids et mesures sont égaux partout aujourd'hui, au lieu d'être inégaux comme ils l'étaient avant la révolution française; chaque province alors, chaque département, chaque ville, chaque canton même, avaient souvent des mesures différentes, des poids différents, ce qui compliquait naturellement les opérations commerciales et industrielles. Les mesures agraires surtout variaient à l'infini; aujourd'hui il n'en est plus de même: un centiare, un are, un hectare, sont partout identiques, de même qu'un kilomètre, un myriamètre, etc. — V. ***Are*, *Centiare*, *Hectare*, *Kilomètre*, *Myriamètre*, *Métrique*.**

MÉTRIQUE. (*Système métrique.*) Le système métrique employé à la détermination des poids et mesures est une des plus heureuses innovations des temps modernes. Avant cette utile application des mathématiques, les poids et mesures variaient à l'infini; la même nomenclature désignait des poids différents, des mesures variées suivant les lieux: une livre, un quintal d'une contrée, n'étaient plus les mêmes que ceux d'une autre; un arpent, une *perche*, un *acre*, une sétérée, un journal, etc., de terre, n'avaient pas la même contenance à Paris, en Normandie, en Auvergne, etc.; il en résultait une confusion dont il était impossible aux agriculteurs de sortir. Il en était de même des mesures de capacité: les pintes, les pots, les chopines, les setiers, les boisseaux, etc., différaient de capacité. Il en était de même des aunes, des cannes, des brassées, des pieds, des toises, des lieues, etc. Aujourd'hui, plus d'équivoque: un mètre, un are, un hectare, un kilomètre, un litre, un hectolitre, un gramme, un kilogramme, etc., sont les mêmes partout; tous ont une unité de mesure invariable, représentée par la dix-millionième partie de la distance du pôle à l'équateur, c'est-à-dire par le mètre.

Le tableau suivant donnera les moyens d'apprécier et de reconnaître facilement les avantages du système métrique des poids et mesures d'après les lois qui règlent la matière.

TABLEAU DES POIDS ET MESURES D'APRÈS LE SYSTÈME MÉTRIQUE.

NOMS systématiques.	VALEUR.
MESURES DE LONGUEUR.	
Myriamètre.	Dix mille mètres.
Kilomètre.	Mille mètres.
Hectomètre.	Cent mètres.
Décamètre	Dix mètres.
MÈTRE.	*Unité fondamentale des poids et mesures.* Dix-millionième partie du quart du méridien terrestre.
Décimètre	Dixième du mètre.
Centimètre.	Centième du mètre.
Millimètre	Millième du mètre.
MESURES AGRAIRES.	
Hectare	Cent ares ou 10,000 mètres carrés.
ARE	Cent mètres carrés, carré de dix mètres de côté.
Centiare	Centième de l'are, ou mètre carré.
MESURES DE CAPACITÉ *pour les liquides et mat. sèches.*	
Kilolitre	Mille litres.
Hectolitre.	Cent litres.
Décalitre.	Dix litres.
LITRE	Décimètre cube.
Décilitre	Dixième du litre.

NOMS systématiques.	VALEUR.
MESURES DE SOLIDITÉ.	
Décastère.	Dix stères.
STÈRE	Mètre cube.
Décistère.	Dixième du stère.
POIDS.	
MILLIER	Mille kilogr., poids du mètre cube d'eau et du TONNEAU de mer.
QUINTAL.	Cent kilog., quintal métrique.
KILOGRAMME.	Mille grammes. Poids dans le vide d'un décimètre cube d'eau distillée à la températ. de 4° centigrades.
Hectogramme.	Cent grammes.
Décagramme.	Dix grammes.
GRAMME	Poids d'un centimètre cube d'eau à 4° centigrades.
Décigramme	Dixième du gramme.
Centigramme.	Centième du gramme.
Milligramme	Millième du gramme.
MONNAIE.	
FRANC	Cinq grammes d'argent, au titre de 9 dixièmes de fin.
Décime.	Dixième du franc.
Centime	Centième du franc.

MÉTRITE. On nomme métrite l'inflammation de l'utérus. Elle se déclare assez souvent chez les femelles domestiques qui avortent ou qui ont une parturition difficile; la vache surtout y est exposée; quelquefois même cette maladie lui cause une paralysie du train postérieur. Pour reconnaître et bien traiter cette affection, il faut des connaissances spéciales et toute l'expérience des hommes du métier; elle se complique souvent d'autres maladies dont il est quelquefois très difficile de reconnaître l'existence. Cette affection, lorsqu'elle est compliquée surtout, est une des maladies les moins connues de la médecine des animaux; son traitement varie suivant l'état des malades. L'expérience et le savoir d'un vétérinaire habile peuvent seuls en diriger l'application.

MEUBLE (*Terre*). On nomme terre meuble celle qu'on a labourée, hersée, préparée pour recevoir la semence. — V. ***Ameublir, Binage, Herser, Labourer.***

MEULE. On donne le nom de meule, en agriculture, à des fourrages entassés de manière à les préserver de la pluie et de l'humidité. Les meules de paille, qu'on nomme ***pignons,*** sont assez faciles à faire; elles sont rondes, en forme de tour conique, ayant généralement la forme d'une poire; quelquefois elles simulent un carré long qui se termine en forme de toit en chaume. Les meules de foin peuvent affecter la même forme; mais on doit avoir soin de les couvrir en paille pour égoutter les eaux; sans cette précaution, la partie supérieure se laisse imbiber, et le foin s'y pourrit. On forme quelquefois pour les meules de foin des toits mobiles supportés par quatre poteaux; on hausse et on baisse ces toits à volonté au moyen de cordes et de poulies.

On met aussi les gerbes en meules, dans les pays où l'on n'a pas des gerbiers suffisants pour les recevoir. Dans les prés comme dans les champs, on dispose quelquefois les fourrages coupés et presque secs en petites meules nommées moyettes, pour les préserver de l'action de la rosée ou de la pluie jusqu'à ce qu'on les emmagasine ou qu'on les mette en grandes meules.

MEULE (*de moulin*). Les meules de moulins forment un appareil destiné à moudre les grains pour les réduire en farine; les meilleures meules sont celles qui font le plus de farine sans en altérer les qualités.

La porosité des pierres meulières qui servent à confectionner les meules peut varier, ce qui les rend propres à des destinations spéciales; mais dans tout cas, ces pierres devront être toujours très dures, susceptibles d'être sillonnées par des hachures très fines, très rapprochées, sans éclater sous le marteau.

Ces pierres doivent de plus conserver long-temps les aspérités de leur taille, comme le fait une lime de bonne qualité. Une meule qui se polit, s'use facilement, fait non seulement moins de farine dans un temps donné, mais elle l'altère en l'échauffant; d'un autre côté, le grain moulu très fin, avec une meule émoussée, donne une farine dont la pâte ne fermente pas convenablement et de manière à faire du bon pain. L'expérience a démontré que, pour que la fermentation panaire s'opère dans les meilleures conditions possibles, il faut que la farine soit faite avec des meules dont les aspérités soient bien tranchantes; il faut, en quelque sorte, que la substance du grain qui donne la farine soit coupée, tranchée, au lieu d'être écrasée par un frottement qui *broie* le blé au lieu de le *limer*.

Les meules fabriquées avec la pierre meulière de La Ferté-sous-Jouarre sont celles qui paraissent réunir les meilleures qualités exigées pour une bonne mouture. Les meulières d'Epernon, de Lisigny, de Boissy, etc., offrent plus d'homogénéité dans leur texture, une porosité plus régulière; mais les meules qu'elles servent à fabriquer se polissent trop facilement et demandent à être taillées fréquemment, ce qui occasionne leur usure plus rapide et une perte de temps sensible, surtout dans les temps de presse.

Suivant la nature des pierres meulières qui servent à les confectionner, les meules ont été divisées en plusieurs variétés, distinguées par les noms de meules anglaises, demi-anglaises, américaines, françaises, bretonnes, etc. Les meules, dont l'étendue du diamètre varie, ont chacune des qualités spéciales qui déterminent le choix qu'on en fait, suivant les lieux et le but proposé.

Les meules sont formées d'une seule ou de plusieurs pièces, suivant la nature de la meulière dont on les extrait; quand elles sont formées de plusieurs pièces, ces pièces sont ajustées de manière à former une surface de frottement régulière et uniforme, et elles sont maintenues en place par un cercle de fer placé à chaud, après avoir été mastiquées avec du plâtre. Les meules anglaises et demi-anglaises sont celles qui sont composées du plus grand nombre de pièces, par rapport à la difficulté qu'on a de trouver de grands morceaux réunissant les qualités exigées pour ce genre de meules, considérées comme les meilleures; aussi leur prix est-il toujours relativement très élevé.

MEURTRISSURE. V. *Contusion.*

MIASME. D'un mot grec qui signifie corrompre. On nomme miasmes les exhalaisons volatiles plus ou moins délétères et méphitiques qui se dégagent des corps organisés, soit pendant leur vie, soit par leur décomposition putride, après leur mort. Ces miasmes se répandent dans l'air, qui les tient en suspension, le vicient, et causent des maladies plus ou moins meurtrières, et quelquefois générales dans les régions où ils se développent.

Les miasmes sont de natures diverses, et leur action sur les animaux varie. Ceux qui résultent de la décomposition des matières organiques, peuvent causer des maladies en altérant l'air et en le rendant impropre à une bonne respiration. Les émanations, au contraire, qui résultent de l'action particulière et trop méconnue des maladies contagieuses, agissent comme un véritable virus qui donne une maladie analogue à celle des animaux dont la présence a infecté l'air : telle est, par exemple, l'action de la clavelée du mouton, qui peut se transmettre par miasmes, sans savoir comment ils opèrent; le fait reste encore inexpliqué, mais il n'en a pas moins été observé. N'y aurait-il pas d'autres maladies que la clavelée dont les effets de contagion sont médiats, et ont la triste propriété de se transmettre à des distances plus ou moins éloignées? Comment se communique la pneumonie épizootique, le typhus contagieux des bêtes à cornes? n'est-ce pas par par des miasmes? Nous posons cette question à ceux qui la connaissent mieux que nous pour la résoudre.

Des miasmes se dégagent par la respiration et la transpiration des animaux dans les habitations mal aérées et trop peu spacieuses; ils altèrent peu à peu la santé des animaux. L'unique moyen d'y obvier, c'est de renouveler l'air par des ventilateurs bien distribués.

Les environs des marais et marécages dégagent aussi, pendant les chaleurs surtout, des miasmes délétères, plus dangereux encore pour l'homme que pour les animaux; le seul moyen d'y remédier, c'est le desséchement. — V. *Désinfection*, *Desséchement*, *Marais*.

MICOCOULIER. Arbre de la famille des amentacées. Le micocoulier, originaire des pays chauds, comprend plusieurs variétés, d'un bois très dur, très flexible et propre à plusieurs usages domestiques. Ses feuilles sont consommées par les bestiaux.

Dans le midi de la France, on cultive la variété connue sous le nom de micocoulier austral, pour faire des manches de fouet vendus dans le commerce sous le nom de perpignans; on en fait aussi des fourches, des bâtons, des baguettes de fusil, etc.

MICROSCOPE. De deux mots grecs qui signifient *petit* et *examiner*. Le microscope est un instrument d'optique au moyen duquel on étudie les molécules des corps comme leur texture, qu'on ne peut apercevoir à l'œil nu. L'usage de cet instrument, qui grossit plus ou moins les objets suivant sa complication, est aujourd'hui très vulgarisé pour l'étude des corps microscopiques.

MICROSCOPIQUE. Corps microscopique, qui ne peut être étudié qu'à l'aide du microscope. Les études microscopiques sont aujourd'hui très avancées; sous ce rapport, le microscope a rendu d'immenses services à la science moderne.

MIEL. Substance sucrée d'une saveur et d'un parfun particulier. Le miel est récolté par les abeilles sur les fleurs où elles en trouvent les éléments. Ces admirables insectes sucent les matières sucrées, les ingèrent dans leur estomac et les déposent ensuite dans leurs cellules. On ignore quelle transformation les abeilles peuvent faire subir aux matières sucrées sécrétées dans les fleurs; ce qu'il y a de positif, c'est que le miel en provient. On en a la preuve dans la saveur et le fumet particulier au miel de chaque provenance. Le miel recolté dans des lieux où croissent des plantes aromatiques, par exemple, se fait distinguer par ses qualités particulières. On connaît les plantes au moyen desquelles les abeilles font les miels de bonne ou mauvaise qualité. Ainsi, les miels de Narbonne, produits dans des contrées où abondent le serpolet, le romarin, la lavande, etc., ont une saveur et une odeur exquises, et bien supérieures aux miels de Bretagne, par exemple, où les bruyères et les sarrasins sont communs. Avec ces plantes, les abeilles ne donnent que du miel de qualité médiocre, plus ou moins coloré en jaune ou roux.

Dans les coteaux du midi de la France, sur les bords de la Méditerranée, on récolte du miel de bonne qualité pour le service de la table et pour les besoins de la médecine humaine. En médecine des animaux on ne se sert que du miel commun mélangé avec de la gomme ou de la racine de mauve en poudre ; c'est dans les cas de toux ou d'angine qu'on en fait usage. Ses propriétés adoucissantes le rendent très utile pour édulcorer des breuvages. On le donne aussi dans des cas d'irritation du canal intestinal.

On obtient le miel des rayons qu'on extrait des ruches à l'époque de la récolte, en débouchant les alvéoles qui le contiennent et en le laissant couler sur des claies dans des vases. On favorise son écoulement par une douce chaleur, soit au soleil, soit dans un appartement chauffé. Celui qui reste dans les rayons en est exprimé par la pression, mais il est d'une qualité inférieure.

L'on pourrait récolter en France bien plus de miel qu'on ne fait ; c'est un produit qui coûterait peu à obtenir ainsi que la cire. Il suffirait de mieux étudier l'éducation des abeilles, mal comprise ou inconnue dans la grande majorité de la France. — V. *Abeille*, *Essaim*, *Ruche*.

Pour extraire le miel des ruches sans danger d'être piqué par les abeilles, on les narcotise avec le lycoperdon (vesse-de-loup), de la manière suivante : On prend un morceau de lycoperdon désséché, on le met sur un réchaud où se trouvent des charbons ardents ou des copeaux ; la fumée que produit ce champignon pénètre dans l'intérieur de la ruche et engourdit les abeilles de manière à les rendre tout à fait inoffensives. Leur engourdissement dure pendant une demi-heure environ, temps suffisant pour extraire le miel de la ruche où elles se trouvent. J'ai vu faire cette expérience à M. Debeauvois en présence de plusieurs membres de la Société zoologique d'acclimatation, et les résultats ne laissèrent rien à désirer. — V. *Lycoperdon*.

MIGRATION. Déplacement périodique de certains animaux qui changent de climats à des époques déterminées. Dans nos contrées, tous les oiseaux insectivores émigrent aux approches de la rigueur des saisons. Ils vont chercher ailleurs une nourriture qui ne peut être à leur disposition que pendant un certain temps de l'année; les hirondelles, les martinets, par exemple, qui se nourrissent surtout de mouches prises au vol, mourraient de faim quand ces insectes ne voltigent plus dans l'air; il faut donc que ces oiseaux, qui ne pourraient pas d'ailleurs supporter les rigueurs de nos hivers, émigrent et cherchent dans d'autres climats des éléments indispensables à leur existence. Tous les oiseaux de passage chez nous, comme diverses espèces de canards, les bécasses, les corneilles, les oies sauvages, les hérons, les grues, ont quitté les lieux où ils vont se multiplier pendant la belle saison pour passer l'hiver dans des climats plus doux. Différents poissons émigrent aussi dans les mers.

Les mammifères sont, de tout le règne animal, les individus qui ont le moins d'émigrants. On cite, parmi ceux qui émigrent, le renard bleu (isatis), qui habite le nord de la Sibérie, et le lemmeng, qui se trouve dans le nord de l'Europe.

MILAN. Genre d'oiseau de l'ordre des rapaces. Le milan commun est très connu des cultivateurs; ils le nomment *oiseau de rapine;* on le reconnaît à la longueur de ses ailes et à sa queue fourchue. Son vol est rapide et facile; il rôde souvent autour des fermes pour saisir la volaille qui s'écarte de la basse-cour. On fait à cet oiseau une guerre incessante dans nos campagnes.

MILLE-FEUILLES. V. *Achillée*.

MILLE-FLEURS. Dans le signalement des chevaux, on nomme mille-fleurs la robe aubère qui a des mouchetures rouges et blanches disséminées dans le fond de la nuance du pelage.

MILLE-PERTUIS. Genre de plantes de la famille des hypéricinées. Quelques mille-pertuis se reconnaissent facilement à des points presque transparents qu'on observe sur leurs feuilles. Ces plantes offrent, du reste, peu d'intérêt à l'agriculture.

MILLET. Nom donné à plusieurs graines de graminées, notamment au genre panic. Le millet des oiseaux peut servir à l'alimentation de l'homme ; mais on ne l'emploie généralement qu'à la nourriture de la volaille et des oiseaux.

MINE. Les mines sont d'immenses magasins de minéraux divers, destinés par la nature aux différents usages de l'homme civilisé. Comme les mines tiennent au sol, elles sont aussi du domaine de l'agriculture. Les peuples sauvages ne comprennent pas les immenses ressources des mines, ils ne peuvent donc pas en apprécier l'importance, et ils laissent ces trésors inexploités, enfouis dans les entrailles de la terre. Mais les peuples civilisés, éclairés, y trouvent des éléments immenses de bien-être et de civilisation. Les mines nous fournissent les métaux divers employés à tous nos usages domestiques, les houilles, dont la combustion dans les arts, l'industrie et l'économie domestique, rend de si immenses services, sur terre comme sur mer. Le fer et la houille sont appelés à transformer la société humaine par les communications qu'ils facilitent au moyen de la vapeur.

Outre le fer et la houille, les mines nous donnent le cuivre, le zinc, l'argent, l'or, le platine, le mercure, l'étain, le plomb, tous les métaux connus et utilisés dans l'industrie. Elles nous donnent aussi du soufre, du sel, du bitume, de l'alun, du bois fossile (lignite), etc. — V. *Carrière*.

On le voit donc, tout vient du sol, soit de sa surface, qui nous donne les aliments, les vêtements, etc., soit de son sein, qui nous fournit tous les autres objets minéraux utilisés pour nos besoins, nos goûts, nos plaisirs, nos caprices, et surtout pour les progrès de la civilisation universelle.

Les mines appartiennent de droit à la nation, d'après la loi. Seulement, le propriétaire des terrains dans lesquels elles se trouvent a droit à des indemnités en proportion de l'importance des propriétés qui les contiennent. Ce n'est donc qu'en vertu de concessions faites par l'état que les mines peuvent être exploitées par des sociétés ou des individus, d'après la loi du 21 avril 1810.

MINÉRAL. Nom donné à tous les corps bruts qui composent la nature inorganique. Le règne minéral comprend toutes les substances qui forment le globe. La différence qui existe entre le règne minéral et les règnes végétal et animal est très tranchée. Les minéraux sont souvent amorphes, sans formes ni dimensions déterminées; il n'en est pas de même des corps qui composent les règnes organiques. — V. *Animal*, *Corps*, *Mine*, *Végétal*.

MINÉRALOGIE. Science naturelle qui traite des minéraux. Cette science est très importante pour l'agriculture, en ce qu'elle fait connaître la nature des roches dont les détritus forment le sol, et par conséquent sa composition et sa nature variée. Elle est aussi d'une haute importance dans les arts et l'industrie, parcequ'elle fait connaître les ressources offertes par les mines au bien-être des peuples et à la civilisation du monde entier. — V. *Géologie*, *Mine*.

MINÉRALOGISTE. Savant qui s'occupe de la science de la minéralogie. — V. *Mine*, *Minéral*, *Minéralogie*.

MINETTE DORÉE. V. *Lupuline*, *Luzerne*.

MINIÈRE. On nomme minières les sols ou régions dans lesquels se trouvent des mines. — V. *Mine*.

MINORATIF. En médecine des animaux, les purgatifs doux sont des minoratifs. — V. *Laxatif*.

MIRABELLE. Variété de prune très estimée comme fruit de table, et surtout pour faire des confitures et des compotes. On distingue deux espèces de mirabelles, l'une grosse, et l'autre petite; ces deux prunes ne diffèrent guère que par leur volume. L'une et l'autre donnent d'ailleurs une bonne qualité de fruits.

MIROITÉ. Nom donné à des reflets arrondis que l'on remarque dans certaines nuances de la robe du cheval, notamment dans le noir. Quand ces reflets n'existent que dans une partie de la robe, on l'indique; ainsi on dit : noir miroité aux flancs, aux côtes, à l'encolure, etc.

MITES. Insectes classés dans les arachnides et dans la famille des acarides, par Cuvier. Les mites, qui sont des animaux presque microscopiques, se développent par milliers dans plusieurs substances, surtout dans les provisions de bouche, dans la farine, dans les viandes sèches, le fromage sec. Dans la peau des animaux, ils constituent la gale. — V. *Acare*, *Gale*.

MOELLE. Tissu spongieux qui se trouve dans le canal médullaire de certains végétaux. La moelle est plus ou moins abondante, suivant la nature des arbres ou arbrisseaux qui la contiennent et suivant leur âge. Le canal qui la renferme est très tenu dans l'orme, le chêne; il est plus gros dans le frêne, le noyer, et surtout dans le sureau. La moelle de certains joncs sert à faire des mèches à brûler pour les lampes des campagnes.

Le tissu graisseux qui est contenu dans le canal des os longs des membres des animaux est aussi nommé moelle.

MOELLE ÉPINIÈRE. Prolongement cérébro-spinal qui, partant de l'encéphale, est contenu dans le canal rachidien, où il est protégé, comme le crâne est protégé et contenu dans le cerveau. Ce mode de protection du cerveau et de son prolongement était indispensable pour des organes dont le rôle est si important. Leurs fonctions, en effet, sont de présider au travail de tous les organes dont l'action réciproque et soutenue a la vie pour résultat.

La moelle épinière fournit des nerfs à toutes les parties du corps. Ces cordons se détachent de sa substance, traversent les trous intervertébraux et portent la sensibilité et l'élément du mouvement partout où ils se rendent.

Les maladies de la moelle épinière déterminent toujours des affections graves; les paralysies en sont souvent la conséquence. — V. ***Cerveau***, ***Crâne***, ***Muscle***, ***Nerfs***, ***Os***, ***Paralysie***, ***Rachidien***, ***Vertèbre***.

MOINEAU. Le moineau appartient à l'ordre nombreux des passereaux; il est peut-être de tous les oiseaux celui qui est le plus répandu sur la surface du globe. On le trouve partout où l'homme s'est établi, et il est partout, en quelque sorte, son compagnon de demeure; il niche sous les toits des maisons, dans les crevasses, les trous de leurs murs; il ne quitte presque pas nos basses-cours, sauf quand il va marauder dans les champs. L'été comme l'hiver on le trouve dans les villes, dans les villages, se nourrissant de grains, de débris trouvés dans les balayures, et d'insectes.

Le moineau est nuisible à l'agriculture par la grande quantité de grains de toute nature qu'il consomme. On affirme que la nourriture de chaque moineau coûte à notre agriculture un franc par an au moins. En Angleterre, dit-on, on a été jusqu'à mettre la tête de ces oiseaux à prix pour les détruire.

Cependant, si les moineaux font beaucoup de mal, ils font aussi quelque bien; ils dévorent une grande quantité d'insectes pour se nourrir, et surtout pour alimenter leurs petits.

MOISI, IE. Les moisissures observées sur les corps ne sont que le développement de cryptogames (champignons) qui altèrent leurs substances. Lorsque les corps qui se trouvent moisis sont comestibles pour l'homme ou pour les animaux, non seulement ils sont altérés par les champignons qui forment les moisissures, mais ils deviennent vénéneux par leur présence. L'usage de ces aliments est donc toujours plus ou moins nuisible, suivant qu'il est plus ou moins prolongé. Les fourrages moisis et rouillés sont une mauvaise nourriture pour les herbivores, qui les repoussent ou ne les consomment que pressés par la faim. Ces fourrages déterminent des empoisonnements dont l'action, quoique lente et occulte, n'en est pas moins meurtrière. Ils causent des irritations sourdes du canal intestinal. Ces affections prennent ensuite de la gravité; elles ont pour résultat des dyssenteries opiniâtres qui débilitent les sujets, les font maigrir, et se terminent quelquefois par la mort; d'autre part, la masse du sang s'est altérée, des maladies générales, quelquefois épizootiques, en sont la conséquence.

Tout fourrage moisi, rouillé, vasé, ne devrait être employé qu'à faire litière.

On a avancé que certaines maladies des animaux ne sont dues qu'au développement de cryptogames dans le sang même. La muscardine du ver à soie, qui n'est que la conséquence d'une production morbide de ce genre, serait-elle un indice en faveur de l'opinion émise au sujet des maladies des animaux que l'on dit être l'effet de la même cause? Nous ne faisons que poser la question sans la résoudre. La science ne manquera pas un jour d'éclairer l'opinion sur ce point important d'étiologie. — V. *Muscardine*.

Les fumiers perdent de leurs qualités quand ils sont moisis. Le blanc du fumier n'est pas autre chose qu'une moisissure. — V. *Blanc de fumier*.

MOISISSURES. Développement de cryptogames (mucédinées) sur les substances végétales exposées à l'humidité. Le pain, les fourrages, sont sujets aux moisissures quand ils sont dans les conditions qui favorisent leur formation. — *Moisi*, *Rouillé*, *Vasé*.

MOISSON. Récolte des céréales. Le temps de la moisson est, comme celui de la fenaison, très précieux, et il doit être bien employé. Lorsque les blés sont mûrs, tout le personnel de la ferme sera alerte pour les récolter, et les mettre à couvert, à l'abri de la pluie, soit en meules, soit dans les granges ou gerbiers.

Dans certains pays, des moissonneurs étrangers à la localité se chargent de couper les blés moyennant un prix stipulé à l'avance. Souvent, c'est le personnel même de la ferme qui s'en charge, et l'usage de la faux, dans ce cas, est d'une grande utilité. La faux, en effet, accélère le travail dans des proportions immenses, comparativement à la faucille. — *Faucher*.

Le docteur Mazier vient d'inventer une machine aussi simple qu'ingénieuse pour moissonner le blé. Cette machine, mise en mouvement par un cheval, nous paraît appelée à rendre de grands services. — V. *Mécanique*.

MOISSONNEUR. Lorsque la moisson est terminée dans certains pays, les moissonneurs émigrent pour aller couper les blés ailleurs, soit à la faucille, soit à la sape. Ils entreprennent à forfait le fauchage des céréales des domaines, ou ils travaillent à prix de journée. Dans le premier cas, il faut veiller à ce que leur travail soit bien fait. Pour avoir plus tôt fini leur besogne, ils la font très mal, en coupant la paille trop haut, ou en perdant beaucoup d'épis. Il est donc important pour le fermier ou le propriétaire de s'assurer de la loyauté de ses ouvriers moissonneurs.

MOLAIRE. Dent molaire. Les molaires des herbivores sont de véritables petites meules placées les unes à côté des autres dans les os maxillaires. Elles servent à triturer, à moudre les fourrages et les grains dont se nourrissent les animaux. — V. *Dent*, *Mastication*.

MOLÉCULE. Atome, particule invisible d'un corps toujours divisible par la pensée jusqu'à l'infini. Par leur réunion ces molécules forment les corps solides, liquides ou gazeux.

MOLÈNE. Genre de plantes de la famille des scrophulariées. On distingue plusieurs variétés de molènes, parmi lesquelles se trouve celle qui est connue sous le nom de *Bouillon blanc*. Les feuilles ét les fleurs des molènes sont généralement émollientes. V. *Bouillon blanc.*

MOLETTE. Petite tumeur molle, arrondie, demi-sphérique, qu'on observe quelquefois aux articulations des chevaux, surtout aux boulets. Les molettes sont dues à une dilatation, à une sorte de hernie de la membrane synoviale articulaire. Le travail les occasionne. Cependant elles se développent aussi quelquefois chez des poulains qui n'ont jamais travaillé. Dans ce dernier cas, elles finissent souvent par disparaître, tandis que dans le premier, au contraire, elles sont permanentes, et augmentent même de volume. Les molettes n'offrent pas de gravité par elles-mêmes, elles ne doivent attirer notre attention que comme symptômes d'une fatigue, d'une usure plus ou moins avancée des sujets. — V. *Arqué, Boiterie, Bouleté, Couronné, Fatigue, Usure.*

MOLLIÈRE. Nom donné aux parties d'un champ dont le sol est aqueux. Les blés périssent généralement sur les mollières par les gelées d'hiver, qui soulèvent la terre et font périr les racines. On doit remédier aux mollières par un drainage, quelquefois très simple, fait au moyen d'un aqueduc en fascines ou avec des cailloutages. V. *Désséchement, Drainage.*

MOLLUSQUES. Animaux invertébrés, tantôt nus, comme les limaces, tantôt pourvus de coquilles, comme les escargots, les huîtres. Les mollusques, divisés en six classes, forment un des embranchements les plus nombreux du règne animal.

MOMORDIQUE. Plante de la famille des cucurbitacées. Le fruit et les racines de la momordique sont réputés purgatifs; mais ils sont peu employés en médecine vétérinaire. Le fruit de momordique se détache brusquement, comme par une sorte de détente, et projette au loin ses graines. Cette plante croît surtout dans les contrées méridionales de la France.

MONARDE. Plante de la famille des labiées. La monarde est cultivée comme plante d'ornement dans nos jardins; elle n'offre d'ailleurs aucun intérêt pour l'agriculture.

MONDER. (*Nettoyer.*) On monde les arbres lorsqu'on les nettoie; on les débarrasse ainsi des parasites, des mousses et lichens qui poussent sur leurs troncs ou leurs branches. On monde aussi le grain, tel que l'orge ou l'avoine, dont on fait du gruau. — V. *Gruau*.

MONOCOTYLÉDONES (*Plantes*). Les monocotylédones forment la deuxième grande classe du règne végétal; elles comprennent les plantes dont la graine n'a qu'un seul cotylédon, comme le blé. Toutes les graminées sont des monocotylédones; cette classe de végétaux intéresse donc au plus haut degré les cultivateurs.

Les tiges des monocotylédones diffèrent de celles des dicotylédones en ce qu'elles n'ont pas des couches superposées concentriques, et un canal médullaire au centre, comme dans les bois de nos forêts. On peut s'en convaincre en coupant en travers un bambou, une canne de jonc ou un palmier, qui appartiennent à la classe des monocotylédones.

MONODACTYLE. De deux mots grecs qui signifient *seul* et *doigt*. Nom donné aux animaux du genre cheval, parcequ'ils n'ont qu'un seul doigt, très développé, à chaque extrémité. Les monodactyles sont classés dans l'ordre des pachydermes. — V. *Cheval*, *Pachydermes*.

MONOGASTRIQUE. Nom donné aux animaux qui n'ont qu'un estomac, comme le cheval, le porc, le chien, etc. Les ruminants en ont quatre, les oiseaux en ont trois. — V. *Digestion*.

MONOIQUE. De deux mots grecs qui signifient *seul* et *maison*. On nomme monoïques les plantes dont les fleurs ayant les sexes séparés sont portées sur le même sujet. Ainsi le maïs, le noisetier, etc., sont des végétaux monoïques, parceque les fleurs mâles et les fleurs femelles, quoique n'étant pas sur la même fleur, se trouvent cependant supportées sur la même plante (même maison).

MONOPÉTALE. De deux mots grecs qui signifient *seul* et *feuille*. Nom donné aux fleurs qui n'ont qu'un seul pétale, comme les campanules, les primevères, etc.

MONOSPERME. De deux mots grecs qui signifient *seul* et

graine. Fruit qui ne contient qu'une graine, comme la cerise, la prune.

MONSTRUOSITÉ. V. *Anomalie*.

MONTAGNE. On nomme montagnes des masses de terrain ou de roches qui s'élèvent sur la surface du globe. La hauteur des montagnes varie, ce qui fait différer l'influence qu'elles exercent sur la végétation qu'on y observe. Toutefois, leurs productions animales et végétales ont des caractères spéciaux qui leur sont communs; et comme cette particularité intéresse l'agriculture, je dois entrer ici dans quelques détails pour la faire remarquer.

Lorsqu'on étudie avec attention les divers produits du sol, on ne manque jamais de trouver une différence plus ou moins tranchée entre ceux des montagnes et ceux des plaines ou des vallées fertiles. Cette différence se fait remarquer simultanément dans les deux règnes organiques de la nature, quels que soient d'ailleurs les points du globle sur lesquels on les examine. La végétation des montagnes, par exemple, ne prend jamais en général un aussi grand développement que celle des plaines et des vallées; mais, si elle est moins riche en quantité, elle l'est plus en qualité. Les végétaux des montagnes, en effet, sont en quelque sorte plus vivaces; leur tissu est plus compacte. Les arbres, par exemple, dont la croissance sur ces lieux élevés est plus lente, ont les fibres plus fines; leur bois est plus dur, plus lourd; lorsqu'il est employé aux ouvrages d'art, il est d'une plus grande résistance à l'usure, d'une plus grande durée; employé au chauffage, il donne plus de braise, plus de cendres. L'herbe des montagnes est plus fine, sa texture est plus serrée, d'une part; de l'autre, elle est plus aromatisée, plus succulente, plus nutritive, relativement. Il n'est pas un cultivateur exercé qui ne saisisse au premier coup d'œil la différence qu'il y a entre le fourrage d'une prairie élevée des montagnes et celui d'une prairie basse. Celui-ci est formé par des brins allongés et gros; sa composition est généralement peu variée, il est à peu près homogène; son odeur n'a rien de piquant, d'appétissant. Le premier, au contraire, est court, fin, aromatique; il est composé de mille plantes différentes de bonne nature, et les animaux le recherchent avec avidité; ce fourrage est nutritif, tonique : dans les pays qui le font consommer, surtout aux chevaux, on dit qu'il porte *son avoine avec lui.* Les animaux, en effet, qui s'en nourrissent, sont vigoureux, énergiques, et ils supportent mieux la fatigue que quand ils ne consomment que du gros fourrage des prairies grasses, des plaines ou des vallées; il n'est pas un praticien judicieux qui conteste ce fait.

Mais le règne végétal n'est pas le seul qui offre un pareil contraste dans les deux conditions que je viens de signaler; les différences que nous observons dans le règne animal ne sont ni moins tranchées, ni moins intéressantes pour le cultivateur; nous allons voir pourquoi.

Nous avons dit que les plaines ont généralement une richesse de végétation en quantité plus grande que les montagnes; cette condition, avantageuse sous un point de vue, ne pouvait manquer de réagir sur les animaux : ceux-ci, en effet, consommant les végétaux, dont ils ne sont, au fond, que la conséquence, ne pouvaient manquer de subir les effets de la cause qui les produit; c'est le cas de dire : *Dis-moi ce que tu manges, je te dirai ce que tu es.*

Abondamment nourris, les bestiaux des plaines fertiles prennent un grand développement, leurs jambes sont allongées et leur taille est élevée; mais le grain de leurs tissus manque de finesse; leur tissu cellulaire, leur système lymphatique surtout, sont relativement très développés; leurs os sont volumineux, peu compactes; leur système cutané est épais; les poils et les crins qui le recouvrent, loin d'être fins, moelleux et rares, sont gros, abondants et souvent rudes. Ces caractères généraux trahissent une organisation commune qui ne satisfait pas le véritable connaisseur en bestiaux, surtout quand il s'agit d'animaux de travail. Je vais appuyer cette opinion de faits pratiques que nous avons à chaque instant sous les yeux.

Lorsque dans les voyages, dans les foires et marchés, on compare les animaux des diverses contrées, on est toujours frappé d'un fait constant : c'est que, si les plaines fertiles ont le privilége incontestable de produire des sujets d'une taille élevée et d'un poids considérable, les montagnes ont celui d'en produire de très vigoureux et de très énergiques. On dirait que la nature a voulu les compenser de leur défaut de développement par une plus grande somme de force vitale d'une part, et, de l'autre, par une organisation plus en harmonie avec leur nature ; aussi ont-ils une conformation mécanique qui prouve ce que j'avance ici. Prenez des groupes de chevaux, de bœufs, de moutons, dans les plaines et dans les montagnes ; comparez-les entre eux : vous trouverez ceux-ci plus petits, mais vous remarquerez plus d'ensemble dans leur structure ; leurs membres, courts, sont mieux musclés, mieux articulés, leurs conditions mécaniqnes sont plus favorables aux puissances musculaires qui les font mouvoir ; de plus, leurs poitrines, foyer de vie, de santé et d'énergie, est relativement plus développée ; leur attitude alerte, leurs allures dégagées, leur regard, ont une expression de gaîté, de vivacité, de force et de vigueur, qui indique les bonnes conditions de tous les organes qui président aux fonctions de leur vie animale. Aussi, sont-ils généralement sobres, hardis et lestes, et résistent-ils admirablement aux fatigues, aux privations, aux travaux auxquels ils sont soumis. Si nous cherchons la cause des heureuses dispositions physiques de ces animaux, nous les trouvons dans les conditions hygiéniques que la nature a mises au service de leur élevage. Ces conditions sont un air pur, un fourrage de bonne qualité, tonique, riche en principes nutritifs proportionnels, et des eaux saines ; joignons à ces avantages l'exercice, la gymnastique naturelle et obligée à laquelle se livrent ces animaux dans les pâturages, dès leur bas âge, en grimpant sur des pentes rapides, en franchissant des ravins, en gravissant ou en descendant des montagnes escarpées, en surmontant des obstacles incessants chaque jour, tantôt pour jouer et s'ébattre, tantôt pour chercher leur nourriture, et il nous sera facile de nous rendre compte de la supériorité d'organisation des animaux des montagnes sur ceux des plaines.

L'élevage de ceux-ci, en effet, se trouve dans des conditions tout à fait différentes, et souvent même opposées. Si leur nourriture est plus abondante, elle est moins substantielle, relativement moins nutritive, moins tonique ; elle donne du développement à l'animal en quantité, aux dépens de la qualité. L'air qu'ils respirent, l'eau qu'ils boivent, sont moins purs ; l'exercice, la marche, exigent peu d'efforts nécessaires, peu de fatigue. Là, point de gymnastique sur un sol difficile, accidenté, pour chercher la nourriture. L'animal n'a pas besoin de monter et descendre, de franchir des obstacles de toute espèce ; il n'a qu'à déplacer horizontalement les membres, sans effort, sans secousse. Aussi, ses mucles ont-ils moins de force, moins d'énergie, ses allures sont-elles moins vives, moins dégagées; il est plus nonchalant, plus mou; il sue facilement, il résiste moins aux fatigues, aux travaux auxquels il est soumis; il est loin d'avoir l'activité, l'attitude, la vivacité de regard du montagnard, ce qui s'explique facilement par la différence de condition de vie, d'organisation physique, de structure mécanique de son corps.

Qu'on me permettre ici une comparaison dont les esprits observateurs ne contesteront pas la justesse. A mon avis, l'animal des montagnes est à celui des plaines comme une machine bien conditionnée avec des matières premières de bonne qualité, sortie d'une bonne manufacture, est à une machine fabriquée avec des matières premières médiocres ou mauvaises, et d'une structure commune. La première, à égalité de frais de consommation, donnera des résultats plus avantageux que la seconde. Telle machine à vapeur, telle locomotive bien conditionnée, fera plus de chemin, traînera un plus lourd fardeau avec une quantité de combustible déterminée, qu'une autre dont les conditions mécaniques n'ont pas été bien remplies, dont la confection n'a pas été exécutée suivant de bonnes lois dynamiques. Tel animal de la fabrique des montagnes donnera avec la même quantité de nourriture, de dépense quelconque, plus de bénéfice par son travail, parceque sa machine, mieux confectionnée, fonctionne mieux que celle de tel autre animal de la plaine, qui lui est inférieur, sous ce rapport, parcequ'il ne tire pas le même parti du *combustible* consommé. La comparaison que j'établis ici paraîtra un peu hardie, mais elle n'en est pas moins exacte. Si la machine animée reçoit le principe moteur par sa bouche, la machine inanimée le reçoit par sa fournaise, et les résultats sont les mêmes.

Je suis assuré que, si les agriculteurs étaient bien pénétrés de cette vérité, ils pourraient réaliser des économies notables en employant, pour leurs travaux et leurs charrois, des machines animéees de la fabrique des montagnes, de préférence à celles des fabriques des plaines. Du reste, la pratique confirme partout le fait que je viens d'avancer. Qui ne connaît la force, la résistance, l'agilité, la sobriété, l'adresse de ces petits chevaux des montagnes que montent les buveurs d'eau dans les Pyrénées ou le Mont-d'Or d'Auvergne? Qui n'a été témoin de la rusticité, de la force des bœufs de ces pays, pour les travaux agricoles ou les charrois? Les chasseurs eux-mêmes ont observé qu'un lièvre de montagnes est plus difficile à forcer par les chiens courants que celui des plaines.; sa chair est aussi plus savoureuse, plus noire. La cause de l'énergie, de la résistance de ce rongeur, est la même que celle que nous avons signalée pour les autres animaux.

Si nous cherchons maintenant à nous rendre compte des faits que je viens de signaler, la physiologie générale nous en fournira une explication bien simple. Les végétaux, dans les plaines fertiles, trouvent dans le sol une nourriture abondante. D'autre part, ils doivent avoir dans l'atmosphère une plus grande quantité d'acide carbonique à décomposer pour s'en approprier le carbone. Ce fait est facile à expliquer. L'air contient à peu près partout les mêmes quantités relatives d'éléments qui composent l'atmosphère, mais on sait qu'il est plus condensé dans les régions basses que sur les lieux élevés. Il renferme donc dans les vallées une plus grande quantité d'acide carbonique dans un volume donné, et il doit concourir d'une manière plus efficace au développement des végétaux, qui s'approprient le carbone pour s'alimenter. D'un autre côté, la température plus ou moins rigoureuse des montagnes, loin de favoriser la rapidité de développement des végétaux, ralentit leur croissance, et la borne même sur les sommets élevés, où les arbres sont rabougris. Si nous ajoutons à ces causes le temps plus court du travail de la végétation annuelle dans les régions froides, nous pouvons comprendre les différences de développement observées entre les végétaux des montagnes et ceux des plaines et vallées.

Quant aux animaux, ils subissent les conséquences des conditions hygiéniques de leur élevage, auxquelles ils doivent leurs bonnes ou mauvaises qualités particulières.

Pour conclure, je dis que, lorsque les cultivateurs peuvent faire consommer à leurs bestiaux des fourrages de prairies hautes, ils le préféreront à ceux des plaines et des vallées; que l'emploi des animaux de travail des montagnes sera plus économique que celui des animaux de plaines, et que les bois des régions élevées doivent être choisis par eux pour la confection de leurs chariots et de tous leurs instruments aratoires, comme pour les divers autres usages domestiques.

MONTAGNE. (*Herbage.*) Dans l'Auvergne on donne le nom de montagne à un herbage destiné à alimenter une vacherie qu'on entretient pour faire les fromages connus sous le nom de fourmes ou fromages du Cantal. De nombreux troupeaux de vaches paissent l'été dans ces pâturages, au centre desquels se trouve le buron et le védélat. (V. ces mots.) Ces animaux vivent ainsi à l'état demi-sauvage pendant six mois de l'année. Durant la nuit on les parque pour les empêcher d'errer; c'est aussi dans ces parcs qu'on fait la traite le matin et le soir.

Les montagnes herbagères donnent la plus grande masse des revenus des lieux où elles sont, par les bestiaux qu'on y élève, par le fromage qu'on y fabrique, et les porcs qu'on y engraisse avec les résidus des fromageries. — V. *Herbage, Buron, Fromagerie, Parc.*

MONT DORE. Les monts Dore forment un groupe de montagnes au centre desquelles s'élève l'un des sommets les plus élevés des montagnes de l'intérieur de la France, le pic *de Sancy* (1884 mètres au dessus du niveau de la mer). Les hauteurs de ces montagnes sont, comme celles du Cantal et d'Aubrac, couvertes de gazon, et servent de pâturage à de nombreux troupeaux de vaches qui y vivent à l'état demi-sauvage pendant la belle saison. L'agriculture de ce pays est toute pastorale; on cultive dans les vallées seulement du seigle, de l'orge de l'avoine et quelques parmentières; mais cette culture est très bornée et ne suffit pas à l'alimentation des habitants du lieu, qui importent des grains. Les troupeaux de vaches qui paissent sur les monts Dore ont beaucoup d'analogie par leur conformation avec celles du Cantal et d'Aubrac, dont elles semblent dériver. Elles n'en diffèrent que par le pelage. La robe de ces vaches, en effet, est généralement pie-alezan, quelquefois pie-noir; la robe rouge, qui caractérise l'espèce du Cantal, est infiniment moins commune.

Les pâturages des sommets des monts Dore ne sont pas d'une aussi bonne qualité que ceux des montagnes du Cantal. Ils sont plus maigres d'abord, et la nature d'herbes qui les compose ne fournit pas des herbages aussi nutritifs. On y observe d'immenses étendues couvertes de bruyères, d'airelles, de plaques de genévriers, qui couvrent çà et là le sol; aussi ne peut-on faire pâturer sur plusieurs points de ces herbages élevés que de jeunes bestiaux, parceque l'herbe qui y croît ne suffirait par pour alimenter convenablement des vaches laitières. Dans les pâturages de première qualité de ce pays, les vaches ne donnent guère au delà de cent kilog. de fromage par an en moyenne, tandis que dans le Salers on en voit qui en fournissent deux cents kilog. et plus. — V. *Salers*.

Cependant, si les vaches élevées sur les sommets des monts Dore sont généralement inférieures à celles du Cantal en qualité comme en développement, il n'en est pas de même de celles qui sont élevées dans les exploitations des vallées de ce pays. On voit en effet dans les cantons de Besse, de Latour et de Rochefort, de très beaux bestiaux. On admire surtout les belles vaches qui sont employées à l'exploitation de la vallée où se trouve situé le village du Mont-Dore. Je n'ai pas vu dans les lieux les mieux favorisés du Cantal pour l'élevage des bestiaux de plus beaux types que ceux que j'ai observés dans la vallée de la Dore et des sources de la Dordogne.

Les pâturages élevés des montagnes du mont-Dore sont, comme ceux des montagnes voisines, sans en excepter celles du Cantal et d'Aubrac, abandonnés à l'incurie des habitants; les pâturages sont toujours tels qu'on les a observés depuis qu'ils existent. Il serait cependant possible sur beaucaup de points de les améliorer, de les irriguer convenablement, d'employer d'une manière plus judicieuse les engrais des parcs, en dirigeant sur eux, des eaux qui serviraient à délayer les bouses des animaux lorsqu'ils en sont sortis, au lieu de laisser déssécher ces engrais précieux sur place et perdre au moins la moitié, sinon les deux tiers de leurs propriétés fertilisantes. On se contente, suivant la coutume séculaire, de conduire les bestiaux dans les parcours pendant le jour, de les parquer pendant la nuit. Quant aux perfectionnements à apporter à leur alimentation, on n'y songe pas plus aujourd'hui qu'on n'y a songé dans les temps les plus reculés. Et cependant, avec un peu d'intelligence et sans beaucoup de frais, on pourrait facilement augmenter le produit de ces montagnes comme le nombre des animaux qu'on y élève.

Les fromages fabriqués sur les monts Dore ont la plus grande analogie avec ceux du Cantal, et leur mode de fabrication est exactement le même. — V. *Fromage*.

Les animaux comme les végétaux des monts Dore sont généralement dans les mêmes conditions que ceux des autres montagnes, et que nous avons signalées à l'article *Montagne*. — V. ce mot.

Dans le département du Rhône et près de Lyon se trouvent d'autres montagnes connues sous le nom de monts d'Or. On entretient dans ce pays une assez grand quantité de chèvres en stabulation permanente pour fabriquer des fromages estimés qu'on expédie dans plusieurs contrées de la France. Dans les monts Dore on fait aussi de petits fromages de chèvre nommés *chabrillous* ou *cabecous ;* mais ils sont généralement consommés sur les lieux mêmes, surtout à l'époque de la saison des bains. Du reste, ces fromages sont de très bonne qualité et recherchés par les consommateurs.

MONTE. Le mot *monte* est synonyme de celui de *saillie*. Dans l'espèce chevaline, la monte a lieu en liberté ou *à la main*. Dans la Camargue, les étalons nommés grignons font la monte en liberté ; ils restent dans la manade avec les troupeaux de juments toute l'année. Les étalons de l'état, au contraire, font toujours la monte *à la main*. Dans les conditions où ils sont, ce mode est préférable ; lâchés en liberté, ces animaux très ardents pourraient éprouver des accidents : les étalons de prix ne doivent pas y être exposés. Dans tous cas, lorsqu'un étalon est présenté à la jument, on doit toujours l'empêcher d'être blessé par des ruades. On prendra donc, à cet égard, toutes les précautions prescrites par l'expérience.

Dans l'espèce ovine, caprine et porcine, la monte se fait toujours en liberté ; elle a lieu généralement de la même manière pour le bélier, le bouc et le verrat. Dans les montagnes de l'Auvergne, les vacheries ont toujours leurs taureaux qui vivent dans les herbages avec les vaches. La monte se fait, dans ce cas, comme à l'état de nature, et sans que les vachers aient à s'en préoccuper. Dans les fermes, la monte par le taureau se fait généralement aussi en liberté de l'étalon. On tient seulement la vache, et elle est ordinairement saillie sans difficulté et sans crainte d'accident.

MORCELLEMENT. On nomme morcellement en agriculture la division qui est faite des grands domaines par des ventes et achats partiels. Les uns blâment ce fait comme contraire aux progrès de l'agriculture; d'autres pensent qu'il n'est pas nuisible à la production. De quel côté est la vérité ?

Étudiée au point de vue pratique, et dégagée des théories de cabinet, cette question est loin de nous paraître insoluble. Examinons d'abord comment et par qui le sol des grandes et petites propriétés a été cultivé jusqu'à ce jour. Il n'y a pas bien longtemps que la science de l'agriculture est prise au sérieux en France. On en avait toujours beaucoup parlé, mais on ne l'avait guère mise en pratique. Les hommes d'intelligence ne l'étudiaient que par très rares exceptions, et on n'en voyait que peu ou point en faire eux-mêmes l'application. Mathieu de Dombasle fut le premier qui en démontra l'importance pratique par ses élèves, et commença à faire penser que la grande culture serait plus favorable à l'application de ses principes scientifiques. La grande culture seule, disent les adversaires du morcellement, peut attirer les capacités agricoles, en leur offrant un vaste champ d'opérations qui puisse les récompenser de leurs travaux, et en permettant en même temps de faire de grandes améliorations. Ce raisonnement est très juste, il est vrai; mais en pratique que voyons-nous? Nous voyons que jusqu'ici les petites cultures ne le cèdent en rien aux grandes par la manière dont elles sont exploitées. Le département du Nord est sans contredit celui de France qui est le mieux cultivé et dont le sol donne relativement le plus de produits; cependant l'étendue des exploitations n'y est généralement pas bien grande; elle ne dépasse guère vingt-cinq et trente hectares. Ce n'est donc pas à la quantité de terrain, mais à la manière dont il est exploité, qu'est dû le progrès de l'agriculture du Nord.

Nous n'avons pas encore fait en France de grands progrès dans la culture du sol, nous le reconnaissons. Cependant nous pouvons dire sans crainte que nous n'avons pas reculé. Sur plusieurs points même nous avons fait quelques pas en avant depuis la révolution française. Eh bien! c'est surtout depuis cette époque

que le nombre des propriétaires ruraux augmente, et que les grandes propriétés se morcellent; chaque paysan cherche à avoir un coin de terre. Loin de déplorer cet amour de la propriété chez les cultivateurs, je m'en applaudis, parceque je sais que le paysan cultive bien mieux la terre qu'il exploite pour son compte que celle qu'il laboure pour autrui. N'est-on pas partout mieux disposé à soigner ses propres intérêts que les intérêts des autres? Or, comme, au fond, c'est toujours le paysan qui cultive le sol, plus il en possédera (et ce ne peut être que par les achats partiels qu'il peut posséder) mieux il cultivera, plus il produira. C'est ici un fait pratique que nul observateur ne contestera. Ayez une grande étendue de terrain, faites-la cultiver par des hommes salariés; comparez les produits d'un même espace de terrain qui, dans les mêmes conditions de fécondité, est morcelé à côté du vôtre et cultivé par de petits propriétaires qui travaillent pour leur compte; faites l'addition du produit chaque année, et vous trouverez que, loin d'être nuisible, le morcellement aura été avantageux.

Cependant je comprends les craintes exprimées à ce sujet : on a pensé que la grande culture seule pourrait permettre l'emploi étendu des instruments perfectionnés, la multiplication et le perfectionnement du bétail dans des proportions étendues, la pratique des assolements à longs intervalles de successions de cultures, et enfin que les grandes exploitations seules peuvent offrir aux intelligences d'élite un aliment nécessaire à leur activité et à l'application de leur savoir. Nous comprenons parfaitement cette idée, que nous n'incriminons nullement; mais jusqu'ici elle n'est pas fondée en fait, l'expérience l'a généralement prouvé en France, et je crois qu'elle le prouvera long-temps encore. Quel sol est plus morcelé que celui qui est livré à la culture maraîchère, et pourtant quel est celui qui produit plus que nos jardins qui fournissent les légumes à nos marchés? Et nous pourrions peut-être dire dans ce moment que, chez nous, les progrès de l'agriculture ont été jusqu'ici en raison du morcellement du sol. Nous avons encore d'assez vastes domaines dans notre pays pour ceux qui voudraient exercer leurs talents, et ils n'en sont pas mieux cultivés, surtout si nous les comparons aux petites propriétés exploitées par leurs propriétaires. En attendant, nous profitons des effets du morcellement qui a eu lieu jusqu'ici. Quant à l'avenir, nous avons foi entière dans la science agricole. Elle saura parfaitement remédier au mal que pourrait provoquer une division du sol trop étendue, si jamais elle menaçait la production : nous sommes donc en pleine sécurité sur ce point, loin de nous en alarmer.

Nous bornons ici ces courtes réflexions, que nous pourrions soutenir par des arguments qui trouveraient leur base dans les faits autant que dans le raisonnement, surtout si nous entrions dans le système d'associations agricoles dont nous avons vu quelques rares exemples jusqu'ici. Là peut-être sera la garantie de l'avenir, si le morcellement mettait un jour, comme on l'a redouté, obstacle aux progrès de la production.

MORELLE. Genre de plantes de la famille des solanées. Le genre morelle contient des plantes du plus haut intérêt pour l'agriculture. La première, sans contredit, est la parmentière (*solanum tuberosum*). L'aubergine, les tomates (V. ces mots) appartiennent au genre morelle.

La morelle proprement dite comprend deux variétés : la morelle noire herbacée, qui croît dans les lieux cultivés, et la morelle douce-amère, commune dans les haies, les bords des bois. Cette plante se fait remarquer par ses tiges ligneuses, grêles et sarmenteuses ; ses feuilles sont d'une saveur douce d'abord, puis amère. Ces deux plantes ont des propriétés narcotiques calmantes. C'est surtout la morelle noire qui est usitée en médecine des animaux ; on en fait des cataplasmes pour combattre les douleurs. Sa décoction est employée pour des lavements et des bains.

MORILLE. Variété de champignon très recherchée des gourmets pour son fumet et son goût. On mange les morilles fraîches, ou on les fait sécher pour les conserver et en avoir en toute saison. C'est surtout au printemps qu'on ramasse les morilles, dans les lieux ombragés et dans les bois.

MORS. Partie de la bride qui opère son action sur la bouche du cheval, pour le gouverner. Le mors comprend les branches, le canon et la gourmette. Ses formes sont variées suivant les habitudes des lieux et la finesse de la bouche des animaux.

MORSURE. Blessure ou contusion faite par la dent des animaux. Les carnivores font des morsures souvent graves; elles sont toujours dangereuses et exigent les prompts secours des sciences médicales dans les cas de rage. La morsure de la vipère demande aussi des soins empressés et bien entendus.

MORT. Cessation des fonctions vitales d'un corps organisé. La vie, dans les végétaux comme dans les animaux, cesse lorsque l'action des organes qui l'entretiennent est interrompue, soit naturellement, soit accidentellement; les maladies qui troublent les fonctions d'un ou plusieurs organes essentiels à l'entretien de la vie causent la mort, si on n'y porte remède, ou s'il est impossible d'arrêter leur marche plus ou moins rapide. — V. *Maladie.*

Après la mort, les corps organisés se décomposent; ils rendent au sol et à l'atmosphère les éléments qu'ils lui avaient empruntés pour vivre. Ainsi l'univers reste le même dans sa composition comme dans la quantité des éléments qui le constituent. Les corps organisés ne font que lui prendre, pour un temps limité, ceux dont ils ont besoin pour se développer, vivre et se reproduire; ils les restituent à leur mort. Ceux qui survivent les empruntent encore, pour les rendre ensuite de la même manière. Telle est la loi universelle et immuable qui gouverne impitoyablement tout ce qui vit.

MORVE. Maladie qui attaque le cheval, l'âne et le mulet. On nomme communément morve, dans le genre cheval, toute maladie qui a les caractères suivants : jetage variant en couleur et en densité par un ou deux naseaux, ulcération de la membrane muqueuse nasale, engorgement des ganglions lymphatiques de l'auge. Ainsi donc tout cheval glandé, ulcéré dans l'intérieur du nez, et qui rend par cette ouverture des matières purulentes, est dit morveux. Ces symptômes sont quelquefois accompagnés de toux, de sécheresse de la peau et du poil, de maigreur, de transpirations causées par le plus léger travail. Dans d'autres cas, les animaux dits morveux ont les signes apparents de la santé la plus florissante.

Les causes qui peuvent provoquer les symptômes de la maladie qu'on a si improprement appelée morve jusqu'ici diffèrent autant par les lésions qu'elles occasionnent dans les animaux, que par la nature même de ces lésions. Ainsi, tantôt elles occasionnent la contagion, que nul ne saurait contester, et c'est surtout cette circonstance qui a donné lieu à l'article 8 de la loi de 1838 sur la matière; tantôt elles provoquent des altérations qui n'ont aucun caractère contagieux. Les blessures sur la tête, les maladies de poitrine, les fourrages avariés, les eaux malsaines, les travaux exagérés, les arrêts de transpiration, les inflammations des voies aériennes, etc., toutes ces causes peuvent avoir pour résultat les symptômes qui, aux yeux du vulgaire, et même de la grande majorité des hommes spéciaux, constituent la morve.

Cependant, si on veut examiner la question de près, si on veut suivre la marche de la morve, étudier avec attention les lésions cadavériques des animaux, on reste convaincu que les symptômes de cette maladie, trop superficiellement observés, sont la conséquence d'altérations tout-à-fait distinctes, qui n'ont absolument, au fond, rien de commun entre elles. De là des discussions sans fin; de là des morves contagieuses et non contagieuses, curables et incurables, transmissibles et non transmissibles à l'homme.

Au milieu des discussions oiseuses, plus ou moins vives et savantes, dont le pays est témoin depuis un temps immémorial, je ne vois pas aujourd'hui de solution plus heureuse qu'il n'y en avait il y a cent ans. La contagion et la non-contagion, la curabilité et l'incurablité, en sont au même état. Je me trompe, cet état est peut-être même un peu plus embrouillé que jamais. Pour mon compte, je reste convaincu, depuis trente ans, que, sous le nom ridicule et vague de morve, on confond des maladies distinctes; que ces maladies sont occasionnées par des causes différentes; que leurs symptômes sont mal étudiés, encore inconnus, quoiqu'ils ne se ressemblent pas; qu'on s'est laissé tromper par des symptômes superficiels, mal appréciés; d'où il résulte : 1° que les morves contagieuses n'ont rien de commun avec les morves non contagieuses; 2° que celles qui font périr les animaux en quatre ou cinq jours diffèrent totalement de celles qui ne les font pas mourir; 3° que les morves guéries par le plus léger traitement, ou qui guérissent seules, sans remèdes, sont d'une autre nature que les morves incurables et qui résistent à tous les traitements; 4° enfin que l'erreur est la seule cause des contestations séculaires qui se renouvellent sans cesse, et qui continueront jusqu'à ce que, mieux éclairée par la véritable science de la pathologie, chaque maladie confondue aura reçu le nom particulier qui la fera distinguer et classer à son rang nosologique.

En attendant, tout cheval qui offre les caractères des diverses maladies connues sous le nom de morve est considéré comme atteint d'un vice rédhibitoire, et par conséquent dans le cas prévu par la loi de mai 1838.

Quelques auteurs ont prétendu qu'il n'y avait pas de chevaux morveux en Afrique. C'est une erreur. J'en ai observé dans ce pays comme en France, et il est bien probable que partout où il y a des chevaux il doit y avoir des maladies qui occasionnent les symptômes que je viens d'indiquer.

MOTEUR. (*Locomotive.*) Agent dont l'action provoque le mouvement et l'entretient. Les animaux de travail sont des moteurs, de véritables locomotives animées, soumises aux mêmes lois de dynamique et de statique que toutes les locomotives possibles. Dans les uns comme dans les autres, dans les locomotives inertes comme dans celles qui sont animées, c'est toujours une question de leviers, de puissances et de résistances à vaincre, et celles qui sont dans les meilleures conditions de force et de puissance doivent toujours être préférées, parceque avec la même quantité de dépenses pour les faire mouvoir, on a des résultantes plus avantageuses.

Partant de ce principe de mécanique incontestable, on conçoit toute l'importance qu'a le choix des animaux de travail au point de vue de leur conformation. C'est elle en effet qui accuse les bonnes ou mauvaises qualités de leur structure comme moteurs. — V. *Cheval*, *Conformation*, *Machine*, *Mécanique*.

MOTILITÉ. Faculté de se mouvoir. — V. *Locomotion*, *Mouvement*, *Muscle*.

MOTTE. Terre agglomérée à la suite des labours. C'est surtout dans les sols argileux que les mottes se forment ; on les brise à la main, avec le hoyau, avec la herse ou le rouleau. Les gelées de l'hiver sont les meilleurs brise-mottes, lorsqu'on a la précaution de faire des labours d'automne.

On plante quelquefois des arbres et autres végétaux en mottes, c'est-à-dire qu'on leur conserve la terre qui garnit leurs racines. On favorise par ce moyen la reprise de ces racines.

On modifie les sols argileux, qui sont les plus disposés à se prendre en mottes, par des amendements, des marnages, etc. — V. ***Argileux, Marnage.***

MOUCHE. Insecte diptère qui comprend plusieurs espèces plus ou moins importunes et nuisibles à l'agriculture. L'espèce la plus commune est celle qui ne quitte pas nos maisons, dans les villes comme dans les campagnes. On cherche vainement à se débarrasser de ces insectes importuns; ils se multiplient de manière à être toujours en quantités innombrables, surtout dans le midi. On se soustrait à leurs importunités en tenant les appartements fermés à la lumière. Les mouches évitent toujours les lieux obscurs, pour être au soleil.

Les mouches de la viande sont aussi très importunes. On doit avoir la précaution de tenir les provisions à l'abri de leurs approches. Quand elles peuvent, elles y déposent leurs œufs, qui bientôt éclosent et forment des vers (larves). Ce sont aussi des œufs de mouches qui forment les vers des cerises, des olives, des fromages, etc., pendant les grandes chaleurs de l'été.

Les mouches tracassent beaucoup les animaux. On doit les en préserver dans les étables en disposant les ouvertures de manière à y laisser pénétrer peu de lumière. — V. *Astre, Taon.*

MOUCHETÉ, ÉE. Nom donné à certaines robes grises des animaux qui ont de petites taches d'une nuance différente de celle du fond de la robe.

MOUFLON. Mammifère de l'ordre des ruminants. D'après les naturalistes, le mouflon, qui vit à l'état sauvage sur les montagnes de la Corse et dans d'autres pays du globe, est le type du mouton. Sous ce rapport, il doit être considéré comme un des animaux sauvages dont l'agriculture et la société entière a retiré le plus d'avantages. Le mouflon a un poil grossier, court, sec et rude. Il a fallu sans doute bien du temps et du travail pour en avoir obtenu les laines fines comme celle du mérinos. — V. ***Mérinos, Mouton.***

MOULIN. Appareil mécanique plus ou moins compliqué destiné à moudre les grains ou autres produits exploités par l'industrie. On distingue plusieurs espèces de moulins suivant l'usage auquel ils sont destinés : ainsi on reconnaît les moulins à grains, à huile, à fruits, etc.

Plusieurs espèces de moteurs sont employés pour les moulins; mais, de tous, l'eau est le plus répandu, et est aussi le plus simple et le plus économique. L'emploi de la vapeur, celui des animaux, sont plus ou moins dispendieux, et on n'y a recours que lorsqu'il est impossible d'en avoir d'autres. Les moulins à vent sont très communs, on peut les établir partout; mais, d'une part, ils ont l'inconvénient de ne marcher que lorsque l'air est agité; de l'autre, leur marche est loin d'être toujours uniforme et régulière, ce qui n'est pas une condition favorable à une bonne mouture.

M. Bouchon, ancien capitaine d'artillerie, a fait confectionner à La Ferté-sous-Jouarre, où il exploite des carrières de pierres meulières pour faire des meules, un petit moulin à bras qui pourrait offrir de grands avantages, surtout lorsque le blé est à des prix élevés. Ces petits moulins, que j'ai vus fonctionner, exigent peu de force pour moudre : un homme seul peut les faire marcher. Un habitant de La Ferté, M. Mercier, maître menuisier, se sert d'un de ces moulins; qu'il fait tourner avec un chien de moyenne taille. Voici ce que me disait dernièrement M. Bouchon, à ce sujet : « M. Mercier fait tourner son petit moulin par » un chien de moyenne taille, placé dans un tambour. La meule » tournante fait 500 tours par minute, et le produit est de 17 » kilogr. de blé moulu par heure, avec une extraction de 80 » kilogr. de farine sur 100 kilogr. de blé. Le moulin marche » dans ces conditions depuis plus de sept mois. Le chien peut » travailler pendant une heure ou une heure et demie, et en quatre reprises par jour. »

Du reste, ce petit moulin peut être mis en mouvement au moyen d'un manége, ou par le tambour d'une machine à vapeur, etc. Dans nos fermes, il y aurait peut-être avantage à se servir de ce moulin pour moudre les grains ou les concasser pour les animaux, au lieu d'avoir recours aux meuniers, dont l'emploi coûte cher, surtout lorsque les blés sont au prix où nous les voyons en ce moment. — V. *Meule*.

MOURON. Sous le nom de mouron on confond plusieurs plantes appartenant à des familles diverses. Celui qui est connu par les botanistes sous le nom d'anagallis appartient à la famille des primulacées. Le mouron des petits oiseaux (alsine) appartient à la famille des composées.

MOUSSES. Plantes qui croissent dans les lieux humides. Les mousses comprennent une infinité de variétés qui poussent en abondance sur les sols ombragés des bois, sur les pierres, les toits en chaumes, etc. L'agriculture pourrait tirer un parti avantageux des mousses en en faisant litière aux animaux; elles augmenteraient ainsi la masse des engrais. Ce serait le meilleur emploi qu'on pourrait en faire dans nos campagnes.

MOUTARDE. Genre de plantes de la famille des crucifères. Les moutardes comprennent plusieurs espèces; deux d'entre elles, la moutarde blanche et la moutarde noire, sont cultivées pour les besoins de l'économie domestique et de la médecine. La médecine des animaux fait surtout usage de la farine de moutarde noire pour opérer des révulsions dans le traitement de diverses maladies, notamment des affections de poitrine. — V. *Sinapisme*.

MOUTON. Le mouton appartient à l'ordre des ruminants. Il est une des conquêtes les plus utiles que l'homme ait faites sur le règne animal en faveur de l'agriculture et de l'industrie. Descendant, suivant l'opinion admise, du mouflon, qui est son type sauvage, il a été modifié de manière à donner, par son élevage, le double bénéfice que procurent sa laine, d'une part, et sa chair, de l'autre. La laine du mouton est une véritable récolte faite chaque année; c'est surtout pour elle que, sur plusieurs points du globe encore peu habités, on élève d'immenses troupeaux. D'après les statistiques officielles, nous avons en France 32,000,000 de têtes de moutons, qui ne fournissent ni assez de laine ni assez de viande pour notre consommation. Malgré les progrès que nous avons faits, depuis la fin du siècle passé, dans la multiplication et le perfectionnement du mouton, la quantité de laine fournie par nos espèces est insuffisante pour alimenter notre industrie, et nous sommes obligés d'en importer de l'étranger pour plusieurs millions chaque année.

De toutes nos espèces domestiques celle du mouton est la plus avancée, au point de vue de son perfectionnement ; nous avons aujourd'hui, en France, des types aussi beaux que les nations les plus favorisées sous ce rapport. Grâce aux travaux de Daubenton et de Gilbert, nos espèces mérinos répondent parfaitement aux besoins, et l'industrie privée a créé à La Charmoise, à Mauchamp et à Naz, des types de races particulières qui sont des témoignages du progrès dans lequel nous sommes entrés aujourd'hui pour le perfectionnement de ce ruminant. Des puissances étrangères viennent nous acheter des reproducteurs, pour améliorer leurs races, aux ventes de béliers de nos bergeries nationales ; malheureusement il n'en est pas de même encore, tant s'en faut, des autres espèces de nos animaux domestiques.

Malgré nos beaux types de races créés dans notre espèce ovine, il nous reste encore bien des progrès à faire pour sa multiplication, comme pour la vulgarisation des méthodes de perfectionnement. L'Angleterre, par exemple, que nous citons toujours en agriculture, surtout quand il s'agit de production animale, élève, sur 23,499,600 hectares de terre en culture, 57,000,000 de moutons, tandis que nous n'en avons que 32,000,000 sur 42,815,014 hectares cultivés. On peut donc voir dans quel degré d'infériorité relative nous sommes, en France, sous ce rapport, vis-à-vis de nos voisins d'outre-Manche.

Le mouton est d'un tempérament lymphatique ; il craint beaucoup l'humidité, qui lui occasionne la cachexie ; il est aussi sujet à une maladie qui lui est particulière, qu'on nomme clavelée. Une nourriture trop substantielle lui cause le sang de rate ; si elle est insuffisante, il en résulte des maladies de peau et des dispositions à la pourriture, à la gale. Son régime demande donc à être étudié avec soin pour être bien conduit. Comme à tous les ruminants, l'usage prolongé d'une nourriture sèche convient peu à son organisation ; il faudra donc qu'elle soit composée de fourrages secs et de racines fourragères pendant la saison de l'hiver.

Outre sa laine et sa chair, l'espèce ovine fournit sa peau, son suif, qui est de très bonne qualité, et son lait, dont on fait, dans certains pays, des fromages exquis. — V. *Bélier, Brebis, Charmoise, Mauchamp, Mérinos, Naz.*

MOUTURE. Opération qui consiste à réduire les grains en farine à l'aide de moulins. Suivant ses bonnes ou mauvaises conditions, la mouture a une grande influence sur le rendement des grains en farine et sur les quantités de cette dernière, comme sur celles du pain. Le perfectionnement des moulins est donc de la plus haute importance dans l'économie domestique pour la fabrication du pain. — V. *Meule*, *Moulin*.

MOUVEMENT. Changement de situation d'un corps, soit dans ses parties, soit par rapport aux corps qui l'environnent. Ainsi, un animal peut exécuter des mouvements sans changer de place, par les contractions musculaires d'une ou de plusieurs régions de son corps, comme il peut se transporter d'un point à un autre. Dans ce cas, il exécute la fonction de locomotion.

La faculté de se mouvoir, de se transporter volontairement d'un point à un autre, est un des caractères qui établissent de la manière la plus tranchée la différence qui existe entre le règne animal et le régne végétal. Aussi, les animaux seuls sont-ils pourvus des organes par lesquels ils exécutent des mouvements. (V. *Corps.*) On distingue en physiologie deux ordres de mouvements exécutés par le système musculaire des animaux. L'un de ces ordres comprend tous les muscles soumis à l'empire de la volonté: tels sont les muscles de la locomotion, ceux de la mastication, tous les muscles de la vie de relation; l'autre ordre de muscles a une action indépendante de la volonté : tels sont le cœur, le système musculaire qui compose le tube intestinal, l'iris. Cet ordre de muscles prend le nom de muscles de la vie végétative.

On reconnaît une troisième espèce de mouvement mixte, qui agit tantôt sous l'empire de la volonté, tantôt sans son concours : tels sont les mouvements opérés par les muscles respirateurs. Ces mouvements ont lieu pendant le sommeil, et par conséquent sans la participation de la volonté des animaux. Pendant la veille, nous pouvons à volonté modifier les mouvements respiratoires. — V. *Locomotion*, *Muscles*, *Péristaltique*, *Respiration*.

MOYETTE. Petite meule faite temporairement dans les champs avec des javelles ou des gerbes, ou dans les près avec le foin, pour les préserver temporairement de la rosée ou de la pluie. V. *Meule.*

MUCILAGE. Principe gommeux qui existe en grande quantité dans certains végétaux, tels que les malvacées, la graine de lin. Le mucilage a la propriété de rendre l'eau gluante, visqueuse, ce qui en fait une substance précieuse comme remède émollient et adoucissant contre les maladies diverses des animaux. On emploie les mucilagineux en cataplasmes, en boissons, en lotions, en bains, en lavements. On en fait un fréquent usage en médecine vétérinaire. — V. *Bain*, *Cataplasme*, *Émollient*, *Fomentation*, *Lotion.*

MUCILAGINEUX. Nom donné aux corps qui contiennent du mucilage. — V. *Mucilage.*

MUCUS. Liquide plus ou moins consistant et visqueux sécrété par les membranes muqueuses des animaux, pour entretenir leur humidité, leur souplesse, et pour faciliter le glissement des corps qui passent par les conduits qu'elles forment. Le mucus est surtout sécrété en grande quantité par la muqueuse du tube intestinal, afin de faciliter la marche des substances alimentaires et l'expulsion de leurs résidus.

MUE. On donne le nom de mue à la chute annuelle des poils chez les mammifères et des plumes chez les oiseaux. La mue, dans les oiseaux surtout, est une indisposition souvent assez grave. Pendant qu'elle s'opère, les oiseaux sont tristes, et ceux qui sont chanteurs sont muets. Cette conséquence de dépilation naturelle est moins caractérisée chez les mammifères. Ils ne paraissent pas en être trop indisposés. — V. *Poil.*

MUFLIER. Genre de plantes de la famille des scrophulariées. Les mufliers sont cultivés comme plantes d'ornement, sous le nom de mufle-de-veau, gueule-de-loup. Ils sont très rustiques et très vivaces; ils croissent partout, même dans les crevasses des vieux murs, et avec assez de vigueur.

MUGUET. Genre de plantes de la famille des aspéraginées. Le muguet donne dans les bois, au printemps, une fleur blanche en grappes et en forme de grelots, d'une odeur suave très agréable et recherchée. Cette petite fleur est une des plus belles et des plus estimées de nos bois.

On nomme aussi muguet une maladie aphtheuse de la bouche, qui se déclare surtout dans les jeunes agneaux et les veaux. On y remédie par des injections émollientes au début de cette affection, et par des injections astringentes quand les premières ne suffisent pas.

MULASSE. En terme vulgaire, le mot *mulasse* signifie production du mulet. Les pays qui se livrent à la mulasse en France sont : le Poitou, l'Auvergne, le Limousin, les Pyrénées, etc. Cette industrie est adoptée par l'agriculture et se répand facilement, parcequ'elle a un débouché toujours assuré, quelle que soit l'âge du sujet à vendre, soit pour la France, soit pour l'étranger.

MULASSIÈRE (*Jument*). On donne le nom de mulassières aux juments qui sont réservées à la production du mulet. La France possède dans le Poitou des mulassières qui, avec les baudets du même pays, font les plus beaux mulets connus. Sous ce rapport, la France n'a pas de rivale sur le globe. Ces mulets sont achetés par plusieurs états d'Europe, et notamment par l'Espagne, qui en fait un usage très répandu.

Plusieurs pays de France livrent les juments à la mulasse, au lieu de faire des chevaux : telles sont les montagnes de l'Auvergne, du Limousin, des Pyrénées, des Alpes, etc. Presque partout le baudet étalon cherche à remplacer le cheval léger surtout, dont l'élevage est presque devenu onéreux, au lieu d'être lucratif dans les conditions actuelles de sa production. — V. *Cheval*, *Courses*, *Croisement*, *Etalon*, *Hybridation*, *Perfectionnement*.

MULE. La mule, quoique moins robuste, moins forte, plus délicate que le mulet, lui est cependant préférée. Elle est plus docile, moins dangereuse à conduire, et ses allures sont généralement plus gracieuses et plus rapides. On voit des attelages de mules très estimés en Espagne. On fait aussi volontiers des montures avec des mules, ce qui est beaucoup plus rare avec les mulets. Aussi, dans les marchés, le prix relatif des mules est-il toujours plus élevé que celui des mulets. En Afrique, la mule est très estimée comme monture. Aux environs d'Alger, on voit de riches Maures montés sur leurs belles mules pour aller à leurs campagnes. Les vieillards surtout les préfèrent aux chevaux, sans doute à cause de leur docilité et de la douceur de leurs allures, d'ailleurs très rapides.

MULET. (*Hybride.*) Comme la mule, le mulet est un produit de la jument avec le baudet. Ces animaux ont du reste, l'un et l'autre, des qualités qui les font toujours rechercher par le commerce, partout où ils sont produits. Le mulet est sobre, fort, d'une santé robuste, d'une grande solidité dans les sentiers pierreux, dans les chemins difficiles et souvent dangereux des montagnes escarpées; il a toujours le pied très sûr, ce qui en fait une bête de somme précieuse dans toute les parties du globe. Sa vue est excellente; elle n'est pas sujette, comme dans le cheval, aux fluxions qui en causent souvent la perte. — V. *Fluxion.*

Le mulet sert aussi aux travaux d'agriculture, surtout dans les pays chauds; craignant infiniment moins la chaleur que le cheval et le bœuf au travail, il est plus résistant aux fatigues, plus expéditif dans les travaux agricoles.

Le mulet entier est souvent dangereux. Quoiqu'il ne soit pas fécond, il recherche avec ardeur les femelles. Il importe donc de le castrer pour le réduire et le rendre plus docile.

Le roulage du midi emploie beaucoup de mulets. Les plus forts servent de limoniers; on en voit qui sont d'une taille énorme et d'une force prodigieuse. Ils sont généralement produits par le Poitou. — V. *Hybridation*, *Hybride*, *Métis.*

MULOT. Nom donné à un rat qui habite les champs et les bois. Le mulot se nourrit de grains, de glands et de faines, dont il fait des magasins dans des trous. Il est très répandu dans certains pays, et y cause des dégâts aux récoltes. On tend des pièges divers pour prendre les mulots. J'ai vu en Alsace pratiquer de petits fossés étroits et profonds autour des champs, de distance en distance; on plaçait au fond de ces fossés des pots étroits et profonds qui formaient de petits puits. En circulant dans les fossés, les mulots tombaient dans ces pots et n'en pouvaient plus sortir. On en prenait ainsi tous les jours de grandes quantités.

MULSION. V. *Traire*, *Traite.*

MULTIPLICATION. Augmentation de produits végétaux ou animaux. La multiplication des animaux est une des questions qui intéressent le plus aujourd'hui l'agriculture comme les populations urbaines. Nous n'avons ni assez de viande, ni assez de laines, ni assez de cuirs, ni assez de chevaux, pour notre consommation. Nous sommes donc obligés d'en importer, de payer un tribut énorme à l'étranger pour nous procurer ce qui nous manque. La multiplication des animaux est aussi simple que facile; on n'a qu'à multiplier les fourrages : tout est là. Les fourrages sont la cause productrice du bétail, qui n'en est que l'effet. Si Buffon a dit qu'à côté d'un pain il naît un homme, ce qui est une vérité incontestable, nous pouvons dire qu'à côté d'une botte de fourrage, il naît un animal. La multiplication du fourrage en effet a pour conséquence rigoureuse celle de la production animale. Un bon système général d'irrigation en France pourrait augmenter notre production fourragère en très peu d'années, car les effets des irrigations sont immédiats. Nous augmenterions, par conséquent, nos produits animaux en proportion de notre production fourragère. Quand donc notre pays sera, comme la Lombardie, doté du bienfait des irrigations, qu'il attend toujours depuis des siècles ! — V. *Animaux*, *Bétail*, *Fourrage*, *Irrigation*, *Production*.

MUQUEUX, EUSE. Membrane muqueuse. — V. *Membrane*, *Mucus*.

MURAILLE (*du sabot*). V. *Pied*.

MURIER. Genre de la famille des urticées. Le genre mûrier comprend plusieurs espèces, dont les plus remarquables sont les deux arbres connus sous les noms de mûrier noir et de mûrier blanc. Le mûrier noir est, dit-on, originaire de la Perse, d'où il aurait été importé dans divers pays d'Orient avant d'arriver en Europe. Ce mûrier fournit un fruit noir d'un goût assez agréable; on en fait un sirop connu sous le nom de sirop de mûres; on l'emploie pour faire une boisson rafraîchissante. On l'utilise aussi, en médecine humaine, comme adoucissant et légèrement astringent, contre les inflammations de la muqueuse de la bouche.

La feuille du mûrier noir a servi, comme celle du mûrier blanc, à nourrir des vers à soie; mais, ce dernier étant reconnu de beaucoup préférable pour cet usage, c'est lui surtout qui a été adopté pour la production de la soie.

Le mûrier blanc, source de tant de richesses aujourd'hui chez tous les peuples civilisés, et surtout en Europe, est originaire de la Chine. Vingt-cinq siècles, dit-on, avant notre ère, une impératrice du nom de Souit-Ssen, femme de l'empereur Hoang-Ti, découvrit la soie, et inventa l'art de la dévider et de la tisser. C'est donc de la Chine que le mûrier blanc a rayonné en Orient d'abord, et puis sur tous les points de la terre où il est cultivé aujourd'hui. L'époque de son importation en Europe n'est pas absolument connue; suivant quelques historiens elle aurait eu lieu même après l'introduction du ver à soie, que des moines auraient apporté à Constantinople vers le commencement du VIe siècle de l'ère chrétienne. Ce vers alors aurait été long-temps nourri avec de la feuille du mûrier noir, qui était commun en Grèce surtout. Les Grecs conservèrent long-temps le monopole du commerce de la soie en Europe. Ce commerce passa ensuite en Italie, notamment en Sicile. Enfin, vers la fin du XIIIe siècle, Avignon fut, dit-on, la première ville qui fabriqua des soieries, et elle dut ce privilége à la résidence des papes. Lyon, Tours, suivirent cet exemple dans le courant du XIVe siècle; mais on assure que les fabriques de ces villes tiraient leurs soies de l'Italie. Ce ne fut qu'à la fin du XVe siècle, vers 1495, que le mûrier blanc fut importé en France.

Comme toute innovation, l'adoption du mûrier, qui devait être une source de richesses, eut des répugnances à vaincre, des obstacles à surmonter. Sa propagation était difficile, malgré les efforts du gouvernement pour en favoriser la multiplication. Sous les règnes de Charles VII, de Louis XII et de François Ier, la culture du mûrier reçut des encouragements. Henri II ordonna de grandes plantations de cet arbre précieux. Charles IX et Henri III suivirent cet exemple; mais c'est surtout sous le règne de Henri IV que la culture du mûrier commença à prendre un développement considérable. Olivier de Serres fut l'un des agriculteurs de l'époque qui contribuèrent le plus à faire comprendre aux cultivateurs tous les avantages offerts par le mûrier à leurs exploitations. Vers 1600, vingt mille pieds de mûriers furent reçus à Paris pour être plantés dans les jardins des Tuileries ou dans d'autres lieux convenables.

Cependant la multiplication du mûrier ne marchait pas encore de manière à satisfaire les besoins de notre commerce et de notre industrie. Lorsque Colbert arriva au pouvoir, il s'occupa activement de cette question, et, pour agir avec plus d'énergie, les agriculteurs furent forcés, par ordre, de planter des mûriers. Ce procédé ne fut pas heureux, et l'on songea à un système de primes, qui eut un plein succès. On accorda une prime d'un franc vingt centimes pour chaque mûrier existant trois ans après sa plantation. Dès cette époque, l'indifférence des agriculteurs pour le mûrier fut vaincue, et la culture de cet arbre s'accrut dans de grandes proportions.

Cependant nous sommes encore loin de produire en France toute la soie nécessaire à notre consommation. Nous en importons de l'étranger chaque année pour près de cent millions environ; mais il est probable que l'Afrique française, si favorable non seulement à la culture du mûrier, mais à l'élevage du ver à soie, contribuera à nous affranchir de cet impôt. Nous pourrions en effet non seulement nous suffire à nous-mêmes pour la quantité de soie nécessaire à nos usages, mais nous en vendrions aux autres contrées de l'Europe, si nous savions profiter de tous les avantages que nous avons pour la culture du mûrier ou d'autres végétaux propres à élever des vers à soie. — V. *Ricin*, *Soie*, *Ver*.

MUSARAIGNE. Petit mammifère de l'ordre des carnassiers et de la famille des insectivores. Les musaraignes ressemblent beaucoup aux souris par leur taille et leur conformation; mais leur système dentaire et leurs mœurs sont différents, et leur museau est beaucoup plus allongé. Elles se nourrissent d'insectes, et sont ainsi utiles à l'agriculture, au lieu de lui être nuisibles. On devrait faciliter la propagation des musaraignes, au lieu de les détruire.

MUSC. Matière animale produite par un chevrotin qui vit dans les montagnes de la Chine et du Thibet. Cette substance est sécrétée dans une poche qui se trouve formée, dans le mâle seulement, par la peau de l'animal, entre l'ombilic et les parties génitales.

Le musc est employé en médecine humaine comme antispasmodique. Son odeur très caractéristique le fait utiliser aussi comme parfum, et donne lieu, sous ce rapport, à une branche de commerce assez étendue.

MUSCADIER. Genre de la famille des myristicées, qui comprend plusieurs variétés de végétaux originaires des pays chauds. Le muscadier aromatique, qui produit la muscade (noix muscade), est l'arbre le plus intéressant de la famille à laquelle il appartient. Cet arbre, originaire des îles Moluques, a été introduit aux îles de France et de la Réunion, à Cayenne, à la Martinique et dans d'autres colonies européennes. La muscade donne lieu à un commerce étendu. Ses propriétés toniques et stimulantes la font employer en médecine humaine dans des cas d'atonie de l'estomac et de tous les organes digestifs.

Tout le monde connaît les usages de la muscade dans l'art culinaire : elle est employée comme aromate pour stimuler l'appétit et donner aux aliments une saveur agréable.

MUSCARDINE. Maladie qui attaque les vers à soie. La muscardine est l'affection la plus redoutable qui puisse se déclarer dans les vers à soie. Des éducations entières de ces précieux insectes sont non seulement décimées, mais souvent complétement anéanties par elle. Chaque année cette affection cause des pertes énormes dans les pays qui se livrent à la sériciculture. Il serait donc de la plus haute importance de découvrir les moyens d'en prévenir les ravages.

La nature de la muscardine a été long-temps inconnue, mais des travaux récents de M. Guérin-Méneville, qui a étudié cette affection avec M. Eugène Robert de Sainte-Tulle, ont beaucoup contribué à élucider ce point obscur de pathologie comparée.

Suivant M. Guérin-Méneville, qui a publié sur ce sujet un travail du plus haut intérêt dans les *Annales de la Société séricicole de Paris*, la muscardine est la conséquence de la présence d'un cryptogame qui se développe dans les tissus des vers à soie. Ce cryptogame se forme peu à peu, pousse ses racines dans le corps de l'insecte, sans que l'éducateur le plus exercé puisse s'apercevoir de l'effet désastreux qu'il produit. Le ver malade conserve son apparence de santé ordinaire, et il meurt tout à coup, sans avoir donné le moindre symptôme de la maladie qui l'a frappé de mort.

Les caractères survenus sur le cadavre du ver, et observés avec soin par MM. Guérin-Méneville et Eugène Robert, sont d'abord le ramollissement du corps de l'insecte après sa mort; mais bientôt les liquides qu'il contient sont absorbés par le cryptogame, qui croît avec une grande rapidité, et le ver alors durcit, son corps prend une couleur rosée, et, au bout de douze à quinze heures, le végétal parasite a acquis tout son développement, ses racines ont envahi tous les tissus du corps du ver à soie.

De vingt-quatre à quarante-huit heures après cette première période du développement du cryptogame, on voit le végétal se faire jour au dehors du cadavre dans lequel il a pris naissance; il sort d'abord par les ouvertures naturelles sous forme de petites houppes blanches, et ensuite on le voit croître sur toute la surface de la peau du ver par petits filaments. Dans cet état, dit M. Guérin-Méneville, ce végétal doit être considéré comme à l'état d'*herbe*. Cinquante à soixante heures après commence sa fructification, et de la soixantième à la cent quarantième heure après la mort du ver à soie, le cryptogame a formé les éléments qui doivent le multiplier (ses sporules ou sa graine). Le corps du ver alors ressemble à une grappe, sans trace des végétations qu'on avait observées d'abord sur sa surface.

Dans cet état, le cadavre du ver à soie est blanchâtre; lorsqu'on le touche, les sporules de la muscardine se fixent aux doigts et les blanchissent comme de la craie. Ces taches blanches ne sont que des graines du cryptogame en nombre infini et dont la ténuité est extrême.

MM. Guérin-Méneville et Eugène Robert se sont livrés à des expériences sur les propriétés contagieuses de la muscardine, et ils ont constaté que les sporules qui se sont développées sous forme de poussière blanche sur les cadavres des vers communiquent la maladie aux vers bien portants. Les expériences nombreuses de ces deux habiles praticiens ne laissent aucun doute à cet égard.

La muscardine est donc une maladie contagieuse; il importe maintenant d'étudier les moyens d'empêcher la propagation de ce fléau par contagion, et la recherche de ces moyens devrait être encouragée par le gouvernement. MM. Guérin-Méneville et Eugène Robert ne sauraient manquer de continuer leurs expériences, afin de délivrer notre industrie séricicole d'un des agents les plus hostiles à sa prospérité. — V. *Magnanerie*.

MUSCLE. Les muscles sont les organes actifs de tous les mouvements exécutés par les animaux. C'est en vertu de leur jeu, ordonné et réglé par le système nerveux, que s'opèrent toutes les fonctions des animaux qui exigent des mouvements, telles que la locomotion, la digestion, la respiration, la circulation, etc.

Les muscles sont composés de deux ordres de tissus bien distincts : les uns sont formés de filaments plissés en zigzag, rouges dans les mammifères, d'une ténuité extrême, réunis les uns aux autres par du tissu cellulaire, de manière à former des faisceaux plus ou moins volumineux. Ces fibres prennent le nom de fibres musculaires. Cet ordre de tissus a la propriété de se raccourcir et de s'allonger, ce qui constitue les contractions et les dilatations musculaires.

Les autres tissus, composés de filaments d'une couleur blanche et rénitente offrant une grande résistance à la rupture, ne sont pas extensibles. Ces filaments se nomment fibres tendineuses, et composent les tendons chargés de transmettre les mouvements exécutés par l'extension ou le raccourcissement des muscles.

Les muscles composent la plus grande masse du corps des animaux. Ils entourent les os auxquels ils sont fixés, et garnissent le squelette. Ce sont eux qui donnent les formes arrondies, les contours observés sur les diverses régions du corps des animaux. Ils concourent donc à la disposition de ces formes plus ou moins avantageuses, plus ou moins en harmonie avec les bonnes conditions de conformation des sujets. Ce sont les muscles qui composent la viande; c'est donc surtout pour eux et pour leur fabrication que l'agriculture élève ses animaux de boucherie.

Nous avons dit que les muscles sont les organes actifs de tous les mouvements exécutés dans les animaux. Ils sont donc les agents essentiels de la locomotion. Or, voici comment s'opère cette fonction importante. En s'allongeant et en se raccourcissant alternativement, les muscles fixés aux colonnes brisées représentées par les os des membres, agissent sur ces leviers, les mettent en action, et leur font opérer les mouvements qui ont la locomotion pour résultat. Ici l'action musculairé a la plus grande analogie avec celle des locomotives inanimées. En effet, un muscle qui s'allonge et se raccourcit opère exactement comme le piston d'une machine à vapeur qui entre dans son cylindre et en sort pour exécuter son mouvement de va et vient. Le résultat est le même dans les deux cas. La seule différence qu'il y a (et elle est, du reste, énorme dans les détails de ses conséquences), c'est que, dans la locomotive animée, les moteurs, très nombreux, font exécuter à la machine tous les mouvements possibles dans toutes les directions et avec tous les degrés d'obliquité jugés nécessaires par l'animal, et à sa volonté, tandis qu'il n'en est pas de même, tant s'en faut, dans la machine inanimée; sa puissance est représentée par un ou plusieurs pistons qui agissent dans des directions déterminées à l'avance.

La forme des muscles, comme leur volume, varient à l'infini, suivant leurs usages comme suivant la force nécessaire à leurs fonctions. Ainsi, tandis que les muscles qui servent à la locomotion, tels que ceux des membres, de la croupe, sont forts, pourvus de gros tendons, d'aponévroses puissantes, ceux des paupières sont minces et faibles, ceux qui font mouvoir le globe de l'œil, les oreilles, les cartilages du larynx (organe de la voix), ceux du pharynx (organe de la déglutition), sont plus ou moins amincis, courts, petits, parceque leurs fonctions n'exigent pas d'autres conditions que celles qui les caractérisent dans les lieux qu'ils occupent.

Pour pouvoir être distingués et reconnus, les différents muscles, dont le nombre varie, dans les animaux, de trois à quatre cents environ, ont reçu des anatomistes divers noms. Ainsi, suivant leurs fonctions, les uns sont nommés extenseurs, parcequ'ils provoquent l'extension des organes par leurs contractions, tandis qu'au contraire ceux qui déterminent leur flexion sont appelés fléchisseurs. D'un autre côté, chaque muscle a son nom propre, qui a son origine, soit dans sa forme, soit dans sa fonction spéciale, soit dans son mode d'attache, etc.

Tous les muscles ont la propriété d'exécuter des mouvements, mais la nature de ces mouvements n'est pas la même pour tous ces importants organes. Ainsi, tandis que les uns n'agissent que suivant la volonté des animaux, les autres se contractent indépendamment de cette volonté et malgré elle. Ici la nature a été admirable dans sa prévoyance; elle a voulu que le système musculaire, chargé de présider à toutes les fonctions les plus importantes de la vie physique, telles que la digestion, la circulation, etc., les laissât s'exécuter sans obstacle, pendant le sommeil comme durant la veille, et sans que dans aucun cas il y eût interruption par leur volonté. Cette différence dans le système musculaire a fait établir deux ordres de muscles. Les uns sont appelés muscles *de la vie de relation ou de la vie animale* : tels sont tous les muscles du squelette qui agissent, qui se contractent quand nous le voulons. Les autres sont appelés muscles *de la vie végétative;* ces derniers sont tous placés dans l'intérieur du corps, et sont tout à fait étrangers au squelette par leurs relations : tels sont le cœur et les bandes musculaires enroulées qui forment tout le tube intestinal avec ses différents renflements. A partir du pharynx, les muscles fonctionnent sans repos, sans interruption. Lorsque leur action cesse, la mort en est la conséquence essentielle.

L'iris qui forme la pupille des yeux se contracte aussi et se dilate sans le concours de la volonté; ses mouvements dépendent de l'action de la lumière sur les organes de la vue.—V. *Iris, Pupille.*

On reconnaît un troisième ordre de muscles, les muscles mixtes, qui tantôt sont soumis à l'empire de la volonté, et tantôt agissent indépendamment de son influence : tels sont les muscles dont l'action détermine les mouvements de dilatation et de resserrement de la poitrine en vertu desquels s'opère la respiration. Cette importante fonction, en effet, qui ne saurait être interrompue sans provoquer la mort, s'opère pendant le sommeil comme pendant la veille; elle s'effectue donc indépendamment de la volonté des animaux. — V. *Circulation, Conformation, Digestion, Locomotion, Mouvement, Musculaire, Os, Péristaltique, Respiration, Squelette.*

MUSCULAIRE. Force musculaire, système musculaire. La force musculaire est une des conditions essentielles des animaux de travail; elle dépend du développement des muscles, de la manière dont ces organes sont fixés aux os qui servent de levier pour la locomotion, et de l'action nerveuse qui constitue l'énergie des animaux. La puissance musculaire des individus nerveux, sanguins est toujours relativement plus grande que celle des sujets lymphatiques, dont les allures sont molles et les mouvements flasques et sans énergie; mais, quelle que soit l'énergie des animaux, leur puissance musculaire est toujours subordonnée à la résistance de leur système osseux, qu'elle fait mouvoir. Afin qu'il n'y ait pas de rupture des os dans les contractions musculaires, et c'est là ce qui constitue l'harmonie nécessaire de toutes les pièces du corps des animaux qui n'est qu'une ingénieuse locomotive animée, la quantité de puissance à dépenser est toujours subordonnée à la quantité de résistance à vaincre. Sans cette admirable prévoyance de la nature, la vie eût été à chaque instant troublée par des accidents qui auraient été la conséquence d'un défaut de calcul malheureux. Supposons en effet un levier représenté par un os qui remplit parfaitement ses fonctions avec une force comme quatre, par exemple; si vous lui adaptez une puissance comme huit et une résistance pareille, il sera nécessairement rompu : il fallait donc que sa force fût supérieure à celle de la puissance comme à la quantité de résistance à vaincre pour agir avec succès. Eh bien, c'est ce qui arrive toujours dans l'organisation animale : la force d'un muscle est inférieure à celle de l'os qu'il fait mouvoir. Quand la résistance est trop grande, la fracture n'est pas à craindre, parceque le jeu du levier ne peut s'opérer par suite de l'insuffisance de l'action musculaire. Si on remarque des exceptions à cette règle établie par la nature, elles sont rares, quand les maladies du système osseux ne les favorisent pas.

Le système musculaire comprend tous les ordres de muscles qui font exécuter les divers mouvements qui s'opèrent dans les animaux. — V. *Muscle*.

MUSCULEUX, SE. Organe musculeux, région musculeuse. Le cœur est un organe musculeux, parcequ'il est formé par des fibres musculaires. V. *Cœur*. — Une région du corps est musculeuse lorsqu'elle est pourvue de muscles. Ainsi la croupe, la cuisse, etc., sont musculeuses. — V. *Muscle, Musculaire*.

MUSELIÈRE. Appareil, de formes diverses, fait en cuir, en fer ou en bois, et ajusté au museau des animaux pour les empêcher de mordre ou de manger. On met des muselières aux chiens, aux chevaux qui ont l'habitude de mordre. On met encore des muselières aux veaux lâchés dans les pâturages avec leurs mères, pour les empêcher de les téter. On musèle aussi les chèvres, pour prévenir leurs dégâts lorsque, nourries à l'étable, on les conduit dans la campagne pour leur faire prendre de l'exercice.

MUSÉUM D'HISTOIRE NATURELLE. Avant que la France fût pourvue de l'enseignement professionnel de l'agriculture, les amis de l'art de cultiver la terre allaient écouter les leçons des professeurs qui enseignaient au Jardin des Plantes de Paris la science de la nature, appliquée à l'étude des végétaux et des animaux utiles. Cet établissement était celui qui offrait alors le plus de ressources sous ce rapport; nous lui devons le premier élan des sciences naturelles appliquées à l'exploitation du sol. Le Muséum d'histoire naturelle de Paris est donc l'un de nos établissements nationaux qui ont rendu le plus de services aux progrès de notre agriculture, comme à ceux des arts et à l'industrie; mais comme ces services sont généralement méconnus, ignorés, dans nos campagnes surtout, je crois remplir un devoir de gratitude en rappelant ici tout ce que nous devons à l'enseignement de ce sanctuaire des sciences naturelles spéculatives et appliquées.

Le Muséum d'histoire naturelle de Paris, qui, dans son genre, n'a pas d'égal sur le globe, est le plus beau monument que le génie de l'homme puisse élever à la gloire de son Créateur. Non seulement on y voit réunis les différents corps qui composent les trois règnes de la nature, classés avec une admirable méthode, mais on y enseigne leur histoire. On y apprend à les connaître, à apprécier les conditions respectives de leurs propriétés dans ce qu'elles ont d'applicable à nos usages divers. Quand on examine avec quelque attention les richesses minérales, végétales ou animales que renferme notre Jardin des Plantes, on ne sait ce qu'on doit le plus admirer, du patriotisme éclairé ou de la vaste érudition des hommes qui ont contribué à sa création. On voit là toutes les merveilles de la nature terrestre résumées dans un espace de quelques mètres carrés. Le Muséum est, pour me servir de l'expression originale d'Étienne Geoffroy Saint-Hilaire, une *miniature* de notre planète.

Suivant les recherches faites par M. A. P. Cap, qui a publié un ouvrage très remarquable sur ce sujet, l'idée première de la fondation du Muséum d'histoire naturelle appartient à Pierre Belon, docteur en médecine et naturaliste voyageur du seizième siècle. Le livre dans lequel ce savant signala les avantages de cette création fut publié en 1558, sous le titre de *Remontrances sur le défaut de labour et culture des plantes*. L'auteur de cet ouvrage avait parfaitement compris le but qu'il se proposait; ce but, du reste, était trop bien indiqué par sa nature même pour ne pas être atteint un jour. Cependant Belon ne s'abusait pas sur les difficultés de l'application des idées, même les plus fécondes en résultats pratiques. Il dit, en effet, en commençant son œuvre, qui peut être considérée comme un excellent résumé de la science de l'agriculture et de l'acclimatation des végétaux, non seulement à l'époque où il fut publié, mais encore aujourd'hui, « *qu'il ne se fault pas excuser sur la longueur du temps pour entreprendre choses séantes à l'augmentation du bien public* ».

Toute l'étendue de la conception de Belon ne fut pas d'abord comprise dans ce qu'elle avait de fécond pour la prospérité de notre pays. Dans sa pensée, nettement formulée, il voulait joindre à la fondation d'un jardin de botanique médicale, l'enseignement de l'art de multiplier et de perfectionner la production générale du sol, afin d'augmenter nos subsistances et de développer les conditions de notre bien-être. En s'occupant de l'homme dans ses maladies, il ne négligeait pas de songer à lui dans son état de santé; il indiquait par quels moyens il était possible de le rendre plus heureux, et il trouvait ces moyens dans l'instruction sur l'art d'exploiter le sol. « *Faulte de savoir,* disait-il, *la culture est reprochable*. » Puis il ajoutait : « *La terre se plaît en ses productions,* etc...... » N'était-ce pas là l'indication précise de la théorie des assolements qui doit faire opérer dans l'art de cultiver la terre la révolution salutaire commencée sur quelques points de la France à la fin du siècle passé? N'était-ce pas condamner, par l'énoncé d'un fait incontestable, le principe erroné de la jachère, consacré par l'aveuglement, qui ne permet pas plus de raisonner que d'observer les phénomènes de la nature?

Cependant, si le temps de bien comprendre toute la pensée de Belon n'était pas arrivé à son époque, on sentit, comme on l'avait déjà fait en Allemagne et en Italie, la nécessité de la création d'un jardin de botanique médicale à Paris. Florence, Gênes, Padoue, Pise, Venise, etc., étaient déjà pourvues de ces utiles établissements. Montpellier suivit cet exemple en 1596, et Paris fut autorisé à en faire autant par lettres patentes du roi Louis XIII, en 1626. Des bâtiments et des terrains furent achetés à cet effet; ils sont occupés aujourd'hui par le Jardin des Plantes, qui prit alors le nom de *Jardin royal des plantes médicinales*. Deux cours publics, l'un de botanique médicale et l'autre de chimie, y furent faits dès 1640, époque de l'ouverture solennelle de l'établissement par Guy de la Brosse. Trois ans après, l'anatomie y fut professée, et le *Jardin royal des plantes médicinales* fut pourvu d'un enseignement sur les trois règnes de la nature; c'était le germe de ce vaste établissement, qui devait un jour contribuer à étendre si loin le domaine des connaissances humaines sur les ressources de la création exploitée à notre profit.

Pendant un siècle entier, le Muséum se borna à la modeste mais utile mission d'enseigner la botanique, la chimie et l'anatomie, au point de vue médical. « Considéré comme une sorte d'accessoire de la Faculté de médecine, dit Cuvier, on le supposait seulement destiné aux plantes pharmaceutiques, et même sa dénomination légale était : *Jardin du roi pour les plantes médicinales*. Le cabinet n'était, au fond, qu'un droguier. »

Tel avait été d'abord le but du Muséum, malgré les travaux de plusieurs savants et notamment du célèbre Duverney, qui, pendant cinquante ans de professorat, avait cherché à élargir les bases de son enseignement par ses travaux sur l'anatomie comparée et l'entomologie.

En 1739, Buffon parut comme intendant du Jardin des Plantes, à la place de Dufay, qui, avant de mourir, l'avait désigné comme digne de lui succéder. Buffon ne s'était pas fait connaître jusque alors par des travaux sur l'histoire naturelle, mais il n'avait que trente deux ans. Pour donner à l'idée pratique, comme aux conceptions les plus profondes de la science spéculative, tous les développements théoriques et pratiques qu'elle pouvait exiger, le nouvel intendant du Jardin des Plantes avait son génie, son dévoûment, sa puissante organisation morale et physique, et l'avenir.

Du reste, il n'était pas possible à la nature humaine de réunir dans le même homme des qualités plus heureuses que ce naturaliste immortel en avait pour donner au Muséum d'histoire naturelle l'impulsion que comportait sa destination. L'étude de l'histoire de la nature, en effet, ne pouvait plus se borner à ses applications à l'art de traiter les maladies.

Sous la puissante direction de Buffon, cette étude devait s'étendre à l'examen de toute la création dans ce qu'elle offrait de séduisant pour l'imagination du penseur, d'un côté, et d'utile pour le bien-être physique de l'homme, de l'autre. La tâche était grande, immense, car il s'agissait de lire dans le livre de la nature, qui renferme tous les sujets, et d'y apprendre à lire aux autres. Buffon semblait grandir à mesure que son œuvre grandissait. On sait avec quelle hauteur de vue il a abordé toutes les questions qui se rattachent au système varié de l'univers, surtout en ce qui concerne le bien-être de l'humanité; mais, comme il n'ignorait pas que la vie de l'homme est trop courte pour étudier toutes les ressources mises par le Créateur à la disposition de ses créatures, il chercha immédiatement à s'adjoindre des intelligences capables de le seconder dans l'application de ses vues.

Daubenton, dont les agriculteurs et les industriels ne devraient jamais prononcer le nom qu'avec vénération et reconnaissance, fut le premier naturaliste que Buffon voulut s'adjoindre. Ce jeune savant était médecin; il s'était donc occupé de sciences naturelles; il avait vingt-six ans quand Buffon en avait trente-cinq. Tous deux étaient nés à Montbard, et ils avaient été amis d'enfance. Pour entreprendre l'œuvre gigantesque qu'il avait conçue, l'intendant du Jardin des Plantes savait que, si son génie pouvait embrasser la généralité des faits, il lui fallait des intelligences spéciales pour l'examen scrupuleux des détails, dans lesquels le temps et son ardente imagination ne lui permettaient pas toujours de descendre.

Buffon avait trouvé dans Daubenton un collaborateur digne de lui pour l'étude du règne animal dans ses applications à la multiplication et au perfectionnement de la production agricole; mais il lui manquait une intelligence pour comprendre de la même manière l'étude du règne végétal. Ce grand naturaliste avait dit qu'*à côté d'un pain naissait un homme* : ne fallait-il pas qu'il donnât à cette pensée philanthropique toute l'étendue pratique qu'elle comportait?

Au moment où Bernard de Jussieu posait les bases de sa méthode naturelle des plantes, méthode qui a immortalisé son nom, André Thouin, à peine âgé de dix-sept ans, fut choisi par Buffon pour remplir cette tâche. « Buffon, dit Cuvier, l'avait vu naître et grandir : il avait été témoin de ses progrès. Il pensa que, dirigé par lui, un jeune homme qui montrait de telles dispositions se formerait mieux à ses idées et remplirait mieux ses vues qu'un jardinier venu du dehors et déjà habitué à des routines que l'on aurait peine à vaincre. Ces motifs le décidèrent à confier à cet enfant la place qu'avait occupée son père..... Dès ce moment, André Thouin crut devoir à M. de Buffon l'obéissance et la fidélité d'un fils. Tout son temps, toutes ses forces, furent consacrés à l'exécution des projets conçus par ce grand homme pour le perfectionnnement de l'institution à laquelle il était préposé. »

Je ne dois pas négliger de signaler ici un fait remarquable qui prouve que, sur un même terrain, les opinions des grands génies doivent avoir de l'identité de vue. Pendant que, dès 1739, Buffon dirigeait au Muséum les études de la nature de manière à procurer à la société le bien-être dont elles devaient être la source, le grand Linnée publiait à Upsal, le 9 mai 1759, un mémoire dans lequel les vues de Buffon étaient reproduites dans les détails les plus minutieux. Sous le titre d'*Instruction pour le naturaliste voyageur,* ce mémoire renferme un chapitre spécial à l'économie domestique. Dans ce chapitre, Linnée recommande surtout aux naturalistes d'étudier les procédés agricoles des divers lieux, les instruments d'agriculture, l'art de soigner, multiplier et perfectionner les animaux domestiques de toute nature, les oiseaux de basse-cour; la pisciculture, l'apiculture, la sériciculture; la culture de la vigne, des plantes oléagineuses, des prairies, des céréales; l'horticulture, l'exploitation des mines; et il ajoutait que l'économie domestique et tout ce qui s'y rattache, n'est que la science des trois règnes de la nature appliquée à l'art sublime de rendre la vie de l'homme plus douce et plus heureuse.

Voilà comment le grand interprète de la nature d'Upsal comprenait l'étude des sciences naturelles; tel était le but qu'il indiquait à tous les naturalistes, comme le plus utile en même temps que le plus conforme à leurs devoirs envers l'humanité.

Dès 1764, André Thouin, qui a été l'un de nos plus savants agronomes, fut chargé, sous la direction de Buffon, des cultures du Jardin des Plantes. Lorsqu'il fut professeur plus tard, ses cours furent suivis avec le plus grand empressement par un auditoire nombreux et attentif. Son enseignement traitait de la culture des plantes alimentaires, industrielles, et de l'art de les multiplier. Ses travaux ont fait faire à la culture maraîchère, à l'arboriculture, des progrès dont les effets sont incalculables pour les subsistances; nulle nation du monde n'est plus avancée que nous sur la culture des légumes et des fruits de toute espèce. Thouin, cependant, ne bornait pas son action au Muséum d'histoire naturelle de Paris; il formait des élèves qui allaient appliquer ses principes, non seulement dans les diverses régions de la France, mais dans plusieurs parties du globe. « Cayenne, dit Cuvier, le Sénégal, Pondichéry, la Corse, ne recevaient des jardiniers que de sa main. Son nom retentissait partout où existait une culture nouvelle. »

Qui pourrait nous dire l'immense quantité de plantes utiles ou d'agrément qui ont été expédiées du Muséum en France ou dans diverses parties du globe? Nos colonies ne lui doivent-elles pas le café, l'arbre à pain, la canne d'O-Taïti, qui a rendu de si grands services à l'industrie sucrière exotique? On lit dans le rapport fait sur les travaux de la Société d'agriculture du département de la Seine en 1810, par le baron Silvestre, membre de l'Institut, le passage suivant : « M. André Thouin contribue puissamment à accroître le domaine de l'agriculture en répandant chaque année, au nom du Muséum d'histoire naturelle, des graines nombreuses de toutes les espèces de plantes utiles cultivées dans ce bel établissement; il a été distribué par ses soins cette année douze à treize mille arbres, plantes vivaces ou boutures, et plus de cinquante mille sachets de graines de plantes peu communes pour les pépinières des départements, les jardins botaniques français et étrangers, et pour la propagation des végétaux exotiques qu'il est utile d'acclimater sur notre sol. Chaque année, une fourniture à peu près semblable, préparée par MM. André et Jean Thouin, va porter gratuitement des germes nombreux des meilleures espèces de végétaux économiques sur tous les points de l'empire français; et cette mesure libérale n'est pas un des moindres services que le Muséum d'histoire naturelle rend aux sciences, elle est aussi un des moyens puissants de l'amélioration agricole...»

Pendant que Thouin agissait sur le règne végétal, Buffon et Daubenton ne restaient pas inactifs sur le règne animal. Ils s'occupaient de la multiplication, du perfectionnement et de l'acclimatation des animaux, et surtout de la conservation de ses précieux éléments de notre richesse et de notre force nationales. Au milieu même de ses vastes conceptions, Buffon, frappé des pertes incalculables que faisait non seulement l'agriculture française, mais celle de toute l'Europe, par les ravages des épizooties et les maladies diverses des animaux, signalait, en termes précis, la nécessité de créer les écoles d'économie rurale vétérinaire. Il n'est pas douteux qu'il les aurait fondées lui-même si le temps lui avait permis de s'en occuper.

Voici ce qu'il disait à ce sujet dans son brillant ***Traité du cheval :***

« Je ne parlerai pas des autres maladies des chevaux (il s'était occupé de la morve), ce serait trop étendre l'histoire naturelle que de joindre à l'histoire d'un animal celle de ses maladies. Cependant, je ne puis terminer l'histoire du cheval sans marquer quelques regrets de ce que la santé de cet animal utile et précieux a été jusqu'à présent abandonnée aux soins et à la pratique souvent aveugle de gens sans connaissances et sans lettres. La médecine que les auteurs ont appelée *médecine vétérinaire* n'est presque connue que de nom. Je suis persuadé que, si quelque médecin tournait ses vues de ce côté-là, et faisait de cette étude son principal objet, il serait bientôt dédommagé par d'amples succès; que non seulement il s'enrichirait, mais même qu'au lieu de se dégrader, il s'illustrerait beaucoup, et cette médecine ne serait pas si conjecturale et si difficile que l'autre. La nourriture, les mœurs, l'influence du sentiment, toutes les causes, en un mot, étant plus simples dans l'animal que dans l'homme, les maladies doivent aussi être moins compliquées, et, par conséquent, plus faciles à traiter et à juger avec succès, sans compter la liberté tout entière qu'on aurait de faire des expériences, de tenter de nouveaux remèdes et de pouvoir assister sans crainte et sans reproche à une grande étendue de connaissances en ce genre, dont on pourrait même, par analogie, tirer des inductions utiles à l'art de guérir les hommes. »

C'est donc à Buffon qu'appartient l'idée de l'utile création des écoles de médecine des animaux, qui, plus tard, devaient compter Daubenton au nombre de leurs professeurs.

Un avocat d'une intelligence d'élite, Bourgelat, s'empara de l'idée du grand naturaliste. Il en comprit toute la portée; il la communiqua au contrôleur général des finances Bertin, qui l'adopta, et la première école vétérinaire du globe fut fondée à Lyon, en 1762.

De son côté, Daubenton, sans négliger son active collaboration avec Buffon, réfléchissait à la fondation des bergeries nationales, cette autre création qui devait offrir de si grandes ressources à l'agriculture française et à l'industrie. Avant le berger naturaliste, et surtout depuis Colbert, qui avait donné à notre industrie manufacturière une impulsion si énergique, la France avait été tributaire de l'étranger, notamment de l'Espagne, pour les laines fines. Nos manufactures de drap, qui avaient pris un siècle avant, sous l'administration de Colbert, une si grande extension, exportaient de grandes quantités de draps et souffraient de cette pénurie de matières premières indigènes; elle les empêchait d'étendre leur commerce et leurs relations. D'un autre côté, l'Espagne songeait à créer des fabriques pour manufacturer ses laines elle-même; au lieu de nous les vendre, elle se disposait à nous faire concurrence. L'intendant des finances Trudaine en fut d'autant plus ému que depuis un siècle entier (depuis 1666) on avait fait de vains efforts, des dépenses inutiles pour acclimater le mérinos. On avait fini par conclure que ce précieux animal ne pouvait ni vivre ni se multiplier sous le climat de la France.

Daubenton combattit cette erreur fatale aux intérêts de notre agriculture et de notre industrie en déclarant que non seulement le mérinos pourrait vivre et se reproduire en France, mais qu'il se chargeait, lui, d'obtenir de nos races françaises des laines aussi fines que celles d'Espagne. Nous en importions alors pour plus de 50,000,000, ce qui, pour l'époque, était un chiffre énorme. Le naturaliste agronome fonda la bergerie de Montbard pour faire ses expériences, et, afin qu'on ne pût pas élever de doute sur le fait qu'il avait avancé, il saisit l'Académie des sciences de la question importante qu'il allait traiter en face du pays. Ses expériences commencèrent en 1766. Deux ans après (1768), Daubenton faisait connaître les résultats qu'il avait obtenus par un mémoire lu à l'Académie des sciences. Il fit de même en 1769, 1777, 1778, 1779, 1780, 1784, 1785, 1786, en l'an IV et l'an V de la République. C'est ainsi qu'il éclairait l'agriculture par ses importants travaux, rendus publics, sur le perfectionnement de nos races ovines et sur celui de leur laine.

Déjà en 1776, c'est-à-dire dix ans après ses premiers essais, Daubenton avait obtenu, par d'heureuses combinaisons de croisement ou d'accouplement de nos races françaises, des laines aussi fines que celles d'Espagne. L'épreuve en fut faite. On fabriqua avec elles des draps aussi moelleux, aussi fins, aussi corsés que ceux des laines mérinos importées, et les plus habiles connaisseurs n'y trouvaient pas de différence. — V. ***Mérinos.***

En 1786, le gouvernement français obtint du gouvernement espagnol un troupeau de 360 mérinos; ce troupeau forma le noyau de la célèbre bergerie de Rambouillet. Les travaux du berger naturaliste, et notamment son *Traité des moutons*, avaient dévoilé le secret de l'acclimatation et de l'élevage du mérinos. Dès cette époque, cette industrie fut acquise à notre patrie.

Mais ce n'est pas tout. Le service rendu par Daubenton à son pays ne se borna pas à l'élevage pur et simple du mérinos. Comme cette industrie donnait à ceux qui s'y livraient de grands bénéfices, on employa tous les moyens possibles d'en élargir les bases. Daubenton avait été nommé professeur d'économie rurale à l'école vétérinaire d'Alfort. Il y continuait ses expériences; et comme il n'ignorait pas que, pour améliorer les animaux, il faut améliorer la cause qui les produit, c'est-à-dire la production du fourrage, il fut l'un des promoteurs de l'adoption de la prairie artificielle. Le savant Gilbert, qui fut d'abord son collègue à Alfort, et plus tard à l'Institut, adopta l'idée de l'illustre naturaliste, et fit sur les prairies artificielles un traité qui contribua pour une grande part à l'heureuse révolution qui commença à s'opérer alors dans l'art des assolements. Gilbert, qui suivait l'exemple de Daubenton sur la propagation du mérinos, mourut quelque temps après, victime de son patriotisme et de la science, en Espagne, où il avait été envoyé par le gouvernement pour ramener d'autres mérinos.

En parlant des services rendus par Daubenton à l'agriculture et à l'industrie, je ne dois pas négliger de parler de l'illustre Vicq-d'Azyr, qui était devenu son neveu par alliance, et enseignait avec éclat l'anatomie comparée au Muséum. Ce savant ne pouvait pas plus que son oncle rester étranger à l'économie rurale. Vers 1773, une épizootie meurtrière ravageait les bestiaux du midi de la France et portait la désolation et la misère dans les campagnes. La médecine vétérinaire, à peine naissante, n'était pas encore en état d'en prévenir fructueusement les effets. Vicq-d'Azyr fut chargé par Turgot de se rendre sur le théâtre du fléau pour l'étudier et le combattre. Quelque temps après, il publia sur cette grave question de nos subsistances un ouvrage qui est encore consulté avec fruit dans les cas de maladies contagieuses des bêtes à cornes.

Tels furent d'abord les services rendus à l'agriculture et à l'industrie par le corps enseignant du Muséum d'histoire naturelle jusqu'à la révolution française. Les visiteurs qui vont admirer les riches collections de cet établissement, sa ménagerie, ses serres et pépinières, ses jardins de botanique, ses belles promenades, etc., pour se récréer ou satisfaire leur curiosité, ne savent pas tout ce qu'il a exigé de génie, de travaux et de dévoûment pour être arrivé au degré de splendeur où il est aujourd'hui. Buffon, l'un des plus grands génies des temps modernes, y consacra quarante-neuf ans de sa laborieuse vie; son digne émule, l'immortel Daubenton, y sacrifia cinquante-sept ans de travaux incessants; et quand on pense que ce vénérable patriarche de l'histoire naturelle et de l'agriculture, qui avait passé de si longues annéee à travailler sans relâche pour la gloire de son pays et le bonheur de ses semblables, n'avait pas mille écus à la fin de sa brillante carrière pour faire réimprimer son *Traité sur les moutons* (traité qui avait si puissamment concouru à éclairer le pays sur une des branches les plus importantes de sa richesse), ne doit-on pas être pénétré d'une pieuse vénération pour une si noble et si sainte existence? Le 1er nivôse an III, les comités réunis de l'instruction publique et de l'agriculture, qui connaissaient les ressources plus que modestes du célèbre berger naturaliste, proposèrent à la Convention de faire réimprimer son livre aux frais de l'état. Sur le rapport de Lakanal, cette autre lumière de son époque, la grande Assemblée adopta le décret suivant :

« La Convention nationale, ouï le rapport de ses comités réunis de l'instruction publique, de l'agriculture et des arts ;

» Décrète que le *Traité sur les moutons*, par le citoyen Daubenton, sera imprimé et tiré à deux mille exemplaires au profit de l'auteur et aux frais de la nation, sur les fonds mis à la disposition de la commission exécutive de l'instruction publique, qui demeure chargée de l'exécution du présent décret. »

A la révolution française, le Muséum d'histoire naturelle prit un nouvel essor. Alors toute la profondeur des vues de Buffon sur le développement de son enseignement fut interprétée comme elle le méritait. Daubenton lui-même, qui avait survécu à Buffon, fut celui qui joua le plus grand rôle dans ce nouvel élan du progrès des connaissances humaines appliquées. « A cette époque, dit Lacépède, une des plus remarquables de l'histoire du Muséum, où de nouvelles galeries furent construites, de nouveaux jardins plantés, de nouvelles serres fondées, de grandes ménageries projetées, d'immenses collections réunies, de nouvelles chaires créées, une instruction et des rapprochements d'un nouveau genre imaginés, réalisés et développés, Daubenton crut assister à une nouvelle création de l'établissement qui lui était si cher. Son cœur échauffant sa tête octogénaire, il rassembla toutes ses forces, entreprit et termina dans ses galeries des arrangements importants, se chargea de fonctions que deux professeurs, dans la vigueur de l'âge, auraient pu trouver très pesantes, entreprit deux cours, et s'ouvrant, pour ainsi dire, une carrière nouvelle, comme si la vie eût été pour lui sans limites, il recueillit de nouvelles couronnes, que la tendre admiration des amis des sciences se plaisait à offrir à ses efforts, en quelque sorte surnaturels, et que, malgré la vue de ses cheveux blanchis, de son corps courbé et de ses pas chancelants, on ne croyait pas destinées à orner sitôt une urne funéraire. »

N'oublions pas de dire qu'au milieu de ces travaux, aussi variés que multipliés, le vénérable vieillard ne perdit pas un instant de vue ses occupations chéries, ses expériences de prédilection sur le mérinos, dont il avait doté son pays ; il les continua jusqu'à sa mort au Muséum même.

En 1790, Daubenton présida le conseil des professeurs qui s'occupa du nouveau programme des cours. Ce conseil porta le nombre des chaires à douze, au lieu de trois, afin d'étendre l'enseignement à toute la nature terrestre, et de le diriger, dans une voie plus large, dans ses applications à l'agriculture. Bernardin de Saint-Pierre, si connu alors par ses séduisants écrits sur les études de la nature, fut nommé intendant de l'établissement. Il occupait donc la place que la mort de Buffon avait laissée vacante deux ans avant. Ce philanthrope comprit l'importance du nouveau programme arrêté par les professeurs, et l'adressa au gouvernement, avec un rapport où il fit ressortir, avec son admirable talent d'écrivain, toutes les ressources qu'offrait ce document à la prospérité de la nation. Ce programme fut adopté, et, le 10 juin 1793, un décret de la Convention en régla l'application.

Voici quel fut ce nouvel enseignement. On pourra juger de sa nature et des nouveaux services qu'il devait rendre à la France par les hommes qui en furent chargés.

OBJET DES COURS.	PROFESSEURS.
1. Minéralogie.	Daubenton.
2. Chimie générale.	Fourcroy.
3. Arts chimiques	Brongnart.
4. Botanique.	Desfontaines.
5. Botanique rurale	De Jussieu.
6. Culture.	A. Thouin.
7. Zoologie, quadrupèdes, etc.	Geoffroy Saint-Hilaire.
8. Zoologie, insectes et vers.	Lamarck.
9. Anatomie humaine	Portal.
10. Anatomie des animaux	Mertrud.
11. Géologie et instruction aux voyageurs. . .	Faujas Saint-Fond.
12. Iconographie	Van Spaendonck.

La Convention régla de la manière suivante la direction que devait prendre l'enseignement du Muséum.

Décret du 10 juin 1797, an II de la République française.

« .....La Convention nationale, ouï le rapport de son Comité d'instruction publique sur l'organisation générale du Jardin national des Plantes et du cabinet d'histoire naturelle, décrète ce qui suit :

TITRE 1er.

Organisation de l'établissement.

Art. 1er. L'établissement sera nommé à l'avenir Muséum d'histoire naturelle.

Art. 2. Le but principal de cet établissement sera l'enseignement public de l'histoire naturelle, prise dans toute son étendue, et appliquée *particulièrement à l'avancement de l'agriculture et des arts...*

On le voit donc, le décret qui réorganisait le Muséum avait pour but de diriger son enseignement suivant la pensée de Belon, de Buffon, de Daubenton et de Bernardin de Saint-Pierre.

Le dix-huitième siècle finissait sous les auspices les plus favorables au Muséum d'histoire naturelle et au but que s'était proposé la Convention en réorganisant cet utile établissement; mais les deux grands hommes qui avaient concouru d'une manière si brillante à en doter leur pays finissaient aussi : Buffon était déjà mort, en 1788; Daubenton était près de s'éteindre. « *Il tomba dans sa gloire* », dit Lacépède, pendant la nuit du 31 décembre 1799 à 1800, mais non sans rendre un nouveau service à son pays. On pourrait dire que cette nature d'élite voulait vire même après sa mort dans un de ses élèves, pour la gloire du pays et celle du Muséum, qu'il avait commencé à réorganiser pour la deuxième fois.

Daubenton avait remarqué, vers 1791, à son cours de minéralogie, au collége de France, un jeune étudiant dont l'assiduité et l'intelligence l'avaient frappé. Ce jeune homme avait alors de dix-huit à vingt ans. Le célèbre Haüy l'avait aussi apprécié au collége du cardinal Lemoine. Cet élève était Étienne Geoffroy-Saint-Hilaire. Daubenton l'engagea à aller le visiter au Jardin des Plantes, et il le chargea de travaux relatifs à son enseignement. Plein de déférence, de respect et de gratitude pour son maître, qui l'adopta comme son ami, le jeune Geoffroy se livrait avec ardeur à l'étude de la minéralogie, lorsqu'en août 1792 son dévoûment pour ses maîtres, surtout pour Haüy, l'obligea à suspendre ses travaux. Je ne rappellerai pas ici la conduite de ce généreux jeune homme pour ses vénérables amis, et les dangers qu'il courut pour les conserver à la République, qui avait alors tant besoin de pareils hommes pour se fonder sur des bases solides. Je me bornerai à dire que les fatigues et les émotions lui causèrent une maladie qui le força de se rendre auprès de sa famille, à Etampes, afin de se rétablir. Rentré à Paris, le bon Haüy le recommanda à Daubenton, qui le connaissait déjà, en lui disant : ***Aimez, aidez, adoptez mon jeune libérateur.***

En mars 1793, Lacépède quitta Paris, et se démit de ses fonctions de sous-démonstrateur au Cabinet d'histoire naturelle. A peine informé de cet incident, Daubenton se rend chez l'intendant du Jardin, Bernardin de Saint-Pierre, et lui propose le jeune Geoffroy pour occuper la place vecante. La proposition de Daubenton fut acceptée, et Geoffroy fit partie du corps enseignant du Muséum. Le décret de la Convention du 10 juin 1793 le faisait professeur du Muséum d'histoire naturelle à l'âge de 21 ans. Ce jeune homme fut donc alors le collègue des Daubenton, des Fourcroy, des Jussieu, des Lamarck, des Desfontaines, etc.

Geoffroy fut chargé, quoique le plus jeune des professeurs, de la création d'un cours de zoologie ralatif aux vertébrés. Le savant Lamarck fut dans le même cas pour les invertébrés. Le premier avait la tâche la plus utile à remplir, au point de vue de l'agriculture et de l'industrie; il était ainsi appelé à continuer l'œuvre de Daubenton sur les animaux domestiques. Le grand naturaliste s'était borné à l'étude du mérinos, qu'il avait alors épuisée; mais son âge avancé ne lui avait pas permis d'aller plus loin sur le perfectionnement des autres espèces. Il s'agissait désormais de s'en occuper et d'étudier l'acclimatation et la domestication des espèces utiles que nous n'avions pas.

Geoffroy commença son cours le 6 mai 1794; mais, pour le professer comme il l'entendait, il lui manquait un matériel indispensable, surtout pour l'étude des mœurs des animaux et celle de leur acclimatation et de leur domestication; il lui fallait une ménagerie : il l'improvisa bientôt, on va voir comment.

Le 3 novembre 93, le procureur général de la police de Paris décida qu'il ne serait plus permis d'exhiber des animaux vivants. Trois ménageries se trouvaient alors dans la capitale; elles furent saisies et envoyées par ordre au Muséum, sans avertissement préalable.

Voici comment M. Isidore-Geoffroy Saint-Hilaire raconte cet incident, heureux pour le Muséum, dans son remarquable livre sur la vie, les travaux et la doctrine scientifiques de son père, travail qui peut être considéré comme un modèle de piété filiale et d'impartialité : « Le 4 novembre 1793, Geoffroy Saint-Hilaire se livrait, dans le calme du cabinet, à quelques recherches d'histoire naturelle, lorsqu'une nouvelle bien inattendue lui est apportée : plusieurs quadrupèdes, un ours blanc, une panthère, d'autres animaux, sont aux portes du Muséum; bientôt un autre ours blanc et deux mandrilles, puis un chat-tigre, plusieurs autres quadrupèdes et deux aigles, arrivent à leur tour. Tous ces animaux étaient envoyés par l'administration de la police; elle avait décidé la veille qu'à l'avenir nulle exhibition d'animaux vivants ne serait permise à Paris, et que trois ménageries ambulantes, alors existant dans la ville, seraient saisies : c'étaient ces trois ménageries qui venaient d'arriver. Pour premier avis, le Muséum recevait les animaux eux-mêmes, qu'escortaient les propriétaires dépossédés, réclamant les indemmités promises par l'arrêté même qui les avait frappés. « *Ces animaux*, était-il dit dans cet arrêté, *seront conduits à l'instant au Jardin des Plantes, où ils seront payés, ainsi que les cages qui les renferment; les propriétaires recevront en outre une indemnité.* » Le chiffre de ces indemnités, pour l'un d'eux seulement, s'élevait à 17,000 fr.

» Le Muséum avait le droit de refuser un envoi fait dans des circonstances si inopportunes et à des conditions si onéreuses. Établissement national, et non municipal, rien ne l'obligeait à déférer à un ordre de l'administration de la police.

» Le jeune professeur de zoologie ne songea par un seul instant à user de cette ressource. Fort de l'appui de son vénérable maître Daubenton, alors directeur du Muséum, il ne craignit pas d'assumer sur lui une immense responsabilité. Il accepta les animaux, et toutes les difficultés qu'entraînait cette acceptation furent en quelques instants provisoirement résolues. On n'avait ni local, ni gardiens, ni argent! Il pourvut à tout. Il fit ranger les cages les unes à la suite des autres, sous ses fenêtres, dans la cour du Muséum. Ce fut la première ménagerie. Pour gardiens, il retint les propriétaires eux-mêmes des animaux, privés, par la saisie, de leurs moyens d'existence. Quant à la nourriture des animaux et à l'entretien de leurs gardiens, en attendant qu'on y eût régulièrement pourvu, il se chargea d'y subvenir.

» Ainsi en un seul jour la ménagerie du Muséum, à laquelle nul ne pensait la veille, se trouva instituée par une mesure révolutionnaire. Et ce mot peut s'appliquer non seulement à la brusque saisie des animaux, mais à leur acceptation par Geoffroy Saint-Hilaire. Il avait de beaucoup outrepassé ses pouvoirs... »

Telle fut l'origine de cette riche collection d'animaux vivants de toute nature qui fait aujourd'hui l'admiration de tous les visiteurs, nationaux et étrangers, et de l'école, malheureusement trop peu spacieuse, de domestication et d'acclimatation d'animaux utiles des diverses parties du globe.

Pendant que Geoffroy se livrait avec ardeur à l'enseignement de la mammologie et de l'ornithologie, pendant qu'il organisait sa ménagerie, dont il fut nommé directeur, le célèbre agronome Tessier découvrait dans un coin de la Normandie un autre génie qui devait étendre dans des proportions si vastes, un jour, le domaine de l'histoire de la nature. Tessier avait embrassé avec enthousiasme les idées de Daubenton sur le mérinos. Il le prouva plus tard comme inspecteur général des bergeries nationales. Obligé, par les circonstances de l'époque, à prendre du service dans les armées comme chirurgien militaire, il était, en 1793, en garnison à Valmont (Seine-Inférieure) avec son régiment. Plusieurs cultivateurs et grands propriétaires des environs avaient formé dans cette petite ville une société d'agriculture. Cette société se réunissait souvent pour y discourir sur l'agronomie, et avait nommé pour son secrétaire un jeune homme qui était alors précepteur d'un enfant de famille du pays. Lorsque Tessier apprit que dans sa garnison il y avait une société d'agriculture, il demanda et obtint la faveur de s'y présenter. Il prit part aux discussions, et d'une manière si brillante, que le jeune secrétaire de la Société s'aperçut bientôt que l'auteur seul des articles publiés dans l'*Encyclopédie méthodique* pouvait faire preuve d'une telle supériorité en matière d'agriculture. Ce jeune secrétaire de la Société d'agriculture de Valmont était Georges Cuvier; il avait alors vingt-quatre ans. Tessier et Cuvier, faisant partie d'une même réunion pour y défendre les intérêts agricoles, ne pouvaient pas manquer de s'estimer et de se lier. Cuvier communiqua les travaux qu'il avait faits sur l'histoire naturelle au savant agronome, qui mesura immédiatement toute la portée de l'intelligence de son jeune ami. Il fit part de sa brillante découverte au bon Parmentier, que l'humanité compte au nombre de ses bienfaiteurs les plus révérés, à Lacépède, déjà célèbre naturaliste, à Millin; il en écrivit surtout à Etienne Geoffroy Saint-Hilaire. Tessier, qui était son compatriote et l'ami de sa famille, avait été le guide de l'enfance du jeune Étienne, devenu professeur du Muséum Par son intermédiaire, des relations s'établirent entre les deux jeunes savants. Il en résulta une correspondance suivie. Cuvier envoya quelques manuscrits à Geoffroy, qui, après en avoir pris connaissance, comprit l'avenir qui était réservé à son correspondant. « Venez à Paris, lui écrivit-il, venez jouer parmi nous le rôle d'un autre Linnée, d'un autre législateur de l'histoire naturelle. »

Cuvier vint à Paris au commencement de l'année 1795, avec l'élève dont il était l'instituteur. Il se lia avec Geoffroy comme on le fait quand on est jeune et qu'on partage l'amour du bien et de la science. Cuvier ne tarda pas à loger chez son ami, au Muséum. Nommé plus tard suppléant du professeur Mertrud pour la chaire d'anatomie comparée, il quitta le logement de Geoffroy pour habiter dans celui de Mertrud; c'était le 24 novembre. Dès cette époque, Cuvier appartenait au Muséum d'histoire naturelle, qui venait de faire en lui une des conquêtes les plus brillantes pour sa prospérité comme pour sa gloire.

Le Muséum avait perdu, à la fin du XVIIIe siècle, deux naturalistes immortels, Buffon et Daubenton. Geoffroy Saint-Hilaire et Cuvier se présentaient pour les remplacer dans le XIXe siècle. Plus heureux que Buffon et Daubenton, ils étaient jeunes au début de leur carrière. Comme eux, ils avaient l'amour de la science et de l'humanité, et ils étaient sur le même théâtre pour jouer le même rôle, étendre les limites de l'histoire de la nature. Ils avaient de plus à leur disposition les travaux de leurs illustres prédécesseurs.

Que vont-ils faire? Vont-ils suivre les traces de Buffon et Daubenton? Vont-ils continuer la riche carrière largement ouverte devant eux? ou vont-ils tracer, pour la postérité, de nouvelles routes à la science, découvrir pour elle un nouvel horizon?

Les deux jeunes professeurs se mettent courageusement à l'œuvre. Ils font d'abord plusieurs travaux en commun, et les publient ensemble. Il s'occupent surtout de former le cadre zoologique qui doit servir à la classification méthodique du règne animal, à celui des richesses entassées dans le Muséum, depuis l'administration de Buffon surtout; mais s'ils partagent la même ardeur, le même amour pour le travail, ils ne sont pas moralement organisés pour suivre la même voie. Cuvier, esprit grave, logique, profond observateur, a bientôt examiné ce que la nature offre présentement à ses investigations ; mais il n'est pas satisfait. A son avis, l'histoire du passé est nulle ou incomplète. Il veut la réviser, la refaire; il veut remonter à l'origine du monde et en dévoiler les secrets inconnus; il trouve cette tâche digne de son immense capacité, et ce n'est pas trop de sa vie entière pour la remplir. Son émule, plus jeune que lui de deux ans environ, est doué d'un autre genre d'aptitude. Esprit actif, pénétrant, hardi, il sent qu'il a aussi une grande tâche à remplir, mais dans un autre ordre d'idées. Comme Cuvier, Geoffroy Saint-Hilaire a jugé le présent, qui est leur point de départ à tous deux; mais au lieu de revenir sur le passé, il veut marcher en avant dans l'inconnu. Il veut lire et apprendre à lire à ses disciples dans l'avenir, il veut poser les bases d'une science future et la conduire pendant sa vie à une étape avancée. Il aura, comme tout novateur, de violents obstacles à surmonter; mais, loin d'en calculer la puissance, il se précipitera dans la mêlée avec toute la confiance que donne la foi dans la cause embrassée et défendue.

Cuvier est l'homme du présent et d'un passé dont la profondeur est incalculable. Geoffroy est l'homme du présent et de l'avenir qui lui est encore inconnu. Cependant tous deux travaillent d'abord dans le même sens; mais bientôt ils vont s'éloigner l'un de l'autre pour quelque temps, et se livrer à leur impulsion naturelle, chacun de son côté.

En l'an VI, la république française projette une expédition pour l'Égypte. A cette époque, on connaissait toutes les ressources que les sciences offraient aux succès de nos armes, comme à la richesse du pays, et il fut décidé qu'une réunion de savants et d'artistes serait annexée à l'armée d'expédition. Cette réunion, dont quelques membres formèrent le noyau de l'Institut d'Égypte, comptait au nombre de ses membres Monge, Fourier, Berthollet, Malus, Geoffroy Saint-Hilaire, Savigny, Dolomieu, Conté, Dubois (Antoine), Cordier, Jomard, Delile, Larrey, Desgenettes, etc. Geoffroy fut désigné pour représenter les sciences naturelles, et, le 19 mai 1798, la flotte quitta la rade de Toulon pour se rendre à sa destination.

En Egypte, Geoffroy se trouva sur un théâtre nouveau. Les collections, la recherche d'espèces inconnues, absorbent toute son activité; mais, sans perdre de vue ses travaux de classification commencés avec Cuvier, la nature de son imagination donne un large cours à l'idée, déjà plusieurs fois émise, de l'unité de composition des corps organisés. Cette disposition de son esprit s'était déjà nettement caractérisée chez lui dès 1795, dans son mémoire sur les Makis. Dès cette époque, l'idée fondamentale de l'anatomie philosophique fut abordée pour la première fois de manière à faire présager la création future d'une des plus belles pages de l'histoire de la nature. Il s'agissait de démontrer, par des preuves irrécusables, le fait déjà avancé par Bélon, Buffon, Vicq-d'Azyr, Gœthe, etc., que les êtres organisés avaient été créés d'après une unité de plan simple d'abord, mais qui se compliquait, ou plutôt se perfectionnait suivant l'état de perfection de l'organisation même de l'individu.

Pendant que Geoffroy se livrait à ses travaux de prédilection en Orient, l'éclat du nom de Cuvier rayonnait de Paris dans toute l'Europe; et quand son ami rentra en France, en janvier 1802, l'ancien secrétaire de la Société d'agriculture de Valmont était célèbre par ses travaux sur l'anatomie comparée : il avait déjà régénéré cette science en si peu de temps.

Les deux jeunes professeurs travaillent, dès 1802, chacun dans la direction de son esprit. Cuvier s'occupe de la création de la science nouvelle des révolutions du globe. C'était le plus beau monument qu'il pût élever à l'immortalité de son nom. Geoffroy, de son côté, crée la science de l'anatomie philosophique, et devient chef de la nouvelle école qui se forme autour de lui. Mais les deux savants, quoique marchant chacun dans une direction différente, s'aperçoivent qu'ils varient d'opinion sur quelques points communs à leur doctrine. Cuvier étudie les faits observés et les explique avec une profondeur de vue qui étonne le monde; mais il s'en tient aux faits; il trouve que ce terrain est le plus ferme pour asseoir solidement son œuvre. Geoffroy ne saurait nier les faits; il les accepte; mais il a aussi le culte des idées qu'il cherche à découvrir dans toute la création, et, l'ardeur de son imagination le conduisant au delà de la sphère de son époque, il trouve des contradicteurs opiniâtres. C'est alors que commence la lutte qu'il va soutenir de manière à agiter le monde savant de toute l'Europe ; cette lutte grandit surtout quand il voit en face de lui Cuvier comme adversaire, au sein même de l'Académie des sciences. Je n'entrerai pas ici dans les détails de cette discussion mémorable ; cependant, comme l'agriculture est le rendez-vous général de toutes les connaissances humaines, et qu'il n'y en a pas une seule qui ne s'y rattache d'une manière plus ou moins directe, les deux savants académiciens ne pouvaient pas manquer de toucher à l'économie rurale par quelque point. Ce point fut l'économie du bétail. Geoffroy soutenait la variabilité des espèces suivant les climats et l'action de l'homme. Cuvier n'admettait cette variabilité que pour les animaux domestiques. La question de l'invariabilité des espèces était majeure pour sa doctrine, car c'était sur elle que reposait sa méthode de classification du règne animal. Du moment où un animal pouvait éprouver des modifications dans ses caractères physiques, son classement dans le cadre zoologique devenait variable, et par conséquent sans fixité.

Cuvier attribuait la variabilité des espèces à l'influence des combinaisons de l'homme dans les croisements et accouplements ; il niait celle du climat. Les faits constants observés tous les jours donnent raison à Cuvier comme à Geoffroy au sujet des animaux domestiques. La puissance du génie de l'homme, en effet, surtout quand il est fécondé par le savoir spécial, est plus grande que l'action même de la nature, car il modifie les animaux comme il l'entend, malgré les influences contraires de la nature elle-même. Mais ces mêmes faits donnaient raison à l'opinion de Geoffroy Saint-Hilaire contre celle de Cuvier, en dehors de l'action de l'homme et par la seule influence climatérique ; il n'y a pas un seul cultivateur qui ignore les effets incontestables de cette influence, lorsque les animaux sont transportés d'un point à un autre, et cette action est non seulement observée sur les animaux, mais encore sur les végétaux. Si Cuvier avait eu le temps de se convaincre de ce fait pratique et journalier de la science agricole, il n'aurait pas hésité plus tard à reconnaître la vérité sur ce point de détail de la discussion. Mais au moment même où cette grande question des modifications du bétail fut soulevée, au moment où elle aurait pu trouver une heureuse solution à la suite des discussions académiques des deux illustres professeurs du Muséum d'histoire naturelle, Cuvier mourut, le dimanche 13 mai 1832, à dix heures du soir. La perte de ce grand naturaliste fut immense pour l'Europe, et surtout pour la France. Geoffroy Saint-Hilaire, qui n'avait jamais cessé d'être son ami (une divergence d'opinion ne pouvait porter atteinte à l'affection mutuelle de deux hommes de cette trempe), fut accablé du coup que porta sur son cœur la mort de Cuvier, et il fut le premier à proposer une souscription pour élever un monument digne de sa mémoire. Voici du reste en quels termes Geoffroy exprima sa douleur sur la tombe de Cuvier :

« Messieurs, je m'avance ici vers cette tombe qui va s'élever illustre entre toutes les tombes : déchirant et solennel spectacle! perte immense et irréparable!

» Je viens rendre un dernier hommage à l'homme de génie au nom des naturalistes et comme président de l'Académie des sciences, et je puis ajouter, au nom de tous les naturalistes des deux mondes, car, par toute la terre, chacun de ceux qui cultivent la science de la nature doit surtout à M. Cuvier ce qu'il sait, ce qu'il vaut en histoire naturelle. Tous se sont formés sous l'inspiration de son génie et de son immense savoir.

» Au milieu de ce deuil universel, quand la mort brise tout à coup une existence si belle par ce qu'elle a été, et si belle aussi par ce qu'elle pouvait être encore, j'arrive sur cette scène de désolation sans pensées que je puisse exprimer, sans paroles que je puisse dire, absorbé dans un seul sentiment, frappé d'un seul fait, du coup affreux qui nous accable.

» Il n'est plus, ce maître aux paroles si retentissantes, d'un si puissant enseignement. . . . . »

Pendant que Geoffroy Saint-Hilaire et Cuvier fondaient les deux écoles dont ils sont restés les chefs, le Muséum ne négligeait pas les travaux relatifs aux progrès de l'agriculture. Les cours d'André Thouin, ses expériences sur l'acclimatation et la culture des végétaux, ses envois multipliés de sujets et de graines, ne cessaient pas. Enfin, après plus de soixante ans de travaux incessants sur les moyens d'augmenter nos subsistances végétales, ce professeur mourut, en septembre 1824, à l'âge de soixante-dix-sept ans, après avoir rendu des services immenses à l'agriculture de son pays.

En 1825, Bosc succéda à André Thouin. Ce savant agronome, membre de l'Académie des sciences, avait passé sa vie à étudier les sciences naturelles dans leurs rapports avec l'agriculture. Les nombreux travaux qu'il a publiés dans le nouveau Dictionnaire d'histoire naturelle, appliquée principalement à l'agriculture et à l'économie rurale et domestique (Paris, 1803), et dans le nouveau Cours complet d'agriculture théorique et pratique, en 16 volumes (Paris, 1821), prouvent quelle était l'étendue de ses connaissances en agronomie et son dévoûment pour cette science. Malheureusement le temps ne lui permit pas de faire une longue application de son vaste savoir aux cultures du Muséum; il mourut trois ans après y avoir été nommé professeur.

Un entomologiste habile, trop tôt enlevé à la science, M. le professeur Audouin avait entrepris au Muséum l'étude des insectes nuisibles à l'agriculture et celle des moyens de les détruire; il est regrettable que la fin prématurée de ce savant ne lui ait pas permis de continuer les travaux pratiques qu'il avait commencés sur ce sujet important de notre économie rurale. Sans négliger les théories de la science spéculative, il aurait pu rendre de grands services à l'agriculture. Audouin mourut en 1841. La tâche qu'il avait entreprise sera continuée, je l'espère, au Muséum. L'agriculture sera peut-être préservée ainsi un jour de la plus grande partie des ravages énormes que font les insectes nuisibles dans nos récoltes sur pied et en magasin, dans nos provisions de bouche, dans nos forêts, nos vergers, nos vignes, dans nos prairies naturelles, nos jardins, nos plantes oléagineuses et industrielles de toute nature. Les pertes que nous font éprouver ces animaux s'élèvent à environ 250 à 300 millions chaque année. La question vaut la peine d'être examinée de près par des savants spéciaux aussi éminents et aussi dévoués au bien public que MM. les professeurs du Muséum d'histoire naturelle de Paris.

Trois ans après Audouin, Étienne Geoffroy Saint-Hilaire s'éteignit, après avoir perdu la vue, le 19 juin 1844. Nommé professeur au Muséum le 17 mars 1793, il avait donc travaillé plus de cinquante et un ans à la prospérité de son pays et de l'établissement dont il a été l'une des gloires les plus brillantes et les plus solides.

L'enseignement du Muséum d'histoire naturelle comprend aujourd'hui quinze chaires, réparties de la manière suivante :

COURS.	PROFESSEURS.
	MM.
Géologie	Cordier.
Zoologie. Reptiles et Poissons	Duméril.
Chimie appliquée aux corps organiques	Chevreul.
Physiologie comparée	Flourens.
Zoologie. Mollusques et Zoophytes	Valenciennes.
Botanique et physique végétale	Brongniart.
Physique appliquée	Becquerel.
Anatomie et histoire naturelle de l'homme	Serres.
Zoologie. Mammifères et Oiseaux	I.-Geoffroy Saint-Hilaire.
— Insectes et Crustacées	Milne-Edwards.
Minéralogie	Dufrénoy.
Culture	Decaisne.
Anatomie comparée	Duvernoy.
Chimie appliquée aux corps inorganiques	Frémy.
Paléontologie	A. d'Orbigny.

On peut juger par le nombre de ces cours de l'étendue de l'enseignement du Muséum d'histoire naturelle, et de son importance par les noms des savants professeurs qui en sont chargés ; mais, comme on peut le voir, si les diverses branches de cet enseignement peuvent être applicables à la production du sol, elles le sont d'une manière plus ou moins indirecte.

Le cours de culture, avec celui de zoologie relatif aux mammifères et aux oiseaux, sont ceux qui sont le plus spécialement applicables à l'étude de la production végétale et animale, d'après les besoins pressants du pays.

Le Muséum a donné à la culture des plantes, et nous pouvons dire à toute la production végétale, un élan favorable, notamment à l'industrie maraîchère, à l'art de greffer, de tailler les arbres fruitiers et de perfectionner leurs produits; nos jardins au voisinage des villes, par exemple, nos céréales, nos plantes oléagineuses et textiles, notre industrie saccharine indigène, sont dans des conditions satisfaisantes. M. Decaisne, professeur de culture, entretient avec talent et avec zèle cette heureuse impulsion. Mais, pour la production animale en général, quels succès sérieux avons-nous obtenus depuis les travaux de Daubenton?

Qu'avons-nous fait pour augmenter la production de la viande, pour perfectionner les races d'animaux domestiques que nous avons, pour domestiquer, acclimater celles que nous n'avons pas encore, et qui peuvent aussi enrichir notre agriculture de leurs produits, augmenter les ressources de nos marchés d'approvisionnements?

Appréciateur judicieux et partisan dévoué des doctrines des Belon, des Buffon, des Daubenton, des Linnée et de celles de son illustre père, M. Isidore-Geoffroy Saint-Hilaire a prouvé, par ses travaux sur la domestication et l'acclimatation, comme dans son cours, suivi avec tant d'empressement par un auditoire nombreux, qu'à l'exemple de Daubenton il pourrait, lui aussi, contribuer largement à affranchir son pays du tribut énorme payé chaque année à l'étranger pour la production animale de toute nature qu'il nous fournit; mais les moyens physiques manquent au professeur du Muséum pour faire convenablement ses expériences. Déjà il est parvenu à acclimater et à domestiquer l'hémione, qui serait un excellent animal de service et de luxe. On ferait avec lui surtout des mulets d'une élégance, d'une vitesse et d'une énergie exceptionnelles.

Le lama et l'alpaca, dont la chair et la laine seraient aussi précieuses pour la boucherie que pour notre industrie, l'oie d'Égypte, comme divers gallinacés, ont été aussi acclimatés par les soins de M. Geoffroy. Que faudrait-il aujourd'hui au Muséum pour multiplier ces espèces utiles comme tant d'autres? Il lui faudrait, comme à Daubenton, un espace indispensable pour faire, sur une échelle suffisante, les expériences nécessaires aux besoins du pays.

Et qu'on ne s'y trompe pas! si la France est dans les derniers rangs des nations de l'Europe pour le perfectionnement et la multiplication de ses espèces domestiques, si, depuis des siècles, elle a fait inutilement des efforts et des dépenses énormes surtout pour perfectionner les chevaux de guerre, si, sous ce rapport, elle est moins avancée aujourd'hui que jamais (et si malheureusement nous venions à avoir la guerre avec l'étranger nous en aurions, comme en 1840, la preuve immédiate), c'est qu'elle a agi dans l'obscurité, en dehors des lumières que la science de la nature seule peut lui fournir. Je ne crains pas de le répéter ici, ce ne sera que l'enseignement de l'histoire naturelle appliquée qui mettra fin à l'anarchie qui règne chez nous dans les discussions stériles qui ont lieu chaque jour sur le perfectionnement de toutes nos espèces, comme pour la production de la viande, dont nous manquons. La France en est aujourd'hui, pour ses espèces domestiques, au point où elle en était sur le mérinos, depuis Colbert jusqu'à Trudaine. Je ne parle pas des temps antérieurs. Dès 1766, le Muséum éclaira le pays par les travaux de Daubenton. D'après l'étude que j'ai faite de l'enseignement actuel de la France sur la matière, je soutiens que c'est encore l'enseignement du Muséum seul aujourd'hui qui pourra nous dire avec autorité, et quand il le voudra, ce que nous avons à faire pour sortir de l'état d'infériorité relative dans lequel nous sommes sur la production animale, en face des autres puissances, et surtout de l'Angleterre. C'est là une question immense d'avenir. Elle est digne de l'enseignement élevé du Muséum par son importance, qui se rattache à la richesse de la nation comme à sa force et à sa puissance.

Je n'ai envisagé rapidement ici le Muséum que sous le rapport des services qu'il a rendus à l'agriculture : ce sont à mes yeux les plus importants comme les plus appréciables, parcequ'ils répondent directement aux besoins les plus pressants de nos populations les plus malheureuses, les plus dignes par conséquent des secours de la science comme de la sollicitude de ceux qui la répandent. Que de misères a pu soulager l'augmentation des produits du sol, provoquée par l'enseignement du Muséum, sur tout ce qui se rattache à l'économie rurale et forestière, au commerce des plantes d'ornement, de tous les végétaux répandus par le Jardin des Pantes sur toute la surface de notre pays ou dans nos colonies ! L'industrie manufacturière lui doit aussi d'utiles découcouvertes. Les travaux de Vauquelin, de M. Chevreul, sur l'art du teinturier, du faïencier, de l'émailleur, du cirier, sur la coloration des verres, des porcelaines, sur la fabrication des produits chimiques de toute nature ; ceux de Haüy, de M. Cordier, de M. Dufréuoy, sur la minéralogie, la métallurgie, etc., ont été une source féconde de prospérité industrielle et de richesse nationale dont on ne tient peut-être pas assez compte, parcequ'on les ignore.

Ma tâche serait incomplète si j'oubliais de signaler ici un nouveau service rendu au pays par l'influence du Muséum. Nous avons vu que l'idée de la fondation des écoles vétérinaires et des bergeries nationales avait pris naissance dans cet établissement, et que la France doit à l'un de ses professeurs les plus illustres l'acclimatation du mérinos. Cette idée d'acclimatation d'animaux utiles ne pouvait pas rester ensevelie, sans nouvelle application, au lieu où elle était née sous l'inspiration du grand Buffon, surtout après avoir été pratiquée avec tant de succès par Daubenton. M. Is. Geoffroy Saint-Hilaire l'a reprise dans ses cours comme dans ses ouvrages, il y a une vingtaine d'années environ. Ses louables efforts ont eu pour conséquence la fondation de la société zoologique d'acclimatation, qui l'a élu son président. Cette société va s'occuper non seulement d'acclimater des animaux utiles, mais de perfectionner ceux que nous avons. Il n'est pas douteux que cette réunion de naturalistes, d'agriculteurs, d'industriels, de grands propriétaires ruraux, adoptant et vulgarisant les principes de Daubenton pour l'amélioration de nos races, ne contribue avec autorité à éclairer le pays sur cette question depuis si longtemps en litige, et cependant encore si obscure, de notre production nationale.

Ainsi le Muséum d'histoire naturelle, fondé en 1640, a suivi sa marche régulière d'utilité publique et de dévoûment, non seulement sans saccades et sans troubles, mais toujours en grandissant de plus en plus, même au milieu des bouleversements politiques, dont il est resté témoin impartial. Son histoire nous dit qu'il n'a jamais cessé de poursuivre sa noble mission dans les moments même de nos dissensions civiles les plus regrettables, et sans perdre le calme, la sérénité, qui distinguent les grandes institutions, comme les grands caractères des hommes qui les fondent et les font prospérer. Ce fait est le plus bel éloge du Muséum, comme la preuve la plus irrécusable de son utilité; et l'on ne peut pas dire que des intérêts privés aient été le mobile des savants qui, sous les humbles titres de conservateurs des collections, d'aides naturalistes, de préparateurs, ont de tout temps consacré leur vie à l'édification de ce monument de notre gloire nationale. S'il en eût été ainsi, la France ne l'aurait jamais vu dans l'état de splendeur toujours croissante dans lequel on l'admire aujourd'hui, et que l'Europe nous envie. Cinq mille francs sont le traitement le plus élevé auquel puisse prétendre un professeur du Muséum, et souvent après bien des années d'attente dans des grades inférieurs et bien peu rétribués pour l'obtenir. Ce traitement suffit à peine pour le modeste entretien d'une famille et l'éducation de ses enfants. Aussi, combien avons-nous vu de savants du Muséum, dont la France s'honore, ne laisser à leur mort, pour tout héritage, que la renommée de leur nom et les souvenirs des services rendus aux sciences et à la patrie; heureux quand, victimes de leur dévoûment, ils n'ont pas perdu la vie, comme nous en avons vu de si tristes exemples, loin de leur pays, de leur famille, de leurs plus chères affections, en étudiant, sur diverses parties du globe les plus dangereuses à visiter, les productions de la nature propres à satisfaire nos besoins.

MYOLOGIE. Science qui s'occupe de l'étude des muscles. La myologie est une des sciences les plus utiles à connaître pour bien juger de la conformation des animaux. Ce sont en effet les muscles qui, avec les os, déterminent la forme des animaux. — V. *Conformation*, *Muscle*, *Musculaire*, *Os*, *Squelette*.

MYOPIE. Disposition de la vue qui ne permet aux animaux de voir distinctement les objets qu'à une distance plus ou moins rapprochée. Dans l'homme, on pallie facilement ce défaut de conformation des organes de la vue au moyen de lunettes bien appropriées; mais il ne saurait en être de même en médecine vétérinaire. Je suis persuadé que beaucoup d'animaux, surtout dans l'espèce chevaline, ne sont ombrageux, et quelquefois dangereux à conduire ou à monter, que parcequ'ils sont myopes, et qu'ils ne peuvent pas bien distinguer les objets qui les effraient. Ce que je dis ici me paraît si vrai, que, lorsque l'on conduit les animaux ombrageux auprès des objets dont ils ont paru avoir tant de frayeur, ils les flairent et ils sont rassurés; leur peur a cessé. Ils ne l'ont eue que parcequ'ils n'ont pas pu juger de l'innocuité de ce qui était pour eux un épouvantail si puissant. Il est donc important de bien examiner la disposition des yeux des animaux, notamment des chevaux, pour voir s'ils ne seraient pas atteints de myopie. Les yeux très convexes doivent y être surtout exposés. — V. *OEil*.

MYOSOTIS Genre de la famille des borraginées. Les myosotis sont des plantes qui donnent une très jolie petite fleur, généralement bleu de ciel. Ces plantes croissent dans les lieux humides, sur les bords des eaux tranquilles.

MYRIAGRAMME. (*Dix mille grammes.*) Mesure de pesanteur qui, d'après le système métrique, équivaut à 10 kilogrammes (20 livres). — V. *Kilogramme*, *Métrique*.

MYRIAMÈTRE. (*Dix mille mètres.*) Mesure de longueur qui équivaut à 10 kilomètres, ou deux lieues et demie de poste. — V. *Kilomètre*, *Métrique*.

MYRIASTÈRE. (*Dix mille stères.*) Mesure de solides qui équivaut à 10,000 stères, ou à 10,000 mètres cubes. — V. *Métrique*, *Stère*.

MYRTACÉES. Famille de végétaux qui comprend des arbres et des arbrisseaux. Le genre myrte, qui est le type de la famille, comprend plusieurs espèces, dont quelques unes fournissent quelques arbrisseaux d'ornement. Le myrte commun, dont on fait des haies d'un très bel effet, est celui qui est le plus généralement adopté, dans le midi surtout.

MYRTILLE. V. *Airelle*.

N

NAIADÉES. Famille de plantes aquatiques qui croissent dans l'eau des étangs et des rivières. Les naiadées offrent en général peu d'intérêt à l'agriculture. On devrait cependant les récolter pour en faire litière aux animaux, ou pour les mélanger aux fumiers et augmenter leur quantité.

NAIN, NE. Sujet de très petite taille. Dans le règne végétal comme dans le règne animal, on observe des individus dont l'accroissement a subi des modifications, soit accidentellement et sans cause connue, soit par des combinaisons de l'homme. Ainsi, on voit des végétaux nains comme des animaux. Les arbres fruitiers surtout en offrent de fréquents exemples dans les jardins des environs des grandes villes. On les vend dans les marchés comme objets de curiosité. On voit des pommiers, des poiriers, des cerisiers, etc., cultivés dans des pots de fleurs, sur une croisée, et donner des fruits.

Quant aux animaux, on voit des nains dans toutes les espèces; mais le chien est le type qui en offre le plus de variétés. On voit tous les jours de très petits chiens de variétés diverses à côté de mâtins, de dogues, etc., de la plus forte race. Les herbivores domestiques ont aussi leurs nains; mais on doit attribuer plutôt cette particularité au pays que ces sujets habitent qu'aux combinaisons de l'homme. Les animaux des pays arides, secs, sont toujours plus petits que ceux des pays riches en produits végétaux. Ainsi, le cheval de Corse, celui des landes, sont des nains à côté de l'énorme flamand. La petite vache bretonne est une naine en comparaison de la grande flandrine ou de la cotentine. Le petit mouton du Quercy est infiniment plus petit que celui du causse de Rodez ou de l'Artois. Dans ces derniers cas, le défaut de développement des uns et l'élévation de la taille des autres dépendent de leur alimentation. On pourrait les transformer par une simple modification de la nourriture. Il n'en serait pas de même des nains du genre chien. Un petit carlin, quoi qu'on fasse pour sa nourriture, ne prendrait pas la taille d'un gros chien des montagnes des Pyrénées ou d'Auvergne.

NANDOU. (*Autruche d'Amérique.*) Le nandou est un grand oiseau originaire de l'Amérique méridionale, où il paraît très multiplié. Cet oiseau a une grande ressemblance par sa conformation avec l'autruche, mais il est moins développé qu'elle. M. Is. Geoffroy Saint-Hilaire classe le nandou parmi les oiseaux alimentaires, et capables d'augmenter un jour les ressources de nos subsistances. Du reste cet oiseau est facile à apprivoiser, et il ne serait pas difficile de le domestiquer.

NAPAUL. Oiseau de l'ordre des gallinacés. Le napaul, originaire du Bengale et des Indes orientales, est classé par M. Is.

Geoffroy Saint-Hilaire parmi les oiseaux alimentaires. Ce gallinacé est de la grosseur du faisan, avec lequel il a beaucoup d'analogie. Il serait possible de l'acclimater et d'augmenter par sa naturalisation nos ressources alimentaires.

NAPEL. (*Aconit napel.*) V. *Aconit.*

NARCISSE. Genre de la famille des amaryllidées. Les narcisses sont cultivés comme plantes d'ornement; on les propage par leurs bulbes et leurs caïeux. Ces plantes sont au nombre de celles qui fournissent les plus belles fleurs dans nos prairies; mais dans quelques lieux elles se multiplient en si grandes quantités qu'elles deviennent nuisibles; dans certaines prairies, en effet, on les voit au printemps couvrir le gazon et étouffer, par leurs feuilles, les autres herbes. Quand la fleur est épanouie, on ne voit que sa couleur, d'un blanc éclatant qui la distingue. Elle domine toutes les autres plantes, et elle nuit à leur végétation. Quand ils ont fourni leurs graines, les narcisses disparaissent; leurs tiges et leurs feuilles se dessèchent et ne laissent pas de trace.

Il serait utile de se débarrasser des narcisses dans les prairies, où ils ne font qu'épuiser le sol en pure perte et nuire à la végétation de l'herbe. Aux débuts de la végétation printanière on y parviendrait en faisant couper, avec des échardonnoirs, les tiges et les feuilles de ces fleurs à quelque profondeur dans la terre; elles seraient ainsi étouffées, et leurs bulbes se pourriraient dans le sol. Les narcisses comprennent plusieurs variétés, dont fait partie la jonquille. Toutes les fleurs de ce genre sont très belles, et la plupart sont cultivées dans nos parterres comme plantes d'ornement. Les narcisses doubles sont surtout très estimées et d'un très bel effet comme bordures.

NARCOTIQUE. Les médicaments narcotiques ont une action particulière sur le système nerveux des animaux. C'est toujours contre des affections nerveuses, ou pour calmer des douleurs aiguës, qu'ils sont employés. L'opium et ses préparations sont le narcotique le plus énergique comme le plus efficace. La belladone, la morelle, la jusquiame, le tabac, etc., sont les principales plantes qui sont classées dans les narcotiques. Suivant les indications particulières, on les emploie en médecine vétérinaire sous forme de cataplasmes, de frictions, de lotions, de bains, de lavements, d'injections; on les donne aussi en breuvages, et sous forme de bols ou grosses pilules. On les oppose ainsi aux affections cérébrales de tout ordre, au tétanos, au vertige, aux névralgies, aux violentes douleurs causées par des coliques, des blessures, des inflammations de tissus, etc.

NARINE. V. *Naseaux*.

NARSE. Nom donné dans la haute Auvergne à une étendue de terrain humide, couverte d'eau pendant l'hiver, et de nature tourbeuse, qui se trouve dans la région de ce pays qu'on nomme la Planèse. Ce terrain étendu sert de pâturage assez médiocre aux animaux. Il serait possible de l'améliorer par des assainissements bien entendus.

NASAL, E. Qui a rapport au nez. On reconnaît les cavités nasales, la cloison nasale; c'est sur cette cloison, séparant les cavités nasales en deux parties égales, que l'on observe quelquefois des ulcérations, des érosions développées, chez les chevaux; ces ulcérations sont des symptômes de maladies diverses, confondues sous le nom de morve. — V. *Morve*, *Naseaux*.

NASEAUX. Nom donné généralement aux narines des animaux. Les naseaux sont l'extrémité du canal qui conduit l'air aux poumons; et comme la nature est toujours conséquente avec elle-même, elle les fait grands ou petits, suivant la masse d'air dont ils doivent permettre le passage. Il résulte de ce principe qu'une large poitrine, pourvue de vastes poumons, doit recevoir une grande quantité d'air pour répondre au but proposé et ématoser tout le sang qui la traverse. De larges naseaux sont donc nécessaires pour suffire au passage de l'air exigé. La conséquence rigoureuse de ce principe est que des naseaux larges et dilatés doivent être l'un des caractères qui font distinguer une vaste poitrine, et réciproquement.

On peut voir, d'après ce simple énoncé, tout l'intérêt qui se rattache à l'examen des naseaux pour tous les animaux en général, surtout pour ceux de travail.

Si le fait de physiologie générale que j'avance ici sur les naseaux est incontestable en général pour tout naturaliste sérieux, son exactitude est bien plus rigoureuse encore quand il s'agit du genre cheval. Les animaux de ce genre, en effet, tels que le cheval, l'âne, l'hémione, le dauw, etc., ont une organisation particulière du voile du palais et de l'épiglotte, qui ne permet pas le passage de l'air par la bouche; que ce soit pour l'expiration ou pour l'inspiration, l'air passe intégralement par les naseaux; la bouche ne saurait y suppléer, comme on le voit dans les autres animaux, surtout dans les temps des chaleurs. Cette spécialité d'organisation exige donc, chez le cheval, la plus grande dimension possible des naseaux, pour suffire en toute occasion au passage de l'air nécessaire à une bonne respiration.

Lorsque, par suite de maladie ou d'accident, les naseaux ou les cavités nasales du cheval diminuent de diamètre, l'animal a la respiration difficile, parcequ'il ne peut pas suppléer au défaut de diminution de ces ouvertures en aspirant par la bouche; si elles s'obstruent, le cheval est asphyxié; on ne peut prévenir sa mort instantanée que par une opération appelée la *trachéotomie*. — V. ce mot.

La dilatation des naseaux est donc, dans le cheval surtout, un indice de la capacité de la poitrine; elle est une beauté chez lui. Les chevaux de sang ont ces ouvertures dilatées, notamment lorsqu'ils sont en action.

Les naseaux du cheval peuvent être le siége d'écoulements de liquides de nature diverse, quelquefois purulente, de couleur et de consistance variées. Leur intérieur est quelquefois ulcéré partiellement; dans ce cas, on devra s'assurer si ces symptômes ne seraient pas ceux de maladies différentes confondues sous le nom de morve. — V. *Morve*.

NASSE. Sorte de filet pour la pêche. On fait des nasses soit en fil, soit en osier. Ces filets sont disposés de manière à laisser entrer le poisson et à ne pas le laisser sortir. La pêche à la nasse est souvent mise en pratique dans les campagnes, parcequ'elle n'exige pas de perte de temps. On tend les nasses le soir, lorsqu'il est nuit, et c'est au point du jour qu'on va prendre le poisson qui y est entré.

NASTURCE. Genre de plantes de la famille des crucifères.

C'est dans ce genre que se trouve le cresson de fontaine, dont on fait des cressonnières. — V. *Cresson*, *Cressonnière*.

NATIF. (*Métal natif.*) On donne le nom de natifs aux métaux dont on trouve des fragments tout formés dans la nature. On rencontre du fer, de l'or natif, etc., dans certaines régions du globe, notamment en Californie.

NATURALISATION. Pratique agricole qui consiste à adopter et faire produire des végétaux ou des animaux exotiques importés dans un pays nouveau pour eux. On a cherché à établir une différence entre les mots *naturalisation* et *acclimatation*. Le mot *naturalisation* comporterait l'idée des conditions où se trouvent un végétal et un animal importés qui vivent et se multiplient dans leur nouvelle patrie, tandis que le mot *acclimatation* s'appliquerait aux mêmes individus vivant, mais ne se reproduisant pas dans les lieux où ils ont été conduits. Nous ne pensons pas que l'on puisse adopter cette différence en agriculture, et nous considérons ces deux mots comme synonymes.

La naturalisation a été et est encore une des opérations qui doivent le plus intéresser l'agriculture et l'industrie. Dans nos climats, presque tous nos animaux domestiques, en effet, ont été naturalisés. Une infinité de végétaux, de fruits, sont dans le même cas. A l'exception des fourrages naturels et de quelques essences de bois, nous devons à la naturalisation presque tous les produits de notre sol. La plus grande partie de nos espèces végétales et de nos espèces animales, sans en excepter les oiseaux de basse-cour, sont naturalisés chez nous. C'est surtout aux naturalistes voyageurs que nous devons en général ces bienfaits. Bosc, qui fut professeur au Muséum d'histoire naturelle de Paris, a cherché à établir dans un travail très remarquable, publié dans une édition d'Olivier de Serres, 2me vol., p. 597, que, si la France venait à être privée tout à coup de tous les sujets cultivés ou élevés par suite de leur naturalisation, les quatre-vingt-dix centièmes de sa population seraient immédiatement réduits à périr de famine. En effet, nous avons naturalisé le blé, le seigle, l'orge, l'avoine, le riz, le maïs, le chanvre, le lin, la plus grande partie de nos légumes, de nos arbres fruitiers, de nos vignes; et quant aux animaux, nous les devons presque tous à la naturalisation.

Comment donc se fait-il, comme le dit M. Isidore Geoffroy Saint-Hilaire dans son remarquable travail sur l'acclimatation et la naturalisation des animaux domestiques, que nous sommes si peu soucieux de naturaliser tant d'autres sujets du règne végétal et animal qui nous manquent encore et qui sont adoptés avec tant de succès dans diverses autres parties du globe ? La Société zoologique d'acclimatation s'est emparée de cette idée immense d'avenir. M. Isidore Geoffroy, président de cette assemblée, en a fait admirablement ressortir toute l'importance dans un discours prononcé à la première réunion de la Société, le 10 février 1854. — V. *Acclimatation*, *Animaux*.

NATURALISTE. Savant qui s'occupe d'histoire naturelle. Le naturaliste et le cultivateur se rapprochent plus l'un de l'autre par leurs travaux qu'on ne le pense vulgairement. Si le naturaliste étudie dans son cabinet ou dans ses voyages tous les corps de la nature, le cultivateur cherche à produire tous ceux qui peuvent servir à nos besoins. C'est toujours la science de la nature qui est en œuvre : d'un côté dans sa partie théorique, spéculative ; de l'autre, dans sa partie pratique, positive, appliquée au bien-être de l'homme. Et ce dernier point de vue des sciences naturelles n'est pas celui qui intéresse le moins l'humanité, car elle y trouve les éléments indispensables à sa vie, inséparables de son existence, morale et physique. —V. *Acclimatation, Agriculture*, *Naturalisation*, *Production*.

NATURE. Mot indéfini, indéfinissable. On entend par nature l'univers, dont la faiblesse de l'intelligence de l'homme est loin de comprendre l'immense étendue. Cet univers est gouverné, dans son ensemble comme dans ses détails, par les lois immuables que le Créateur lui a imposées, et que, pour notre bonheur et notre bien-être, nous devrions mieux étudier et mieux comprendre. En nous créant, Dieu nous a donné l'intelligence nécessaire pour connaître les ressources que la nature met partout à notre disposition, sur la terre comme dans ses entrailles, dans la profondeur des mers comme sur sa surface et dans les hauteurs de l'atmosphère. Si nous ne savons pas les appliquer aux conditions de notre vie, c'est notre faute. N'en avons-nous pas la preuve tous les jours par les nouvelles découvertes que la science met aujourd'hui plus que jamais à la disposition de l'humanité? Qui peut prévoir ce qui est réservé aux méditations de l'homme dans les siècles futurs, d'après ce que nous avons déjà vu il y a un demi-siècle à peine! — V. *Acclimatation*, *Animaux*, *Électricité*, *Naturalisation*, *Production*, *Végétaux*, *etc.*

On emploie quelquefois le mot *nature* pour spécifier les conditions d'un objet. On dit qu'un corps, une substance, sont de bonne ou mauvaise nature. Un terrain est de nature granitique, schisteuse, etc. — On a aussi improprement appelé espèce bovine de nature celle qui a des qualités de tissus, une finesse, qu'on n'observe pas dans les animaux à tissus grossiers et épais, caractérisant certaines races rustiques qu'on a surnommées *de haut cru.* — V. *Bœufs*, *Bovines (espèces)*.

NATUREL, ELLE. Indépendant de l'art; on dit une loi naturelle, une prairie naturelle. Les lois naturelles devraient être étudiées avec soin par les cultivateurs; ils y puiseraient des connaissances qui les éclaireraient sur une infinité de phénomènes qui les frappent tous les jours, et dont ils ne peuvent se rendre compte, parcequ'ils en ignorent la cause. Les lois naturelles sont les lois de l'univers; ce sont elles qui régissent sa marche comme celle de ses produits; elles sont donc aussi des lois de l'agriculture. Or, comment comprendre et pratiquer un art dont on ignore les lois naturelles jusque dans leurs plus simples applications? La négation du progrès en agriculture, partout où elle n'avance pas, n'a pas d'autre cause. — V. *Agriculture*, *École*, *Ferme-école.*

NAVARRIN (*Cheval*). Les Pyrénées élevaient anciennement une race de chevaux de selle très estimée, connue sous le nom de race navarrine; elle avait quelque analogie avec la race andalouse, quoiqu'elle fût plus légère qu'elle. Cette race n'existe plus, aujourd'hui on n'en trouve plus de trace; elle a été détruite surtout par de mauvais croisements de chevaux anglais mal choisis et mal adaptés. — V. *Course*, *Croisement*, *Étalon*, *Haras*, *Perfectionnement*, *Reproducteur*, *etc.*

NAVET. Plante de la famille des crucifères. La culture a fait plusieurs variétés de navets, dont la plupart sont cultivées dans nos jardins. Leur saveur est douce et sucrée, et ils sont préparés de diverses manières pour être consommés sur nos tables. On cultive les variétés les plus grosses de navets dans les champs, comme plante sarclée, pour la nourriture des bestiaux, et notamment pour les vaches laitières. On les donne aussi aux moutons pendant l'hiver et aux porcs. Du reste, ils ne doivent pas faire la nourriture exclusive des animaux : leur tube intestinal finirait par être débilité par l'action de la substance très aqueuse et relâchante de ces racines fourragères; on les mélange avec d'autres aliments secs; quelquefois on les fait cuire, surtout pour les porcs à l'engrais, ce qui rend leur digestion beaucoup plus facile.

NAVETTE. Plante de la famille des crucifères et du genre chou. On cultive la navette pour l'huile qu'on retire de sa graine. On distingue deux variétés de cette plante : l'une se sème en automne, c'est la variété d'hiver; l'autre se sème en été. La navette a sur beaucoup d'autres plantes oléagineuses l'avantage d'être rustique et de n'être pas difficile sur le choix du terrain. La variété d'été ne reste dans le sol que de quatre-vingts à cent jours environ, ce qui permet de la cultiver dans les pays les plus froids. Du reste, la culture de la navette est assez limitée en France; elle mériterait d'être plus répandue, surtout dans les pays de montagnes élevées et froides, où les plantes oléagineuses sont généralement peu connues et réussissent difficilement.

NAVICULAIRE. (*Os naviculaire.*) Nom d'un petit os placé en travers sous l'os du pied : cet os sert de poulie de renvoi au tendon qui va s'insérer sous le dernier phalangien, et consolide l'articulation de cet os avec le deuxième phalangien. L'os naviculaire est souvent le siége d'une boiterie qui a été long-temps ignorée; elle est connue aujourd'hui sous le nom de maladie naviculaire. M. Loiset de Lille, ancien représentant du Nord, a beaucoup contribué à éclaircir ce point obscur des boiteries chez le cheval.

NAZ. (*Mouton de Naz.*) La race mérine de Naz est une des races qui fournissent la laine la plus fine que l'on connaisse; elle est élevée et entretenue à la ferme de Naz, dans le département de l'Ain. Sa taille est petite; elle est peu rustique, presque chétive; mais la qualité de sa toison tend à compenser ce défaut. Le principal mérite de cette race est dans la finesse extrême de sa laine, d'ailleurs peu abondante.

NÉCROSE. On donne le nom de nécrose à une partie d'un os qui est morte et s'exfolie.

NÈFLE. Fruit du néflier.

NÉFLIER. Arbre de la famille des rosacées. Le néflier donne des fruits d'une âpreté telle, avant leur état de parfaite maturité, qu'il est impossible de les manger; on est obligé d'attendre qu'ils soient blets pour les consommer; dans ce cas, les nèfles sont d'un goût assez agréable.

Le bois du néflier est très dur et très résistant. On s'en sert surtout, dans nos campagnes, pour faire des bâtons et des manches de fouets.

NEIGE. Eau glacée qui s'est solidifiée par le froid dans les hauteurs de l'atmosphère, et tombe par flocons cristallisés en aiguilles. Dans les pays élevés et froids, où les gelées d'hiver sont intenses, la présence de la neige sur le sol est utile pour y protéger les récoltes; elle y forme une couche plus ou moins épaisse qui y conserve une température égale pendant tout le temps qu'elle existe. Dans les montagnes élevées, les cultivateurs observent que, lorsque leurs récoltes ne sont pas couvertes par la neige pendant les fortes gelées d'hiver, elles sont moins abondantes. Dans les montagnes déboisées, l'abondance de la neige cause quelquefois des avalanches qui portent la destruction et la mort partout sur leur passage. Dans les Pyrénées, les Alpes, des sinistres de cette nature ne s'effacent jamais de la mémoire des pays, des villages qui en ont été victimes. — V. *Avalanche.*

NEIGÉ. Terme dont on se sert quelquefois dans le signalement des animaux. L'effet produit par des mouchetures de poils blancs ressemblant à des flocons de neige tombés sur une robe foncée a donné l'idée de se servir du mot *neigé* pour caractériser cette particularité. Ainsi on dit qu'un cheval ou tout autre animal est neigé à la croupe, aux flancs, lorsque ces régions de leur corps ont ces marques distinctives. — V. *Signalement.*

NÉNUPHAR. Plante de la famille des nymphacées. Le nénuphar croît dans les étangs et sur les bords des rivières tranquilles. On en distingue deux variétés : l'une donne une belle fleur blanche, et l'autre une fleur jaune. La racine du nénuphar contient beaucoup de fécule, qui n'est point utilisée.

NÉPHRITE. Nom donné, en médecine des animaux, aux maladies des reins. La néphrite cause souvent, aux chevaux surtout, de violentes coliques. On les combat par des saignées, des lavements émollients ou narcotiques, et par des cataplasmes de même nature appliqués sur les reins.

NERFS. Les nerfs forment de petits cordons qui, se réunissant les uns aux autres à mesure qu'ils s'approchent de la moelle épipière et du cerveau, vont se confondre dans la substance de ces deux centres nerveux. Ces organes portent partout l'élément de la sensibilité et du mouvement; ils constituent une sorte de télégraphe électrique qui communique au foyer de la pensée la nature du sentiment que ses fils ont éprouvé au point où ils ont été mis en contact avec les corps extérieurs.

Les nerfs sont de denx espèces bien distinctes : les uns président à la sensibilité, les autres au mouvement. Cela est si vrai que l'on voit souvent des hommes comme des animaux avoir des membres privés de mouvement sans y être privés de sensibilité; dans d'autres cas, le mouvement peut exister là où la sensibilité a disparu. Du reste, des expériences faites et répétées à ce sujet ne laissent aucun doute à cet égard.

Parmi les preuves qui se reproduisent assez souvent sur ce fait, la névrotomie (V. ce mot) peut être une des plus concluantes pour tout le monde.

Lorsqu'un cheval boite depuis long-temps à la suite d'une cause qui rend la boiterie incurable, ou découvre le nerf qui porte la sensibilité au pied malade, on en fait la section, et l'animal est guéri de sa boiterie comme par enchantement, il ne boite plus. Le nerf coupé ne communique plus au cerveau le sentiment de la douleur éprouvée avant sa section : c'est un fil électrique coupé, interrompu; il ne transmet plus au centre la douleur éprouvée au pied avec lequel il n'est plus en communication.

Les fonctions des nerfs sont de la plus haute importance. C'est par leur influence que s'opèrent toutes les fonctions de la vie des animaux; c'est par leur action sur les divers organes de l'économie animale que s'opèrent la digestion, la respiration, la circulation, les sécrétions, etc.; c'est par l'influence nerveuse que s'opère la locomotion, au moyen des muscles du système osseux; c'est par elle que la sensibilité existe dans les animaux, que leurs yeux perçoivent la lumière, leurs oreilles les sons. Aussi, quand par suite d'une maladie spéciale ou d'un accident causé par des contusions ou des blessures, l'action d'un nerf est suspendue, la fonction à laquelle il présidait est anéantie; et, si cette fonction était indispensable à la vie, comme la respiration, la circulation, etc., la mort en est la conséquence essentielle.—V. *Cerveau, Rachidien.*

Les nerfs se présentent d'abord sous la forme de cordons blancs, arrondis, plus ou moins gros, suivant qu'ils sont près du cerveau ou de la moelle épinière qui les fournissent. Ils se divisent et se subdivisent à l'infini à mesure qu'ils s'éloignent de leur origine. A la peau ils sont d'une ténuité extrême, et à tel point qu'une pointe d'aiguille la plus fine ne saurait atteindre le derme sans en blesser plusieurs filets; nous sommes avertis de ce fait par la douleur que nous en éprouvons. Les nerfs sont ainsi divisés dans tous les tissus de l'organisation animale, et ils y sont les agents de l'élément encore inconnu qui a quelque analogie avec l'électricité et sans lequel la vie serait impossible dans le règne animal.

NERF-FERRURE. On a donné le nom vulgaire de nerf-ferrure à une maladie des tendons des chevaux causée par des blessures, des contusions ou des distensions à la suite d'accidents ou de violents efforts. On doit combattre les nerfs-ferrures, d'abord par le repos, par des émollients, au début de la maladie, ensuite par des astringents; et, quand ces moyens ne réussissent pas, on emploie souvent le feu. — V. *Distension, Engorgement, Tendon.*

NÉRION. Genre de plantes de la fa famille des apocynées. Ce genre comprend le laurier rose, si commun dans les lieux humides en Afrique et en Italie. Cet arbrisseau est cultivé en France comme plante d'ornement.

NERPRUN. Genre de la famille des rhamnées. Les fruits du nerprun ont une propriété purgative qui les fait quelquefois employer en médecine vétérinaire. On en fait un sirop, que l'on donne surtout aux chiens pour les purger.

NERVEUX. Qui a rapport aux nerfs. Le système nerveux comprend tous les nerfs de l'économie animale, quelles que soient leurs fonctions. — V. *Nerf*.

Un animal est dit nerveux lorsqu'il est irritable, et que, soumis au travail, il est ardent au point de se fatiguer et de s'user rapidement. Ces sortes d'animaux ont non seulement besoin de ménagement, mais d'être traités avec douceur par ceux qui les conduisent ou qui les soignent; s'ils sont maltraités, ils deviennent quelquefois méchants, et, dans tous les cas, ils sont rapidement usés au travail, surtout lorsqu'on abuse de leur bonne volonté.

NÉVRALGIE. On nomme névralgie une maladie occasionnée par une douleur, sans pouvoir bien déterminer sa cause ni son traitement. Les névralgies, dans l'homme comme dans les animaux, ont toujours été un échec à l'art de guérir. On pense qu'elles sont une affection des nerfs : or rien n'est encore plus obscur que la question des maladies dites nerveuses.

NÉVROTOMIE. Opération chirurgicale qui consiste à couper un nerf. On pratique quelquefois la névrotomie dans le cheval, pour le guérir, du moins en apparence, d'une maladie du pied qui lui cause une boiterie incurable. Cette opération est fort simple : on découvre le nerf plantaire qui se rend au point douloureux du pied du cheval; on le coupe, et l'on intercepte ainsi le sentiment de douleur locale qui était transmis par le nerf, du point malade au cerveau. — V. *Nerf*.

NEZ. V. *Naseau*.

NEZ (*Bout du*). Dans le cheval on nomme bout du nez la partie qui s'étend des naseaux jusqu'au bout de la lèvre supérieure. Le bout du nez du cheval forme une espèce d'appendice, un rudiment de trompe très mobile, dont il se sert pour saisir l'herbe ou le fourrage. Les chevaux de sang, les mulets et les ânes, ont le bout du nez très distinct. Dans les races communes, il est peu caractérisé et confondu avec la lèvre supérieure.

NICOTIANE. V. *Tabac*.

NIELLE. (*Gitage*.) Nom donné vulgairement aux graines noires de l'agrostème (gitage) qui croît dans les blés. La nielle n'est pas malfaisante par sa farine, mais l'écorce noire de sa graine nuit à la blancheur du pain, et, par conséquent, à sa qualité marchande. On dit même qu'il lui donne une saveur légèrement amère, ce que je n'ai jamais eu occasion d'observer. Le criblage, un bon assolement et le sarclage, sont des moyens assurés de purger les blés de la nielle qui les salit.

NIELLE DES BLÉS. V. *Carie*, *Charbon*, *Chaulage*, *Sulfatage*.

NITRE (*Sel de*). (*Nitrate de potasse.*) Le sel de nitre, composé d'acide nitrique et de potasse, est employé en médecine vétérinaire comme diurétique pour provoquer la sécrétion et l'évacuation des urines. C'est surtout dans les maladies des reins et dans les rétentions d'urine qu'on en fait usage.

NIVEAU. Instrument dont on se sert en agriculture pour juger du degré d'inclinaison d'une pente ou de l'horizontalité du sol. Un niveau est indispensable dans une ferme pour les irrigations. Il est impossible, en effet, de pouvoir, sans un niveau, mesurer, régler, la quantité de pente qu'on veut donner à un cours d'irrigation ou à une rigole. On se sert aussi de cet instrument pour tracer des chemins d'exploitation dans les terrains en pente.

NIVELER. Aplanir un terrain de manière à en rendre l'exploitation plus facile. On nivelle surtout les prairies, pour rendre les irrigations plus uniformes.

NIVELLEMENT. Opération qui consiste à niveler un sol. Quand on veut tracer des canaux d'irrigation, des rigoles d'arrosement, on commence d'abord par faire les nivellements indispensables aux irrigations.

NIVERNAIS (*Races du*). Le Nivernais avait jadis une race de chevaux très énergique, qui était connue sous le nom de race morvandelle. Ce type précieux est totalement détruit aujourd'hui; il est remplacé par des animaux sans caractère spécial au pays. Les mauvais croisements qui ont été faits avec des étalons de mauvaise nature ou mal adaptés au Nivernais en sont une des principales causes.

La race de bœuf qui domine aujourd'hui dans le Nivernais est la race charolaise. — V. *Charolais.*

NOCTUELLES. Insectes lépidoptères qui ravagent pendant la nuit les végétaux dont ils se nourrissent. Les seigles, les choux, les pois, la laitue, l'oseille, etc., sont dévorés par des noctuelles, qui se cachent pendant le jour sous les feuilles, les pierres, etc.

NOCTURNE. Nom donné aux fleurs qui ne s'ouvrent que pendant la nuit, comme le nyctage (belle de nuit du Pérou).

Plusieurs oiseaux de proie, comme l'orfraie, le hibou, etc., sont aussi distingués sous le nom d'oiseaux de proie nocturnes. — V. *Chouette, Hibou.*

NOEUD. Sorte de renflement observé quelquefois dans les tiges des végétaux : les graminées en offrent des exemples. Le tissu des nœuds est toujours plus dur et plus dense que celui des autres parties des tiges.

NOIR ANIMAL. Le noir animal des raffineries de sucre est un excellent engrais. Il doit au sang coagulé qu'il contient, et qui a été employé avec le charbon pulvérisé pour clarifier les sirops de sucre, la fertilité qu'on lui a reconnue. Il y a trente ans à peine, les raffineurs faisaient des frais pour faire enlever le noir des lieux où ils le déposaient. Mais, grâce à la science, ses propriétés fertilisantes ont été reconnues, et aujourd'hui l'agriculture achète cette substance à raison de 12 à 14 fr. l'hectolitre, pour fumer les terres. La France ne produit pas assez de noir animal pour la consommation qui en est faite ; elle en importe de grandes quantités de diverses contrées de l'Europe, et même, assure-t-on, du nord de l'Amérique. La Bretagne, la Normandie, le Poitou, etc., emploient le noir animal en grande quantité.

Comme toutes les denrées, et surtout comme une infinité d'engrais livrés par le commerce, le noir animal est souvent falsifié. On le mélange de tourbe carbonisée, de houille, de schiste, de terreau, de sable fin, de sciure de bois, etc. On aura soin de faire étudier les échantillons, et de les faire analyser par des chimistes habiles, pour ne pas être dupe de la fraude, contre laquelle une loi spéciale fut votée par l'Assemblée législative.

NOIR. Dans le midi de la France, on dit que les feuilles d'olivier sont attaquées par le noir lorsqu'elles noircissent en automne. Plusieurs arbres d'autres essences sont atteints par cette maladie, causée par la présence de champignons parasites et la poussière qui s'attache aux feuilles. On ne connaît d'autre remède à ce mal que la section des branches malades.

NOIR. Couleur noire de la robe des animaux. Suivant la nuance, le noir est distingué sous les noms de jayet, franc, mal teint. Le noir est miroité lorsque des reflets partiels se font remarquer sur le fond de la robe. — V. *Miroité*.

NOIR MUSEAU. Nom d'une maladie de la peau, espèce de dartre, qui a son siége au nez des moutons. Le noir museau gagne le chanfrein, la tête et d'autres parties du corps, lorsqu'on néglige d'y porter remède; les agneaux sont généralement plus sujets à cette maladie que les adultes. On traite le noir museau avec des préparations sulfureuses, avec des pommades soufrées, l'huile de cade, etc.

NOISETIER. Arbrisseau de la famille des amentacées (cupulifères). Le noisetier, très commun dans les bois, les haies, les tertres, croît sous tous les climats de l'Europe; on le trouve dans tous les pays de France. Il produit la noisette, dont l'amande est assez estimée pour son goût agréable. Le bois du noisetier, très souple, très flexible, sert à faire des paniers, des claies et divers autres ouvrages de vannerie. La culture en a fait plusieurs variétés pour en obtenir les fruits. Le noisetier pousse très vite; on peut en faire des coupes fréquentes dans les tertres et les bois, et les disposer en fagots pour en faire des feuillards. Les moutons en mangent les feuilles sèches, et les branches sont utilisées pour le chauffage du four ou dans les cuisines des fermes.

NOIX. Fruit du noyer. — V. *Noyer*.

NOIX (*de galle*). Excroissance globuleuse qui se développe sur les feuilles de certains chênes à la suite de la piqûre d'un insecte qui y dépose des œufs. C'est surtout dans le Levant qu'on récolte la noix de galle. Le tannin qu'elle contient rend son emploi très utile dans l'industrie. On se sert de la noix de galle pour la fabrication de l'encre.

NOIX (*vomique*). Fruit d'un arbre qui croît dans plusieurs contrées de l'Inde. Cet arbre, connu sous le nom de vomiquier, est de la famille des strychnées. La noix vomique est un poison violent pour les carnivores. On l'emploie pour empoisonner les loups, les renards et les chiens; pour détruire ces animaux, il suffit de réduire la noix en poudre, et d'en saupoudrer de la viande, et souvent des cadavres d'animaux qu'ils dévorent dans les campagnes.

NORIA. Machine hydraulique simple, composée d'une chaîne sans fin à laquelle sont fixés des pots ou des augets. Cette chaîne tourne sur un cylindre ou sur une roue mis en mouvement soit par des animaux, soit par un système de moulin à vent. La noria est très usitée en Afrique et dans le midi de la France.

NORMANDES (*Races*). La Normandie avait jadis des races de chevaux bien distinctes par leurs caractères; ces races étaient propres à la selle et au carrosse. Les races de selle étaient surtout dans l'Orne, et celles de carrosse dans le Calvados. Des mélanges, des croisements inconsidérés, ont détruit tous les caractères des races normandes; elle n'existent plus. Les chevaux élevés aujourd'hui en Normandie peuvent être vendus pour chevaux de toute provenance; beaucoup d'entre eux passent pour chevaux anglais à Paris. Le cheval de trait percheron commence à se répandre en Normandie; déjà il est en progrès depuis quelques années dans l'Orne, où il remplace l'ancien cheval du Merlerault.

Les races bovines normandes sont précieuses pour la production du lait, du beurre, et pour la boucherie; mais elles ne sont pas bonnes travailleuses. — V. *Carrossier*, *Cotentin*, *Merlerault*, *Percheron*.

NOSTALGIE. Maladie qui a pour cause, dans l'espèce humaine, les souffrances morales, la douleur d'avoir quitté le pays natal. Quoique cette affection n'ait pas été bien observée dans les animaux, on ne peut cependant pas douter des regrets, de la douleur que manifestent certains individus conduits loin des pays où ils ont été élevés. Ces exemples sont fréquents, surtout dans l'espèce bovine. On voit des vaches témoigner leur ennui par des mugissements, l'anxiété, la diminution de leur lait, et même l'amaigrissement; elles s'échappent quelquefois malgré les gardiens en franchissant les barrières des herbages, et elles reviennent aux étables où elles ont été élevées. Des chiens volés ont fait de grands trajets, après avoir été long-temps retenus à l'attache, pour revenir à la maison de leurs maîtres, qu'ils n'avaient cessé de regretter, de pleurer.

Il y aurait certainement de belles et curieuses observations à faire sur la nostalgie des animaux, souvent si susceptibles d'attachement, non seulement pour les lieux où ils sont nés, mais pour ceux qui les ont élevés et soignés.

NOURRISSEUR. Nom donné, aux environs de Paris, aux industriels qui entretiennent dans les étables des vacheries pour livrer leur lait à la consommation de la capitale. Depuis l'établissement des chemins de fer, l'industrie des nourrisseurs tend à se restreindre; on envoie, de plusieurs points à portée des chemins de fer, dans les grands centres de consommation, du lait qui fait une concurrence avantageuse à celui des vacheries entretenues dans les villes ou leur voisinage. Du reste, le lait de ces dernières n'est généralement pas de bonne qualité, ce qui est dû à la manière dont les vaches sont entretenues dans leurs étables. — V. *Hygiène, Pommélière, Stabulation.*

NOURRITURE. La question qui se rattache à l'étude de la nourriture des animaux est une de celles qu'il importe le plus de connaître pour bien réussir dans l'industrie de la production animale. La multiplication, le perfectionnement de nos races diverses d'animaux domestiques, dépendent, en effet, des conditions de la nourriture qu'ils consomment; il n'y a pas de progrès possible, sous ce rapport, si elle est insuffisante ou de mauvaise qualité. Nous ne sommes pas encore assez pénétrés de cette idée en France, et c'est là une des causes qui s'opposent le plus à l'amélioration que nous cherchons à obtenir dans l'élevage de nos différentes espèces. Lorsque nous voyons de beaux types d'animaux, nous devrions être toujours convaincus que la manière dont ils ont été nourris est le point de départ de l'état de perfectionnement qui les fait distinguer, et nous ne devrions jamais songer à nous servir de ces types si séduisants comme reproducteurs pour perfectionner nos espèces, qu'après avoir bien étudié le régime auquel ils ont été soumis. Si nous avons vu tant de déceptions dans nos campagnes à la suite d'importations de reproducteurs de tous les sexes, et surtout des étalons pour améliorer nos diverses espèces chevalines et bovines, elles sont généralement la conséquence du régime mal approprié auquel ont été soumis leurs produits. Je n'ai pu trouver en France que de très rares exceptions à cette règle de zootechnie. Quand on les observe, on peut les attribuer aux mauvais croisements ou accouplements qui ont été faits. — V. *Accouplement*, *Croisement*.

La nourriture consommée par nos animaux domestiques est végétale ou animale.

La nourriture végétale se compose d'herbe verte ou sèche, de paille, de feuilles, de fruits, de racines, de graines ou de leurs résidus connus sous les noms de marcs, de tourteaux, de pulpes, etc.

Les propriétés comme les qualités nutritives de toutes les substances qui forment la nourriture végétale des animaux sont loin d'être les mêmes ; elles diffèrent, au contraire, dans de grandes proportions ; et dans les espèces sauvages comme dans le plus grand nombre de nos animaux domestiques, ce sont ces différences qui, unies aux influences climatériques, forment les différentes variétés de races comprises dans les genres. Ainsi un mouton, un bœuf, un cheval, etc., élevés dans les pâturages de la Flandre, diffèrent de ceux que l'on observe dans les Ardennes ; ceux du Poitou diffèrent de ceux du Morvan, comme ceux de la Bretagne diffèrent de ceux de la Normandie. Cette variabilité des espèces est la conséquence essentielle de l'influence de la nourriture ; ce fait est si vrai, que souvent on l'observe dans un même village chez des animaux soumis à des conditions climatériques identiques. Tout le monde sait, par exemple, qu'un cheval de même race, qui est nourri avec un bon fourrage substantiel, contenant beaucoup de principes nutritifs dans un volume donné, et qui consomme de l'avoine, se développe bien ; son système musculaire est plus puissant, plus ferme ; son ventre est plus petit ; son poil est plus court, plus fin ; sa taille est plus élevée que chez un autre cheval de même race, nourri avec de l'herbe, des fourrages grossiers et sans grain. Celui-ci aura un gros ventre ; ses muscles, moins développés, seront plus mous, plus flasques, et il ne prendra ni l'accroissement ni la vigueur de son congénère, mieux nourri que lui. Il n'est pas un éleveur qui n'ait eu occasion de se convaincre de cette vérité, partout où il aura voulu le faire.

Les quantités relativement nutritives des végétaux, sans pouvoir être d'abord rigoureusement déterminées, ne sont cependant pas tout à fait ignorées des praticiens éclairés et observateurs qui les étudient avec attention. Ainsi, à l'aspect d'une botte de fourrage, de la composition des plantes d'une prairie comme à celle de leur nature, à l'examen des grains, notamment des avoines destinées à la nourriture des animaux, on juge de leurs qualités. Ainsi, un foin qui est fin, composé de graminées et de légumineuses, d'une odeur agréable, appétissante pour les animaux, sera plus nourrissant qu'un fourrage composé de plantes grossières et dures, qui appartiennent surtout aux familles des cypéracées, des renonculacées, des ombellifères, etc.

De même, une avoine dont le grain est bien nourri, luisant, lourd à la main, alimentera mieux un animal que celle dont les grains légers, menus, ont l'écorce terne, souvent ridée, et dont l'odeur de moisi est repoussante.

Les substances animales donnent toujours une nourriture relativement plus nutritive que les substances végétales; mais elles contribuent peu à l'alimentation de nos herbivores domestiques. Le porc seul et les volailles les consomment quand on peut s'en procurer. Les porcs, par exemple, se nourrissent volontiers avec de la viande. J'en ai vu à l'école vétérinaire d'Alfort qui ne recevaient pour toute nourriture que la chair des chevaux abattus pour les études faites à cet établissement. Il paraît que, dans divers clos d'équarrissage, on profite des débris des animaux abattus pour l'élevage des porcs.

Quant à la volaille, tous ceux qui se livrent à l'industrie de leur élevage savent combien elle est avide de viande et combien cette nourriture hâte la croissance des élèves. J'ai fait moi-même cette expérience sur des canards, en Afrique. J'étais parvenu à faire prendre presque tout leur développement normal à de jeunes canards de vingt-cinq à trente jours après leur naissance, en les nourrissant avec des intestins de bœuf.

Cependant, d'après les observations qui ont été faites à ce sujet, la nourriture animale ne doit pas être donnée aux animaux jusqu'à l'époque où ils seront livrés à la consommation ; leur engraissement doit être terminé avec une nourriture végétale. Sans cette précaution, leur chair a une odeur forte et désagréable qui la fait déprécier.

Pour bien remplir toutes les conditions d'une bonne nutrition, la nourriture des animaux doit être variée. Si on veut être convaincu de ce fait, on n'a qu'à étudier la nature, qu'à voir les aliments divers qu'elle met à la disposition des herbivores. Examinons les herbages, les prairies, dans leur détails, et nous verrons que les plantes qu'ils renferment sont variées à l'infini. Cela se comprend facilement : les animaux, étant composés d'éléments hétérogènes, avaient besoin, pour s'entretenir, d'éléments différents qui ne peuvent leur être fournis que par des végétaux contenant des principes divers. Le lait, qui est la nourriture exclusive des jeunes animaux, réunit les conditions nécessaires à une bonne nutrition. La nature a été prévoyante dans cette circonstance comme en tout autre cas : les jeunes sujets ne pouvant digérer d'abord que du lait, il fallait que cette substance renfermât tous les éléments propres à leur alimentation.

Les règnes végétal et animal ne sont pas les seuls qui fournissent de la nourriture aux animaux : le corps de ceux-ci, en effet, contient des sels minéraux, notamment des sels calcaires, des substances métalliques, terreuses, etc. Les os, par exemple, sont alimentés avec du phosphate de chaux. Cependant les animaux ne mangent pas des minéraux ; les seules substances minérales qu'ils prennent sont l'eau et le sel marin, dont ils sont généralement très avides, les ruminants surtout. Ils trouvent les substances minérales qui sont essentielles à leur nourriture toutes préparées dans les végétaux. Ceux-ci semblent en effet chargés de prendre dans le sol cette substance, pour la tenir à la disposition des animaux qu'ils nourrissent. — V. *Aliment*, *Animal*, *Digestion*, *Équivalent*, *Fourrage*, *Hygiène*, *Mélange*, *Montagne*, *Nutrition*, *Perfectionnement*, *Reproduction*.

NOYAU. Enveloppe ligneuse plus ou moins dure de la graine de certains fruits. Les fruits du pêcher, du prunier, de l'amandier, de l'aubépine, etc., ont des noyaux.

NOYER. Arbre de la famille des juglandés. Le genre noyer comprend plusieurs variétés, originaires des pays chauds; il supporte cependant une température assez basse. Le plus répandu de tous les noyers est le noyer commun, importé de temps immémorial de l'Asie. Il forme un des arbres les plus précieux et les plus agréables de nos cultures, tant par son port et son beau feuillage que par ses fruits et surtout son bois. Ses fruits (noix) sont employés par les confiseurs, quand ils commencent à être formés (brou), pour en faire des conserves. On fait aussi avec le péricarpe de la noix une liqueur qui stimule les fonctions de l'estomac, et par conséquent la digestion. La propriété de cette liqueur est due aux principes toniques et stimulants contenus dans l'enveloppe de la noix, vulgairement connue sous le nom de brou. On consomme les noix fraîches sous le nom de cerneaux, et, quand elles sont mûres et sèches, on en extrait une huile utilisée dans les ménages, soit pour assaisonner des aliments, soit pour l'éclairage ou pour les autres usages domestiques.

Le bois de noyer est un des plus précieux que nous connaissions par la beauté de son tissu, et par les veines, les dessins qu'il figure. Il est liant, doux, facile à travailler avec tous les instruments, très léger et cependant solide. Les tourneurs, les ébénistes, les sculpteurs, les armuriers, les boisseliers, les sabotiers, les carrossiers, les charrons, les luthiers, le recherchent pour leurs travaux divers. Toujours ils se félicitent de son emploi. Ce bois n'est pas susceptible de se déjeter ni de se fendre, comme tant d'autres, et c'est là ce qui fait l'une de ses qualités les plus précieuses pour les diverses industries qui l'emploient.

Comme nature de bois, comme produit et comme arbre d'ornement, le noyer est une des plus utiles importations qui aient été faites de l'Orient dans nos climats.

NUAGES. Brouillards dans les hauteurs de l'atmosphère. Comme les brouillards, les nuages sont formés par l'eau en vapeur qui forme des globules plus légers que l'air, ce qui explique leur ascension. Lorsqu'ils se chargent d'électricité, les nuages produisent les éclairs et le tonnerre. — V. *Eclair, Electricité, Tonnerre.*

Les nuages sont les générateurs de la pluie, des orages, de la grêle, de la neige. Dans l'été, les cultivateurs s'attachent à l'étude de la direction qu'ils suivent; ils savent très bien distinguer, dans les montagnes surtout, les nuages qu'ils doivent redouter dans leurs conséquences; ils se guident d'après leur hauteur, leur couleur, etc. La nature des vents qui les chassent est surtout, pour eux, un pronostic souvent assuré. — V. *Pronostic*.

NUPHAR. V. *Nénuphar*.

NUQUE. On donne le nom de nuque, en extérieur des animaux domestiques, à la région de la tête qui est au dessus et en arrière du crâne, et qui forme son sommet. Dans le cheval, la nuque est exposée à une maladie qu'on appelle mal de taupe; ce mal est quelquefois très grave, à cause de son voisinage de la moelle épinière; on devra donc s'assurer de l'intégrité de cette région de la tête du cheval.

NUTRITIF. Substance nutritive, qui nourrit. Les fourrages, les grains, les fruits, etc., sont des substances nutritives. — V. *Aliment*, *Nourriture*.

NUTRITION. On entend par nutrition, en physiologie, la fonction générale par laquelle les corps organisés s'approprient les molécules assimilables destinées à leur accroissement et à réparer les pertes qu'ils font par le jeu de la vie. Cette fonction est donc le résultat de toutes les fonctions particulières qui concourent à l'entretien de la vie et au renouvellement des matériaux nutritifs indispensables à l'existence de tout être vivant. Ainsi, la digestion, qui a pour but de préparer les aliments de manière à pouvoir être assimilés; le travail des vaisseaux chylifères (absorption par lequel ces aliments sont conduits dans le torrent de la circulation); la respiration, qui élabore ces aliments et les rend nutritifs; la circulation qui les porte partout où ils doivent nourrir des organes, chacun dans sa spécialité; les absorptions, les sécrétions, les excrétions diverses, toutes ces fonctions réunies constituent la nutrition.

Toutes les substances que nous fournissent les règnes organiques sont les produits, les effets de la nutrition. C'est par elle que les animaux fabriquent la viande, le cuir, le poil, la laine, les os, la corne, la graisse, le lait, en mot toutes les substances animales que nous utilisons, soit directement, soit après avoir subi les transformations variées du commerce et de l'industrie, pour satisfaire nos besoins, nos plaisirs ou nos caprices. C'est encore par la nutrition que le règne végétal fabrique le bois, les fourrages, les grains, les fruits, les gommes, les huiles, les résines, le sucre, toutes les substances végétales si nombreuses et si variées que nous utilisons de mille manières C'est en vertu de cette fonction que les végétaux empruntent au règne minéral, au sol, par leurs racines, à l'atmosphère par leurs feuilles et leurs branches, les éléments qu'ils élaborent d'abord et qu'ils préparent de manière à pouvoir servir à notre alimentation ou aux autres nécessités de notre existence. Ces éléments sont contenus dans le règne minéral à l'état solide, liquide ou gazeux; mais l'homme comme les animaux ne peuvent pas se les approprier directement, et ce sont les végétaux, qui nous servent d'intermédiaires, qui sont chargés de les rendre propres aux usages de notre organisation physique. — V. *Absorption*, *Animaux*, *Circulation*, *Corps*, *Digestion*, *Nourriture*, *Respiration*, *Sécrétions*.

NYCTAGINÉES. Famille de plantes des climats chauds. Les nyctaginées fournissent plusieurs plantes d'ornement. Le nyctage (belle de nuit, merveille du Pérou) donne de belles fleurs, très estimées pour décorer nos parterres.

NYCTALOPIE. De deux mots grecs qui signifient *nuit* et *je vois*. Etat des animaux qui voient dans l'obscurité de la nuit. Les oiseaux de proie nocturnes chassent pendant la nuit; ils sont nyctalopes. Le chat est aussi nyctalope, ce qui lui facilite le moyen de prendre les rats et les souris dans l'obscurité. Le cheval paraît être aussi un peu nyctalope; on peut s'en apercevoir lorsque, voyageant à cheval par une nuit très obscure, nous voyons notre monture se conduire très bien dans des sentiers difficiles où nous ne pourrions pas nous reconnaître.

NYMPHACÉES. Famille de plantes qui vivent dans les eaux des étangs et sur les bords des rivières tranquilles. Les nénuphars appartiennent à cette famille.

NYMPHE. V. *Chrysalide*.

O

OBÉSITÉ. Etat d'engraissement excessif des animaux. Le chien est, dans nos espèces domestiques, le seul individu que l'on observe en état d'obésité. Les animaux de boucherie sont généralement livrés à la consommation avant d'être engraissés à ce degré.

OBIER. Arbrisseau du genre viorne et de la famille des caprifoliacées. On cultive dans les jardins l'obier, sous le nom de boule de neige, pour ses belles fleurs blanches sphériques. Ces fleurs font un très bel effet dans les bosquets et les jardins.

OCCIPITAL. Nom de l'os placé au sommet de la tête des animaux. Cet os sert de base à la nuque, et s'articule avec la première vertèbre de l'encolure. — V. *Nuque*.

ODEUR. Action des éléments odorants qui, en se dégageant des corps, déterminent une sensation spéciale sur les organes de l'olfaction des animaux. C'est à l'odeur que les animaux jugent le plus souvent de la nature des aliments, et repoussent, soit les plantes vénéneuses, soit les corps qui ne conviennent pas à leur alimentation. Aussi, lorsqu'on offre une substance à un animal, ne manque-t-il pas de la flairer, pour s'assurer si elle lui convient avant de la prendre. — V. *Olfaction*.

ODORAT. V. *Olfaction*.

OEDÉMATEUX. Tumeur œdémateuse, qui est de la nature de l'œdème. — V. *OEdème*.

OEDÈME. D'un mot grec qui signifie *se gonfler*. L'œdème est une infiltration, un épanchement de sérosité, dans les cellules du tissu ossulaire. C'est une véritable hydropisie de la partie œdémateuse. On observe souvent des œdèmes aux membres et sous le ventre des animaux dans certaines maladies qui exigent un repos prolongé. Les caractères de ces engorgements sont faciles à distinguer. Le gonflement qui en résulte n'augmente pas la chaleur du point où il se trouve; lorsqu'on le comprime avec les doigts, l'impression reste marquée par la dépression qui a été faite, comme dans un corps mou non élastique.

On combat les œdèmes par l'exercice, lorsqu'il est possible, par des frictions sèches ou toniques, et quelquefois par des scarifications, afin de donner écoulement aux liquides séreux épanchés dans les tissus qui en sont le siége.

OEIL. On nomme œil en botanique, le germe du bouton d'un végétal qui naît à l'aisselle des feuilles, entre la tige et le pétiole. Cet œil, très petit d'abord, se développe peu à peu; il forme les boutons qui doivent donner l'année suivante des feuilles, des branches ou des fruits.

On voit quelquefois un œil naître sur une tige sans feuille; il est nommé, dans ce cas, adventif ou surnuméraire.

C'est avec l'œil des végétaux qu'on greffe en écusson. — V. *Bouton*, *Bourgeon*, *Greffe*.

OEIL. Organe de la vision. L'œil est l'instrument d'optique le plus perfectionné que l'intelligence humaine puisse concevoir; il a une forme globuleuse entretenue par les liquides transparents qu'il contient; ces liquides sont de densités différentes pour les différents degrés de réfraction de la lumière. On remarque, de plus, dans cet amirable instrument, des lentilles qui ont le même but de déviation des régions lumineuses, de manière à bien peindre l'image des objets au fond de l'œil. Ces images sont fidèlement transmises au cerveau par le nerf optique; et c'est ainsi que nous percevons les corps et que nous jugeons de leurs dimensions, de leurs couleurs, de leurs formes.

D'autre part, l'œil est pourvu de toutes les conditions accessoires nécessaires pour modérer l'action de la lumière suivant sa densité. Des organes particuliers entretiennent sa souplesse, son humidité, le préservent du contact des corps étrangers capables de l'irriter et de troubler ses fonctions. — V. *Cils*, *Conjonctive*, *Cornée*, *Iris*, *Larmes*, *Paupières*, *Pupille*.

De tous les animaux, le cheval est celui dont les yeux doivent le plus attirer l'attention du cultivateur, pour deux raisons : la première, c'est que la vue de cet animal est exposée à diverses altérations que l'on n'observe pas dans les autres espèces domestiques; la seconde est dans la dépréciation d'un sujet qui a de mauvais yeux : on ne peut pas, en effet, engraisser et livrer au boucher, comme les autres herbivores domestiques, les chevaux qui ont mauvaise vue.

La maladie la plus fréquente comme la plus dangereuse pour le cheval est la fluxion périodique des yeux. Ces organes essentiels sont aussi sujets à l'amaurose.—V. *Amorause, Cataracte, Taies.*

Les caractères d'un bel œil ne sont pas inutiles à signaler ici, parcequ'ils peuvent être un guide pour juger de ses qualités.

L'une des premières conditions que l'on doit exiger des yeux d'un cheval est l'égalité de leur volume, l'identité de leur développement et celle de la dilatation de leur pupille. Lorsqu'on s'aperçoit que l'un des deux yeux est plus petit que l'autre, l'on doit toujours être en garde. Ordinairement, après un ou plusieurs accès de fluxion périodique, le globe de l'œil qui a été malade diminue plus ou moins; dans ce cas, on aura à craindre les dispositions à l'altération la plus dangereuse de la vue. On devra aussi se défier des yeux petits, dont la cornée lucide est très convexe; il peut en résulter la myopie. Beaucoup d'animaux sont ombrageux, peureux, parcequ'ils ne peuvent pas juger de l'innocuité des objets qui les effraient. — V. *Myopie.*

De petits yeux très convexes, couverts par de grosses et épaisses paupières qui manquent de souplesse dans leur jeu, ne sont jamais les indices de la beauté toujours recherchée dans les yeux des chevaux.

Un bel œil est grand, bien fendu, bien ouvert, sans excès; ses paupières sont souples, minces, recouvertes d'un duvet fin et rare. Le demi-cercle que forme chacune d'elles, et surtout la supérieure, est bien arqué, régulièrement contourné, au lieu d'offrir au dessus du grand angle une espèce de troisième angle anormal qui est souvent observé dans les animaux dits *lunatiques.* — V. *Fluxion périodique.*

OEILLÈRE. Plaque, ordinairement en cuir, fixée au montant de la bride. Cette plaque empêche les chevaux de voir sur les côtés des objets qui pourraient les effrayer. C'est surtout aux chevaux attelés aux voitures de luxe qu'on met des œillères.

OEILLET. Genre de plantes de la famille des caryophyllées. L'œillet comprend plusieurs varietés cultivées comme plante d'agrément; ses fleurs ont une odeur très recherchée, et font l'un des plus beaux ornements de nos parterres.

OEILLETTE. Variété de pavot cultivée comme plante oléagineuse. L'huile d'œillette est consommée par les ménages des campagnes; elle sert à l'assaisonnement des aliments, à faire des salades; elle remplace ainsi, dans beaucoup de cas, l'huile d'olive; on cherche même à simuler l'un de ses caractères par le mélange d'une petite quantité de beurre, qui tend à la faire figer à une température où l'huile d'olive se solidifie. La routine a fait long-temps repousser l'huile d'œillette comme ayant les propriétés narcotiques du pavot, et par conséquent comme pouvant nuire à la santé des consommateurs. La science a enfin triomphé de ce préjugé ridicule, comme elle triompha de celui qui s'opposait à l'adoption de la parmentière. En agriculture surtout, les découvertes les plus utiles, les plus profitables à l'humanité, n'ont jamais eu de plus cruel ennemi que l'ignorance.

OENANTHE. Genre de plantes de la famille des ombellifères. La plupart des œnanthes ont des propriétés vénéneuses pour les animaux, qui d'ailleurs les repoussent; ces plantes croissent surtout dans les lieux humides et aqueux.

L'œnanthe safranée, connue dans quelques pays sous le nom de ciguë aquatique, contient dans ses racines tuberculeuses un suc vénéneux très énergique.

L'œnanthe aquatique, connue sous le nom de phellandre, paraît peu vénéneuse pour le bœuf, qui la mange quelquefois. On la dit vénéneuse pour le cheval.

OESOPHAGE. L'œsophage est le long tube charnu qui se rend de l'arrière-bouche à l'estomac pour y conduire les aliments après la mastication. Il est pourvu d'un système musculaire circulaire qui, se contractant d'avant en arrière, pousse le bol alimentaire vers l'estomac, et le conduit ainsi dans ce réservoir par un mouvement péristaltique. Pendant la rumination comme pendant le vomissement des animaux, le système musculaire de l'œsophage exécute le mouvement antipéristaltique. On peut observer facilement ce mouvement de l'œsophage pendant la rumination du bœuf, et surtout du chameau ou de la girafe. On voit, en effet, cet organe se contracter rapidement de bas en haut, et faire remonter ainsi avec une grande vitesse les substances alimentaires qui doivent subir une deuxième trituration. — V. *Rumination*.

OESOPHAGOTOMIE. Opération chirurgicale qui consiste à inciser l'œsophage lorsque des corps se sont arrêtés dans sa longueur et obstruent le passage des aliments. Dans les ruminants surtout, l'on voit des carottes, des pommes ou des parmentières, des navets ou des raves, avalés gloutonnement, et sans être mâchés, s'arrêter dans l'œsophage. On pratique souvent alors l'œsophagotomie, quand les autres moyens indiqués n'ont pas réussi. Par ce procédé, on peut sauver les animaux de la mort que causerait nécessairement l'obstruction de l'œsophage.

OESTRE. Insecte de l'ordre des diptères. Les œstres comprennent plusieurs espèces parasites qui vivent aux dépens des animaux. Ces insectes à l'état parfait sont de grosses mouches variant en couleur. Ces mouches déposent leurs œufs dans différentes parties du corps des animaux. Les larves qui en résultent se développent aux lieux où elles se trouvent jusqu'à leur état de chrysalide. Elles sortent ensuite, pour devenir insectes parfaits à l'air libre. L'œstre du bœuf, dont le bourdonnement fait prendre la fuite aux animaux qui l'entendent, est jaunâtre. Il dépose ses œufs ordinairement sous la peau des reins, qu'il perce avec sa tarrière. Ses larves forment, en se développant dans cette partie de l'animal, des bosselures que l'on observe facilement. Ce sont surtout les animaux bien portants, les plus beaux taureaux, que les œstres choisissent pour couver leurs œufs et nourrir leurs larves. Ce fait est si vrai, que dans les marchés on considère ces bosselures dont on méconnaît généralement l'origine dans les campagnes, comme un signe certain de bonne santé.

L'œstre du cheval dépose ses œufs sur les membres antérieurs, au poitrail, sur les épaules, rarement ailleurs, pour être à portée de la langue, qui les saisit lorsque les animaux se lèchent. On peut facilement voir ces œufs sur les sujets dans les pâturages, surtout lorsqu'ils ont la robe foncée; ils sont sous forme de petits points blancs collés aux poils. Quand ils sont avalés et parvenus dans l'estomac, ils y éclosent. Les larves qui en résultent s'accrochent, au moyen de deux crochets divergents, dans la muqueuse sur laquelle elles se développent. On les voit au printemps suivant en très grande quantité quelquefois, dans les estomacs des chevaux morts ou abattus; souvent elles recouvrent la plus grande partie de la surface intérieure de l'estomac. Elles prennent d'ailleurs un volume assez considérable. Leur forme est celle d'un petit cylindre cannelé en travers et conique aux deux extrémités.

Lorsque ces larves ont acquis leur entier développement, elles se détachent et sont rejetées avec les excréments pour devenir mouches et se reproduire encore.

L'œstre du mouton dépose ses œufs sus le bord interne des naseaux. Quand ces œufs sont éclos, les larves montent dans les narines jusque dans les sinus frontaux, où elles se développent après s'y être accrochées. Les moutons cherchent à se soustraire aux œstres en secouant la tête, en la baissant sous le ventre de leurs camarades, comme pour se mettre à l'abri des atteintes de ces insectes; ils frappent du pied, témoignent de l'inquiétude, ils agitent la queue, ils font enfin tout ce qu'ils peuvent pour repousser l'ennemi commun qui les harcèle. On affirme que les larves d'œstres causent quelquefois le tournis aux moutons. — V. *Tournis*.

OEUF. Corps formé dans les ovaires des femelles de certains individus du règne animal. Lorsque l'œuf a été soumis aux conditions de fécondation exigées pour la reproduction, il est devenu l'élément d'un individu semblable à celui dont il émane. Ainsi donc, l'œuf fécondé est le germe de tout animal, vertébré ou invertébré, mammifère, oiseau, reptile, poisson, mollusque ou insecte. La graine des végétaux peut être considérée comme un œuf, puisque, comme les œufs des animaux, elle produit un être vivant semblable à celui dont il procède, quand elle est placée dans des conditions favorables à la germination.

Mais l'œuf n'est pas fécondé ni pondu de la même manière dans tous les animaux. Ainsi, chez les femelles des mammifères, il est fécondé et pondu dans le sein de la mère, foyer de développement du jeune sujet, nourri par elle jusqu'à sa sortie naturelle de l'utérus.— V. *Fécondation*, *Gestation*, *Parturition*.

Dans les oiseaux, l'œuf est fécondé dans les ovaires de la femelle, mais il est ensuite pondu par elle enveloppé d'une coque protectrice ; plus tard il est couvé pour donner naissance au jeune sujet qui s'est développé dans son berceau calcaire, aux dépens de la nourriture (jaune et blanc d'œuf) qu'il contenait.

Dans quelques reptiles, tels que les crapauds, les grenouilles, les œufs sont fécondés, à mesure qu'ils sont pondus, par les mâles, qui tiennent leurs femelles embrassées dans leurs membres antérieurs.

Dans les poissons, cette fécondation a lieu après la ponte. Le mâle dépose sur eux sa matière fécondante, et ils sont ensuite abandonnés aux soins de la nature.

Les œufs pondus par les oiseaux de basse-cour, et notamment par les poules élevées à cet effet, sont d'une ressource immenes pour les subsistances, et leur produit mérite d'attirer toute l'attention des cultivateurs ; non seulement ils concourent à l'alimentation des populations rurales, mais encore à celle de nos villes, malgré l'exportation considérable que nous en faisons sur les côtes de Bretagne et du nord. Nous faisons en France un commerce d'exportation d'œufs assez considérable.

Suivant les statistiques officielles, nous n'aurions importé annuellement, de 1827 à 1836, que 420,783 kilogrammes d'œufs, à 17 œufs par kilogramme. Cette quantité a été évaluée à 336,626 fr. Ces œufs nous étaient fournis surtout par l'Allemagne, la Belgique, la Sardaigne et la Prusse.

De 1827 à 1836, nos exportations moyennes ont été de 4,540,619 kilogrammes, évalués à 7,632,488 fr. Presque tous ces œufs furent exportés pour l'Angleterre.

On évalue la consommation annuelle de Paris à 7,294,118 kilogrammes, représentant en nombre 124,000,000 d'œufs, estimés environ 5,862,720 fr.

Royer, inspecteur général de l'agriculture, portait le nombre des poules pondeuses en France à 72,556,862. Or, comme on estime que chaque poule pond en moyenne 52 œufs par an environ, le nombre des œufs produits annuellement en France serait de 3,772,956,824. Si nous estimons ces œufs à une moyenne de 4 fr. le cent, nous avons une valeur annuelle de 150,920,262 francs environ produits par les poules élévées en France.

OIGNON. Espèce de plantes du genre ail et de la famille des liliacées. On cultive pour la consommation des ménages diverses variétés d'oignons, qui varient en couleur, en grosseur, autant que de forme et de saveur. Ces bulbes servent à la préparation de presque tous les mets, même de la soupe. On les récolte pour les faire sécher et les conserver pendant tout l'hiver. Les espèces rouges, petites, d'un goût piquant très prononcé, se conservent mieux que les gros oignons blancs, d'une saveur plus douce, souvent mangés au naturel, avec du sel et du pain, par les habitants du midi de la France.

En médecine vétérinaire, on donne le nom d'oignons à des tumeurs circonscrites plus ou moins développées sur la surface de la sole des pieds des chevaux. Ces tumeurs font souvent boiter les animaux, surtout quand ils marchent sur le pavé ou sur un sol dur. Les pieds qui en sont affectés demandent une ferrure spéciale et des soins que la chirurgie vétérinaire peut seule bien diriger.

OIE. Oiseau de l'ordre des palmipèdes. L'oie est domestiquée depuis un temps immémorial; elle est élevée surtout pour sa chair, pour sa graisse très fine, recherchée pour la préparation de mets divers, et surtout de légumes. Les plumes qu'on lui arrache périodiquement sont encore d'un revenu notable dans les pays où l'on se livre à ce genre d'industrie. Dans certains pays du midi, notamment dans la Haute-Garonne, le Gers, on élève une espèce d'oie très forte, dont on conserve la viande dans des pots remplis de graisse. En Alsace, on engraisse les oies pour leur foie, qui prend un grand développement à la suite du régime particulier auquel on les soumet. Ce sont ces foies qui servent à faire les pâtés de foie gras de Strasbourg, si estimés par les gourmets, et exportés non seulement dans toutes les parties de la France, mais encore à l'étranger, et notamment en Russie.

Les plumes des oies servent à plusieurs usages. On fait des édredons avec leur duvet; des lits, des traversins, avec les plumes moyennes du corps; celles des ailes, les pennes, sont préparées et livrées au commerce pour écrire. Cette dernière industrie est très bornée aujourd'hui, par suite de l'usage très répandu des plumes métalliques.

Avant la découverte du nouveau monde, l'oie était beaucoup plus répandue, plus multipliée qu'aujourd'hui en Europe; ce fait s'explique par l'importation du dindon, qui, dans beaucoup de lieux, la remplace avantageusement par la délicatesse et la saveur de sa chair. Cependant l'oie sera toujours élevée avec avantage pour sa graisse, sa viande et sa plume.

OIE *d'Égypte*. (*Bernache armée.*) L'oie d'Egypte est un bel oiseau, un peu plus petit que l'oie ordinaire. Cette oie a été acclimatée au Muséum d'histoire naturelle par M. I. Geoffroy Saint-Hilaire, et elle se reproduit aujourd'hui sous notre climat.

Par la beauté de son plumage l'oie d'Egypte peut être considérée comme oiseau d'ornement en même temps qu'oiseau alimentaire.

OISEAUX. Animaux vertébrés ovipares, incubateurs, par conséquent dépourvus de mamelles. Les oiseaux ont quatre extrémités, dont deux servent au vol, en général, les autres à la marche, quelquefois à la natation, ou à saisir une proie. Leur corps est couvert de plumes. Dépourvue de dents, leur tête se termine par des productions cornées (bec). Ces productions varient de dimensions comme de formes, et servent à saisir les aliments.

Les oiseaux ont trois estomacs, plus ou moins bien distincts, suivant leur genre de nourriture; c'est dans l'un de ces renflements que s'opère la trituration des aliments, qu'ils avalent sans mâcher quoique ayant besoin quelquefois d'être pulvérisés pour être digérés. — V. *Bec*, *Digestion*, *Estomac*, *Gésier*, *Jabot*.

Les oiseaux ont aussi fourni leur contingent à la domestication. Nos basses-cours en élèvent de précieux tant pour la délicatesse de leur chair que pour les produits qu'ils nous donnent en œufs, en plumes, en engrais, en graisse, etc. Tels sont, parmi les gallinacés, la poule, le dindon, la pintade, le paon; parmi les palmipèdes domestiqués se trouvent l'oie, le canard, et le cygne, élevé surtout comme oiseau d'ornement. Le pigeon de volière appartient aux passereaux. Cependant Cuvier l'a classé dans les gallinacés.

Quant aux oiseaux chanteurs de l'ordre des passereaux élevés dans des volières, on ne peut pas les appeler domestiques, parce-qu'on est obligé de les tenir en cage, soit pour les faire produire, soit pour les conserver : lorsqu'ils peuvent, ils ne manquent jamais de prouver que l'amour de la liberté ne les quitte pas, et qu'ils ne se soumettent que par force à la domination absolue de l'homme.

Cependant, malgré les succès déjà obtenus, nous sommes encore loin de posséder toutes les espèces qui pourraient être élevées dans nos basses-cours pour augmenter nos ressources alimentaires. Depuis trois siècles, le dindon et le canard musqué seuls sont venus augmenter le nombre de nos oiseaux de basse-cour. M. Isidore Geoffroy Saint-Hilaire signale dans son rapport général sur l'acclimatation des animaux utiles plusieurs espèces d'oiseaux qu'il serait possible de naturaliser en France. Tels sont, parmi les pigeons, le goura, très bel oiseau de la grosseur d'une poule; le hocco, le marail, le napoul, etc., de l'ordre des gallinacés; le canard de la Caroline, le canard à éventail, dans l'ordre des palmipèdes, le casoar, le naudou, parmi les inailés.

Outre les volailles qu'ils nous ont fournies par la domestication, les oiseaux nous donnent encore un excellent gibier, souvent recherché pour les tables de luxe. L'ordre des gallinacés nous donne le faisan, les tétras, les perdrix, les cailles. Celui des passereaux nous donne l'ortolan, le bec-figue, les allouettes, les grives, etc. ; les échassiers nous donnent les bécasses et bécassines, les foulques, les pluviers, les rales, etc. ; les palmipèdes nous fournissent les oies sauvages, les canards, les sarcelles, etc.

Suivant leurs caractères zoologiques, les oiseaux ont été divisés en plusieurs ordres, subdivisés en classes, en genres et en espèces. — V. *Ornithologie*.

OLÉAGINEUX, EUSE. Nom donné aux plantes cultivées pour la production de l'huile. Le colza, l'œillette, la navette, etc., sont des plantes oléagineuses. — V. *Huile*, *Olivier*, *Colza, etc.*

OLÉCRANE. Os qui forme la base du coude. — V. *Coude*.

OLFACTIF. Organes olfactifs, qui ont rapport à l'olfaction. On appelle olfactifs les nerfs qui, partant du cerveau, se rendent dans la membrane muqueuse qui tapisse les cornets de l'os ethmoïde. Cette membrane est considérée comme le siége du sens de l'odorat.

OLFACTION. Fonction par laquelle les odeurs sont perçues par le sens de l'odorat. Si l'on s'en rapporte aux études anatomiques et aux observations physiologiques, l'olfaction dans les animaux serait d'autant plus complète et étendue, que les cornets de l'os ethmoïde, qui sont à la base du crâne et dans les cavités nasales, sont plus développés. Ainsi, le chien, dont l'odorat est si fin, a, toute proportion gardée, les cornets olfactifs plus développés que le chat, par exemple, et beaucoup d'autres animaux. Les herbivores ont aussi en général le sens de l'odorat très caractérisé. Ils en avaient besoin pour flairer les plantes nuisibles et les repousser. Aussi, lorsqu'on présente de l'herbe ou du fourrage, quel qu'il soit, à un herbivore, surtout à un bœuf, à une chèvre, ne manquent-ils jamais de le flairer avant de le prendre ; il est bien rare qu'ils l'acceptent d'abord de confiance.

OLIVE. Fruit de l'olivier.—V. *Olivier*.

OLIVIER. Genre de la famille des jasminées. La culture a créé plusieurs variétés d'oliviers, dont on a le plus grand soin pour la production de leur huile, la meilleure que l'on ait pu obtenir jusqu'ici. Sans en connaître absolument la cause, l'exploitation de l'olivier est aujourd'hui bornée en France aux bords de la Méditerranée; elle tend de plus en plus à se restreindre aux endroits les plus chauds, les moins exposés au froid, qui le fait périr. On affirme même que c'est à l'abaissement de température, plus caractérisé de nos jours que dans des temps antérieurs, que nous devons la diminution de la région de l'olivier en France.

L'Afrique est très favorable à la culture de l'olivier, et si cet arbre précieux tend à diminuer au nord de la Méditerrané, on le répandra tant qu'on voudra au côtes méridionales de cette mer. On évalue à vingt-cinq millions par an environ le produit des oliviers cultivés en France; mais les praticiens affirment que, sur trois récoltes, le ver de l'olive en fait périr une en moyenne. Ce serait donc environ huit millions que l'insecte connu par les naturalistes sous le nom de *dacus oleæ* nous ferait perdre chaque année par ses ravages. M. Guérin Méneville, qui a beaucoup étudié les mœurs de cet insecte nuisible, a proposé pour le détruire un moyen bien simple. Comme ce ver ne sort de l'olive, pour devenir mouche, que lorsqu'elle est mûre, il n'y aurait qu'à récolter les olives avant leur complète maturité, ce qui ne nuït nullement à la qualité ni à la quantité de l'huile. Le ver, ainsi détruit avant son état parfait, ne pourrait plus se reproduire; on parviendrait ainsi à le faire tout à fait disparaître de notre sol. Déjà ce moyen a été mis en usage avec succès en Piémont et en Italie. Quand donc imiterons-nous en France cet exemple ? Quand viendra le temps où la science pratique pourra triompher chez nous de l'esprit de routine qui, en agriculture, nous aveugle, depuis le sommet jusqu'à la base de notre société ?

OMBELLE. Disposition particulière de certaines fleurs qui s'élèvent à un même niveau, quelle que soit la longueur des pédoncules qui les supportent. Dans la famille des ombellifères, la cigüe, le persil, le cerfeuil, la carotte, etc., fournissent des exemples de cette inflorescence. — V. *Ombellifères*.

OMBELLIFÈRES. Famille de plantes très nombreuses et très communes. On trouve des ombellifères dans presque toutes les prairies, et elles sont faciles à reconnaître aux caractères suivants : fleurs petites, blanches ou jaunes, toujours disposées en ombelles; feuilles plus ou moins divisées ou découpées; tiges fistuleuses, plus ou moins cannelées. A ces caractères bien tranchés il est facile de reconnaître une plante appartenant à la famille des ombellifères. Cette famille offre à l'agriculture et au jardinage quelques racines, ainsi que des feuilles pour la nourriture de l'homme et des animaux, et des graines employées en médecine ou dans l'art du confiseur. Les plantes les plus cultivées pour leurs racines ou leurs feuilles sont : la carotte, le panais, le céleri, le persil et le cerfeuil; celles que l'on cultive pour la confiserie, sont : l'angélique, l'anis, le fenouil, la coriandre.

Quelques plantes de la famille des ombellifères sont vénéneuses; telles sont : la cigüe, l'œnanthe, le fellandre, qui appartient au genre œnanthe. —V. *OEnanthe*.

OMBILIC. Cicatrice observée quelquefois dans certaines graines. L'ombilic est le point par lequel les graines ont reçu la nourriture qui a servi à leur développement. Il est très apparent dans le haricot.

On nomme aussi ombilic (nombril), dans les animaux, le point qui faisait communiquer le jeune sujet à la mère dans l'utérus au moyen du cordon ombilical.

Dans les végétaux comme dans les animaux, l'ombilic servait donc de point de communication entre le producteur et le produit. — V. *Graine, Fœtus, Cordon ombilical.*

OMBILICAL, LE. Région ombilicale, partie des parois du ventre qui est autour de l'ombilic des animaux. Cordon ombilical. — V. *Cordon.*

OMBRAGEUX. Animal ombrageux, peureux, qui s'effraie au moindre bruit, à la vue d'objets inoffensifs. Beaucoup de chevaux sont ombrageux, ce qui peut être dû autant à l'imperfection de leur vue qu'à la timidité de leur caractère. (V. *Myopie.*) Un cheval ombrageux est dangereux, surtout dans les pays de montagnes, où les chemins sont souvent sur les bords des précipices.

OMBRE. L'ombre est le résultat de la présence d'un corps opaque qui intercepte la lumière. Les nuages, les arbres, les montagnes, les murs, font ombre partout où ils interceptent les rayons du soleil. La nuit n'est qu'une ombre plus ou moins intense causée par la position de notre planète entre son point obscurci et le soleil.

L'ombre est généralement nuisible à la végétation. Aussi les plantes qui y naissent et y croissent ont-elles un aspect qui indique leur souffrance, leur faiblesse, causées par la privation des rayons directs du soleil. Le voisinage des forêts est plus ou moins nuisible aux récoltes par leur ombrage. Dans nos campagnes, nous pouvons juger comparativement de l'action de l'ombre sur les plantes. Aussi, dans les jardins comme dans les champs, doit-on disposer les arbres de manière à donner le moins d'ombre possible, pour en borner l'action nuisible aux légumes, aux fruits, comme aux végétaux de toute nature. L'effet de l'ombre s'explique sur la végétation par la nécessité de l'action de la lumière sur la nutrition des plantes. — V. *Étiolé, Lumière.*

OMNIVORE. Nom donné aux animaux qui peuvent se nourrir de toutes sortes d'aliments, végétaux ou animaux. Le porc en est un exemple. L'homme est aussi omnivore ; il peut se nourrir de produits de tout ordre. — V. *Digestion*, *Nutrition*.

ONAGRARIÉES. Famille de végétaux qui intéresse peu l'agriculture. Les onagrariées fournissent quelques sujets cultivés comme plantes d'ornement. De ce nombre sont les onagres, qui comprennent plusieurs variétés.

ONAGRE. Plante de la famille des onagrariées. Les onagres sont cultivés comme plantes d'ornement; importés d'Amérique, ils donnent des fleurs jaunes qui fleusissent successivement depuis le mois de juin jusqu'en automne, et ornent ainsi les parterres pendant la plus grande partie de la belle saison.

ONAGRE. Nom donné à l'âne sauvage. Le Muséum d'histoire naturelle possède en ce moment un onagre. Il est de petite taille; ses formes sont robustes, ses membres sont proportionnellement forts et bien musclés ; mais il y a entre lui et nos baudets du Poitou une différence de développement telle qu'on ne les supposerait pas de la même famille. Notre agriculture n'aurait donc rien à emprunter à l'onagre pour le perfectionnement de nos espèces asines propres à faire le mulet. Si cet animal a dans sa constitution les caractères d'un animal rustique et fort, il n'a pas ceux qui indiquent la vitesse et la rapidité des allures. — V. *Ane*, *Hémione*.

ONDÉE. Averse plus ou moins abondante qui tombe tout-à-coup et s'arrête brusquement. — V. *Orage*.

ONGLE. Production cornée qui se trouve aux extrémités des doigts des animaux et des oiseaux. Cette substance cornée varie de forme comme de dévéloppement, suivant les divers individus. Dans l'homme, elle se borne à une petite plaque mince et légèrement contournée d'un côté à l'autre. Dans le cheval, l'ongle est un véritable sabot, très fort et très solide (V. *Sabot*). Dans le bœuf, la chèvre, le mouton, et dans le porc, il forme des onglons qui sont aussi des espèces de sabots protecteurs. Dans le chat, il forme des griffes, de véritables crochets, propres à saisir la proie vivante et à servir de défense. Dans le chien, il se borne à des appendices qui garnissent l'extrémité des derniers phalangiens.

Dans les oiseaux l'ongle varie aussi. Dans les oiseaux de proie, il forme des crochets aigus et robustes, tandis que dans l'alouette il se borne à de petits appendices effilés et sans résistance. Dans les poules, les ongles sont robustes et servent à gratter la terre pour chercher la nourriture, des insectes, etc.

ONGLON. Nom donné aux ongles de nos ruminants domestiques et du porc. — V. *Ongle*.

ONGUENT DE SAINT-FIACRE. Mélange de terre ou d'argile pétrie avec de la bouse de vache. Les jardiniers se servent de ce mélange pour recouvrir les plaies des arbres, ou entourer les greffes afin de les mettre à l'abri de l'action de l'air.

ONGUENT. Préparation médicale faite avec un corps gras et des substances médicamenteuses, qui leur donnent des propriétés différentes, suivant leur nature. On distingue les onguents émollients, siccatifs, vésicants, fondants, etc., tels que les onguents populéum, égyptiac, vésicatoire, mercuriel, etc. On emploie ces remèdes toujours à l'extérieur pour les animaux, et leur usage est très fréquent et très répandu, surtout pour le cheval.

De tous les corps gras utilisés pour faire les onguents, c'est 'axonge qui est le plus employé dans nos campagnes, tant par ses qualités spéciales que par la facilité qu'on a de se le procurer. — V. *Saindoux*.

ONGUICULÉ. Animal pourvu de petits ongles. Les singes sont des animaux onguiculés.

ONGULÉ. Animal pourvu d'ongles très forts et très développés. Le cheval, le bœuf, etc., sont des animaux ongulés.

OPACITÉ. Propriété d'un corps qui intercepte la lumière. Les animaux peuvent avoir la vue plus ou moins troublée par suite de l'opacité de la vitre de l'œil. (V. *Cornée, Taie*.) Celle du cristallin produit le même effet. (V. *Cristallin*.) L'opacité dans ce dernier cas constitue l'altération de la vue nommée cataracte. — V. *Cataracte, Fluxion périodique*.

OPAQUE. Corps opaque, qui ne se laisse pas traverser par les rayons lumineux. On appelle cornée opaque, dans les animaux, l'enveloppe de l'œil connue sous le nom scientifique de sclérotique. — V. ce mot.

OPHIDIENS. D'un mot grec qui signifie *serpent*. Nom donné aux reptiles dépourvus de membres. Tous les serpents, les couleuvres, les vipères, sont des ophidiens.

OPHRYS. Genre de la famille des orchidées. Les ophrys sont quelquefois cultivés comme plantes d'agrément. — V. *Orchidée*.

OPHTHALMIE. On nomme ophthalmie toutes les maladies inflammatoires des yeux des animaux. De toutes les ophthalmies, la fluxion périodique des yeux du cheval est la plus dangereuse et la plus commune. On combat les ophthalmies par des émollients à leur début, et ensuite par des astringents. Les dissolutions de sulfate de zinc, d'acétate de plomb, sont les plus usitées en art vétérinaire. — V. *Cataracte, Fluxion périodique*.

OPIACÉ. Nom donné aux médicaments qui contiennent de l'opium. — V. *Opium*.

OPIUM. Substance gommo-résineuse obtenue du pavot dans certains pays d'Orient. Le pavot qui fournit l'opium dans le Levant, notamment dans l'Asie-Mineure, en Perse et en Egypte, donne lieu à une culture spéciale. On incise les capsules du pavot encore vertes; le jus blanc qui en découle se dessèche, se concrète, et forme l'opium. Des essais faits en Afrique sur cette production paraissent avoir réussi. La France pourrait donc faire de l'opium pour sa consommation, et même pour l'exportation.

L'opium ou ses préparations sont d'un usage très répandu en médecine humaine, dans toutes les affections nerveuses, pour calmer les douleurs et combattre les insomnies. On en fait aussi usage en médecine vétérinaire; mais comme son administration demande beaucoup de prudence et de pratique, les hommes spéciaux seuls peuvent juger des cas où l'on doit l'employer, et de la dose qu'il convient d'administrer.

OPTIQUE. Dans les animaux on donne le nom de nerf optique au gros cordon nerveux qui se rend de l'œil au cerveau et y apporte l'impression produite par la lumière. On suppose que la cécité appelée amaurose ou goutte sereine peut être causée, dans quelques cas, par une maladie du nerf optique qui a perdu sa sensibilité. — V. *Amaurose*.

ORAGE. Tempête accompagnée d'éclats de tonnerre et de pluies ou de grêle plus ou moins abondantes. Les orages sont quelquefois de véritables calamités pour les cultivateurs. Non seulement ils compromettent souvent les récoltes, mais les bâtiments d'habitation, les granges, peuvent être incendiés par la foudre; les terres des champs sont souvent entraînées par des inondations subites et imprévues.

L'électricité dont l'atmosphère est chargée pendant les orages, a une action toute particulière sur la végétation. On s'aperçoit, en effet, qu'elle a été activée au point de pouvoir reconnaître une croissance marquée des végétaux en quelques instants. Ce fait est observé surtout sur les feuilles des arbres et leurs jeunes pousses au printemps. Les bourgeons, à peine éclos, prennent tout à coup un développement qu'ils n'avaient pas avant l'orage, quelque courte que soit sa durée.

ORANGER. Arbre de la famille des aurantiacées. L'oranger, originaire des pays chauds, ne croît en pleine terre que dans nos pays méridionaux les plus chauds. On le voit à Hyères; on en trouve aussi quelques sujets dans le Roussillon. En Afrique, les orangers réussissent parfaitement, et on les y cultive avec beaucoup d'avantage. La fleur de l'oranger est d'une odeur suave; elle sert à faire l'eau qui porte son nom. Son fruit, très rafraîchissant, est toujours très recherché partout. Une bonne orangerie, bien entretenue, en Afrique, donnerait un grand produit sans beaucoup de frais.

Au moyen des chemins de fer il sera facile de transporter rapidement dans le Nord les oranges obtenues dans ce riche pays.

ORBITE. Nom donné à la cavité de la tête des animaux qui contient le globe de l'œil. Comme ce globe qu'il protége, l'orbite est ovalaire, arrondi, placé sur les côtés de la tête. Il se termine en entonnoir vers son fond, où se fixe la masse des muscles qui fait mouvoir l'œil pour le diriger dans tous les sens. — V. *OEil*, *Muscle*.

ORCHIDÉES. Famille de plantes qui comprend les diverses

variétés d'orchis, la plupart cultivés comme plantes d'ornement. Les bulbes des orchidées ont été considérées comme comestibles. On affirme que les Orientaux les ramassent pour les faire sécher et en faire des provisions destinées à la consommation. — V. *Orchis*.

ORCHIS. Nom d'une plante assez commune dans nos prairies et dans nos bois, appartenant à la famille des orchidées. Il est peu de plantes qui donnent des fleurs aussi variées, aussi singulièrement disposées que l'orchis. On en voit qui ressemblent à des mouches, d'autres à des araignées, d'autres enfin affectent des formes plus ou moins bizarres. On cultive dans des serres diverses variétés d'orchis admirées par les amateurs. Les fleuristes trouvent dans sa culture une branche d'industrie assez lucrative.

Le bulbe de l'orchis est comestible. On affirme que dans le Levant les Orientaux coupent ce bulbe par tranches, le font sécher et le consomment, sous le nom de *salep*, pour faire des potages très bons et d'une digestion facile.

OREILLE. Organe de l'ouïe chez les animaux. On distingue deux parties dans l'oreille : l'oreille interne contenue dans la tête, et l'oreille externe, qui comprend son pavillon. Ce pavillon est un véritable cornet acoustique, plus ou moins mobile, qui perçoit les rayons sonores et les dirige dans le conduit acoustique interne. Pour être belle, dans tous les animaux, l'oreille externe doit être fine et mince; elle doit se mouvoir avec facilité dans tous les sens pour bien saisir les sons. Dans le cheval, les oreilles bien placées, bien portées, servent en quelque sorte d'ornement à la tête. Une oreille externe bien découpée, couverte de poils rares et fins, très mobile, est dans le cheval un indice non seulement de bonne condition, mais de distinction des sujets. Une oreille épaisse, lourde, dont les mouvements sont bornés, obscurs, appartient généralement aux espèces communes, lymphatiques, sans caractère de distinction.

La manière dont le cheval porte ses oreilles, mérite d'être étudiée par le cavalier. Un animal qui veut mordre ou frapper, les porte en arrière, et tend la tête lorsqu'on l'approche : il exprime ainsi son mécontentement et son intention. Un cheval peureux les agite sans cesse et dans tous les sens au moindre motif de crainte.

Quand elles sont franchement portées en avant, elles indiquent la confiance. Un cheval aveugle a le port des oreilles très caractéristique; il leur donne des directions diverses qui les font différer du port ordinaire des oreilles d'un animal qui a de bons yeux. Avec un peu de pratique et d'habitude, il n'est pas difficile de reconnaître un cheval aveugle à la manière dont il se sert de ses oreilles, surtout pendant la marche.

OREILLETTES. Nom donné aux cavités du cœur qui sont placées au dessus des ventricules; on les distingue sous les noms d'oreillette droite et d'oreillette gauche. L'oreillette droite reçoit le sang veineux qui vient de toutes les parties du corps, tandis que la gauche reçoit le sang artériel qui vient des poumons, où il a été soumis au contact de l'air. — V. *Circulation, Cœur, Respiration, Sang.*

ORGANE. En anatomie et en physiologie, on nomme organe (instrument) toute partie d'un corps organisé qui est chargée d'exécuter une fonction. Ainsi, dans les végétaux, les racines, les tiges, les feuilles, l'écorce, les pétales des fleurs, leurs calices, les étamines, les ovaires, les glandes, les poils, etc., sont des organes; dans les animaux, l'oreille, la langue, les yeux, l'estomac, les poumons, le cœur, etc., sont des organes.

Suivant les fonctions générales qu'ils concourent à exécuter, les organes ont été groupés, classés en appareils. Ainsi, dans les végétaux on reconnaît les organes de la nutrition, qui sont les racines, les vaisseaux, les feuilles, etc.; les organes de la génération, qui sont les étamines, les pistils, etc.; ceux des sécrétions, qui sont les glandes diverses. Dans les animaux, les organes de la digestion comprennent les lèvres, les dents, la langue, le pharynx, l'œsophage, l'estomac, etc.; ceux de la vue comprennent les paupières, la cornée lucide, la conjonctive, la sclérotique, le cristallin, etc.; les organes de la circulation comprennent les veines, le cœur, les artères, etc ; ceux de la respiration comprennent les poumons, etc.

Suivant leurs bonnes ou mauvaises dispositions, les organes remplissent plus ou moins bien leurs fonctions. Pour les animaux de travail, ceux de la locomotion, qui comprennent les muscles, les os dont sont formés les membres, la croupe, les reins, les épaules, etc., méritent la plus grande attention. — V. ***Membre***, ***Muscle***, ***Os***.

L'étude des organes, celle de leurs bonnes ou mauvaises conditions, est de la plus haute importance pour juger des qualités des animaux. Chargés d'exécuter toutes les fonctions de la vie sous l'influence des nerfs, on conçoit que la nature du travail de ces instruments doit être subordonnée aux conditions de leur disposition, de leur texture, de leur intégrité, etc. Toute la connaissance des animaux se trouve dans celle de leurs organes. Hors cette connaissance, on ne trouve que confusion, arbitraire, incertitude dans les appréciations, dans les jugements à porter sur les individus. — V. *Conformation*.

ORGANIQUE. Corps organique, qui a une organisation particulière aux êtres vivants. On nomme aussi corps organisé toute partie morte d'un corps qui a vécu et qui n'est point encore décomposée par l'action naturelle de la putréfaction. Les règnes organiques comprennent les règnes végétal et animal. — V. ***Corps***.

ORGANISATION. Disposition particulière, mode de structure des diverses substances qui composent les corps organisés. — V. *Corps*, *Organe*.

ORGANISÉ, ÉE. Nom donné aux corps pourvus d'organes dont les fonctions entretiennent la vie et la transmettent pour la conservation des espèces. Les corps organisés diffèrent des corps bruts, inorganiques, par des caractères tranchés. — V. ***Corps***, *Organe*.

ORGANISME. On donne le nom d'organisme, en physiologie, à l'ensemble des fonctions de la vie d'un animal. Le mot ***organisme*** dans les animaux et les végétaux exprime la même idée que le mot *mécanisme* en mécanique. L'organisme signifie donc, suivant l'idée généralement admise, action générale de toutes les fonctions de la vie. Il en résulte que, s'il y a organisation d'un corps, même après la mort et jusqu'à sa décomposition, il ne peut plus y avoir d'organisme après la vie. — V. *Organe*, *Corps*.

ORGE. Genre de plantes de la famille des graminées. L'orge, que l'on croit originaire de Perse, comprend plusieurs variétés, d'hiver et de printemps, cultivées en France. Cette céréale est très rustique; on peut la cultiver avec avantage dans tous les climats, sous la zone torride comme dans les pays les plus froids; cette heureuse condition rend sa culture précieuse à toutes les contrées du globe.

L'orge est propre à la nourriture de l'homme comme à celle des animaux. Dans quelques pays de France, les laboureurs en font du pain, qui du reste n'est pas de bonne qualité; mais on peut le rendre meilleur par le mélange du seigle et surtout du froment. En Afrique, l'orge est exclusivement réservée à la nourriture du cheval; elle remplace l'avoine. En France on fait souvent consommer l'orge comme fourrage vert. Son grain sert à nourrir, à engraisser les bestiaux, les porcs, la volaille. Ses propriétés rafraîchissantes la font employer pour faire des tisanes. On fait des barbottages pour les animaux malades avec sa farine; son grain torréfié sert à faire des préparations alimentaires vendues dans le commerce sous le nom de *café de gland doux*.

L'usage le plus répandu que nous faisons de l'orge en France, notamment dans le nord, est dans la fabrication de la bière. Aucun autre grain ne la remplace pour cette fin. Elle est donc précieuse sous ce rapport. On en fait aussi des eaux-de-vie.

On cultive sous le nom d'orge à deux rangs, orge de Russie, d'Angleterre, etc., une variété d'orge qui a un peu l'aspect du seigle. Son grain est nu, plus petit que celui de l'orge ordinaire, et sa culture est beaucoup moins répandue. Cependant Parmentier la recommandait comme l'une des plus productives; la pratique ne paraît pas avoir confirmé partout l'opinion avancée par ce savant agronome. Voici ce qu'il a dit à ce sujet : « L'espèce d'orge qui mérite le plus d'être propagée sur le sol de la France est, suivant mon opinion et celle de mes collègues du conseil d'agriculture, la variété nue de l'espèce *Distichon*. Elle double la meilleure récolte de l'orge ordinaire. La paille en est moins dure que l'autre, et les vaches la mangent avec plus d'avidité. Aucun pied ne donne moins de deux tiges, et la plupart trois ou quatre. Sur chaque épi on trouve depuis soixante jusqu'à quatre-vingts grains; ils sont plus gros, plus allongés, que ceux des autres espèces et variétés ordinaires. Le seul défaut qu'on pourrait lui reprocher, si c'en est un, c'est que la farine en est plus bise; mais qu'importe pour l'orge mondée ou gruée plus ou moins de blancheur, pourvu que le grain prenne, en se gonflant, beaucoup de volume, absorbe une grande quantité d'eau, et reste entier et flexible après la cuisson : voilà le but auquel il faut atteindre. » Telle est l'opinion de Parmentier sur cette variété d'orge; nous la reproduisons sans commentaire.

Pour être consommée par l'homme, on fait subir à l'orge diverses préparations préliminaires. Elles consistent principalement à débarrasser ce grain de l'écorce dure et ligneuse qui enveloppe sa substance farineuse; on obtient ainsi de l'orge qu'on nomme mondée, gruée ou perlée; on la consomme ainsi, après avoir été préparée, en potage, en bouillies, au lait et de diverses manières. Au commencement de ce siècle, on a fait des recherches expérimentales pour tâcher de remplacer le riz par l'orge mondée : plusieurs essais, qui parurent d'abord fructueux, furent tentés tant en France qu'en Allemagne; mais l'avantage paraît être resté à l'usage du riz. L'orge mondée et gruée, quoique consommée utilement pour la nourriture de l'homme, n'a pas pu remplacer, comme aliment, le produit des rizières.

On connaît sous le nom d'orge des murailles une variété qui pousse au pied des murs, sur les bords des chemins, dans les lieux incultes. Sa tige est courte. Cette plante est de peu d'intérêt pour l'agriculture.

ORIGAN. Plante de la famille des labiées. L'origan comprend plusieurs variétés, qui exhalent une odeur aromatique assez forte. Comme plusieurs autres labiées, les origans ont des propriétés stimulantes dont on peut faire usage en médecine des animaux.

ORME. Genre type de la famille des ulmacées. L'orme est un des arbres les plus beaux et les plus utiles de nos cultures. Son bois est de première qualité pour le chauffage comme pour des travaux divers; il est surtout recherché pour le charronnage et la carrosserie. On l'emploie aussi beaucoup pour la confection des instruments d'agriculture, surtout pour les herses, les ages des charrues et les étançons; on en fait aussi des meubles très solides, tels que des tables, des chaises, des armoires, des bancs.

L'orme commun est le plus répandu. On le plante à l'entour des habitations, sur les bords des routes, dans les promenades publiques, partout il est admiré pour l'élégance de son port et la beauté de son feuillage, que les animaux consomment avec avidité. Les écorces de leurs branches sont très tenaces et peuvent servir à faire des cordes de puits.

On cultive dans divers pays, et dans la Brie surtout, une variété d'orme précieux que nul autre bois ne remplace pour la confection des moyeux de roues. Cette variété est connue sous le nom d'orme tortillard. Ses fibres s'entrelacent de manière à être inextricables, et lui donnent une grande facilité pour contenir avec solidité, et sans se fendre, les rais des roues.

ORNITHOGALE. Plante de la famille des liliacées. L'ornithogale est cultivée comme plante d'agrément; il n'est, du reste, d'aucune utilité pour l'agriculture.

ORNITHOLOGIE. Science qui traite de l'étude des oiseaux. L'ornithologie, dont les naturalistes se sont occupés de tout temps avec le plus grand intérêt au point de vue de l'histoire naturelle, laisse encore beaucoup à désirer au point de vue agricole. Depuis des siècles, nos basses-cours ne se sont enrichies que du dindon, que nous devons à la découverte de l'Amérique, et du canard musqué. Dans ses cours comme dans ses travaux, et notamment dans l'ouvrage remarquable qu'il vient de publier tout récemment sur l'acclimatation des animaux utiles, M. Isidore Geoffroy Saint-Hilaire désigne plusieurs espèces d'oiseaux qui pourraient être domestiqués, et augmenter nos ressources alimentaires.

Tous les naturalistes sérieux ont, de tout temps, signalé les avantages offerts par l'étude de l'acclimatation et de la domestication des animaux utiles. Au siècle passé, Buffon, Linnée et Daubenton avaient notamment fait ressortir l'importance de cette étude. Dans ce siècle, ce sont MM. Isidore Geoffroy Saint-Hilaire et le prince Charles Bonaparte qui ont le plus insisté sur la solution de cette importante question d'économie rurale. Dans l'introduction de l'Iconographie de la faune italienne, publiée à Rome en 1832, par M. le prince Charles Bonaparte, on lit le passage suivant, à l'occasion des animaux sauvages et domestiques de l'Italie : « On ne saurait assez s'étonner de voir l'homme
» civilisé, si disposé à satisfaire les nouveaux besoins qu'il se crée,
» limiter l'emploi de sa force dominatrice à la domestication des

» quinze espèces seulement que nous venons d'énumérer ».

On a le droit de s'étonner, en effet, de voir que nous ayons profité des avantages qui nous ont été offerts par les animaux domestiques légués par l'antiquité à l'agriculture, sans songer à augmenter leur nombre à la suite des découvertes nouvelles qui ont été faites dans des continents inconnus. — V. *Acclimatation, Naturalisation.*

La science de l'ornithologie a fait diviser les oiseaux par ordres, par familles, par genres et espèces. La classification généralement adoptée jusqu'à ce jour est celle de Linnée, modifiée par Cuvier dans son règne animal. Dans cette classification, les oiseaux sont divisés en six ordres. Le premier ordre comprend les rapaces ou oiseaux de proie : tels sont les aigles, les vautours, etc.

Le 2me ordre est composé des passereaux ; il comprend les pies-grièches, les merles, les alouettes, les hirondelles, les oiseaux chanteurs, tous les oiseaux enfin dont les caractères ne sont pas assez tranchés pour être classés dans les autres ordres.

Le 3me ordre comprend les grimpeurs, dont font partie les perroquets, les pies, les coucous, les toucans, etc.

Le 4me ordre est composé des gallinacés. Cet ordre est le plus intéressant pour l'agriculture, parcequ'il est celui qui lui fournit le plus de ressources pour les subsistances : tels sont les poules, les dindons, les paons, les pintades, les faisans, les perdrix, les cailles, les pigeons, etc.

Le 5me ordre comprend les échassiers, tels que les autruches, les casoars, les hérons, les cigognes, les grues, les outardes, les bécasses, les pluviers, les poules d'eau, les flamants, etc.

Enfin le 6me ordre comprend les canards, les oies, les cygnes, les goélands, etc.

M. le prince Charles Bonaparte, l'un des naturalistes de notre époque qui se sont le plus occupés de l'étude de l'ornithologie, a proposé une classification qui diffère totalement de celle dont nous venons de parler. Dans cette nouvelle classification, les huit mille cinq cents espèces d'oiseaux connues sont divisées en deux grandes séries : la première comprend les oiseaux qui nourrissent leurs petits après leur naissance, ceux-ci restant dans le nid jusqu'à ce qu'ils puissent être en état de pourvoir eux-mêmes à leur nourriture ; dans la deuxième série sont rangés les oiseaux dont les petits courent et s'alimentent eux-mêmes après leur sortie de l'œuf, et sans le secours du père et de la mère.

Voici les dispositions de cette nouvelle classification.

OISEAUX.

NOURRISSEURS.	PRÉCOCES.
1. PERROQUETS.	
2. OISEAUX DE PROIE.	
3. PASSEREAUX.	
1. Chanteurs.	
2. Volucres.	
1. *Zygodactyles.*	
2. *Anisodactyles.*	
4. INEPTES.	
5. COLOMBES.	9. GALLINACÉS.
	1. Passéripèdes.
	2. Grallipèdes.
	1. *Longicaudes d'Amérique.*
	2. *Longicaudes d'Asie*
	3. *Brévicaudes.*
6. HÉRONS.	10. ECHASSIERS.
1. Grues.	1. Coureurs.
6. Cigognes.	2. Alectrides.
7. PELAGIENS.	11. PALMIPÈDES.
1. Totipalmes.	
2. Grands voiliers.	
3. Plongeurs.	
8. IMPENNES.	12. RUDIPENNES.

L'auteur de cette nouvelle classification a trouvé plus raisonnable de classer les oiseaux par ordre d'intelligence, mettant leurs groupes en rapport suivant les caractères de leur organisation physique. Ainsi il a considéré les perroquets comme méritant le premier rang, parcequ'ils sont, de tous les oiseaux, ceux qui font preuve de plus d'intelligence d'abord, et qu'ils entourent leurs petits des soins les mieux entendus et dont ils ont le plus de besoin.

Les oiseaux de proie viennent après les perroquets; et en troisième ligne sont les passereaux divisés en deux sous-ordres : les oiseaux chanteurs forment le premier, et ceux qui ne chantent pas, les volucres, composent le second.

Parmi ces derniers, les zygodactyles comprennent les grimpeurs de Cuvier, à l'exception des perroquets, et les anisodactyles qui sont les martinets, les martins-pêcheurs, la huppe, les oiseaux-mouches, etc.

Les ineptes sont des oiseaux qui ont habité les îles du sud de l'Afrique (Madagascar, les îles Rodriguez, de la Réunion, etc.); mais comme ils ne volaient pas, ils n'ont pu se soustraire à leurs ennemis, qui les ont détruits depuis deux siècles au moins.

Les colombes comprennent la famille nombreuse des pigeons, composée de trois cents espèces environ.

Les pélagiens sont les palmipèdes qui nourrissent leurs petits : ils se subdivisent en totipalmes, comme les pélicans, les cormorans, les frégates, etc.; en grands-voiliers, comprenant les goélands, chouettes, hirondelles de mer, etc., et en plongeurs, les grèbes, les plongeons, etc.

Enfin les impennes comprennent les manchots.

SÉRIE DES PRÉCOCES.

La série des précoces est composée des oiseaux dont les petits cherchent leur nourriture eux-mêmes immédiatement après leur naissance. Tels sont les gallinacés, qui comprennent tous les gallinacés de Cuvier, à l'exception des colombes, qui font partie de la série des nourrisseurs; on en connaît 350 espèces.

Les échassiers qui ne nourrissent pas leurs petits, au nombre de 400, font aussi partie de cette série : tels sont les outardes, les pluviers, les râles, les foulques, les poules d'eau, etc. Il en est de même des palmipèdes, tels que les canards, les oies, les cygnes, etc., au nombre de plus de 200 espèces, dont les petits peuvent chercher leurs aliments en sortant de l'œuf. Enfin les rudipennes, nom que M. Isidore Geoffroy leur a donné, comprennent les autruches, les nandous, les casoars, etc., dont nous ne connaissons que 12 espèces tout au plus.

Telles sont les deux classifications des oiseaux, dont l'une est généralement adoptée par les naturalistes, et dont l'autre est soumise à leur appréciation.

ORNITHOPE. Genre de la famille des légumineuses. Les ornithopes pourraient être cultivés comme fourrages, surtout dans les pâturages; ils sont recherchés par les bestiaux, et notamment par les moutons.

OROBANCHE. Genre de la famille des orobanchées, plantes parasites qui poussent sur les racines d'autres végétaux. On reconnaît plusieurs variétés d'orobanches, qui sont toutes nuisibles aux plantes qui les nourrissent aux dépens des sucs de leurs racines. Les orobanches se reproduisent par leurs graines, qui sont très menues et nombreuses. Le meilleur moyen de détruire ces parasites serait de les arracher avant la maturité de leurs graines.

OROBANCHÉES. Famille de plantes parasites qui croissent sur les racines d'autres plantes. Les orobanchées sont classées parmi les plantes nuisibles. — V. *Orobanche.*

OROBE. Plante de la famille des légumineuses. Comme la plupart des végétaux de cette intéressante famille, l'orobe est une bonne plante fourragère. Il serait très utile de la propager dans les prairies naturelles et les pâturages.

ORONGE. Champignon du genre agaric. Les oronges sont comestibles et très recherchées par les gourmets ; mais la fausse oronge est un poison dangereux. On doit donc être très circonspect et ne pas confondre ces variétés si différentes.

ORPIN. V. *Sédum.*

ORTHOPTÈRES. Genre d'insectes dont quelques uns sont nuisibles à l'agriculture. Les courtillières (V. ce mot), les perce-oreilles, les grillons, les sauterelles, appartiennent à cet ordre.

ORTIE. Genre de plantes de la famille des urticées. Les orties comprennent plusieurs variétés qui croissent spontanément au pied des murs, sur les bords des haies, des chemins, dans les terres. Les bestiaux les mangent volontiers quand on les coupe fraîches et qu'on les leur donne à l'étable. On affirme qu'en Suède on les cultive dans ce but.

On connaît une variété d'ortie qui fournit des fibres analogues à celles du chanvre; sa culture n'a cependant pas été adoptée en France.

Les orties sont généralement pourvues de poils glanduleux. Le liquide que ces poils sécrètent cause sur la peau une douleur assez vive, et souvent avec un gonflement marqué.

On emploie les orties, hachées et quelquefois cuites, à la nourriture de la volaille, et surtout des jeunes dindons.

OS. Les os sont des parties dures qui forment la charpente du corps des animaux, et déterminent leurs formes. Ces organes varient de configuration comme d'usages, suivant les points où on les examine. Ceux des mâchoires sont pourvus d'alvéoles qui reçoivent les dents. Quelquefois ils protégent les organes des sens, tels que ceux de l'odorat, de la vue, du goût, de l'ouïe. Au crâne, ils sont disposés en forme de boîte très dure, très solide, pour contenir le cerveau.

Dans le tronc, les os forment tantôt le canal vertébral qui contient la moelle épinière, véritable prolongement du cerveau d'où partent des nerfs pour porter dans tout le corps la sensibilité et le mouvement; tantôt disposés en barreaux aplatis et recourbés (côtes), ils composent une cage solide, dilatable, pour protéger le cœur, les poumons, d'une part, et, de l'autre, afin de permettre la dilatation de ces derniers pour la respiration.

Aux membres, les os sont de véritables colonnes creuses au centre. Leur tissu dans cette partie est très compacte. Ces colonnes sont pleines aux extrémités articulaires, dont le tissu, au contraire, est alvéolaire. Ces os sont ainsi disposés pour offrir des surfaces articulaires assez larges, afin de favoriser la solidité des articulations, solidité qui était nécessaire à leurs fonctions de colonnes de soutien du corps des animaux et de locomotion.

L'étude des os, celle de leur configuration générale, est de la plus haute importance pour la connaissance de la conformation extérieure des animaux. Celle-ci dépend, en effet, de la disposition du système osseux, puisque toutes les autres parties du corps, les muscles comme la peau, etc., se moulent sur lui, et ne sont que la traduction même de ses formes. Les os protégent non seulement les organes essentiels à la vie des animaux, mais composent les leviers au moyen desquels s'effectuent leurs divers mouvements. La locomotion, la vitesse, la force des animaux, dépendent, d'une part, de la disposition de ces leviers; de l'autre, de l'énergie des puissances qui les font mouvoir. L'étude de ces deux agents de la locomotion doit fournir la base de la connaissance des animaux, et surtout de ceux de travail. Sans elle, on ne parviendra jamais à bien apprécier les bestiaux, et, par conséquent, à les perfectionner suivant de bonnes lois. — V. *Conformation, Organe.*

En économie rurale, les os offrent aussi un grand intérêt. Ils forment un excellent amendement par les phosphates calcaires qu'ils contiennent, et un très bon engrais par leurs substances animales. Pour les utiliser sous ce rapport, on les réduit en poudre plus ou moins grossière, qu'on répand sur le sol.

Réduits en charbon connu sous le nom de charbon animal, les os sont très utilisés pour clarifier des liquides, et notamment dans les raffineries de sucre. Après cet usage, ils forment encore un excellent engrais pour l'agriculture. — V. *Noir animal.*

On a long-temps employé la gélatine obtenue des os par la coction à une température élevée. On avait cru pouvoir ainsi utiliser avec avantage leur matière animale pour faire des bouillons; mais l'expérience a démontré que la gélatine, peu nutritive par elle-même, était loin d'avoir les propriétés qu'on lui avait attribuées d'abord. Aujourd'hui on a renoncé avec raison à l'usage des bouillons de gélatine. Le bouillon de viande est le seul usité.

Certaines maladies des os des membres causent des tares plus ou moins graves, connues sous les noms de suros, de formes, de fusées, de jardons, de courbes, d'éparvins, d'exostoses. — V. ces mots, et *Muscle*, *Squelette.*

OSEILLE. Genre de plantes de la famille des polygonées. L'oseille à l'état sauvage naît dans les sols sablonneux, arides, épuisés. On la remarque souvent dans les prairies humides, dans les champs. Une bonne culture, avec des amendements et des engrais suffisants, la font bientôt disparaître.

On a obtenu par la culture plusieurs variétés d'oseilles dans nos jardins potagers, pour les usages domestiques. On en fait des provisions après les avoir fait cuire, soit pour les employer comme assaisonnement, soit pour les manger comme légumes dans la soupe, ou accommodées de diverses manières.

OSIER. Variété de saule nain, de la famille des salicinées, cultivée pour divers usages. Les pousses annuelles ou bisannuelles de l'osier sont employées dans la vannerie surtout. On s'en sert aussi pour lier les cercles de tonneaux, les vignes, les espaliers, pour faire des cages, etc. Les osiers croissent de préférence dans les sols humides. Dans les pays qui en font un usage répandu, on crée des oseraies, qui sont d'un très bon rapport.

OSMAZOME. L'osmazome est un principe nutritif et odorant qui donne au bouillon la saveur qui le caractérise. La viande de bœuf est celle dans laquelle on l'a trouvé jusqu'ici en plus grande abondance. Aussi son bouillon est-il préférable à tous les autres par ses qualités nutritives et savoureuses.

OSSELET. Petit suros. — V. *Suros*.

OSTEITE. Nom donné à l'inflammation des os. C'est à la suite des osteites causées par des contusions, des blessures, des fatigues excessives, etc., que se développent les exostoses, les suros, les formes, etc. — V. ces mots.

OSTÉOLOGIE. Science qui s'occupe de l'étude des os. — V. *Os*, *Squelette*.

OUIE. Sens de l'ouïe. L'oreille est l'organe du sens de l'ouïe. Les sons transmis par l'air sont conduits au foyer de ce sens par le cornet acoustique. Ce cornet est formé par la conque de l'oreille, qui les reçoit et les fait converger, par son admirable disposition, vers le petit canal chargé de les conduire dans l'oreille interne.

Dans quelques espèces d'animaux le sens de l'ouïe est d'autant plus important qu'il contribue efficacement à la conservation des individus, et, par conséquent, à celle des espèces. Ainsi les animaux timides, qui servent de pâture à d'autres, sont souvent prévenus du danger qui les menace par l'ouïe, et c'est à elle qu'ils doivent de s'y soustraire par la fuite. Aussi les animaux qui n'ont pour toute défense que la rapidité de leur course ont-ils généralement le cornet acoustique qui forme l'oreille externe très développé et très mobile, pour recueillir, dans toutes les directions, les rayons sonores qui viennent la frapper. Le lièvre, le lapin, qui ont tant d'ennemis, la nombreuse famille des antilopes, dévorés par les carnassiers des pays qu'ils habitent, tels que les lions, les tigres, les panthères, les léopards, etc., nous offrent l'exemple de ce que j'avance ici.

D'autre part, l'ouïe sert aux carnassiers à entendre le bruit fait par les animaux dont ils se nourrissent, soit par leurs cris, soit de toute autre manière. Aussi les individus du genre chat, le loup, le renard, etc., entendent-ils à de grandes distances les cris de leur proie, qu'ils savent attendre à l'affût ou poursuivre, suivant les circonstances. — V. *Acoustique*, *Cornet*, *Oreille*.

OVAIRE. On nomme ovaire dans les végétaux, le renflement de forme variée qui est à la base du pistil. L'ovaire contient les ovules avant la fécondation. Quand cette importante fonction est effectuée, l'ovaire sert au développement de la graine qu'il contient.

Dans les animaux, les ovaires contiennent aussi les ovules. Mais dans ces derniers, ils s'en détachent, soit avant la fécondation, soit après, ce qui ne paraît pas encore bien démontré. Dans tous les cas, que ce soit dans les végétaux ou dans les animaux, les ovaires renferment toujours les ovules. Ceux-ci, mis en contact avec la matière fécondante des mâles, forment le germe du nouvel individu qui doit assurer la conservation de l'espèce. — V. *Fécondation*, *Graine*, *OEuf*.

OUTARDE. L'outarde est un oiseau classé dans l'ordre des échassiers, quoique ressemblant assez aux gallinacés. La saveur exquise de la viande d'outarde, le volume que prend la variété connue sous le nom de *grande outarde*, fait regretter que l'on ne se soit pas plus attaché qu'on ne l'a fait à l'étude de sa domestication. Des expériences ont démontré qu'elle ne serait pas difficile à apprivoiser. Cet oiseau pourrait ainsi devenir une conquête précieuses pour nos basses-cours.

En Afrique, on connaît sous le nom de *poule de Carthage* une petite espèce d'outarde (*la canepetière*), qui est un excellent gibier.

OUTRE. Peau de bouc ou de chèvre disposée en forme de sac qui n'a d'autre ouverture que celle qui est formée par le cou. On s'est long-temps servi des outres pour porter des vins à dos de mulet dans les pays de montagnes; mais avec nos moyens actuels de communication, les tonneaux ont presque partout remplacé les outres en France. Les Arabes, en Algérie, se servent des outres pour porter leur lait aigri aux marchés.

OVINES (*Races*). Nous n'avons pas d'espèce domestique plus multipliée que le mouton; en France, nous en comptons trente-deux millions; avec une meilleure agriculture il nous serait possible d'en avoir le double de cette quantité. Du reste, si nous avons obtenu quelques perfectionnements raisonnés sur nos animaux domestiques, c'est surtout sur quelques espèces ovines. — V. *Charmoise, Gevrolles, Mauchamp, Mérinos, Mouton.*

OVIPARE. Nom donné aux animaux qui pondent des œufs. Tels sont les oiseaux, les reptiles, les poissons, etc.

OVULE. On donne le nom d'ovule, en botanique, au rudiment de la graine avant sa fécondation. Cette dénomination s'applique aussi à l'œuf des femelles domestiques avant leur contact avec des mâles.

OXALIDE. Petite plante de la famille des oxalidées. On distingue facilement l'oxalide par ses folioles disposées en cœur. Elle a un goût d'oseille très prononcé. Cette plante, qui croît à l'ombre dans les bois, n'offre aucun intérêt à l'agriculture. On en extrait du sel d'oseille.

OXYCRAT. On nomme oxycrat l'eau vinaigrée. Dans les pays privés de vin, de cidre et de bière, dans ceux où l'eau est l'unique boisson des laboureurs, on devrait toujours aciduler l'eau avec le vinaigre pendant les grandes chaleurs, notamment durant les travaux de la fenaison et de la moisson. Cette eau désaltérerait mieux les ouvriers, elle serait plus agréable et moins nuisible à la santé, surtout quand elle n'est pas de bonne qualité.

OXYDE. On donne le nom d'oxyde à tout corps qui est combiné avec l'oxygène sans avoir de propriété acide. C'est surtout avec les métaux que l'oxygène se combine et forme des oxydes plus ou moins caractérisés.

Les oxydes de fer sont employés en médecine vétérinaire comme tonique. On en fait de l'*eau ferrée*. L'oxyde de zinc est aussi employé pour rendre l'eau astringente ; on se sert de cette eau comme collyre. — V. *Ophthalmie.*

OXYGÈNE. Corps gazeux qui, par ses combinaisons, joue un immense rôle dans la nature. Mélangé à l'azote dans la proportions de 21 pour 100, il forme l'air respirable. — V. *Air, Azote.*

L'oxygène est l'agent essentiel de la respiration des animaux et des plantes, comme celui de la combustion des corps, combustion qu'il active suivant qu'il est plus ou moins abondant. — V. *Combustion, Respiration.*

P

PACA. Le paca est un mammifère classé dans l'ordre des rongeurs. Cet animal, de la grosseur d'un petit cochon de lait, originaire de l'Amérique méridionale, fournit une chair très savoureuse. Il est, dit-on, facile à apprivoiser. Si des expériences étaient faites sur sa domestication, il pourrait peut-être concourir, comme le lapin domestique, à augmenter nos subsistances. Du reste, le paca, qui a vécu jusqu'ici à l'état sauvage, semble avoir de l'identité de mœurs avec le lapin; il creuse comme lui des terriers où il se réfugie.

PACAGE. Lieu destiné à la dépaissance des animaux. Un pacage n'est souvent que temporaire. Il est formé dans un champ, dans une prairie artificielle, pendant quelque temps, pour être remis plus tard en culture ordinaire. — V. *Herbage.*

PACHYDERME. Ordre d'animaux à peau épaisse, pourvus d'un seul estomac. Les éléphants, les hippopotames, les rhinocéros, les cochons, les tapirs, etc., sont des pachydermes. — V. *Porc.*

On a aussi classé dans cet ordre, mais à tort suivant nous, le genre cheval. Ce genre a des caractères individuels assez tranchés pour faire un ordre distinct. — V. *Cheval, Ane, Hémione, etc.*

PAILLASSON. Espèce de natte plus ou moins grossière, faite avec des pailles ou des joncs tressés ou fixés avec des ficelles. Les jardiniers se servent beaucoup de paillassons pour protéger leurs jeunes plants pendant les nuits froides et les vents, etc., ou leurs espaliers, contre les gelées blanches.

PAILLE. On nomme paille, en agriculture, les tiges sèches et battues des végétaux cultivés pour leurs graines. Ainsi les tiges des graminées, des légumineuses, des crucifères, des polygonées, etc., cultivées pour récolter leurs graines, sont considérées comme pailles. Les sarrasins, les haricots, les fèves, les colzas, les œillettes, ont donc leurs pailles comme les seigles, les froments, les avoines et les orges.

Suivant leur nature, les pailles sont utilisées dans les fermes de diveres manières. On les emploie pour la nourriture des bestiaux, pour faire litière, quelquefois pour faire les toitures des bâtiments ou hangars.

Les pailles offrent infiniment plus de différences que les foins au point de vue de leurs propriétés alimentaires. Il est facile d'expliquer ce fait. Les prairies naturelles, composées en majeure partie de graminées, de quelques légumineuses, et de plantes assez rares d'autres familles, telles que les composées, les ombellifères, etc., donnent des foins qui ont entre eux la plus grande analogie de conditions nutritives. La différence la plus tranchée qui puisse exister entre les fourrages des prairies dépend des lieux où ils ont été récoltés. A composition égale au point de vue botanique, on sait, par exemple, que les foins des prairies hautes sont plus substantiels, plus riches en principes nutritifs que les foins des prairies basses. Mais il n'en est pas de même pour les pailles. Non seulement celles d'une même espèce peuvent différer suivant les lieux où elles sont récoltées; mais encore chaque famille, comme chaque genre de plantes, donne des pailles dont la composition chimique indique des propriétés nutritives qui établissent entre elles une grande différence. Ainsi les pailles des légumineuses, telles que celles de pois, de lentilles, etc., plus azotées que les autres, tiennent le premier rang pour la quantité de principes alibiles qu'elles contiennent. D'après des études faites en Allemagne sur les propriétés nutritives des pailles, celles de lentilles, de vesces, de fèves, seraient les plus nutritives. Celles de céréales, telles que les pailles de froment, d'avoine, de seigle, d'orge, viendraient après, et les pailles de sarrasin occuperaient le dernier rang, ce qui est confirmé d'ailleurs par la pratique en France. —V. *Équivalent*, *Fourrage*.

Les pailles, surtout celles de céréales, ont une texture plus ou moins serrée et compacte, qui rend leur mastication difficile, et, par conséquent, leur digestion plus laborieuse. Pour neutraliser autant que possible cet inconvénient, on leur fait subir, partout où l'alimentation des animaux est bien comprise, des préparations préalables. Souvent on les hache avec des hache-paille. Ainsi divisées, elles sont d'une trituration beaucoup plus facile. Quelquefois on les fait macérer, fermenter avec des Parmentières, des betteraves coupées en tranches et mélangées avec elles. On les stratifie aussi avec les regains, surtout lorsque ceux-ci ne sont pas bien secs. Les ruminants notamment les mangent avec plaisir. — V. *Mêlée.*

En Afrique, les chevaux sont nourris avec des pailles de blé brisées par le dépiquage et de l'orge; il en est de même dans beaucoup de lieux du midi de l'Europe; mais il est utile de faire remarquer ici que la paille, dans ces contrées, est moins fistuleuse, plus fine, et par conséquent plus nutritive que dans le nord.

Comme les foins, les pailles peuvent être altérées; elles sont quelquefois rouillées, moisies, vasées, etc.; dans ce cas, on fera bien d'en faire litière. Les moisissures comme la rouille sont dues au développement de champignons qui non seulement altèrent leurs principes alibiles, mais qui sont eux-mêmes un véritable poison dont l'action lente a des résultats dangereux : on a souvent remarqué des maladies générales, des épizooties, déterminées par l'usage de pailles rouillées, moisies ou vasées.

Les pailles de seigle sont celles dont on se sert de préférence pour faire les toitures en chaume, elles résistent mieux à la décomposition; on en fabrique aussi des ruches, des chapeaux, des paillassons: on en garnit des chaises; on les emploie encore à faire des liens pour lier les autres céréales, dont les pailles sont trop peu résistantes.

En somme, les propriétés nutritives des pailles ne suffiraient pas pour l'alimentation des animaux. Pendant les disettes de fourrages, ceux qui en sont nourris exclusivement maigrissent beaucoup; ils tomberaient dans le marasme si leur usage se prolongeait trop long-temps sans addition d'autres substances, soit farineuses, soit parenchimateuses, soit herbacées. Les pailles peuvent concourir à la nourriture des bestiaux; mais elles ne sauraient suffire seules pour leur alimentation normale.

PAIN. De toutes les substances alimentaires végétales, le pain est la plus répandue, la plus nutrive, celle dont la préparation est la plus simple, la moins dispendieuse. Sa conservation est facile, et il forme la base de l'alimentation des populations. On fait du pain avec toutes les farines des céréales; mais celles qui contiennent le plus de gluten sont préférées, et font le pain le plus substentiel comme le plus savoureux. La farine de froment tient le premier rang pour la panification; après elle vient celle de seigle; celle-ci est très estimée dans les pays de montagnes froides où le froment ne peut pas se cultiver. L'orge ne donne qu'un pain sec, peu substantiel, lourd, et d'une digestion difficile. Le pain d'avoine se borne à quelques cantons pauvres; il est généralement de mauvaise qualité, ainsi que celui de sarrasin.

Dans la majorité de nos populations rurales, chaque ménage fait son pain. On le fait cuire au four banal ou dans le four de la ferme même.

Les populations qui produisent les blés sont en général celles qui mangent le plus mauvais pain; elles vendent leurs bons grains, leurs bons produits de toute nature, pour faire le plus d'argent possible, et elles conservent les rebuts. Ce fait est observé surtout dans les pays pauvres; souvent même un mauvais système de mouture et de panification ajoute à la mauvaise qualité des farines qui servent à faire leur pain.

Dans les pays éclairés, le pain, mieux préparé, avec des farines bien moulues, bien blutées, est généralement de bonne qualité: la mouture exerce sur la nature des farines, comme sur celle du pain, une action que nul praticien ne contestera. Cette opération mériterait donc d'attirer l'attention des populations, puisqu'elle a une action indirecte sur leur alimentation. — V. *Meule*.

PALEFRENIER. Employé chargé du soin des chevaux. Un bon palefrenier est un homme précieux; non seulement il contribue à la conservation de la santé des animaux par des soins entendus, mais il en prolonge de beaucoup la durée de service; de plus, un bon palefrenier n'a jamais de cheval méchant : dans le cas ou on lui en confierait de rétifs, il saurait les réduire par la douceur, et les rendre dociles et maniables.

PALEFROI. Nom donné anciennement aux chevaux de guerre ou de parade de la noblesse.

PALISSADE. Clôture faite avec des planches ou des branchages fixés au moyen de pieux. Dans certains pays les palissades sont employées pour clore les héritages et protéger les récoltes contre les ravages des bestiaux mal gardés. — V. *Clôture*.

PALISSER. Disposer un arbre en palissade, en fixant ses branches contre un mur ou un treillage. On palisse les arbres fruitiers le long des allées des jardins. Ils servent ainsi d'ornement en même temps qu'ils produisent des fruits. — V. *Espalier*.

PALMIERS. Arbres qui forment une famille de végétaux originaires de pays chauds. Ces arbres croissent spontanément en Afrique. Le palmier dattier produit la datte, dont se nourrissent les indigènes. Le cocotier est aussi un palmier qui fournit le coco. Certains palmiers contiennent dans leurs tiges une fécule très nourrissante, connue sous le nom de sagou.

La famille des palmiers offre à l'alimentation des pays où elle croît autant de ressources que les céréales dans nos contrées pour la nourriture de l'homme. — V. *Dattier*.

Le palmier nain est un petit végétal très commun dans nos possessions d'Algérie ; il rend, par ses racines, le défrichement difficile partout où il est.

PALMIPÈDES. Nom donné à un ordre d'oiseaux qui ont les pieds palmés, propres à la natation. Cet ordre nous a fourni pour la domestication le canard, l'oie et le cygne. — V. ces mots.

PALONNIER. Tige de bois fixée par le milieu à une voiture pour recevoir les traits du cheval. Par sa mobilité le palonnier régularise l'action du collier dans le mouvement des épaules ; il les rend ainsi moins susceptibles d'être blessées.

PALUDIEN. Nom donné aux terrains des marais. Les sols paludiens sont généralement fertiles quand ils sont desséchés et bien assainis, parcequ'ils sont ordinairement composés de terrains d'alluvion mélangés avec des détritus végétaux et quelquefois avec des substances animales décomposés. — V. *Dessèchement, Marais*.

PANAIS. Genre de plantes de la famille des ombellifères. Le panais, cultivé comme légume dans les jardins, est généralement peu répandu en France comme plante fourragère. Il offre cependant de grandes ressources sous ce rapport ; il est très rustique, très robuste, et il ne craint pas les gelées. On le cultive par les mêmes procédés que la carotte, et on peut le laisser passer l'hiver dans les champs. Au printemps, il fournit un aliment précieux, surtout pour les ruminants ; très recherché par les vaches laitières, il augmente la sécrétion de leur lait. Le panais sauvage croît spontanément dans les champs et dans les prairies.

PANARD. Nom donné aux chevaux qui, ayant les coudes rentrés vers la poitrine, ont les pieds dirigés en dehors. Ce défaut d'aplomb est disgracieux à l'œil, surtout pendant la marche. Il est de plus contraire à la liberté du jeu normal des articulations, par la déviation des rayons des membres de la ligne parallèle à l'axe du corps. Les articulations du genou et du boulet sont portées en dehors dans ce cas, ce qui nuit à la régularité de leur aplomb. — V. *Aplomb*.

PANCRÉAS. Glande située dans l'abdomen. Cette glande sécrète un liquide appelé pancréatique. Le suc pancréatique, versé dans l'intestin grêle près du point où se rend la bile, a de la ressemblance avec la salive. On lui attribue la propriété de réagir sur les corps gras des aliments, et de faciliter ainsi leur dissolution et leur assimilation.

PANCRÉATIQUE. Suc pancréatique. — V. *Pancréas*.

PANIC. Genre de la famille des graminées. Le genre panic comprend un grand nombre d'espèces qui fournissent un bon fourrage. Le millet, originaire d'Orient, cultivé dans plusieurs contrées de l'Europe et sur quelques points du midi de la France pour la nourriture de l'homme et de la volaille, est un panic. Dans les environs de Paris, on le cultive quelquefois ; sa graine est vendue pour la nourriture des oiseaux.

PANICAUT. Genre nombreux de la famille des ombellifères. L'espèce la plus commune de panicauts, est celle qui est connue sous le nom de chardon Roland. Cette plante est assez difficile à détruire dans les champs.

PANIFICATION. Fabrication du pain. La panification comprend les différentes opérations de boulangerie au moyen desquelles on fabrique le pain. — V. *Farine, Meule, Pain.*

PANSAGE. Le pansage des animaux consiste dans les soins qui leur sont donnés pour entretenir la propreté de leur peau. Les instruments de pansage sont l'étrille, le bouchon, la brosse, la carde, l'époussette, le peigne, etc.

Deux raisons majeures exigent le pansage des animaux : l'une est hygiénique, prophylactique pour la peau ; l'autre est physiologique et intéresse la santé générale de nos grandes espèces domestiques surtout.

La raison hygiénique est facile à comprendre : la malpropreté causée par la poussière, la crasse, les immondices, irrite la peau, obstrue ses pores, cause des démangeaisons insupportables et souvent des maladies cutanées, telles que le rouvieux, la gale, des dartres, sans compter la vermine. Les animaux dans ce cas maigrissent ; leur peau est sèche, dure; leur poil est terne, souvent hérissé ; ils sont tourmentés, fatigués par un prurit permanent, qui les porte sans cesse à se gratter, soit avec les dents, soit avec les pieds, et à se frotter partout où ils peuvent. Un bon pansage matin et soir prévient ces inconvénients par son action hygiénique et bienfaisante ; la peau bien nettoyée, bien appropriée, est souple, fraîche; le poil est lisse, luisant; il indique un bon état du tissu cutané et de bonnes conditions de santé.

La raison physiologique est aussi importante que la raison hygiénique. On n'est pas assez pénétré, en général, de l'importance des fonctions de la peau, et de son influence sur la santé des animaux. La peau est un foyer de sécrétions et d'excrétions diverses, de transpiration et de circulation capillaire, dont il est de la plus haute importance de favoriser l'action. Ces différentes fonctions concourent à épurer le sang, et à alléger ensuite le travail des organes intérieurs qui sont chargés de concourir au même résultat, tels que les reins, les poumons, etc. Aussi, lorsque l'action de la peau est accidentellement interrompue, en résulte-t-il des troubles plus ou moins intenses dans la santé des animaux ; des bronchites des pleurésies, des pneumonies, des indigestions, des coliques, etc., en sont souvent les conséquences. On cherche à remédier à ces troubles de la santé par des frictions, par l'emploi de couvertures, de bains de vapeur, par tout moyen qui rappelle le travail de la peau, un instant interrompu.

D'autre part, le pansage stimule la circulation capillaire, et concourt par conséquent à favoriser la circulation générale. Il maintient l'action des pores de la peau, en les empêchant d'être bouchés par la malpropreté. C'est ainsi que l'on peut pallier les mauvais effets produits sur le système cutané des animaux par la domestication, et suppléer, autant que possible, aux moyens que la nature emploie sur les sujets à l'état sauvage, afin que leurs fonctions générales remplissent librement le but proposé.— V. *Peau, Tonte, Transpiration.*

PANSE. V. *Rumen.*

PANSEMENT. On donne le nom de pansement, en chirurgie vétérinaire, à l'application des divers procédés employés pour guérir les blessures des animaux. Les pansements sont souvent simples et peuvent être pratiqués par tout cultivateur habitué à soigner des animaux; mais dans quelques cas d'opérations difficiles, de blessures graves, ils demandent des soins, des connaissances spéciales, que les praticiens seuls peuvent bien appliquer.

PAON. Oiseau domestique de l'ordre des gallinacés. Le paon est originaire de l'Inde. Il fut apporté d'abord dans l'Asie-Mineure, puis en Grèce, de là à Rome, vers la décadence de la république. Le paon est répandu aujourd'hui dans diverses parties du globe; il est surtout élevé comme oiseau d'ornement pour son magnifique plumage. Du reste, cet oiseau est très rustique; il peut se naturaliser dans presque tous les climats. Dans nos basses-cours, on l'élève avec les autres volailles. Le temps de son incubation est de trente jours. Sa ponte ordinaire est de huit à douze œufs.

Si le paon offre un plumage d'une beauté séduisante, il a un cri très désagréable. D'un autre côté, il dégrade les toits des fermes, sur lesquels il est le plus souvent perché. Aussi n'est-il réellement considéré jusqu'ici que comme oiseau de luxe. Dans les basses-cours de produit il n'est élevé que par exception.

PAPAVÉRACÉES. Familles de plantes herbacées dont le type est le pavot. Les tiges et les feuilles des papavéracées fournissent généralement un suc de différentes couleurs, le plus souvent laiteux, d'une odeur plus ou moins repoussante et d'une saveur âcre. Ce suc a des propriétés plus ou moins narcotiques. C'est du suc laiteux des têtes de pavot que l'on retire l'opium en Orient. (V. *Opium.*) Les coquelicots, les chélidoines, appartiennent aux papavéracées. Cette famille fournit le pavot connu sous le nom d'œillette, cultivé comme plante oléagineuse. — V. *OEillette*, *Huile*.

PAPILLONNACÉES. Nom vulgaire donné à la famille des légumineuses. Ce nom lui vient de ce que les corolles des fleurs de cette famille ont des pétales étalés comme les ailes d'un papillon. — V. *Légumineuses*.

PAPILLON. Les papillons sont les insectes parfaits qui composent l'ordre des lépidoptères. Leurs œufs donnent naissance à une infinité de chenilles diverses connues sous le nom de *larves*, qui font des ravages incalculables dans nos récoltes. Telles sont les larves des alucites, des cossus, des pyrales, des teignes, les chenilles des arbres, des choux, etc. — V. *Insectes*.

Le papillon *bombix mori* pond des œufs qui forment la graine des vers à soie. Ce ver est élevé avec soin pour son produit précieux, exploité par notre industrie de luxe. — V. *Mûrier*, *Vers à soie*.

PAQUERETTE. (*Petite marguerite.*) Plante de la famille des composées. La paquerette, commune dans les champs et les prés, offre peu d'intérêt à l'agriculture.

PARALYSIE. Perte du mouvement d'un membre ou d'une partie du corps. On voit souvent des animaux, surtout des vaches après la mise bas, paralysés du train postérieur. (V. *Métrite*.) Les causes des paralysies sont souvent fort obscures. Pour combattre fructueusement les affections qui ne sont que le symptôme de lésions plus ou moins graves, soit des nerfs, soit de la moelle épinière et du cerveau, il faut avant tout étudier, découvrir le foyer de la maladie, et la traiter directement. Il n'y a pas d'autre manière de traiter une paralysie. Toute friction locale est un procedé indirect sans résultat heureux, si on ne s'adresse pas à la cause du mal.

PARASITES. Nom donné aux sujets qui, dans le règne végétal ou animal, vivent aux dépens des autres. Le gui, l'orobanche, la cuscute, etc., sont des parasites des végétaux. Les vers intestinaux, les poux, les puces, etc., sont les parasites des animaux. Les parasites sont plus ou moins nuisibles pour les sujets aux dépens desquels ils vivent. — V. ***Entozoaires, Gui, Orobanche.***

PARATONNERRE. Après avoir constaté l'analogie qui existe entre la foudre et l'électricité, le célèbre Franklin, physicien à Philadelphie, songea à faire l'application de sa grande découverte pour prévenir les effets du tonnerre. Il pensa qu'en faisant dégager peu à peu l'électricité accumulée sur un édifice, par un point, au moyen d'une aiguille métallique, ce point se déchargerait de son électricité ainsi que l'édifice dont il ferait partie, et que par conséquent il ne pourrait pas y avoir de décharge électrique. Sa théorie était judicieuse et son application le prouva. L'électricité des nuages attire en effet celle du sol sur le lieu le plus élevé, le plus rapproché d'eux ; quand ce lieu est surmonté par une pointe métallique, comme celle du paratonnerre, pourvue d'un conducteur en fil de fer isolé qui plonge dans la terre, l'électricité s'échappe au lieu de s'accumuler, et prévient la décharge terrible qui a pour conséquence la foudre et souvent l'incendie et la ruine des cultivateurs.

Dans la campagne on ne doit jamais construire les bâtiments sur des emplacements culminants dans les montagnes. Les constructions doivent être dominées, soit par des rochers, soit par de grands arbres qui serviraient de paratonnerres, en adaptant à leur sommet une barre en fer terminée par une pointe en métal non oxydable et continuée inférieurement par un conducteur jusqu'au sol. Dans ces cas on serait moins exposé à la foudre. Les peupliers d'Italie, qui sont de véritables paratonnerres naturels, devraient être plantés au voisinage des habitations ; ils pourraient les préserver de la foudre. — V. *Électricité.*

PARC. Enceinte close avec des claies, dans un champ ou dans des pâturages, pour faire parquer les animaux. De simples filets remplacent quelquefois les claies pour les parcs des moutons dans les pays de plaines découvertes que le loup ne fréquente pas.

Dans les montagnes de l'Auvergne et de l'Aveyron, sur lesquelles des vacheries nombreuses passent l'été pour la fabrication des fromages, on fait des parcs pour enfermer les vaches pendant la nuit et au moment de la traite. Ces parcs, de forme carrée, sont changés chaque matin. Les lieux choisis pour faire parquer les vacheries sont appelés fumades, parcequ'ils sont fumés par les excréments des animaux; mais dans ce mode de fumer il y a un vice auquel il serait souvent possible de remédier : on laisse les bouses se sécher sans les étendre; elles perdent ainsi, d'une part, une grande partie de leurs propriétés fertilisantes par leur dessiccation; de l'autre, elles étouffent pour près de deux ans au moins, l'herbe qu'elles recouvrent, et que les bestiaux ne mangent pas volontiers immédiatement après qu'elle repousse. On remédierait à ce double inconvénient en étendant ces bouses tous les jours, à mesure qu'on ferait avancer le parc, surtout en arrosant le sol où elles sont, lorsque ce serait possible, soit en y transportant de l'eau avec un tonneau, soit en y dirigeant celle des sources au moyen d'un système d'irrigation bien entendu. La terre s'imbiberait ainsi de tous les sucs des excréments des animaux, et s'améliorerait dans de grandes proportions.

Sur les montagnes dont je viens de parler, l'usage des parcs est indispensable, parcequ'il n'y a pas d'étables pour enfermer les bestiaux. On n'y trouve que les chalets (burons) des vachers, qui servent en même temps de fromageries, un petit bâtiment très simple pour loger les veaux, et une porcherie pour les porcs. On fait à ces parcs des abris ou abat-vent au moyen de longues fascines qu'on dresse de manière à en former une rangée du côté du vent pour abriter les vaches.

Le but de la confection des parcs pour les moutons dans nos fermes n'est pas absolument le même que dans les montagnes, où il est indispensable. On parque les moutons dans des champs souvent labourés pour les fumer; les fumiers se trouvent ainsi transportés. Ici, le berger, logé dans une cabane mobile, ne quitte pas le parc, qu'il garde avec ses chiens. Les parcs des vacheries, au contraire, ne sont jamais gardés; si par hasard les vaches brisent des claies, comme on le voit quelquefois, pour se mettre à la poursuite des loups qui s'en approchent pendant la nuit, les vachers se lèvent, reconduisent les vaches dans leur parc, qu'ils réparent, et rentrent dans leur buron. Il n'en est pas de même des parcs des moutons, qu'on pourrait d'ailleurs laisser à la bergerie; les loups dévoreraient ces animaux s'ils n'étaient pas soigneusement gardés. Les exemples de ce genre ne sont malheureusement pas rares, au voisinage des forêts surtout.

PARCAGE. Procédé agricole qui consiste à faire parquer les animaux. Tout le monde est d'accord sur le système de parcage des vacheries sur les montagnes où on le pratique; il n'y a pas d'autre moyen d'enfermer les animaux. Mais il n'en est pas de même du parcage des moutons. Les uns pensent qu'il est utile à la santé des espèces ovines, parcequ'elles sont ainsi exposées à un air pur, au lieu de subir l'action des miasmes des bergeries. Dans ces conditions hygiéniques on peut conserver plus long-temps les races précieuses et les multiplier avec plus de facilité. D'autre part, le parcage économise les transports des fumiers, ce qui est un avantage sensible dans certains pays où les chemins d'exploitation sont plus ou moins difficiles. Du reste, le parcage, quoique peu favorable à la production des laines très fines, paraît être, au contraire, utile à celle des laines ordinaires, en leur donnant, dit-on, plus de résistance, une texture plus solide.

Certains agriculteurs pensent que le parcage est nuisible à la santé des animaux, notamment dans les pays où les brouillards sont fréquents. Ces brouillards, disent-ils, pourrissent les moutons. Dans quelques pays de montagnes, on a remarqué ce fait; aussi se garde-t-on de laisser sortir les moutons des bergeries avant que les brouillards aient disparu. Cette opinion est très accréditée dans la Haute-Auvergne.

Ces avis divers doivent nécessairement dépendre des conditions locales atmosphériques ou économiques. C'est aux praticiens éclairés de chaque contrée qu'il appartient de juger s'il est avantageux ou contraire à leurs intérêts de faire parquer les moutons, ou de les tenir dans les bergeries.

PARIÉTAIRE. Plante de la famille des urticées. La pariétaire, très commune le long des murs et dans leurs crevasses, a été considérée comme émolliente et diurétique. En médecine vétérinaire elle est peu employée sous ce rapport. Elle n'est, du reste, d'aucun intérêt pour l'agriculture.

PARCOURS. Terrain parcouru par les animaux en paissant. Les terrains vagues, les communaux, les landes, sont des parcours où tous les bestiaux d'un ou plusieurs villages vont pâturer, d'après un droit consacré par les coutumes. Les parcours, dans ce cas, n'offrent pas de grands inconvénients, ils n'ont que ceux de ne donner que de bien faibles produits; mais quand ils sont un droit acquis dans toutes les propriétés, après les récoltes, comme cela s'observe encore malheureusement dans certaines localités, ils constituent un véritable abus, connu sous le nom de vaine pâture. — V. *Vaine pature.*

PARENCHYME. On nomme vulgairement parenchyme, dans les végétaux, les tissus des feuilles et des tiges herbacées. Ce nom est aussi réservé aux tissus des poumons, du foie, etc.

PARMENTIÈRE. On devrait se faire toujours un pieux devoir de perpétuer la mémoire des hommes dont la vie entière a été, en quelque sorte, un apostolat, une tâche remplie au service de l'humanité. Tel fut le bon Parmentier, auquel nous devons la vulgarisation du précieux tubercule qu'on appelait la pomme de terre avant lui, et auquel on a encore conservé ce nom si peu caractéristique. Avant les travaux de Parmentier, les véritables ressources de cette solanée étaient inconnues, on la croyait bonne tout au plus pour les porcs ou autres animaux. On avait pour elle une telle aversion, qu'on ne parlait qu'avec mépris des *mangeurs de pommes de terre*. On a vu jusqu'à des cours et tribunaux se prononcer contre la culture de la parmentière, tant la force du préjugé est grande, souvent même chez les hommes les plus éclairés. En 1630, un arrêt du parlement de Besançon prohibait la culture de la solanée tubéreuse dans le territoire de Salins. Cet arrêt était conçu dans les termes suivants : « Attendu que la pomme de terre est une substance pernicieuse, et que son usage peut donner la lèpre, défense est faite, sous peine d'une amende arbitraire, de la cultiver dans le territoire de Salins. »

Après avoir étudié toutes les propriétés nutritives de sa solanée favorite; après s'être convaincu que l'adoption générale de cette plante pourrait préserver le monde de la famine, des disettes si calamiteuses dont on avait eu de si tristes exemples jusqu'alors, Parmentier ne recula devant aucun obstacle. Il combattit le préjugé avec toute la persévérance que donne la foi, et il eut le bonheur de réussir. Le roi Louis XVI favorisa ses efforts; il porta à sa boutonnière une fleur de solanée tubéreuse, et il n'en fallut pas davantage pour convertir les courtisans et faire triompher les idées de notre immortel philanthrope. A dater de cette époque, les efforts de cet ami de l'humanité furent couronnés de succès, et pour fournir en quelque sorte à la cour des preuves plus positives de ce qu'il avait avancé, l'illustre académicien offrit aux courtisans un repas où tous les produits de son tubercule figuraient sous une infinité de formes, et jusqu'aux liqueurs qui avaient été préparées avec l'eau-de-vie de parmentières.

Nul végétal, en effet, n'est capable de fournir autant de mets variés pour la nourriture de l'homme que la parmentière : on la consomme cuite à l'eau, sous la cendre, à la vapeur, dans des vases clos, au naturel et sans apprêt; on la prépare au gras et au maigre en salade; on la mélange au pain; avec sa fécule on fait des potages, des farinettes, des bouillies, des gâteaux; les pâtissiers, les boulangers, les confiseurs, les cuisiniers, font de fréquents usages de ses produits féculents surtout.

Mais ce n'est pas seulement pour la nourriture de l'homme que la parmentière offre d'immenses ressources; elle n'est pas moins précieuse pour la nourriture des animaux. Elle sert à engraisser les bestiaux, les porcs et les volailles, surtout lorsqu'elle est cuite. L'espèce bovine la recherche avec avidité, et on en fait avec d'autres substances alimentaires des pâtées qui, avec un peu de sel, engraissent parfaitement les bœufs. Les arts et l'industrie eux-mêmes emploient la farine de parmentière pour apprêter leurs divers tissus.

Les avantages de la culture de la parmentière sont donc aujourd'hui incontestés au point de vue économique; dans les assolements elle est aussi d'un grand secours comme plante sarclée. Elle concourt en effet à purger les sols des mauvaises herbes qui les salissent, par les façons qu'on lui donne. A cet effet, elle commence toujours les rotations : une terre qui a produit des parmentières est ameublie, appropriée, apte à recevoir la culture qu'on voudra lui confier.

Mais, depuis quelques années un incident d'une importance majeure est venu inquiéter les esprits sérieux. La maladie de la parmentière fait des ravages énormes sur tous les points de l'Europe, et jusqu'ici on n'a pas encore trouvé le moyen de prévenir le fléau, malgré les recherches multipliées faites à ce sujet. Si, par son effet, ce précieux tubercule venait à manquer, qui peut prévoir les affreuses calamités qui en résulteraient?

Sans perdre de vue les études faites pour découvrir un remède à la maladie de la parmentière, il serait urgent de faire des expériences sur d'autres plantes tuberculeuses qui pourraient aussi servir à l'alimentation de l'homme et des animaux. Rien de ce qui se rattache aux subsistances ne devrait être négligé, par les agriculteurs surtout, pour savoir s'il serait possible, sinon de remplacer la parmentière, du moins d'atténuer le mal que cause, dans nos populations rurales, l'altération de cette précieuse solanée. — V. *Igname.*

La parmentière a été une des conquêtes les plus précieuses faites sur le règne végétal du Nouveau-Monde. C'est de l'Amérique méridionale qu'elle a été importée en Europe. Elle y était inconnue avant la découverte de Christophe Colomb. Il paraît que ce furent les Espagnols qui les premiers l'introduisirent, vers le commencement du seizième siècle. Les provinces qui les premières en essayèrent la culture en France furent la Franche-Comté et la Bourgogne, vers le commencement du dix-septième siècle. Par la culture et les semis de ses graines, on a obtenu une infinité de variétés cultivées, soit dans nos jardins potagers, soit dans la grande culture. Mais pour arriver à ce résultat, que de temps perdu, que de discussions soulevées par les adversaires éternels de toute innovation, de tout progrès, même les plus urgents, les plus indispensables à la marche de la civilisation, aux nouveaux besoins qu'elle a créés et qu'elle commande! On dirait que la force d'inertie, d'une part, et l'obscurantisme, de l'autre, sont deux vices de l'humanité luttant en permanence pour neutraliser la loi du progrès, qui est une loi divine, contre laquelle toutes les résistances finissent par se briser, quelle que soit leur puissance actuelle.

Après trois siècles d'attente, de luttes et d'efforts, le temps de l'adoption de la parmentière en France était arrivé, et l'honneur en était réservé à la fin du 18e siècle.

Parmentier fut le savant qui contribua le plus à battre en brèche la routine qui avait triomphé près de trois cents ans; eh! que de misères causées par la famine ont été soulagées depuis que son influence a cessé d'empêcher la culture de la parmentière!!

PAROI. (*Muraille.*) V. *Pied.*

PAROTIDES. On donne le nom de parotides aux glandes salivaires des animaux qui sont situées au desssus des oreilles et en arrière de la mâchoire. Dans le cheval les parotides, bien distinctes, dessinent la ligne de démarcation qu'il y a entre la tête et l'encolure, et caractérisent les races de sang. Elles sont pourvues d'un canal qui contourne la mâchoire, et conduit la salive vers le milieu de la surface des dents mâchelières pour y faciliter la mastication. L'ignorance et la barbarie avaient inventé une opération qui consistait à saisir les glandes salivaires du cheval avec des tenailles, et à les frapper avec une verge. On appelait ce procédé inouï *battre les avives.* D'après la loi sur les mauvais traitements des animaux, ceux qui emploieraient aujourd'hui un semblable moyen seraient punis par l'autorité judiciaire.

PART. (*Parturition, Mise bas, Accouchement.*) Expulsion d'un fœtus à terme du sein de la mère. Le part est le plus souvent simple et facile dans les animaux domestiques; il a lieu sans accident, et les femelles accouchent seules, sans le secours de l'homme. Quand il est laborieux, cela dépend du fœtus qui se présente mal, de sa conformation ou de son volume qui sont anormaux. Dans ce cas, des soins particuliers sont indiqués par la nature même des accidents, dont les praticiens peuvent souvent prévenir les résultats fâcheux.

Dans tous cas, que le part soit simple et naturel ou laborieux, on aura toujours soin de la mère. On la préservera du froid en la couvrant d'une bonne couverture de laine, dans une étable bien close, et on lui donnera une nourriture de choix. Sa boisson sera tiède et contiendra un peu de farine; celle d'orge est toujours préférée dans ce cas, parcequ'elle est reconnue adoucissante. Le repos sera prescrit, surtout si la femelle est employée au travail. Si les moyens employés pour la sortie du fœtus l'ont fatiguée, on la soumettra à un régime ou à un traitement approprié, qu'un praticien habile seul peut bien prescrire. — V. *Parturition.*

PARTERRE. Terrain disposé pour cultiver des fleurs, soit dans un jardin, soit dans une enceinte spéciale. La forme des parterres, la disposition des dessins de leurs plates-bandes et de leurs allées, varient à l'infini, comme leurs dimensions. Du reste, les parterres sont toujours clos de murs ou de haies vives, pour qu'ils soient préservés des atteintes des maraudeurs. Un parterre sans clôture serait impossible, il donnerait lieu à un véritable pillage permanent : il n'est pas de produit cultivé plus convoité que les fleurs; il est rare de trouver des personnes qui ne soient pas disposées à en voler, quand elles peuvent le faire impunément, quels que soient les lieux où elles se trouvent.

PARTURITION. Le temps que met à se développer le jeune sujet dans le sein de la mère, depuis sa fécondation jusqu'au moment du part, varie suivant des conditions particulières qui, dans les races et même dans les individus, ne sont pas faciles à expliquer. L'un des hommes qui ont le plus travaillé à vulgariser la science agricole, notamment celle des animaux, Tessier a fait à ce sujet, comme sur le temps d'incubation des oiseaux, des observations très curieuses, que je crois utile de faire connaître ici. Je reproduis donc textuellement ce qu'il a écrit à ce sujet, pour laisser à cet intéressant travail toute son originalité. Voici ce que dit cet auteur :

« Les personnes qui sont dans l'habitude de vivre avec les animaux domestiques croient bien connaître la durée de la gestation, ou celle de la couvaison de leurs femelles, et cependant elles se trompent. Les médecins pour l'espèce humaine ne sont pas plus d'accord sur ce point : les uns lui assignent un terme fixe, les autres lui donnent plus ou moins d'extension. Sans rien décider à l'égard de la durée de la gestation des femmes, je n'ai à m'occuper que de celle des femelles des animaux; on fera des résultats que j'obtiendrai tel usage et telle application qu'on voudra. Peut-être me saura-t-on gré d'avoir éclairci une difficulté, bien qu'on ne puisse raisonner que par analogie, d'après ce que j'aurai prouvé.

Dès 1766, je résolus de faire des recherches pour savoir quels sont les termes moyens et les extrêmes de la durée de la gestation. Cette tâche me parut très difficile; il fallait faire une suite d'observations précises, réunir un nombre de faits assez considérable pour en imposer, et écarter tout ce qui ne présentait pas le caractère de la vérité. Je me sentis le courage de l'entreprendre. Pour parvenir à ce but, indépendamment de ce que je pouvais faire par moi-même, j'ai été obligé de m'adresser à divers propriétaires de bestiaux, auxquels j'appris la manière de s'y prendre pour n'être pas induits en erreur. Je fis faire, pour leur faciliter ces observations, de petits tableaux, que je mis dans leurs mains, et où ils consignèrent leurs remarques. Je les engageai surtout à écrire les jours de saillies et ceux des mises bas. Les fermes où l'on n'entretient aucun mâle non coupé furent celles que je choisis de préférence. La surveillance scrupuleuse qu'on exerce dans les haras pouvait procurer beaucoup de gestations certaines de juments : on sait que dans ces établissements les étalons sont tenus à part; que tout y est rigoureusement noté sur un registre, jusqu'à l'heure et la minute de la saillie et de la mise bas. J'en ai profité pour avoir des données sur ce genre d'animaux. J'ai recueilli aussi les faits publiés par des vétérinaires. Comme il est d'usage de présenter plusieurs fois, et même jusqu'à sept, avec des intervalles de quelques jours, les juments à l'étalon, je n'ai voulu compter la plénitude de celles-ci qu'à dater du dernier accouplement. Les observations qui vont donner les résultats suivants ont été faites dans vingt-cinq lieux appartenant à quinze départements éloignés les uns des autres, et en y comprenant celles qu'ont pu fournir des étrangers; j'ai écarté tout ce qui pouvait porter au moindre soupçon d'équivoque : sans cela, j'aurais prodigieusement grossi la liste des faits; je ne voulais qu'affirmer des choses vraies et décider sans réplique une question embarrassante. Ce n'est qu'au bout de 50 ans que j'ai pu me croire en état de la faire.

De mon registre, sur lequel je notais les faits à mesure que je les recueillais, j'ai extrait de quoi former un mémoire, que j'ai lu à l'Académie royale des sciences, le 12 mai 1817; il se trouve inséré dans le volume de cette même année; j'y ai joint des tableaux que je ne reproduirai point ici ; il me suffira de faire connaître les résultats et les conséquences qu'on en peut tirer.

Avant tout, je ferai remarquer que dans mes calculs de durée de gestation dans les quadrupèdes, je n'ai compté que pour un seul jour celui de la saillie et celui de la mise bas.

Ayant porté mon examen sur huit sortes de quadrupèdes et sur des oiseaux, j'ai divisé ce qui concerne les premiers en huit articles.

Article Ier. — *Des vaches.* — Dans le nombre de cinq cent soixante-dix-sept, vingt-une ont donné leurs veaux du 240e jour au 270e, c'est-à-dire au dessous du neuvième mois, de 30 jours, ne comptant qu'un jour pour celui de l'accouplement et pour celui de la mise bas, comme je l'ai annoncé plus haut.

Si on était tenté de prendre ces accouchements précoces pour des avortements, je dirais que dans leurs produits il y a eu des veaux bien constitués et des veaux faibles, comme dans les produits de gestations plus longues.

Terme moyen de ce nombre, 259 1/2 jours.

Cinq cent quarante-quatre ont porté du 270e compris, au 299e compris, c'est-à-dire du neuvième mois jusqu'au dixième mois. Douze seulement ont vêlé le 270e juste, c'est-à-dire le dernier jour même du neuvième mois.

Terme moyen de ce nombre, 282 11/17.

Les plus nombreux accouchements ont été dans l'espace du 277e au 297e compris.

J'observerai que les dix plus longues gestations de cette 2e classe, qui en comprend cinq cent quarante-quatre, approchent du 300e jour : car six sont au 298e jour et quatre au 299e, en sorte qu'elles pourraient être réunies à la classe qui commence au 300e jour.

Enfin dix ont prolongé leur gestation, à compter du 299e jour, jusques et y compris le 321e, c'est-à-dire jusqu'à dix mois et 21 jours.

Terme moyen de ce dernier nombre, 306 jours. J'ai retranché deux gestations, une de 360 et une de 372, quoique inscrites sur mes notes, parceque je n'ai pu retrouver le nom des personnes dont je les tenais.

D'après ces données, de la plus courte gestation, qui est de 240 jours, ou huit mois, à la plus longue, qui est de 321 jours, ou dix mois 21 jours, il y a 81 jours; et du neuvième mois à la gestation extrême, 51 jours.

Art. II. — *Des juments.*

1° *De celles qui n'ont été saillies qu'une fois.*

De deux cent soixante-dix-sept accouchements, vingt-trois ont précédé le 330e jour ou le onzième mois.

Terme moyen de ce nombre, 322 jours.

Deux cent vingt-sept juments ont porté du 330e jour compris, ou dixième mois 29 jours, au 359e compris, ou onze mois 29 jours.

Les plus nombreux accouchements ont été du 333e jour au 346e compris. Cinq juments seulement ont mis bas le 330e juste, ou le dernier jour du onzième mois.

Terme moyen de ce nombre, 246 4/6 jours.

La gestation de vingt-huit a été prolongée du 361e compris, ou douze mois et un jour, au 419e, ou treize mois et 29 jours.

Terme moyen de ce nombre, 372 4/7 jours, ou douze mois 12 jours.

De la plus courte à la plus longue gestation, 132 jours, et à compter du 330e jour, ou de onze mois, 89 jours.

2° *De celles qui ont été saillies plusieurs fois.*

Sur cent soixante-dix, vingt-huit ont fait leur poulain avant le 330e jour, ou le onzième mois.

Terme moyen de ce nombre, 321 jours, ou dix mois 21 jours.

Cent vingt-huit ont porté de 330 jours compris, ou onze mois, à 339 compris, ou onze mois 9 jours. Six seulement ont mis bas le 330e jour, ou onze mois juste.

Terme moyen de ce nombre, 341 2/5 jours, ou douze mois 11 jours 3/4.

La gestation de quatorze a été du 362e compris, ou douze mois 2 jours, à 377 compris, ou douze mois 17 jours.

Terme moyen de ce nombre, 370 3/4, ou douze mois 10 jours 3/4.

De la plus courte à la plus longue gestation, c'est-à-dire du 290e compris, au 377e, 87 jours, et du 330e, ou onzième mois, 47 jours de prolongation.

Dans cette seconde partie de l'article des juments, aucune n'a porté jusqu'à treize mois, tandis que dans la première il y en a deux, dont une a approché du quatorzième mois, et cette dernière n'offre aucune équivoque, car elle est du relevé du haras de Chivasso. D'où vient cette différence? Est-ce parceque dans la première partie il y a eu plus de gestations, et par conséquent plus de chances pour les prolongations, deux cent soixante-dix sept contre cent soixante-dix ? Ou bien est-ce parceque plusieurs des gestations ont commencé à la suite de quelques unes des premières saillies ? L'une et l'autre cause me paraissent possibles.

En réunissant les gestations des deux parties de l'article, c'est-à-dire des juments qui n'ont été saillies qu'une fois, et de celles qui l'ont été plusieurs fois, ne comptant toujours pour celles-ci que sur la dernière, on voit que sur quatre cent quarante-sept gestations, quarante-deux ont passé 360 jours, ou douze mois, et qu'une même s'est élevée à 419 jours. Les prolongations ont été plus nombreuses que dans les vaches.

Art. III. — *Des ânesses.* — De deux ânesses, les seules dont j'ai connu la gestation, l'une a porté 380 jours, ou douze mois 20 jours, et l'autre 391 jours, ou treize mois et un jour.

Art. IV. — *Des brebis.* — Parmi neuf cent douze gestations de brebis, cent quarante ont eu lieu du 146e jour au 150e, c'est-à-dire au dessous du cinquième mois, six cent soixante-seize du 154e compris, jusqu'au 158e non compris.

De la plus courte à la plus longue gestation, 11 jours; du cinquième mois à la gestation extrême, 7 jours.

Terme moyen, 151 jours 1/2.

Deux brebis seulement ont mis bas leur agneau le 146e jour, sept le 156e, cinq le 157e.

Les plus nombreux accouchements sont du 150e compris, au 153e compris.

Les observations sur les brebis présentent plus d'exemples de gestations précoces; car il y en a 282 sur 912 : c'est environ un tiers ; tandis qu'on n'en compte que 51 sur 447 juments, tant de celles qui ont été saillies une fois que de celles qui l'ont été plusieurs fois. C'est un huitième et 21 sur 570 vaches, c'est-à-dire un vingt-huitième.

Art. V. — *Des buffles femelles.* — N'ayant eu à ma connaissance que huit faits bien constatés relativement aux buffles femelles, je ne puis affirmer d'une manière positive quels sont les termes de la plus courte à la plus longue gestation, car ce nombre ne me paraît pas devoir suffire pour donner des résultats certains. En comparant ces huit gestations, j'ai su au moins qu'il y a eu une différence de 27 jours entre la portée la plus hâtive et la plus éloignée, et que celle-ci s'étendait jusqu'à 328 jours ou dix mois 28 jours.

Terme moyen, 310 jours, ou dix mois 10 jours.

Art. VI. — *De la chienne.* — Deux ont porté 62 jours, une 61 et une 58; ce qui donne pour quatre animaux seulement une latitude de 4 jours.

Art. VII. — *De la truie.* — Vingt-cinq truies ont fait leurs petits après des gestations de 109 à 133 jours ou quatre mois et 13 jours : il y en a eu cinq au 113e.

Terme moyen, 115 1/2, ou trois mois 25 jours 1/2.

Nota. 1° Parmi ces truies, une de deux ans, race de Java, pie de blanc, jaune et noire, couverte par un mâle de même poil et de même race, a donné sept petits semblables au père et à la mère, excepté deux d'entre eux, qui portaient la livrée comme des marcassins.

2° La mère d'une des truies était originairement marcassine, c'est-à-dire de race de sanglier ou cochon sauvage : elle a porté 110 jours.

Art. VIII. — *De la femelle du lapin.* — Entre deux extrêmes de la gestation de cent-soixante-une femelles de lapin, j'ai remarqué un intervalle de huit jours : l'un de ces extrêmes est le 27e jour, et l'autre le 35e. Le plus grand nombre des portées a été de 29 à 31 jours ; cinquante-sept ont duré 30 jours, ce qui approche du tiers.

J'observerai ici que dans un animal dont la gestation n'excède guère un mois, une latitude de 8 jours est considérable, si on la compare à celle des femelles dont la gestation la plus ordinaire est ou de neuf mois ou de onze mois et quelques jours; je veux dire les vaches et les juments.

Je n'ai point formé de tableaux pour les ânesses et pour les chiennes, parceque j'ai réuni trop peu de gestations sur ces animaux.

Art. IX. — Je passerai maintenant aux incubations. D'après les tableaux que j'ai dressés, il existe entre les diverses couvaisons de même espèce, d'œufs de poule, par exemple, placés sous des poules, une différence assez considérable, puisqu'elle est quelquefois de cinq jours, et entre les éclosements des petits d'une couvée, un intervalle qui peut être de huit jours. Ce fait confirme une observation publiée par feu M. Dorcet, de l'Académie des sciences, dans le Journal de médecine, juillet 1766, tome 25, p. 33. Suivant lui, le premier poulet d'une couvée de treize œufs a éclos 13 jours après le commencement de l'incubation; le second à la fin du 17e jour, le troisième le 18e révolu, et les autres le 19e et le 20e jour.

On pourrait expliquer ces variations des couvaisons et de leur durée par les circonstances où se trouvent les oiseaux femelles lorsqu'ils remplissent cette fonction, surtout par l'inégalité de la chaleur; et, dans ce cas, on n'en conclurait rien pour les naissances tardives des oiseaux. Mais il paraît qu'il existe aussi des différences dans l'éclosement des œufs soumis à une même température. M. Geoffroy, notre collègue, que j'ai consulté sur ce qui se passait à cet égard en Egypte, où l'on fait éclore à la fois dans un four jusqu'à 20,000 œufs, m'a rapporté la pratique usitée dans ces contrées : on peut en tirer des conséquences analogues aux précédentes. L'apparition des poulets, dit M. Geoffroy, a lieu successivement, et ce fait est si bien connu des gens du pays, qu'ils règlent là dessus leur conduite comme commerçants. Le particulier qui fait couver ensemble un grand nombre d'œufs ne prend aucune précaution pour nourrir les poulets; il les vend tout aussitôt après leur éclosement. Il ramasse d'abord les premiers nés, les met dans une manne, et va les vendre lui-même; il vient ensuite prendre ceux qui sont nés pendant son absence. Il arrive un moment, et c'est ordinairement au milieu des trente heures de l'éclosement, où le nombre est si grand, que, ne pouvant suffire à les aller vendre, il amène chez lui des marchands regrattiers qui les achètent et les emportent.

Il résulte de nos observations placées dans les tableaux qui font partie du mémoire dont ceci est extrait : 1° que les poules couvent de 15 à 24 jours, les cannes 28 à 32, les oies 29 à 33, les pigeons 17 à 20; 2° que l'intervalle entre l'éclosement d'un premier œuf au dernier est, pour les poules, de 5 jours et plus, si on a égard au fait rapporté par M. Darcet; pour les cannes, de 9 jours; pour les oies, de 2 jours; pour les pigeonnes, d'un jour ou quelques heures, etc.; 3° que diverses variétés des espèces d'oiseaux ci-dessus mentionnées, et en outre les cygnes, paons et faisans élevés au Jardin du roi, suivant le témoignage de M. Frédéric Cuvier, présentent également des prolongations de couvaisons et des latitudes dans les éclosements.

Il est prouvé par les faits que je viens d'exposer que la gestation, considérée dans les femelles de huit genres quadrupèdes domestiques, n'a point de terme fixe; qu'elle est susceptible de varier; qu'elle s'étend quelquefois très loin et au delà de ce qu'on croit vulgairement; qu'il y a des accouchements précoces; qu'il y en a de tardifs; qu'on ne peut se refuser d'admettre des écarts; que la même chose s'observe dans la couvaison des oiseaux; que cependant enfin on peut déterminer la durée ordinaire et les extrêmes de cette fonction dans les individus.

Je bornerais ici mon travail, que je croirais avoir suffisamment éclairci une circonstance intéressante de la physiologie animale, parcequ'il ne s'agissait que de rassembler un grand nombre de gestations et de couvaisons; mais je ferai plus, je démontrerai, au moins à l'égard des quadrupèdes ci-dessus désignés, que l'âge, la constitution et le régime n'influent en rien sur les prolongations. A l'appui de cette assertion, je citerai des exemples extraits de mes notes.

1° Relativement à l'âge, une vache de onze ans a mis bas au 247e jour, une de treize au 306e; une génisse ayant quinze mois au moment de la monte a donné son veau au 277e, et une ayant dix-huit mois aussi au moment de la monte a donné le sien au 303e; une jument de onze ans a pouliné au 327e jour, et une de huit au 408e. Dans les truies, la durée de la gestation n'a pas été en raison de l'âge : voilà ce qui constate que l'âge des femelles n'a point d'influence. L'âge des mâles n'en a pas davantage : des taureaux de vingt-deux mois ont formé des veaux qui sont nés aux 290e et 297e jour, tandis qu'il en est né un au 296e après l'accouplement d'une vache avec un taureau de six ans. Ces exemples me paraissent devoir suffire.

2° Relativement à la constitution des individus, on ne peut jur de la constitution d'un animal que par son état apparent. On e prétendra pas sans doute que la faiblesse et la maladie donnt lieu à la prolongation des gestations; il me semble, au conraire, que ces circonstances sont propres à les accélérer : c'est insi que le fruit d'un arbre qui souffre se décolle et tombe plus t que celui d'un arbre vigoureux. Au surplus, des femelles jeues et des femelles âgées, n'importe de quelle robe, ont mis bas des époques prolongées de gestation. On a obtenu, par le oyen de taureaux et de chevaux étalons, quels qu'ils aient été, es productions précoces et tardives. D'ailleurs, une femelle n'acouche presque jamais deux fois au même terme; une truie, près une gestation de 112 jours, en a une de 114; quelquefois ans, la vache, la variation est de 13 jours. Des veaux nés aux 91e, 292e, 294e et 295e jours, se sont trouvés faibles et de peu poids. A moins donc de supposer que la constitution physiogique change tous les ans, on ne peut l'admettre comme cause e précocité ou de retard dans l'accouchement.

3° Relativement au régime, quand on sait qu'il y a des gestaons prolongées dans des pays très distants les uns des autres, n ne croit pas que la manière de nourrir et de conduire les aniaux y ait quelque part. Dix vaches, suivant mes tableaux, ont lé après 300 jours ou dix mois, sans compter celles qui ont aproché de ce terme, et cela dans les départements du Loiret, de Corrèze, du Calvados, de Seine-et-Oise. Parmi les juments aillies une fois seulement, et par conséquent celles sur lesquelles a doit le plus compter, il y en a eu quinze qui ont accouché aulà de 361 jours dans les départements de la Meuse, de la Meure et du Piémont. Ces gestations ont eu lieu chez différents parculiers, où la nourriture n'a pu être la même quant à la quantité à la qualité; la manière dont ces animaux ont été conduits et oignés a dû nécessairement ainsi varier. On en peut dire autant s oiseaux. Par contre, des juments appartenant à un propriéire ont été saillies le même jour, 26 avril, par les différents étaons du haras de Limoges : l'une a porté 340 jours, une autre 351, une autre 363, une autre 365. La différence du premier au quatrième accouchement est de 25 jours. Il est plus que probable cependant que le régime de ces quatre juments a été le même; il est certain que celui des étalons l'a été.

Puisque les prolongations dans les gestations ne sauraient être attribuées ni à l'âge, ni à la constitution, ni au régime, il faut voir si on ne pourrait leur trouver d'autres causes, et ce qu'on doit penser de quelques opinions émises à ce sujet.

Les femelles du taureau, du buffle, du cheval, du bélier, du porc, du lapin, et celles des oiseaux, éprouvent toutes des retards. La différence du genre n'y contribue en rien; mais on a imaginé que celle de la race pourrait influer; on s'est trompé. Deux vaches de la race sans cornes et de celle de Suisse ont porté 291 jours, une de la Romagne a vêlé au 298e, et une au 301e. Dans d'autres races, telles que les brabançonnes, les livarottes, et les communes des environs de Paris, quelques unes aussi ont prolongé aussi loin leur gestation. D'une vache couverte par un taureau suisse il est issu un veau au 300e jour; une autre, couverte par un taureau de la Romagne, a vêlé au 294e; une troisième enfin, couverte par un taureau de la race sans cornes, a donné son veau au 291e. On rencontrerait également des prolongations dans les autres races de quadrupèdes et dans les incubations des oiseaux.

On dira que c'est le volume et la force du fœtus qui produisent ces anomalies. A cela je réponds d'abord qu'ils en seraient plutôt l'effet que la cause, et je prouve qu'on ne saurait par là expliquer le phénomène de la prolongation. Le contraire même est démontré par les faits suivants : des veaux faibles sont nés aux 291e, 292e, 294e et 295e jours, savoir, deux de mères de quatre ans, un d'une mère de huit ans, et un d'une mère de dix ans. Un veau du poids de trente et une livres est né au 270e jour, et un de vingt-neuf livres au 273e. Des juments ont mis bas des poulains faibles au 371e et au 370e, et de bien étoffés et gros aux 318e, 320e, 325e, etc.

Suivant quelques personnes, cela dépend de la saison. Je ne le pense pas : il y a de longues gestations à quelque époque de l'année que les femelles mettent bas; les exemples en seraient faciles à citer, car ils sont en grand nombre sur mes notes.

On n'imaginera pas sans doute que le sexe des petits y fasse quelque chose. Je certifierai que des veaux mâles et femelles sont nés indistinctement au delà de 270 jours, et même au delà de 300, et des poulains et pouliches au delà de 330 et de 360.

Je ne m'occuperai pas à répondre à ceux qui font dépendre des phases de la lune les retards ou prolongations des gestations.

Un observateur croit avoir remarqué que la durée de la gestation dans les femelles des animaux était égale à neuf fois l'intervalle qui sépare le retour des chaleurs ; mais, pour établir ce fait, il faudrait des données plus positives et plus variées qu'on n'en a.

En écartant tout ce qui a été allégué jusqu'ici pour rendre raison des longues gestations, je désirerais mettre d'autres causes à la place et en indiquer de certaines ; mais il est des cas où l'on assurera bien qu'une chose n'est pas telle qu'on la croit, sans pouvoir déterminer ce qu'elle est. Les physiologistes ne manqueront pas de dire que les variations et les anomalies qui existent, d'après ce qui précède, dans une des fonctions animales, sont l'effet du plus ou du moins d'extensibilité des parois de la matrice, extensibilité qui n'est point au même degré dans tous les individus et dans toutes les gestations. Mais où conduira cette explication ? Qu'apprendra-t-elle ? Il me semble qu'il vaut mieux se contenter des conséquences directes qui dérivent des faits ci-dessus exposés, et que j'ai déduites avant de discuter les causes. »

Tels sont les faits observés par Tessier sur le temps qui s'est écoulé depuis la fécondation jusqu'à la parturition dans diverses espèces d'animaux, comme sur celui de l'incubation de nos oiseaux domestiques.

PAS. Mouvement par lequel les animaux marchent. Le pas est l'allure naturelle, la moins rapide, la plus ordinaire et la moins fatigante ; elle consiste dans le simple déplacement des membres, qui se portent alternativement en avant. Les animaux marchent au pas de préférence à toute autre allure, lorsqu'ils ne sont pas obligés de faire autrement. Du reste, le pas a lieu sans peine, sans efforts extraordinaires des animaux, et par conséquent sans leur causer des fatigues auxquelles ils ne se soumettent que dans des cas exceptionnels.

L'allure du pas est plus ou moins accélérée, suivant l'organisation, la conformation, le tempérament des animaux. Sa vitesse est recherchée pour les animaux de travail : ainsi un cheval dont le pas est allongé fait dans un temps donné plus de chemin qu'un autre, et il a plus de valeur, parcequ'il fait relativement plus de travail. Aussi ne manque-t-on jamais de faire marcher un cheval pour juger de cette allure, lorsqu'on l'achète.

Certains animaux sont destinés à faire toujours leurs travaux au pas : tel est le bœuf. Il en est de même du cheval de gros trait. Mais les chevaux de poste, de messageries, d'omnibus, de voitures de places, marchent toujours au trot quand ils sont attelés ; pour eux, l'allure du pas est l'exception pendant le travail ; aussi chez ces animaux attache-t-on moins d'importance à cette allure, pourvu qu'ils trottent bien. — V. *Locomotion*, *Muscle*, *Os*, *Squelette*.

On donne le nom de *Pas relevé* à une allure particulière à certains chevaux nommés *bidets d'allure*. Ces animaux sont recherchés par les marchands de bœufs qui se rendent dans les foires parcequ'ils progressent rapidement sans fatiguer le cavalier.

PAS-D'ANE. Nom vulgaire donné à une variété de tussilage qui croît dans les lieux humides, sur les bords des ruisseaux.

On nomme aussi pas-d'âne, en art vétérinaire, un instrument disposé pour maintenir la bouche des animaux ouverte, afin de l'examiner ou d'y faire quelque opération.

PASSEREAUX. Ordre nombreux qui comprend tous les oiseaux que leurs caractères tranchés n'ont pas permis de classer dans des catégories spéciales, comme les grimpeurs, les palmipèdes, les échassiers, les rapaces, etc. Tels sont les étourneaux, les corneilles, les merles, les loriots, les martinets, les hirondelles, les alouettes, les roitelets, les mésanges, les fauvettes, les moineaux, les chardonnerets, les linots, etc.

La forme du bec comme la nourriture des passereaux varient autant que le volume de ces oiseaux et leurs habitudes. Les uns se nourrissent exclusivement d'insectes, d'autres sont omnivores, et peuvent se nourrir de graines. Il en est même, comme les pies-grièches, qui poursuivent les petits oiseaux et les dévorent. Beaucoup de passereaux, comme les mésanges, les troglodites, les hirondelles, les rouges-gorges, les fauvettes, etc., sont utiles à l'agriculture par l'énorme quantité de chenilles et autres insectes qu'ils détruisent.

PASTEL. Plante de la famille des crucifères. Le pastel a été cultivé comme plante tinctoriale sur plusieurs points de la France, et notamment dans le Midi. Sa feuille contient un principe colorant bleu qui a de l'analogie avec l'indigo; on avait même cru qu'on pourrait se passer de ce dernier produit exotique, l'expérience n'a pas confirmé cette opinion. Le prix de revient de la matière colorante du pastel a prouvé que la France avait plus de bénéfice à acheter l'indigo.

Le pastel pourrait cependant être cultivé comme plante fourragère; il ne craint pas les gelées, et il donnerait un bon fourrage vert aux époques où il n'est pas toujours possible d'en avoir.

PASTÈQUE. (*Melon d'eau.*) Plante de la famille des cucurbitacées, qui fournit une espèce de melon cultivée surtout dans les pays chauds. Les pastèques contiennent beaucoup d'eau de végétation, et sont très rafraîchissantes.

PATATE ou *Batate*. Plante de la famille des convolvulacées, originaire de l'Inde et de l'Amérique méridionale. La batate produit une racine charnue, farineuse, cultivée dans certains pays chauds; elle y offre les mêmes ressources que les pommes de terre dans nos contrées. Importée en France, elle est cultivée avec succès, surtout dans le Midi; mais la grande culture ne l'a point encore adoptée, dans les pays même où elle peut réussir par les procédés de culture ordinaire; elle rendrait sans doute de grands services, si surtout la maladie des pommes de terre étendait ses ravages et les continuait. — V. *Parmentière*.

PATHOLOGIE. Science qui s'occupe de l'étude des maladies. La pathologie est une des branches les plus importantes de l'art de traiter les maladies des animaux. — V. *Maladie*.

PATIENCE. V. *Rumex*.

PATURAGE. V. *Embouche*, *Herbage*, *Montagne*, *Parcours*.

PATURE (*Vaine*). V. *Vaine pâture*.

PATUREAU. Nom donné dans quelques pays aux enfants chargés de garder les bestiaux.

PATURIN. Genre de plante de la famille des graminées, et l'un des plus intéressants comme plante fourragère. Non seulement il fournit une grande quantité de variétés qui donnent presque toutes un excellent fourrage recherché des bestiaux, mais ses espèces sont très rustiques. On trouve des paturins dans tous les sols, même les plus arides, sur les montagnes, dans les plaines, dans les bois, sous tous les climats, dans les terrains secs comme dans les terrains humides, et partout les bestiaux le recherchent et les consomment avec plaisir.

On cultive en Abyssinie, dit-on, une variété de paturin pour la nourriture de l'homme. Ce paturin fournit un grain avec lequel on fait du pain de bonne qualité. Cependant sa culture n'a pas été adoptée en Europe.

PATURON. Partie du membre située entre le boulet et la couronne. Un paturon long est toujours une cause de faiblesse par sa disposition mécanique; il allonge, en effet, le bras de levier de la résistance représentée par le sol aux dépens de la puissance représentée par les muscles fléchisseurs et leurs cordes tendineuses. Un paturon court favorise la force musculaire; mais pour les chevaux de selle, il rend les réactions dures.

On doit entretenir la propreté dans les paturons des animaux pour y prévenir l'irritation de la peau et la formation de crevasses.

Un cheval qui a le paturon long est dit long-jointé; il est court-jointé dans le cas contraire. — V. *Jointé.*

Les paturons sont quelquefois le siége de blessures plus ou moins graves faites par les longes des chevaux (enchevêtrure). Quand ces blessures existent, il importe de les soigner et de bien y entretenir la propreté, surtout, pour que le mal ne soit pas augmenté par l'irritation que lui causerait la présence de corps étrangers, de la boue ou de la poussière. — V. *Enchevêtrure, Licol.*

PAUPIÈRES. Espèces de rideaux formés par la peau, dont les fonctions sont de protéger les yeux contre les corps étrangers et de prévenir la dessiccation de leur surface exposée à l'air, mais toujours humectée par les larmes. Les paupières sont formées en dehors par la peau, en dedans par la conjonctive, qui leur sert de garniture interne. (V. *Conjonctive.*) Entre ces deux lames se trouve l'appareil musculaire qui les fait mouvoir.

Ces rideaux, au nombre de deux, placés transversalement, ont sur leurs bords des espèces de franges formées par des poils raides qu'on nomme cils; ces franges concourent à la protection des yeux en arrêtant, comme une sorte de grillage serré ou de tamis, les corpuscules ou la poussière en suspension dans l'air.

Les paupières, pour être belles, doivent être fines, souples, minces, bien fendues et très mobiles; les poils qui les recouvrent seront rares et formeront un duvet fin. Des paupières grosses, épaisses, peu mobiles, à demi fermées et recouvertes de poils grossiers, appartiennent aux races communes, surtout dans l'espèce chevaline; elles donnent aux animaux un air stupide, sournois et méchant; souvent même, dans ce cas, elles sont, pour les chevaux surtout, un indice de mauvaise vue. — V. *Fluxion périodique*, *OEil*.

PAVILLON. On donne le nom de pavillon de l'oreille, en médecine vétérinaire, au cornet qui détermine la forme dont cet organe est pourvu. — V. *Oreille*.

PAVOT. Genre de plante de la famille des papavéracées. Le pavot, quelquefois cultivé comme plante d'ornement en France, fournit dans le Levant des récoltes d'opium. (V. *Opium*.) En médecine vétérinaire, on emploie les têtes de pavot en décoction contre certaines affections qui causent des douleurs violentes; on donne ces décoctions en lavement contre les coliques aiguës. Une variété de pavot est cultivée comme plante oléagineuse. (V. *OEillette*.) Le coquelicot qui croît spontanément dans nos moissons est aussi une papavéracée. — V. *Coquelicot*.

PEAU. Enveloppe des animaux. La peau correspond à l'écorce des arbres. Garnie de poil dans les animaux domestiques, elle recouvre toute la surface de leur corps et se moule sur toutes les parties, dont elle accuse les formes et les contours; elle se continue avec les membranes muqueuses de toutes les ouvertures naturelles qui forment des canaux intérieurs. Cette grande enveloppe, formée par trois couches superposées bien distinctes, connues sous les noms d'épiderme, de corps muqueux ou réticulaire et de derme, exécute diverses fonctions vitales d'un intérêt majeur. L'une des plus essentielles est la transpiration insensible; on a la preuve de son importance par le trouble qui résulte de ses désordres dans la santé des animaux. Des arrêts de transpiration ont toujours pour effet des indispositions ou des maladies plus ou moins graves, suivant la gravité même des causes qui les produisent. Aussi, les fonctions de la peau doivent-elles toujours être favorisée par de bons pansages et par des soins hygiéniques particuliers que tout bon cultivateur soucieux de la santé de ses bestiaux, surtout de ceux de travail, ne doit jamais négliger.

La peau fabrique et fournit les laines qui servent à faire nos vêtements, les poils plus ou moins fins et soyeux qui forment les fourrures, les crins employés dans l'industrie pour la confection des objets divers livrés au commerce, et la corne, modelée de tant de façons pour les besoins de la consommation journalière.

Après avoir joué un grand rôle dans la vie des animaux, la peau rend d'importants services dans l'économie domestique, suivant qu'elle est préparée par le chamoiseur, le fourreur, le tanneur, le maroquinier, le parcheminier, le mégissier, le peaussier, le pelletier, etc. L'enveloppe des animaux divers fournit tantôt un tissu souple, doux, solide, qui sert à faire des gants, des vêtements d'hommes, etc.; tantôt des fourrures de toute nature, tant pour le luxe que pour l'usage habituel, des peuples du Nord surtout; des cuirs de toute espèce pour les chaussures, la sellerie, la bourrelerie; des parchemins, de la colle, etc.; une infinité d'objets, enfin, qui donnent lieu à des industries diverses, occupent des milliers de bras et procurent au commerce des ressources considérables. Il n'est pas de production animale d'une utilité plus étendue et plus variée dans l'industrie que la peau. L'étude du tissu cutané, celle du poil qui le recouvre, sert non seulement à faire juger de l'état de santé ou de maladie des animaux, mais encore de leurs qualités. Un animal qui a la peau sèche, dure, manquant de souplesse et couverte de poils rudes, ternes, celui qui a cette enveloppe collée sur les tissus sous-jacents, notamment sur les côtes, peut être atteint d'une maladie chronique de la poitrine ou du canal intestinal. On devra donc porter son attention sur ces caractères morbides.

Une peau souple, bien détachée des tissus sous-jacents, qui a un poil luisant, indique un bon état de santé d'un animal. Lorsqu'elle est fine, couverte d'un poil soyeux et court, elle est une marque de distinction et de finesse de race.

L'examen de la peau mérite donc toute l'attention du cultivateur, tant pour faire un bon choix des individus que pour juger de l'état de leur bonté, de celui de leurs qualités. — V. ***Engraissement*, *Espèce*, *Pansage*, *Poil*, *Vache***.

PÉCARI. Mammifère de l'ordre des pachydermes et du genre cochon. Les pécaris ont de l'analogie avec les sangliers, quoique d'une taille plus petite ; ils vivent par bandes considérables dans les forêts de l'Amérique méridionale. Cette espèce ne paraît pas encore avoir été domestiquée dans les lieux où elle se multiplie.

PÊCHE. Fruit du pêcher.

PÊCHER. Arbre de la famille des rosacées. Le pêcher, cultivé pour son fruit, très estimé, est originaire de Perse ; il est exploité avec beaucoup d'intelligence et de succès dans les environs de Paris, surtout au village de Montreuil, dont il forme un des principaux revenus. Les pêches de Montreuil ont partout une réputation acquise, et représentent un des plus beaux et des meilleurs fruits que le génie du cultivateur-pépiniériste puisse obtenir dans nos climats.

La culture a créé une infinité de variétés de pêchers en espaliers ou en plein vent. Leurs fruits sont toujours et partout recherchés par les consommateurs.

PÉDONCULE. On donne le nom de pédoncule à la tige, vulgairement appelée *queue*, qui supporte les fleurs ou les fruits. Cette tige prend le nom de *hampe* quand, partant du collet de la racine, elle est nue et dépourvue de feuilles et de divisions. —V. *Hampe*.

PELAGE. Couleur du poil. La domesticité a une influence bien caractérisée sur le pelage des animaux. Ceux qui vivent à l'état sauvage ont le poil uniformement coloré. Ainsi le lapin sauvage, le chat sauvage, le loup, le renard, etc., ont tous la même robe ; tandis que les lapins domestiques, les chats, les chiens, etc., ont le pelage d'une variété très diverse. Il en est de même des oiseaux. Ceux qui vivent à l'état sauvage ont leurs plumes qui se ressemblent ; il n'en est pas de même lorsqu'ils sont réduits à l'étàit domestique : le canard, l'oie, le dindon, la poule, en sont une preuve.

Parmi nos animaux domestiques, l'âne est celui dont le pelage varie le moins ; et le mulet, qui est son produit, lui ressemble beaucoup sous ce rapport. Ces deux animaux si utiles ne varient guère que du gris souris au noir ; les autres nuances sont rares chez eux.

PELICAN. Oiseau de l'ordre des palmipèdes. Le pélican se nourrit de poissons, qu'il prend dans la mer au moyen de son grand bec ; il est très vorace. Il a été peu observé en captivité ; sa domestication jusqu'ici n'a pas été étudiée, et son genre de nourriture la rendrait peut être difficile et dispendieuse.

PELLE. Instrument d'agriculture et de jardinage. Les pelles sont en fer ou en bois ; elles servent au travail de la terre, pour les terrassements, pour charger les fumiers et remuer les grains dans les greniers ou sur l'aire, etc.

PELOTE. Tache blanche et arrondie que l'on observe quelquefoir sur le front des chevaux, dans les robes foncées. Le cheval est de tous nos animaux domestiques celui qui offre le plus d'exemple de pelotes. On ne manque jamais de les indiquer dans les signalements comme marque très caractéristique.

PELOUSE. Lieu dépourvu d'arbres et recouvert d'herbes. Le mot *pelouse* est généralement synonyme de *gazon*. Les pelouses servent ordinairement de parcours aux bestiaux ; celles qui sont bien fournies, bien gazonnées, donnent souvent beaucoup de produits et de bons pâturages. Il n'en est pas de même lorsqu'elles sont dégarnies, dénudées par espaces. — V. *Parcours, Pâturages*.

On forme quelquefois des pelouses pour orner le paysage dans les parcs et les promenades.

PÉNIS. Organe de la génération du mâle. — V. *Verge*.

PÉPIE. Nom donné à une maladie, encore inconnue, des oiseaux, et surtout des poules. L'un de ses symptômes est une altération particulière de la muqueuse du bout de la langue. Nous n'avons pas eu occasion d'étudier d'une manière suffisante cette affection pour en parler avec connaissance de cause ; mais nous sommes persuadé que l'altération bornée de la muqueuse de la langue n'est qu'un symptôme, un effet, dont il y a lieu de rechercher la cause ailleurs. Les ménagères, dans les campagnes, débarrassent les poules de l'appendice de peau qui se détache facilement de la pointe de leur langue; elles pensent avoir ainsi trouvé le remède au mal. Nous ne croirons à l'efficacité de ce procédé que quand elle nous sera démontrée. On affirme que l'eau ferrée donnée aux poules les préserve de la pépie.

PEPIN. Graine plus ou moins dure contenue dans certains fruits, tels que les raisins, les pommes, les poires. L'amande des pepins contient de l'huile; on a essayé de l'extraire des pepins de raisin surtout, mais les frais d'extraction n'étaient pas couverts par les produits, et on y a renoncé.

Lorsqu'on veut cueillir des pepins pour les semer, il faut avoir la précaution d'attendre qu'ils soient bien mûrs. On peut être assuré qu'ils le sont lorsque les fruits qui les contiennent commencent à se décomposer, après avoir été récoltés dans un état de parfaite maturité.

PÉPINIÈRE. Terrain uniquement employé à faire des semis d'arbres et à cultiver de jeunes plantes. Lorsqu'on fait une pépinière, on ne se rend peut-être pas assez compte de l'influence exercée par les conditions du sol où sont élevées les jeunes plantes pour leur réussite et leur développement futur. Ici les végétaux ressemblent singulièrement aux animaux. Quand on fait des semis d'essences dans un sol qui réunit toutes les conditions propres à provoquer une végétation luxuriante par son exposition, par les engrais, par les façons, les soins bien entendus, bien dirigés qu'on leur donne, les jeunes plants prennent un développement rapide; ils croissent plus en trois ou quatre ans qu'en sept et huit ans, et même plus, dans des sols maigres et à des expositions peu favorables. Si l'on prend des sujets élevés dans des sols et des expositions de premiers choix pour les planter dans des terrains médiocres ou mauvais, leurs organes de nutrition, ne trouvant pas dans leur nouvelle condition les éléments qui constituaient celle où ils étaient d'abord, ne peuvent pas leur fournir une alimentation suffisante; ils dépérissent au lieu de croître. Ce fait a été observé partout. La physiologie l'explique clairement, et il est parfaitement compris de tous les praticiens. Lorsqu'on achètera des plants, on ne devra donc pas s'attacher exclusivement à la beauté de leurs types, à la vigueur, à la force de leurs tiges ou de leurs racines; on devra examiner avant tout à quelle cause ils doivent leur beauté. Si on ne peut pas leur offrir les conditions de prospérité dans lesquelles ils ont été élevés, on peut être assuré qu'ils réussiront difficilement, et d'autant plus que leur nouvel état sera plus éloigné de celui des pépinières où ils ont été élevés.

Ce que je dis ici en thèse générale est aussi applicable à des exploitations particulières. Dans une ferme, on ne doit pas mettre dans le fond le plus riche de la propriété la pépinière qui doit fournir des arbres pour tous les sols, pour les fonds bons ou mauvais; il vaut mieux prendre une moyenne, choisir un sol médiocre, si on a des terres médiocres, et même mauvais, si on a des terres mauvaises. Ce principe ne paraîtra pas judicieux aux esprits théoriques; mais les praticiens seront de cet avis: l'expérience les aura éclairés sur ce point. Un arbre pris dans un mauvais terrain réussit bien quand il est replanté dans un bon. C'est le contraire dans la condition opposée.

PEPON. V. *Courge.*

PEPSINE. Principe qui se trouve dans l'estomac et qui concourt à l'élaboration des aliments pour la digestion. — V. *Digestion.*

PERCE-OREILLE. (*Forficule.*) Le perce-oreille est un petit insecte de l'ordre des orthoptères; il est commun dans les lieux frais et humides. On le trouve surtout dans les crevasses des arbres, entre les pétales des fleurs, qu'il dévore. On assure que les fleuristes le redoutent beaucoup, et cherchent à le détruire. Du reste, ses ravages sont peu sensibles pour l'agriculture.

On a dit que le perce-oreille peut pénétrer dans l'oreille des hommes et y causer de grandes douleurs, et même la mort. Si de semblables exemples ont jamais été observés, ils doivent être excessivement rares; peut-être même ne sont-ils que le produit de l'imagination. Je ne connais pas d'auteur qui ait parlé d'un pareil accident. Les médecins des campagnes ne paraissent pas en avoir observé, que nous sachions; et cependant ce serait à la campagne, où les ouvriers et les enfants dorment souvent par terre, que le perce-oreille aurait pu être à craindre, si réellement il pouvait causer sur l'homme le mal qu'on lui attribue.

PERCHERON (*Cheval*). Le cheval percheron forme une de nos races de trait léger et de messagerie les plus estimées. Robuste, énergique, d'une bonne vitesse au trot, le percheron est recherché pour les travaux agricoles, pour les postes, les messageries, le roulage, les omnibus de Paris, etc.; c'est aussi un excellent type de cheval d'artillerie et d'équipages militaires. Nous n'avons pas en France aujourd'hui de race de chevaux plus précieuse que la race percheronne par ses qualités comme par la multiplicité des services qu'elle rend. Les puissances étrangères n'en ont pas de meilleure pour les services divers auxquels nous la soumettons, et plusieurs d'entre elles recherchent des étalons de cette espèce comme améliorateurs.

La race percheronne est celle qui se prêterait le mieux aujourd'hui à faire le cheval à deux fins que nous rêvons depuis bien long-temps en France; elle a la vigueur, la force et l'énergie que l'on peut exiger; elle ne manque pas non plus d'une certaine distinction qui suffirait aux besoins généraux de la consommation ordinaire. Que lui faudrait-il donc pour faire un bon type de cheval de cabriolet, de cheval de dragon, etc.? Il lui faudrait un peu plus de légèreté, *plus de branche*. On pourrait très bien obtenir cette qualité par le sang arabe d'abord, et ensuite par les métis de ce sang bien appareillés entre eux. Je me chargerais volontiers de faire ce type qui nous manque et que nous cherchons à créer, si j'avais les ressources essentielles à cette fin.

Le cheval percheron est généralement gris; ses formes sont arrondies, potelées; sa tête est carrée et ordinairement belle; son encolure, charnue, est un peu courte; son dos, ses reins, sont courts aussi, ce qui est un indice de force; sa côte est ronde; ses membres sont forts, peu garnis de poils aux fanons; son pied est bien fait; sa taille est en moyenne de 1 mètre 50 à 1 mètre 60 centimètres. Son modèle est le type du trait léger. Du Perche, ce cheval s'étend vers la Normandie. Déjà l'Orne en élève plus que de chevaux de selle, et nous verrons peu à peu le Calvados et la Manche imiter l'Orne, et ils feront bien : ils ne sauraient adopter une espèce plus productive, ayant un débouché plus certain. Nulle race de chevaux ne donne des bénéfices plus assurés à l'éleveur que la race percheronne; elle fait la fortune du Perche.

PERCHOIR. V. *Juchoir*.

PERDRIX. Oiseau de l'ordre des gallinacés. On reconnaît deux espèces de perdrix dans nos contrées : la perdrix rouge, et la perdrix grise, qui est la plus commune et la plus répandue. L'une et l'autre sont un excellent gibier, recherché par les chasseurs. M. l'abbé Alary, membre de la Société zoologique d'acclimatation, a fait connaître à cette Société un moyen de multiplier les perdrix comme les cailles dans de grandes proportions.—V. *Caille*.

PERFECTIONNEMENT. Le but de tout agriculteur intelligent, de tout industriel habile, est non seulement de fabriquer et de multiplier ses productions, mais encore de les perfectionner le plus possible : c'est là le résultat désiré. Les améliorations obtenues dans les arts et l'industrie manufacturière, notamment depuis la fin du siècle passé, sont immenses. Ces avantages sont dus au concours des sciences diverses appliquées à l'art de produire. Nous avons aussi à signaler des succès incontestables dans quelques uns de nos produits végétaux ; mais nous sommes loin de pouvoir en dire autant de nos produits animaux. Nos succès, sous ce rapport, sont très bornés, malgré nos essais nombreux, malgré les dépenses énormes et les efforts faits par l'état pour une heureuse solution. Je vais tâcher d'en rechercher la cause.

L'étude des moyens de multiplier et de perfectionner la production animale est l'une des questions les plus importantes de notre économie sociale. Quel que soit le point de vue sous lequel on l'envisage, en effet, cette question joue un rôle immense dans l'état actuel de notre civilisation, non seulement au point de vue des subsistances et de l'industrie, mais à celui de la force et de la puissance du pays. L'agriculture, source première de notre richesse nationale et du bien-être de nos populations, doit sa prospérité au travail des animaux qu'elle élève, d'une part, et aux engrais qu'ils lui fournissent, de l'autre. Notre industrie manufacturière et notre commerce trouvent dans la production animale la plus grande partie des matières premières qu'ils exploitent sous mille formes diverses, soit comme objets de première nécessité, soit comme objets de luxe. Ce sont les animaux qui fournissent la soie, les fourrures, comme les laines, les poils, les plumes, les cuirs, etc. ;

produits qui, diversement manufacturés, occupent des millions d'hommes et procurent à leurs familles des moyens d'existence.

Dans ses notes économiques sur l'administration des richesses et sur la statistique agricole de la France, Royer, inspecteur général de l'agriculture, l'un de nos économistes les plus sérieux, dont on déplorera long-temps la mort prématurée, portait à trois milliards la valeur totale de nos espèces domestiques; il estimait à deux milliards si cents millions environ celle de leurs produits livrés à la consommation par le commerce et l'industrie : on conçoit qu'une production qui donne lieu à un semblable mouvement annuel de fonds mérite toute l'attention du pays comme celle de tous les hommes de dévoûment qui travaillent à sa prospérité.

Cependant, si de tout temps on a compris toute l'importance qui se rattache à une question aussi grave, on est encore loin d'avoir trouvé le véritable moyen de la résoudre convenablement. Depuis longues années les divers gouvernements qui se sont succédé en France ont fait de louables efforts pour perfectionner et multiplier nos races d'animaux, sans être encore parvenus au but qu'ils se sont proposé. Une seule de nos espèces domestiques, le mérinos, a bien prospéré, parcequ'au siècle passé un naturaliste célèbre, l'une des gloires du Muséum d'histoire naturelle de Paris, éclaira la France par ses travaux sur la naturalisation et la multiplication de ce précieux animal. Sans les savantes expériences de Daubenton, qui peut nous dire que la France serait aujourd'hui dotée de nos espèces de mérinos, qui ont été pour elle une source de richesses immenses? Qui sait si nous ne serions pas encore réduits à chercher les moyens de les acclimater et de les perfectionner, comme on l'avait fait pendant un siècle entier, avant les travaux du berger naturaliste? Ne marchons-nous pas encore à tâtons sur la route que nous voulons suivre pour améliorer les autres espèces que nous avons, au milieu même des progrès immenses accomplis par tant d'autres industries depuis le commencement de ce siècle?

Jetons les yeux sur notre production végétale, nous verrons qu'elle est infiniment mieux comprise, mieux perfectionnée en général, que la production animale; et, si nous en cherchons la cause principale, nous la trouvons dans l'application qui a été faite de la science pratique de la nature à l'art d'élever et de cultiver les plantes, notamment les plantes potagères, les fruits, les fleurs et tous les végétaux d'ornement. C'est surtout de 1764 que date le principe de l'heureuse révolution qui s'est opérée sous ce rapport. A cette époque, Buffon, qui était déjà un naturaliste célèbre par ses immenses travaux sur tous les règnes de la nature et sur leurs productions, avait parfaitement compris que, pour rompre avec la routine du passé, toujours puissante, il ne pouvait pas s'adresser à des hommes qui, ayant des idées arrêtées, auraient repoussé les siennes. Il voulut former lui-même un jardinier, un pépiniériste habile qui pût bien saisir sa pensée et la faire passer dans la pratique. Pour mettre à exécution le plan qu'il avait conçu, pour multiplier, perfectionner nos espèces végétales comme il le comprenait, pour en naturaliser de nouvelles importées de toutes les parties du globe, il choisit un enfant de dix-sept ans, dont il avait compris l'intelligence et l'aptitude. Cet enfant fut André Thouin, qui venait de perdre son père, jardinier au Jardin des Plantes. André Thouin, encore bien jeune, fut donc chargé, sous la haute direction de Buffon, de surveiller les modes de culture du Muséum et les expériences qui étaient faites dans cet important établissement sur l'étude des végétaux. Plus tard, lorsque l'enfant, devenu homme, fut professeur; lorsqu'il enseigna devant un auditoire nombreux les principes raisonnés de son maître illustre; lorsqu'il démontra la manière de bien cultiver les légumes, les arbres fruitiers et leurs produits de toute nature, suivant les lois de la physiologie végétale; l'art du jardinier, celui du pépiniériste, du fleuriste, changèrent tout à coup de face, en France d'abord, puis sur divers autres points de l'Europe et du globe. Les élèves de Thouin répandirent la science pratique de leur maître; et cette science fit opérer partout où elle fut appliquée une véritable révolution dans la production végétale. « Cayenne, dit Cuvier, le Sénégal, Pondichéry, la Corse, etc., ne recevaient de jardiniers que de sa main. Son nom retentissait partout où existait une culture nouvelle. »

Grâce à la science des végétaux, la France a obtenu aujourd'hui, par des combinaisons culturales bien raisonnées, savamment dirigées, les plus beaux légumes, les plus beaux fruits que puisse avoir notre consommation ordinaire et de luxe. La production de nos vins exquis, de nos alcools, du sucre indigène, celle de nos plantes textiles et oléagineuses, nos céréales, nos racines tuberculeuses et fourragères, nous offrent en général des exemples de bonnes conditions d'exploitation. Je ne mentionne pas ici une quantité innombrable de végétaux importés et naturalisés chez nous depuis un siècle surtout, et qui augmentent dans des proportions immenses les ressources de nos subsistances, d'une part, tandis que, de l'autre, ils embellisent nos parcs, nos parterres, nos promenades publiques, etc. Nous devons toutes ces richesses à la science de la botanique appliquée, aux découvertes et aux importations des naturalistes voyageurs et des navigateurs de tous pays.

Tel est aujourd'hui l'état généralement assez satisfaisant et incontestable de notre production végétale utilisée pour la nourriture de l'homme comme pour ses plaisirs. D'où vient donc que notre production animale est comparativement si arriérée, tant sous le rapport de son perfectionnement, à très peu d'exceptions près, que sous celui de sa multiplication ? Il est facile de répondre à cette question : cela tient à ce que la France n'a pas suivi, pour la multiplication et le perfectionnement de ses animaux, la même voie que pour le perfectionnement et la multiplication de ses végétaux. Les uns comme les autres sont des productions de la nature. Or, pour connaître les moyens d'améliorer, de multiplier les productions de la nature, c'est la nature qu'il faut étudier ; c'est elle qu'il faut observer, surprendre dans ses secrets, dans ses admirables combinaisons, dans ses procédés de propagation, de conservation, de perfectionnement des êtres animés que Dieu a mis à notre disposition. Notre production végétale a été éclairée par l'histoire naturelle appliquée ; la producdion animale a été privée de son concours : voilà la cause du mal que nous déplorons.

En France, les opinions émises sur le perfectionnement de nos races en général n'ont rien de fixe, rien de basé sur les lois de la nature. Celles de la veille combattent celles du lendemain. L'anarchie dans les idées en a été la conséquence, et l'agriculture, ballottée entre des avis opposés, des contestations incessantes, incertaine sur les moyens de perfectionner les races, attend toujours l'heureuse solution promise depuis des siècles, et que la zoologie appliquée pourra seule lui donner un jour.

Les arts et l'industrie ont été plus heureux que l'agriculture dans ses efforts infructueux pour l'amélioration de sa production animale. Quels progrès n'ont pas fait, depuis la fin du siècle passé, l'art du manufacturier, de l'industriel de tout ordre, celui de l'ingénieur, du mineur, du marin, du militaire! Quelle immense révolution ne s'opère-t-il pas aujourd'hui sous nos yeux dans les moyens d'étendre nos relations! Nous voyageons avec la rapidité de l'éclair, et nous avons emprunté à l'élément même de la foudre les moyens de correspondre instantanément non seulement de ville à ville, mais de nation à nation, de continent à continent. Bientôt nous converserons avec l'Africain, l'Américain, comme nous conversons en tête-à-tête avec un ami. Ces éclatants succès, que nul ne pouvait prévoir et qui tiennent du prodige, sont dus au savoir spécial, à l'application des sciences physiques, chimiques, mathématiques. Les sciences naturelles seules, appliquées à notre production animale, donneront à notre pays les moyens de perfectionner nos espèces domestiques et d'augmenter leur nombre par l'acclimatation et la domestication d'espèces nouvelles que nous ne possédons pas encore. Ce sont donc ces sciences qu'il faut répandre, vulgariser. Sans elles, nous n'obtiendrons jamais les succès que nous désirons, et qui nous sont plus que jamais indispensables.

PÉRICANTHE. Péricanthe est synonyme de calice ou de corolle; cette partie de la fleur comprend les enveloppes qui entourent les organes de la génération des végétaux. —V. ***Calice, Corolle.***

PÉRICARDE. Nom d'une enveloppe fibreuse formant une espèce de bourse qui contient le cœur et sert à le fixer de manière à borner ses mouvements.—V. ***Cœur.***

PÉRICARPE. Nom des enveloppes qui entourent les graines. Ainsi la chair de la pêche, de la pomme, de la poire, la gousse du pois, des haricots, sont des péricarpes, parcequ'elles entourent les graines pour les contenir et les protéger dans leur développement et leur maturation.

PÉRINÉE. Partie du corps des animaux qui s'étend de l'anus aux testicules dans le mâle, et de la vulve au pis dans les femelles. C'est au périnée que l'on observe les écussons sur lesquels est fondée la méthode de Guénon sur les vaches laitières. — V. *Écusson*.

PÉRIODIQUE. Maladie périodique. Nom donné aux maladies dont les symptômes paraissent périodiquement : ainsi les fièvres intermittentes dans l'homme, l'épilepsie dans les animaux en général, la fluxion périodique dans le cheval en particulier, sont des affections périodiques.—V. *Épilepsie, Fluxion périodique*.

PÉRIOSTE. De deux mots grecs qui signifient *autour* et *os*. Membrane fibreuse qui enveloppe les os des animaux.

PÉRIPNEUMONIE *épizootique des bêtes à cornes*. La production, comme la conservation de nos espèces bovines, est une des questions les plus capitales non seulement pour notre agriculture, mais pour nos approvisionnements. Le bœuf, en effet, après avoir labouré nos champs, transporté nos produits sur les marchés, sa femelle, après nous avoir nourri de son lait, fournissent à nos marchés la majeure partie de nos subsistances animales. On conçoit donc combien il importe de soustraire ce précieux animal aux maladies de toute nature, surtout aux épizooties, auxquelles il est exposé souvent par notre incurie.

La péripneumonie épizootique du gros bétail est depuis vingt-cinq ou trente ans, et surtout aujourd'hui, la maladie qui fait périr le plus de bestiaux. Cette affection est d'autant plus désastreuse que, loin de passer rapidement et de ne reparaître que par intervalles plus ou moins éloignés, comme on l'observe pour les autres épizooties en général, elle semble avoir acquis non seulement le droit de cité, mais celui de s'étendre d'une manière effrayante par voie de contagion. Aujourd'hui presque toute l'Europe est envahie par elle à la suite des importations de bestiaux contagionnés d'une province à l'autre, d'une nation à une autre nation. En France, cette maladie était bornée, il y a vingt-cinq ans à peine, à quelques départements isolés. Aujourd'hui, faute de mesures sanitaires prises à temps et mises énergiquement à exécution, la grande majorité de nos départements producteurs sont empoisonnés et éprouvent partout des pertes énormes.

Pour avoir une idée des désastres que cause la péripneumonie contagieuse des bêtes à cornes, je reproduis ici des observations qui ont été faites par ordre de l'autorité locale dans un seul département en France, celui du Nord. D'après les consciencieuses recherches faites sur ce grave sujet de notre richesse nationale par M. Loizet, de Lille, ancien membre des assemblées constituante et législative, voici les résultats statistiques qui ont été obtenus.

M. Loizet estime, d'après les moyennes fournies par l'étude sérieuse et détaillée de deux cent dix-sept communes pendant sept années consécutives, que la population bovine du département du Nord, qui est de 280,000 têtes, doit perdre environ 4 p. 100 par an, c'est-à-dire annuellement 11,200 animaux, de la péripneumonie contagieuse des bêtes à cornes. Il en résulte que, depuis dix-neuf ans que cette maladie y sévit, le département du Nord a dû perdre 212,800 têtes de gros bétail, c'est-à-dire une valeur de 52,000,000 de francs environ. Ce chiffre, pour un seul de nos départements, nous dispense de tout commentaire. Les montagnes d'Auvergne, siége de la précieuse race de Salers, une infinité d'autres contrées de la France, sont, comme le département du Nord, victimes de pertes incalculables par la même cause.

Mais les pertes d'animaux occasionnées par la péripneumonie contagieuse des bêtes à cornes ne sont pas le seul déplorable résultat de ces ravages : la présence de cette maladie est aussi un obstacle sérieux au perfectionnement des races. Quel est en effet le cultivateur qui voudra engager des capitaux pour avoir des animaux améliorateurs, des producteurs de prix, lorsqu'à chaque instant il est menacé de les perdre par l'invasion du fléau ? Des éleveurs qui avaient dépensé beaucoup de temps et d'argent pour perfectionner leurs animaux ont tout à coup perdu le fruit de leurs sacrifices courageusement continués pendant de longues années, et ne veulent plus s'exposer à de nouvelles chances de cette nature. Rien n'est plus pénible en effet que de voir anéantis en quelques jours les bénéfices de nos longues méditations et de nos travaux. On a vu des cultivateurs perdre jusqu'à leurs attelages d'exploitation et être embarrassés pour labourer leurs terres. Il est donc de la plus haute importance de porter remède à ces déplorables événements. Comment se fait-il que, lorsqu'il est possible de soulager tant de misères, le pays soit encore dépourvu des moyens d'y soustraire nos malheureuses populations rurales ? Comment se fait-il que, le principe contagieux de la maladie une fois reconnu, l'autorité ne soit pas encore intervenue, armée des lois et ordonnances existant sur les maladies contagieuses des animaux domestiques?

Le caractère contagieux de la péripneumonie épizootique du bœuf n'a pas été admis d'abord par les hommes de théorie, et il en est encore beaucoup aujourd'hui qui le nient. Cependant les praticiens, ceux surtout qui ont été victimes de sa désastreuse influence, n'ont aucune espèce de doute à cet égard. La maladie a été communiquée à leurs bestiaux par des animaux provenant de pays où régnait l'épizootie, et qu'on avait exposés en vente dans les marchés. On a eu mille exemples de cette nature; mais les incrédules, qui ne voient la vérité que dans leurs livres ou dans leur imagination, ne les acceptaient que comme des faits inexacts.

Cependant deux praticiens habiles, le professeur Lecoq, directeur de l'École vétérinaire de Lyon, et le professeur Delafond, de l'École d'Alfort, chargés par l'administration d'étudier cette affection dans diverses localités, signalèrent, dans leurs travaux, l'opinion bien arrêtée de cultivateurs qui étaient convaincus de la propriété contagieuse de la maladie. Le professeur Delafond publia sur cette affection, en 1844, un ouvrage remarquable dans lequel il rapporte des faits de contagion observés non seulement en France, mais en Belgique, en Hollande, en Irlande, en Angleterre, etc. Dès cette époque, l'opinion de beaucoup d'incrédules commença à être ébranlée, sans toutefois être changée.

Pour attirer l'attention du pays sur cette grave question d'économie agricole, et pour provoquer une discussion qui pouvait avoir à la tribune nationale et dans la presse des conséquences heureuses, je présentai en 1850, à l'Assemblée législative, un projet de loi sur les moyens d'étudier avec fruit cette question. J'avais demandé une allocation de fonds pour faire des études expérimentales, non seulement sur la contagion de la maladie, mais sur les moyens de la prévenir et de guérir les animaux atteints par l'épizootie. Une commission fut nommée dans le sein de l'assemblée. J'eus l'honneur d'en faire partie et d'en être le rapporteur. L'Assemblée législative alloua une somme de 60,000 fr. pour faire des expériences et étudier les moyens de préserver nos campagnes du fléau. 10,000 fr. furent accordés en outre pour être donnés comme récompense à la personne qui trouverait le moyen préservatif ou curatif de la maladie.

A la suite de la loi qui fut rendue à ce sujet, une commission composée d'hommes spéciaux, et notamment de professeurs de l'École vétérinaire d'Alfort, fut nommée. Les expériences commencèrent immédiatement sur des animaux achetés. Après quatre ans d'études sérieuses faites avec suite et perservérance, cette commission vient de conclure, dans un rapport très détaillé et très bien fait par M. H. Bouley, professeur à l'École d'Alfort, que LA PÉRIPNEUMONIE ÉPIZOOTIQUE DU GROS BÉTAIL EST CONTAGIEUSE. Voici comment s'exprime la commission, page 23 de son rapport :

CONCLUSION.

« *Il résulte des expériences qui viennent d'être relatées que la péripneumonie épizootique des bêtes à cornes est susceptible de se transmettre des animaux malades aux animaux sains de la même espèce par voie de cohabitation.* »

Vers 1835, la péripneumonie épizootique du bœuf faisait de grands ravages en Belgique. L'École vétérinaire de Liége fit des études sur la nature de cette affection, et le directeur de cet établissement, le docteur de Saive, songea à l'inoculation de cette affection comme moyen préservatif. Il fit des expériences multipliées à dater de cette époque, et il parvint à découvrir que le gros bétail peut être préservé de la péripneumonie contagieuse par l'inoculation du virus de cette maladie, comme l'homme peut être préservé de la petite vérole par l'inoculation du vaccin, et le mouton de la clavelée par l'inoculation du claveau. — V. *Claveau, Vaccin.*

L'exactitude de la découverte du directeur de l'École vétérinaire de Liége fut long-temps contestée ; elle l'est encore aujourd'hui, ce qui n'est pas surprenant. Ne voit-on pas de nos jours des incrédules qui nient l'efficacité du vaccin, après plus d'un demi-siècle de succès incontestables ! Cela ne nous empêche pas de dire que M. de Saive a rendu, par sa découverte, un immense service à l'agriculture comme à la société entière.

La commission nommée par M. le ministre de l'agriculture pour étudier la péripneumonie épizootique du gros bétail ne pouvait pas manquer, après avoir résolu affirmativement la question de contagion, de s'occuper de la question d'inoculation, considérée comme moyen préservatif, et de la résoudre. La même étude a été faite par des commissions scientifiques en Hollande, en Belgique, et dans les départements du Nord et du Pas-de-Calais. La commission du département du Nord était composée de membres de la Société centrale de médecine et du Comice agricole de Lille. M. Loiset en fut le rapporteur. Les expériences faites sur 143 animaux par cette commission, d'après le procédé de M. le docteur Willems, qui commença à inoculer des animaux dès 1852, ne parurent pas assez concluantes pour formuler une opinion absolue. Voici comment M. Loiset s'exprime dans les conclusions de son rapport : « L'influence précise exercée sur l'action désastreuse de la pleuropneumonie épizootique par l'inoculation telle que la pratique le docteur Willems reste encore entourée de doutes et d'incertitudes qui ne peuvent être dissipés qu'en élucidant par l'observation et l'expérience, plus complétement qu'on ne l'a fait jusqu'à présent, les termes nombreux d'une question aussi complexe. »

Les expériences en Hollande furent faites sur 247 individus, mais il paraît qu'elles ne furent pas assez concluantes pour fixer l'opinion. Voici comment s'exprime la commission chargée de cette étude : « Ces expériences ne démontrent pas la valeur de l'inoculation comme moyen préservatif de la pleuropneumonie, parce que les inoculations ont été pratiquées sur des troupeaux parmi lesquels la pleuropneumonie sévissait depuis longtemps; elle n'établissait qu'une présomption, qui ne sera convertie en certitude que lorsque des animaux sains, inoculés avec fruit, auront été exposés à l'influence de la contagion et y seront demeurés réfractaires. »

La commission belge a opéré sur une grande échelle; elle a fait appel à tous les vétérinaires qui ont pratiqué l'inoculation en Belgique, et elle a eu, pour prononcer, 5,301 faits à sa disposition. Cependant, comme en Hollande, la conclusion de la commission belge n'a pas été formulée d'une manière absolue, et elle a pensé que, pour se prononcer définitivement, de nouvelles expériences devaient être faites.

En Auvergne, et notamment dans le Cantal, où M. Yvart fut envoyé par le ministre de l'agriculture pour étudier la maladie, qui faisait de grands ravages dans ce pays, on a fait des expériences très concluantes en faveur de la péripneumonie du gros bétail. Un habitant honorable du Cantal, M. Dubois, président du tribunal civil de Murat, propriétaire de vacheries dans les montagnes de ce pays, m'a assuré que M. Marret, vétérinaire à Allanches, pratiquait l'inoculation de la maladie sur une grande quantité d'animaux, et que les succès qu'il avait obtenus de ce moyen préservatif étaient nombreux et incontestés.

Enfin, après avoir étudié la question sous toutes ses faces, après avoir examiné les travaux qui ont été faits soit en France, soit à l'étranger, la commission nommée par le gouvernement français en 1850 a conclu définitivement que l'inoculation du virus contagieux de la péripneumonie épizootique du bétail était le moyen préservatif de cette maladie. Voici en quels termes le rapporteur de cette commission, M. H. Bouley, s'exprime, pages 94 et 95 de son rapport :

« Il ressort incontestablement de ces relevés statistiques des » inoculations essayées jusque aujourd'hui dans la pratique, » comme mesures préventives contre la contagion de la péri- » pneumonie, que la décroissance dans l'intensité de cette mala- » die, le nombre des animaux qu'elle attaque, et conséquem- » ment la mortalité qu'elle entraîne, a coïncidé constamment avec » la pratique de l'inoculation dans les troupeaux ravagés actuel- » lement ou menacés de l'épizootie.

« En rapprochant les résultats donnés par les expériences » directes sur l'inoculation préventive des résultats semblables » obtenus par les expériences de même nature faites à l'École » vétérinaire d'Utrecht, en comparant le chiffre si affaibli de la » mortalité dans les troupeaux inoculés aux chiffres si considé- » rables des accidents mortels dans les troupeaux ravagés par » l'épizootie suivant sa marche naturelle, la commission fran- » çaise s'est crue autorisée à formuler la proposition suivante » comme la conclusion définitive de ses recherches sur l'inocu- » lation préventive de la péripneumonie épizootique du gros bétail :

» *L'inoculation du liquide extrait des poumons d'un animal ma- » lade de la péripneumonie possède une vertu préservatrice ; elle in- » vestit l'organisme du plus grand nombre des animaux auxquels » on la pratique d'une immunité qui les protége contre la conta- » gion de cette maladie pendant un temps encore indéterminé.* »

Ainsi donc, l'inoculation du virus contagieux de la péripneumonie épizootique du gros bétail est définitivement reconnue par les hommes les plus compétents de France, soit théoriciens, soit praticiens, comme moyen préservatif de la maladie. Il ne s'agit plus que de savoir maintenant si, comme le dit la commission française elle-même, l'immunité qui résulte de cette opération pour les animaux ne leur est acquise que pendant un temps encore indéterminé. On affirme que, lorsque les animaux ont été une fois atteints par la maladie, ils ne la contractent plus; ils sont réfractaires à la contagion. Les praticiens observateurs sont généralement d'accord sur ce point; mais la commission française pense avec raison que, pour que l'agriculture soit définitivement bien fixée sur ce point, d'autres études sont nécessaires, d'autres expériences doivent être faites dans cet ordre d'idée.

En tout cas, deux faits de la plus haute importance sont signalés par la commission française :

1° La contagion de la maladie, qui se communique des animaux malades aux animaux bien portants. L'autorité pourra donc enfin se mettre en mesure d'appliquer les lois et règlements relatifs aux maladies contagieuses et prévenir ainsi la ruine de tant de cultivateurs.

2° L'inoculation du virus contagieux de la maladie, pris dans les poumons des animaux malades, est un moyen préservatif. On a donc trouvé le moyen de prévenir la ruine de nos campagnes par les ravages de l'épizootie la plus désastreuse que l'on ait observée jusqu'à ce jour.

PÉRISPERME. Le périsperme contient la substance nutritive qui doit nourrir le jeune sujet. Quand la germination s'opère dans une graine exposée à une chaleur humide, c'est la substance du périsperme qui alimente le germe de la plante jusqu'à ce qu'elle ait poussé des racines et des feuilles, afin qu'elle puisse prendre la nourriture dans le sol et dans l'atmosphère. — V. *Gemmule*, *Germe*, *Germination*, *Radicule*.

PÉRISTALTIQUE. De deux mots grecs qui signifient *autour* et *resserrer*. Le mouvement péristaltique, dans les animaux, est celui qui se fait au moyen des contractions opérées d'avant en arrière par le canal intestinal. Par ces contractions, les matières contenues dans les intestins sont poussées de l'estomac hors de l'anus. C'est ainsi que les résidus des aliments qui n'ont pas été assimilés par le travail de la digestion et de l'absorption sont rejetés. On observe facilement ce mouvement dans les intestins des animaux immédiatement après qu'ils ont été égorgés. — V. *Digestion*, *Intestin*, *OEsophage*.

PÉRITOINE. Nom donné à la membrane séreuse qui enveloppe les intestins et tapisse la cavité abdominale des animaux. Les fonctions du péritoine sont très importantes ; non seulement cette membrane enveloppe les intestins, mais elle les fixe et facilite leur glissement en sécrétant une sérosité qui humecte toujours sa surface. C'est sous la membrane formée par le péritoine et entre ses lames que s'accumule la graisse dans les intestins des animaux ; la masse graisseuse qui se forme dans le porc, et qui est connue sous le nom de *saindoux*, est interposée entre les lames de l'épiploon, qui ne sont qu'une dépendance du péritoine. — V. *Épiploon*.

PÉRITONITE. Inflammation, maladie du péritoine. Les péritonites, qui sont la conséquence de blessures et quelquefois de la parturition dans les femelles domestiques, sont très graves dans l'espèce chevaline. En effet, un cheval résiste rarement à une inflammation du péritoine, quand cette membrane a été blessée à la suite d'une déchirure, d'une plaie pénétrant dans l'abdomen, ou de l'opération de la castration. Dans l'espèce bovine, la péritonite est moins grave ; il est rare de voir périr des animaux à la suite de la ponction du rumen, qui blesse essentiellement le péritoine. — V. *Tympanite*.

PERMÉABILITÉ. Propriété d'une matière qui se laisse traverser par des corps liquides ou gazeux. — V. *Imperméable*.

PERMÉABLE. Corps perméable, qui se laisse traverser par les liquides ou les gaz. Les sols perméables sont faciles à égoutter ; ils laissent filtrer l'eau, au lieu de la contenir comme le font les sols imperméables. — V. *Imperméable*.

PERSICAIRE. Plante de la famille des polygonées. — V. *Renouée*.

PERSIL. Plante de la famille des ombellifères et du genre ache.

Le persil comprend deux variétés, qui sont : le persil, cultivé comme plante assaisonnante, et le céleri. —V. *Céleri*.

PERSONNÉES. Famille de plantes qui offrent peu d'intérêt à l'agriculture. Cette famille fournit quelques fleurs d'ornement. On cultive à cet effet la digitale pourprée, le muflier, la linaire, etc.

PERSPIRATION. Fonction de la peau par laquelle un liquide séreux est sécrété et se volatilise sur sa surface d'une manière imperceptible. — V. *Exhalation, Transpiration*.

PERVENCHE. Plante de la famille des apocinées. La pervenche, qui croît dans les bois et les haies, est quelquefois cultivée comme plante d'ornement dans nos parterres. C'est surtout la pervenche majeure qui est préférée dans ce cas. On a attribué à la pervenche des propriétés astringentes et fébrifuges ; mais elle n'est pas employée sous ce rapport en art vétérinaire.

PESAGE. Détermination du poids d'un corps au moyen de balances, de bascules, de romaines ou de tout autre instrument préalablement vérifié pour constater sa justesse. Dans les fermes, on doit toujours avoir des instruments de pesage pour l'achat ou la vente des denrées, et pour se rendre compte souvent du poids, de la valeur, des quantités des produits qu'on obtient. Les bascules sont les instruments de pesage les plus commodes pour peser des animaux, des fourrages et même des charrettes chargées. C'est au moyen de ces machines qu'on fait les pesages à l'entrée des grandes villes pour percevoir les droits d'octroi ou reconnaître le poids des voitures.

Pour les animaux de l'espèce bovine on a imaginé un procédé d'évaluation du poids des bœufs qui n'a pas la justesse rigoureuse des instruments spéciaux, mais il donne une garantie approximative du poids des animaux qui peut être très utile pour leur appréciation. Ce procédé consiste dans la mensuration de la poitrine au moyen d'un cordon gradué. — V. *Mensuration*.

PÉTALE. Nom donné à chacune des divisions de la corolle d'une fleur. Le nombre des pétales varie suivant les familles, les genres, etc. Souvent même la fleur n'a qu'un seul pétale. Dans ce cas, elle est désignée sous le nom de monopétale. Les couleurs et les formes différentes, les odeurs variées des pétales, établissent la distinction qui existe entre les diverses fleurs dont l'horticulture embellit nos parterres.

PÉTIOLE. Terme de botanique par lequel on désigne le support de la feuille, vulgairement nommé queue. Le pétiole n'existe pas toujours dans les feuilles. Celles qui en sont dépourvues sont dites sessiles. Les pétioles des feuilles varient de longueur comme de dispositions. On en voit d'arrondis, de triangulaires. Ceux des feuilles de tremble sont aplatis d'un côté à l'autre, ce qui facilite l'agitation de ces feuilles au moindre mouvement qui déplace l'air.

PÉTIOLÉ, ÉE. Feuille pétiolée, pourvue d'un pétiole. — V. *Pétiole.*

PETIT-LAIT. Sérum du lait, qui se sépare du caséum dans la fabrication du fromage. Dans certains pays, comme dans les montagnes de l'Auvergne, du Rouergue, etc, le petit-lait est consommé par les porcs. On pourrait aussi le faire boire aux veaux. Il est facile d'obtenir, par un acide, la séparation du petit-lait du caillé. Dans nos campagnes, c'est la présure qu'on emploie pour cette fin. — V. *Caillé, Fromage, Présure.*

PÉTRISSOIR. (*Pétrin, Maie.*) Le pétrissoir à pain est une espèce de coffre dont l'ouverture est évasée, pour faciliter le pétrissage. Les pétrins ont généralement la même forme, mais ils varient de dimension suivant l'importance des ménages. Dans nos campagnes, le pétrissoir sert souvent aussi de garde-manger.

PEUPLIER. Genre d'arbre de la famille des salicinées. Le peuplier, commun en France, est remarquable par la rapidité avec laquelle il se développe; mais il fournit un bois blanc peu estimé, léger et d'une texture molle. On en fait des planches employées surtout par les layetiers, les emballeurs. Ces planches servent aussi à faire des cloisons, des portes, des contrevents, et quelques ouvrages communs de menuiserie dans nos campagnes.

On cultive en France plusieurs variétés de peupliers; le plus généralement cultivé est le peuplier pyramidal ou d'Italie. Ce peuplier est commun le long des ruisseaux et sur les bords des rivières. Le peuplier de Hollande, le peuplier noir, le peuplier tremble, le peuplier grisard, sont moins répandus.

Les peupliers aiment généralement les terrains frais et humides; aussi les voit-on cultivés surtout dans les vallées, sur les bords des rivières, des étangs, etc.

PHALANGE. Nom des os qui composent les doigts des animaux. Les phalanges sont généralement au nombre de trois dans les grands mammifères domestiques: dans le cheval, par exemple, l'os du paturon forme la première, celui de la couronne la deuxième, et l'os du pied la troisième; il en est de même dans le bœuf, le mouton, la chèvre et le porc. Les divisions digitées qui représentent le pouce n'ont que deux phalanges : l'homme et le singe en offrent un exemple.

PHALARIS. (*Alpiste.*) Genre de plante de la famille des graminées. On cultive dans quelques contrées de l'Europe, et notamment dans le Midi, une variété de phalaris importée des Canaries pour ses graines, employées à la nourriture de l'homme et des oiseaux. Cette variété fournit aussi un bon fourrage vert recherché par les bestiaux. Une variété de phalaris connue sous le nom de roseau croît spontanément dans les lieux humides. On pourrait la cultiver comme fourrage vert dans les sols aqueux peu propres à d'autres cultures.

PHALÈNES. Genre d'insectes de l'ordre des lépidoptères. Ce genre, très nombreux, comprend des espèces très nuisibles à l'agriculture : tels sont les cossus, qui rongent les bois sous l'écorce, surtout les ormeaux, dont ils font périr des quantités. Les noctuelles, les pyrales, les alucites, les teignes, les fausses teignes, qui ravagent les ruches, sont des phalènes.

Le ver à soie appartient aussi au genre phalène. — V. *Insectes*, *Ver à soie.*

PHARMACIE. Science qui s'occupe de la préparation et de la conservation des médicaments employés dans le traitement des maladies. — V. *Médicament.*

PHARYNX. (*Arrière-bouche.*) Le pharynx reçoit le bol alimentaire qui est poussé par la langue vers son ouverture; par sa contraction musculaire d'avant en arrière, le pharynx force ce bol à pénétrer dans l'œsophage. Le mouvement péristaltique de ce dernier canal, qui n'est plus soumis à l'empire de la volonté, conduit et oblige le bol alimentaire à descendre dans l'estomac. C'est ainsi que s'opère la déglutition et la marche des aliments qui ont subi la mastication et l'insalivation. — V. *Déglutition*, *Digestion*, *Insalivation*, *Mastication*, *Péristaltique*.

PHASCOLOME. Mammifère de l'ordre des marsupiaux. Le phascolome, qui est à peu près de la taille du blaireau, et dont la chair est excellente, pourrait être facilement naturalisé et domestiqué en France. C'est un animal dont la science pratique de la zoologie fera un jour la conquête pour notre alimentation, comme elle l'a fait du lapin, comme elle le fera des kanguroos, et d'autres sujets que nous n'avons pas.

Le phascolome, comme le kanguroo, est originaire de l'Australie, pays appelé à nous fournir diverses espèces d'animaux alimentaires qui nous sont encore inconnus.

Cuvier, M. Is. Geoffroy Saint-Hilaire et M. Jules Verreaux, naturaliste voyageur qui a habité la Tasmanie, regardent le phascolome comme devant indubitablemement un jour s'acclimater dans nos montagnes élevées, même sur celles qui sont couvertes de neige pendant une grande partie de l'année.

PHELLANDRE. Plante de la famille des ombellifères et du genre œnanthe. — V. *OEnanthe*.

PHLEGMASIE. V. *Inflammation*.

PHLEGMON. On donne le nom de phlegmon à une inflammation circonscrite d'une partie du corps. Cette inflammation est caractérisée généralement par la douleur, le gonflement et la chaleur du point où elle existe. On combat les phlegmons par l'application des émollients, par les saignées et un régime antiphlogistique. — V. *Inflammation*.

PHLÉUM. Genre de plantes de la famille des graminées. — V. *Fléole*.

PHLOX. Le genre phlox appartient à la famille des polémoniacées. Originaire de l'Amérique septentrionale, le phlox est cultivé comme plante d'ornement; sa fleur a des dispositions et un aspect qui lui donnent de la ressemblance avec la saponaire. Du reste, les phlox ne sont d'aucun intérêt pour l'agriculture.

PHORMIUM TÉNAX. Genre de plantes de la famille des liliacées. Le phormium, importé de la Nouvelle-Zélande vers 1800, fit penser d'abord que les fibres textiles de ses feuilles pourraient remplacer le chanvre; mais l'expérience a démontré qu'on s'était trompé. Si les fibres du phormium sont plus tenaces, plus résistantes peut-être que celles du chanvre et du lin, les tissus qu'elles servent à faire ne résistent pas à l'action de l'humidité et de l'eau. Ce motif surtout en a fait abandonner la culture.

PHTHISIE PULMONAIRE. De toutes les maladies qui affectent les animaux, la phthisie pulmonaire est sans contredit l'une des plus meurtrières, en ce qu'elle est toujours restée incurable jusqu'ici. Son siége est dans les poumons, où elle se développe sous l'influence de causes qui sont le plus souvent une conséquence de la domesticité. Les étables et écuries malsaines, où les animaux entassés respirent un air vicié, les travaux excessifs, une nourriture insuffisante, de mauvaise nature, les arrêts de transpiration, une atmosphère froide et humide, les bronchites, les catarrhes, les maladies de poitrine, etc., peuvent causer la phthisie aux animaux. La phthisie pulmonaire est assez commune chez le cheval; elle détermine chez lui des symptômes communs avec ceux de maladies différentes connues sous le nom de morve. —V. *Morve*.

L'espèce bovine, surtout dans les étables des nourrisseurs, est décimée par la phthisie connue sous le nom de pommelière. —V. *Pommelière*.

Les premiers symptômes de la phthisie se trahissent généralement par une toux plus ou moins intense, par l'amaigrissement des sujets qu'elle affecte, par la pâleur de leurs membranes muqueuses et leur peu de résistance au travail, lorsqu'ils y sont soumis.

Quand un animal est reconnu phthisique, il est incurable; on doit prendre un parti sur son compte, et ne pas faire des dépenses inutiles d'entretien ou de traitement.

PHYSIOLOGIE. On entend par physiologie la science qui a

pour objet l'étude des fonctions de la vie des êtres organisés. Suivant qu'elle s'occupe du règne végétal ou du règne animal, cette science prend le nom de physiologie végétale et de physiologie animale.

La science qui a pour élément l'examen des fonctions de la vie dans leur ensemble comme dans leurs détails, est une de celles qui sont les plus dignes des méditations de l'homme; son enseignement devrait entrer dans le domaine de l'instruction publique. Non seulement elle serait d'une grande utilité pour expliquer une infinité de phénomènes incompris par ceux qui l'ignorent, mais, en dévoilant les merveilles de la création animée, elle élève l'âme, la fait remonter à la cause qui les produit, et fait comprendre, bien mieux qu'on ne le pourrait sans l'étude des phénomènes de la vie, l'étendue de la sagesse et de la puissance divine qui gouverne l'univers.

Tout cultivateur devrait avoir des notions générales de physiologie végétale et animale. Il lui est impossible de bien comprendre son métier sans elles. Eleveur par état de végétaux comme d'animaux, comment peut-il bien comprendre leur élevage s'il ignore comment ils vivent, comment ils se nourrissent, comment ils respirent, comment ils se reproduisent? Comment peut-il savoir les moyens de conserver leur santé, de les perfectionner, suivant de bons procédés dont il méconnaît les lois les plus élémentaires? — V. *Fonction, Multiplication, Perfectionnement, Production.*

PHYSIONOMIE. Expression, caractère des traits de la face. On a beaucoup écrit sur la physionomie de l'homme; on ne s'est pas occupé de la physionomie des animaux, et cependant ils ont aussi leur manière d'exprimer leurs sensations et de trahir jusqu'à un certain point leur caractère moral. Pour tout observateur, pour ceux qui ont l'habitude d'étudier, de se rendre compte de tout ce qui les frappe, les traits de la face des animaux ont une expression bien cacactéristique, une physionomie bien tranchée. Le chien n'indique-t-il pas sa joie à l'approche de son maître qu'il a perdu? Sa souffrance, sa douleur, ne sont-elles pas signalées par sa tristesse, par son regard, par une expression particulière de sa face qui ne se décrit pas facilement, mais qu'on observe très bien? Lorsque cet animal est en colère, qu'il menace de mordre, n'est-ce pas sa physionomie surtout qui nous avertit de nous tenir sur nos gardes? Le chat est dans le même cas. Le cheval traduit aussi par sa physionomie le sentiment qu'il éprouve. Lorsqu'il veut mordre ou frapper, quand il est triste, souffrant ou gai, calme ou en colère, on s'en aperçoit aux caractères particuliers indiqués sur sa face, ou au moyen de ses oreilles, de ses yeux, de ses naseaux, de ses lèvres. Les oiseaux eux-mêmes ont leur physionomie, et ils ont aussi leur manière d'exprimer leurs sentiments d'affection ou de colère, quoique la conformation de leur tête rende l'expression de leurs sensations plus obscure.

PHYSIQUE. Science qui a pour objet l'étude des propriétés générales et spéciales des corps. Le champ des sciences physiques est immense; il s'étend sur la nature, sur les corps inertes et les corps vivants, sur l'univers tout entier, dans son ensemble comme dans ses détails. Après avoir fait connaître les propriétés des corps inertes, l'étude de la physique combinée avec celle de la chimie dévoile les phénomènes de la vie des corps organisés. Ces deux sciences éclairent donc ensemble la physiologie, pour expliquer comment s'opèrent toutes les fonctions vitales.

La physique se subdivise en sciences spéciales, qui s'occupent exclusivement de phénomènes particuliers, tels que ceux de l'électricité, de la lumière, des sons, de la chaleur, etc., d'où viennent les noms d'optique, d'électricité, d'acoustique, de météorologie, etc. — V. ces mots.

La physique est l'une des plus attrayantes de toutes les sciences naturelles; elle nous fait connaître une infinité de phénomènes rendus patents par des expériences faites sous nos yeux, et que nous pouvons expliquer et comprendre; aussi cette étude est-elle prescrite dans l'enseignement universitaire comme dans celui de l'agriculture, à laquelle elle est indispensable.

PIAFFER. Terme de manége. Le cheval piaffe quand il lève alternativement les membres diagonaux, comme pendant le trot, et les laisse retomber sans progresser. C'est une espèce de trot opéré sur place. On dit aussi qu'un cheval piaffe lorsque, s'enlevant des membres antérieurs sous le cavalier, il les laisse retomber à plusieurs reprises et sans avancer. Le cheval retenu lorsqu'il voudrait partir piaffe et témoigne ainsi son impatience.

PIC. Instrument d'agriculture employé pour piocher la terre dure et rocailleuse ou la roche tendre. C'est surtout pour faire les fossés dans les sols durs qu'on se sert des pics. Leur tête est souvent surmontée d'une hachette, d'une crête ou d'un marteau, pour couper les racines ou casser les pierres.

PIC. Oiseau de l'ordre des grimpeurs. Le genre pic comprend plusieurs variétés répandues sur divers points du globe. Buffon les dépeint dans son admirable langage comme de rudes travailleurs condamnés à gagner leur vie à coups de bec comme à coups de pioche. On voit en effet ces oiseaux toujours occupés à chercher leur nourriture dans les crevasses des écorces d'arbres ou dans leurs fentes. Ils les frappent à vigoureux coups de becs pour y découvrir les insectes dont ils se nourrissent, et sont ainsi plus utiles que nuisibles à l'agriculture.

Les pics sont tous insectivores; ils mangent surtout beaucoup de fourmis, qu'ils prennent au moyen de leur langue, disposée de manière à pouvoir s'allonger considérablement. Ils la plongent dans les fourmilières, et, lorsque les fourmis y sont attachées, ils la retirent, et ces insectes sont ainsi saisis et avalés sans beaucoup de peine.

PIC. Sommet escarpé de montagnes ou de rochers. Les pics sont les positions les plus exposées à la foudre par leur rapprochement des nuages. Aussi, pendant les orages, doit-on s'empresser de les quitter, si par hasard on se trouve sur eux. — V. *Électricité*, *Foudre*, *Paratonnerre*.

PIE. Oiseau de l'ordre nombreux des passereaux et du genre corbeau. Les pies sont plus nuisibles qu'utiles à l'agriculture; elles détruisent quelques insectes, mais elles font la guerre aux jeunes poussins; elles détruisent surtout beaucoup de jeunes perdreaux et cailleteaux. Aussi les chasseurs leur font-ils une rude guerre. La pie est, comme les corneilles, les corbeaux, etc., toujours nuisible, jamais utile. On doit donc employer tout moyen possible pour la détruire.

PIE. On donne le nom de pie au cheval qui a de grandes taches blanches sur sa robe de couleur foncée. Suivant que les chevaux sont noirs, alezans, bais, etc.; on reconnaît des pie-noir, des pie-alezan, des pie-bai, etc.

PIED. On nomme vulgairement pied, dans nos animaux domestiques, l'extrémité des membres recouverte par les onglons ou le sabot. Son examen mérite toute l'attention du cultivateur, surtout pour les animaux de travail. Les pieds, en effet, sont les points sur lesquels réagissent tous les efforts musculaires faits pour la progression; ils sont en quelque sorte la base de l'édifice animal. Or, si cette base est mauvaise, on comprend tous les inconvénients qu'elle entraîne pour la marche, surtout pendant les grandes fatigues, et sur un sol dur et caillouteux.

De tous les animaux, le cheval, exclusivement destiné au travail, est celui dont le pied est le mieux organisé dans sa complication. Dans les ruminants et le porc, les extrémités se terminent par deux onglons simples, formés d'une muraille demie-circulaire et d'une sole de même forme. L'élasticité de ces onglons est bornée, obscure; mais la division du pied fourchu contribue à donner à cette partie la souplesse dont elle a besoin.

Dans le cheval, tout est changé : le pied n'est pas divisé, il est contenu dans un onglon unique (sabot). Cette enveloppe cornée est composée de trois pièces qui diffèrent de forme comme de texture et de disposition. Le mécanisme de ces trois pièces est le plus ingénieux système d'architecture qui puisse être imaginé. Il procure admirablement l'élasticité nécessaire au pied pour que les parties molles qu'il contient ne soient comprimées ni contusionnées au moment de l'appui. Examinons rapidement ce mécanisme.

Les trois parties cornées qui composent le pied du cheval sont la muraille ou paroi, la sole et la fourchette.

La muraille, ainsi nommée sans doute parcequ'elle protége et contient circulairement le pied, comme une muraille protége et renferme une enceinte, est la partie qui, adhérant à la peau par son bord supérieur, pose sur le sol par son bord inférieur. Cette partie de l'ongle est la plus grande et la plus considérable du sabot. Sa région la plus épaisse et la plus large est sur le devant, vers le point du pied qu'on nomme la pince. De ce point, la muraille va en se rétrécissant et en s'amincissant graduellement jusqu'aux talons, où elle se contourne en dedans pour loger la fourchette. Cette disposition en arc fait de la muraille un véritable ressort à double action qui favorise l'élasticité du sabot au moment de l'appui, par l'écartement des talons.

C'est dans l'épaisseur de la muraille que sont plantés les clous qui fixent les fers, et qui sont rivés sur sa surface extérieure. Du reste, la muraille du sabot doit être lisse, brillante, exempte de cercles, de crevasses ou de fentes, qui peuvent indiquer non seulement sa mauvaise nature, mais encore des lésions profondes, causes de boiteries plus ou moins intenses et difficiles à guérir. — V. *Cercles*.

La sole, fixée circulairement au bord inférieur de la muraille, recouvre toute la surface plantaire du pied qui n'est pas occupée par la fourchette. Cette plaque de corne flexible, encadrée dans les bords de la muraille, sous le pied, est concave, disposée en forme de voûte, pour mieux résister au poids qui la presse. Elle doit être exempte de bosselures, et la flexion légère qu'elle opère vers le sol concourt à l'élasticité du pied en facilitant l'écartement de la muraille. Mais la sole n'a la propriété d'écarter la muraille en s'affaissant que lorsqu'elle est bien disposée en voûte. Quand elle est aplatie ou convexe, son écartement n'a pas lieu, et alors le pied, plat ou comble, ne jouit pas par conséquent du degré d'élasticité qui lui est nécessaire. D'un autre côté, la sole est exposée à être contusionnée en posant à plat sur le sol. Il faut aux pieds ainsi conformés une ferrure spéciale. Quand elle est convexe en dehors (comble), le défaut est encore plus grave. Une pareille conformation met le plus souvent les chevaux hors de service, surtout sur les pavés, sur les routes et dans les chemins pierreux, rocailleux, inégaux et durs. Aussi tout cheval qui a les pieds plats ou combles doit-il être examiné de près dans les acquisitions; il doit être rejeté le plus souvent, comme ne pouvant pas répondre convenablement au service qu'on en exige.

La fourchette est la troisième pièce qui compose le sabot du cheval; sa texture comme sa consistance diffèrent de celles de la muraille et de la sole. De forme conique, enchassée sous le pied comme un coin dont le gros bout est en arrière vers les talons, cette corne est de consistance molle, élastique; elle concourt à l'écartement des talons comme un coin, d'une part, et, de l'autre, par son écartement au moment de l'appui du pied sur le sol; sa consistance molle, en effet, cède alors sous la pression, s'élargit et oblige les talons à s'écarter. Le rôle de la fourchette est très important; aussi doit-on ménager sa substance, au lieu de la couper sans précaution, comme le font la plupart des maréchaux-ferrants dans nos campagnes. Les pieds encastelés, douloureux vers les talons, ont la fourchette dure, sèche, racornie, altérée; elle n'a plus la souplesse, l'élasticité de son état normal. Les chevaux, dans ce cas, sont très disposés à boiter; souvent même ils ont des claudications continues et incurables par suite d'une encastellure confirmée. — V. *Bleime, Croissant, Encastellure, Fourbure, Fourmilière, Ognon.*

PIED-D'ALOUETTE. V. *Dauphinelle.*

PIÉTIN. Maladie particulière au mouton. Le piétin se déclare aux pieds des animaux; il fait décoller partiellement les onglons; quelquefois même il provoque la chute de ses enveloppes cornées, et cause de grands ravages dans les troupeaux. Les praticiens sont généralement d'accord sur les propriétés contagieuses du piétin; aussi recommandent-ils d'isoler les animaux malades, et de ne jamais les laisser dans le troupeau lorsqu'on s'aperçoit qu'ils boitent.

Pour guérir le piétin, on découvre toute la partie malade en coupant la portion décollée de l'ongle; on panse la plaie, sur laquelle on applique des préparations caustiques ou astringentes, telles que l'onguent égyptiac, une dissolution de sels de plomb ou de zinc dans du vinaigre, l'eau de rabel, l'acide nitrique (eau-forte); mais cet acide, qui a beaucoup d'action, doit être employé avec grande précaution. Après le pansement on enveloppe le pied avec un linge.

On a recommandé contre le piétin un moyen aussi simple que facile et économique dans son exécution : on a conseillé de délayer de la chaux caustique dans une large caisse à rebords de sept à huit centimètres de hauteur, et de la placer à la porte de la bergerie de manière que les moutons ne puissent en sortir ni y entrer sans mettre les pieds dans la solution alcaline. La causticité de la chaux, dans ce cas, peut agir non seulement comme moyen curatif, mais comme préservatif; et nous en conseillons l'usage aux cultivateurs dont les troupeaux ont à souffrir du piétin.

PIGAMON. Plante de la famille des renonculacées. On cultive quelquefois, comme plante d'ornement de nos parterres, une variété de pigamon dont les feuilles ressemblent à celles de l'ancolie.

PIGEON. Oiseau de l'ordre des passereaux. Le pigeon comprend plusieurs variétés nombreuses, modifiées à l'infini par des accouplements et des croisements divers. On en fait ainsi souvent des oiseaux d'ornement.

Dans nos campagnes, on n'élève que le pigeon de colombier, connu sous le nom de pigeon fuyard ou de bizet. Son produit est utile dans les campagnes éloignées des centres d'approvisionnement. La femelle pond à peu près tous les mois deux œufs, qu'elle couve pendant environ vingt jours. Dans le voisinage des grandes villes, les ménagères élèvent les pigeons pour les porter aux marchés, et augmenter ainsi les revenus de leur basse-cour. — V. *Colombier.*

PIMENT. Plante de la famille des solanées. On cultive dans nos jardins pour ses fruits d'un rouge vif ou jaunes une variété de piment connue sous le nom de *poivre-long*. Ce fruit est utilisé comme condiment après avoir été confit dans le vinaigre.

PIMPRENELLE. Plante de la famille des rosacées. On connaît deux variétés de pimprenelle, la grande ou sanguisorbe, et la petite; toutes deux donnent un bon fourrage, pour les moutons surtout. Très rustique, poussant dans les terrains secs, dans les prairies élevées, la petite pimprenelle indique ordinairement une bonne nature de fourrage dans les lieux où elle croît. On cultive quelquefois cette plante dans les jardins comme plante assaisonnante, pour la salade surtout.

PIN. Arbre de la famille des conifères. On reconnaît plusieurs variétés de pins, dont la plus répandue est le pin silvestre. Le pin maritime a été employé surtout pour boiser les landes de Bordeaux et borner la marche des dunes qui menacent d'envahir les campagnes éloignées du littoral de la mer. — V. *Dunes.*

On retire du pin la résine, qui produit l'essence de térébenthine par la distillation. Ce genre d'industrie est très considérable dans les landes de Bordeaux. La planche de pin est utilisée pour les constructions de toute nature, pour celle des navires comme pour celle des habitations de l'homme et des animaux; dans nos campagnes, on en fait des planchers, des cloisons et des meubles communs, des charpentes, etc.

Les semis de pins sont d'une ressource immense pour tirer parti des mauvais terrains, et notamment des landes, dont ils fertilisent le sol par les détritus des arbres qu'ils produisent. Après quinze ou vingt ans, on peut déjà commencer à exploiter pour bois. Les semis d'essences résineuses sont le meilleur moyen de défrichement des landes, dont le sol aride n'est pas d'abord susceptible de culture. V. *Landes*.

PINÇARD. Nom donné aux chevaux qui marchent sur la pince de leurs pieds. Ce défaut se fait surtout remarquer aux pieds postérieurs, et il indique généralement un degré plus ou moins avancé d'usure des membres des animaux. —V. *Fatigue*, *Usure*.

PINCES. Nom donné aux deux dents incisives antérieures du cheval. — V. *Age*, *Dents*.

On nomme aussi pince la partie antérieure du fer du cheval, comme celle du sabot sous lequel on l'applique. — V. *Muraille*, *Pied*.

PINTADE. Oiseau de l'ordre des gallinacés. La pintade, originaire d'Afrique, est naturalisée en Europe, et fait partie de nos oiseaux de basse-cour. Sa chair est savoureuse; mais cet oiseau est désagréable dans les basses-cours par sa voix criarde. Du reste, il est toujours en querelle avec les autres volailles, et il n'est pas généralement adopté dans nos fermes. On affirme qu'on élève en Egypte des pintades muettes. M. Delaporte, consul au Caire, membre de la Société zoologique d'acclimatation, a promis à cette Société de lui envoyer cette variété d'oiseau de basse-cour.

PIOCHE. Instrument d'agriculture muni d'un pic d'un côté, d'un fer de houe de l'autre, et emmanché avec un fort manche dans une douille qui est au centre. La pioche varie de dimension, et est employée aux défoncements; on s'en sert aussi pour faire des tranchées, des fossés, des terrassements, etc.

PIONNIER. Ouvrier terrassier dont le métier est de piocher la terre pour divers travaux dans nos campagnes. Dans certains pays, les pionniers émigrent; ils vont entreprendre des travaux, tels que des défoncements, la confection de canaux d'assainissement, de chemins, etc. Ces ouvriers sont ordinairement de rudes travailleurs qui font des travaux agricoles à de bonnes conditions. La Basse-Auvergne, la Haute-Loire, etc., fournissent beaucoup de pionniers, qui sont employés dans les départements voisins.

PIQUANT. Nom vulgaire donné aux aiguillons ou aux épines des végétaux.

PIQUETTE. Boisson faite soit avec du marc de raisin, soit avec des fruits, tels que des pommes, des poires, des prunelles, etc., qu'on a fait fermenter dans l'eau dans des proportions convenables. La piquette fournit une boisson rafraîchissante, très utile surtout dans les pays où le vin est cher et qui sont dépourvus de cidre et de bière.

PIQURE. Blessure faite aux animaux par des corps aigus. Les maréchaux font quelquefois des piqûres aux pieds des animaux avec les clous qui servent à les ferrer; ces blessures, qui sont généralement sans suite fâcheuse lorsqu'on s'en aperçoit à temps, ont quelquefois des résultats assez graves lorsqu'elles causent la formation de pus qui s'épanche dans le sabot; il y a alors décollement de la corne sur une surface plus ou moins étendue. Le plus souvent, dans ce cas, il y a boiterie, et une opération qui consiste à mettre la plaie à découvert pour la panser est nécessitée.

PIS. Tétine, mamelle de la vache, de la chèvre, etc. L'examen du pis de la vache surtout mérite d'attirer l'attention des cultivateurs, parcequ'il peut fournir les moyens de reconnaître les qualités laitières des espèces comme des individus dont on veut faire choix pour la production du lait. Au point de vue pratique, je me suis beaucoup occupé de l'étude du pis, et j'y ai toujours trouvé des caractères qui, avec les autres signes des vaches laitières, ont beaucoup servi à me guider dans les appréciations que j'ai dû faire des types laitiers.

Pour être dans de bonnes conditions, un pis doit avoir la peau qui le recouvre fine, mince, tendue avant la traite, détendue, au contraire, plissée et comme pendante après cette opération; le poil qui le recouvre doit être rare, court et fin, et la couleur de la peau, dans ce cas, est ordinairement d'un jaune beurre, plus ou moins marqué dans les bons types. Tout pis dont la peau est épaisse, comme tendue après ainsi qu'avant la traite, couverte de poils abondants, longs et plus ou moins rudes au toucher, n'appartient pas à une bonne espèce laitière; je n'ai jamais trouvé d'exception à cette règle générale.

Le volume du pis peut être un indice d'abondante sécrétion de lait; mais ce fait n'est pas constant. On voit des vaches avec de grosses mamelles être de médiocres ou de mauvaises laitières; leur pis est charnu et presque aussi gros avant qu'après la traite. Il est donc important, lorsqu'on remarque qu'une vache a un pis volumineux, de voir si elle a les autres caractères qui font distinguer les bonnes laitières, ou la faire traire devant soi, pour juger, d'une part, de la diminution du volume du pis, et, de l'autre, de la quantité de lait donnée.

Cependant la quantité de lait donnée comme le volume du pis ne peuvent pas être toujours un guide certain, surtout pour les vaches exposées en vente. Les vendeurs, en effet, ont l'habitude de ne pas traire les vaches le matin des foires, et même quelquefois la veille au soir, pour faire grossir leur pis. Leurs mamelles contiennent alors le lait de vingt-quatre heures : on conçoit donc qu'elles sont plus volumineuses qu'à l'état ordinaire; il arrive même souvent qu'elles ne peuvent plus contenir le lait, qui s'échappe par les trayons sur le champ de foire même. Il importe donc de tenir compte de ces circonstances dans les acquisitions que l'on se propose de faire.

Après avoir examiné les conditions de conformation du pis en général, il importe de l'observer dans ses détails et surtout dans ses trayons. A très peu d'exceptions près, les trayons des vaches sont au nombre de quatre, disposés de manière à former un carré.

Les trayons antérieurs sont ordinairement plus développés, plus longs et plus gros que les postérieurs. Dans tous les cas, il devra y avoir autant que possible parité entre les deux trayons antérieurs et les deux trayons postérieurs. Il n'est pas rare de voir un trayon d'un côté plus petit que celui de l'autre, ce qui est souvent la conséquence d'une maladie à la suite de laquelle le trayon se tarit et ne donne plus de lait. Dans certains pays, les agriculteurs prétendent que les belettes ou les serpents ont été la cause de ces accidents en tétant les vaches; ils en sont bien persuadés et il paraît que ce préjugé date d'un temps immémorial. Dans les montagnes de l'Auvergne, on y croit comme on croit aux revenants, aux esprits follets, *qui détachent les chevaux pendant la nuit pour les faire courir dans les champs et brouiller les crinières*, etc.

Lorsqu'un trayon sera plus petit que celui qui lui correspond, on l'examinera de près; on s'assurera que la vache n'est pas *manquette*, nom que l'on donne, dans certains pays, aux laitières dont un ou plusieurs trayons ne fournissent pas de lait; du reste, lorsqu'un trayon est plus petit qu'un autre et semble atrophié, la partie correspondante du pis est elle-même moins proéminente que celles qui correspondent aux autres trayons; il arrive même souvent que la cause de l'atrophie de ces mamelons est dans une maladie de la partie du pis à laquelle ils se trouvent. Si, à la suite d'une affection, cette partie de la glande ne sécrète plus de lait, le trayon s'atrophie tout naturellement.

Les quatre parties du pis correspondant aux quatre mamelons seront aussi symétriques; celles du côté droit devront ressembler, par leur développement, à celles du côté gauche. Dans le cas contraire, il faudrait remonter à la cause de la dissemblance, et juger la question suivant les conséquences que l'on observe.

Toutes les vaches n'ont pas le pis conformé de la même manière. Ainsi, tandis que les unes l'ont plus ou moins sphérique et bien soutenu entre les cuisses, les autres l'ont allongé, et en quelque sorte pendant et ballottant entre les jambes pendant la marche. Ce fait d'observation pratique n'a pas échappé à l'étude détaillée qu'a faite le docteur Bardonnet des martels du pis des vaches dans son traité des maniements. « Le pis ne présente pas, » dit-il, la même conformation dans toutes les vaches : tantôt il » est conique et allongé, en forme de poche appendue par sa base à l'extrémité postérieure de l'abdomen; tantôt il a une conformation ovalaire, qui s'avance d'arrière en avant vers l'ombilic.

» Généralement, on observe le pis de la première forme dans les vaches des contrées à riches pâturages de la Hollande, de la Flandre et du Cotentin. »

Le mode de conformation du pis allongé ou ovalaire ne nous paraît pas être absolument un indice sérieux de bon type, et M. le docteur Bardonnet est de cet avis. On trouve en effet de bonnes vaches laitières dont la glande mammaire n'a pas cette conformation; cependant il est à remarquer que cette forme du pis est un caractère particulier de nos espèces laitières les plus estimées, telles que les flamandes, les cotentines. En tout cas, c'est plutôt à la nature des tissus qui composent le pis, et dont nous avons parlé en commençant cet article, que l'on devra s'en rapporter, plutôt qu'à la configuration de cet organe.

Lorsqu'on a reconnu les bonnes conditions d'un pis, il importe de s'assurer si la vache qui le porte est d'un caractère docile, si elle se laisse traire facilement. J'ai vu des vaches dont on ne pouvait avoir le lait qu'avec beaucoup de difficulté; on était obligé de les entraver pendant la traite, et, malgré tous les moyens que l'on pouvait employer, on perdait souvent la plus grande partie du lait, renversé par les mouvements brusques et saccadés de la vache, qui se défendait toujours. Il sera donc utile, avant de conclure un marché, de palper les mamelles, de tirer les trayons, d'en faire même sortir un peu de lait; il faudra, enfin, être bien assuré de la docilité de l'animal qu'on voudra acheter.

Le pis, qui comprend les glandes mammaires, est chargé de sécréter le lait, de le fabriquer au moyen du sang apporté par les artères : on conçoit que, plus cet organe fabrique de lait, plus il doit recevoir de sang, qui contient la matière première de cette fabrication. Si le pis reçoit beaucoup de sang, il doit avoir de grosses artères et des veines développées dans les mêmes proportions, pour rapporter ce liquide dans son foyer d'élaboration. C'est ce fait caractéristique qui explique pourquoi les veines du pis doivent être grosses et nombreuses, conséquence essentielle d'une grande quantité de lait sécrété; aussi les praticiens attachent-ils une grande importance, sans s'en rendre compte, à défaut de connaissances en physiologie, au développement considérable des veines mammaires, surtout à celles qu'on observe sous le ventre. — V. *Lait*, *Mamelle*, *Mammaire*, *Vache*.

PISCICULTURE. Expression nouvelle, adoptée aujourd'hui comme synonyme d'empoissonnement. La pisciculture est donc l'art de multiplier le poisson en favorisant sa production, soit naturellement, soit artificiellement. Cette grave question des subsistances a attiré de tout temps sans doute l'attention des économistes. Les lois sur la pêche n'ont d'autre but que de protéger la multiplication des poissons. Le poisson, en effet, est non seulement un des produits animaux les plus utiles pour la nourriture de l'homme, mais il est un de ceux qui coûtent le moins à obtenir. Ces animaux ne nous dépensent rien pour leur nourriture; ils s'alimentent de substances qui sont essentiellement perdues s'ils ne les utilisent pas pour se développer, pour les transformer en viande si savoureuse, si recherchée pour nos tables. Les truites, les carpes, les brochets, les saumons, les ombres, les anguilles, les tanches, les goujons, etc., etc., dans nos rivières et nos fleuves, peuvent être considérés comme autant de petites usines chargées de transformer en substance alimentaire pour l'homme les insectes aquatiques, les vers, les moucherons qui volent sur la surface des eaux, des plantes fluviatiles, etc., objets de nulle valeur et complétement inutiles et perdus sans les animaux qui s'en nourrissent; et certes il se perd des quantités immenses de ces substances alimentaires qui vont s'engloutir dans les mers. On n'ignore pas que nos cours d'eau de toute nature pourraient alimenter infiniment plus de poissons qu'ils n'en ont. On en a la preuve par le dépeuplement de rivières reconnues et renommées pour la quantité de produits qu'elles ont offerts à nos ressources dans des temps antérieurs, et qui ont été détruits par une infinité de causes diverses.

L'art de multiplier le poisson ne date pas de notre époque. L'histoire rapporte que les Romains mettaient un soin tout particulier à pourvoir leurs viviers de poissons qui s'y multipliaient, quoiqu'il ne soit pas bien établi qu'ils connussent l'art des fécondations et des incubations artificielles des poissons. En France, la pratique de la pisciculture remonte aussi à plusieurs siècles. Voici ce que dit à ce sujet un neveu du grand naturaliste Buffon,

M. le baron Montgaudry, dans un excellent article lu à la Société zoologique d'acclimatation, et publié dans le premier volume de cette Société, page 80 et suiv.: « La pisciculture n'est pas chose nouvelle. Depuis plusieurs siècles les moines s'en occupaient et savaient peupler les étangs et les cours d'eau de leurs domaines des espèces de poissons qui pouvaient y vivre et s'y multiplier. Dans le cours du XIVᵉ siècle, dom Pinchon, moine de l'abbaye de Réome, écrivait sa manière de procéder. »

» Il avait des boîtes longues en bois, à fond de bois, grillées aux deux extrémités en grillages d'osier, ouvertes en haut et couvertes d'un grillage d'osier. Sur le fond de bois il formait un lit de sable fin, et, imitant la truite, qui creuse un peu le sable avant d'y déposer ses œufs, il préparait une légère profondeur dans la couche de sable pour déposer les œufs qu'il avait préalablement fait féconder; il plaçait la boîte dans un lieu où l'eau était faiblement courante, et attendait l'éclosion, qui, à son dire, s'opérait après vingt jours rarement, et pour tous les œufs dans le mois à peu près. »

Dans le même travail, M. de Montgaudry rapporte que vers 1820 la pisciculture était pratiquée dans la Côte-d'Or, la Haute-Marne. MM. Hivert et Pilachon s'en occupèrent avec succès dès 1826, et ils employèrent les mêmes procédés à peu près que le moine dom Pinchon.

Mais l'idée de la pisciculture était loin d'être vulgarisée comme elle l'est aujourd'hui, et son application paraissait être locale.

Deux modestes pêcheurs des Vosges, ignorés et inconnus jusque vers 1840, Géhin et Remy, pratiquaient la pisciculture pour alimenter leur industrie. Leur procédé fut connu, indiqué dans des publications, et la société d'émulation des Vosges donna à ces pêcheurs une médaille d'encouragement en 1844. Le docteur Haxo, secrétaire de cette Société, fut l'un des promoteurs les plus actifs de la méthode des pêcheurs ses compatriotes. Les savants s'emparèrent de la pisciculture. MM. Valenciennes, Milne Edwards, de Quatrefages, Coste, etc., s'en occupèrent au sein de l'Académie des sciences; et aujourd'hui nous pouvons dire qu'il est peu de questions plus agitées sur la production animale relative à nos subsistances que l'art de multiplier le poisson. Et ce n'est pas seulement en France que la pisciculture a eu du retentissement; plusieurs nations de l'Europe s'en occupent, et l'Amérique, la Chine même, ne lui restent pas étrangères.

Pour favoriser la multiplication du poisson d'une manière plus rapide, on fait ce qu'on appelle des fécondations artificielles des œufs. Pour pratiquer cette opération, on prend les femelles au moment du frai; et lorsque leurs œufs sont prêts à être pondus, on les fait sortir facilement de l'abdomen en exerçant une légère pression sur ses parois d'avant en arrière. Lorsqu'on a obtenu ces œufs, qui sont placés dans l'eau immédiatement et sans être exposés à l'air, on prend un mâle, auquel on comprime également de la même manière l'abdomen pour en faite sortir la laite, que l'on agite légèrement dans l'eau qui contient les œufs. Cette simple opération suffit pour que la fécondation ait lieu.

Parmi les praticiens qui se sont occupés avec le plus de succès de la fécondation artificielle des œufs de poissons, nous devons citer ici M. Millet, inspecteur des eaux et forêts. Ce pisciculteur habile a déjà empoissonné avec succès plusieurs rivières. L'appareil dont il se sert, et que j'ai vu dans son appartement, à Paris, est fort simple. Il consiste en un petit baquet qui a la forme d'un carré long; ce baquet reçoit l'eau qui lui arrive goutte à goutte d'un filtre, au moyen d'un petit conduit en caoutchouc; une petite grille métallique tient les œufs suspendus dans le vase; et c'est ainsi que se fait l'incubation. Lorsque les petits poissons sont sortis des œufs, on les laisse dans l'eau jusqu'à ce qu'ils n'aient plus la petite vessie alimentaire qu'ils portent à leur abdomen, et qui leur fournit la nourriture essentielle aux premiers jours de leur vie. Ils sont ensuite placés, lorsque ce petit réservoir alimentaire est épuisé, dans les rivières ou étangs où ils doivent se développer à l'état de nature.

La question de la pisciculture a un grand avenir en France; son importance est parfaitement comprise aujourd'hui. Déjà plusieurs propriétaires mettent en pratique les procédés qu'elle indique pour empoissonner leurs étangs, les rivières dont ils sont riverains. La multiplication du poisson qui résultera de ces travaux utiles tournera au bénéfice de notre production animale, dont l'insuffisance est reconnue aujourd'hui par tout le monde.

PISÉ. (*Pisey.*) Mur en pisé, fait avec de la terre battue et pétrie. Dans les pays qui manquent de pierres, on fait des constructions en pisé qui durent long-temps, pourvu qu'on ait soin de les soustraire à l'humidité. Pour empêcher l'action de l'humidité du sol, on fait un mur en pierre de quarante à cinquante centimètres de hauteur; on isole ainsi le pisé de manière à ce qu'il ne se ramollisse pas par l'eau, absorbée en vertu de l'action de la capillarité.

On recouvre les pisés de clôture avec de la tuile ou du chaume, pour les soustraire à l'action de la pluie; ainsi établies, les clôtures comme les constructions en pisé bien fait résistent au mauvais temps et sont toujours très économiques.

PISSEMENT DE SANG*. (*Hématurie.*) Les maladies des voies urinaires occasionnent souvent dans les animaux un pissement de sang. Il est important d'en reconnaître la cause pour y remédier. Quand cet accident est dû à une maladie locale des organes urinaires, on soumet les animaux au traitement prescrit pour les inflammations des reins ou de la vessie; mais souvent, dans les ruminants surtout, le pissement de sang est dû à la nourriture des animaux. Les feuilles de certains arbres, telles que les feuilles d'arbres résineux, et surtout de chêne, qui contiennent des principes astringents du tannin, provoquent cette maladie. Conduits dans les bois au printemps, les animaux, avides de verdure, mangent non seulement les feuilles tendres du chêne, mais ses jeunes pousses. Il en résulte un pissement de sang. On doit, dans ce cas, s'empresser de retirer les animaux des bois, et de les soumettre à un régime antiphlogistique. — V. *Mal de brou.*

PISSENLIT. Genre de plante de la famille des composées. Les pissenlits comprennent plusieurs variétés. Ils donnent un bon fourrage, recherché des animaux. Les porcs les consomment volontiers. Leurs jeunes pousses servent à faire des salades au printemps. On a soin de recouvrir leurs feuilles soit avec de la terre, soit avec de la paille, pour les faire blanchir et les rendre plus tendres.

PISTE. Trace laissée par les pieds des animaux sur la neige, sur le sable ou sur la terre fraîchement remuée. Pendant l'hiver, on chasse beaucoup le lièvre à la piste, quand la campagne est couverte de neige. On découvre aussi par ce moyen la trace du loup, du renard et d'autres animaux nuisibles qu'on cherche à détruire pour prévenir leurs ravages. — V. *Loup*, *Renard*.

PISTIL. On donne le nom de pistil à l'organe femelle des végétaux. Cet organe est généralement entouré par les étamines dans les fleurs hermaphrodites. Le pistil se compose d'un ovaire, qui contient les germes des graines; du style, petit filet creux qui surmonte l'ovaire, et du stigmate, qui termine le style. Pour que la fécondation des plantes ait lieu, il faut que la matière fécondante des organes mâles (pollen) soit déposée sur le stigmate, circule dans le style, et aille ainsi dans l'ovaire se mettre en contact avec les ovules, qu'elle féconde pour former la graine. — V. *Fécondation*.

PITUITAIRE. Nom donné à la membrane qui tapisse l'intérieur des cavités nasales. C'est dans la pituitaire que les nerfs olfactifs perçoivent les odeurs pour en transmettre l'impression au cerveau. Cette membrane est donc le siége de l'odorat; et, comme le passage de l'air tend toujours à la dessécher, elle est sans cesse humectée par un liquide séreux qui l'entretient dans les conditions indispensables à ses fonctions. Parmi les maladies dont la pituitaire offre les signes se trouve la morve, dont les caractères se font remarquer sur la cloison nasale par des ulcérations et un jetage qui s'écoule par les naseaux. — V. *Morve*.

PIVOINE. Genre de plante de la famille des renonculacées. On cultive comme plantes d'ornement plusieurs variétés de pivoines que l'on distingue facilement dans les jardins; leurs tiges croissent par touffes; elles sont très robustes, et donnent de grosses fleurs rouges. La culture a créé des pivoines de plusieurs variétés et dont les fleurs ont des nuances diverses.

PIVOT. Nom donné à la racine qui, dans les végétaux, pivote et marche en sens inverse de la tige. Le chêne, par exemple, outre ses racines traçantes, a son pivot, qui le fixe avec solidité et le fait résister aux vents les plus impétueux.

PIVOTANT, TE. Racine pivotante, qui plonge verticalement dans le sol : telle est la racine de la betterave, de la carotte, etc. La racine de la luzerne pivote aussi et plonge dans une grande profondeur dans le sol.

PLACENTA. Le placenta est la membrane la plus extérieure de l'utérus. Elle concourt à former les enveloppes du fœtus, et met le jeune sujet en rapport avec l'utérus de sa mère. — V. *Cordon ombilical.*

PLAIE. On donne le nom de plaie, en botanique, aux excoriations, aux blessures faites aux arbres surtout. On doit recouvrir les plaies des végétaux précieux de manière à les préserver de l'humidité et de l'action de l'air et de la lumière. On emploie à cet effet la poix, la résine, la cire fondues, ou un mélange de bouse de vache et de terre pétries ensemble (onguent de Saint-Fiacre).

Dans les animaux, les plaies sont formées par des lésions plus ou moins superficielles ou profondes faites sur une ou plusieurs parties de leur corps. Suivant les causes qui les produisent, les plaies varient à l'infini, et exigent des traitemens variés que les praticiens prescrivent suivant les indications.

PLAN. Dessin qui représente des bâtiments ou une étendue de terrain, avec l'indication des limites des chemins, des ruisseaux, des incidents divers qui le caractérisent. Chaque cultivateur devrait avoir le plan de sa propriété pour bien en étudier les conditions culturales, et surtout les assolements ; il pourrait ainsi facilement mesurer ses soles et les bien répartir, sans avoir besoin d'aller courir dans les champs et sans de nouveaux arpentages. Les plans des propriétés servent de plus à bien tracer leurs limites, et à prévenir les fraudes des voisins de mauvaise foi qui chercheraient à déplacer les bornes. — V. *Limite.*

PLANCHE. En terme de culture, une planche est un espace de terrain labouré dont la largeur comme la longueur ne sont pas absolument déterminées. On laboure en planches plus ou moins larges dans les terrains assainis qui ne craignent pas l'humidité; on laboure en sillons, au contraire, dans les sols humides, pour faciliter l'écoulement des eaux. — V. *Ados.*

Les jardiniers nomment planches les surfaces de leurs carrés divisés par de petits chemins ou des allées.

PLANÇON. (*Plantard.*) Tige de peuplier, d'osier, de saule, etc., plantée pour propager ces essences. Les plançons sont de véritables boutures ; comme elles, par conséquent, ils offrent le grand avantage de donner des sujets déjà développés au moment de la plantation, et qu'on ne pourrait obtenir par semis qu'au bout de plusieurs années. Le moyen de multiplication des arbres par plançons est toujours employé avec succès pour les essences qui peuvent prendre racine par boutures.

PLANT. Végétaux ligneux ou herbacés destinés à être replantés. Les plants proviennent généralement de semis faits en pépinière; on fait des plants de choux, de colzas, d'arbres, etc.

PLANTAIN. Genre de la famille des plantaginées. Le plantain comprend plusieurs variétés. On a conseillé de cultiver en France le plantain lancéolé comme fourrage; on assure que les Anglais en tirent un bon parti sous ce rapport. On trouve sur les bords des chemins le plantain majeur, dont on ramasse les fruits en épis disposés en queue de rat; on les récolte pour les donner aux oiseaux. Les plantains, en général, offrent peu d'intérêt à l'agriculture dans les conditions ordinaires de leur multiplication naturelle.

PLANTATION. Le mot plantation comporte deux idées : l'une se rattache à l'action de planter des végétaux, surtout des arbres, l'autre à un sol planté. Les plantations ont pour but la multiplication du bois des arbres fruitiers, ou la confection de clôtures par des haies vives. De tout temps, comme on le fait encore de nos jours, on s'est plaint avec raison de l'indifférence de nos cultivateurs pour les plantations. Nous coupons toujours du bois, sans songer à le remplacer. Si la nature n'était pas plus soucieuse de nos intérêts que nous, si elle ne faisait pas ses plantations, il est probable que nous serions fort embarrassés pour faire nos constructions de toute nature, comme pour notre chauffage. Nos montagnes, nos terrains en pente, ceux qui sont incultes et vagues, nos landes, devraient être occupés par des plantations; ils seraient ainsi une source de richesses immenses qui augmenteraient chaque jour notre fortune sans nous en occuper, car la nature ferait tous les frais de la croissance des bois. Leurs détritus engraisseraient les sols, et on pourrait ainsi faire périodiquement des défrichements qui donneraient de riches produits sur des terrains qui ne rendent absolument rien, ou bien peu de chose. Chaque cultivateur qui a un coin de terre devrait en réserver une partie à une plantation dont le choix serait déterminé par les conditions physiques ou morales dans lesquelles il se trouve. — V. *Arbre*.

PLANTES. Les plantes sont des êtres organisés et vivants qui naissent, croissent, se reproduisent et meurent comme nous. La différence qui existe entre le règne végétal et le règne animal est si peu tranchée dans certains cas, qu'on ne sait pas encore bien d'une manière absolue si certains corps classés dans le règne animal ne sont pas des végétaux, dont ils ont tout l'aspect et les attributs. — V. *Corps*, *Végétaux*.

PLATANE. Arbre de la famille des platanées. Par son port majestueux, son beau feuillage et la rapidité de sa croissance, le platane est un des plus beaux arbres d'ornement qui puissent être cultivés. Importé d'Orient, il est employé pour orner nos promenades; mais son bois est assez peu estimé, parcequ'il n'est pas compacte. Encore peu répandu, le platane aime les sols frais et les bonnes expositions; dans ces conditions, il réussit admirablement. On connaît en France deux variétés de platane : l'un est originaire d'Orient, l'autre d'Amérique. On voit à Perpignan la plus belle plantation de platanes que nous ayons en France.

PLATEAU. Nom donné aux plaines élevées plus ou moins étendues dans les pays de montagnes. Lorsque les plateaux sont couverts de gazon, comme on le voit dans certaines montagnes, ils fournissent des pâturages peu abondants, mais de première qualité par la nature des plantes fines, savoureuses et nutritives, qu'ils produisent. Les montagnes d'Auvergne offrent de nombreux exemples de ces plateaux, sur lesquels paissent des troupeaux innombrables de vaches. — V. *Montagne*.

PLATE-BANDE. Terme de jardinage. Planche allongée destinée le plus ordinairement à la culture des fleurs dans les jardins.

PLATRAGE. Opération qui consiste à répandre sur les prairies artificielles, composées de légumineuses surtout, du plâtre en poudre pour activer leur végétation. L'effet du plâtre, quelquefois nul sur les terrains calcaires, ne saurait être contesté pour les sols qui manquent de calcaire ; il est quelquefois prodigieux dans ce cas, car il fait croître les trèfles, les luzernes, les sainfoins, dans des proportions surprenantes.

On prétend que l'usage du plâtre comme amendement ne remonte qu'à 1763. Suivant l'histoire, ce serait un pasteur protestant suisse du canton d'Argovie qui l'aurait employé le premier. L'Allemagne aurait d'abord imité cet exemple ; la France et les Etats-Unis en auraient fait autant plus tard. On sait le procédé ingénieux dont Franklin se servit pour faire adopter le plâtre à ses compatriotes incrédules : il traça un nom avec le plâtre en poudre semé sur l'herbe, et bientôt les lettres tracées sortirent en relief. L'expérience fut décisive.

Le plâtre pulvérisé active en général la végétation des légumineuses, c'est incontestable. Mais comment agit-il ? C'est un fait que la science n'a pas encore pu expliquer d'une manière satisfaisante et absolue. Les uns ont pensé que par son avidité pour l'eau il attirait à la plante une humidité salutaire ; mais cette explication n'est pas sérieuse, pour peu qu'on réfléchisse à la quantité d'eau que peut absorber le plâtre pour être saturé. On a dit qu'il agissait sur les plantes comme stimulant, et qu'il activait ainsi leurs fonctions vitales. D'autres, niant cette théorie, le considèrent comme un aliment direct qui fournit à la plante peu à peu, et à mesure qu'il se dissout, un élément de nutrition qui cause le développement insolite qu'elle prend. Cette opinion paraissait d'autant plus fondée, que c'étaient précisément les plantes qui ont le plus souvent besoin de sulfate de chaux qui se développaient le mieux par le plâtrage.

Des analyses rigoureuses sont venues contredire ce fait.

Une théorie ingénieuse a été donnée par le savant chimiste allemand Liebig. Suivant lui, le plâtre agirait en fixant l'ammoniaque, reconnu si utile au développement des plantes. Or, voici ce qui se passerait : le carbonate d'ammoniaque et le sulfate de chaux une fois en présence, il y aurait double décomposition ; il en résulterait du sulfate d'ammoniaque par décomposition du plâtre, et du carbonate de chaux par décomposition du carbonate d'ammoniaque. Il y aurait donc échange de base entre ces deux sels. La preuve de ce fait a-t-elle été fournie par l'analyse ?

Cette théorie ingénieuse est encore loin de satisfaire tous les praticiens. Mon savant ami le professeur Caillat, sans repousser absolument l'opinion de son confrère allemand, demande pourquoi, dans ce cas, l'action du plâtre ne se fait pas également remarquer dans tous les sols et pour toutes les plantes, puisque partout il y a du carbonate d'ammoniaque, surtout dans les champs bien fumés, et que partout la double décomposition de M. Liebig peut s'opérer. Il n'est pas facile de répondre d'une manière formelle à cette question.

Quelles que soient les opinions des auteurs sur le mode d'action du sulfate de chaux dans les prairies artificielles, l'effet du plâtrage n'en existe pas moins. En attendant les explications des savants, nous conseillons le plâtrage aux cultivateurs. Cependant, comme ce procédé active la végétation dans de grandes proportions, il épuise naturellement le sol en raison de la quantité des produits qu'il lui fait donner : il faudra donc réparer le déficit de fécondité par de bonnes fumures. Un sol que l'on oblige à donner au delà de ce qu'il peut dans son état de production ordinaire doit naturellement recevoir beaucoup pour se dédommager et s'entretenir dans des conditions de fécondité convenable, en réparant les pertes.

On a dit que dans les sols calcaires l'acide sulfurique étendu d'eau produisait le même effet que le plâtre. J'ai fait cette expérience sur des trèfles : elle n'a rien produit de bon. Cependant, dans ce cas, le sulfate d'ammoniaque pouvait se produire par la décomposition de son carbonate qui existe dans les champs. Il serait utile de répéter ces expériences, que je n'ai peut être pas assez étudiées il y a une douzaine d'années environ.

PLATRE. (*Gypse.*) Sulfate de chaux calcinée dans des fours spéciaux. Le plâtre sert aux constructions; l'agriculture l'emploie comme amendement. Sous ce rapport, il rend des services immenses aux pays où il est utilisé; mais il n'agit pas de la même manière partout; il est même des localités où son effet est presque nul. Son action la plus énergique est celle qu'on observe lorsqu'il a été jeté en poudre sur les légumineuses; il fait le plus souvent augmenter leurs produits dans de grandes proportions. — V. *Plâtrage*.

PLEINE TERRE. Un végétal est cultivé en pleine terre quand il est naturalisé de manière à réussir dans le climat où il est importé, sans moyens artificiels pour le protéger. Certains végétaux des pays chauds, acclimatés peu à peu, finissent par prospérer en pleine terre, après avoir exigé des soins particuliers pour leur conservation. On peut ainsi faire avancer graduellement du midi au nord des végétaux qui n'auraient pas pu croître dans les champs sous l'action d'une transition brusque. Aussi les naturalistes sérieux, notamment M. Is. Geoffroy Saint-Hilaire, ont-ils raisonnablement conseillé la fondation d'établissements d'acclimatation dans le midi de la France, tant pour les végétaux que pour les animaux importés des contrées chaudes, afin de les habituer à l'action climatérique du midi d'abord, du centre et même du nord de la France plus tard. — V. *Acclimatation*, *Naturalisation*, *Perfectionnement*.

PLEIN VENT. En terme de jardinage, les arbres fruitiers sont dits en plein vent lorsqu'ils sont plantés de manière à croître librement. Ceux qui sont taillés pour les assujettir à diverses formes sont appelés espaliers, quenouilles, buissons, etc.

On plante généralement en plein vent les arbres qui sont assez robustes pour bien résister aux conditions des climats dans lesquels ils sont cultivés : tels sont les cerisiers, les pommiers, les poiriers, les noyers, les pruniers, etc. ; mais leurs produits sont inférieurs en qualité aux délicieux fruits des sujets soumis aux soins combinés, aux ingénieux procédés indiqués par la science pratique de l'art du jardinier-pépiniériste, et qui sont généralement des espaliers. — V. *Espalier*.

PLÉTHORE. D'un mot grec qui signifie *replétion*. Etat d'un animal qui a plus de sang que ne l'exige son organisme. Cet état s'observe surtout au printemps, lorsque les animaux sont au régime du vert. Pour éviter les accidents de la pléthore, qui dispose les animaux aux maladies inflammatoires, on est quelquefois obligé de pratiquer la saignée. Les praticiens sont avertis de l'état pléthorique des sujets par la rougeur des membranes muqueuses, surtout de la conjonctive, et par la plénitude du pouls. On attribue généralement le sang de rate de moutons à la pléthore. Ce qui tendrait à accréditer cette opinion, c'est que cette maladie se déclare notamment dans les pays où les animaux sont fortement nourris, et elle disparaît par leur émigration dans les pays dont les pâturages sont moins abondants. Cependant une autre cause, qui paraîtrait avoir un caractère contagieux non seulement pour le mouton, mais encore pour les autres animaux, et même pour l'homme, semble compliquer cette affection et la rendre très dangereuse par la propriété qu'on assure lui avoir reconnue de se communiquer et de causer la mort. — V. *Sang de rate*.

PLÉTHORIQUE. Animal pléthorique, qui a une trop grande abondance de sang. — V. *Pléthore*.

PLEURÉSIE. Maladie inflammatoire de la plèvre. Cette maladie, toujours plus ou moins grave, est observée surtout sur les animaux de travail, et notamment dans les chevaux. Elle reconnaît pour causes les suppressions subites de transpiration, les travaux excessifs, les courses violentes, l'action des pluies froides d'automne, les refroidissements des animaux passant d'une atmosphère chaude d'étable, où la température est élevée, à l'air froid et humide des hivers. Au début, la pleurésie se fait remarquer par une toux sèche, peu intense, par la fréquence de la respiration, par la dilatation des narines pendant l'entrée et la sortie de l'air des poumons, par la sensibilité des côtes. Lorsqu'on les percute, l'animal exprime la souffrance; sa peau devient sèche et le poil terne; il reste debout, sans se coucher même pendant la nuit.

Le sang qu'on retire des animaux par la saignée forme un caillot qui, dans ce cas, se recouvre d'une couche jaunâtre, plus ou moins épaisse, nommée couenne pleurétique.

A l'état aigu, la pleurésie n'est pas de longue durée; mais, passée à l'état chronique, elle peut se prolonger plusieurs semaines. Alors elle est difficile à guérir, et l'animal succombe le plus souvent par suite de formation de fausses membranes et d'épanchement de liquides dans la poitrine. — V. *Hydrothorax*.

Le traitement de la pleurésie est tout antiphlogistique. On emploie les saignées, les boissons adoucissantes, la diète, une température convenable, l'usage des couvertures de laine pour entretenir la chaleur de la peau; enfin les révulsifs, tels que les sinapismes, les sétons, les vésicatoires, etc., sont les moyens indiqués pour combattre la pleurésie, notamment dans le cheval et le bœuf.

Les bons soins hygiéniques sont les meilleurs moyens de préserver les animaux de la pleurésie, surtout ceux du travail. On devra prévenir les suppressions de transpiration en évitant de les exposer à l'air pendant et après le travail, et éviter, autant que possible, les pluies froides et souvent glacées de l'automne ou de l'hiver : par ce moyen, on pourra conserver la santé des animaux, et se préserver des pertes qu'ils nous font éprouver par leurs maladies en général, et en particulier par celles de poitrine, qui sont les plus fréquentes.

PLEURÉTIQUE. Maladie pleurétique, qui a rapport à la pleurésie. On nomme couenne pleurétique la couche jaunâtre plus ou moins épaisse et consistante qui surmonte le caillot du sang de la saignée des animaux atteints de la pleurésie. Ce caractère est un de ceux qui servent à faire reconnaître l'existence de cette maladie, et, jusqu'à un certain point, son intensité dans les animaux malades.— V. *Pleurésie.*

PLEUROPNEUMONIE. Nom donné à la maladie qui attaque les plèvres et les poumons à la fois. Cette affection prend aussi le nom de péripneumonie. Elle reconnaît les mêmes causes que la pleurésie et la pneumonie (V. ces mots), et on emploie les mêmes moyens pour la combattre.

La pleuropneumonie ou péripneumonie épizootique des bêtes à cornes cause depuis long-temps en France la ruine des cultivateurs des pays où elle règne. — V. *Péripneumonie.*

PLÈVRE. Membrane séreuse qui enveloppe les poumons et recouvre les parois intérieures de la poitrine ; elle protége ainsi les poumons contre leur frottement, prévient leur irritation et remplit pour eux les mêmes fonctions que le péritoine dans l'abdomen pour les intestins. Les surfaces libres des plèvres sécrètent une sérosité qui les humecte sans cesse et facilite leur glissement de manière à les empêcher de s'irriter par leur contact.

PLOMB. Métal qui existe dans la nature à l'état de combinaison avec d'autres corps. On extrait ordinairement le plomb du minérai connu sous le nom de *galène* (sulfure de plomb). L'usage de ce métal est très répandu dans l'économie domestique, les arts et l'industrie, pour une infinité de travaux.

La combinaison du plomb avec l'acide acétique forme l'extrait de Saturne (acétate de plomb), employé comme astringent en médecine des animaux. —V. *Extrait de Saturne.*

PLOMBAGE. Opération qui consiste à tasser la surface de la terre quand on vient de l'ensemencer, afin que les graines soient bien en rapport de tout côté avec la terre, et que leurs radicules ne croissent pas dans le vide quand elles naissent. Le plombage est donc utile pour tasser la terre de manière à faciliter la germination des graines. C'est surtout pour les terres légères qu'on le pratique. Cette opération se fait le plus souvent au moyen d'un rouleau en bois, sur les semis de printemps surtout. Ceux d'automne n'en ont souvent pas besoin, parceque les pluies battantes de cette saison plombent assez les terres sans avoir besoin du rouleau.

Les jardiniers plombent les terres avec leurs pieds en marchant sur les côtés, soit avec leurs chaussures, soit avec des planchettes qu'ils y fixent.

PLOMBAGINÉES. Famille de plantes qui offrent généralement peu d'intérêt à l'agriculture, comme à la médecine des animaux. Le genre plombago, appartenant à cette famille, comprend quelques espèces cultivées comme plantes d'ornement.

PLUIE. Eau qui tombe en gouttelettes plus ou moins volumineuses. La pluie est formée par les nuages dont les vapeurs se sont condensées, soit par le refroidissement, soit par toute autre cause qui n'est pas toujours appréciable.

Les montagnes élevées couvertes de neige paraissent être une des causes de la condensation des vapeurs qui composent les nuages; aussi remarque-t-on que les pluies sont généralement plus fréquentes dans les pays de montagnes élevées que dans ceux de plaines.

Suivant leur périodicité et leur nature, comme suivant les saisons, les pluies sont favorables ou contraires à la végétation et à l'agriculture; les pluies d'orage, torrentielles, causent souvent des inondations, des ravages ; elles entraînent les terres, les engrais, qui, à défaut d'un bon système d'irrigation, vont s'engloutir en pure perte dans les mers. Les pluies continuelles occasionnent les mêmes effets lorsqu'elles sont abondantes, et non seulement elles entraînent la végétation et la fructification, mais elles empêchent les récoltes de mûrir ou de se faire. On a vu dans des années calamiteuses les pluies se continuer pendant toute la belle saison, retarder ou empêcher les récoltes des grains, des fruits et des fourrages ; souvent même les blés germent sur pied ou en javelle. Des maladies épizootiques sont quelquefois la conséquence de la consommation des produits récoltés dans ces années désastreuses, et les hommes paient malheureusement aussi, surtout dans les populations rurales, un tribut à ces calamités publiques.

Les pluies périodiques de printemps favorisent la germination des graines et la végétation des prairies. Celles qui arrosent de temps en temps nos campagnes pendant l'été et les préservent des sécheresses sont favorables à la culture comme à la végétation de tous les produits du sol.

Les pluies sont plus ou moins abondantes, suivant les contrées. Elles sont généralement plus fréquentes dans les pays de montagnes ; aussi les sources sont-elles nombreuses, comme les prairies naturelles. Dans l'Afrique française, il ne pleut que pendant l'hiver. Aux autres époques de l'année, et surtout pendant l'été, le ciel n'est jamais obscurci par un nuage, et toute la végétation comme le sol sont grillés par l'ardeur du soleil.

Les cultivateurs des diverses contrées reconnaissent, à certains signes particuliers aux lieux qu'ils habitent, s'ils auront de la pluie ou du beau temps. Ces signes leur sont fournis par la direction des vents, des nuages, par la marche des brouillards qui s'élèvent des fleuves ou rivières, par l'état de l'atmosphère, le bruit des cloches, des rivières, le chant des poules, des coqs, l'aspect de la lune, des étoiles, etc. Le plus souvent des proverbes connus de temps immémorial, et en langue du pays, expriment l'idée qui se rattache à ces divers caractères météorologiques. Aussi, lorsqu'on aperçoit les signes précurseurs d'un temps pluvieux, s'empresse-t-on de mettre les récoltes à couvert ou de suspendre certains travaux qui nécessitent le beau temps.

PLUME. Production cornée qui couvre le corps des oiseaux et leur sert également à voler. Les plumes des ailes, les plus fortes, et celles de la queue, se nomment pennes; elles ont toujours un tuyau creux qui se continue avec leurs tiges, garnies de barbes accolées l'une à l'autre. Dans les arts, on emploie les plumes pour écrire, pour faire des literies, et quelquefois comme objets d'ornement. Souvent ces productions sont décorées des couleurs les plus riches et les plus variées. Sous le rapport de l'éclat et du brillant, il n'est pas dans la nature de corps qui les égale. Les oiseaux-mouche, les colibris surtout, en sont un exemple. Le paon de nos basses-cours, le chardonneret, etc., communs dans nos climats, n'en sont-ils pas une preuve vulgaire?

Les plumes, étant de même nature que les poils et la corne, fournissent un bon engrais, dont la décomposition lente se fait sentir pendant plusieurs années. C'est surtout aux pieds des végétaux ligneux, aux espaliers, aux vignes, qu'on en remarque les heureux résultats.

Dans certains pays, on tire un bon produit annuel des plumes d'oie, que l'on récolte périodiquement en déplumant ces oiseaux.

PLUMULE. V. *Gemmule.*

PLUVIOMÈTRE. Instrument qui sert à recevoir la pluie et à déterminer la quantité relative qui en tombe dans les lieux où on le place. Ce genre d'observation météorologique offre beaucoup d'intérêt à l'agriculture pour pouvoir juger de l'influence des pluies ou de la sécheresse sur les différentes récoltes et sur la végétation.

PNEUMATIQUE. Machine pneumatique, instrument de physique qui sert à faire le vide dans un vase ou plutôt à y soustraire la plus grande partie de l'air qu'il contient. Cet instrument est surtout utilisé pour démontrer l'action de la pesanteur de l'air sur les corps organisés, le mode de la transmission des sons, etc., etc.

PNEUMONIE. Inflammation des poumons. La pneumonie est une des maladies les plus fréquentes chez les animaux de travail, et surtout chez le cheval. La fréquence du développement de cette affection s'explique facilement par les causes qui la déterminent, et par les conditions dans lesquelles se trouvent les animaux qui la contractent. Les animaux de travail sont en effet plus exposés que les autres à transpirer et à subir dans cet état l'action funeste des agents morbides.

La pneumonie se caractérise par une toux plus ou moins intense, par l'accélération de la respiration, et quelquefois par l'expectoration de mucosités blanchâtres, souvent mêlées de sang, surtout lorsque la maladie est aiguë et que les sujets qui en sont affectés sont pléthoriques. Les animaux atteints de pneumonie ne se couchent pas, ce que l'on doit attribuer à la difficulté qu'ils éprouveraient de respirer si leur poitrine posait sur le sol. Lorsqu'un animal atteint de pneumonie commence à se coucher, on est toujours assuré d'une grande amélioration dans son état.

Pour combattre la pneumonie, on emploie d'abord les saignées, afin de diminuer la masse du sang, de dégorger les poumons et d'alléger ainsi leur travail; la diète, les boissons adoucissantes, sont prescrites. Lorsque l'intensité des symptômes a diminué, on a quelquefois recours aux révulsifs, aux sétons animés, aux vésicatoires, aux sinapismes. Du reste, les malades doivent être entretenus à une température convenable pendant leur traitement, et être couverts avec des couvertures de laine, pour bien entretenir l'action de la peau.

Dans les cas de pneumonie comme dans ceux de toute autre maladie, on doit surtout s'attacher aux soins hygiéniques; s'ils étaient mieux compris, on aurait infiniment moins de pertes de bestiaux, plus de bénéfices sous tout rapport. Les animaux de travail surtout devraient toujours être des sujets de soins spéciaux, parcequ'ils sont infiniment plus exposés que les autres aux affections de toute nature, surtout aux maladies de poitrine. On devrait donc toujours leur éviter les suppressions de transpiration, les empêcher de boire des eaux froides, crues, quand ils ont chaud, et on ne devrait pas les laisser aux courants d'air, aux pluies froides, pendant comme après le travail. —V. *Hygiène*.

PODOMÈTRE. On a donné le nom de podomètre à un instrument employé pour prendre le contour des pieds des chevaux, afin de pouvoir forger des fers sans avoir sous les yeux les animaux à ferrer. On peut, par l'emploi de ce moyen, forger et préparer les fers d'un cheval et le ferrer à froid sans le conduire à la forge. C'est surtout à M. Riquet, ancien vétérinaire militaire principal, que l'on doit le perfectionnement du podomètre. Il paraît que cet instrument est surtout utile pour les troupes en campagne, qui n'ont pas toujours des forges disponibles partout où se trouvent les chevaux.

POIL. Production de nature cornée, filiforme, qui recouvre le corps des animaux et leur sert de vêtement. Comme la corne, les plumes et les dents, les poils sont sécrétés; ils sont produits par de petites glandes multipliées à l'infini dans le tissu de la peau, sous l'épiderme. Leur grosseur comme leur longueur et leur couleur varient suivant la nature des animaux, et même suivant les saisons. L'industrie confectionne des objets divers, soit de vêtements ou d'ornements, au moyen de ces productions.

Les poils prennent différents noms, suivant leur nature et les animaux qui les fournissent. On les nomme laine dans le mouton, crins à l'encolure et à la queue du cheval comme à la queue du bœuf.

Le poil de certains animaux fournit d'excellentes fourrures, dont les peuples du Nord font des vêtements d'hiver. Les fouines, les martes, les hermines, le chinchilla, etc., fournissent des fourrures de luxe et d'un prix élevé. La chèvre de Cachemire donne un poil précieux pour la confection des schals. On fait des chapeaux de feutre avec le poil du castor, du lièvre, du lapin. Le poil du renard de nos contrées tué pendant l'hiver fournit aussi une excellente fourrure. Celui du sanglier, du porc (soie), est très utilisé, surtout pour faire des brosses.

En économie du bétail, le poil offre aux agriculteurs des caractères qui peuvent indiquer l'état de santé, de maladie ou de souffrance des animaux. Un sujet bien portant, en bon état, a le poil lisse, luisant, souple et doux au toucher. Un poil terne, hérissé, sec et dur à la main, est un indice de souffrance ou de maladie, surtout de maladie chronique; dans ce cas, la peau est sèche, adhérente aux côtes. Dans les vieilles maladies de poitrine ou du tube intestinal, on observe les caractères du poil et de la peau. — V. *Peau*.

Les animaux changent de poil tous les ans, ce qui constitue la mue. Ce changement se fait régulièrement au printemps chez les animaux bien nourris et bien soignés ; mais il est tardif et irrégulier chez ceux qui ont souffert et qui ont été mal soignés et mal hivernés. Une mue tardive est pour les praticiens expérimentés un indice de maladie obscure ou de souffrance, ou bien elle est une preuve que l'animal a été mal nourri, mal soigné pendant l'hiver. — V. *Mue*.

Comme la corne et les plumes, les poils sont un bon engrais, dont la décomposition lente prolonge l'action pendant plusieurs années. C'est surtout pour les vignes et pour les arbres fruitiers que l'on emploie les poils. M. le professeur Persoz, l'un de nos chimistes les plus distingués, a fait à ce sujet des expériences très remarquables.

Plusieurs végétaux ont aussi des poils ; mais chez eux ces organes ne remplissent pas le même but que chez ces animaux ; ils paraissent surtout être préposés à l'absorption et à l'excrétion de certains liquides quelquefois âcres et irritants, comme dans les orties. Ce qui tendrait à faire penser que les poils doivent jouer un rôle important dans l'absorption, et par conséquent dans la nutrition des végétaux, c'est qu'on les observe surtout dans les plantes qui croissent sur les sols arides, secs et élevés. Dans les lieux bas, humides, au contraire, dans les sols fertiles, et surtout à l'ombre, le développement des poils des végétaux est très borné ou nul.

POIRE. Fruit du poirier. — V. *Poirier*.

POIREAU. Plante légumière, de la famille des liliacées et du genre ail. Il n'est pas de jardin dans nos campagnes où l'on ne cultive le poireau comme légume, pour la soupe surtout. Il sert à peu près aux mêmes usages que l'oignon dans nos cuisines rurales.

POIREAU. (*Fic.*) On donne le nom de poireau, en médecine vétérinaire, à des excroissances charnues qui se développent sur quelques parties de la peau ou sur les muqueuses des ouvertures naturelles. Pour les faire disparaître, on les incise, et on les cautérise soit avec un fer rouge, soit avec l'acide nitrique ou le nitrate d'argent.

POIRÉE. Plante de la famille des chénopodées. On cultive dans les jardins une variété de poirée connue dans quelques pays sous le nom de blette, pour ses feuilles, dont les pétioles sont élargis et charnus ; on consomme ces pétioles comme légumes, préparés de diverses manières.

POIRIER. Arbre de la famille des rosacées. Le poirier croît spontanément à l'état sauvage dans nos contrées ; son bois est dur, compacte, et peut servir à faire des outils de menuiserie, des ornements pour les meubles. Ce bois est aussi très estimé par les graveurs sur bois.

Par la culture on obtient du poirier une infinité de variétés de poires qui nous fournissent des fruits exquis, variés et très estimés pour la table ; on en conserve certaines espèces, qui servent à faire des compotes pendant presque toute l'année.

POIS. Genre de plantes de la famille des légumineuses. Le pois, cultivé de temps immémorial, comprend plusieurs variétés, dont la plus répandue est le pois commun, cultivé comme légume sec. Ce pois est d'une grande ressource pour l'agriculture ; on le mange en purée dans la soupe, ou préparé au gras ou au maigre.

Les pois ne sont pas tous également faciles à faire cuire, ce qui paraît dépendre du terrain où ils sont cultivés. Je connais une localité, dans le Cantal (Talizac), où leur coction est tellement facile, qu'ils se réduisent presque en purée lorsqu'elle se prolonge quelques instants, ce qu'on est loin d'observer pour certains pois, qui semblent durcir d'autant plus qu'ils cuisent davantage. Ces pois de Talizac sont très recherchés pour être semés dans d'autres lieux du département ; mais leur qualité ne tarde pas à se modifier hors de leur sol de prédilection, et à se perdre : c'est donc à leur terrain privilégié qu'ils doivent leurs propriétés si recherchées des voisins. Le haricot de Soissons n'est-il pas dans le même cas ?

On obtient avec un mélange de pois, d'avoine, de seigle ou d'orge, semés ensemble, un bon fourrage vert pour la nourriture des animaux.

On cultive dans les jardins diverses variétés de pois consommés dans les ménages comme légumes verts. Dans les environs de Paris, ils donnent lieu à une industrie très répandue pour l'approvisionnement des marchés, où ils sont connus sous le nom de *petits pois*. La variété hâtive est celle qui produit le plus de bénéfice quand elle réussit bien, parceque les petits pois de primeur se vendent toujours un prix très élevé.

POIS CHICHE. Variété particulière de pois dont la forme a de l'analogie avec la tête d'un bélier. Ce pois (*cicer arietinum*), connu sous divers noms (*pois cornu, garvanche, pesette,* etc.), est surtout cultivé en Espagne et en Italie, d'où il a été importé en France. On le mange principalement en purée; il fournit un très bon fourrage vert pour les animaux. On fait torréfier les pois chiches pour s'en servir comme de café, ce qui leur a fait donner le surnom de *café français*.

Les feuilles et les tiges du pois chiche offrent une particularité assez remarquable : on observe sur leur surface de petites gouttelettes d'un liquide visqueux et brillant, qui a été reconnu pour être de l'acide oxalique. Cet acide est assez actif pour altérer le cuir des chaussures lorsqu'on traverse un champ semé de chiches.

POISON. On donne le nom de poison à toute substance qui, introduite dans l'économie animale, soit par le tube intestinal, soit par les voies respiratoires ou l'absorption de la peau, altère la santé ou cause souvent la mort. Les savants qui se sont spécialement occupés des empoisonnements et des poisons au point de vue de la médecine légale ont classé les poisons non seulement d'après leur nature particulière et leur composition chimique, mais encore d'après leur action spéciale sur l'économie animale. Nous nous bornerons à les classer d'après les règnes de la nature qui les fournissent.

On trouve des poisons dans les trois règnes de la nature, mais le règne animal est celui qui en produit le moins.

Les poisons minéraux sont très nombreux et très énergiques. L'arsénic, qui est l'un des plus meurtriers et des plus répandus, occupe le premier rang. Viennent ensuite les poisons qui résultent de la combinaison de certains corps avec des métaux, tels que le mercure, le plomb, le cuivre, etc.; les acides minéraux, tels que l'acide sulfurique, l'acide nitrique, chlorhydrique, la potasse caustique, etc.; certains gaz délétères, tels que l'hydrogène sulfuré, le chlore, l'acide carbonique, l'ammoniac gareux, etc., sont aussi des poisons qui agissent de manière différente.

Les poisons végétaux se trouvent dans plusieurs plantes appartenant à diverses familles. Celles qui en fournissent le plus sont les renonculacées, les champignons, les solanées, les ombellifères, les colchicacées, les euphorbiacées, etc.

Dans le règne animal nous ne connaissons dans nos contrées que les cantharides qui fournissent du poison. Pour l'homme, l'altération des poissons, des moules, ont aussi causé des empoisonnements.

On a vu quelquefois dans nos campagnes des exemples terribles d'empoisonnements pour l'homme. Ils ont surtout été causés par des champignons, ou des oxydes de cuivre qui s'étaient formés dans des vases de ce métal mal soignés, mal étamés. On ne saurait prendre assez de précautions pour entretenir la propreté des ustensiles de ménage et pour le choix des champignons.

Quant aux plantes vénéneuses qui empoisonnent quelquefois les animaux, on doit, autant que possible, avoir la précaution de les détruire, surtout autour des habitations, pour que les jeunes bestiaux ne les mangent pas en sortant des étables.

Toutes les fois que du poison a été introduit dans le tube intestinal soit de l'homme, soit des animaux, on doit toujours s'empresser de provoquer des vomissements, quand cela est possible, pour délivrer l'estomac des matières toxiques qu'il contient. On donnera aussi des lavements émollients, en attendant les secours des médecins, qu'on devra s'empresser de prévenir avec le plus de célérité possible.

POISSON. L'agriculture s'occupe de toute la production végétale et animale. Elle n'est donc pas absolument étrangère à l'exploitation de nos étangs et rivières, qui fournissent à l'alimentation de l'homme de grandes ressources. Depuis quelque temps on s'occupe de la multiplication des poissons non seulement dans les cours d'eau et les étangs, mais encore sur le littoral de la Méditerranée et de l'Océan. Dans ces dernières années, deux modestes pêcheurs des Vosges, Remy et Géhin, ont attiré sur ce point important de nos subsistances l'attention des savants comme celle de l'autorité. — V. *Frai*, *Pisciculture*.

Fig. 51. Baudet du Poitou.

POITEVIN, E (*Races d'animaux*). Le Poitou est une des contrées de la France qui offrent le plus de ressources à l'élevage des bestiaux. Les marais du Poitou forment des pâturages abondants et étendus dans lesquels on fait paître des grandes quantités d'animaux qui sont pour le pays une source féconde de richesses. Ces marais facilitent l'élevage de grandes quantités de bœufs de boucherie et de chevaux de trait et de remonte.

Mais l'industrie agricole la plus remarquable, celle qui est exclusive au Poitou, qui n'a à craindre sous ce rapport la concurrence d'aucune autre contrée, c'est l'élevage du baudet. Il n'y a pas de pays au monde qui en fournisse de plus beaux et de plus estimés.

Toutefois ce n'est pas seulement par l'élevage du baudet que le Poitou est spécialement favorisé, il produit aussi l'espèce chevaline mulassière qui donne avec le baudet les mulets les plus forts et les plus recherchés que l'on connaisse. L'industrie mulassière est l'une des plus importantes du Poitou, d'abord par la qualité des mulets qui sont élevés dans ce pays, et ensuite par la prodigieuse quantité qu'il en exporte tous les ans soit pour la France, l'Algérie ou l'Espagne, soit pour les colonies ou autres pays étrangers. Cependant l'élevage du baudet du Poitou est chanceux et difficile, comme celui de la généralité des produits de grande valeur. On ne réussit pas toujours à obtenir un bel animal de cette espèce. C'est surtout dans les Deux-Sèvres et aux environs de Melle que l'on trouve les plus beaux types. Il n'est pas rare de voir dans ce pays des baudets étalons du prix de 4 à 5,000 fr. et plus, prix énorme si nous le comparons aux individus de nos autres espèces d'animaux indigènes.

Le baudet représenté par la figure ci-contre est celui qui fut acquis pour l'Institut de Versailles. Il ne coûtait pas moins de 8,000 fr., dit-on.

Le baudet étalon du Poitou paie largement l'intérêt du capital qu'il représente. Il peut féconder de 60 à 80 mulassières par an, et le prix de la saillie pour un baudet de prix est de 12 à 15 fr., et quelquefois plus. Un baudet produirait donc chaque année de 800 à 1,000 fr. à son propriétaire, ce qui est un beau bénéfice pour un agriculteur qui a plusieurs étalons de cette espèce en service. Quant aux avantages que ces animaux procurent au pays qui les élève, on conçoit qu'ils doivent être considérables; on n'estime pas à moins de 300 à 400 fr. en moyenne chaque produit d'un baudet du Poitou. Or, si chacun d'eux féconde de 60 à 80 juments, le calcul du produit général est facile à faire : il serait de 25 à 30,000 fr. par année au moins.

Du reste, ces animaux, très sobres, toujours enfermés dans une étable, sont d'un entretien peu dispendieux quand ils sont parvenus à leur état adulte. Ce n'est que dans leur jeune âge qu'ils sont difficiles à élever. L'élevage des femelles est plus facile; aussi leur prix est-il relativement beaucoup plus faible. On peut avoir une très belle ânesse pour la somme de 500 à 600 fr.

Pour être beau et recherché, un baudet du Poitou doit être bien développé; sa poitrine sera vaste, son poitrail large, ses membres seront très forts et pourvus de puissantes articulations.

Tous les pays de France qui se livrent à la production du mulet recherchent toujours de préférence comme étalon le baudet du Poitou. Nul autre ne lui est supérieur pour la beauté des produits, dont les débouchés sont toujours assurés et les prix de vente avantageux pour les éleveurs.

POITEVINES (*Vaches*). Le cultivateur Guenon a donné le nom de poitevines, dans sa classification, aux vaches laitières dont l'écusson dessine une sorte de grosse bouteille à goulot tronqué. Suivant que cet écusson est plus ou moins développé, les poitevines donnent de deux à seize litres de lait.

POITRAIL. Région du corps des animaux bornée supérieurement par l'encolure, latéralement par la pointe des épaules, inférieurement par l'ars. Le poitrail a pour base les muscles qui, partant du sternum, se rendent au bras ou à l'épaule, afin d'y fixer le tronc. Dans les animaux de boucherie, cette partie du corps doit être bien musclée, très large, pour fournir la plus grande quantité de viande possible.

C'est à tort que l'on a dit, écrit et enseigné de tout temps que la largeur du poitrail indiquait une large poitrine. Sous ce rapport, ces deux parties du corps sont parfaitement indépendantes l'une de l'autre. Un animal à poitrail étroit peut avoir une large poitrine, comme de petits poumons peuvent coïncider avec un large poitrail; nous avons tous les jours sous les yeux des exemples de ce fait incontestable.

POITRINE. V. *Côtes, Poumons, Thorax.*

POIVRE-D'EAU. V. *Renouée.*

POIVRIER. Genre de petits arbres ou arbustes grimpants, de la famille des pipéracées. Le genre poivrier comprend plusieurs variétés, dont l'une, connue sous le nom de *poivrier noir*, donne lieu à une culture spéciale dans l'Inde, en Amérique et sur d'autre points du globe où la température est élevée. C'est cette variété qui produit le poivre employé comme condiment tonique et excitant dans l'art culinaire

Les colonies hollandaises ont long-temps exploité seules les produits du poivrier pour le commerce de l'épicerie. Poivre, intendant de l'île de France, acclimata cette plante dans l'île qu'il administrait; de là elle fut naturalisée à la Guyane française, et aujourd'hui la France cultive le poivre dans quelques une de ses colonies.

POIX. Produit résineux des conifères dont on l'extrait. La poix est la résine privée de sa partie liquide, que l'on connaît dans le commerce sous le nom d'*essence de térébenthine*. La poix connue sous le nom de *poix de Bourgogne* se présente sous une masse blanchâtre, cassante et fusible. On l'utilise en art vétérinaire pour faire des charges (V. ce mot); on s'en sert aussi dans les cas de réaction de fractures des membres, pour fixer les éclisses et les bandes, et pour former corps avec elles, afin de mieux fixer les bouts des os mis en rapport.

Tout le monde connaît l'usage que l'on fait de la poix employée en grandes quantités par les cordonniers et les bourreliers.

POLICE SANITAIRE. Partie des sciences agricoles qui s'occupe de l'application des dispositions législatives relatives aux maladies contagieuses des animaux et aux épizooties en général. Le professeur Delafond a publié un traité très remarquable sur la police sanitaire. La législation relative à cette matière si importante pour l'agriculture aurait besoin d'être étudiée pour être modifiée suivant l'état actuel de nos besoins. Le gouvernement devrait charger des hommes spéciaux de faire et de lui présenter un nouveau projet de loi plus en harmonie avec l'état actuel de la science agricole et de l'économie du bétail. La question des épizooties, en effet, est encore loin d'être traitée comme le mérite son importance au point de vue sanitaire. — V. *Contagion*, *Épizootie*, *Péripneumonie*.

POLLEN. On donne ce nom à la poussière fécondante des fleurs. Le pollen est produit par les anthères. C'est au moyen de cette substance que l'on pratique la fécondation artificielle des plantes, et que les fleuristes font différentes variétés de fleurs hybrides qui décorent nos parterres. — V. *Anthère*, *Etamine*, *Fécondation*.

POLYGALA. Plante de la famille des polygalées. Le polygala forme un genre de plantes que les bestiaux consomment volontiers. Il est commun dans les prairies naturelles des montagnes; ses fleurs, en forme d'épi, sont bleues, rosées ou blanches, et terminales. Du reste, le peu de développement du polygala le rend insignifiant au point de vue agricole.

POLYGALÉES. Famille de plantes qui comprend les polygalas. Cette famille offre en général peu d'intérêt à l'agriculture, par son peu d'importance.

POLYGAMIE. De deux mots grecs qui signifient *plusieurs* et *mariage*. Tous nos animaux domestiques, excepté les pigeons, vivent en polygamie, c'est-à-dire qu'un mâle suffit à plusieurs femelles. A l'état sauvage, la polygamie paraît plus rare, du moins dans les oiseaux. Ainsi, les colombes, les chardonnerets, les pinsons, les alouettes, les perdrix, les merles, les pies, etc., vivent par couples pendant le temps des amours, et jusqu'à ce que leurs petits soient assez forts pour se passer de leurs parents.

POLYGONÉES. Famille de plantes herbacées. Cette famille comprend les diverses variétés de renouées : le sarrasin, cultivé pour la nourriture de l'homme et des animaux, l'oseille, la rhubarbe, la patience, etc. A l'exception du sarrasin et de l'oseille, les polygonées offrent peu d'intérêt à l'agriculture. — V. *Sarrasin.*

POLYPE. Excroissance charnue plus ou moins molle qui se développe quelquefois sur les membranes muqueuses des animaux, notamment dans les naseaux, l'uterus ou le vagin des femelles domestiques. On incise ou l'on arrache ces excroissances; on cautérise ensuite les surfaces qu'elles occupaient, pour tâcher de prévenir leur nouvelle formation.

POLYPÉTALE. Nom donné aux fleurs qui ont plusieurs pétales, par opposition à celles qui n'en ont qu'un. Celles-ci sont appelées monopétales. — V. *Pétale.*

POMMADE. Médicament fait avec de la graisse contenant, à l'état de mélange ou de combinaison, des substances médicamenteuses. Ce médicament est employé à l'extérieur.

C'est surtout contre les affections de la peau qu'on emploie les pommades. Elles sont dites adoucissantes ou irritantes, narcotiques, fondantes, antipsoriques, siccatives, astringentes, etc., suivant la nature des médicaments qu'elles contiennent.

POMME. V. *Pommier.*

POMME-D'AMOUR. V. *Tomate.*

POMME DE TERRE. V. *Parmentière.*

POMMELÉ. Nom donné aux robes des chevaux gris qui ont sur le fond de la robe des plaques arrondies plus ou moins foncées. Presque tous les chevaux percherons sont gris pommelé.

POMMELIÈRE. On donne le nom de pommelière à la phthisie tuberculeuse qui attaque l'espèce bovine. C'est surtout dans les pays où les animaux sont soumis au régime de la stabulation permanente que la pommelière est observée le plus fréquemment; elle est rare chez les animaux qui pâturent et respirent l'air pur pendant presque toute l'année, tandis qu'elle est très commune dans les étables de nourrisseurs. Aux environs de Paris, par exemple, où l'on entretient de nombreuses vacheries en stabulation pour la production du lait, on estime qu'une vache laitière ne résiste pas plus de quatre à cinq ans au plus, en moyenne, au régime de nourrissage qu'elle subit. Les nourrisseurs ne l'ignorent pas; mais, comme la production du lait est la première condition de leur industrie, l'expérience leur a démontré qu'il y a bénéfice pour eux à traiter les vaches ainsi qu'ils le font. La grande quantité de lait qu'ils en retirent, dans les conditions même insalubres auxquelles ils les ont soumises, les couvre et au delà des pertes que leur fait éprouver le défaut de soins hygiéniques de ces animaux. Ils sacrifient tout, même leur santé, pour activer la sécrétion du lait; aussi leurs étables sont-elles généralement mal tenues, basses, peu spacieuses, et chaudes, conditions favorables à leurs intérêts, d'après leur expérience. Ici, comme nous l'avons dit à l'article *Hygiène*, l'intérêt du nourrisseur domine les règles d'une bonne méthode hygiénique. La santé des animaux est sacrifiée au bénéfice qu'on veut obtenir de leurs produits.

Cependant la pommelière, quoique plus commune dans les

étables des nourrisseurs, ne se borne pas à attaquer leurs vaches. On l'observe aussi dans d'autres animaux qui n'ont pas la même destination : chez eux elle peut se déclarer à la suite de suppresions de transpiration, de maladies de poitrine, de bronchites causées par l'humidité des étables mal saines ; un travail excessif, une alimentation de mauvaise nature ou insuffisante, peuvent avoir aussi la pommelière pour conséquence.

Il est facile, d'après ce qui précède, de reconnaître les causes de la pommelière. Ces causes sont l'air vicié des étables malsaines, surtout lorsque les animaux y séjournent long-temps ; une abondante sécrétion du lait artificiellement provoquée par une nourriture débilitante ; la chaleur humide des étables ; enfin les suppressions de transpiration, chez les animaux de travail surtout. — V. *Pleurésie*, *Pneumonie*.

Les symptômes de l'existence de la pommelière ne sont pas toujours faciles à apercevoir. Au début, quand ils paraissent, la maladie est souvent assez avancée pour être incurable. Dans tous les cas, elle se caractérise d'abord par une toux sèche et peu intense ; l'animal, du reste, a les signes apparents de sa santé habituelle. Peu à peu la toux augmente d'intensité ; le lait des vaches laitières perd de ses qualités, il devient bleuâtre ; le poil est sec au toucher et terne ; la peau perd sa souplesse et se colle sur les côtes ; l'animal est triste, et cet état dure souvent assez long-temps. A mesure que la maladie progresse, la toux augmente ; elle devient rauque, râlante ; la transpiration est nulle ; l'animal maigrit ; ses membranes muqueuses deviennent pâles ; la respiration est de plus en plus accélérée ; la démarche est molle, chancelante ; la diarrhée survient ; la sécrétion du lait a diminué et les mamelles sont flétries ; des matières visqueuses, quelquefois purulentes, s'écoulent par les naseaux, et l'animal meurt dans un état de maigreur extrême.

Il n'y a pas de remède à la pommelière. On peut la prévenir par de bons soins hygiéniques bien entendus, en n'exposant pas les animaux à l'insalubrité des étables mal construites, mal aérées ; par un bon régime, en éloignant enfin les causes qui la produisent ; mais, quand on s'aperçoit de son existence, il n'y a qu'un moyen de ne pas subir à la perte totale de l'animal : on doit le livrer immédiatement à la boucherie. C'est du reste ce que font les nourrisseurs, qui choisissent parfaitement le moment où ils n'ont plus rien à espérer de leurs vaches.

Les poumons des animaux qui périssent de la pommelière contiennent des masses calcaires souvent si considérables que tout le parenchyme de ces organes en est envahi. On ne comprend pas comment l'animal a pu respirer de manière à pouvoir résister aussi long-temps à l'affection qui l'a fait succomber.

La pommelière a été classée parmi les vices rédhibitoires dans la loi de mai 1838. — V. *Vices rédhibitoires*.

POMMIER. Arbre de la famille des rosacées. Le pommier sauvage croit spontanément en Europe. En France il est commun dans les bois, dans les tertres, surtout dans les pays de montagnes. Les fruits qu'il donne sont petits, acides, et ne peuvent être consommés que par les animaux. Le bois de pommier est dur, propre à quelques ouvrages de tour et de menuiserie; comme celui de poirier sauvage, il est assez estimé pour faire des planches d'impression pour les indiennes. Il est très recherché comme bois de chauffage.

On a obtenu du pommier, par la culture, une infinité de variétés de pommes, dont les unes sont consommées sur nos tables, les autres sont destinées à faire du cidre. Elles remplacent le raisin dans certains pays, comme en Normandie, en Picardie, en Bretagne, etc. Il y aurait avantage à répandre le pommier à cidre partout où la vigne ne pousse pas; dans tout climat de la France où le raisin ne peut pas mûrir il offrirait des ressources aux cultivateurs pour leurs boissons. Le cidre ne vaut pas le vin, mais c'est une boisson saine et agréable pour les pays privés d'autres ressources. Les pommes à cidre viendraient partout où se trouvent les pommiers sauvages; on pourrait les greffer facilement; la nature se chargerait de leurs frais de culture; on n'aurait qu'à récolter chaque année assez de pommes pour la boisson des ménages ruraux.

POMPE (*à incendie*). Les pompes à incendie sont une heureuse invention; elles servent à projeter l'eau avec force pour éteindre le feu. Il est à regretter que l'élévation de leur prix ne permette pas de les répandre plus qu'on ne le fait dans nos campagnes. Dans les villes, les pompes à incendie sont d'une grande utilité, notamment à Paris, où leur service est si bien organisé. Des villages entiers sont quelquefois dévorés par le feu : on aurait pu les en préserver avec des pompes bien servies. L'administration départementale devrait s'occuper de doter les communes rurales de ces machines hydrauliques; les conseils généraux pourraient voter à cet effet des fonds qui ne sauraient avoir une destination plus heureuse et plus féconde.

On se sert de pompes aspirantes pour pomper l'eau des puits ou des citernes destinée aux usages domestiques, et quelquefois à l'arrosage des jardins.

PONCTION. Opération chirurgicale qui consiste à percer les parois d'une cavité pour donner issue aux liquides ou aux gaz qu'elle contient. Dans le mouton et principalement dans le bœuf, on pratique assez souvent la ponction du rumen pour le débarrasser des gaz qui s'y forment dans les cas de tympanite (V. ce mot).

Pour faire cette opération, d'ailleurs très simple, on se sert d'un instrument nommé trocart. C'est une tige en acier cylindrique terminée par une pointe triangulaire acérée; cette tige est reçue dans une canule en cuivre ou en argent. disposée de manière à laisser dépasser la pointe de la tige d'acier, pourvue d'un manche en bois. Quand on veut faire la ponction, on tire de sa gaine la tige des deux tiers environ de sa longueur; on place l'instrument perpendiculairement au milieu du flanc gauche, et on frappe avec la paume de la main un coup sec sur son manche; la tige perce la peau et le rumen qui se trouve au dessous, et pénètre dans cet estomac; on retire alors la tige, on laisse dans l'ouverture la canule, que l'on fixe, et les gaz s'échappent par son ouverture. Par ce moyen bien simple on préserve d'une mort certaine, dans plusieurs cas, des animaux gonflés après avoir mangé du trèfle ou de la luzerne. Tout cultivateur peut pratiquer cette opération s'il est pourvu d'un trocart et s'il l'a vu faire une seule fois. — V. *Trocart*, *Tympanite*.

PONEY. Nom vulgaire donné à un petit cheval dont on se sert pour la selle. Les poneys sont râblés et robustes; ils supportent bien la fatigue. Le type du poney en France est le cheval breton léger.

POPULAGE. Genre de plante de la famille des renonculacées.

Le populage (*souci des marais*) croît sur les bords des étangs, dans les lieux humides. Sa fleur est très précoce; elle paraît une des premières au commencement du printemps. Les bestiaux repoussent le populage, qui, d'ailleurs, est âcre et vénéneux comme la plupart des renonculacées. On doit détruire cette plante dans les prairies, où elle ne donne qu'un mauvais fourrage.

Dans les jardins paysagers, on cultive le populage autour des pièces d'eau pour ses belles fleurs d'un jaune doré des plus brillants. Cette plante, d'ailleurs très robuste, croît par touffes et en abondance.

POPULEUM. (Onguent populeum). Nom donné à un onguent préparé avec du saindoux, des bourgeons de peuplier et des feuilles de jusquiame, de morelle, de belladonne et de pavot. Cet onguent est fréquemment employé en art vétérinaire pour calmer les douleurs. On l'utilise aussi comme émollient sur les tumeurs phlegmoneuses à la suite de contusions ou de formation d'abcès.

PORC. Si nous n'examinions les animaux domestiques qu'au point de vue de leur emploi à l'alimentation de l'homme, nous classerions le porc au premier rang; il mériterait cette place non seulement par les produits animaux qu'il donne, mais par la facilité avec laquelle on peut le nourrir. Le porc, en effet, s'accommode de tout; il est omnivore; il mange toute substance végétale ou animale, cuite ou crue; il consomme les débris de cuisine, les eaux de vaisselle, les résidus des féculeries, des amidonneries, des huileries. Tout ce qui est refusé par les autres animaux lui est bon; il se contente de tout, pourvu qu'il mange, même des ordures. L'homme aurait voulu imaginer une machine pour mettre à profit tout ce qui est dédaigné par les autres animaux, qu'il n'aurait inventé rien de mieux que cet animal précieux, qui change admirablement en graisse, en viande, des substances qui, sans lui, seraient perdues pour l'économie domestique. Dans nos campagnes, le porc forme la base de toute la consommation animale des pauvres ménages. On sale sa chair, on s'en nourrit, et sa graisse sert à préparer les autres mets végétaux ou animaux. Il n'est pas de produit qui offre autant de ressources que le porc après sa mort, quel que soit le point de vue sous lequel on l'envisage.

Mais toutes les races de porcs ne paient pas au même prix les denrées qu'elles consomment; il en est, en effet, qui s'engraissent beaucoup plus vite et plus facilement que d'autres. C'est donc au cultivateur de faire choix des types qui conviennent le mieux aux ressources dont il pourrait disposer.

Les Anglais, si habiles dans l'art de fabriquer les animaux, ont obtenu, par le croisement du porc chinois, des espèces à petits os, avec des membres ténus; elles s'engraissent avec une facilité remarquable. A sept et huit mois ces porcs sont prêts à être égorgés, et ils ressemblent alors à de petits cylindres de graisse supportés par quatre petits piquets. Leur ventre touche presque à terre, et leur tête, très petite, semble refoulée, encadrée dans l'encolure, dont la graisse forme des rebords très prononcés autour d'elle. Plusieurs de ces types, réellement curieux, ont été importés en France et ont admirablement réussi, soit qu'ils aient été croisés ou qu'ils aient été élevés à l'état de pure race. Le Musée d'histoire naturelle de Paris a dans ce moment des types chinois qui offrent exactement ce modèle. Nous ne saurions assez conseiller aux agriculteurs de se procurer de ces animaux à titre d'expérience; s'ils y trouvaient avantage, ce que je crois, ils pourraient les adopter dans les pays où la race des porcs est grossière, pourvue d'os volumineux, d'une peau épaisse et de soies grosses et rudes. Cette espèce de porcs ne s'engraisse bien qu'à l'âge de quinze mois à deux ans.

Le porc est très rustique; il vit et se reproduit partout où l'homme l'a importé, et partout il offre les mêmes avantages économiques.

La truie est très féconde; elle produit jusqu'à douze porcelets et plus dans une portée. Le temps de sa gestation est de trois mois et demi à quatre mois. On peut donc facilement peupler une contrée d'une bonne race de porcs pour se débarrasser d'un mauvais type.

Pour bien engraisser le porc, on doit le tenir proprement dans sa loge, et le laver de temps en temps ou le baigner dans des réservoirs; sa peau a besoin d'être ainsi nettoyée et humectée. C'est pour cette raison qu'il se vautre quelquefois dans la fange, à défaut d'eau limpide pour s'y plonger. Dans les pays où l'éducation des porcs est bien comprise, les ménagères les lavent à grande eau plusieurs fois par semaine. L'expérience a prouvé que cette pratique produit toujours un bon effet et facilite l'engraissement de ces animaux.

PORCELET (*Cochonnet*). Jeune porc à sa naissance. Lorsque la truie met bas, on doit veiller à ce qu'elle ne dévore pas ses petits, ce qui arrive quelquefois; on doit la nourrir abondamment, pour qu'elle puisse bien les allaiter. Lorsque le nombre des porcelets est trop considérable, de dix à douze par exemple, on doit en vendre quelques uns comme cochons de lait, parceque, quand ils ont grandi, la mère n'a plus assez de lait pour les nourrir tous convenablement, et ils en souffrent : ils se rabougrissent et ne prennent ni leur force ni leur développement normal. On fera baigner les jeunes porcelets comme les porcs; leur loge doit être propre et sèche : ces petits animaux craignent la malpropreté comme le froid et l'humidité.

PORCHERIE. Logement destiné aux porcs. La porcherie, comme toute habitation d'animaux, doit être construite dans un lieu sain, exempt d'humidité; elle devra être pourvue d'une cour et autant que possible d'un réservoir d'eau, afin que les cochons puissent s'y baigner à volonté. Un plancher y sera disposé pour faire coucher les porcs, afin qu'ils soient isolés du sol, toujours plus ou moins froid et humide. Des pentes pour l'écoulement des urines, et des ouvertures qui facilitent le renouvellement de l'air et la salubrité des loges, seront ménagées avec soin. On devra construire des cloisons pour séparer les animaux, soit pour l'engraissement, soit pour la mise-bas des femelles, soit pour les verrats. Lorsqu'on voudra connaître un modèle de porcherie construit avec intelligence, on n'aura qu'à visiter celle de Petit-Bourg. L'habile administrateur de cette colonie a dirigé la construction de sa porcherie, où tout est disposé dans les meilleures conditions hygiéniques et économiques possibles. Du reste ce n'est pas seulement par la manière dont les bâtiments sont disposés que la porcherie de Petit-Bourg peut servir de modèle; les concours nous ont appris que M. Allier est le plus intelligent éleveur de races porcines de notre époque; il a obtenu les premiers prix partout où il a concouru, et ses concurrents n'avaient pas d'animaux comparables à ceux qu'il élève. Aussi demande-t on de tous côtés des produits de la porcherie de Petit-Bourg, pour les multiplier non seulement sur divers points de la France, mais à l'étranger.

PORCINES (*Races*). Les porcs sont comme les autres animaux : l'influence des lieux, celle de la main de l'homme, les font varier à l'infini ; il en résulte une infinité de races diverses, spécialisées dans chaque localité. En France, nous avons la race normande, la race limousine, celles du Poitou, de la Lorraine, de la Champagne, etc.

Le porc étant exclusivement élevé pour la graisse ou la viande, on doit toujours choisir la race qui paie le mieux sa consommation et dont l'engraissement est le plus facile et le plus précoce. Sous ce double rapport, les races anglaises l'emportent sur les nôtres. L'épreuve en a été faite sur plusieurs points déjà, et elle les a fait adopter par beaucoup de propriétaires, soit à l'état de race pure, soit par croisement. Mais, je ne saurais assez le répéter à cette occasion comme à toute autre, toute opération agricole devant être soumise à la sanction de l'expérience en agriculture, c'est au moyen d'une bonne comptabilité que l'on devra juger des avantages de l'adoption d'une race sur une autre, pour l'espèce porcine comme pour toute espèce d'animal adopté.

PORE. La peau est criblée d'une infinité de petites ouvertures appelées pores. C'est par ces ouvertures que se font la transpiration, l'absorption, toutes les importantes fonctions du tissu cutané qui sert d'enveloppe aux animaux. On doit faciliter l'action des pores de la peau par de bons pansages, et quelquefois, dans les cas d'indisposition ou de maladie surtout, par des frictions et par l'usage de couvertures de laine. — V. *Pansage*, *Peau*, *Transpiration*.

POREUX. Tous les corps de la nature sont pourvus d'une infinité de petites cavités souvent invisibles à l'œil nu. On les nomme pores, et elles constituent la porosité des corps, c'est-à-dire leur perméabilité aux liquides et à la lumière. L'éponge est très poreuse, ce qui la rend si légère et si perméable à l'eau. Les végétaux, les minéraux, sont tous plus ou moins poreux.

POROSITÉ. Propriété spéciale des corps en vertu de laquelle ils sont toujours plus ou moins poreux. — V. *Pore*, *Poreux*.

PORREAU. V. *Poireau*.

PORT (*d'une plante*). Pour décrire une plante en botanique, on se sert de tous les caractères qu'elle offre à l'observateur. La disposition de sa tige, celle de ses branches, leur direction, etc., servent à la distinguer. C'est surtout pour les arbres que le port est caractéristique. Ainsi le port d'un chêne diffère de celui d'un peuplier d'Italie; le port d'un saule pleureur n'a pas le port élégant et majestueux d'un tilleul, d'un platane ou d'un orme; le port d'un sapin ne ressemble pas à celui d'un pommier, d'un poirier : il résulte de ces différences tranchées dans le port des arbres et des plantes que leurs caractères sont distincts et qu'ils peuvent concourir à faciliter leurs descriptions botaniques et à les faire reconnaître.

PORTEUR. Nom donné au cheval qui dans un attelage est monté par le postillon. Le porteur doit être le meilleur cheval de la voiture, parcequ'il a le double emploi de porter le cavalier et de traîner sa part du fardeau. Il devra donc avoir de bons membres, une forte poitrine, les reins et le dos courts et bien musclés; il sera surtout très solide des membres antérieurs, pour ne pas s'abattre sous le postillon, ce qui pourrait avoir de graves conséquences tant pour son cavalier que pour les voyageurs et l'attelage.

PORTULACÉES. Famille de plantes qui offre peu d'intérêt à l'agriculture. Le pourpier, plante potagère que l'on consomme de diverses manières sur nos tables, appartient à cette famille.

POTAGER. Terrain généralement clos, destiné pour la culture des légumes consommés dans les ménages. La culture potagère est ordinairement mal comprise dans nos campagnes, où elle offrirait d'immenses ressources aux populations rurales en toute occasion. — V. *Horticulture*.

POTASSE. Dans le commerce, on donne le nom de potasse à un oxyde de potassium plus ou moins impur, carbonaté. Dans l'industrie, on emploie la potasse pour faire des savons et pour blanchir le linge au moyen de sa dissolution (lessive). La cendre des végétaux dont on l'extrait en contient des quantités plus ou moins considérables.

Dans les laboratoires de pharmacies, on prépare la potasse afin de la purifier. Elle est alors connue sous le nom de *potasse caustique* ou *pierre à cautère*. On l'emploie quelquefois en médecine vétérinaire pour cautériser certaines plaies, afin d'en changer la nature ou de détruire des végétations qui se forment sur elles.

La potasse est la partie active des cendres employées comme amendement, surtout dans les prairies, pour changer la nature du gazon. Cet amendement fait disparaître les mousses et favorise le développement des graminées.—V. *Amendement*.

POTASSIUM. Corps métallique indécomposé, très combustible. Mis en contact avec l'eau, le potassium la décompose rapidement en s'emparant de son oxygène, et il brûle avec une flamme rougeâtre.

POTENCE. Instrument propre à mesurer la taille des animaux. Dans un signalement rigoureux, on doit toujours mesurer l'animal à la potence, le mesurage à la chaîne n'étant jamais bien juste. Ce sont surtout les chevaux que l'on mesure à la potence dans les dépôts des remontes pour reconnaître leur taille et les classer dans les différentes armes, conformément aux règlements et ordonnances.

POTENTILLE. Plante la famille des rosacées. Les potentilles comprennent de nombreuses variétés qui offrent peu d'intérêt à l'agriculture.

POTIRON. Grosse courge. On a comparé le potiron à une sphère ayant des méridiens marqués en sillons, et déprimée aux pôles, qui seraient ombiliqués. Cette description originale est assez juste. On cultive dans les environs de Paris des potirons d'une grosseur énorme. Le 8 septembre 1853, on observa à la halle de Paris un potiron du poids de 137 kilogrammes 83 grammes; il avait été récolté, disait-on, dans la plaine de Saint-Mandé. Il avait 3 mètres 9 décimètres de circonférence et 1 mètre 2 décimètres de diamètre. Ce potiron énorme, surnommé *le roi des potirons*, fut promené en triomphe sur une civière dans les halles. Du reste ce développement du potiron n'est pas rare dans les environs de la capitale. Un jardinier m'a affirmé en avoir vu de plus volumineux que celui que je signale ici.

On vend les potirons par tranches dans les marchés pour la consommation des ménages.

On pourrait cultiver ce légume en plus grande quantité dans nos campagnes, pour l'affecter aussi à la consommation des animaux.

POU. Insecte de l'ordre des aptères parasites. La malpropreté et la misère laissent s'engendrer les pous dans l'espèce humaine comme dans les animaux. On détruit ces hideux parasites avec des décoctions de tabac ou avec de légères frictions d'onguent mercuriel. Dans tout cas, on doit employer ce dernier moyen avec circonspection, parceque l'onguent mercuriel est un poison, qui, absorbé par la peau, aurait des inconvénients plus ou moins graves.

POUDRE. En médecine des animaux on emploie diverses poudres pour le traitement de certaines maladies, soit à l'extérieur, soit à l'intérieur. C'est ainsi que les poudres de mauve, de guimauve, de réglisse, qui ont des propriétés adoucissantes, sont administrées contre la toux des animaux. La poudre de gentiane, celle de quinquina, sont toniques et souvent utilisées dans des cas de faiblesse des animaux, d'atonie de leur tube digestif. Les poudres irritantes, telles que celles des cantharides, d'euphorbe, sont employées pour opérer des révulsions. Elles entrent dans la composition de l'onguent vésicatoire. La poudre de moutarde est aussi assez fréquemment usitée comme révulsif, sous forme de sinapisme.

On fait encore usage d'autres poudres végétales ou minérales dans lesquelles entrent divers mélanges d'arsenic, de préparations mercurielles, d'acétate de cuivre, etc.; mais, comme leur emploi exige des connaissances spéciales et beaucoup de prudence, les hommes spéciaux, les praticiens expérimentés seuls, peuvent en faire un usage utile et bien appliqué.

POUDRETTE. On nomme poudrette les excréments d'homme retirés des fosses d'aisances, desséchés et livrés à l'agriculture comme engrais. Son action sur la végétation est très énergique. Dans les prairies arrosables surtout, la poudrette produit des effets merveilleux; en peu de temps elle en augmente les produits dans des proportions extraordinaires.

POULAILLER. Lieu destiné à loger les poules. Les poulaillers sont généralement de petits bâtiments qui, dans nos campagnes, servent au logement de tous les oiseaux de basse-cour. Ils sont ordinairement composés d'un rez-de-chaussée pour les oies et les canards, et d'un premier, muni de perchoirs, sur lesquels perchent les gallinacées, notamment les poules, les pintardes, etc. Les volailliers doivent être construits dans des lieux qui ne soient pas humides. L'humidité, en effet, est non seulement nuisible à la santé des volailles, mais contraire aux bonnes conditions de leur production. On sait, en effet, que l'humidité comme le froid ont une action directe sur la ponte des poules : ils la retardent d'une part, et la rendent moins féconde de l'autre.

Pour construire les poulaillers on choisit toujours de préférence l'exposition du midi ou celle du levant. Ses ouvertures devront être disposées de manière à pouvoir donner de l'air frais aux volailles pendant les chaleurs de l'été, et de la chaleur, c'est-à-dire du soleil, en hiver, notamment dans les pays où la neige séjourne long-temps. Les poules surtout restent dans le volailler quand la terre est couverte de neige ; si elles en sortent par hasard, elles s'effraient, ne se reconnaissent plus, elles s'envolent, s'égarent et ne reviennent plus.

Un poulailler doit être muni de perchoirs suffisants pour que toute la volaille puisse se percher à son aise ; il doit être pourvu aussi de nids pour la ponte des poules et d'un compartiment destiné aux couveuses, afin qu'elles puissent être tranquilles pendant leur couvaison et avoir soin de leurs poussins quand ils sont éclos.

Du reste la propreté devra être entretenue dans les poulailliers comme dans tous les logements habités par des animaux. La malpropreté, l'insalubrité, les miasmes qui s'exhalent des matières fécales ou autres substances en décomposition, causent des maladies à la volaille ou sont contraires aux bonnes conditions de leur produit. On aura donc soin de nettoyer convenablement les volaillers pour les assainir, et d'y renouveler l'air. La respiration chez les oiseaux est généralement plus active que dans les mammifères ; il est donc utile qu'elle puisse s'effectuer suivant ses exigences.

Lorsque ce sera possible, il sera toujours utile que le volailler soit pourvu d'une cour bien close, gazonnée, et plantée de quelques arbrisseaux touffus, notamment de sureaux, afin que la volaille puisse y être enfermée au besoin et trouver un ombrage frais, qu'elle recherche avec empressement pendant les chaleurs de l'été. Ces cours doivent être pourvues d'eau et d'un peu de sable, indispensable à la digestion des volailles.—V. *Digestion*. Du reste les volaillers devront toujours être construits de manière à ce que la volaille y soit à l'abri de ses ennemis, des fouines, des putois, des belettes, des rats, etc.

Dans nos campagnes, le volaillier est souvent dans un coin des étables ou écuries ; on le fait avec quelques planches, et la volaille s'y réfugie le soir. Cette pratique est vicieuse sous plus d'un rapport. Elle nuit d'abord à la salubrité. Les volailles, qui ont besoin d'un air pur, ne sauraient le trouver dans une étable, d'une part; de l'autre, elles ne sont pas tranquilles : elles sont contrariées par la présence des personnes, des animaux ou des chiens, soit quand elles veulent aller pondre, soit lorsqu'elles veulent se retirer le soir. Aussi n'est-il pas rare de les voir inquiètes à l'heure où elles cherchent à entrer dans l'étable et guetter le moment où elles pourront se réfugier dans leur espèce de cage. D'un autre côté, elles sont quelquefois écrasées dans l'étable par les animaux qui y entrent ou en sortent précipitamment. Les volaillers sont donc mal placés dans les écuries; mais, lorsqu'il n'est pas possible d'en avoir ailleurs, on devrait toujours pratiquer leur ouverture au dehors, afin que la volaille puisse y entrer et en sortir librement et sans être contrariée.

Il m'a été assuré qu'un volailler placé à côté de chevaux ou au dessus d'eux leur cause des démangeaisons insupportables par la vermine que procrée la volaille. Je n'ai pas eu occasion d'observer ce fait; mais il est important de vérifier s'il est exact. En ce cas, il faudrait éviter ce danger en construisant le volailler dans un autre lieu.

Cependant, si le volailler a les inconvénients que je viens de signaler lorsqu'il est dans les étables ou écuries, il offre, d'un autre côté, un avantage incontestable dans certaines circonstances, chez les petits cultivateurs surtout, qui ne peuvent pas toujours avoir des bâtiments spéciaux pour l'élevage et l'entretien de la volaille. Pendant l'hiver, les poules pondeuses aiment la chaleur des étables; cette chaleur hâte comme elle active leur ponte. Aussi les petits cultivateurs, qui n'ont qu'un nombre très limité de volailles, vendent souvent sur les marchés des œufs pendant les saisons les plus rigoureuses, lorsque les grandes basses-cours en sont dépourvues. L'inconvénient des poulaillers dans les étables est donc un peu compensé par les produits qu'ils donnent à une époque où ils sont rares, et par conséquent plus avantageux.

POULAIN. Nom donné au jeune cheval avant l'âge adulte. Le traitement auquel est soumis le poulain influe sur tout le reste de sa vie; c'est pendant sa croissance que son tempérament se forme. Il est mauvais s'il a été mal nourri, mal soigné; si, au contraire, le jeune animal est bien alimenté, bien entretenu, il devient fort, robuste, propre à supporter plus tard les fatigues auxquelles il sera soumis. Aussi, lorsqu'on achète un cheval de quatre à cinq ans, on ne devrait jamais négliger de s'informer comment il a été élevé, nourri, à l'état de poulain. Dans l'armée, les chevaux de cavalerie ne sont propres à un bon service que dix-huit mois et même deux ans après leur arrivée au corps; cela tient surtout à ce que, dans le jeune âge, ces chevaux ont été mal nourris, privés de grains, alimentés le plus souvent avec de mauvais fourrages l'hiver et de l'herbe pendant l'été. Il n'en est pas de même des chevaux de trait. Comme on les soumet à un léger travail de bonne heure, on les nourrit mieux; on leur donne de l'avoine, parcequ'ils commencent à la gagner. Les poulains de selle ne gagnent rien jusqu'à ce qu'ils soient vendus; ils ne font au contraire que dépenser. Aussi est-on parcimonieux envers eux, ce qui ne contribue pas peu à en faire de mauvais chevaux de selle plus tard, surtout lorsqu'ils sont soumis au rude service de l'armée en campagne. — V. *Accroissement*.

Mais nous ne voulons pas blâmer trop sévèrement les éleveurs sur ce point : leurs chevaux légers ne sont pas assez payés. Élever un cheval jusqu'à l'âge de quatre à cinq ans pour un prix moyen de cinq à six cents francs, quand il réussit, ce n'est pas récompenser l'éleveur des chances de pertes qu'il court, ce n'est même pas l'indemniser de ses déboursés. Si son cheval éprouve le plus léger accident, s'il a la moindre tare, il n'a plus de prix; refusé par les remontes, personne n'en veut, et le cultivateur éprouve une perte sèche de quatre ou cinq cents francs. Ce n'est pas un encouragement, tant s'en faut. Il n'en est pas ainsi du poulain de trait; si l'armée ne l'achète pas, il est toujours vendu un prix convenable, alors même qu'il aurait quelques défauts.

POULE. Femelle du coq, de l'ordre des gallinacés. De tous les oiseaux de basse-cour, la poule est celui qui est le plus multiplié, celui qui donne le plus de produit avec le moins de dépense. Rustique, robuste, peu difficile pour sa nourriture, elle a été introduite par l'homme dans toutes les régions où il s'est établi; elle s'acclimate partout, et partout elle offre des avantages qui la font élever de préférence à toute autre volaille. La poule, en effet, non seulement donne ses poussins et sa viande quand elle n'est plus en état de pondre convenablement; mais, presque chaque jour, dans la belle saison surtout, elle fournit un œuf; c'est une rente journalière qu'elle paie à son rentier : elle s'acquitte donc journellement envers lui et sans faire attendre le terme échu.

Mais, au point de vue des soins, les poules sont comme tous les autres animaux. On a dit *qu'elles pondent par le bec*. Rien de plus exact. La quantité d'œufs qu'elles fournissent correspond à la quantité de nourriture qu'elles reçoivent pour les fabriquer et aux soins hygiéniques dont elles sont entourées.

Si toutes les vaches ne donnent pas la même quantité de lait, si chaque animal, suivant sa race et ses qualités individuelles, paie d'une manière plus ou moins avantageuse les dépenses qu'il occasionne, il en est de même de la poule; elle est plus ou moins bonne pondeuse suivant sa race et ses qualités. Le choix des poules, celui des espèces ou des individus, sont généralement trop négligés, soit par défaut de connaissances spéciales dans nos campagnes, soit par insouciance; et sous le rapport de la production de la volaille nous ne sommes pas plus avancés en France que sur les autres branches de notre production animale en général.

Les poules sont omnivores; elles mangent toute espèce de nourriture, qu'elles cherchent dans la campagne. Depuis leur sortie du poulailler jusqu'à leur rentrée, on les voit toujours occupées à la découvrir ou à gratter le sol pour la trouver dans la terre. Les insectes de toute espèce, les vers, les sauterelles, les hannetons, les chenilles, les mouches quand elles peuvent les prendre, les graines de tous les végétaux, l'herbe, les épluchures de légumes, les débris de cuisine, etc., elles mangent tout, et c'est surtout pour les substances animales qu'elles sont voraces. Quand elles rencontrent de la viande coupée par petits morceaux ou des vers, elles se les disputent, se les arrachent du bec. Celle qui tient la proie est poursuivie par les autres jusqu'à ce qu'elle l'ait avalée et qu'elle ne laisse plus à ses compagnes l'espoir de la saisir. Dans les ordures, sur les fumiers, les poules ramassent les graines de toute espèce, celles qui n'ont pas été digérées par les animaux et qui seraient perdues sans elles, comme tant d'autres substances qui ne peuvent être alimentaires que pour la volaille.

S'il est naturel de chercher quelle est la meilleure espèce de poule que l'on doit élever, on est loin d'être toujours fixé sur le choix à faire. Les uns prétendent que c'est la poule commune qui doit être préférée; c'est elle en effet qui est la plus répandue, parcequ'elle coûte le moins à entretenir, étant très sobre et très industrieuse pour chercher sa nourriture, et qu'elle est bonne pondeuse. D'autres adoptent de préférence certaines races qui exigent peut-être plus de soins, mais dont les produits sont plus avantageux au genre d'industrie locale. Ainsi dans la Bresse, où l'élevage de la volaille fine de table est une branche d'industrie importante, l'on conserve précieusement, aux environs de Bourg surtout, l'espèce indigène pure de tout mélange; elle fournit les poulardes si renommées de la Bresse. Les essais qui ont été faits d'importation d'autres types purs ou croisés ne paraissent pas avoir aussi bien rempli le but que l'espèce du pays. Le Mans possède aussi une espèce propre à cette province, et qui a fait la réputation de ses chapons si renommés. La Normandie a sa poule de Crèvecœur, aussi estimée pour sa ponte que pour ses produits de graisse.

D'autres espèces de poules, telles que celle de combat, créée par les Anglais pour le triste amusement de leurs combats de coqs; la poule de Breda, celle de Jérusalem, du Gange, etc., ont été étudiées; mais, parmi les poules nouvellement adoptées, celle qui paraît offrir le plus d'avantages est la poule de Cochinchine, dont l'espèce commence à se multiplier dans plusieurs endroits. Madame Antoine Passy, et M. Johnson, membre de la Société zoologique d'acclimatation, ont fait de cette nouvelle hôte de nos basses-cours une étude pratique approfondie. Dans les notes communiquées sur l'élevage de cette volaille à la Société, et insérées dans son bulletin de juin et d'août 1854, madame Passy et M. Johnson regardent la poule de Cochinchine comme une des bonnes espèces à élever. « La poule de Cochinchine, dit M. Johnson, est certainement l'oiseau le plus perfectionné de la domesticité. Elle est féconde, sédentaire, douce.... Elle est attentive, assidue à pondre, à couver; elle est pleine de tendresse pour ses poussins. Elle n'est pas difficile sur le choix de la nourriture; elle gratte à peine et ne fait aucun dégât dans les jardins, y détruisant les insectes qui sont à la surface de la terre. »

Madame Antoine Passy a fait absolument la même observation sur le caractère des cochinchinoises. Voici comment elle s'exprime, en racontant d'une manière très piquante l'épreuve qu'elle a faite à ce sujet : « Moralement parlant, dit Mme Passy, les cochinchinoises sont bonnes, douces et reconnaissantes envers ceux qui s'en occupent; le monde leur est agréable; elles comprennent, elles ont de l'instinct et de la mémoire; elles ne sont ni pillardes, ni querelleuses, et elles sont tellement peu dévastatrices, que je me permettrai de vous en citer un exemple. Ma basse-cour est assez éloignée de mon potager, dont on labourait une partie cet automne; pour arriver de l'une à l'autre il faut traverser les allées très-soignées de mon jardin; il me prit donc l'envie d'engager la cinquantaine de cochinchinoises que je me réserve chaque hiver à venir avec moi là où étaient mes jardiniers, et, la porte ouverte, l'appel fut si bien compris, qu'elles me suivirent *carrément*, serrées les unes contre les autres, sans qu'aucune d'elles dépassât le bord des allées, s'arrêtât ou grapillât de droite ou de gauche, avec calme enfin, comme de bonnes et *honnêtes* bêtes qu'elles sont. Arrivées près des travailleurs, je leur indiquai le carré de labour, dont elles prirent possession et où elles s'installèrent, guettant le retour de chaque fer de bêche pour saisir l'insecte ou le ver qui était à leur gré. Aucune ne chercha ni à courir ni à s'ébattre dans les plates-bandes voisines; puis, lorsque, deux heures après, je vins les y reprendre, le bataillon se forma de nouveau en serrant les coqs au milieu, et nous revînmes dans le même ordre par la même route. Aussi la promenade fut-elle souvent répétée, à ma très grande satisfaction, et aussi à la leur, je dois le croire. »

Les cochinchinoises sont considérées, par tous ceux qui les élèvent, comme les meilleures couveuses que l'on puisse se procurer. « Plus et mieux que toutes les autres espèces de gallinacées dont je me suis occupée jusqu'à présent, dit Mme Passy, » celle-ci (la cochinchinoise) offre sans contredit les meilleures » couveuses qu'on puisse voir et avoir, puisqu'elles en ont le » besoin comme on veut, quand on veut, et, il faut bien le dire, » infiniment plus qu'on ne le voudrait, puisque, si l'on n'entravait pas ce tenace désir, elles finiraient par en périr. »

Madame Passy a pu faire opérer à une poule de cette race jusqu'à six couvaisons complètes et consécutives; cependant elle pense qu'on ne doit pas faire couver une poule plus de quatre ou cinq fois tout au plus, et encore faut-il y être obligé. Au delà de ce nombre, la santé de la poule en souffre et elle couve mal.

La poule cochinchinoise paraît être aussi une bonne pondeuse; elle peut pondre près de deux cents œufs par an, d'après ce qu'a avancé madame Passy, et cette quantité est énorme, comparativement à d'autres espèces. La moyenne du produit annuel d'une poule est, suivant l'évaluation généralement établie, de 52 œufs par an environ. Du reste, la cochinchinoise offre l'avantage de pondre en toute saison, même pendant l'hiver, ce que ne font pas généralement les autres espèces. Son œuf est relativement petit, un peu jaunâtre, au lieu d'être blanc; mais, mangé à la coque, il est d'un goût exquis. Il paraît qu'aucune autre espèce d'œuf ne lui est comparable.

Cependant ce que je viens de dire des avantages offerts par la poule de Cochinchine ne doit pas être une raison pour la faire adopter par tout et sans discernement; il en est de la volaille comme de tous les animaux et de tous les végétaux, leur adoption doit toujours être soumise avant tout au creuset des expériences comparatives. On ne doit jamais accepter de prime abord soit un animal, soit un végétal, avant d'avoir été convaincu par des faits bien observés s'ils sont égaux ou supérieurs en produits aux individus du même genre que l'on possède, et s'ils paient mieux qu'eux la nourriture qu'ils consomment, les soins qu'on leur donne et qu'ils exigent pour prospérer.

POULICHE. Poulain femelle. — V. *Poulain*.

POULINIÈRE. Jument soumise à la reproduction. La poulinière joue un grand rôle dans le perfectionnement de nos races chevalines; on devrait donc attacher plus d'importance qu'on ne le fait à son choix. Nous avons de très beaux types de poulinières de trait; nulle puissance du monde n'en possède de plus belles que nos provinces du Perche, du Boulonnais, de la Bretagne, de la Franche-Comté. Mais, pour les espèces légères, où trouvons-nous nos modèles? Nos anciens types ont disparu. Partout où l'on visite la monte, soit dans les dépôts d'étalons, ou dans leurs stations, on est surpris de la médiocrité des poulinières qu'on y présente. J'avoue que j'ai toujours été affligé de notre médiocrité sous ce rapport. Cette condition malheureuse de notre production du cheval léger dépend de plusieurs causes réunies : la première est dans les mauvais producteurs qui ont contribué à détruire nos races légères, si estimées jadis dans la Navarre, dans le Limousin, dans l'Auvergne, dans le Morvan, dans le Merlerault, etc.; la seconde est dans les prix inférieurs auxquels on a tenu pendant long-temps les chevaux de cavalerie légère. Pouvait-on raisonnablement élever un cheval de selle, propre à l'arme des chasseurs et des hussards, pour 380 francs, jusqu'à l'âge de quatre et cinq ans? Je sais bien qu'on est revenu aujourd'hui de cette mesure désastreuse (V. *Remonte*); mais c'est un peu tard. La troisième cause qui a concouru à détruire nos bonnes poulinières d'espèce légère est le perfectionnement des voies de communication. La confection des routes nationales a borné l'usage du cheval de selle, qui a été remplacé par le cheval de trait; traînée par lui, une petite voiture transporte plusieurs voyageurs d'un point à un autre avec une grande économie de temps et d'argent. Les voies ferrées viennent encore ajouter à cette cause et reléguer dans les pays dont les chemins sont impraticables pour les voitures le cheval de selle abâtardi.

Une bonne poulinière doit avoir une forte poitrine pour bien respirer, et une bonne santé. Sa croupe doit être large, ce qui indique la largeur du bassin. Cette région doit de plus être longue et bien fournie, ce qui annonce des muscles bien développés en tout sens. Elle doit avoir de bons membres pour les donner à son produit; elle doit être bonne laitière pour bien le nourrir, et avoir de la distinction pour la transmettre.

Une telle poulinière est apte à une bonne reproduction ; mais elle est rare aujourd'hui dans nos espèces légères La distinction ne lui manquerait peut-être pas, parcequ'elle lui a été donnée par des chevaux de sang; mais le choix de ces producteurs a été généralement mal fait. Il en est résulté des produits manquant d'harmonie dans leur ensemble. Leurs membres sont grêles, souvent tarés; leurs poitrines sont serrées; leur tempérament est nerveux, irritable, peu propre à transmettre aux produits la rusticité, la sobriété, la vigueur, dont ils ont besoin pour les services auxquels ils sont destinés, surtout dans l'armée.

Lorsque les poulinières sont employées au travail, elles demandent beaucoup de soins, beaucoup de ménagements et une nourriture suffisante et de bonne qualité. On conçoit cette nécessité. La poulinière qui est fécondée tous les ans est presque toujours en état de gestation ou d'allaitement; elle est même soumise à ces deux conditions fatigantes pendant la moitié de sa vie de poulinière. Elle fait donc de grandes déperditions, soit pour l'allaitement du poulain qui la tette, soit pour le développement de celui qu'elle nourrit dans l'uterus. Si sa nourriture était insuffisante et si un travail trop pénible lui était imposé, trois sujets en souffriraient à la fois : la poulinière d'abord, le poulain qu'elle allaite, et celui qui se forme dans son ventre. On comprend donc de combien de soins doit être entourée une poulinière pour que son entretien ne soit pas onéreux à son propriétaire.

POULS. Mouvement de dilatation et de dépression des artères par l'action des contractions du cœur. (V. *Circulation.*) Les pulsations du pouls sont plus ou moins fortes ou rapides, faibles, lentes ou intermittentes, suivant la nature de la maladie dont sont atteints les animaux. Les praticiens ne manquent jamais de les consulter pour juger de l'état des malades.

Pour bien connaître les indications du pouls, il faut faire des études spéciales qui ne sauraient être du ressort des cultivateurs. Les médecins vétérinaires seuls peuvent faire ces études pratiques de manière à en tirer tous les avantages utiles à leur profession dans le traitement des animaux.

La vitesse du pouls varie non seulement suivant les maladies, mais suivant les animaux. Dans le cheval, on observe, par exemple, de trente-trois à trente-cinq pulsations environ par minute. La différence que l'on peut trouver dans ce nombre tient à la taille et au tempérament des animaux. Dans l'âne et le mulet, le pouls bat de quarante-cinq à cinquante fois pendant le même espace de temps; dans le bœuf, de trente-cinq à quarante; dans le mouton, de soixante-dix à quatre-vingt; le même nombre s'observe à peu près dans la chèvre. Enfin, suivant la taille du chien, le pouls bat chez lui de quatre-vingt à cent fois et plus.

Le pouls est perceptible à tous les points du corps où se trouvent des artères peu profondes ou superficielles. Dans le cheval et le bœuf on le sent au contour de la mâchoire, aux tempes et à la queue, etc. Dans le mouton et la chèvre on le trouve à l'intérieur des cuisses; il en est de même dans le chien.

POUMON. Le poumon est l'organe essentiel de la respiration. C'est dans son parenchyme que se rendent le sang et l'air pour être mis en contact. Dans les mammifères le poumon est composé de deux lobes principaux : l'un droit et l'autre gauche. Il est contenu dans la cavité de la poitrine, formée latéralement par les côtes, disposées comme les barreaux d'une cage, et postérieurement par le diaphragme. Cette cloison charnue et aponévrotique sépare la poitrine de l'abdomen, les poumons et le cœur des viscères abdominaux.

Les poumons sont enveloppés par les plèvres. Ces membranes préviennent par leur disposition les irritations des lobes pulmonaires en facilitant leur glissement, soit entre eux, soit contre les côtes, au moyen de la sérosité de leurs surfaces.

Le poumon est composé d'un parenchyme spongieux formé par la réunion des vaisseaux veineux et artériels qui y apportent le sang pour y être hématosé. Les ramifications infinies des bronches, leurs cellules, les nerfs, et enfin le tissu cellulaire et les vaisseaux propres des poumons, concourent à la formation de cet admirable instrument de purification du sang.

Le développement des poumons, leur intégrité, sont des conditions essentielles de la force, de la vigueur et de la santé des animaux. Lorsque ces organes sont bien développés, ils exercent leurs fonctions librement, largement et sans fatigues. Lorsqu'ils sont dans des conditions contraires, relativement à la taille des animaux, leur travail est plus pénible, plus fatigant; il en résulte une irritation quelquefois intense, ou des maladies plus ou moins aiguës, qui finissent par causer la mort des animaux. Ces maladies sont généralement le farcin, la morve, la phthisie, pour le cheval, la pommelière pour le bœuf.

La capacité des poumons est en raison de celle de la poitrine; il n'est donc pas bien difficile de juger de ses bonnes ou mauvaises conditions.—V. *Circulation*, *Côtes*, *Plèvre*, *Respiration*, *Thorax*.

POURPIER. Nom donné à une plante potagère de la famille des portulacées. Originaire d'Orient, le pourpier est cultivé dans quelques jardins de l'Europe, notamment du midi, pour être consommé dans les ménages. Ses feuilles sont charnues, grasses et rafraîchissantes.

POURRETTE. Nom vulgaire donné aux jeunes plants d'arbres.

POURRITURE. (*Cachexie aqueuse.*) Maladie qui attaque particulièrement l'espèce ovine. — V. *Cachexie*.

POUSSE. Maladie mal définie et multiple qui se trahit par un dérangement spécial dans le mouvement du flanc. La pousse est particulière au cheval. Ses caractères n'ont été observés dans aucun autre mammifère.

Il n'est pas toujours facile de reconnaître l'existence de la pousse. Dans tous les cas, lorsqu'elle est bien apparente, elle se fait distinguer par une sorte de soubre-saut du flanc, pendant l'expiration surtout. Au lieu de s'affaisser uniformément et régulièrement, le mouvement de cette partie du corps s'exécute en deux temps, les naseaux se dilatent plus qu'à l'état normal, et dans la portion de peau placée entre ces deux ouvertures l'on observe des rides formant des plis verticaux occasionnés par les contractions des muscles des ailes internes du nez. On peut aussi, en plaçant l'oreille près des naseaux, percevoir les deux temps d'expiration observés aux flancs. Le plus souvent alors une toux particulière aux poussifs accompagne leur maladie, et est un de ses caractères les plus constants.

Mais les symptômes de la pousse sont loin d'être toujours aussi tranchés. Souvent ils sont si obscurs, que les hommes spéciaux les plus expérimentés et les plus habiles ont besoin de toute leur attention et de toute leur sagacité pour les apercevoir. Ils examinent les animaux dans toutes les conditions : avant et après le repos, le matin et le soir, à midi, avant et après l'exercice, pendant qu'ils mangent l'avoine et qu'ils n'ont aucun sujet de distraction ou d'inquiétude, pendant qu'ils boivent, etc. Malgré toutes ces précautions, les plus habiles praticiens sont dans le doute quelquefois, et il faut une prolongation de délai de garantie de l'animal étudié, ou de fourrière, pour prononcer avec certitude sur l'existence de la maladie.

On reconnaît plusieurs causes qui déterminent la pousse. La plus fréquente paraît être l'altération chronique du parenchyme du poumon, et notamment la dilatation partielle des viscères pulmonaires. L'anévrisme du cœur et de gros vaisseaux tels que l'aorte, une inflammation chronique des dernières divisions des bronches, etc., peuvent aussi occasionner la pousse.

Le régime du vert a une influence particulière sur certains chevaux poussifs; il fait disparaître l'affection de la pousse jusqu'à ses moindres traces. J'ai eu lieu de m'en convaincre moi-même. Les maquignons emploient souvent ce moyen pour vendre des poussifs. On fera donc bien attention de ne pas se laisser tromper, et jour par jour on pourra d'ailleurs s'éclairer en soumettant les animaux au régime du sec, et en observant attentivement les changements qui pourraient en résulter dans les mouvements de leurs flancs.

La pousse ne se déclare que chez les sujets adultes ou âgés; elle est rare chez les jeunes chevaux de trois ou quatre ans. Les sujets les plus ardent y sont les plus exposés, surtout quand on les nourrit avec des foins de prairies artificielles, de la luzerne, etc., etc. Un cheval poussif doit être soumis à un régime rafraîchissant qui puisse le nourrir sans trop remplir ses intestins : on lui donne peu de foin, qu'on remplace par la paille et l'avoine. Du reste son travail ne doit pas exiger trop d'efforts; il ne pourrait pas le supporter.

Laffection de la pousse peut quelquefois être momentanément causée par une maladie aiguë de poitrine et disparaître avec sa guérison. Dans ce cas on sera prudent à se prononcer ; pour asseoir un jugement définitif, on attendra la guérison de l'affection aiguë. Du reste, la pousse bien caractérisée a été considérée comme incurable. On ne connaît pas de traitement qu'on puisse lui opposer d'une manière efficace. Cette maladie a été classée parmi les vices rédhibitoires par la loi de mai 1838. — V. *Vice rédhibitoire.*

POUSSIÈRE FÉCONDANTE. V. *Étamines, Pollen.*

POUSSIF. Animal atteint de pousse. — V. *Pousse.*

POUTURE. Nom donné au mode d'engraissement des bestiaux à l'étable. C'est le plus souvent pendant l'hiver que l'engraissement de pouture a lieu. Cette méthode offre de grands avantages à l'agriculture, non seulement par la facilité qu'on a de faire consommer toutes sortes de denrées à l'étable, mais par les quantités de fumier de bonne qualité que donnent les bestiaux à l'engrais. Il serait à désirer que l'engrais de pouture fût plus répandu. Si, d'une part, il exige plus de main-d'œuvre, de l'autre, il compense les frais qu'il occasionne par l'économie des fourrages qu'il procure et les fumiers qu'il fournit. — V. *Engraissement.*

POUZOLANE. Espèce de sable volcanique, poreux, irrégulier, qui forme avec la chaux un ciment très estimé. On trouve dans les montagnes du Puy-de-Dôme des masses de pouzolane précieuse pour les constructions. Le mortier qu'on fait avec elle est de première qualité.

PRAIRIE. Sol destiné à la production du fourrage. Suivant que les prairies sont permanentes ou passagères, elles ont été divisées en naturelles ou artificielles. La prairie naturelle est la plus répandue et forme la base de notre production fourragère. Cependant elle est loin d'avoir en France toute l'étendue qui serait nécessaire pour notre consommation. Sur 52,768,618 hectares dont se compose le sol de la France, d'après les statistiques, nous n'avons que 4,198,197 hectares de prés naturels. Sur cette quantité, 94,000 hectares seulement sont à l'arrosage. Nous pourrions étendre le bienfait de cette pratique dans des proportions énormes, si nous savions profiter des nombreux cours d'eau que possède la France. Le Piémont et la Lombardie, petits états qui ne représentent guère ensemble au delà de dix à douze de nos départements, ont, assure-t-on, plus de 400,000 hectares de prairies irriguées. Nous devrions en avoir au moins le double, le triple de cette quantité, ce qui serait facile si nous le voulions. On affirme qu'en Angleterre et en Hollande la moitié du sol cultivé est en production fourragère naturelle ou artificielle, en herbes ou en racines ; et c'est là ce qui fait la fortune de leur agriculture, la supériorité de leur production territoriale sur la nôtre. Et qu'on ne s'y trompe pas ! on se plaint en France de la pénurie des bestiaux pour l'approvisionnement de nos marchés ; on trouve que la production de la viande est au dessous de nos besoins ; on encourage le perfectionnement des animaux, et on ne fait rien ou peu de chose pour la multiplication des prairies et surtout pour leur arrosage. Leurs produits en seraient cependant augmentés dans des proportions immenses, surtout dans le midi de la France. En ne s'occupant directement que des bestiaux, on ne s'adresse qu'à un effet dont le fourrage est la cause ; si on ne fait rien pour cette cause, peut-on espérer de modifier profondément l'effet ? Nous répondons négativement. Un kilogramme de fourrage ne donne qu'une quantité déterminée de viande. Doublez, triplez la production du fourrage, et vous doublerez, vous triplerez la quantité de la viande ; vous ferez plus, vous augmenterez vos engrais ; or l'engrais est le nerf de toute la production du sol.

Ainsi donc il faut de toute nécessité, et avant tout, s'occuper de l'augmentation des prairies, et par conséquent des fourrages, si on veut augmenter la production de la viande. A la rigueur même, on pourrait négliger la multiplication des bestiaux, si on s'occupait de celle des fourrages, car celle-ci commande rigoureusement la première : quand on a du fourrage, on est forcé d'avoir des bestiaux pour le consommer ; il n'y a pas d'autres moyens de les employer.

Les prairies naturelles sont divisées en prairies basses et en prairies hautes. Cette division, quoique arbitraire, n'a pas été établie sans motif : les prairies basses, en effet, sont dans des terrains bas, humides, souvent marécageux ; elles ne fournissent qu'un fourrage grossier, de qualité médiocre ou mauvaise, surtout lorsqu'il contient les plantes qui croissent dans ces sols tourbeux et humides, telles que les souchets, les carex, les joncs, les renonculacées, et quelquefois même les prêles. Non seulement ces fourrages contiennent peu de principes nutritifs relativement à leur quantité, mais ils sont durs, d'une mastication et d'une digestion difficiles; les animaux qui les consomment n'ont ni la vigueur, ni l'énergie, ni la santé, ni le tempérament des animaux nourris avec les fourrages des prairies élevées.

Les prairies hautes sont situées sur les sols élevés, sur ceux des montagnes. L'herbe y est moins développée que dans les prairies basses; mais elle est plus tonique, plus nutritive. Ces prairies contiennent souvent des plantes aromatiques et assaisonantes qui donnent au foin une odeur et une saveur agréables, recherchées des bestiaux. On dit vulgairement que ce fourrage porte son avoine avec lui : en effet, les chevaux qui s'en nourrissent sont vifs, énergiques, robustes, et résistent bien à la fatigue. La viande des animaux qui consomment ce fourrage, notamment celle des moutons, a une saveur, un fumet, qui la font remarquer et qu'on est loin de trouver dans les bestiaux nourris du produit des prairies basses.

La composition des prairies naturelles a généralement pour base les plantes de la famille des graminées. Dans les prairies basses, les cypéracées, les renonculacées et quelques ombellifères y sont mélangées; dans les prairies hautes, au contraire, ces plantes de mauvaise nature sont rares; elles sont remplacées par quelques légumineuses, telles que des trèfles, la lupuline, le lotier; par quelques composées, quelques crucifères et quelques labiées qui contribuent à leur donner de l'arôme.

Les prairies artificielles ou temporaires sont un puissant auxiliaire à la production du fourrage, d'une part; de l'autre elles tiennent leur rang dans les assolements. On les fait le plus ordinairement avec la luzerne, le trèfle ou le sainfoin. Leurs avantages ne sont généralement pas assez compris par nos agriculteurs. Un cultivateur devrait avoir toujours un tiers ou un quart de son terrain cultivé en prairies artificielles. Il nourrirait ainsi plus de bétail et aurait plus de fumier; or, avec cette augmentation d'engrais, il obtiendrait plus de produit d'un hectare de terre que de deux hectares mal fumés, et il aurait beaucoup moins de frais de main-d'œuvre : un sol mal fumé coûte autant de culture que s'il était bien engraissé. Un pays qui a adopté la prairie artificielle dans toute l'étendue de ses ressources est essentiellement un pays riche relativement à celui qui ne les connaît pas, toutes conditions égales d'ailleurs ; on pourra vérifier le fait quand on voudra, non seulement de province à province, mais de propriétaire à propriétaire, de voisin à voisin. Cette règle est sans exception, du moins je n'en ai jamais vu d'exemple.

Dans plusieurs contrées de la France on n'a pas l'habitude de fumer les prairies, surtout les prairies naturelles. Cependant cette pratique offre de grands avantages, partout où elle est mise en œuvre. On peut s'en convaincre par les produits énormes que donnent les prairies qui reçoivent les eaux des villes et villages : elles fournissent deux ou trois fois plus de fourrages que si elles étaient privées de cet élément puissant de fertilité. On doit donc, autant que possible, fumer les prairies. Les boues des rues, les fumiers bien pourris ramassés dans les basses-cours, les purins, les cendres, la chaux, le plâtre, les marnes placées derrière les bestiaux et mêlées de fumiers et d'urines, sont d'excellents engrais ou amendements pour les prairies, qui méritent les plus grands soins. On aménagera bien les eaux des prés irrigués ; on ne manquera pas d'étendre les taupinières. On assainira les points humides, soit par le drainage souterrain, soit par de profondes rigoles. On fera enfin tout ce qui est prescrit par une bonne économie, afin d'obtenir la plus grande quantité de produits et d'améliorer leur qualité.

PRATIQUE. L'agriculture est essentiellement une science pratique, il n'est pas possible qu'elle soit autre chose ; cependant il s'agit de s'entendre sur le mot *pratique*. Il ne faudrait pas supposer que l'homme qui ne sait ni lire ni écrire, qui ignore les plus simples éléments de l'art de cultiver le sol, fasse ce qu'on doit appeler de la pratique : il travaille, il est ouvrier, il est manœuvre ; mais il n'est pas un agriculteur praticien. Pratiquer, ce n'est pas simplement labourer, semer, piocher, etc., comme pourrait le faire une machine ; pratiquer, c'est comprendre une opération agricole, la raisonner, l'appliquer soi-même ou en diriger l'application. Le mot *pratique* signifie application de préceptes indiqués par une science. La pratique de la médecine, du droit, etc., en sont des exemples ; la pratique de l'agriculture ne saurait s'entendre autrement. Toute pratique qui n'est point éclairée n'est pas une pratique; c'est un travail aveugle, routinier, fait sur un métier stationnaire, sans progrès. Un agriculteur praticien raisonne toutes ses opérations, pour les diriger dans le sens de ses intérêts; un agriculteur routinier ne raisonne pas, il travaille comme il a travaillé, et il ne progresse pas. Beaucoup de nos laboureurs en sont encore réduits à cette dure condition; aussi leur agriculture est-elle ce qu'elle fut il y a des siècles. C'est là une des raisons qui ont mis la France dans l'état d'infériorité agricole dans laquelle elle se trouve, comparativement à la plus grande partie des autres puissances de l'Europe, surtout de l'Angleterre et de l'Allemagne.

L'enseignement de l'agriculture remédiera à ce mal, il produira chez nous les fruits qu'il a produits partout où il a été organisé, en Europe comme en Amérique.

PRÉ. V. *Prairie*.

PRÉCOCITÉ. Etat d'un végétal ou d'un animal qui prend un développement rapide. On hâte la précocité des fruits, des fleurs, des légumes, etc., par des procédés artificiels, de manière à les avoir de bonne heure et en toute saison. On emploie pour cela les fumures, les couches, les bâches, les cloches, les châssis, les paillassons, les abris, les serres, dans lesquelles on élève souvent la température; malgré les frais causés par ces divers moyens, on y trouve avantage sur nos marchés. Les denrées de primeur sont en effet toujours recherchées pour les tables de luxe, et souvent à des prix relatifs très élevés.

S'il y a avantage à hâter la précocité de certain végétaux, il y en a aussi à provoquer celle des animaux, surtout des animaux de boucherie; non seulement on peut par ce moyen augmenter la production de la viande, mais on renouvelle plus souvent le capital engagé pour les animaux de vente. Si on peut vendre, par exemple, des moutons gras à l'âge d'un an, des bœufs à l'âge de trois ans, des porcs à l'âge de huit ou dix mois, ces animaux se renouvellent plus souvent dans les étables que ceux qu'on ne peut engraisser qu'à un âge plus avancé. Les Anglais ont parfaitement saisi cette condition favorable d'économie rurale. On conçoit, en effet, qu'il y a économie et avantage à renouveler les animaux à l'engrais, et que le renouvellement est d'autant plus rapide qu'on peut les engraisser plus jeunes. — V. *Accroissement*, *Engraissement*.

PRÉDISPOSITION. État d'un animal prédisposé à des maladies par suite d'organisation vicieuse, ou sous l'influence de mauvaises conditions hygiéniques dans lesquelles il s'est trouvé. On voit en effet des animaux comme des hommes qui contractent des maladies auxquelles d'autres sujets de même espèce, soumis aux même influences, échappent par des soins raisonnés, bien entendus. On doit soustraire les animaux aux prédispositions qui leur font contracter souvent des maladies qu'ils auraient évitées. — V. *Hygiène*.

PRÉHENSION. D'un mot latin qui signifie *prendre*. En physiologie on appelle préhension des aliments l'action par laquelle un animal saisit les aliments dont il se nourrit. Cette opération varie suivant les animaux. Le cheval se sert de ses lèvres et de ses dents pour saisir l'herbe et le fourrage; le bœuf se sert de sa langue; le mouton et la chèvre saisissent leurs aliments avec les lèvres et les dents comme le cheval; les oiseaux les prennent avec leur bec, et le chien avec les dents canines; le chat se sert souvent de sa patte et de ses griffes. Il résulte de ce fait d'observation que chaque animal est pourvu des instruments spéciaux qui lui servent à saisir ses aliments ou sa proie suivant sa nature.

PRÈLE (*Queue-de-cheval*, *Queue-de-Renard*). Genre de plante de la famille des équisetacées. Les prèles sont communes dans les terrains humides, sur les bords des étangs, dans les bois, etc. On les trouve parfois, dans les champs. On doit les détruire partout, surtout dans les prés. Elles sont nuisibles au bétail qui les mange dans le fourrage. La prèle provoque la diminution du lait des vaches laitières; elle les fait maigrir et leur donne même la diarrhée. Linnée affirme que cette plante fait avorter les brebis: on doit donc à tout prix en purger les fourrages.

PRÉNANTHE. Genre de plante de la famille des composées. Cette plante offre peu d'intérêt à l'agriculture.

PRESSOIR. Machine au moyen de laquelle on exprime le jus du raisin pour en faire du vin, ou celui des pommes pour en faire du cidre. C'est encore avec le pressoir qu'on extrait l'huile des plantes oléagineuses broyées. Les pressoirs varient de confection, suivant le but proposé. Il en est de très puissants mis en action par un système hydraulique. Ils prennent le nom de presses hydrauliques et produisent les effets les plus énergiques que l'on ait obtenus jusqu'ici.

PRÉSURE. Matière acide dont on se sert pour faire précipiter le caillé du lait avec lequel on fabrique du fromage. Les estomacs des jeunes animaux, pendant qu'ils tettent et avant qu'ils consomment d'autre nourriture, servent à faire la présure, utilisée dans nos campagnes. C'est surtout la caillette de veau qui est employée à cet usage. La manière de se servir de la présure est loin d'être toujours bien raisonnée, soit sous le rapport de la qualité de la matière utilisée, soit sous celui de la quantité relative du lait qui doit être caillé. Suivant l'habitude des ménagères ou de ceux qui sont chargés de la fabrication du fromage, la quantité de présure employée varie sans raison, sans règle déterminée. Des expériences bien dirigées devraient être faites à ce sujet, et la science de la chimie agricole devrait éclairer nos campagnes sur cette importante question d'économie rurale. Les fromages ont souvent mauvais goût par excès de présure dont on n'a pas connu la force ou la nature. Il faudrait donc savoir le moyen de doser les quantités nécessaires de présure pour des quantités données de lait, et ce serait un grand service à rendre que d'indiquer ce moyen aux agriculteurs qui s'occupent de la fabrication du fromage.

On connaît plusieurs moyens de fabriquer la présure. Dans certains pays on prend l'estomac d'un jeune animal qui tette, celui du veau, par exemple ; on sale ensuite son contenu, que l'on conserve dans l'estomac même, suspendu à la cheminée pour le faire sécher. Lorsqu'on veut s'en servir, on prend une petite quantité de la présure, qu'on délaie dans un peu de lait chaud, et on verse le tout dans le vase qui contient le lait à cailler.

Le journal l'*Agriculteur praticien* donnait il y a quelques jours un moyen de préparer la présure. Ce moyen était indiqué par M. J. Dusuzeau. Voici comment on procède à cette préparation.

« On choisit, dit cet agronome, deux estomacs nommés *cail-*

lettes, provenant de veaux très jeunes, et dont les membranes ne présentent, exposées à la lumière, aucune tache ou décoloration.

» On retire les grumeaux de lait caillé, on les lave avec soin, jusqu'à ce qu'ils soient nets et bien blancs. Les caillettes sont, à leur tour, nettoyées parfaitement, puis coupées par morceaux.

» Dans une terrine de capacité suffisante, au fond de laquelle on a déposé les membranes découpées et le caillé, on verse :

Eau-de-vie à 22°	2 litres.
Eau commune	6
Sel de cuisine	500 grammes.
Poivre en poudre	6
Clous de girofle.	4
Fenouil	4

» La terrine se couvre d'un linge et d'un papier et se place à la cave. Au bout de six semaines, on filtre l'infusion à travers un papier sans colle, et on met en bouteilles. — Le marc ne doit pas être jeté ; baigné d'eau fortement salée, il est conservé par une autre préparation.

« Il n'est pas de ménagère qui ne soit capable de composer elle-même, avec ces données, une excellente présure, et d'épargner ainsi une assez bonne somme qu'elle porte au pharmacien.

Autre préparation.

» On fait le choix d'une caillette, dont on jette tout le caillé. On la lave à l'intérieur et à l'extérieur. On la sale fortement au dedans et au dehors, et on l'enferme dans un vase couvert. Quand elle a absorbé tout le sel, après trois jours, on la trempe dans l'eau-de-vie; puis on renouvelle la dose de sel, réparti alors à l'état très pulvérulent. On l'aromatise avec une poudre composée de poivre, trois grammes ; girofle, deux grammes ; noix muscade, deux grammes. Au bout de deux ou trois jours, on expose la caillette dans un lieu très sec et très aéré. Quand la dessiccation est à moitié opérée, on découpe la caillette en lanières étroites ou en morceaux très petits que l'on introduit dans un vase contenant deux litres et demi de vin blanc ; à défaut de vin, on peut employer du petit lait aigri clarifié. Ces deux liquides peuvent être remplacés par de l'eau commune à laquelle on a ajouté cinq centièmes d'eau-de-vie et un centième d'acide acétique. La proportion de sel dont le liquide se charge doit être au moins de 8 à 10 pour 100. Après huit jours de macération favorisée par des remuages dans les premiers jours, on filtre, on ajoute quelques gouttes de jus de citron, et on transvase dans des bouteilles bien closes, que l'on conserve à la cave. La présure s'emploie après dix à quinze jours de repos. Une cuillerée suffit pour cailler dans l'espace d'une heure à deux un volume de six à sept litres de lait possédant une température de 22 à 24 degrés Réaumur. C'est celle que l'on observe dans le lait sortant du pis. »

Tel est le mode qu'indique M. Dusuzeau pour préparer la présure.

PRIMES. Encouragements, récompenses données à des agriculteurs, soit pour de beaux produits végétaux ou animaux, soit pour des travaux agricoles utiles et bien exécutés. Les primes sont certainement un bon moyen employé pour stimuler le zèle et le patriotisme des agriculteurs ; mais leur importance est plus ou moin grande, elles atteignent plus ou moins bien le but proposé. Les primes données aux animaux, par exemple, sont de deux ordres : les unes sont réservées aux bestiaux gras vendus aux bouchers immédiatement après avoir été primés ; les autres, au contraire, sont réservées aux animaux reproducteurs et aux plus beaux élèves. On conçoit que les primes données aux reproducteurs mâles et femelles, aux élèves perfectionnés qui doivent concourir au perfectionnement de nos races, produisent des effets bien autrement importants que celles des animaux engraissés, perdus pour la production et la multiplication des espèces, puisqu'ils doivent être immédiatement égorgés.

J'aurais une autre opinion à développer sur la question des primes aux bestiaux; mais la nature de ce travail ne me le permet pas pour le moment. Les primes attribuées aux animaux ne sont que des primes données à un effet, sans récompense pour la cause qui le produit. Les animaux, en effet, ne sont que la conséquence du principe de la production, de la multiplication du fourrage. Si l'on donnait des primes pour encourager cette multiplication, ce serait, ce me semble, bien plus logique que de ne les donner qu'aux animaux, qui ne sont qu'un résultat. On n'aurait pas même besoin de primer les animaux, à la rigueur, si on primait les fourrages au point de vue de leur multiplication : car, en faisant des fourrages, on serait rigoureusement forcé de faire des animaux pour les consommer. — V. *Animaux, Foin, Fourrages, Prairie.*

PRIMEUR. Nom donné aux produits végétaux dont on a provoqué la précocité par des moyens artificiels. Les produits de primeur sont toujours vendus avec avantage dans les marchés, et ils sont le plus généralement destinés aux tables de luxe. L'industrie de la production des primeurs, dans le nord, tend à se restreindre depuis l'établissement des chemins de fer dans le midi; la culture maraîchère surtout trouvera une concurrence à laquelle elle ne saurait résister. Le midi de la France enverra dans le nord, et surtout à Paris, en toute saison, des légumes de primeur, tels que des asperges, des artichauts, des choux-fleurs, des petits pois, etc.; en fruits, il enverra des abricots, des melons, des pêches, des raisins, etc. L'Afrique elle-même pourra nous fournir, pendant tout l'hiver, les légumes que l'été nous donne dans le nord de la France. Aussi il n'est pas douteux pour moi que les chemins de fer feront opérer, dans la culture maraîchère surtout, des modifications commandées par ce nouveau mode de rapide transport des denrées.

PRIMEVÈRE. Genre de plantes de la famille des primulacées. Les primevères offrent peu d'intérêt à l'agriculture en général; on cultive quelques plantes de ce genre comme plantes d'ornement.

PRIMIPARE. On donne le nom de primipares aux femelles qui mettent bas leur premier produit. — V. *Producteur.*

PRIMULACÉES. Famille de plantes sans intérêt pour l'agriculture. Les primevères, les lysimaques, appartiennent à cette famille.

PRINTEMPS. Saison à laquelle commence le travail général de la végétation comme aussi les travaux de l'agriculture. Pour l'éleveur de bestiaux, le printemps est une des époques de l'année qui doivent l'intéresser le plus. Cette saison, en effet, est celle où les animaux passent du régime du sec au régime du vert, dont ils sont si avides d'abord. C'est alors que l'on doit craindre les indigestions, les maladies causées par la pléthore, par une trop grande quantité de sang formée rapidement et qui nécessite souvent des saignées. On observe aussi au printemps plus qu'à d'autres époques les tympanites, le mal de brou. (V. ces mots.) On doit alors craindre pour les animaux de travail les changements brusques de température, les suppressions de transpiration et les affections de poitrine. L'éleveur devra donc veiller avec soin sur tout son bétail, soit de rente, soit de travail, dans les pâturages comme dans les étables dans les cas de stabulation permanente; il devra visiter soir et matin les animaux, et voir si les changements opérés par l'usage du fourrage vert ne sont pas d'abord nuisibles à quelques individus, et donner à ceux qui en auraient besoin les soins que nécessitent les nouvelles conditions de sa santé.

PRODUCTEUR. Nom donné aux animaux des deux sexes destinés à la reproduction de l'espèce. — V. *Reproducteur*.

PRODUCTION. On doit entendre par production, en économie rurale, l'ensemble des matières produites par l'exploitation du sol dans toutes ses conditions diverses. On distingue trois genres de production. Au premier rang est classée la production végétale, comme la plus répandue, la plus multipliée; au deuxième la production animale; au troisième la production minérale. La richesse d'un pays, son bien-être et sa puissance dépendent de la quantité comme de la qualité de ces diverses productions, et les conditions elles-mêmes de la production générale sont subordonnées au mode plus ou moins bien compris de l'exploitation du sol.

L'exploitation de la production végétale indigène, sous certains rapports, et celle de la production minérale, sont les mieux comprises chez nous, grâce au concours de la science, qui s'en est occupée. Nous obtenons en France, en huiles, en céréales, en fleurs, en vins, en fruits et surtout en légumes, des produits types qui nous étonnent par leur beauté sur les marchés, surtout dans les grandes villes. Nos produits minéraux, tels que les métaux, les houilles, les plâtres, les chaux, les marbres et matériaux divers, sont exploités suivant de bonnes méthodes, de bons principes, indiqués par les sciences physiques, chimiques, minéralogiques, etc. Mais la production animale est loin d'être arrivée chez nous au même degré de perfectionnement relatif. A l'exception de quelques rares espèces ovines, et notamment du mérinos (V. ce mot.), nous n'avons chez nous que peu de races modifiées par l'art de manière à bien remplir le but que nous nous proposons.

Si nous avons quelques races précieuses dans l'espèce bovine ou chevaline, c'est surtout à la nature des lieux où elles sont élevées que nous les devons, et non aux savantes combinaisons de l'homme pour leur perfectionnement. Les Anglais ont, en général, modelé leurs espèces suivant le but qu'ils se sont proposé. Si nous avons en France quelques rares imitateurs de nos voisins d'Outre-Manche, ils forment des exceptions circonscrites et imperceptibles dans notre production générale, et cependant nous ne pouvons pas accuser les gouvernements, pas plus que les administrations spéciales, d'être restés inactifs. Dans ces derniers temps surtout, leurs efforts multipliés et incessants prouvent qu'ils ont fait leur possible pour perfectionner et multiplier nos races d'animaux, et pour faire sortir notre pays de l'état d'infériorité relative dans lequel se trouve sa production animale, comparée à celle de diverses puissances de l'Europe. La cause qui s'est opposée le plus au progrès sous ce rapport, c'est le défaut de connaissances spéciales en économie du bétail, connaissances indispensables à toute opération qui tend à modifier une race pour la perfectionner. Si nous avons eu des succès dans la production végétale, nous les devons à la science de la botanique et aux bons principes de physiologie végétale qui ont été appliqués à la culture des produits obtenus. La production animale a manqué de lumière; la raison de son infériorité vis-à-vis des autres produits chez nous n'a pas d'autre origine. Nous avons essayé de le démontrer aux mots *Appareillement*, *Bœuf*, *Cheval*, *Croisement*, *Mérinos*, *Montagne*, *Perfectionnement*.

PROGRESSION. V. *Allure, Locomotion, Mouvement.*

PRONOSTIC. De deux mots grecs qui signifient *d'avance* et *jugement*. Jugement porté, d'après certains signes observés, pour prévoir les changements de temps qui doivent s'opérer dans l'atmosphère.

L'esprit d'observation naturel aux cultivateurs leur a fait remarquer certains signes qui leur font prévoir les changements de temps qui doivent survenir. Ils connaissent ces changements tantôt aux astres, à la température de l'atmosphère, aux vents, au bruit des cours d'eau, au son des cloches; à la marche, à la nature des brouillards, des nuages, et à leur disposition; à la rosée, à la gelée blanche; tantôt au chant de certains oiseaux, des poules, des coqs, au cri de certains animaux, au coassement des grenouilles, des crapauds, etc., etc.

Une foule de proverbes populaires propres à chaque localité expriment les différents signes caractéristiques du temps, et il est bien rare que le pronostic porté ne soit pas exact. Les paysans ont la plus grande confiance dans ces proverbes, parcequ'ils sont l'expression de l'expérience et de l'observation de siècles.

En médecine vétérinaire le mot *pronostic* est synonyme de jugement porté sur l'issue de la maladie d'un animal dans l'intérêt du propriétaire. Ce jugement est important pour pouvoir déterminer la quantité de frais qui seront nécessités par le traitement du malade.

PRONOSTIQUER. Juger à l'avance, d'après certains signes, du temps qu'il fera, ou de l'issue d'une maladie dans un animal. — V. *Pronostic.*

PROPAGATION. V. *Multiplication.*

PROPOLIS. Espèce de mastic résineux que les abeilles emploient pour former les ouvertures des ruches et fixer solidement leurs gâteaux de cire aux parois de leurs habitations. Les abeilles se servent aussi de cette substance pour recouvrir les cadavres de leurs ennemis morts dans leurs ruches, et qui sont trop lourds pour qu'elles puissent les porter au dehors. Par ce moyen elles préviennent la décomposition de ces cadavres et les mauvaises odeurs qui en résulteraient. Les escargots qui s'introduisent dans les ruches sont aussi collés aux plateaux des ruchers au moyen de la propolis; ils sont ainsi emprisonnés par les abeilles dans leurs propres coquilles, où ils périssent. — V. *Abeilles.*

PROPORTION. On entend par proportion en économie du bétail l'harmonie qui existe entre toutes les parties du corps d'un animal pour qu'il soit bien conformé. Cependant cette harmonie ne peut pas être absolue, elle ne doit être que relative. Il est, en effet, certaines parties du corps des animaux qui ne sauraient être assez développées, assez accentuées.

Bourgelat, créateur des écoles vétérinaires, avait imaginé un système de proportions qui a été adopté jusqu'à nos jours, même dans les divers enseignements des écoles spéciales. Ce système est erroné, et, lorsqu'on l'analyse, on ne comprend pas comment un génie tel que celui de Bourgelat avait pu avancer de telles hérésies, contraires aux bonnes conditions de conformation du cheval.

Cependant l'autorité de son nom a fait considérer de tout temps son système comme le meilleure guide à suivre, ce qui n'a pas peu contribué au maintien des erreurs qui se sont perpétuées jusqu'à ce jour sur l'étude du cheval comme sur celle de son perfectionnement.

Dans mon *Traité de la conformation du cheval suivant les lois de la physiologie et de la mécanique*, publié en 1847, j'ai combattu l'erreur déplorable du grand maître ; je n'ai rien à retrancher de ce que j'ai avancé à ce sujet.

L'insistance mise à reconnaître comme vrai le principe erroné du créateur des écoles vétérinaires me fait un devoir de continuer ici à soutenir ce que j'ai enseigné sur cette question importante. Quand on a pour soi la vérité et la raison, il faut les produire avec d'autant plus d'énergie qu'on éprouve plus de résistance et de difficulté à les faire triompher.

Tous les auteurs qui ont écrit sur la conformation du cheval, depuis Bourgelat, ont considéré les proportions établies par ce grand maître comme une heureuse combinaison de mesures avec lesquelles on peut apprécier les beautés de ce précieux animal. Cette erreur grave, qui s'est transmise par l'enseignement et l'autorité du créateur de la médecine vétérinaire, n'a pas peu contribué à égarer le jugement de ceux qui l'ont acceptée comme un acte de foi. Non seulement ces règles, sans base raisonnée, ne peuvent fixer celui qui veut méditer sur la conformation de la locomotive animée que nous étudions, mais encore elles sont pour la plupart contraires aux bonnes lois de mécanique qui doivent toujours dominer dans l'ensemble de tout appareil locomoteur vivant ou inerte.

Bourgelat, tout occupé d'abord d'assurer l'avenir de son œuvre principale, la création de la médecine des animaux, n'eut pas le temps de réfléchir sur chacun des détails de son entreprise. La haute intelligence dont il était doué, sa vaste érudition, ses connaissances spéciales dans l'art de l'équitation, n'auraient pas tardé à lui faire modifier, comme peu en harmonie avec les lois de la mécanique, ce qu'il avait écrit sur la conformation du cheval, et notamment sur ses proportions. Il n'est pas permis de douter de ce que nous avançons ici sur cet homme célèbre en science hippique, quand on lit, dans le chapitre où il traite de la nécessité des proportions, le passage suivant :

« Nous ne pousserons pas plus loin ici ces observations, que » nous pourrions étendre à l'infini par le développement d'une » foule de principes évidents et applicables à tous les points qui, » dans le corps du cheval, correspondent les uns aux autres à » titre de cordes, de leviers, de points d'appui, de puissance et de » résistance. Il suffit de ces simples aperçus et de cette très légère » ébauche pour juger de la somme de lumières qui, résultant de » cette manière d'étudier et de rechercher l'animal, mettrait no- » tre esprit au niveau des rapports et des conditions qui sont » pour nous autant de mystères, dont la révélation importe es- » sentiellement, néanmoins, dans toutes les circonstances, à la » perfection de la science du manége. »

Bourgelat n'ignorait donc pas, comme on le voit, que la science du cheval se réduit à l'étude des principes de mécanique relatifs à l'action de cordes, de leviers, de points d'appui, de puissance et de résistance, observée dans la machine animale. Il savait comme nous que le cheval n'est qu'une locomotive, essentiellement soumise aux lois communes à toutes les machines possibles. Mais, nous le répétons, il n'eut pas le temps d'y réfléchir. Ce fait est d'autant plus malheureux, que l'autorité de son nom aurait établi les véritables règles de bonne conformation du cheval. Il aurait développé, sur son perfectionnement surtout, des théories qui ne sont encore en France qu'à l'état de problème bien éloigné de la solution.

Le savant écuyer avait compris mieux que personne que tout enseignement a besoin de règles fixes, de principes arrêtés, pour préserver les professeurs et les élèves du vague des incertitudes et des hypothèses. Après avoir traité du cheval comme il pouvait le faire alors, il songea à déterminer ses proportions. Pour diriger le jugement de ses disciples sur la beauté des sujets, comme les sculpteurs et les peintres l'avaient pratiqué pour l'homme, il s'appuya sur ce fait, positif suivant lui, que, « quoi- » que la beauté naisse des proportions, on ne peut pas soutenir » que les hommes aient su quelles sont les proportions des objets » avant d'en avoir aperçu la beauté. Au contraire, c'est sur la » beauté des corps qu'on a imaginé d'arrêter les proportions. » Dans la musique, après avoir trouvé les propriétés des sons » capables de produire ce que nous appelons harmonie, par l'at- » tention que l'on a faite à ceux qui étaient les plus agréables à » l'oreille, on les a proportionnés, on les a unis et on les a sé- » parés par de justes intervalles. Dans la peinture, on a observé » l'effet du clair-obscur et des ombres, et, en s'arrêtant à la sta- » ture d'un homme qui, d'un accord général, pouvait être beau, » on a pour ainsi dire deviné ce qui plaisait si fort en lui, et des » différentes combinaisons qui ont été faites on a tiré les règles » de proportions qui forment aujourd'hui les règles du dessin. » C'est ainsi qu'en fixant nos regards sur ce que d'un accord » commun nous regardons comme la belle nature, nous avons » tenté de pénétrer dans les premières raisons de la beauté de » l'animal. » Telle était l'opinion émise par le créateur de la médecine vétérinaire.

Comme on peut le voir, Bourgelat voulut imiter l'exemple de la pratique suivie pour les proportions de l'homme; il basa celles qu'il imagina sur l'idée qu'il avait d'un joli cheval. Mais le rapprochement de l'homme au cheval dans ce cas ne fut pas heureux. Il oublia que la beauté du premier, comme celle de la femme, sont de pure convention, de goût et d'imagination; tandis que la beauté du second est basée sur des règles mathématiques invariables, quels que soient d'ailleurs les goûts, les modes et les caprices, souvent si variés et si différents.

L'artiste ne s'occupe pas des conditions de puissances musculaires propres à la force ou à la vitesse quand il peint ou qu'il sculpte l'homme. Quand il cherche à imiter l'Apollon du Belvéder ou la Vénus de Médicis, qui sont le beau idéal du type humain, il ne s'occupe guère, comme le fait l'hippiatre, de l'écartement des tendons, de leur centre d'action, de la longueur du calcanéum, etc., etc., qui, pour le cheval, sont une beauté; il ne désire pas la plus grande étendue possible des coxaux, la longueur ou l'obliquité des épaules, la longueur des avant-bras, comme beauté. La longueur des côtes, le plus grand développement général des apophyses osseuses qui déterminent les formes anguleuses fortement accentuées, l'intéressent peu. Toutes ces bonnes dispositions mécaniques seraient des vices hideux pour un sujet humain, sur la toile comme sur le marbre. Dans l'homme il y a des beautés qui seraient essentiellement des vices pour le cheval. Il y a, dans le corps humain, telles proportions de parties qui commandent telles proportions des autres. Dans le cheval, comme l'a dit Bourgelat lui-même, tout se réduit au fond à des leviers, à des points d'appui, à des puissances et à des résistances. Toute la beauté est dans les conditions qui favorisent le plus la force et la vitesse, et on ne doit tenir aucun compte des idées plus ou moins erronées qui sont contraires aux bonnes lois de mécanique, pas plus pour les modes que pour le goût.

Partant de ce principe, qui ne saurait être contesté, il nous sera facile de voir combien les proportions du cheval, telles qu'elles ont été établies par le créateur des écoles vétérinaires, sont peu conformes à la beauté réelle du cheval; souvent même elles sont vicieuses, par exemple, lorsqu'il condamne le développement de certaines régions dont l'excès serait une beauté s'il existait. Entrons dans quelques détails pour prouver ce que nous avançons.

Bourgelat prend pour type de mesure la longueur de la tête, qui, divisée et subdivisée en ce qu'il a appelé primes, secondes et points, doit servir à régler les dimensions de tout le reste du corps. Si la tête est trop courte ou trop longue, suivant ces proportions, il est facile de s'en convaincre : il faut prendre la hauteur ou la longueur du corps.

On divise ensuite une de ces quantités en cinq parties égales; on prend deux de ces divisions; on les réduit, comme la tête, en primes au nombre de trois, subdivisées en trois parties, qui renfermeront elles-mêmes des secondes, partagées chacune en vingt-quatre subdivisions, ce qui donnera les points.

Si la tête jugée trop courte, ce qui ne saurait être défectueux suivant nos principes, appartient à un corps trop bas et en même temps trop long, ou trop court et trop haut, où chercherons-nous l'unité de mesure exigée? Mais ce n'est pas là le point le plus essentiel des vices des proportions qui nous occupent. Pour mieux juger de ce qu'elles ont de contraire aux lois de mécanique et de physiologie, qui seules doivent nous servir de guides, nous reproduisons textuellement le travail de Bourgelat. Il sera ainsi plus facile à nos lecteurs, qui doivent être juges, de se convaincre de la valeur des théories et des raisons qui nous ont fait adopter la marche que nous avons suivie dans notre enseignement.

Manière de s'assurer des proportions du cheval.

« Quoi qu'il en soit, dit Bourgelat, dès que la beauté réside dans la convenance et le rapport des parties, il faut de toute nécessité en observer les dimensions particulières et respectives, et, pour acquérir la connaissance des proportions, supposer un genre de mesure qui puisse être indistinctement commune à tous les chevaux. La partie qui peut servir de règle de proportions à toutes les autres est la tête. Mesurez-en la longueur entre deux lignes parallèles, l'une tangente à la nuque ou à la sommité du toupet, l'autre tangente à l'extrémité de la lèvre antérieure : par une ligne perpendiculaire à ces deux parallèles vous aurez sa longueur géométrale. Divisez cette longueur en trois portions, et assignez à ces trois portions un nom particulier qui puisse s'appliquer indéfiniment à toutes les têtes, comme, par exemple, celui de *prime*. Une tête quelconque, dans sa longueur géométrale, aura par conséquent toujours trois primes. Mais toutes les parties que vous aurez à considérer, soit dans leur longueur, soit dans leur hauteur, soit dans leur épaisseur, ne peuvent pas avoir constamment ou une prime entière, ou une prime et demie, ou trois primes : subdivisez donc chaque prime en trois parties égales que vous nommerez *secondes*, et, comme cette subdivision ne suffirait pas encore pour vous donner la mesure juste de toutes les parties, subdivisez de nouveau chaque seconde en vingt-quatre *points*, en sorte qu'une tête divisée en trois primes aura, par la première subdivision, neuf secondes, et deux cent seize points par la dernière. Dès lors, lorsque vous direz une tête, vous entendrez toujours sa longueur géométrale ; lorsque vous prononcerez le mot prime, vous entendrez un tiers de cette même longueur ; lorsque vous proférerez celui de seconde, vous entendrez la neuvième partie ; enfin, lorsque vous direz un point, ce point signifiera la deux-cent-seizième partie de cette longueur géométrale.

» On comprend, au surplus, que cette division en primes et ces subdivisions en secondes et en points naissent d'une supposition forcée : car, comme il ne peut y avoir, sans supposition, une mesure égale et commune pour des animaux qui ne sont égaux ni en grandeur ni en largeur, on ne peut en établir une fixe, certaine et stable, qu'en en imaginant ou en en recherchant une qui puisse, dans l'extension ou la diminution, conduire au principe une fois déterminé.

» Mais la tête peut elle-même pécher par un défaut de proportion. Cette partie n'est en effet censée trop courte ou trop longue, trop menue ou trop chargée, que par comparaison avec le corps de l'animal ; or, le corps devant avoir, soit en longueur à compter depuis la pointe du bras jusqu'à la pointe de la fesse inclusivement, soit en hauteur à compter depuis la sommité du garrot jusqu'à terre, deux têtes et demie, dès que cette partie, par sa longueur géométrale, donnera en longueur ou en hauteur au corps mesuré plus de deux fois et demie sa longueur, elle sera trop longue, et, si elle en donne moins, elle sera trop courte.

» Dans le cas où l'un de ces défauts existerait, il ne serait plus question d'asseoir sur sa longueur géométrale les proportions des autres parties. Abandonnez cette mesure commune et compassez la hauteur ou la longueur du corps ; partagez la longueur ou la hauteur en cinq portions égales ; prenez ensuite deux de ces portions, divisez-les par primes, secondes et points, conformément aux divisions et subdivisions que vous auriez faites de la tête, et vous aurez une mesure générale telle que la tête vous l'aurait donnée si elle eût été proportionnée.

Proportions du cheval.

» Il serait superflu d'entrer ici dans des détails qui ne peuvent vraiment intéresser que le sculpteur et le peintre. Nous rejetons donc toutes les dimensions uniques et toutes celles qui ne concernent que les plus petites parties, pour ne nous attacher qu'aux dimensions frappantes de celles qui, d'une part, ont assez d'étendue pour être saisies facilement et d'un coup d'œil, et qui, de l'autre, présentent, par leur correspondance, ou plutôt par une égalité réelle, soit en hauteur, soit en longueur, soit en largeur, soit en épaisseur, des objets de comparaison si sensibles, que les plus légères différences qui existeraient entre elles, et qui les rendraient par conséquent défectueuses, ne sauraient nous échapper.

» 1° Trois longueurs géométrales de la tête donnent la hauteur entière du cheval, à compter du toupet au sol sur lequel il repose, pourvu que sa tête soit bien placée.

» 2° Deux têtes et demie égalent :

» La hauteur du corps, du sommet du garrot à terre;

» La longueur de ce même corps, celles de l'avant-main et de l'arrière-main, prises ensemble, de la pointe du bras à la pointe de la fesse inclusivement.

» 3° Une tête entière donne :

» La longueur de l'encolure, du sommet du garrot à la partie postérieure de la nuque;

» La hauteur des épaules, du sommet du coude au sommet du garrot;

» L'épaisseur du corps, du milieu du ventre au milieu du dos;

» Sa largeur, d'un côté à l'autre.

» 4° Une tête mesurée du sommet du toupet à la commissure des lèvres; cette mesure légèrement remontée, à moins que la bouche ne soit très fendue, égalera :

» La longueur de la croupe, prise de la pointe supérieure de l'angle antérieur de l'os iléon à la tubérosité de l'ischion, formant la pointe de la fesse;

» La largeur de la croupe ou des hanches, prise sur les pointes inférieures des angles des os iléons;

» La hauteur de la croupe, vue latéralement, prise du sommet des angles postérieurs des os iléons à la pointe de la rotule, la jambe étant dans l'état de repos;

» La longueur latérale des jambes postérieures, de la pointe de la rotule à la partie saillante et latérale du jarret, au droit de l'articulation du tibia avec la poulie;

» La hauteur perpendiculaire de l'articulation ci-dessus désignée au-dessus du sol;

» La distance du sommet du garrot à l'insertion de l'encolure dans le poitrail;

» La distance de la pointe du bras à l'insertion de l'encolure dans l'auge.

» 5° Deux fois cette dernière mesure donne à peu près :

» La distance du sommet du garrot à la pointe de la rotule ;

» La distance de la pointe du coude au sommet de la croupe ou des angles postérieurs des os iléons.

» 6° Trois fois cette mesure, plus la demi-largeur du paturon, le tout équivalant à deux têtes et demie, donneront :

» La hauteur du corps, prise du sommet du garrot à terre ;

» Sa longueur, prise de la pointe du bras à la pointe de la fesse inclusivement.

» 7° Cette même mesure, plus la largeur entière du paturon, indiquera la longueur totale du corps, prise rigoureusement.

» 8° Deux tiers de la longueur de la tête égaleront :

» La largeur du poitrail, d'une pointe de bras à l'autre, de dehors en dehors ;

» La longueur horizontale de la croupe, prise entre deux verticales, dont l'une toucherait à la fesse, et l'autre passerait par le sommet de la croupe et toucherait à la pointe de la rotule ;

» Le tiers de la longueur de l'arrière-main et du corps, pris ensemble, jusqu'à l'aplomb du garrot touchant au coude ;

» La longueur antérieure de la jambe de derrière, prise de la tubérosité du tibia au pli du jarret.

» 9° Une moitié de la longueur entière de la tête est la même que :

» La distance horizontale de la pointe du bras à la verticale du sommet du garrot et du coude ;

» La largeur de l'encolure vue latéralement, prise de son insertion dans l'auge jusqu'à la racine des premiers crins de la crinière, sur une ligne qui formerait, avec le contour supérieur, deux angles égaux.

» 10° Un tiers de la longueur entière de la tête donne :

» La hauteur de ses parties supérieures, depuis le sommet du toupet jusqu'à la ligne qui passerait par les points les plus saillants des orbites ;

» La largeur de la tête au dessous des paupières inférieures ;

» La largeur latérale de l'avant-bras, prise de son origine antérieurement à la pointe du coude.

» 11° Deux tiers de cette largeur latérale donnent :

» L'élévation verticale de la pointe du coude au dessus du niveau du dessous du sternum ;

» L'abaissement du dos par rapport au sommet du garrot;

» La largeur latérale des jambes postérieures près des jarrets;

» L'ouverture ou plutôt la distance des avant-bras d'un ars à son opposé.

» 12° Une moitié du tiers de la longueur entière de la tête égale :

» L'épaisseur de l'avant-bras, vu de face, à son origine, de l'ars à son contour extérieur horizontalement;

» La largeur de la couronne des pieds antérieurs, soit d'un côté à l'autre, soit de l'avant à l'arrière;

» La largeur de la couronne des pieds postérieurs, d'un côté à l'autre seulement;

» La largeur des boulets postérieurs, pris de l'avant, à la naissance de l'ergot;

» La largeur du genou, vu de face (*Nota.* Cette mesure est néanmoins un peu forte);

» L'épaisseur des jarrets (*Nota.* Cette mesure est un peu faible).

» 13° Un quart de ce même tiers de la longueur de la tête donne l'épaisseur du canon de l'avant-main. Celui de l'arrière-main est un peu plus épais.

» 14° Un tiers de cette même mesure égale :

» L'épaisseur de l'avant-bras près du genou, dans sa partie la plus étroite;

» L'épaisseur des paturons postérieurs, vus latéralement.

» 15° La hauteur du coude au pli du genou est la même que :

» La hauteur de ce même pli jusqu'à terre;

» La hauteur de la rotule au pli du jarret;

» La hauteur du pli du jarret jusqu'à la couronne.

» 16° La sixième partie de cette mesure donne :

» La largeur du canon de l'avant-main, vu latéralement, au milieu de sa longueur;

» Celle de son boulet, vu de face.

» 17° Le tiers de cette mesure est à peu près égal à la largeur du jarret, du pli à la pointe.

» 18° Un quart de cette mesure donne :

» La largeur du genou, vu latéralement;

» Sa longueur.

» 19° L'intervalle des yeux d'un grand angle à l'autre égale :

» La largeur de la jambe de derrière, vue latéralement, de la coupure de la fesse à la partie inférieure de la tubérosité du tibia.

» 20° Une moitié de cet intervalle des yeux donne :

» La largeur du canon postérieur, vu latéralement ;

» La largeur du boulet de l'avant-main, vu latéralement, de son sommet antérieur à la naissance de l'ergot ;

» Enfin la différence de la hauteur de la croupe, respectivement au sommet du garrot.

» Telles sont, à peu de chose près, dans le cheval, toutes les parties correspondant par des dimensions réciproques. L'œil exercé à ces différentes données les transportera, sans besoin d'hippomètre, de compas et d'échelle, sur les parties dont il voudra juger les défauts par l'appréciation des mesures, avec autant de facilité que le peintre en trouve à réduire des dessins et à faire d'une figure ordinaire une figure colossale. »

Entrons maintenant dans quelques détails explicatifs.

Comment concevoir que *la hauteur des épaules, du sommet du coude au sommet du garrot, doit être égale à la longueur de la tête?* Suivant les lois de physiologie et de mécanique que nous avons invoquées, cette hauteur ne sera jamais trop grande. Elle dépend nécessairement de la longueur des côtes, qui est toujours une beauté, et de celle des apophyses épineuses des premières vertèbres dorsales destinées à servir de base au garrot, qui n'est jamais trop élevé. Nous l'avons prouvé. — V. *Garrot*.

Nous avons vu que la plus grande longueur de la croupe (V. ce mot) était en toute occasion une de ses beautés les plus essentielles pour la vitesse, par l'étendue des muscles qui concourent à la former et celle de leur jeu. Si on la borne aux proportions précédentes, elle ne devra pas dépasser l'étendue que l'on trouvera de la nuque à la commissure des lèvres. La même mesure déterminera la distance d'une hanche à l'autre, ce qui d'ailleurs ne nous offre pas le même inconvénient.

Un jarret bas est une beauté, parcequ'il indique la longueur de la jambe, et par conséquent celle de ses muscles. Suivant Bourgelat, *cette longueur doit être égale à la hauteur du jarret au sol ; ces deux quantités doivent être les mêmes que celles de la longueur de la croupe ou de sa largeur*. Ce principe est tout à fait contraire aux lois de la vitesse, toujours favorisée par la plus grande étendue possible du jeu des muscles.

La même longueur doit régler celle qui s'étend de la base de l'encolure à son insertion au poitrail, au sommet du garrot. Ce principe est contraire au développement de hauteur de la poitrine et du garrot, et par conséquent erroné.

La longueur, l'obliquité de l'épaule, la longueur de l'olécrane, que nous avons dit être des conditions de beautés d'autant plus grandes qu'elles sont plus accentuées, *sont bornées par la demi-longueur de la tête. C'est elle qui donne la mesure de la distance de la pointe de l'épaule à la verticale qui descend du garrot en touchant à la pointe du coude*. Ces proportions, qui sont une beauté d'après Bourgelat, sont aussi contraires aux dispositions qui favorisent la force qu'à la vitesse et à la facilité d'étendue des mouvements des membres antérieurs.

En effet, plus l'épaule sera oblique, plus sa pointe sera portée en avant, et plus son jeu sera étendu. D'un autre côté, plus l'olécrane, qui forme le coude, sera allongé en arrière, plus il sera long, et plus par conséquent ce levier sera favorable à la puissance, à la force. La théorie de Bourgelat est donc tout à fait contraire aux bonnes lois de confection de la région dont il parle.

Un tiers de la longueur de la tête doit déterminer la largeur du front. Un front est-il jamais trop large ? *Cette mesure doit aussi déterminer la hauteur du crâne depuis les orbites jusqu'à la nuque*. Cette partie, comme nous l'avons dit, ne saurait être assez développée en largeur comme en hauteur, ce qui est un indice de noblesse de race, d'intelligence, de force et d'énergie. *Enfin la largeur de l'avant-bras, depuis la partie antérieure jusqu'au coude, ne peut dépasser la même mesure sans être contraire aux proportions établies*. C'est encore une erreur, suivant les lois qui nous ont servi de guide. La largeur de l'avant-bras est un caractère de sa force ; plus elle est développée, plus elle indiquera de puissance, et la longueur de l'olécrane, bras du levier de la puissance, sera toujours une marque de sa beauté.

La hauteur du garrot, que nous ne trouverons jamais trop grande, *sera bornée à deux secondes ou deux tiers d'une prime, c'est-à-dire aux deux neuvièmes de la longueur totale de la tête*.

La même longueur règlera la hauteur du coude relativement au sternum, que nous voudrions voir toujours très descendu entre les deux membres antérieurs. Ce caractère est commun à tous les animaux à poitrine très profonde, à épaules longues et obliques, à tous les chevaux à grands moyens. Enfin *cette même mesure donnera la largeur latérale de la jambe à hauteur des jarrets*. Mais jamais cette largeur n'aura les dimensions que nous voudrions lui voir, parcequ'elle indique la largeur du jarret lui-même ou le développement des muscles, et leur rapprochement de la perpendiculaire à leur insertion.

La largeur des boulets postérieurs vus de côté, celle du genou examiné de face, et l'épaisseur des jarrets, ne doivent pas dépasser une seconde et demie, d'après Bourgelat, c'est-à-dire la moitié du tiers de la longueur de la tête entière. Or les plus grandes dimensions de ces trois régions, dans le sens indiqué, sont ce que l'on doit toujours rechercher, sans égard pour toute mesure qui les bornera. *Quand elles seront le plus développées possible à la puissance d'action, elles réuniront toujours les conditions de solidité articulaire.*

La longueur de l'avant-bras doit avoir le plus d'étendue possible suivant nous ; elle sera, suivant Bourgelat, égale à la hauteur du pli du genou à terre, à la distance de la rotule au pli du jarret, ou à celle de cette partie à la couronne.

Ces trois conditions exigées par Bourgelat sont tout à fait contraires aux lois de la vitesse. Pour le prouver, nous invoquons le principe par lequel on juge de l'étendue du mouvement par l'action musculaire, et par le développement des rayons les plus spécialement destinés à embrasser le terrain, comme l'avant-bras par exemple.

Le sixième de la hauteur du pli du genou à terre devra donner la largeur du canon, vu latéralement au milieu de sa longueur. D'après ce principe, le tendon, que nous avons reconnu être d'autant plus beau qu'il est plus détaché, ne devra pas dépasser les mesures que prescrivent les proportions de Bourgelat, pour être conforme à leur règle. C'est une erreur d'autant plus grande, qu'elle est contraire à la force d'une des régions du corps qui sont le plus exposées à la fatigue, par la tension permanente des cordes tendineuses qui en forment la base. Jamais les tendons ne seront assez détachés du canon ; jamais, aux membres comme ailleurs, une puissance ne se rapprochera assez de la ligne perpendiculaire à son action. Cette règle est sans exception dans la machine animale. L'excès même, dans ces cas, sera toujours une marque de grande beauté. L'erreur de Bourgelat est ici des plus grandes.

La largeur du jarret, si importante pour sa force, *devra être réduite au tiers de la hauteur du pli du genou à terre.* C'est là, certainement encore, une des erreurs les plus capitales de toutes les proportions de Bourgelat.

Le jarret est, de toutes les parties du cheval susceptibles de détente, celle qui, par ses importantes fonctions, demande le plus de puissance pour chasser le corps en avant. Elle ne peut avoir de force que par la longueur du levier formé par le calcanéum. Certes le mécanisme de cette importante articulation n'était point ignoré par le grand maître de l'art ; nous ne comprenons pas qu'il ait pu borner, par une mesure déterminée, une des qualités les plus importantes de tout le corps du cheval et les plus essentielles à la force comme à la vitesse. Un jarret ne peut jamais être trop large.

La largeur qui sépare les deux yeux d'un grand angle à l'autre donnera celle que doit avoir la jambe, de la ooupure de la fesse à sa partie antérieure. Cette erreur n'est guère moins grave que celle qui borne la largeur du jarret à la mesure indiquée. En effet, les muscles des fesses doivent descendre très bas sur le jarret, pour avoir le plus d'étendue possible d'extension comme de force, par leur développement en grosseur. D'après le principe de Bourgelat, ils doivent être étranglés, coupés au dessus des jarrets, ce qui est contraire à toutes les règles de physiologie comme de mécanique animale.

Enfin *la moitié de cette distance d'un grand angle de l'œil à l'autre devra borner la largeur des canons et des tendons postérieurs et la largeur du boulet antérieur vu de côté ; elle donnera aussi la différence qui doit exister entre la hauteur du cheval, mesuré du garrot, et celle du sommet de la croupe à terre.* La hauteur du garrot est donc ainsi bornée à la moitié de la distance d'un grand angle de l'œil à l'autre : si le cheval a le front très rétréci, ce qui se voit, cette partie du corps sera réduite à zéro ou à bien peu de chose. Rien n'est plus contraire à sa beauté.

Nous ne pensons pas avoir besoin de plus longs commentaires pour démontrer à ceux qui voudront y réfléchir que Bourgelat se trompa quand il imagina ses proportions et qu'il les donna comme guide pour trouver le type du beau. Son cheval modèle, construit d'après sa méthode, ne saurait répondre aux condions exigées par la raison et pour le service d'une bonne locomotive. Comment, en effet, comprendre des bornes au développement de certaines régions, surtout quand les excès mêmes seraient toujours, et sans une exception, une beauté recherchée ? Comment comprendre qu'on puisse limiter la largeur du front, la hauteur du crâne, le développement du garrot, la hauteur de la poitrine, celle des épaules comme leur obliquité ? Trouvera-t-on jamais un boulet trop large, un avant-bras trop large ou trop long, un genou trop développé, un tendon trop détaché ? Peut-on fixer des limites à la largeur du jarret, à celle de la jambe, à la longueur de la croupe et à celle des côtes ?

Celui qui veut étudier le cheval suivant sa destination sera convaincu, comme nous, qu'il est contraire à la raison de fixer par des mesures arbitraires (et il ne peut y en avoir d'autres) les bornes du développement de telle ou telle région de son corps. Que l'artiste ait des données pour se diriger dans la confection de son œuvre, dont le goût ou les modes règlent les formes, nous le comprenons parfaitement ; mais le mécanicien ne doit obéir qu'aux lois de la mécanique, et ne juger des qualités de la machine que d'après les règles invariables que ces lois ont établies. La machine animée demande de plus, pour être bien jugée, des connaissances solides en physiologie, en science de la vie. Sans elles on ne peut comprendre de quelle nature, de quelle essence, sont les ressorts, les instruments employés pour son entretien, comme pour l'action de tout le système locomoteur des animaux. Il y a notamment dans le cheval, comme nous l'avons vu, une question dominante : c'est celle de sa race, de son sang, suivant l'expression reçue, et celle de son perfectionnement par le choix qu'on doit faire de la nature des types employés. Toutes ces considérations importantes doivent s'allier aux connaissances mécaniques indispensables à l'appréciation du cheval.

La physiologie et la mécanique réunies, d'accord avec l'observation des faits, nous apprennent qu'une tête carrée est généralement belle; ses muscles masticateurs sont bien accentués; ses naseaux sont très mobiles, très larges et dilatables; de grands yeux bien ouverts, vifs et placés bas, un vaste front et un crâne bien développé, la caractérisent. Une semblable tête est toujours dans de bonnes conditions, quelles que soient les indications des proportions, qui ne prouvent absolument rien, si d'ailleurs elles ne sont contraires à la beauté. Si, d'autre part, un cheval a son encolure bien musclée, pour bien exécuter tous les mouvements, sans surcharge de graisse ou de tissus cellulaires inutiles; s'il a un garrot très élevé, et ici nous ne connaissons pas de bornes; s'il a le dos et les reins courts, très larges et fortement musclés; si la croupe est longue, bien nourrie, l'épaule haute et bien inclinée; si la poitrine est très profonde et les côtes longues et fortement arquées, arrondies; si le flanc est court, l'avant-bras très long et large; si le genou est fort, le tendon extrêmement détaché, le boulet large, le paturon court et dans le degré d'inclinaison voulu; si les fesses sont proéminentes et garnies de muscles forts, longs, bien dessinés et bien descendus; si la jambe et le jarret sont larges, quel que soit l'excès de leur largeur, ne tenez aucun compte de proportions dont rien ne légitime la valeur; vous serez toujours assuré d'avoir trouvé le cheval modèle. S'il est d'un bon sang, il aura toutes les qualités qu'on peut lui demander, soit comme type améliorateur, soit comme sujet de service.

PROPRETÉ. La propreté dans les maisons, comme dans les habitations d'animaux, est une condition essentielle prescrite par tous les principes d'une bonne hygiène. Dans les campagnes de certains pays, comme en Hollande, en Belgique, etc., on voit de nombreux exemples de propreté dans les habitations rurales. Dans nos campagnes on voit trop souvent des exemples du contraire; et cependant on devrait savoir que la malpropreté engendre de mauvaises odeurs, des miasmes qui vicient l'air, le rendent impropre à une bonne respiration, et, par conséquent, à une bonne hématose du sang. Le défaut de propreté engendre chez l'homme comme chez les animaux la vermine, des maladies cutanées, les dartres, la gale, les démangeaisons, sans parler des scrophules, de la morve, du farcin, etc.

La propreté est une véritable vertu. Il est déplorable qu'elle ne soit pas mieux observée qu'elle ne l'est par nos populations rurales, dans nos habitations, dans nos rues des villages, dans nos étables et écuries, partout où l'homme a fixé sa demeure avec les animaux domestiques. — V. *Animaux*, *Désinfection*, *Étable*, *Habitation*, *Hygiène*, *Pansage*.

PROPRIÉTAIRE RURAL. Le nombre des propriétaires ruraux s'est accru en France dans des proportions considérables depuis la fin du siècle passé. La division de la propriété a été la conséquence naturelle de ce fait incontestable. L'opinion des économistes a varié sur le résultat de cette division du sol : les uns l'ont considérée comme déplorable au point de vue de la production ; les autres, au contraire, la regardent comme un progrès réel, et ils se fondent sur cette vérité, qu'un propriétaire qui cultive lui-même une terre qui lui appartient lui fait toujours rendre plus de produits par les améliorations qu'il ne cesse de faire à son fonds que s'il cultivait comme fermier une terre d'autrui ; cette raison est fondée sur un fait d'observation pratique incontestable. Un fermier n'a aucun intérêt présent à améliorer une terre qui ne lui appartient pas, et il s'occupe d'autant moins d'en augmenter la valeur sous ce rapport qu'il craint toujours qu'une augmentation de produits du sol qu'il cultive, ne cause une augmentation de loyer à fin de bail, ce qui arrive malheureusement trop souvent. C'est là certainement un obstacle aux progrès de notre agriculture, surtout dans les pays à métayage ou à baux à courts termes. On peut du reste se convaincre du fait que nous avançons ici. En étudiant la marche des progrès obtenus dans notre agriculture, on remarque que c'est surtout dans les terres exploitées par leurs propriétaires que les améliorations foncières ont été exécutées. Comment pourrait-il en être autrement? Un fermier voudrait-il engager ses capitaux pour augmenter la valeur d'un fonds au bénéfice du propriétaire d'une ferme qu'il n'exploite que temporairement? C'est le contraire que l'on observe. Le but d'un fermier est de faire produire le plus possible à ses cultures, sans s'inquiéter de la plus ou moins-value de la terre qui les produit. Cette question posée entre les propriétaires et les fermiers est grave et est loin d'être résolue comme le demande l'intérêt général. Il faudrait un système de baux qui intéressât en même temps le bailleur et le preneur d'une ferme dans les améliorations foncières. Ce serait possible avec de longs baux et des clauses spéciales ; mais pour cela il faudrait que les propriétaires et les fermiers fussent mieux éclairés sur leurs véritables intérêts mutuels. Jusqu'à ce jour chacun n'a vu généralement que le bénéfice du moment. Or, comme les améliorations foncières exigent des avances souvent considérables et un temps plus ou moins éloigné pour en retirer des avantages, les propriétaires sont d'autant moins disposés à engager des capitaux dans leurs terres, que le plus souvent ils les croient compromis, sinon perdus, dans ce mode de spéculation. Une instruction professionnelle solide répandue en France par l'enseignement agricole pourra seule, un jour, éclairer les propriétaires comme les fermiers sur leurs intérêts réciproques. — V. *Agriculture*, *Amélioration*, *Ferme-école*, *Morcellement*, *Régional*.

PROPRIÉTÉ. Qualité particulière à un corps. Les corps médicamenteux ont des propriétés particulières et souvent spéciales qui les font employer dans le traitement des animaux domestiques. Suivant leurs propriétés et les effets qu'ils provoquent, les médicaments sont distingués en toniques ou débilitants, en calmants ou excitants, en narcotiques, etc., etc.

PROPRIÉTÉ RURALE. V. *Ferme*.

PROSTRATION. D'un mot latin qui signifie *abattre*. Affaiblissement des forces d'un animal par l'action de quelque maladie. Les sujets en état de prostration peuvent à peine se soutenir. On combat cet état maladif par des toniques et par une bonne alimentation, s'il est la conséquence de l'épuisement de l'individu ; si au contraire il est la conséquence d'une violente inflammation, c'est au régime antiphlogistique qu'il faut recourir. — V. *Antiphlogistiques*.

PROVENDE. Mélange de grains, de farines, de racines, de fourrages, hachés, fermentés ou cuits ensemble, pour être donnés aux animaux.

Les aliments préparés en forme de provende sont d'une digestion facile et sont administrés surtout aux animaux à l'engrais. On les donne aussi avec avantage aux vaches laitières, qu'ils entretiennent en bon état en favorisant la sécrétion de leur lait. Du reste les ruminants sont de tous nos animaux domestiques ceux auxquels les provendes conviennent le mieux par rapport aux dispositions spéciales de leurs estomacs. — V. *Ruminant*.

PROVIGNAGE. Marcottage de la vigne. Le provignage est employé pour renouveler de vieilles souches ou pour multiplier les espèces. Ce sont toujours les jeunes sarments qui servent pour cet usage. Ce procédé est très répandu dans les pays vignobles ; du reste, il est pratiqué de la même manière que pour les autres végétaux multipliés par marcottes.— V. *Marcottage*.

PROVIGNER. Multiplier la vigne par le marcottage.

PROVIN. Le provin est une véritable marcotte de la vigne. Cette marcotte a l'avantage d'offrir un moyen aussi prompt qu'assuré de multiplier les plants. Dès la première année le provin peut donner du produit. On le sépare de la souche vers la deuxième ou la troisième année.

PRUNE. Fruit du prunier. — V. *Prunier*.

PRUNEAU. Prune séchée. — V. *Prunier*.

PRUNELLE (*de l'œil*). — V. *Pupille*.

PRUNELLE. Fruit du prunellier, petit prunier sauvage qui donne des fruits noirs très acides. On a conseillé de faire une sorte de piquette avec des prunelles en les faisant fermenter dans un tonneau qu'on remplit d'eau. — V. *Piquette*.

PRUNIER. Arbre de la famille des rosacées. La culture a fait obtenir du prunier une infinité de variétés de prunes qui fournissent pour nos tables des fruits exquis. Dans l'Agenais et la Touraine, la culture du prunier est une spéculation lucrative par la récolte des prunes qu'on fait sécher. On les connaît dans le commerce sous les noms de prunes ou pruneaux d'Agen, de Tours. On fait avec certaines prunes une liqueur fermentée que l'on vend quelquefois pour du kirsch commun dans le commerce.

PRURIT. V. *Démangeaison*.

PSORIQUE. D'un mot grec qui signifie *gale*. On nomme maladie psorique toute affection de la peau qui est de la nature de la gale. — V. *Gale*.

PUCE. Insecte aptère, de l'ordre des suceurs. Les puces se multiplient avec rapidité dans les colombiers, dans les poulaillers, dans les fourrures des chiens et des chats. On délivre facilement les chiens des puces en les lavant périodiquement avec de l'eau de savon.

PUCERON. Insecte de l'ordre des hémiptères. Les pucerons font beaucoup de ravages dans nos campagnes; ils sont quelquefois si nombreux qu'ils recouvrent les jeunes pousses des végétaux, sucent leurs sucs et les font périr. Les fèves de marais sont surtout souvent attaquées par ces insectes. On a indiqué plusieurs moyens pour les détruire. L'emploi de la chaux en poudre paraît être très efficace, mais dans les cas où l'action des pucerons est bornée; lorsqu'ils gagnent les arbres et toute la campagne, il est impossible de se préserver de leurs ravages, qui font souvent éprouver de grandes pertes, à l'arboriculture fruitière surtout.

PUISARD. Espèce de fosse faite en maçonnerie et recouverte, pour recevoir les eaux auxquelles on ne peut pas donner d'écoulement naturel. Les puisards reçoivent les eaux des cuisines, des cours, et, lorsque ces réservoirs sont remplis, on est obligé de les vider et de les curer de temps en temps pour enlever les boues qui s'y déposent. Les eaux des puisards peuvent être employées avec avantage pour arroser les prairies, qu'elles engraissent, surtout lorsqu'elles proviennent des cours et des fumiers. Quand elles ne s'infiltrent pas dans le sol, ces eaux croupissent, se corrompent et répandent une odeur infecte. Le seul moyen d'éviter cet inconvénient est de vider ces fosses de temps en temps, ce qui est du reste un travail qui peut être fait à temps perdu et lorsqu'on n'est pas pressé.

Lorsque les sols sont très perméables, les eaux qui tombent dans les puisards s'infiltrent, disparaissent, et dans ces cas des excavations qu'on nomme aussi puits-perdus, boit-tout, sont utilisées pour les dessèchements des terrains humides ou pour l'écoulement des eaux de certaines usines. — V. *Dessèchement*.

PUITS. Excavation plus ou moins profonde, ordinairement cylindrique, pratiquée pour avoir de l'eau. Cette eau est quelquefois la seule dont on puisse disposer pour abreuver les animaux, et il est important dans ce cas de bien s'assurer de sa nature et de sa composition. Certains puits ont leurs eaux séléniteuses au point d'être indigestes et de devenir malfaisantes par leur action prolongée. Il n'est pas difficile de reconnaître ces eaux dans les ménages : d'abord elles ne dissolvent pas le savon, elles ne sont donc pas propres à être employées pour blanchir le linge ; en second lieu, elles ne cuisent pas les légumes ; et ces caractères spéciaux des eaux de puits sont d'autant plus tranchés, qu'elles sont plus chargées de sels nuisibles à l'économie animale. Avant de les employer pour abreuver les animaux, on devrait toujours s'assurer de leur composition et de leurs propriétés. — V. *Abreuvoir, Eau.*

PUITS ARTÉSIEN. On donne le nom de puits artésiens à des jets d'eau qui jaillissent d'un sol perforé au moyen de sondes ou d'appareils destinés à cet effet. La théorie de ce phénomène est simple : des courants d'eau existent dans le sein de la terre ; lorsqu'on perce le sol et qu'on rencontre de ces courants dont le point de départ est plus élevé que le niveau du lieu où l'on opère, l'eau jaillit comme celle d'un jet d'eau. On peut probablement pratiquer des puits artésiens dans tout pays ; mais on est quelquefois obligé de perforer le sol à de grandes profondeurs, ce qui cause des frais considérables. Ces sortes de puits ne peuvent être faits généralement que pour des services publics et avec les fonds du gouvernement ou de sociétés qui veulent en faire un objet de spéculation.

Quelques propriétaires ont fait faire des puits artésiens qui ont parfaitement réussi. J'ai visité aux environs de Perpignan une propriété dont la valeur a plus que doublé au moyen de quelques puits artésiens qui lui fournissent de l'eau en abondance pour les irrigations comme pour les abreuvoirs et le service du ménage. Dans les pays méridionaux, les puits artésiens sont une source de richesse d'autant plus précieuse que leurs eaux ne tarissent pas, quelles que soient les sécheresses de l'été, condition inappréciable dans les pays dépourvus de rivières et de sources ordinaires.

PULMONAIRE. Genre de plante de la famille des borraginées. La pulmonaire est quelquefois employée en médecine des animaux comme plante émolliente. On ne lui reconnaît pas d'autre propriété.

PULMONAIRE. Vaisseaux pulmonaires, qui ont rapport aux poumons. Les artères et les veines pulmonaires du ventricule droit du cœur apportent le sang aux poumons pour y être soumis à la respiration. Après cette fonction, le sang revient par les veines pulmonaires au ventricule gauche du cœur, pour être poussé avec force par cet organe dans tout le système artériel de la grande circulation des animaux. — V. *Circulation, Respiration*.

PULMONIE. V. *Pneumonie*, *Péripneumonie*.

PULPE. Partie charnue des végétaux, notamment des fruits et des racines ou tubercules. On donne plus spécialement le nom de pulpe à la pâte produite par les fruits ou les racines râpés pour en exprimer le jus. Telles sont les pulpes de coin, de parmentière, de betterave, etc.; après en avoir extrait les éléments désirés, on fait consommer ces subtances par les bestiaux. Dans le Nord on engraisse beaucoup de bœufs avec les résidus des sucreries, et cette industrie a pris dans ce riche pays depuis quelques années un développement considérable. Une grande partie des animaux de boucherie consommés à Lille et dans d'autres villes de la Flandre française sont engraissés avec des pulpes, surtout avec celles de betterave. Ce progrès, rapidement obtenu dans le Nord, fait regretter pour la production de la viande que la fabrication du sucre indigène ne soit pas libre.

PULSATION. Battement des artères. — V. *Pouls*.

PUNAISE. Insecte hémiptère très commun dans nos campagnes, notamment dans le centre et le midi de la France. On sait que ces insectes se tiennent cachés pendant le jour dans les cloisons, dans les bois de lit. On les prend avec des claies d'osier placées dans les lits et dans lesquelles elles se réfugient. En secouant ces claies, on les fait tomber et on les écrase. On les détruit aussi avec de l'essence de térébenthine, que l'on met au moyen d'une barbe de plume dans les fentes ou crevasses où elles se trouvent.

PUPILLE. Petite ouverture qui se trouve au centre de l'iris pour laisser pénétrer dans l'œil les rayons lumineux. La pupille, généralement arrondie, mais variant de forme dans quelques animaux, se dilate ou se rétrécit suivant la quantité de lumière à laquelle elle est exposée. Dans le chat, par exemple, elle se dilate beaucoup, ce qui permet à cet animal de voir dans des conditions d'obscurité où l'homme ne perçoit aucun rayon lumineux.

Lorsque la pupille reste immobile à la lumière comme à l'obscurité, il y a cécité. Dans l'acquisition des animaux, notamment du cheval, on devra examiner avec attention la pupille comparativement dans un lieu peu éclairé d'abord, puis à une lumière bien caractérisée, pour s'assurer de ses mouvements de dilatation et de rétrécissement. Si ces mouvements n'étaient pas sensibles, si la pupille restait immobile quand l'œil est exposé à une lumière vive après le séjour de l'animal dans un lieu peu éclairé, il pourrait y avoir perte de la vue. — V. *Amaurose.*

PURGATIF. Nom donné aux substances qui, administrées aux animaux, ont une action spéciale sur le tube intestinal et provoquent des évacuations plus ou moins liquides et abondantes. L'emploi des purgatifs est assez fréquent en médecine des animaux, surtout pour le cheval. Ils sont fournis par le règne végétal et le règne animal, et leur action est plus ou moins énergique. Ceux dont on se sert le plus ordinairement sont l'aloës, l'huile de ricin, le jalap; les sulfates de soude, de magnésie, de potasse, etc.

Les purgatifs sont appelés drastiques quand ils agissent avec vigueur, doux quand leur action est modérée. Tantôt on les emploie pour agir localement, comme dans des cas de constipation, et tantôt on les oppose comme révulsifs à certaines affections cutanées. On administre les purgatifs en breuvages, en pilules, en opiats et en lavements. On ne doit pas en faire usage dans les cas de maladie du tube intestinal, parcequ'ils pourraient augmenter l'inflammation de la maladie qui existe déjà.

PURGATION. Effet produit par les purgatifs sur les animaux. — V. *Purgatif.*

PURIN. Partie liquide de fumiers mélangée aux urines des animaux. Ce liquide forme un excellent engrais, qu'on devrait toujours recueillir dans des fosses pratiquées à cet effet. On pourrait en arroser les fumiers pour augmenter leurs qualités fertilisantes, comme on le fait dans le Nord et surtout en Belgique.

On creuse quelquefois des citernes dans les étables pour recueillir les purins. Ce procédé produit toujours les plus heureux résultats et compense largement les frais que les cultivateurs ont faits pour le mettre en pratique. Les arrosements des prairies naturelles au moyen des purins, surtout lorsque les mousses les gagnent, font bientôt changer leur nature. Non seulement les mousses disparaissent sous l'influence de ces engrais liquides, mais les produits des fourrages augmentent dans de grandes proportions. Lorsque les purins sont trop concentrés, on peut les mélanger avec de l'eau : par ce moyen on peut étendre leur action sur de plus grands espaces. — V. *Engrais.*

Lorsqu'on veut employer les purins pour l'arrosage des tas de fumiers, on pratique autour d'eux des rigoles qui se rendent en pente douce dans une fosse; au moyen d'une pompe, ou par tout autre procédé, on prend le purin de cette fosse, construite de manière à bien le contenir, et on le jette sur le fumier, qui, loin de se dessécher alors, devient gras et de bonne qualité. Les rigoles d'écoulement du purin doivent être pavées pour être imperméables et ne pas être défoncées par le piétinement des animaux.

PUS. Liquide blanchâtre ou jaunâtre, qui est le résultat d'une maladie inflammatoire dans les animaux. Le pus se forme dans des foyers, et finit par se frayer un passage au dehors, au travers des tissus. Le plus souvent on pratique des ouvertures dans ces foyers pour favoriser son écoulement. Lorsque le pus se développe dans les pieds des animaux, sous la corne qui recouvre leurs extrémités, il importe de lui ouvrir le plus tôt possible un passage pour prévenir les décollements partiels des sabots des chevaux ou des onglons des bœufs ou des moutons. — V. *Abcès.*

PUSTULE. Petite tumeur qui se développe sur la peau des animaux dans certaines maladies. Le mouton en offre des exemples dans la clavelée. — V. *Clavelée.*

PUSTULE MALIGNE. Affection qui se transmet par contagion et qui a le plus souvent des résultats funestes. La pustule maligne est contagieuse non seulement d'un animal à l'autre, mais de l'animal à l'homme; des exemples terribles l'ont prouvé. On affirme que des mouches qui avaient été sur des animaux atteints de charbon ou de pustule-maligne, ont inoculé par leurs piqûres ces maladies à des hommes, qui en sont morts.

On a long-temps confondu le charbon avec la pustule maligne. Cependant leurs symptômes sont distincts, surtout à leur début; quoi qu'il en soit, l'une et l'autre de ces affections sont très dangereuses pour l'homme comme pour les animaux, et l'on ne saurait prendre assez de précautions pour isoler les malades, et les enfouir profondément après leur mort. —V. *Charbon, Contagion.*

PUTOIS. Petit carnassier du genre marte. Le putois fait les mêmes ravages dans nos fermes que la fouine; on le chasse et on le détruit de la même manière. — V. *Fouine.*

PUTRÉFACTION. Décomposition que les corps organisés subissent après leur mort. C'est par une action chimique que la putréfaction s'opère; elle a pour résultat la formation de divers gaz et de corps solides et liquides, qui forment un humus, un engrais, pour les végétaux.

Par la putréfaction, les divers éléments qui avaient concouru à former les corps organisés et vivants se séparent; ils rentrent dans le foyer commun, qui est le sol, et dans l'atmosphère, sous forme de corps gazeux, liquides ou solides, pour servir de nouveau à la composition d'autres corps vivants. Le règne minéral ne fait que prêter transitoirement aux êtres organisés qui naissent, croissent, se reproduisent et meurent, les divers éléments constitutifs de leur organisation. Ainsi s'opère sans interruption, dans la marche de la nature, l'immense succession des corps organisés qui vivent aux dépens des corps bruts, pour redevenir à leur tour matière inorganique, corps bruts, quand ils ont cessé de vivre. — V. *Corps.*

PYLORE. De deux mots grecs qui signifient *porte* et *gardien.* On donne le nom de pylore en anatomie à l'ouverture de l'estomac qui communique à l'intestin grêle. Cette ouverture sert en quelque sorte d'embouchure, d'entonnoir au jéjunum. — V. *Digestion, Estomac, Intestins, Jéjunum*.

PYRALE. Genre d'insectes de l'ordre des lépidoptères. L'espèce de pyrale qui attaque la vigne est un des ennemis les plus redoutables de la culture viticole. Cet insecte, connu de temps immémorial, a toujours causé des pertes considérables aux vignerons, qui ne savaient soustraire leurs vignes à ses ravages. La Bourgogne notamment lui a payé un large tribut; c'était surtout dans ses meilleurs crûs qu'il était le plus abondant, et les conséquences de sa voracité se traduisaient par des pertes énormes chaque année, sans qu'on pût les éviter. Dans les seuls départements de Saône-et-Loire et du Rhône on a estimé les ravages faits par la pyrale à sept millions par an; on peut voir d'après ce chiffre s'il était urgent de chercher un moyen de détruire cet insecte.

Victor Audouin, naturaliste au Muséum d'histoire naturelle, chercha dans l'étude des mœurs de cet insecte les moyens de le détruire. Il reconnut que, lorsque les chenilles sont sorties des œufs, elles se réfugient dans les crevasses de l'écorce de souches pour y passer l'hiver, enveloppées dans une petite coque de soie. Au printemps suivant, lorsque la végétation commence, elles sortent de leur retraite pour dévorer les feuilles et leurs pétioles, les jeunes pousses des tiges, les fleurs, les jeunes grappes, et enfin toutes les parties qui végètent dans les ceps, pour ne laisser quelquefois que leurs branches dégarnies.

La retraite des jeunes chenilles des pyrales était donc reconnue; il s'agissait dès lors de trouver un moyen de les détruire avant la végétation printanière, époque à laquelle elles en sortent. Un vigneron, M. Raclet, pensa que, si l'on jetait de l'eau bouillante sur les souches pendant que les jeunes chenilles y restaient cachées, on pourrait les faire périr en les échaudant. Il essaya ce moyen, qui lui réussit à merveille. On ne voulut pas d'abord croire au moyen imaginé par le vigneron mâconnais; mais, lorsqu'on fut bien convaincu de l'efficacité de son procédé, son exemple fut imité. Aujourd'hui on *ébouillante* la vigne comme on pratique une autre opération agricole, et l'on se délivre ainsi d'un ennemi qui pendant tant de siècles avait fait la désolation de tant de vignerons.

Ici comme ailleurs, la science a joué le principal rôle. Si M. Audouin n'avait pas étudié avec soin les mœurs de la pyrale et les moyens par lesquels elle se reproduit et se multiplie, si on avait continué à ignorer sa retraite pendant l'hiver, on n'aurait pas songé au moyen de l'attaquer comme on l'a fait, puisqu'on ne savait pas où elle était, d'où elle sortait au printemps, et nos pays vignobles en seraient encore victimes.

J'ai l'intime conviction qu'en étudiant avec soin les mœnrs de tous les insectes qui font éprouver chaque année à l'agriculture des pertes incalculables, on finirait par trouver les moyens propres à les détruire chacun en particulier ; mais je ne saurais assez le répéter, en France, nous sommes généralement trop peu disposés à nous éclairer, à nous instruire sur les moyens de rendre notre existence plus heureuse, surtout quand il s'agit d'agriculture, d'instruction agricole. — V. *Insectes.*

Q

QUADRIENNAL (*Assolement*). L'assolement quadriennal est celui dont la rotation est de quatre ans. — V. *Assolement.*

QUADRUMANES. De deux mots latins qui signifient *quatre* et *mains*. Nom donné aux singes, parceque chacune de leurs extrémités est pourvue d'un pouce opposable aux autres doigts, ce qui constitue une véritable main.

QUADRUPÈDES. Animaux pourvus de quatre pieds. On réserve plus spécialement le nom de quadrupèdes aux mammifères. Tels sont les carnivores, les herbivores, etc.

QUARANTAIN. Nom d'une variété de maïs précoce, que l'on cultive comme fourrage.

On nomme aussi quarantain une variété de giroflée adoptée comme plante d'ornement dans nos parterres.

QUARTIER. Nom de la partie du sabot du cheval qui se trouve entre les talons et les mamelles. — V. *Muraille, Sabot.*

QUARTZ. Roche dont la composition a pour base la silice. Les quartz, diversement colorés, mais généralement de couleur blanchâtre plus ou moins bien caractérisée, appartiennent aux terrains primitifs ; ils sont d'une grande dureté et font feu au briquet ; les sols qu'ils forment par leur décomposition sont légers, peu fertiles, et ont besoin d'amendement pour être dans de bonnes conditions de fertilité. — V. *Amendement.*

QUENOUILLE. Nom donné aux arbres fruitiers taillés en forme de quenouille. On peut disposer de cette manière tous les arbres fruitiers ; mais le poirier est celui qui en fournit le plus d'exemples.

QUEUE. Appendice produit dans les animaux par un prolongement du coccyx. La queue du cheval est garnie de crins longs qui en font un véritable émouchoir pour chasser les mouches. L'extrémité de la queue du bœuf est aussi garnie d'une touffe de crins qui sert au même but. On a quelquefois l'habitude de couper la queue aux chevaux de luxe ; mais on doit toujours se garder d'en faire autant aux animaux destinés à paître, notamment aux poulinières ; il n'est pas douteux qu'une jument qui allaite son poulain le nourrirait fort mal si, toujours tourmentée par les insectes, elle ne pouvait pas les chasser. La sécrétion de son lait diminuerait nécessairement.

Dans le cheval, la queue offre souvent des indices de distinction : les types de race orientale l'ont généralement attachée haut, et la portent horizontalement quand ils sont en action ; elle leur donne ainsi un air gracieux et dégagé que n'ont pas les races dont la queue basse semble toujours collée aux fesses. D'un autre côté, la queue portée horizontalement est un indice d'énergie en général, par la raison qu'elle caractérise une espèce de sang noble.

Pour faire prendre artificiellement une direction horizontale à la queue du cheval, on coupe quelquefois ses muscles abaisseurs. Cette mode paraît nous venir des Anglais ; mais elle remplit assez mal le but. Une croupe avalée, basse, avec une queue qui se redresse artificiellement, est un contre-sens toujours disgracieux à l'œil, quoi qu'on fasse.

La queue sert encore à protéger l'anus. Il paraît que cet orifice a un besoin tout particulier de protection. Tout animal qui a peur, qui se défend ou est menacé, se serre la queue contre l'anus.

La queue de quelques espèces ovines orientales prend un grand développement, surtout quand les animaux sont gras. Le développement particulier de cette partie du corps dans ces animaux semblerait jouer le même rôle que la bosse chez les chameaux, c'est-à-dire qu'elle serait une espèce de réservoir de graisse, utile à l'entretien de l'animal dans certaines conditions.

Certains animaux, tels que le caméléon, divers singes, se servent de leur queue pour s'accrocher aux branches d'arbres. Ils ont la queue *prenante*.

La queue est très utile aux oiseaux pour qu'ils puissent se tenir en équilibre pendant le vol et quelquefois pour leur servir de gouvernail. Dans l'ordre des grimpeurs, la queue, par son appui contre les troncs d'arbres, sert aux oiseaux à se maintenir accrochés pour faire la chasse aux insectes dans les crevasses des écorces.

Dans le Kanguroo, la queue sert à la station.

Dans les poissons, la queue sert en même temps de rame et de gouvernail.

On le voit donc, la queue, dans une infinité d'espèces d'animaux, joue un rôle important, soit pour la progression ou les mouvements, soit comme organe protecteur contre les insectes.

QUEUE-DE-CHEVAL. — V. *Presle.*

QUINCONCE. Plantation d'arbres formant diverses allées en ligne droite et espacés à des distances égales. Les promenades sont généralement disposées en quinconces de tilleuls, de platanes, de sicomores, etc.

QUINQUINA. On cultive dans l'Amérique méridionale l'arbre précieux dont l'écorce fournit le quinquina. Cet arbre appartient à la famille des rubiacées. Le quinquina joue un grand rôle dans la médecine, soit de l'homme, soit des animaux. On distingue plusieurs espèces de quinquina; toutes sont employées comme toniques et fortifiantes, et donnent pour extrait la quinine, si connue pour combattre les fièvres intermittentes.

Le quinquina est employé non seulement à l'intérieur comme tonique, mais à l'extérieur sur les plaies de mauvaise nature, pour les animer, y activer la vie et hâter leur guérison. On peut considérer le quinquina comme un des remèdes les plus précieux fournis par le règne végétal, soit pour la santé de l'homme, soit pour celle des animaux.

QUINTAL. Dans nos campagnes on entend généralement par quintal le poids de 50 kilogrammes. Le quintal métrique est de 100 kilogrammes. — V. *Métrique.*

QUINTEUX. Lorsqu'un animal est indocile, difficile à dresser, à conduire, lorsqu'il a l'habitude de se défendre, on dit qu'il est quinteux. Parmi tous nos animaux domestiques, ce sont les chevaux, les ânes et les mulets, qui sont les plus quinteux, *rétifs.* L'espèce bovine offre infiniment moins d'exemples d'animaux quinteux.

On doit en général traiter ces sortes d'animaux capricieux avec douceur et circonspection. Cependant il importe d'étudier leur caractère. On en voit qui obéissent parfaitement lorsqu'ils sont corrigés de leur faute d'une manière judicieuse et à propos, et ils ne sont quinteux que pour les personnes qu'ils ne craignent pas ou qu'ils ne connaissent pas. Il faut donc étudier les animaux pour bien connaître le moyen de s'en servir et de les gouverner convenablement. — V. *Dressage, Rétif.*

R

RABATTRE (*un arbre*). Tailler, receper un arbre de manière à le rajeunir, à lui faire pousser de jeunes branches, plus robustes, plus vigoureuses que celles qu'on coupe. Ce sont surtout les arbres fruitiers ou les arbres d'ornement qu'on rabat, pour donner plus de vigueur à leur végétation.

RABOUGRI. Un végétal ou un animal mal conformés, qui ne

parviennent pas à leur développement normal, sont dits rabougris. Le rabougrissement est dû ou à un défaut d'alimentation suffisante ou à un état particulier de souffrance. On voit quelquefois de jeunes sujets qui paraissent vieillis par les causes de leur rabougrissement. Ils sont *noués*, suivant l'expression vulgaire. La mode, quelquefois si ridicule, s'attache à rabougrir des végétaux, notamment des arbres, et on nomme cela *embellissement*. D'autres fois, elle cherche à rabougrir des espèces animales, et c'est l'espèce canine qui en est victime. Aussi combien ne voit-on pas dans les villes de malheureux petits chiens rabougris qui peuvent à peine marcher; on est obligé quelquefois de les porter. Lorsque c'est la mode qui le veut, il n'y a rien à dire. Heureusement ce ridicule procédé ne s'est pas introduit dans nos campagnes.

On ne doit jamais conserver un animal rabougri, parcequ'on n'a aucun service avantageux à en espérer. Non seulement il paiera mal sa dépense, mais il ne donnera que de mauvais produits.

RACE. En agriculture on donne le nom de race à un groupe plus ou moins répandu d'animaux qui se ressemblent par des caractères communs, par la similitude de leur structure et par leur aptitude spéciale à un même service. Nous avons en France quelques races d'animaux bien tranchées dans les espèces bovine, ovine, porcine. Il en est de même dans nos espèces de chevaux de trait, dans celles que la main de l'homme n'a pas dénaturées par des croisements irrationnels. Ainsi nos races de bœufs de Salers, du Cotentin, de l'Agenais, du Charolais, d'Aubrac, de la Bretagne, de la Flandre, de la Franche-Comté, du Limousin, etc., sont parfaitement distinctes entre elles. On les reconnaît partout à la conformation particulière de leur corps, à leur taille, à la couleur de leur robe, à la disposition de leurs cornes, à la nature de leurs tissus; et il en est de même de nos moutons de la Flandre, du Ségalas, du Berri, du Quercy, etc. Nos races de porcs sont aussi distinctes.

Nos chevaux de trait du Boulonnais, de la Franche-Comté, de la Bretagne, du Perche, ont aussi des caractères de races très distincts. Quant à nos races d'espèce légère, il n'est plus possible d'en découvrir de trace. Nos anciennes races limousines, navarrines, auvergnates, morvandelles, normandes, etc., ont complètement disparu; elles ont été remplacées par des individus qui n'ont plus entre eux aucune espèce de caractère de famille. La cause de cet effet est facile à expliquer. On a placé pendant long-temps dans tous nos pays de production de chevaux légers, et sans distinction aucune, le même type reproducteur, représenté par le cheval de vitesse anglais. On a élevé ce type pour le faire courir sur les hippodromes; et, après la course, on l'a placé indistinctement dans nos dépôts d'étalons du nord, du midi ou du centre, de l'est comme de l'ouest. Or, comme chaque pays demande un choix spécial de reproducteurs qui puissent convenir à ses conditions de climat, de nourritnre, de sol, et que les étalons ne répondaient pas à ces exigences de la nature des lieux, par rapport soit à leurs produits, soit à leurs habitudes, à leurs aptitudes, à leurs ressources, etc., il en est résulté une perturbation dans la production, et, par conséquent, la destruction des caractères de race locale. Cette cause, agissant partout de la même manière, a eu partout les mêmes effets, et aujourd'hui nous n'avons plus en France de race distincte de chevaux légers. La Camargue, les Landes et la Corse, seules, ont conservé leurs types de petits chevaux, parcequ'ils n'ont pas été mélangés.

Pour toutes nos espèces domestiques de France, on peut dire que la race a été toujours formée jusqu'ici par les influences de localité; elle a été la conséquence de l'action du climat, de la nourriture, du sol où elle se trouve. Nous en avons la preuve tous les jours sous les yeux. Que l'on prenne un groupe d'animaux dans la Flandre française, par exemple, et qu'on les transporte dans les Pyrénées, on verra peu à peu les caractères des races flandrines s'effacer pour se rapprocher des caractères des races de leur nouvelle patrie. On luttera vainement contre cette puissante action de la nature des lieux; elle s'opérera malgré nous, parcequ'elle est la conséquence d'une loi naturelle, immuable. Si nous pouvons quelquefois modifier les effets de cette loi, à force d'art et de science, nous savons ce qu'il en coûte et nous sommes loin de les détruire; d'ailleurs ils n'en restent pas moins incessants, et, loin de les combattre, un agriculteur intelligent les étudie et sait en faire une heureuse application au but qu'il doit se proposer et qui est toujours subordonné à ses ressources morales et physiques. Que d'éleveurs ont échoué après bien des efforts et des dépenses, pour n'avoir pas voulu tenir compte des conditions agricoles ou climatériques dans lesquelles ils ont opéré !

Pour conclure, nous disons que les races sont la conséquence rigoureuse de l'influence des lieux où elles se trouvent, sauf les cas où elles sont un produit artificiel créé par la main de l'homme; que, pour les conserver, il ne faut pas les croiser par des types importés mal adaptés, et que c'est pour n'avoir pas tenu compte de cette loi naturelle et universelle que nos races de chevaux légers ont été détruites.

Quand une race est bonne, le meilleur moyen de la conserver c'est de la perfectionner par elle-même, et de ne pas admettre de type étranger pour la croiser, sauf quelques exceptions bien étudiées. Lorsqu'elle a besoin d'être modifiée suivant des exigences nouvelles, il faut toujours choisir des producteurs qui se rapprochent le plus de son type originel. Dans cette circonstance, le régime alimentaire doit jouer un grand rôle : sans son action améliorante on échouera. La nature ne rend qu'en raison de ce qu'elle reçoit : c'est là une règle générale qui n'a pas d'exception dans le gouvernement des règnes organiques.

RACHIDIEN (*Canal rachidien*). On donne le nom de canal rachidien au canal qui est formé par les vertèbres. Ce canal contient et protége la moelle épinière, qui n'est qu'un prolongement du cerveau. Celui-ci est protégé par le crâne, dans lequel il est renfermé. Il en résulte donc que le canal rachidien est à la moelle épinière ce que le crâne est au cerveau lui-même. L'idée de la comparaison qui a été faite entre les os du crâne et les vertèbres était donc fondée sur ce fait incontestable, que le crâne comme le canal rachidien ont pour fonction commune la protection du foyer qui fournit les nerfs à toutes les parties du corps. — V. *Cerveau*, *Crâne*, *Nerf*.

Le mode d'articulation des vertèbres qui forment le canal rachidien est d'une solidité telle, que les luxations y sont impossibles. Elles ne peuvent s'effectuer qu'après fracture des éminences osseuses articulaires, ou rupture des ligaments qui les unissent avec une grande force. Cette condition était essentielle à la vie des animaux. Toute luxation de la colonne vertébrale est mortelle, par la lésion qui en résulte dans la moelle épinière, foyer dont l'intégrité est indispensable aux fonctions qui président à la vie. Pour prévenir toute perturbation dans ces fonctions, la nature devait donc prendre toutes les précautions nécessaires afin d'empêcher que leur action fût troublée par les luxations du rachis.— V. *Articulation*, *Vertèbre*.

RACHIS. Le rachis ou colonne vertébrale est formé par la réunion de toutes les vertèbres ; il contient la moelle épinière, qui, partant du cerveau, fournit les nerfs à toutes les parties du corps. — V. *Cerveau*, *Crâne*, *Nerf*, *Rachidien*.

RACHITISME. État maladif d'un animal qui est souffrant, et dont le système osseux est le plus souvent malade. Plus commun dans l'espèce humaine que dans les animaux, le rachitisme a souvent pour conséquence la déviation de la colonne vertébrale, le ramollissement partiel ou général du système osseux. On ne doit jamais conserver un animal rachitique ; on n'a rien à en espérer.

RACINE. Partie du végétal qui s'enfonce dans le sol. Les racines servent à fixer la plante et à absorber la nourriture qui est nécessaire à son développement. Elles varient de formes, de dispositions, suivant l'espèce de végétal ; mais toutes remplissent le même but.

Sous divers points de vue, tant physiologiques qu'économiques, les racines des végétaux offrent un grand intérêt à l'étude du cultivateur. Nous allons les examiner sous le dernier rapport, qui intéresse directement la production végétale.

Suivant leur nature, les racines sont employées à la nourriture de l'homme ou des animaux, au traitement de leurs maladies, et, dans les arts et l'industrie, elles sont d'une immense utilité sous divers rapports.

Bien que la parmentière ne puisse pas être considérée à la rigueur comme une racine, elle n'en est pas moins une dépendance, une production de cette partie du végétal. Nous devons donc ici la classer au premier rang par la nourriture qu'elle fournit à l'homme comme aux animaux ; elle a rendu la famine impossible depuis son adoption. — V. *Parmentière*.

La carotte, les diverses espèces de raves et navets, de choux-raves, la betterave, le panais, la scorsonnaire, le salsifi, le céleri, les bulbes d'oignons, le topinambour, etc., offrent aussi des aliments précieux pour l'homme comme pour les animaux. Les ruminants surtout trouvent dans l'usage des racines fourragères des éléments aqueux qui favorisent l'action de leurs estomacs, quand elles sont données avec des aliments sec s. Aussi favorisent-elles chez les animaux la sécrétion du lait, la disposition à l'engraissement, les conditions d'une bonne santé. Pour eux les racines fourragères peuvent être regardées non seulement comme aliments, mais comme moyens hygiéniques pour prévenir les irritations de leur appareil digestif provoquées souvent par l'usage continuel d'une alimentation sèche. Des maladies lentes, surtout de l'estomac qu'on nomme *feuillet*, dans les ruminants, ne sont souvent que la conséquence de l'usage exclusif des fourrages secs.

Dans l'industrie on utilise la parmentière pour la fabrication de la fécule employée pour les apprêts de certaines étoffes. On en fait de l'eau-de-vie, etc. La betterave sert à la fabrication du sucre, de l'alcool. La racine de garance offre une branche de commerce étendue pour l'art du teinturier. Les racines de différents arbres, telles que celles de noyer, de frêne, de buis, sont utilisées dans les arts pour faire des meubles de prix, des placages, des boîtes diverses, des tabatières, des outils variés ou des manches d'instruments.

En médecine on se sert des racines de gentiane, de mauve, de chiendent, d'euphorbe, de varaire, d'ellébore, etc., contre diverses maladies des animaux; elles sont employées en poudres, en décoctions, etc.; quelquefois elles sont utilisées comme toniques ou fortifiantes; souvent comme calmantes, émollientes; enfin comme irritantes et pouvant déterminer des révulsions salutaires, surtout pour les ruminants. — V. ***Betterave, Carotte, Navet, Parmentière, Rave, Rutabaga, Topinambour, etc.***

RADICAL, LE. Fleurs radicales, qui naissent de la racine. On voit des fleurs, des feuilles radicales, dans les primevères, les narcisses, etc.

RADICELLE. Division filiforme des racines.

RADICULE. On donne le nom de radicule à la partie de l'embryon d'une graine qui plonge dans la terre. Cette partie fournit la racine, qui doit nourrir la plumule ou gemmule. —V. *Germination, Gemmule.*

RADIÉES. Nom donné aux plantes de la famille des composées dont les demi-fleurons sont disposés en rayons autour du corps de la fleur : tels sont les chrysanthèmes, les marguerites, etc.

Le fourrage fourni par les radiées est généralement dur et de qualité médiocre. La plupart des radiées ont, en effet, des tiges dures, presque ligneuses, quand elles ont du développement.

Quelques radiées sont cultivées dans nos parterres comme plantes d'ornement : tels sont les héliantes, les asters, etc.

RADIS. Plante de la famille des crucifères. Le radis est, dit-on, originaire de la Chine. On en cultive diverses variétés pour l'usage de la table. Le radis vient facilement partout, dans tous les sols et dans tous les climats. Sa culture est très répandue aujourd'hui.

RADIUS. Nom donné à l'os qui, dans les animaux, forme la base de l'avant-bras. Dans les grands animaux domestiques, le radius est collé au cubitus; ces deux os, dans ce cas, n'en forment plus qu'un seul en apparence. Sa longueur est une beauté, parcequ'elle détermine celle de l'avant-bras. — V. *Avant-bras, Coude.*

RAFLE. Filet à mailles, qui sert à prendre des oiseaux. On détruit quelquefois pendant la nuit au moyen des rafles des masses considérables de moineaux qui se nourrissent aux dépens de nos récoltes. Ce procédé peut être très utile pour les oiseaux granivores, qui font des dégâts dans nos semis et nos récoltes; mais il devrait toujours être prohibé pour les oiseaux insectivores, tels que les rouges-gorges, les fauvettes, les rossignols, les mésanges, les roitelets; et, au lieu de détruire ces espèces, on devrait, au contraire, favoriser leur multiplication, pour qu'elles dévorent les plus grandes masses possibles d'insectes nuisibles à l'agriculture. Ce point est plus important qu'on ne le pense généralement.—V. *Insectes.*

RAGE. Maladie contagieuse qui se communique des animaux à l'homme et cause sa mort dans des conditions terribles. Cette affection se déclare quelquefois spontanément dans le chien, le loup; par leurs morsures, ces carnassiers la communiquent aux autres animaux, tels que les chats, les chevaux, les bœufs, les moutons, etc. Jusqu'ici on n'a pu découvrir aucune espèce de traitement curatif contre la rage, qui se termine par la mort après des symptômes effrayants. Il paraît que le virus rabique est surtout contenu dans la salive des animaux. Des expériences multipliées ont prouvé l'exactitude de ce fait.

Les symptômes de la rage sont assez tranchés dans les animaux, notamment dans le chien. Au début de la maladie cet animal est triste, refuse de manger et surtout de boire; en général, il paraît fuir l'aspect de l'eau, sa démarche est mal assurée, son regard est fixe et il semble observer quelque objet qui l'occupe ou attire son attention; il paraît vouloir saisir des mouches au vol. Une bave plus ou moins abondante coule de sa bouche; sa voix devient rauque et a un caractère particulier, qu'on n'oublie pas lorsqu'on l'a entendue; enfin l'animal fuit son domicile, entre périodiquement en fureur, se précipite sur les animaux comme sur les personnes pour les mordre; s'il est tenu à l'attache, il mord avec une sorte de frénésie les corps qui sont à sa portée. Après un intervalle de huit à dix jours, il meurt souvent paralysé.

La rage se déclare chez les animaux, quels qu'ils soient, quand ils sont mordus, et tous cherchent ou à mordre ou à frapper, suivant leurs armes, leurs moyens d'attaque ou de défense. De toutes les maladies, l'hydrophobie est sans contredit la plus cruelle, surtout pour l'homme. On ne saurait s'entourer d'assez de précautions pour s'en préserver et y soustraire les animaux.

L'emploi du fer rouge pour brûler les morsures faites par un animal enragé, afin de détruire ou de neutraliser le virus rabique, est le seul moyen qui ait paru efficace; l'action du feu, du reste, n'a pas d'autre but. On cautérise aussi les plaies avec des caustiques, tels que le beurre d'antimoine (chlorure d'antimoine), le nitrate d'argent (pierre infernale), la potasse caustique; mais l'emploi du fer rouge a toujours été considéré comme le moyen le plus énergique pour prévenir le développement de la rage.

RAIE DE MULET. Dans le signalement des animaux on nomme raie de mulet une ligne de poils foncée qu'on observe quelquefois depuis la crinière jusqu'à la base de la queue. Cette raie est commune dans l'âne et le mulet, plus rare chez le cheval. Les robes isabelles et gris-souris sont celles qui en sont le plus souvent pourvues. On remarque aussi quelquefois la raie de mulet dans des chevaux bais.

RAIFORT. Genre de plante de la famille des crucifères. On cultive une variété de raifort pour la consommation de nos tables, et surtout comme racine assaisonnante et tonique. Sa saveur piquante excite l'appétit. On le mange ordinairement après l'avoir bien salé et souvent râpé avec le bœuf bouilli. On en fait un usage assez fréquent en Alsace, notamment à Strasbourg.

RAIPONCE. Plante de la famille des campanulacées. La raiponce croît à l'état sauvage; mais on la sème dans les jardins pour la consommer en salade. Sa racine charnue et ses feuilles sont employées à cet usage. La raiponce aime les sols frais. Pour bien réussir, elle demande à être souvent arrosée. C'est au printemps que la raiponce est bonne à manger. Passé le mois de mai, elle durcit; elle n'est plus propre qu'à donner aux animaux, qui, du reste, la recherchent volontiers.

RAISIN. Fruit de la vigne. Tout le monde connaît le raisin. C'est avec lui que l'on fait les vins plus ou moins estimés, des eaux-de-vie, des liqueurs, des sirops et des conserves. La production viticole est des plus importantes, et la France est admirablement favorisée pour la culture de la vigne. Nous exportons des quantités considérables de vins et d'alcools qui nous sont achetés par diverses nations du continent ou d'outre-mer.

On cultive souvent diverses espèces de raisins pour la table. C'est surtout près des grandes villes que l'on observe ce genre d'industrie. Le chasselas de Fontainebleau est notamment la variété de raisin que l'on consomme pour la table dans la capitale et dans les villes qui l'avoisinent.

Dans le midi de la France, en Espagne, on fait sécher de grandes quantités de raisins livrés au commerce pour les desserts. Cette industrie est très considérable, parceque les raisins secs sont d'un transport et d'une conservation faciles, et sont servis sur nos tables dans tous les temps.

Enfin on fait avec du raisin une espèce de confiture connue sous le nom de *raisiné*, préparée souvent avec un mélange d'autres fruits et surtout des poires.

RAISINÉ. Confiture faite avec du raisin. Dans les campagnes des pays vignobles, on fait souvent du raisiné pour la consommation des ménages. On fait cette confiture avec du moût de raisin cuit dans des vases, en y mélangeant le plus ordinairement des fruits coupés en morceaux, tels que des poires, des coings, quelquefois même des tranches de melon ou de potiron. Lorsqu'il est bien préparé, le raisiné se conserve très bien, et il est toujours une ressource pour nos campagnes, surtout aux époques où l'on manque de fruit.

RAJEUNIR (*un arbre*). Tailler, élaguer les vieilles branches d'un arbre pour lui donner plus de vigueur et faire pousser de jeunes tiges. On ne rajeunit que les arbres fruitiers et ceux d'agrément.

RAMBOUILLET (*Race de*). Rambouillet fut le berceau de l'élevage du mérinos d'Espagne en France. Le premier troupeau de cette race fut placé à la bergerie de ce nom, construite à la fin du siècle dernier. Cet établissement modèle a rendu d'immenses services à l'agriculture française, et notamment à la production des laines fines, par les béliers qu'elle a élevés et qui se sont répandus sur tout le territoire de la nation. — V. *Mérinos*.

RAME. On donne le nom de rames à des branchages employés pour faire monter les pois ou haricots cultivés dans les potagers. C'est surtout avec le noisetier qu'on fait les rames.

RAMPIN. On nomme cheval rampin celui qui, par suite de vice d'organisation ou de fatigue des membres, marche sur la pince de son fer. C'est surtout aux membres postérieurs que l'on observe cette particularité, qui exige une ferrure spéciale bien connue des maréchaux ferrants. Les mulets sont généralement disposés à être rampins.

RAINE, RAINETTE. V. *Grenouille*, *Grenouille verte*.

RAPACES. Nom des oiseaux de proie diurnes ou nocturnes, tels que les aigles, les vautours, les hibous, les chouettes, les éperviers, etc. Les rapaces ont toujours des griffes pour saisir leur proie le plus souvent vivante, et un bec en forme de crochet pour la déchirer. Ces oiseaux font des ravages dans nos fermes. Ils dévorent la volaille, les pigeons. On doit toujours chercher à les détruire comme animaux nuisibles. Les chasseurs leur font une guerre permanente, parcequ'ils dévorent le gibier, notamment les jeunes levrauts, les perdreaux et les cailles. — V. *Oiseaux, Ornithologie.*

RAPHÉ. On nomme *raphé* la ligne qui se trouve placée dans les animaux entre l'anus et les parties génitales des mâles ou les mamelles des femelles. Le raphé est ordinairement pourvu de poils fins, c'est sur cette partie que l'on observe les signes qui font juger, d'après Guénon, des propriétés laitières des vaches. — V. *Écusson.*

RASEMENT. Terme vague dont se sont servis les hippiatres pour indiquer un certain degré d'usure des dents incisives du cheval. On ne s'est pas bien expliqué sur ce point, que l'on accepte comme point de repère pour se guider dans la connaissance de l'âge du cheval. A notre avis, une dent doit avoir rasé quand son bord interne est au niveau de l'externe, et que ces bords frottent contre ceux des dents opposées. Le rasement est trop peu caractéristique pour bien indiquer l'âge des animaux. — V. *Age.*

RASER (*le tapis*). Un cheval rase le tapis, en terme d'équitation, lorsqu'en trottant ses pieds s'éloignent peu du sol pour le porter en avant. Un cheval qui rase le tapis a généralement les allures rapides, parcequ'il emploie tous ses moyens d'action sans perte pour la progression. On remarque beaucoup de chevaux anglais qui rasent le tapis. Les chevaux espagnols font tout le contraire : ils dépensent en mouvements trides une puissance musculaire inutile à la progression, si d'ailleurs elle offre du brillant pour les airs de manége.

Les animaux qui rasent le tapis sont ordinairement ceux dont les allures sont allongées soit au trot, soit au galop.

RAT. Petit mammifère de l'ordre des rongeurs. Les rats font beaucoup de ravages soit dans les champs, soit dans nos greniers et magasins. On doit chercher à les détruire par tout moyen possible. Lorsqu'on néglige leur destruction par le poison ou par des piéges, ils se reproduisent avec une telle rapidité qu'ils deviennent un véritable fléau pour nos campagnes.

RATE. Glande de couleur rouge-brun placée dans l'abdomen près de l'estomac. On pense que les fonctions de cet organe sont utiles à la digestion, mais ses usages ne sont pas encore bien déterminés. — V. *Sang*, *Sang de rate*.

RATEAU. Instrument dont on se sert en agriculture et dans le jardinage pour rateler. Les rateaux employés pour ramasser les fourrages sont en bois, et ils ont une double rangée de dents. Ceux des jardiniers sont souvent en fer, et n'ont qu'une rangée de dents; on s'en sert pour niveler le terrain bêché, pour en retirer des cailloux, pour couvrir des semis, pour émietter la terre, pour nettoyer les allées des jardins.

RATELIER. Sorte d'échelle à barreaux plus ou moins espacés, placée horizontalement et fixée aux murs des écuries pour y mettre les fourrages destinés à la consommation des animaux. Ordinairement une mangeoire se trouve placée sous les rateliers pour recevoir les graines qui tombent du fourrage.

Un ratelier doit toujours être disposé de manière à ne pas laisser tomber la poussière ou les grains du foin sur l'encolure des animaux, et notamment des moutons; dans ce but, on lui donne peu d'inclinaison, souvent même sa direction est verticale.

RATION. Quantité d'aliments de toute sorte donnée journellement aux animaux. On ne saurait déterminer d'une manière absolue la ration des animaux; elle est subordonnée à leur taille, à leur âge, au travail ou aux produits qu'ils fournissent. La ration d'une vache laitière, par exemple, doit être plus grande au moment où elle donne beaucoup de lait que lorsqu'elle est tarie. Un animal à l'engrais reçoit une ration plus forte que dans son état d'entretien ordinaire. Du reste, c'est aux praticiens de chaque localité à rationner leurs animaux suivant les conditions diverses où ils se trouvent.

Cependant on a cherché à déterminer à peu près la ration des animaux, pour tâcher d'avoir une base. Ainsi, d'après des observations pratiques et des données générales, on a pensé que la quantité de fourrage à administrer devait être en moyenne d'un kilog. cinq cents grammmes à deux kilog. de foin de bonne qualité par cent kilog. de poids vif d'un animal. Il en résulterait qu'un individu pesant cinq cents kilog. devrait recevoir de dix à douze kilog. environ de foin ou l'équivalent de cette ration. — V. *Equivalent*, *Fourrage*.

RAVE. Plante de la famille des crucifères. Dans certains pays de France, comme en Auvergne, en Limousin, etc., on cultive la rave pour la consommation de l'homme et des animaux. Sa culture est chanceuse, son jeune plant est souvent dévoré par les moucherons. Quand elle réussit, la rave est très productive. Les ruminants la mangent avec plaisir, et elle est surtout très bonne pour les vaches laitières. Elle favorise la sécrétion de leur lait, et rend leur poil lisse, luisant, ce qui est une preuve des bons effets qu'elle produit, surtout pendant l'hiver, lorsque les animaux sont au régime du fourrage sec. — V. *Ruminant*.

RAVIN. Les fossés occasionnés dans le sol en pente par les eaux pluviales qui entraînent les terres se nomment ravins. C'est surtout dans les montagnes granitiques, découvertes et déboisées, qu'ils se forment. Les déboisements, la destruction des gazons, ont beaucoup contribué à ces dégradations. Pour obvier aux ravins, il faut faire disparaître la cause qui a favorisé leur formation : il faut reboiser, gazonner, les montagnes, les sols en pentes. Ces sols ne doivent pas être mis en labour, surtout ceux qui sont granitiques, parcequ'ils sont bien facilement ravinés par les eaux. — V. *Inondation*.

RAVINES. V. *Ravin*.

RAY-GRASS. Nom emprunté aux Anglais, et donné à plusieurs plantes cultivées comme fourragères : l'avoine élevée (*fromentat*) est de ce nombre. Le ray-grass est une ivraie qui comprend plusieurs espèces. L'ivraie annuelle croît quelquefois dans nos récoltes et donne un grain malfaisant qui a une action particulière sur le système nerveux. Il produit les mêmes effets que l'ivresse, ce qui lui a valu le nom d'ivraie *enivrante*. On doit purger les champs de cette plante nuisible.

Le ray-grass d'Italie est très estimé par les Anglais, qui le cultivent comme fourrage. On le trouve en France dans nos prairies naturelles. Son fourrage est précoce et de bonne qualité. Sa propriété de bien gazonner le sol le fait rechercher pour faire des pelouses d'agrément dans les parcs et les jardins. Le ray-grass est peut-être généralement trop peu apprécié, et sa culture devrait être plus répandue en France comme fourrage spécial, car il réussit très bien, dans les sols frais surtout.

D'après des observations faites par l'un de nos agriculteurs praticiens les plus éclairés, M. Lanchère, ancien élève de Roville, non seulement le ray-grass d'Italie serait un bon fourrage, mais encore son usage serait un préservatif contre certaines maladies des animaux, et notamment contre le sang de rate des moutons. Voici ce que dit à ce sujet M. Lanchère : « Si les ray-grass et autres graminées ne sont pas destinés à jouer dans les assolements alternes un rôle aussi prépondérant d'alimentation et d'amélioration que les légumineuses, trèfle, luzerne, sainfoin, vesces, etc., ils ne laissent pas que d'avoir aux yeux des cultivateurs éclairés une importance relative considérable, et doivent, dans certains cas, être recherchés en raison de leurs précieuses qualités nutritives pour les bestiaux de toute nature.

»Nous allons aujourd'hui signaler aux cultivateurs les bons effets que produisent les ray-grass et quelques autres graminées pour prévenir et combattre deux fléaux qui sévissent sur nos troupeaux de bêtes à laine, entraînent l'agriculture française à des pertes incalculables, et viennent chaque année diminuer dans une grande proportion nos ressources, déjà insuffisantes, de nourriture animale : le sang de rate et la cachexie aqueuse.

» Ces deux maladies si funestes sont dues à des causes essentiellement distinctes. Le sang de rate attaque de préférence les troupeaux des contrées fertiles et calcaires, telles que la Beauce et le Berry, où les animaux, soumis à une nourriture succulente, presque exclusivement composée de légumineuses, souvent plâtrées, ont le sang riche en principes réparateurs, et sont par conséquent disposés aux maladies inflammatoires, sous l'influence de la saison chaude.

»Le caractère contagieux qu'on ne peut plus nier à cette maladie, la facilité avec laquelle elle se communique aux chevaux et autres animaux domestiques, et à l'homme lui-même, ses ravages terribles sur nos troupeaux, dont elle détermine quelquefois la perte totale, doivent la faire considérer comme un des plus dangereux fléaux qui désolent les campagnes et décider les agriculteurs à tout tenter pour se soustraire à ses effets en en détruisant les causes.

» Après avoir pris les mesures les plus sévères contre le principe contagieux et les précautions hygiéniques que le bon sens enseigne, c'est assurément dans le changement et l'amélioration du régime nutritif des troupeaux de bêtes à laine qu'on doit trouver les meilleurs moyens préservatifs du sang de rate.

» En Beauce, où cette maladie sévit le plus cruellement, la nourriture des moutons à l'aide des légumineuses, trèfle, luzerne, sainfoin, pois, vesces, minettes, est exclusive du printemps à l'automne. Pendant l'hiver, elle se compose de grains et de fourrages secs de la même nature. On a conseillé avec raison aux cultivateurs de varier ces aliments et d'introduire les racines dans le régime hivernal comme nourriture saine et rafraîchissante. L'avis est sage, et l'on peut considérer ce changement de régime comme de nature à rendre les moutons moins enclins à contracter la maladie du sang de rate pendant la saison des chaleurs; mais il est hors de doute à mes yeux, et selon mon expérience, que le pâturage des graminées opère des effets analogues sur le régime d'été. Nous savons tous que les chevaux nourris au foin naturel, qui se compose presque entièrement de graminées, sont bien moins sujets aux affections inflammatoires que ceux nourris de trèfle et luzerne; il en est de même des moutons.

» Ne doit-on pas croire, d'après les résultats aujourd'hui si déplorables du régime exclusif des légumineuses, que ces plantes contiennent un principe malfaisant qui, à la longue, et peut-être après plusieurs générations, a amené les bêtes à laine de certaines contrées aux causes prédisposantes de la maladie du sang de rate?

» Quoi qu'il en soit, depuis vingt-cinq ans, j'ai toujours préparé au profit de mes troupeaux des pâturages de ray-grass anglais et de ray-grass d'Italie; j'ai très rarement perdu des moutons de maladies inflammatoires, et je n'ai jamais eu dans mes bergeries le sang de rate contagieux, quoique les pâturages de ray-grass soient extrêmement nutritifs et même engraissants. Je pourrais relater ici des exemples assez nombreux de pareils résultats obtenus par d'autres agriculteurs, mais je ne citerai qu'un seul cultivateur très judicieux qui, faisant valoir dans la bonne plaine du Berry une ferme considérable en terres calcaires, où les troupeaux étaient décimés depuis longues années par le sang de rate, se mit complètement à l'abri de ces désastres par la culture du ray-grass comme pâturage.

» Sous l'influence de ces moyens d'alimentation, variant si favorablement l'action nutritive des légumineuses, les animaux se conservent sains, gais et vigoureux, et prennent un développement qu'on peut appeler normal.

» En effet le pâturage des légumineuses, qui a lieu par petites parcelles successives, est antipathique aux moutons, destinés par la nature à rechercher leur nourriture en marchant. Les pâtures de graminées, au lieu d'être mangées par petits carrés quotidiens, sans exercice, sans locomotion, doivent être constamment et journellement parcourues dans toutes leurs parties, pour que les moutons en tiennent l'herbe presque rase et sans cesse poussante sous leurs doigts, qualité que possèdent les ray-grass, les timothy-grass et le dactyle pelotonné, que le pâturage le plus obstiné ne peut empêcher de repousser, même pendant les sécheresses de l'été.

» Au contraire du sang de rate, la cachexie aqueuse décime les troupeaux des contrées siliceuses ou argilo-siliceuses à sols froids, et à sous-sols imperméables, dont les herbes naturelles sont les équisitées, les typhacées, les joncées, etc., plantes aqueuses et peu nutritives. Ces herbes, dans les années humides, telle que 1853, sont tellement dépourvues de principes réparateurs, qu'elles produisent chez les moutons l'appauvrissement du sang le plus complet, la maigreur, l'œdème partielle ou générale, les engorgements scrofuleux, les hydatides, l'envahissement du foie par les vers hépatiques, la diarrhée, et la mort. C'est ainsi que périssent en ce moment même des troupeaux entiers dans plusieurs parties de la France : Sologne, Bourbonnais, Marche, etc.

» Il est constant que l'amélioration du régime alimentaire est encore ici le moyen préservatif par excellence; ce n'est plus par excès de force que ces contrées voient leurs troupeaux périr, c'est par appauvrissement du sang, par atonie. Non seulement dans les années humides les herbes naturelles de certains pâturages sont aqueuses et sans vertu, mais les plantes de la famille des légumineuses y deviennent elles-mêmes dangereuses; les trèfles, la luzerne, qui ont pu y croître à force de sacrifices, ont peu de valeur nutritive, et, comme nourriture relâchante, mal élaborée et peu assimilable, ces fourrages provoquent des dévoiements opiniâtres qui prédisposent à la cachexie et peuvent même la déterminer quand les troupeaux sont conduits sur ces herbes couvertes de rosée ou d'humidité.

» Dans de pareilles circonstances, le pâturage du ray-grass commun (ray-grass anglais) donne au mouton la nourriture par excellence. Son herbe fine, ferme, substantielle, est très recherchée par lui, quoiqu'elle soit d'apparence chétive et peu flatteuse à l'œil. Elle conserve les moutons en parfait état de santé, soit qu'ils s'en nourrissent exclusivement, soit qu'ils soient conduits, au sortir du parc ou de la bergerie, sur des champs de légumineuses pour y faire un repas plus copieux.

» Les ray-grass, celui d'Italie surtout, semés en mélange avec le trèfle, améliorent singulièrement ce fourrage destiné aux chevaux. Ce mélange a plus de valeur nutritive, sans être moins recherché par ces animaux, et produit plus en quantité, à fécondité égale du sol, que le trèfle pur.

» En Angleterre on a fait des expériences sur le choix que font les animaux des plantes mises à leur disposition. Dans une pièce semée d'un grand nombre d'espèces d'herbes, les moutons laissés libres donnaient toujours la préférence au ray-grass, qu'ils ne quittaient que lorsqu'il était entièrement consommé.

» Le ray-grass d'Italie, dans les bonnes terres, donne des produits considérables qu'on peut estimer à plus de quinze cents bottes par hectare ; M. de Gourcy cite un marchand de chevaux, près de Londres, qui, par des arrosages de purin sur du ray-grass d'Italie, obtient jusqu'à huit coupes de fourrage vert.

Chose bizarre, la culture des ray-grass à graine s'est cantonnée depuis près de quarante ans dans un petit pays nommé Aubigny-sur-Nère, situé à la lisière de la Sologne. C'est là que les marchands grainetiers de Paris achètent leurs graines, qu'ils vendent, comme venant d'Angleterre, sous le nom de gazon anglais, de ray-grass anglais, ou de Suisse, ou d'Italie, etc. Cette localité en fait un commerce considérable et en expédie des milliers de balles; les cultivateurs du nord de la France peuvent très facilement s'y procurer des graines, sans passer sous les fourches caudines de messieurs les grainetiers de Paris ou de Bourges. Ces messieurs achètent d'une part le ray-grass pur, et, d'une autre, les balles et bourres, afin d'en confectionner un mélange au détriment de l'agriculture. A Aubigny, le ray-grass *anglais*, première qualité, vaut 30 à 32 fr. les 100 kilos, et le ray-grass d'Italie 48 à 50 fr. Il faut 20 à 25 kilos de graine par hectare. »

Telle est l'opinion de M. Lanchère sur le ray-grass, qui, comme fourrage, devrait être mieux apprécié qu'il ne l'est en France.

RAYON. On donne le nom de rayons aux gâteaux de cire qui contiennent le miel ou le couvain dans les ruches. Ces rayons sont composés de cellules de diverses dimensions suivant les usages auxquels elles sont destinées. — V. *Abeille*, *Ruche*.

RAYONNÉS. Animaux qui forment un groupe dans le règne animal. Les vers intestinaux appartiennent à cette catégorie, dont le système nerveux est disposé en rayons partant d'un centre.

RAYONNEUR. Instrument très simple d'agriculture, pourvu de pieds espacés de manière à tracer des rayons, des lignes multiples, pour les plantations des colzas, des betteraves, etc. On fait ordinairement traîner le rayonneur par un cheval.

REBOISEMENT. L'usage multiplié que l'on fait du bois dans les arts et l'industrie, soit pour les constructions, soit pour la confection des instruments ou le chauffage, nécessite des coupes incessantes dans nos forêts; mais malheureusement on s'occupe trop peu de replanter. Nous ne tarderions pas à voir nos campagnes totalement dépourvues d'arbres, tant nous sommes peu soucieux de les multiplier, sans les disséminations naturelles qui se font par les divers moyens que la nature emploie pour la multiplication des êtres animés et la conservation des espèces. Et pourtant, non seulement ces arbres sont un élément de richesses incalculables qui s'augmentent chaque jour sans frais pour nous, mais ils donnent la salubrité à l'air, conservent nos sources, préviennent les inondations et les ravines dans les sols en pentes. De plus ils engraissent, fertilisent par leurs dépouilles, les sols les plus ingrats, les plus arides. Quand on pense à tous les avantages des reboisements, on ne comprend pas comment nous pouvons être assez peu soucieux de nos intérêts pour les négliger comme nous le faisons en France. Il serait cependant si facile de semer et de planter dans nos propriétés, surtout dans les sols en pente, et à si peu de frais relativement aux avantages qu'on y trouverait!

Malgré les avantages incontestés que nous offrent les reboisements, il n'y a pas bien long-temps que nous avons songé à réparer l'oubli du passé sous ce rapport en France. Voici ce que dit à ce sujet M. Jacques de Valserre, dans son remarquable ouvrage sur le droit rural et l'économie agricole, p. 123 et suiv.: « L'idée » de recréer en masse les forêts anéanties par le génie destruc- » teur de l'homme est tout à fait moderne en France. Émise vers » la fin du XVIIIe siècle, elle a surtout été préconisée par Fran- » çois de Neufchâteau pendant qu'il était ministre de l'intérieur. » D'abord renfermée dans un cercle étroit de personnes d'élite, » elle est allée gagnant du terrain et a fini par devenir populaire. »

D'après l'opinion du même auteur, l'Allemagne aurait été plus heureuse que nous. L'idée du reboisement dans ce pays daterait déjà de loin. Dès 1309, un souverain allemand donna l'ordre de reboiser une forêt défrichée un demi-siècle avant.

Colbert paraît avoir été le premier administrateur qui songea sérieusement au reboisement en France. Sa première ordonnance sur le reboisement des forêts date de 1669. Dès 1740, Buffon, qui ne négligeait l'étude d'aucune des productions de la nature, et Daubenton, qu'on retrouve toujours partout où il y a eu du bien à faire, avaient aussi déjà fait ressortir les avantages des plantations. Plus tard Turgot, s'emparant de l'idée de Colbert et de Buffon, prépara un projet de reboisement général sur tous les points de la France. « Turgot, dit François de Neufchâteau, avait » fait attention aux avis de Buffon et de l'ami des hommes. Peu » de temps avant sa retraite du ministère, il avait rédigé un ar- » rêt du conseil pour forcer les propriétaires, sous peine d'être » surtaxés aux impositions, etc. C'était une très grande idée, » mais elle partagea la disgrâce de son auteur, et ceux qui vin- » rent après lui n'eurent pas l'air de se douter du mérite de ce » projet, dont on ne parla plus que comme des idées de l'abbé de » Saint-Pierre, honorées seulement du titre de rêves d'un bon » citoyen. »

François de Neufchâteau, le Sully de son époque, par son

amour pour l'agriculture et la sylviculture, attachait la plus grande importance aux reboisements. « On s'est borné, disait-il » dans sa circulaire du 22 fructidor an V aux administrations » centrales des départements, pendant qu'il était ministre, on » s'est borné jusqu'à présent à planter dans chaque commune un » arbre de la liberté. Un arbre seul est triste; qu'est-ce qu'un ar» bre par commune? Ayons-en plutôt deux devant chaque mai» son; semons des bois entiers; plantons des forêts vastes; éle» vons à la liberté des temples naturels sous des portiques de » verdure; et que la république, croissant en force avec les ar» bres qui les composeront, transmette à la postérité l'ombrage » de ces *bois sacrés.* »

» Heureux l'homme public qui inspirera cet esprit à ses conci» toyens, et qui les aura pénétrés de l'amour des plantations. »

Tel était le vœu de ce ministre dévoué, qui passa sa vie à s'occuper des intérêts les plus sérieux de son pays.

Mais ce n'est pas comme administrateur et comme ministre, et seulement au point de vue de la multiplication du bois, que François de Neufchâteau s'occupait du reboisement; il considérait les plantations comme moyen de fertiliser nos landes, nos sols stériles et improductifs, et, sous ce rapport, il envisageait le question du reboisement en agronome éminent. Je ne saurais mieux faire, pour prouver combien cet homme illustre avait approfondi la question du reboisement, que de reproduire le passage suivant de sa circulaire du 25 vendémiaire an VII, sur les plantations, semis et pépinières: « ... On a beaucoup parlé et écrit, dans ces derniers » temps, sur l'ordre des récoltes et la culture successive des es» pèces de plantes qui doivent alterner, pour ne pas épuiser la » terre. Dans ce cours des moissons, on fait rouler entre eux les » grains, les légumes et les herbages, mais on ne s'est pas élevé » à une vue plus générale; on n'a pas senti l'avantage de remettre » en forêts les terres desséchées et épuisées par la culture. C'est » pourtant le semis des bois qui serait le meilleur moyen de répa» rer les sols usés. A la longue, les arbres qui ombragent la terre » et qu'on ne coupe pas souvent engraissent l'espace où ils crois» sent, par l'humidité qu'ils attirent, par la chute des feuilles, par » les débris du bois. Dans les forêts la bonne terre s'augmente » sans l'aide de l'homme, au lieu que, malgré son travail, les

» champs dépouillés tous les ans dégénèrent et perdent les sucs » et les principes de la fertilité. Si le meilleur moyen d'avoir des » terres excellentes est de mettre en culture d'anciennes forêts, le » seul moyen de réparer l'aridité des sols stériles et des champs » anciens est de les remettre en forêts..... Tel serait le secret du » rétablissement des landes de la triste Sologne et de la Cham- » pagne pouilleuse. Ce qui est vrai en grand pour des pays en- » tiers ne serait pas moins bon dans le détail des métairies, et » tout propriétaire qui entendra ses intérêts voudra savoir exac- » tement quelle partie de son domaine doit être entretenue en bois, » ou y être remise pour prévenir l'aridité et le dessèchement des » terres. »

Les idées de François de Neufchâteau sur le reboisement ne furent pas sans écho. En l'an X, un ingénieur des ponts et chaussées, F. A. Rauch, publia, sous le titre de *Harmonie hydro-végétale et météorologique, ou recherches sur les moyens de recréer avec nos forêts la force des températures et la régularité des saisons par des plantations raisonnées*, un travail du plus haut intérêt. Dans cet ouvrage, en deux volumes, adressé au premier consul, le savant ingénieur fait ressortir tous les avantages du reboisement, au point de vue de la production du bois, de l'influence des pays boisés sur l'état de l'atmosphère, la nature des climats, le rétablissement des sources, et enfin sur celui de la salubrité du pays et de la santé publique. Il étudie les diverses essences à adopter suivant les localités et les circonstances, et il signale les immenses ressources qu'offrent aux plantations nos cours d'eau divers, dont il évalue l'étendue à cinq cent mille lieues, nos liserés de prés, qui ont, suivant lui, huit cent mille lieues, et enfin nos grandes routes et nos voies diverses de communication.

Comme tous les esprits justes et éclairés, M. Rauch ne trouvait que dans l'instruction spéciale la base des progrès qu'il désirait pour son pays. « Toutes les grandes villes de France, dit-il, » possèdent des écoles de langues, de musique, de dessin, de » mathématiques, d'architecture, de sculpture, de peinture, de » chimie, de physique, d'anatomie, de botanique, d'histoire na- » turelle. Tous ces établissements, dont le but est d'orner et de » perfectionner l'esprit humain, d'étendre la sphère de nos jouis- » sances et de multiplier les principes du bonheur, honorent un

» peuple qui les soutient avec munificence ; mais les écoles de vé-
» gétation, de cette science nourricière qui est encore à ses élé-
» ments, qui, étayée de la toute-puissante nature, offre de nous
» ravir à chaque pas de ses utiles merveilles, n'existent encore
» que dans le vœu des bons citoyens. »

L'ouvrage de l'ingénieur Rauch est trop ignoré. En le lisant, on y reconnaît l'œuvre d'un homme éclairé, qui a la foi donnée à tout bon citoyen par l'amour de son pays et par le dévoûment à sa gloire comme à son bonheur.

Depuis le commencement de ce siècle, la question du reboise ment n'a pas cessé d'occuper les divers gouvernements qui se sont succédé, comme les écrivains spéciaux. L'École forestière de Nanci fut créée par ordonnances qui datent de **1824**, et les élèves sortis chaque année de cet utile établissement non seulement s'occupent de la conservation de nos bois et forêts et de leur reboisement, mais encore ils vulgarisent les connaissances spéciales qu'ils ont acquises sur ce point important notre richesse nationale. — V. *Arbre, Plantation.*

L'école forestière de Nanci aura un auxiliaire puissant dans l'enseignement professionnel de l'agriculture. Quelque incomplet qu'il soit encore en France, cet enseignement répandra les notions de physiologie végétale qui forment la base de l'instruction forestière. La nouvelle génération de cultivateurs qui nous suivra, plus heureuse que celle qui l'a précédée, pourra, par les lumières qu'elle recevra, concourir avec fruit à rendre fertiles nos landes improductives, comme les flancs nus et ravinés de nos montagnes, par des plantations ou des semis bien entendus et bien dirigés.

RECEPER. Couper un arbre ou ses branches près des racines ou du tronc, pour les faire pousser avec plus de vigueur. Un taillis que l'on coupe périodiquement est formé par des souches recepées. Les nouvelles pousses croissent avec une rapidité et avec une force qu'elles étaient loin d'avoir avant le recepage. Ce fait, du reste, résulte d'un phénomène physiologique facile à expliquer et à comprendre.

Lorsqu'une racine a pris tout le développement que comporte sa nature, et qu'elle reçoit le maximum d'éléments nutritifs que peut lui fournir le sol dans lequel elle a poussé, elle ne peut donner à ses tiges que la quantité de nourriture dont elle peut disposer; et, quand ces tiges sont parvenues à leur plus grand accroissement normal, elles restent stationnaires, ne prennent plus de développement, et ne font que s'entretenir dans leur état devenu stationnaire jusqu'à leur mort. Les praticiens éclairés n'ont pas manqué d'observer ce fait : aussi coupent-ils les arbres ou leurs branches lorsqu'ils ont pris tout leur accroissement, parcequ'ils savent qu'ils n'ont plus rien à espérer de leur rendement, ou bien peu de chose. Lorsque le tronc ou la souche de l'arbre recepé n'a plus ses anciennes branches, il a de la nourriture en excès pour les nouvelles branches qui vont pousser: aussi ces branches croissent-elles avec force et rapidité après le recepage et pendant leur première année; mais cet accroissement, si rapide d'abord, se ralentit peu à peu dans les nouvelles pousses, à mesure qu'elles parviennent au développement de celles qui les ont précédées. Quand elles ont acquis leur croissance normale, elles sont recepées à leur tour, et ainsi de suite jusqu'à la mort des souches et des racines qui les ont produites.

On conçoit donc, d'après ce phénomène physiologique, pourquoi les jeunes taillis croissent si bien dans leurs premières années, pour se ralentir ensuite et s'arrêter même dans leur développement. — V. *Taillis.*

RECEPTACLE. Partie supérieure du pédoncule élargi qui supporte tous les organes floraux. — V. *Fleur.*

RECHAUSSER (*une plante*). Garnir son pied de terre pour bien recouvrir ses racines : rechausser les parmentières, le maïs, le tabac. Tous les praticiens ne sont pas d'accord sur l'action du buttage. Les uns pensent qu'on a exagéré ses bons résultats, surtout pour la parmentière; d'autres en sont très partisans. Il est probable que ces deux opinions sont motivées chacune de leur côté par la nature du sol ou celle du climat. Ce qu'il n'est pas possible de révoquer en doute, c'est que le buttage est une façon qui ameublit la terre autour des racines de la plante, la rend plus perméable à l'eau, à l'humidité, à tous les agents atmosphériques; de plus, cette opération contribue à bien couvrir les racines, de manière à n'être pas trop exposées à l'action du soleil et à la sécheresse.

On rechausse le céleri pour faire blanchir ses feuilles le plus loin possible de ses racines.

RÉCOLTE. Produits du sol cultivé recueillis. Chaque récolte est désignée par une dénomination particulière : ainsi on désigne sous le nom de fenaison la récolte des foins, sous ceux de moisson, de vendange, la récolte des céréales, du raisin, etc.

De tous les travaux exécutés en agriculture, les récoltes sont ceux qui exigent le plus de surveillance, le plus de célérité dans l'action. On doit veiller avec soin à ce que tous les produits soient bien ramassés, bien emmagasinés jusqu'à leur consommation ou à leur circulation dans le commerce. — V. *Fenaison, Moisson, etc.*

On nomme récoltes améliorantes celles qui, au lieu d'épuiser le sol, le fertilisent en quelque sorte. Ainsi les prairies artificielles peuvent en général être considérées comme plantes améliorantes; en les récoltant au moment où elles sont en fleurs, elles n'ont pas fatigué la terre par la formation des graines. Les céréales semées sur un champ qui a produit un trèfle ou une luzerne rompus réussissent généralement bien, ce qui a fait dire que ces plantes sont améliorantes.

On appelle récolte dérobée celle qui est faite à la suite d'une autre dans la même saison. Il n'est pas rare, par exemple, de voir semer sur un seigle qui vient d'être coupé des raves ou un fourrage artificiel donné aux animaux en automne.

RÉCRÉMENTIEL, ELLE. Nom donné en physiologie aux liquides sécrétés et repris par les tissus. La sérosité des séreuses, du tissu cellulaire, sont dans ce cas. La synovie est aussi un liquide récrémentiel. — V. *Séreux, Synovie.*

RECTUM. Dernière partie de l'intestin des animaux qui se termine à l'anus. — V. *Intestin.*

REDHIBITION. Action par laquelle un acheteur a le droit de faire annuler une vente et oblige son vendeur à reprendre un objet affecté d'un vice rédhibitoire : ainsi, lorsqu'un animal acheté a un vice reconnu rédhibitoire par la loi de mai 1838, l'acheteur peut intenter une action en rédhibition contre son vendeur. — V. *Rédhibitoire.*

RÉDHIBITOIRE (*Cas, Vice rédhibitoire*). Les animaux domestiques sont souvent atteints de vices qui diminuent de beaucoup leur valeur commerciale. Lorsqu'ils sont apparents, on peut les voir, s'en rendre compte ; mais, lorsqu'ils sont cachés, l'acheteur peut être trompé, et la loi a voulu le protéger contre la fraude ou la mauvaise foi du vendeur.

La loi en vigueur sur cette matière est celle qui a été promulguée en mai 1838 ; nous la reproduisons textuellement.

LOI CONCERNANT LES VICES RÉDHIBITOIRES DANS LES VENTES ET ÉCHANGES D'ANIMAUX DOMESTIQUES.

ARTICLE Ier. Sont réputés vices rédhibitoires, et donneront seuls ouverture à l'action résultant de l'article 1641 du Code civil, dans les ventes ou échanges d'animaux domestiques ci-dessous dénommés, sans distinction des localités où les ventes et échanges auront eu lieu, les maladies ou défauts ci-après,

Savoir :

Pour le cheval, l'âne ou le mulet :

La fluxion périodique des yeux.
L'épilepsie ou le mal caduc.
La morve.
Le farcin.
Les maladies anciennes de poitrine ou vieilles courbatures.
L'immobilité.
La pousse.
Le cornage chronique.
Le tic sans usure des dents.
Les hernies inguinales intermittentes.
La boiterie intermittente pour cause de vieux mal.

Pour l'espèce bovine :

La phthisie pulmonaire ou pommelière.
L'épilepsie ou mal caduc.
Les suites de la non-délivrance, } après le part chez
Le renversement du vagin ou de l'utérus, } le vendeur.

Pour l'espèce ovine :

La *clavelée*. Cette maladie, reconnue chez un seul animal, entraînera la rédhibition de tout le troupeau. La rédhibition n'aura lieu que si le troupeau porte la marque du vendeur.

Le *sang de rate*. Cette maladie n'entraînera la rédhibition du troupeau qu'autant que, dans le délai de la garantie, la perte constatée s'élèvera au quinzième au moins des animaux achetés.

Dans ce dernier cas, la rédhibition n'aura lieu également que si le troupeau porte la marque du vendeur.

Art. II. L'action en réduction du prix, autorisée par l'article 1644 du Code civil, ne pourra être exercée dans les ventes et échanges d'animaux énoncés dans l'article Ier ci-dessus.

Art. III. Le délai pour intenter l'action rédhibitoire sera, non compris le jour fixé pour la livraison, de trente jours pour le cas de fluxion périodique des yeux et d'épilepsie ou mal caduc, de neuf jours pour tous les autres cas.

Art. IV. Si la livraison de l'animal a été effectuée, ou s'il a été conduit, dans les délais ci-dessus, hors du lieu du domicile du vendeur, les délais seront augmentés d'un jour par cinq myriamètres de distance du domicile du vendeur au lieu où l'animal se trouve.

Art. V. Dans tous les cas, l'acheteur, à peine d'être non-recevable, sera tenu de provoquer, dans les délais de l'article 3, la nomination d'experts chargés de dresser procès-verbal; la requête sera présentée au juge de paix du lieu où se trouvera l'animal.

Ce juge nommera immédiatement, suivant l'exigence des cas, un ou trois experts, qui devront opérer dans le plus bref délai.

Art. VI. La demande sera dispensée du préliminaire de conciliation, et l'affaire instruite et jugée comme matière sommaire.

Art. VII. Si, pendant la durée des délais fixés par l'article 3, l'animal vient à périr, le vendeur ne sera pas tenu de la garantie, à moins que l'acheteur ne prouve que la perte de l'animal provient de l'une des maladies spécifiées dans l'article 1er.

Art. VIII. Le vendeur sera dispensé de la garantie résultant de la *morve* et du *farcin* pour le cheval, l'âne et le mulet, et de la *clavelée* pour l'espèce ovine, s'il prouve que l'animal, depuis la livraison, a été mis en contact avec des animaux atteints de ces maladies.

Fait au palais des Tuileries, le 20e jour du mois de mai de l'an 1838.

Telle est la loi de mai 1838 sur les vices rédhibitoires des animaux. Elle fixe d'une manière absolue la jurisprudence relative au commerce des bestiaux, et, malgré ses imperfections, elle offre de grands avantages aux transactions commerciales. Avant cette loi, la garantie imposée aux vendeurs était incertaine et variée, suivant les usages et coutumes. Depuis la promulgation des lois du Code civil, les coutumes, il est vrai, ne devaient plus avoir force de loi; cependant elles étaient quelquefois respectées, surtout pour le commerce des bestiaux. Le Code lui-même semblait autoriser les magistrats ou les arbitres à y avoir recours. En effet, l'art. 1648 du Code civil est ainsi conçu: « L'action résul- » tant des vices rédhibitoires doit être intentée par l'acquéreur » suivant la nature des vices rédhibitoires *et l'usage du lieu où la* » *vente a été faite.* »

Cette dernière condition jetait le trouble dans le commerce et embarrassait souvent ceux qui étaient chargés de juger les questions en litige. En effet, un animal atteint d'un vice reconnu rédhibitoire dans une province ne l'était pas quelquefois dans une autre, suivant les usages; il en résultait que deux jugements sur un même animal pouvaient être contradictoires dans un même cas rédhibitoire. La mauvaise foi des vendeurs pouvait donc chercher une excuse et une défense dans ce conflit de la justice.

La loi de 1838 a mis fin à cette lacune dans la garantie invariable aujourd'hui pour toute la France. (Pour plus de détail, voir la description de chacune des maladies désignées dans la loi comme vices rédhibitoires.)

RÉDUCTION. Opération chirurgicale par laquelle un praticien remet en place certains organes fracturés ou déplacés de leur position normale. On réduit les luxations des animaux, les fractures des os de leurs membres, et on les maintient en place par des moyens et appareils indiqués par la science. On réduit aussi les hernies des animaux, mais les cas sont rares.

RÉFRIGÉRANTS. Noms donnés en médecine vétérinaire aux

médicaments qui ont la propriété de refroidir les parties sur lesquelles on les applique. Par leur action astringente, les réfrigérants resserrent les tissus, empêchent le sang de les engorger, à la suite des contusions surtout et dans les affections de nature inflammatoire. C'est ainsi que, dans les entorses des articulations, dans les contusions des membres, on emploie les bains et les lotions persévérantes d'eau froide quelquefois mélangée de sel marin, afin d'augmenter son action. On emploie aussi la glace, la neige, comme réfrigérants, surtout contre les affections cérébrales, afin de prévenir l'engorgement du cerveau.

REFROIDISSEMENT. Abaissement de la température d'un corps. Les refroidissements subits chez les animaux causent le plus souvent des maladies plus ou moins graves des organes de la respiration surtout. Les animaux de travail sont ceux qui y sont le plus exposés ; aussi doit-on les en préserver autant que possible, soit au moyen de couvertures, soit en évitant de les laisser refroidir brusquement quand ils sont en transpiration. La plupart des toux, des catarrhes, des maladies de poitrine, dont ils sont atteints, notamment pendant les variations de température de printemps et d'automne, ne reconnaissent pas d'autre cause. — V. *Bronchite, Phthisie, Pleurésie, Pneumonie.*

REGAIN. Fourrage produit par des prairies après la récolte du foin. Le regain n'a jamais la propriété nutritive du foin. Les herbes qui la composent, tendres, molles et aqueuses, n'ont pas la consistance de celles que l'on coupe en pleine floraison ou lorsque la graine commence à se former. Seules, ces herbes ne nourriraient donc pas bien les animaux de travail, et surtout les chevaux ; mais elles sont excellentes pour les vaches laitières. Comme les regains contiennent beaucoup d'eau de végétation et que leur dessiccation est difficile, surtout à l'époque où ils sont coupés en automne, on les mélange, pendant qu'ils sont encore un peu humides, avec de la paille, et en les stratifiant avec elle. Par ce moyen non seulement ils se conservent bien, mais ils communiquent à la paille un goût qui la fait manger avec appétit par les vaches.

RÉGIME. On doit entendre par régime, en agriculture, les conditions alimentaires et hygiéniques auxquelles les animaux sont soumis. Le régime doit varier suivant les différentes conditions des sujets qui lui sont soumis; il doit être fortifiant, tonique, nutritif, pour les animaux de travail en bonne santé; on le modifie dans le sens opposé dans certains cas de maladie. Les animaux à l'engrais doivent être à un régime différent des autres. Les vaches laitières demandent un régime particulier, qui ne conviendrait pas à des bœufs de travail. C'est à l'expérience du praticien de déterminer le régime auquel il doit soumettre ces animaux, suivant son industrie, suivant les exigences des lieux où il opère, suivant ses ressources et les conditions de son agriculture.

RÉGION. On donne le nom de région, en économie du bétail, à une partie circonscrite du corps. Ainsi on distingue la région des côtes, celle de la partie cervicale de l'encolure, la région de l'épaule, de la cuisse, etc.

Le mot *région* en agriculture est plus vague; il s'applique non seulement à certaines étendues de terrain, mais à des parties du globe. On reconnaît les régions tropicales, les régions glaciales. On applique aussi ce mot à des sols qui produisent certains végétaux : ainsi on dit la région culturale de la vigne, du maïs, de l'olivier, etc.

RÉGIONAL, LE. École régionale d'agriculture, concours régionaux. Suivant la loi du 3 octobre 1848, l'enseignement des écoles régionales d'agriculture devait varier essentiellement de celui des fermes écoles. Dans ces dernières, l'enseignement devait être pratique, manuel, quoique raisonné, pour faire de bons ouvriers agriculteurs, des chefs de main-d'œuvre habiles, mais sans développements trop scientifiques, qui n'auraient pas été compris des élèves. Les professeurs ne devaient donc faire dans les fermes d'apprentissage que de bons agriculteurs praticiens. Les élèves sortis des fermes écoles, enfin, devaient être aux élèves des écoles reginales comme les ouvriers ménaniciens sont aux ingénieurs sortis des écoles supérieures spéciales. La ferme école devait toujours être dans des conditions d'agriculture lucrative; elle n'avait pas à faire des expériences pour éclairer des points de la science théorique sur une infinité de problèmes à résoudre, pas plus que d'importations de végétaux ou d'animaux nouveaux pour étudier leur acclimatation et les avantages que pouvait offrir leur adoption.

L'école régionale devait être au contraire un établissement d'instruction théorique et pratique en même temps, et l'on sait que, pour rendre une pareille instruction profitable, il faut nécessairement faire des expériences sur la culture des végétaux comme sur l'élevage des animaux et sur leur perfectionnement; il faut chercher l'inconnu, découvrir des procédés nouveaux, soit dans les produits à livrer au commerce et à l'industrie, qui les transforment avant de les livrer à la consommation, soit dans dans ceux qui sont consommés immédiatement et tels que la nature nous les donne.

Un enseignement de cette nature ne pouvait pas être à la charge de l'industrie privée. L'état seul pouvait conduire à bonne fin une pareille entreprise, pour éclairer le pays sur la question si capitale de la production dans tous ses détails. Du reste, les plus beaux comme les plus utiles établissements de l'industrie privée sont toujours exposés à finir avec ceux qui les ont fondés. Souvent les éléments les plus précieux d'une entreprise, préparés et réunis avec le plus grand soin pour un résultat avantageux et déterminé, disparaissent sans laisser de trace au moindre incident, à la mort d'un propriétaire, d'un entrepreneur. A la suite d'un événement politique, d'un changement d'idée ou de vues d'intérêts spéciaux, etc., tout peut être anéanti, sans en excepter même les traditions, qui sont souvent une garantie de réussite pour l'avenir. Le talent, en effet, le zèle, le dévoûment, ne se transmettent pas par hérédité comme un immeuble. L'école d'agriculture de Roville en est une triste preuve. Qu'est devenu cet établissement, berceau de l'enseignement de l'agriculture en France, et devenu célèbre en quelques années, sous la direction de son illustre fondateur? Si cet établissement avait appartenu à l'état comme les Écoles des arts et métiers, l'Ecole polytechnique, les Écoles militaires, etc., Roville existerait encore, et la France n'aurait pas été privée de cet utile établissement, dont les nombreux élèves auraient rendu des services immenses sur tous les points de la France par les bons exemples de culture qu'ils auraient donnés.

Les élèves admis aux écoles régionales devaient être préalablement examinés, pour savoir s'ils étaient capables de suivre les cours de ces établissements. Les premiers élèves des fermes écoles, les intelligences d'élite qui se seraient révélées dans ces écoles primaires d'agriculture, devaient être admis dans les écoles régionales à titre de boursiers. Dans tous les cas, l'instruction devait toujours être gratuite, et les élèves à leurs frais n'avaient qu'à pourvoir à leur entretien et à leur nourriture.

La durée des études dans les écoles régionales devait être de deux à trois ans, temps indispensable, même aux intelligences développées, pour bien profiter de l'enseignement de ces établissements. Les cours devaient y être sérieux et variés. On devait en effet enseigner dans les écoles les sciences naturelles, telles que la physiologie végétale et animale, la botanique fourragère et économique, l'anatomie générale, l'hygiène des animaux, leur multiplication, leur perfectionnement, etc. ; la chimie, la physique, les mathématiques appliquées à l'agriculture, aux nivellements, aux irrigations ; les notions de jurisprudence commerciale relative à l'agriculture, etc.

A ces établisements devaient être annexées, pour en faire suivre les opérations aux élèves suivant les régions et leur industrie agricole, des sucreries, des distilleries, des féculeries, des fromageries, les diverses fabrications enfin qui se rattachent à l'exploitation du sol.

D'autre part, on devait avoir dans ces mêmes établissements des ateliers de confection d'instruments aratoires de tout ordre et de machines agricoles. Le but était de faire comprendre aux élèves de quelle importance est la mécanique pour abréger les travaux agricoles et remplacer les bras d'une part, et pour donner de l'autre plus de puissance au cultivateur afin de surmonter les obstacles par la force de la vapeur. La vapeur, en effet, doit rendre enfin un jour autant de services à l'agriculture qu'elle en a rendu à l'industrie. — V. *Mécanique*.

Telles devaient être à peu près les écoles régionales d'agriculture qui auraient été créées dans différentes régions de la France. Trois écoles de cet ordre fonctionnent aujourd'hui et existaient avant le décret du 3 octobre : ce sont les écoles de Grignon, de Grand-Jouan et de La Saulsaie. Du reste, il n'est pas douteux pour nous que, lorsque le pays sera suffisamment éclairé sur les avantages offerts par l'enseignement de l'agriculture tel qu'il avait été accepté par la Constituante, il reconnaîtra qu'il devra être étendu plus qu'il ne l'est aujourd'hui, et de nombreux établissement seront fondés dans différentes régions de la France. Ces régions attendent depuis long-temps l'enseignement sérieux qui doit concourir avec succès à la prospérité de leur agriculture.

RÉGLISSE. Plante de la famille des légumineuses. La réglisse croît spontanément dans certains pays. On la trouve dans quelques montagnes du centre, et notamment dans celles de l'Auvergne; elle est cultivée dans des contrées du midi de l'Europe comme plante médicinale; sa racine sucrée est employée en décoction pour faire des boissons, des tisanes rafraîchissantes. La poudre de réglisse sert en médecine vétérinaire pour combattre la toux des animaux et leurs maladies de poitrine. On l'administre ordinairement avec du miel, et souvent mélangée avec de la poudre de guimauve.

RÈGNE. Les naturalistes ont divisé les corps de la nature en deux règnes, qui sont le règne inorganique et le règne organique. Le premier comprend les corps bruts, inorganisés ou privés de vie : tels sont les minéraux, l'eau, les gaz, etc. Le deuxième comprend le règne organique ou les corps organisés et vivants : tels sont les végétaux et les animaux. Ce dernier règne a été subdivisé et distingué en règne végétal et règne animal. Des caractères particuliers et bien tranchés distinguent ces divers corps composant les règnes de la nature. — V. *Corps*.

RÉGULATEUR. Appareil qui sert à régler l'entrure de la charrue et la largeur de la bande qu'elle doit retourner. Le régulateur est généralement adopté à l'extrémité antérieure de l'âge de l'araire.

REIN. (*Rognon.*) On nomme reins, en anatomie, les glandes qui sont chargées de sécréter l'urine. Au nombre de deux, ces glandes sont placées dans l'abdomen sous la région des lombes et sur chaque côté de la colonne vertébrale. Les fonctions des reins sont très importantes, elles concourent puissamment à épurer le sang. Aussi les artères de ces glandes sont-elles relativement très grosses.

Les reins sont pourvus dans leur centre d'une petite cavité nommée bassinet. C'est dans cette cavité, pourvue d'un canal chargé de conduire les urines dans la vessie, que tombe d'abord l'urine sécrétée par la glande.— V. *Uretère*.

Dans les animaux gras, les reins sont généralement entourés de graisse qui les recouvre, et qui forme le suif dans le bœuf, le mouton et la chèvre.

REINE-MARGUERITE. V. *Marguerite*.

REINE-DES-PRÉS. V. *Pirée*.

REINS. (*Lombes.*) Les reins en extérieur des animaux sont la région comprise entre le dos, en arrière des côtes, et la croupe. Pour être bien conformée, dans le cheval, cette partie doit être large, courte, droite et bien musclée. Ce caractère est seul un indice de force et de vigueur. Des reins longs, étroits, plus ou moins inclinés, comme ceux des chevaux ensellés, sont une marque de faiblesse; il est facile d'expliquer ce fait. Les reins servent à transmettre l'action des muscles de la croupe de l'arrière-train au train antérieur. S'ils sont mal conformés, ils remplissent mal cette mission importante. D'un autre côté, quand le cheval est destiné à la selle, il doit porter un cavalier avec son porte-manteau et son bagage, dans l'armée surtout. Les reins doivent donc offrir toute la résistance nécessaire à leur usage, qui, du reste, leur est commun avec celui du dos. — V. *Dos*.

Les chevaux sont quelquefois affectés d'une maladie qu'on nomme vulgairement *tour de reins*. Ce vice est le plus souvent la conséquence d'un effort. Les reins faibles y sont le plus sujets. Dans ce cas, le cheval a cette région douloureuse, et sa croupe se berce d'un côté à l'autre pendant la marche. On examinera si ce mal existe. Si on y remarque des traces de feu, on s'en défiera, parcequ'on emploie le plus souvent ce moyen pour combattre les conséquences des efforts des reins, surtout à l'état chronique.

Les reins doivent être bien attachés, bien soudés, se confondre avec la croupe de manière à ce qu'il n'y ait pas de ligne de démarcation entre ces deux parties; ils seront de plus exempts de blessures (mal de rognon) et souples lorsqu'on les pincera avec les doigts. Si dans ce cas ils sont raides, insensibles, ils pourront indiquer une maladie de l'animal ou une ankylose des os qui en forment la base, ce qui arrive quelquefois, surtout dans les bêtes de somme. Dans le bœuf et le mouton, la largeur des reins est toujours une beauté recherchée. Cette largeur est non seulement l'indice d'une bonne conformation ; mais, les reins et la croupe étant le siége de la viande de première qualité, plus ces régions sont larges, plus cette qualité de viande abonde dans l'animal de boucherie, ce qui est toujours un avantage.

RELEVEUR. Nom donné en anatomie aux muscles qui, par leurs contractions, relèvent certaines parties du corps des animaux. On distingue les muscles releveurs des lèvres, des paupières, de la queue. Les muscles releveurs sont les antagonistes des abaisseurs. — V. *Abaisseur*.

REMÈDE. Nom vulgaire de tout moyen employé pour guérir une maladie. Le mot *remède* est souvent employé comme synonyme de médicament. En médecine des animaux, les remèdes les plus simples doivent toujours être préférés, d'abord parcequ'ils sont les plus économiques, et parcequ'ils sont ensuite les plus faciles à se procurer et à administrer. On devrait donc bannir de l'art de traiter le bétail, dans nos campagnes surtout, des remèdes dispendieux, compliqués, qui sont loin d'ailleurs d'être toujours les plus efficaces.

REMONTE. Opération qui consiste à procurer à l'armée les chevaux qui lui sont nécessaires pour sa cavalerie, son artillerie ou ses équipages.

Avant l'établissement des routes nombreuses qui sillonnent la France et l'usage si répandu des voitures publiques, l'agriculture élevait une grande quantité de chevaux de selle pour les voyages. Ces animaux avaient des débouchés nombreux et assurés dans le commerce comme dans les remontes. Aujourd'hui ce genre d'industrie s'est beaucoup modifié. Le cheval de trait et d'attelage de tout ordre remplace partout celui de selle, excepté dans les pays de montagnes, notamment dans le centre et le midi de la France. Mais, quelque borné que soit l'usage de ce dernier, il sera toujours indispensable à l'armée, qui ne doit pas cesser d'en encourager l'élevage. Cependant l'agriculture ne peut faire des chevaux de cavalerie qu'autant qu'elle sera indemnisée des frais qu'ils nécessitent. Le cheval de selle, celui de cavalerie légère surtout, est le plus difficile à faire et à vendre. Son élevage est le plus coûteux, et son prix, après avoir été long-temps de 390 fr., est fixé aujourd'hui à 550 fr., c'est-à-dire au prix le moins élevé de tous les chevaux de troupe. On comprend pourquoi les cultivateurs se livrent de préférence à la production des animaux de boucherie et des mulets, qui se vendent toujours bien partout, au lieu de faire des chevaux de remonte pour la cavalerie, qui est loin de leur offrir les mêmes avantages.

Cependant nous devons dire ici que l'administration de la guerre a augmenté les prix de remonte depuis quelques années; le tableau suivant nous en fournira la preuve.

MODIFICATIONS DES PRIX DE REMONTES, DEPUIS 1831 JUSQU'EN 1848.

1831, 1832.

Carabiniers	600 fr.
Cuirassiers	570
Dragons. Lanciers.	490
Cavalerie légère	390

1833, 1834, 1835.

Cavalerie de réserve	650
Dragons	520
Lanciers	490
Cavalerie légère	430
Ecole de cavalerie (forts dragons)	533

1836.

Mêmes prix que précédemment pour la cavalerie.

Chevaux de selle d'artillerie	500
Id. de trait	490

1837.

Cavalerie de réserve	750
Id. de ligne	550
Id. légère	480
Artillerie (selle)	550
Id. (trait)	480

De 1838 à 1842.

Mêmes prix pour la cavalerie.

Artillerie (selle)	600 fr.
Trains	500

1843, 1844, 1845.

Cavalerie de réserve	750
Id. de ligne et artillerie (selle)	600
Id. légère et trains	500
Chevaux d'officiers	800

1846, 1847, 1848.

Chevaux d'officiers	900
Cavalerie de réserve	800
Id. de ligne et artillerie (selle)	650
Id. légère et trains	550

Nous avons dit que l'élevage des chevaux de cavalerie légère était celui de tous qui était le plus onéreux pour l'agriculture : nous allons le prouver.

Les chevaux de trait, ceux de cavalerie de réserve, et même de cavalerie de ligne, peuvent être attelés à l'âge de trois ans, et quelquefois même plus tôt, pour des travaux légers qui ne les fatiguent pas. Ils commencent à gagner ainsi une partie de leurs frais de nourriture. De quatre à cinq ans, les chevaux de trait donnent même des bénéfices. Les cultivateurs peuvent donc être moins exigeants pour les prix de ces animaux, puisqu'une partie de leurs frais d'élevage a été à peu près payée depuis l'âge de trois ans. Le cheval de cavalerie légère, au contraire, n'est pas employé aux travaux de l'agriculture. On le monte quelquefois, mais il n'est généralement point attelé; il en résulte qu'à l'âge de quatre ans, ce cheval ne coûte pas moins de 600 francs, en n'estimant les frais d'entretien qu'à la modique somme de 150 francs par an. Nous ne parlons pas ici des non-valeurs, des incidents, qui peuvent en abaisser le prix dans des proportions plus ou moins considérables. La moindre tare naturelle ou accidentelle, la moindre tache à un œil, le plus léger défaut de conformation, est, pour le cheval de selle, un sujet de dépréciation séneux, lorsqu'on y fait à peine attention pour le cheval de trait. Cependant les remontes fixent le prix de ce dernier au même taux que celui du cheval de cavalerie légère, c'est-à-dire 550 fr. Nous croyons que le minimum du prix de remonte de tout cheval de cavalerie devrait être au moins de 600 fr. On pourrait alors être plus exigeant sur les qualités des animaux, et nous pourrions avoir, avec de bons reproducteurs, la meilleure cavalerie d'Europe, sinon la plus nombreuse, sans plus de dépense pour son entretien.

Il est un autre moyen important d'encouragement sur lequel il est important d'attirer l'attention du gouvernement : c'est l'achat régulier d'un nombre déterminé de chevaux à des époques fixes. Il importerait que l'armée achetât annuellement huit ou dix mille chevaux, et que ce nombre fût réparti dans chaque dépôt, de telle manière que l'agriculture eût toujours un débouché assuré, sinon étendu, partout où l'on élève des chevaux légers.

Des réformes bien faites annuellement par septième sur l'effectif des corps auraient le double avantage d'encourager les éleveurs par la certitude de vendre leurs produits. D'un autre côté, les régiments auraient leurs chevaux disponibles d'une manière plus régulière, au lieu d'en avoir des quantités considérables malades ou convalescents. Lorsqu'on achète, en effet, de trop grandes quantités de chevaux à la fois dans les moments de presse, on est étonné du nombre des chevaux invalides dans les corps quand on veut organiser les escadrons de guerre pour aller dans les camps de manœuvre. Que serait-ce donc si nous devions entrer en campagne? Nous aurions peut-être à peine les deux tiers de l'effectif des chevaux à mettre en ligne. On ne devrait jamais garder dans les régiments les non-valeurs en chevaux, et c'est s'exposer aux inconvénients qui résultent des opérations irrégulières des remontes que de ne pas faire les achats annuels et à mesure des besoins.

Le système des remontes par les marchés généraux qui ont toujours lieu dans les moments de presse est celui qui paraît être le plus vicieux. Il ne réunit en effet aucune des conditions qui peuvent encourager l'agriculteur à élever des chevaux de guerre. Les fournisseurs, intéressés à réaliser le plus possible de bénéfices, achètent des chevaux de toutes provenances, aux prix les plus réduits. Ils savent que l'agriculture ne peut pas garder sans perte les chevaux légers, et ils l'obligent à diminuer ses prix. Ceux qui sont payés par l'état sont donc réduits au détriment des éleveurs et au profit des fournisseurs.

D'un autre côté, les marchands, qui ont toujours intérêt à se procurer des chevaux étrangers, quand ils sont à meilleur marché que les chevaux français, affirment toujours que les ressources actuelles de la France ne suffisent pas pour remonter l'armée. Comme cette question toujours débattue n'a point encore été résolue par une enquête sévère qui aurait dû être faite depuis long-temps, l'administration de la guerre se voit obligée d'être en quelque sorte à la discrétion des fournisseurs. Ils achètent donc à peu près comme ils l'entendent les chevaux qu'ils se sont engagés à trouver, sans tenir compte des intérêts de l'agriculture, qui les produit, et qui s'en trouve souvent embarrassée.

L'achat direct est préférable. Ce mode de remontes peut être pratiqué de deux manières bien distinctes : 1° par les régiments qui achètent eux-mêmes leurs chevaux, 2° par les dépôts des remontes tels qu'ils sont aujourd'hui.

L'achat direct par les régiments a été fait avec succès avant la révolution française. Des corps de cavalerie se remontaient dans les garnisons de l'Auvergne, du Limousin, des Pyrénées, etc. Aujourd'hui ce procédé serait difficilement praticable. En effet, nos garnisons de cavalerie ne sont pas toujours divisées par spécialité d'armes. Les dragons, comme l'artillerie, trouveraient difficilement à se remonter à Toulouse, à Valence, à Aurillac, etc. Il faudrait donc des détachements pour parcourir les provinces où se trouvent les chevaux propres à l'arme de leurs corps. On comprend les inconvénients de ce mode d'achat. D'un autre côté, des militaires qui opèreraient pour la première fois dans un pays le feraient toujours avec difficulté : ne connaissant pas ses ressources avec détail, ils ignoreraient une infinité de moyens d'action qu'on ne peut connaître que par une étude soutenue des mœurs d'une contrée, de son industrie agricole et commerciale, des avantages ou des inconvénients particuliers à l'élevage des chevaux de guerre, etc.

Les dépôts de remonte, tels qu'ils existent aujourd'hui, réunissent les conditions qui répondent le mieux aux intérêts de l'agriculture et de l'armée. L'achat est direct d'une part ; de l'autre, les moyens d'encouragement de l'élevage du cheval de guerre peuvent être étudiés avec soin. Les officiers de remonte, placés au centre des pays d'élevage, ont pour mission de parcourir les campagnes, de visiter les éleveurs et d'entretenir des relations avec eux. Il s'établit ainsi, entre l'agriculture et les remontes, de bons rapports qui ne peuvent qu'être favorables au progrès de l'industrie chevaline. Si les officiers des remontes ont tous l'instruction que commande leur profession, ils peuvent donner de bons conseils aux éleveurs sur le choix de leurs poulinières, la nature des chevaux qu'ils doivent faire et les moyens de bien les élever. Les études pratiques sont si négligées en France, que tous ceux qui pourront concourir à les provoquer rendront de grands services à l'industrie agricole comme à l'armée.

Mais, pour remplir le double but de bien acheter les chevaux de guerre et de donner aux agriculteurs de bons conseils, il faut que l'officier des remontes offre des garanties d'instruction pratique qui doivent être exigées. Il importe donc beaucoup, pour l'agriculture comme pour l'armée, que le choix des officiers de remonte soit bien fait au point de vue de leur instruction en hippiatrique.

La taille demandée pour les chevaux de remonte varie suivant les armes. Ainsi elle est :

Pour la cavalerie légère,

Hussards et Chasseurs, } de 1m.475 à 1m.515.

Pour la cavalerie de ligne,

Dragons et Lanciers, } de 1m.515 à 1m.542.

Pour la cavalerie de réserve,

Cuirassiers et Carabiniers, } de 1m.542 à 1m.597.

Pour le train d'artillerie et des équipages,

Train et Artillerie (trait),	de 1m.488 à 1m.542.

RENARD. Mammifère de l'ordre des carnassiers. Le renard est toujours un animal nuisible. Il fait une guerre incessante à la volaille, il dévore le gibier, il a mille ruses à sa disposition pour prendre nos oiseaux de basse-cour dans nos campagnes. On le chasse au piége, au fusil; on l'empoisonne, on l'enfume dans sa tanière. On cherche à le détruire par tous moyens, et souvent on n'y réussit que difficilement.

Pendant l'hiver la peau du renard est très recherchée par les fourreurs. Aussi est-ce surtout à cette époque qu'on lui fait la chasse.

Buffon, toujours aussi profond observateur que peintre admirable de la nature, caractérise le renard en deux mots : « Le renard, dit-il, est fameux par ses ruses, et mérite en partie sa » réputation. Ce que le loup ne fait que par la force, il le fait » par adresse, et réussit le plus souvent, sans chercher à combattre les chiens et les bergers, sans attaquer les troupeaux, » sans traîner les cadavres; il est plus sûr de vivre. Il emploie » plus d'esprit que de mouvements; ses ressources semblent être » en lui-même; ce sont, comme on sait, celles qui manquent le » moins. Fin autant que circonspect, ingénieux et prudent même jusqu'à la patience, il varie sa conduite. Il a des moyens » de réserve qu'il sait n'employer qu'à propos, il veille de près » à sa conservation. Quoique aussi infatigable et même aussi » léger que le loup, il ne se fie pas entièrement à la vitesse de sa » course; il sait se mettre en sûreté en se pratiquant un asile, » où il se retire dans les dangers pressants, où il s'établit, où il » élève ses petits. Il n'est point animal vagabond, mais animal » domicilié. »

Tel est le portrait que le grand naturaliste a fait du renard. On peut juger de la ressemblance.

RENDEMENT. On nomme rendement en industrie agricole la

quantité de produit rendu par une récolte, par un champ, par une prairie. Ainsi le rendement de certaines terres est de trente à quarante hectolitres de blé par hectare, tandis que dans d'autres il n'est que du tiers ou du quart de cette quantité. Certaines prairies ont un rendement de dix à douze mille kilogrammes de fourrage par hectare, d'autres ne l'ont pas de quatre ou cinq mille, ce qui dépend de la qualité du sol, de son exploitation, du climat, de la quantité et de la nature des engrais employés, etc.

En zootechnie, on nomme rendement la quantité de viande nette donnée par les animaux de boucherie dans les abattoirs, comparativement à leur poids vif. Ce rendement varie suivant l'âge des animaux, comme suivant les espèces. Ainsi les jeunes animaux, en général, dont la graisse est plus également répartie dans les muscles, ont un rendement de viande nette plus avantageux que les animaux âgés, dont la graisse est concentrée vers l'abdomen, et forme une plus grande quantité de suif, qui est compris dans les issues. Le professeur de Lafond donna connaissance à la Société centrale d'agriculture, dans sa séance du 20 mars 1851, d'un travail très remarquable sur le rendement des animaux de boucherie, qu'il avait fait d'après les relevés dressés aux abattoirs par ordre de l'administration supérieure sur les animaux primés dans les concours. Il résulte de ces relevés que les races françaises dont les rendements sont les plus avantageux sont en première ligne les races limousine et auvergnate; vient ensuite la race normande, puis la charrolaise et la choletaise, etc. Le chiffre du rendement le plus élevé a été fourni, en 1850, par un bœuf salers âgé de cinq ans. Le poids vif de ce bœuf était de 990 kilogrammes; il rendit 70 kilogrammes 202 grammes pour cent. Ce rendement est le plus fort qui ait été observé dans les concours depuis 1845 jusqu'à 1850. Le minimum pendant cet intervalle de temps fut de 51 kilogrammes 538 grammes pour cent. Ce chiffre fut donné par un cotentin.

La question du rendement relatif des animaux est de la plus haute importance pour l'industrie de l'élevage des animaux de boucherie, comme pour celle des subsistances. Certains individus, en effet, ont, avec la même quantité de dépenses, un rendement quelquefois double de certains autres. Ainsi un jeune animal dans toute la force de ses conditions d'assimilation rendra beaucoup plus de produit, avec la même quantité de consommation, qu'un animal âgé, fatigué, dont les organes digestifs n'ont pas la même puissance assimilatrice. Si on calculait la quantité de fourrage consommée par un bœuf, par exemple, depuis sa naissance jusqu'à l'âge de trois ou quatre ans, on trouverait qu'il a produit deux ou trois fois plus de viande avec ce qu'il a dépensé qu'il n'en fabriquera depuis l'âge de cinq à six ans jusqu'à celui de dix ou douze. Ce fait est important, et doit être pris en grande considération par les agriculteurs.

Le choix des types est aussi important à faire. On trouve dans une même race des individus qui paient d'une manière infiniment plus avantageuse que d'autres leur consommation. Cela dépend de leur genre de conformation, de la nature de leur tempérament, de celle de leur tissus, de l'état de leur santé, et enfin des soins hygiéniques spéciaux auxquels ils sont soumis pendant leur élevage ou leur engraissement. A ces divers points de vue, l'étude spéciale des individus, comme celle des races, est du plus grand intérêt. Malheureusement cette étude est beaucoup trop négligée en France. Ce fait explique notre infériorité relative en production du bétail, surtout si nous voulons établir une comparaison sous ce rapport entre nous et l'Angleterre. — V. *Accouplement*, *Accroissement*, *Bœuf*, *Croisement*, *Engraissement*.

RENNE. Mammifère ruminant du genre cerf. Chez quelques peuples du nord, comme en Laponie, les rennes sont soumis à la domesticité; ils servent d'animaux de trait et de somme. Ces peuples se nourrissent aussi de leur lait et de leur chair. Leurs peaux servent à faire des fourrures, des vêtements, aux naturels du pays. Le renne est très sobre, très vigoureux et très résistant à la fatigue; il est l'une des principales richesses des peuples qui l'emploient à leurs divers usages.

RENONCULACÉES. Famille de plantes dont la plupart sont vénéneuses, surtout à l'état frais. Les renoncules croissent pour la plupart dans les sols frais et humides, quelquefois dans l'eau. Les bestiaux reconnaissent leurs propriétés vénéneuses à leur odeur souvent repoussante, et ne les mangent pas. Cependant on a des exemples d'empoisonnements par les renoncules, notamment dans l'espèce ovine, dont les instincts naturels paraissent moins développés que ceux des autres animaux domestiques.

Les fleurs des renonculacées sont généralement belles, et on en cultive un grand nombre comme plantes d'ornement. Tels sont les aconits, les ancolies, les pivoines, les pieds-d'alouettes, etc.

RENONCULE. Genre type de la famille des renonculacées. Les renoncules croissent dans nos champs et nos prairies, surtout lorsqu'ils sont humides. Leurs fleurs sont généralement belles et d'un jaune brillant, souvent très éclatant, comme on le voit dans le populage (souci des marais). On doit chercher à les détruire, comme plantes vénéneuses et nuisibles. On distingue plusieurs variétés de renoncules sous notre climat. Plusieurs d'entre elles sont cultivées comme plantes d'ornement, mais toutes ont des sucs plus ou moins âcres et vénéneux, qui les font repousser par les bestiaux. — V. *Empoisonnement*, *Poison*.

RENOUÉE. Genre de plantes de la famille des polygonées. La renouée comprend plusieurs variétés, parmi lesquelles on distingue la persicaire, la traînasse, ou renouée des oiseaux, dont les tiges nombreuses rampent sur la terre; le poivre d'eau, repoussé par le bétail, etc.

Si la plupart des renouées offrent généralement peu d'intérêt à l'agriculture, la traînasse semble faire exception : très rustique, croissant même dans les plus mauvais fonds, cette plante fournit un assez bon fourrage; dans les pâturages, les animaux la consomment volontiers, et la volaille recherche assez sa graine.

RENVERSEMENT. On donne le nom de renversement, en médecine vétérinaire, au déplacement anormal de certains organes dont la réduction n'est pas toujours facile. Le renversement le plus commun et le plus grave est celui de la matrice. On l'observe surtout dans la vache. Pour le prévenir ou le réduire, les praticiens emploient des appareils tels que des bandages, des pessaires, etc.

La loi de mai 1838 a classé le renversement de l'utérus parmi les cas rédhibitoires, quand il a lieu après le part chez le vendeur.

On observe quelquefois le renversement du vagin et celui du rectum. Ce dernier est assez rare, mais il est plus ou moins grave, et il exige des soins spéciaux. Sa réduction, du reste, est toujours difficile, à cause des efforts que font les animaux pour la défécation. Les renversements du vagin et de l'utérus offrent beaucoup moins de difficulté de réduction; mais, quand une fois ils ont eu lieu, ils peuvent se renouveler aux époques des parturitions. On ne doit donc pas négliger de tenir compte de cette circonstance.

RÉPERCUSSIF. Nom donné, en médecine vétérinaire, aux médicaments qui ont la propriété de répercuter les liquides en crispant, en resserrant les tissus sur lesquels on les applique. Les réfrigérants, les astringents, sont des répercussifs. — V. ces mots.

REPEUPLEMENT (*d'une forêt, d'un étang, etc.*). On repeuple un bois qui a des éclaircies par des semis et des plantations. On repeuple un étang en y mettant des poissons ou du frai dont la fécondation est assurée, soit naturellement, soit artificiellement. On repeuple de la même manière les rivières dont le poisson a été détruit. — V. ***Frai, Pisciculture, Plantation, Reboisement.***

REPIQUAGE. Opération agricole ou horticole qui consiste à repiquer du plant produit par semis. Le repiquage offre le grand avantage de pouvoir rendre plus précoces certains végétaux. Semés sur couches ou sous châssis, dans un temps où ils ne peuvent pas venir en pleine terre, les végétaux peuvent fournir des plants déjà développés, prêts à être repiqués, à des époques où l'on songerait à peine à leur ensemencement de printemps dans les pays froids. D'un autre côté, le repiquage favorise les moyens de régulariser et d'espacer convenablement les végétaux, pour pratiquer avec facilité et économie les sarclages et autres façons nécessitées par leur culture. Les colzas, les betteraves, les choux, les oignons, etc., sont généralement repiqués.

RÉPLÉTION. V. *Pléthore.*

REPOS (*de la terre*). On a pensé long-temps qu'après le travail, la terre, comme les animaux, avait besoin de repos. Cette erreur avait fait adopter les jachères. La terre n'est pas un être animé, elle n'a pas besoin de repos, et la preuve, c'est qu'elle produit toujours. Les prairies, les forêts, se reposent-elles? de tout temps et toujours n'ont-elles pas donné leurs produits, qui se renouvellent sans cesse? Les champs qu'on laisse en jachère produisent de l'herbe, ils ne se reposent donc pas. La terre n'a pas besoin de repos, elle a besoin d'être bien comprise dans sa culture. Voilà ce dont elle a besoin. — V. *Assolement, Jachère.*

Mais, si la terre n'a pas besoin de repos, il n'en est pas de même des animaux. Toutes les fonctions de la vie animale, telles que celles qui président aux sens, à la vue, à l'ouie, à la sensibilité, à l'odorat, aux mouvements provoqués par les muscles soumis à l'empire de la volonté, ont périodiquement besoin de repos. Ce fait est si vrai, que la nature elle-même prend soin de le provoquer par le sommeil, non seulement dans les animaux, mais, en quelque sorte, dans diverses plantes, par une espèce de sommeil. — V. *Sommeil.*

Le repos est donc une loi naturelle dont l'exécution est indispensable aux animaux en général; mais, si le repos est si urgent pour les animaux qui ne travaillent pas, combien, à plus forte raison, doit-il être essentiel pour ceux qui exploitent nos terres, traînent nos voitures, transportent nos produits sur nos marchés, montent notre cavalerie, sont attelés à nos canons, à tout notre matériel de guerre, etc. C'est ici que la conservation des animaux exige une étude qui établisse une harmonie convenable entre le travail et le repos. Sans cette harmonie, non seulement les animaux sont rapidement usés, mais ils contractent des maladies qui occasionnent des dépenses considérables, tant pour leur traitement que par le manque de leur travail, nécessairement suspendu, ce qui peut avoir des inconvénients graves dans certains cas, tels que pendant les ensemencements, les moissons et récoltes diverses, etc. On devrait donc attacher la plus grande importance à procurer aux animaux le repos, sans lequel il leur est impossible de nous rendre les services pour lesquels ils sont élevés.

L'une des conditions les plus essentielles à offrir aux animaux de travail dans nos fermes, c'est de leur faire une bonne litière pour qu'ils puissent se coucher après avoir mangé. Dans la saison de l'été, surtout, lorsque pendant les grandes chaleurs du jour on rentre les animaux, on doit avoir soin de les préserver des mouches dans leurs étables, en y laissant pénétrer peu de lumière, ce qui est facile au moyen d'abat-jours ou en fermant les ouvertures. Les mouches ne tracassent pas les animaux dans ce cas, d'une part; de l'autre, un demi-jour leur est très agréable après avoir été exposés à l'ardeur brûlante du soleil. Le demi-jour invite les animaux non seulement au repos, mais au sommeil. — V. *Fatigue*, *Hygiène*, *Travail*.

REPRODUCTEUR. Individu de l'un ou de l'autre sexe destiné à la multiplication de son espèce. L'amélioration de nos animaux domestiques dépend de deux causes, sans lesquelles il peut y avoir multiplication, mais non perfectionnement, dans nos animaux. La première cause a son point de départ dans l'alimentation et les soins hygiéniques convenables, la seconde dans le choix des reproducteurs et celui des lieux où ils peuvent convenir. Hors de là point de perfectionnement dans nos races. Le temps et l'argent dépensés inutilement depuis des siècles pour parvenir à un but qui n'est point atteint chez nous, tant s'en faut, nous en fournit la preuve. Un bon reproducteur, dans toutes les espèces, doit être bien nourri; il doit avoir une habitation saine, être soumis à un travail modéré ou à un exercice suffisant pour l'entretien de sa santé et le développement de ses facultés; il doit enfin être entouré des soins hygiéniques que nécessite l'importante fonction à laquelle il est destiné, soit dans le but de multiplier une race, soit dans celui de la perfectionner.

Après ces conditions essentielles, viennent celles de la nature, de la conformation des individus : ils doivent avoir tous une bonne poitrine. On reconnaît cette condition aux signes de l'intégrité des poumons d'abord, et ensuite à la capacité du thorax, caractérisée par les côtes longues et bien arquées (V. *Poumon*, *Thorax*). Les membres doivent être bien articulés, bien musclés, bien constitués et d'aplomb. Le système musculaire doit être bien nourri, bien développé, puissant, dans les animaux de travail surtout. Le système osseux sera dense, compacte, ce qui est toujours un caractère de distinction de race. La peau doit être fine, souple, le poil luisant, moelleux, doux au toucher; la vue doit être bonne, la tête petite, et l'animal doit avoir de bons pieds.

Ces caractères généraux sont ceux d'une bonne constitution des reproducteurs. Viennent ensuite des conditions accessoires plus ou moins importantes, qu'il ne faut pas négliger d'examiner avec attention. Les femelles, par exemple, doivent être bonnes nourrices et fécondes. Les mâles doivent être prolifiques, vigoureux. Tous doivent être dociles, exempts de tares, de vices moraux ou physiques, souvent héréditaires, qui les rendent dangereux, eux et leurs produits. — V. *Accouplement*, *Animal*, *Bélier*, *Brebis*, *Cheval*, *Conformation*, *Courses*, *Croisement*, *Engraissement*, *Etalon*, *Haras*, *Perfectionnement*, *Repos*, *Travail*, *Usure*.

REPRODUCTION. V. *Fécondation*, *Reproducteur*.

REPTILES. D'un mot latin qui signifie ramper. Animaux vertébrés, très nombreux, de formes variées, qui progressent en rampant sur le sol ou par bonds, suivant leur conformation particulière. On a divisé les reptiles en chéloniens, en sauriens, en ophidiens et en batraciens : les premiers comprennent les tortues, les seconds les lézards, les troisièmes les serpents, et enfin les batraciens sont les grenouilles, les crapauds et les salamandres.

A l'exception de quelques serpents qui sont dangereux par leur venin, les autres reptiles de nos climats ne sont pas nuisibles, malgré l'aversion que l'on a pour eux ; ils sont utiles au contraire à l'agriculture en détruisant les insectes dont ils se nourrissent ; ils dévorent les vers, les limaces, les chenilles et une infinité d'autres animaux qui font souvent dans nos jardins et nos récoltes des dégâts considérables. Au lieu de détruire plusieurs reptiles, on devrait les laisser se multiplier et vivre comme animaux utiles. Dans notre climat, la vipère seule, dont la morsure est toujours grave chez nous, quand elle n'est pas mortelle, devrait faire exception.

Les mœurs des reptiles sont, pour les naturalistes, un sujet d'études très intéressantes.

Certains reptiles sont alimentaires : les diverses espèces de grenouilles, par exemple, ont une chair assez délicate et recherchée; plusieurs tortues donnent aussi une viande assez bonne, qui a quelque analogie avec celle du poulet lorsqu'elles sont jeunes.

RÉSEAU. (*Bonnet.*) Nom donné à un des quatre estomacs des ruminants. Le réseau forme un renflement qui se trouve en avant du rumen, dont il n'est séparé que d'une manière peu sensible ; la membrane muqueuse de cet estomac offre de petits compartiments peu marqués dans le bœuf, mais dans le chameau il forme de petites poches que l'on a dit être de petits réservoirs d'eau tenue en réserve pour les besoins de l'animal.

Sans nous arrêter sur cette opinion plus ou moins fondée, nous disons que les fonctions du réseau ne sont pas encore bien déterminées; quelques physiologistes ont pensé que l'usage de cet estomac était de mesurer la quantité d'aliments refoulés du rumen dans son intérieur par les contractions des parois de l'abdomen, et de concourir à pousser dans les lèvres de l'œsophage le bol alimentaire qui doit remonter dans la bouche des animaux pour y être ruminé; rien n'a démontré la rigoureuse exactitude de cette théorie, que nous ne faisons qu'énoncer ici. — V. *Digestion, Rumination.*

RÉSÉDA. Plante de la famille des résédacées, dont elle forme le type. Le réséda odorant est cultivé pour son odeur agréable comme plante d'agrément. L'espèce connue sous le nom de gaude est une plante industrielle cultivée pour l'art du teinturier; elle donne une couleur jaune assez recherchée.

RÉSÉDACÉES. Famille de plantes qui comprend le réséda, la gaude. — V. ces mots.

RÉSERVOIR. Nom donné à des bassins de capacité variée formés par la main de l'homme afin de recevoir des eaux, dont on se sert à volonté pour des arrosements. L'avantage des réservoirs n'est gnéralement pas assez compris; partout où il y a une source, dans nos pays de montagne surtout, il devrait y avoir un réservoir pour recevoir et amasser les eaux; en voici la raison: les eaux de source en général, sauf celles qui sont très abondantes, n'ont pas un long parcours dans une prairie; le plus souvent elles s'imbibent à quelques mètres du lieu où elles sortent, et leur effet salutaire sur la végétation est très circonscrit; il arrive même quelquefois qu'elles sont nuisibles en entretenant localement une fraîcheur et une humidité peu favorables aux plantes; mais, lorsque ces eaux sont ramassées dans un réservoir, leur volume permet de les conduire au loin au moyen de rigoles bien dirigées et d'une bonde lâchée pour leur écoulement quand le réservoir est plein. On a de plus le moyen de rendre ces eaux plus fécondantes par des purins ou du fumier avec lesquels on les mélange.

Du reste, pour bien remplir leur but et être entretenus en bon état de conservation, les réservoirs ont besoin d'être dans des conditions qu'il n'est pas inutile de signaler ici ; d'abord la capacité d'un réservoir doit être en rapport avec l'eau qu'il reçoit ; il doit être plein, au moins, dans l'espace de quarante-huit ou soixante heures ; la quantité d'eau de sa source doit donc guider l'agriculteur sur la confection d'un réservoir. S'il mettait trop long-temps à se remplir, pendant les époques de grandes chaleurs surtout, il ne tarderait pas à se dégrader, à avoir des fuites, soit par suite des crevasses que la sècheresse occasionnerait dans la terre qui entoure sa maçonnerie, soit par l'action des taupes qui pourraient y faire leurs galeries. Pour éviter ces inconvénients, il ne faut jamais oublier de fermer les réservoirs quand on les a vidés ; sans cette précaution, ils seraient sous l'influence des mêmes causes de dégradation que lorsqu'ils sont trop grands relativement aux sources dont ils reçoivent les eaux.

La confection des réservoirs occasionne quelques frais dans les pays pauvres où l'agriculture est arriérée ; cette circonstance est une des principales causes de la rareté de cet excellent moyen d'irrigation des prairies. Mais, si l'on calculait que dans peu de temps ces frais sont couverts par l'augmentation des produits qui en résulte, on ne balancerait pas à les faire. Cette amélioration foncière peut payer le capital qui y est employé par un intérêt de vingt-cinq, trente pour cent, et même plus, suivant les lieux et les circonstances dans lesquelles elle est pratiquée.

RÉSIDUS. On nomme résidus les produits végétaux dont on a extrait certains principes, comme la fécule, l'amidon, le sucre, l'huile, les eaux-de-vie, les cidres, etc. On fait généralement consommer les résidus par des animaux, surtout par ceux qui sont à l'engrais, et par les vaches laitières, chez les nourrisseurs des grandes villes. Quelquefois aussi on les emploie comme engrais : tels sont les tourteaux de lin, etc. Les résidus sont souvent d'une grande ressource pour l'élevage et l'engraissement du bétail. Dans le nord, les résidus des sucreries de betteraves ont donné lieu à une industrie d'engraissage très considérable et très lucrative. — V. *Pulpe*.

RÉSINES. Produits végétaux qui coulent des arbres résineux, par suite de crevasses naturelles ou de blessures ou incisions faites sur leurs écorces. Les résines, toujours inflammables, liquéfiables à la chaleur, insolubles dans l'eau, sont solubles dans l'alcool; les huiles essentielles qui en ont été extraites sont employées dans les arts sous divers noms, tels que ceux de poix noire, de poix de Bourgogne, de sandaraque, de colophane, de galipot. Leur consistance plus ou moins caractérisée est due, d'après l'opinion des savants, à l'action que l'oxygène exerce sur elles à mesure qu'elles sortent du bois sous forme d'huile.

Les résines extraites des pins, dans les landes de Bordeaux et autres lieux où elles sont exploitées, donnent lieu à une branche assez considérable de commerce. Elles offrent une récolte aussi profitable aux cultivateurs que facile et économique à obtenir. On assure même que les arbres qui les ont fournies ont plus de dureté que ceux dont on ne les extrait point. Toutes nos landes pourraient produire des résines. Leurs plantations en arbres résineux, qui y réussissent généralement bien, donneraient non seulement un produit annuel considérable, mais du bois et des détritus qui fertiliseraient, après plusieurs années, leur sol si peu fertile. — V. *Lande*, *Plantation*, *Reboisement*.

RÉSOLUTIF. Nom donné aux substances médicamenteuses employées pour combattre, résoudre certains engorgements dans les animaux. Les réfrigérants, les astringents, sont résolutifs par les propriétés qu'ils ont de resserrer les tissus. Les tumeurs froides indolentes sont traitées par d'autres résolutifs qui sont : les préparations d'iode, les vésicants employés localement, la térébenthine qui contient du sublimé corrosif (deuto-chlorure de mercure) dans des proportions déterminées par la science, etc. Ces résolutifs prennent souvent le nom de fondants. — V. *Fondant*, *Réfrigérant*.

RESPIRABLE. Gaz propre à la respiration. L'air atmosphérique, composé de 21 parties d'oxygène et de 79 d'azote mélangées, est le fluide le plus respirable, le seul qui serve à la respiration des animaux. L'air respirable est souvent vicié par des gaz délétères, tels que l'acide carbonique, des miasmes divers. Leur action, plus ou moins lente ou rapide, cause, dans ces cas, des maladies aux animaux, si on n'assainit pas leurs habitations. — V. *Assainissement*, *Désinfection*.

RESPIRATION. La respiration est une fonction par laquelle l'air atmosphérique, pénétrant dans la poitrine des animaux, est mis en rapport avec leur sang dans les poumons qui le reçoivent, et lui fait subir une transformation sans laquelle la vie serait impossible. Tous les corps organisés respirent. Les végétaux ont leur respiration comme les animaux; mais, comme leur organisation est différente, suivant le rang qu'ils occupent dans le règne dont ils font partie, leurs organes respiratoires diffèrent de ceux des animaux comme leur respiration elle-même.

Les mammifères et les oiseaux, surtout ces derniers, sont les sujets dont la respiration est la plus complète. Dans les premiers, les mouvements mécaniques au moyen desquels elle s'opère sont simples et bien exécutés. Les côtes qui forment la cage protectrice des poumons se soulèvent, s'écartent, par l'action de leurs muscles éleveurs. Le diaphragme, en se contractant d'une part, se tend de l'autre par l'écartement du cercle cartilagineux des côtes auquel il adhère circulairement, et, refoulant ainsi en arrière les viscères abdominaux, concourt à agrandir le thorax. Les poumons se dilatent en même temps, en vertu des mouvements de dilatation de la poitrine, et l'air s'y introduit par la trachée-artère jusqu'aux dernières divisions des bronches et aux cellules qui les terminent en cul de sac. Le sang veineux, poussé dans les poumons par le cœur au moyen des artères pulmonaires, gagne aussi les dernières ramifications des vaisseaux pulmonaires. Là, ce liquide est mis en contact avec l'air des vésicules, qui laissent transsuder ces deux éléments de la vie par leurs cloisons, d'une finesse extrême, et l'hématose s'opère sans effort, sans trouble, pendant le sommeil comme pendant la veille, et sans que l'animal en ait conscience.

Les muscles qui concourent à l'importante fonction de la respiration sont donc tantôt soumis à l'empire de la volonté, parceque nous pouvons, quand nous le voulons, suspendre leur action pendant quelque temps; tantôt ils sont indépendants de notre volonté, puisqu'ils fonctionnent durant notre sommeil et sans que nous en ayons conscience. — V. *Mouvement*.

Maintenant, que se passe-t-il pendant que l'air et le sang veineux sont en présence? La chimie l'explique diversement, et plusieurs théories ont été développées à ce sujet. D'après l'opinion du célèbre Lavoisier, qui, le premier, a traité cette question au point de vue chimique, l'oxygène de l'air se met en rapport avec le sang à travers les parois, d'une ténuité extrême, qui séparent les vésicules pulmonaires des capillaires où se trouve le sang. Ce gaz se combine en partie avec le carbone du sang noir apporté des diverses parties du corps par les veines, et forme de l'acide carbonique. Une autre partie de cet oxygène se combine avec de l'hydrogène, et forme de l'eau. Or, comme ces combinaisons chimiques dégagent de la chaleur, la cause de la chaleur animale serait toute trouvée dans l'explication chimique de Lavoisier.

Lagrange, qui ne nie pas l'action de l'oxygène sur le sang pendant la respiration, ne pense pas que les poumons soient précisément et absolument le foyer exclusif de la chaleur animale ; s'il en était ainsi, d'après lui, ces organes n'y résisteraient pas et seraient nécessairement brûlés par l'action chimique qui aurait lieu dans leur parenchyme ; il croit que cette action a lieu dans le torrent même de la circulation, et il fonde son opinion sur ce que, dans l'état normal, la température des diverses parties du corps, même les plus éloignées, ne diffère pas sensiblement de celle du foyer, ce qui ne lui paraîtrait pas naturel, d'après la loi ordinaire du rayonnement du calorique, qui perd de son intensité en raison de l'éloignement du foyer qui le produit.

Un savant allemand, qui, de nos jours, se rend illustre par ses nouvelles recherches sur la chimie organique appliquée, nous donne une autre théorie. D'après lui, l'oxygène de l'air se combinerait avec le fer contenu dans le sang, ce qui donnerait au sang artériel sa couleur rouge tranchée. Il ajoute que le fer, oxydé en excès, céderait de son oxygène à mesure que le sang circule dans l'économie pour nourrir les organes et fournir aux sécrétions diverses les éléments dont elles ont besoin pour leurs produits, et qu'après ce phénomène vital et chimique en même temps, il reviendrait aux poumons, pour recevoir encore l'oxygène qui lui est indispensable pour l'entretien de la vie.

Lorsque l'air a fourni au sang son élément vivifiant après l'inspiration, il est chassé des poumons par l'expiration. Le mécanisme de cette opération est simple : les muscles dilatateurs de la poitrine se relâchent ; les côtes s'affaissent, et ce mouvement, facilité par leur propre poids dans les animaux, l'est encore par celui des muscles abdominaux qui supportent la masse intestinale. Le diaphragme, se relâchant en même temps, est refoulé en avant par les viscères abdominaux; la cavité pectorale ainsi déprimée comprime les poumons et fait sortir l'air qui les a pénétrés dans l'inspiration.

Tels sont les phénomènes au moyen desquels la respiration s'opère dans les mammifères.

Dans les oiseaux, la respiration a lieu de la même manière; elle y est même favorisée d'une manière spéciale. Chez ces animaux, les os sont creux et contiennent de l'air qui concourt à l'hématose du sang. Cette fonction est donc plus complète chez eux; aussi la température du sang est-elle plus élevée dans les oiseaux que dans aucune autre classe du règne animal.

Chez les reptiles, la respiration est plus lente, moins complète, ainsi que leur circulation. Il en résulte que la température de leur corps est plus basse, et elle est subordonnée à celle du milieu dans lequel ils vivent.

Les poissons respirent, non en introduisant de l'air dans leurs thorax, puisqu'ils n'en ont pas, mais en faisant traverser leurs bronches (ouïes), qui leur servent de poumons, par l'eau dans laquelle ils nagent: l'air qu'elle tient en dissolution suffit pour hématoser leur sang, poussé dans leurs organes respiratoires par leur cœur, à un seul ventricule.

Les insectes ont des trachées où l'air pénètre pour opérer la respiration. Chez eux, ce gaz va trouver le sang, parceque, si, comme dans les autres animaux, il circule, cette circulation est infiniment moins complète chez eux que dans les mammifères, les oiseaux, les reptiles, les poissons, etc.

Dans une infinité d'autres animaux inférieurs, la respiration s'opère par les pores de la peau, que l'air pénètre.

Tel est en raccourci le mécanisme au moyen duquel s'opère la respiration dans les individus qui composent le règne animal. Comme elle est l'acte le plus important de la vie, puisque sa suspension provoque immédiatement la mort, on peut comprendre combien son intégrité a de l'influence sur la santé des animaux. Cette intégrité dépend de deux causes: l'une trouve sa raison d'être dans les bonnes conditions des organes respiratoires, l'autre dans celles de l'air. Une mauvaise poitrine respire mal, et un air vicié ne saurait servir à une bonne respiration. Dans l'un comme dans l'autre cas l'animal souffre ; peu à peu sa santé s'altère, et tout à coup des maladies plus ou moins graves se déclarent et causent le plus souvent la mort, malgré la lenteur de la marche des affections qui la provoquent, dans l'homme comme dans les animaux.

Nous avons déjà dit que les végétaux respirent comme les animaux ; comme eux, ils vivent ; comme eux, ils ont une circulation et une respiration, non pour hématoser leur sang, puisqu'ils n'en ont pas, mais pour s'approprier surtout le carbone qui est dans l'atmosphère, combiné à l'oxygène et sous forme de gaz (acide carbonique).

Des expériences ont démontré que c'est par les feuilles et par les parties vertes que les végétaux respirent; ils absorbent l'acide carbonique de l'air, s'approprient le carbone et dégagent l'oxygène sous l'influence de la lumière. Dans l'obscurité, au contraire, ils dégagent de l'acide carbonique, ce qui concourt à expliquer leur étiolement quand ils sont dans des lieux obscurs sans jamais être directement soumis à l'action des rayons du soleil.

Les parties des végétaux qui ne sont pas vertes paraissent dégager surtout l'acide carbonique : telles sont les fleurs diversement colorées. Ce fait explique le danger qu'il y a à laisser de grandes quantités de fleurs dans une chambre à coucher : il en résulte, pour ceux qui s'y trouvent, des maux de tête qui n'ont pas d'autre cause ; l'asphyxie pourrait même s'ensuivre.

Ainsi donc les végétaux se nourrissent par l'air au moyen de leurs parties vertes, en même temps que par le sol au moyen des racines. Ils absorbent l'acide carbonique de l'atmosphère par leur respiration, le décomposent en s'assimilant le carbone qui entre dans leur composition élémentaire, et dégagent l'oxygène ; ils purifient donc l'air vicié par la respiration des animaux, qui dégagent toujours de l'acide carbonique ; il est vrai que pendant la nuit et dans l'obscurité les végétaux dégagent aussi de l'acide carbonique, mais en bien moins grande quantité qu'ils n'en absorbent. Ils concourent donc indubitablement à l'assainissement de l'atmosphère. Ce phénomène explique comment on assainit des contrées insalubres par des plantations.

RÉTENTION (*d'urine*). Les animaux sont quelquefois sujets à des rétentions d'urine qui leur causent des coliques. On combat ces maladies, suivant les causes qui les ont déterminées, par des lavements nitrés (V. *Diurétiques*), par des rafraîchissants, des cataplasmes émollients sur les reins ; enfin, quand ces moyens ne suffisent pas, on a quelquefois recours à l'introduction d'une sonde creuse dans la vessie; mais cette opération ne peut être faite que par un praticien exercé.

Souvent une saignée remédie à une rétention d'urine, soit par effet sympathique, soit en agissant comme moyen antiphlogistique et curatif.

RÉTICULAIRE. Genre de végétaux de la famille des champignons. Les réticulaires croissent sur le sol, sur de vieux troncs d'arbres ou des souches. Leur consistance est molle d'abord, gélatineuse, jaunâtre dans certaines espèces. Du reste elles n'offrent aucun intérêt à l'agriculture.

RÉTIF. Quinteux. Animal rétif. C'est surtout dans l'espèce chevaline que l'on observe des individus rétifs. Ce vice est quelquefois dû aux mauvais traitements : s'il en est ainsi, la patience, la douceur, sont le meilleur moyen à lui opposer, et avec le temps on le fait disparaître; quelquefois il dépend de l'organisation morale des sujets : dans ce cas, il faut s'en servir comme on peut et ne pas s'exposer à être victime de leur méchanceté; toutefois la douceur doit toujours présider à tous les moyens de réduction employés, et ce n'est qu'avec circonspection et réserve qu'on doit user de procédés de correction, lorsque les cas l'exigent. On voit des cavaliers, des charretiers, des bouviers, qui n'ont jamais d'animaux rétifs, ce qui est dû à la manière dont ils les gouvernent.

RÉTINE. Nom donné à la membrane blanchâtre pulpeuse qui forme la couche la plus interne des membranes de l'œil. On pense que la rétine est formée par l'épanouissement du nerf optique, elle serait donc le foyer principal de la vue. — V. *OEil*, *Vue*.

RETRAIT. Lorsqu'une graine a été récoltée avant la maturité, la dessiccation la fait diminuer de volume par la volatilisation des liquides qu'elle contient, et elle opère un retrait. Une pareille graine, dont la peau est ridée, est menue, chétive. Elle ne contient pas sa quantité de substance nutritive ordinaire, et son germe peut être dans de mauvaises conditions de végétation.

RÉVULSIF. V. *Dérivatifs.*

RHAMNÉES. Famille de plantes formée d'arbres, d'arbrisseaux et de sous-arbrisseaux. Le nerprun appartient à cette famille. — V. *Nerprun.*

RHINANTE. Genres de plante de la famille des scrophulariées. Le rhinante appelé *crête-de-coq* est le plus remarquable de ce genre; il est considéré comme plante nuisible, soit dans les champs, soit dans les prairies; partout où il pousse, les autres herbes sont rares et chétives. Est-ce par suite de sa présence, ou sous l'influence de la nature du sol qui le produit? Le fait n'est pas expliqué; mais il existe, il n'est pas un praticien qui l'ignore.

RHIZOME. On appelle rhizomes les tiges souterraines desquelles partent les racines. Les iris, l'igname, etc., ont des rhizomes. Le rhizome de l'igname est comestible; on affirme qu'il peut être un auxiliaire très avantageux de la parmentière. — V. *Igname.*

RHODODENDRON. Genre de plantes de la famille des héricacées. Les rhododendrons fournissait des arbrisseaux cultivés comme plantes d'agrément pour leur belles fleurs.

RHUBARBE. Genre de plante de la famille des polygonées. La rhubarbe est très répandue; on la cultive dans certains pays pour les besoins du commerce. La poudre de sa racine est employée comme tonique en médecine vétérinaire.

On mange les jeunes pousses, les pétioles et les feuilles de rhubarbe; en marmelade et en purée; on en fait des confitures qui sont assez bonnes. Les Anglais font usage de la rhubarbe comme plante comestible; mais elle est encore peu employée en France sous ce rapport. Il paraît qu'en Angleterre, comme en France, on a fabriqué avec cette plante du vin qui imite le vin de Champagne à s'y méprendre. On assure même que cette découverte aurait fait penser à nos voisins d'outre-Manche qu'ils pourraient se passer de notre industrie viticole champenoise. N'ayant pas été témoin du fait avancé à ce sujet, nous nous bornons à le signaler sans plus de détails et sans commentaire.

RHUMATISME. L'homme, on le sait, est souvent soumis aux douleurs rhumatismales, surtout lorsque certaines parties de son corps sont exposées au froid et à l'humidité. Les rhumatismes ont été peu étudiés sur les animaux; mais ils n'en existent pas moins.

Des boiteries intermittentes ou incurables, l'atrophie des muscles de certaines régions, sont peut-être dues plutôt quelquefois à des rhumatismes qu'à toute autre cause ignorée. Les chasseurs qui ont des chiens pour la chasse au marais savent parfaitement que ces pauvres animaux sont quelquefois perclus à la suite de rhumatismes. Le même phénomène doit se produire chez les animaux qui couchent dans des lieux humides, exposés à la fraîcheur du sol ou du pavé des étables ou écuries. C'est aux vétérinaires à observer ces maladies, pour les traiter au besoin. Les agriculteurs, de leur côté, doivent les prévenir en faisant bonne litière aux animaux, ou du moins en assainissant les étables.

RHUME. Toux qui se déclare chez les animaux à la suite d'irritation des organes respiratoires, de refroidissements. — V. *Bronchite*, *Toux*.

RIBÉSIACÉES. Famille de plantes arborescentes. Les arbrisseaux les plus intéressants de cette famille sont le groseillier, cultivé pour ses fruits, dont on fait de bonnes confitures; le cassis, qui sert à faire une liqueur de ménage assez estimée, et le groseillier à maquereau, qui donne un fruit assez sucré, recherché par les enfants dans les campagnes. — V. *Groseillier*.

RICIN. Genre de plantes de la famille des euphorbiacées. Le ricin est cultivé dans les pays chauds pour sa graine, dont on extrait une huile qui a des propriétés purgatives. Cette huile est d'un usage assez fréquent en médecine vétérinaire, pour purger de petits animaux. Dans le Levant, la feuille du ricin (*palma christi*) sert à élever un ver à soie dont le produit est très estimé. Ce ver à soie a été importé dans le Piémont. M. l'abbé Barufi a envoyé de ses œufs et de ses cocons à la société zoologique d'acclimatation, qui s'était occupée de son importation. Déjà la société possède des papillons sortis des cocons, et elle travaille avec activité à doter la France de cet insecte précieux, qu'elle se propose d'acclimater sur divers points de la France, comme en Algérie.

RICIN. Insecte qui s'attache à la peau des chiens et autres animaux, et se développe à leurs dépens. — V. *Tique*.

RIGOLE. Petite tranchée ou canal dans lequel coule l'eau, pour être dirigée dans les arrosements. C'est surtout dans les pays de montagnes que l'on fait des rigoles, au moyen de la bêche, ou d'un hoyau armé d'une crête. Comme ces petits canaux sont généralement faits à vue d'œil par nos cultivateurs, ils ont ordinairement trop de pente, et on devrait toujours se servir d'un petit niveau pour la régler d'une manière convenable. Deux ou trois millimètres de pente par mètre au plus suffiraient pour l'écoulement des eaux, et l'arrosement n'en serait que plus régulier. — V. *Irrigations*.

RIGOLEUR. Instrument qui sert à faire les rigoles dans les prés. Les rigoleurs sont très utiles et très expéditifs. Pour s'en servir, on doit d'abord tracer la rigole avec un niveau gradué, de manière à bien déterminer la pente que l'on désire; puis on suit la trace faite avec des piquets, ou tout autre moyen, avec le rigoleur traîné par un cheval ou une paire de bœufs. Rien n'est plus simple et plus expéditif que cette opération.

RIVERAIN. Les champs, les prés, les forêts, les domaines, sont riverains quand il sont sur les bords des fleuves ou rivières. Les propriétés riveraines ont quelquefois de grands avantages, soit pour des colmatages, soit pour des irrigations; mais elles sont aussi souvent exposées à des inondations, à avoir les terres entraînées par les eaux des rivières et des torrents; elles nécessitent même souvent des frais assez considérables d'endiguement. — V. *Digue, Inondation*.

RIZ. Genre de la famille des graminées. Le riz est une des plantes les plus précieuses qui soient cultivées pour la nourriture de l'homme. Suivant quelques statisticiens, les deux tiers des habitants de la terre se nourriraient de riz. On le cultive sur tous les points du globe où la température, qui doit être assez élevée, le permet. En Orient, surtout dans l'empire chinois et toutes les îles qui se trouvent dans les mers de cette région, la culture du riz est très répandue. Le midi de l'Europe lui est aussi favorable, notamment l'Italie et l'Espagne. Quelques essais ont été faits en France et ont bien réussi. Les rizières de la Camargue ont donné des résultats qui prouvent qu'elles pourraient être pratiquées avec succès dans le delta du Rhône. La même culture a été couronnée de succès dans le bassin d'Arcachon.

On cultive deux variétés de riz, l'une dans un sol humide, qui doit être inondé à volonté, l'autre sur un terrain sec. Le premier ne peut guère être adopté que dans les pays où la population des campagnes est rare. Les rizières humides, en effet, sont un véritable foyer d'insalubrité; les miasmes qui s'en exhalent vicient l'air durant le temps des chaleurs, et donnent des fièvres intermittentes aux populations qui les avoisinent, comme le font les marais. Les rizières sèches, au contraire, peuvent être adoptées partout sans inconvénient, lorsque la température permet l'adoption de leur culture. Le riz qu'elles donnent croît comme les autres graminées. Il paraît qu'on le cultive en abondance dans les montagnes de la Chine.

Le riz est un grain d'autant plus précieux pour l'alimentation de l'homme, qu'il peut être consommé presque sans préparation. On peut le manger avec un peu de sel, après l'avoir simplement fait crever dans l'eau; on en fait des gâteaux, des bouillies; on le met au gras, au maigre, au lait; on l'accommode de mille manières, et il est toujours mangé avec plaisir, toujours il fournit une nourriture d'une digestion facile. Sous ce rapport il l'emporte sur le blé, qui ne peut être consommé qu'après avoir été réduit en farine et préparé pour faire le pain.

La médecine humaine et vétérinaire fait un fréquent usage de l'eau de riz comme calmant et adoucissant. Cette décoction est surtout employée en lavements contre les coliques, les diarrhées, les irritations du tube digestif.

ROBINIER. (*Pseudo-acacia.*) Quand un citoyen rend un grand service à son pays, on ne saurait assez rappeler son nom pour le donner comme exemple à la postérité. Vespasien Robin, botaniste voyageur du jardin des plantes de Paris, importa le pseudo-acacia, il y a plus de deux siècles. Le célèbre Linnée donna à cet arbre précieux le nom de Robinier pour perpétuer la mémoire du naturaliste qui dota l'Europe de cette belle et riche conquête faite sur le règne végétal du Nouveau Monde.

Le robinier appartient à la famille des légumineuses. Sa culture nous a prouvé qu'il est une des plus heureuses importations qu'ait pu faire l'art forestier, l'arboriculture. Non seulement l'acacia est un de nos bois durs les plus estimés en charronnerie, en ébénisterie, en menuiserie, dans l'art du tourneur et dans les constructions navales; mais encore il est d'une rusticité remarquable ; sa croissance est d'une activité exceptionnelle, surtout dans son jeune âge, même dans les terrains de médiocre qualité. Sa densité est au moins aussi grande que celle du chêne le plus dur; il forme le plus bel arbre d'ornement que l'on puisse désirer, par ses belles fleurs en grappes odorantes, et par son feuillage composé, qui donne un excellent fourrage. On a conseillé de cultiver le robinier pour le couper chaque année comme on le ferait d'une prairie artificielle. La pratique paraît avoir confirmé l'avantage de cette méthode.

Planté et taillé convenablement, l'acacia forme d'excellentes clôtures; ses racines traçantes le font employer dans les sols en pente, pour prévenir les éboulements; on l'a surtout planté à cet effet dans les berges des chemins de fer, et déjà on le voit croître avec vigueur en divers lieux sur ces sols, qu'il rendra très productifs.

On remarque au Jardin des Plantes de Paris un vieux robinier ignoré de la plupart des curieux, et sur une étiquette clouée à son tronc on lit les mots suivants :

(*Robinier faux acacia*, *Robinia pseudo-acacia*)
Amérique septentrionale.
Premier acacia cultivé en Europe,
planté par Vespasien Robin en 1635.

Le robinier est trop méconnu des cultivateurs; nous ne saurions assez leur en recommander la culture. On l'obtient, du reste, très facilement par semis, et il est très facile d'en faire des pépinières dans les exploitations.

ROCHE. Corps minéral de consistance plus ou moins solide, de composition et de texture plus ou moins simple ou compliquée. Les roches se trouvent en grande masse dans le sein de la terre ou à sa surface, et forment, par leur décomposition et leur désagrégation, le sol que nous cultivons.

Suivant leur composition simple ou composée, les roches sont divisées en classes, qui comprennent elles-mêmes des subdivisions variées. Les roches les plus utiles à connaître par les agriculteurs sont les granits, les quartz, les schistes, les roches calcaires, etc. — V. *Terrain*.

ROGNONS. Nom vulgaire donné aux reins qui sécrètent l'urine chez les animaux. — V. *Reins*.

ROITELET. V. *Troglodyte*.

ROMARIN. Genre de plante de la famille des labiées. Le romarin est une plante aromatique cultivée pour les usages de la médecine des animaux. On l'emploie en infusion comme tonique à l'intérieur pour activer la circulation, exciter le tube intestinal. On s'en sert à l'extérieur pour donner du ton aux tissus, pour changer la nature des plaies lentes à guérir, et afin d'en activer la cicatrisation.

Le romarin est aussi souvent cultivé comme plante d'agrément pour faire des bordures dans les parcs et jardins.

RONCE. Genre de plantes de la famille des rosacées. Les ronces, très connues par les agriculteurs, sont très communes. Elles sont nuisibles quand elles se développent dans nos cultures, et d'autant plus que leur multiplication est très rapide. On les emploie quelquefois dans les haies, qu'elles rendent impénétrables par leurs enlacements et leurs épines. Les ronces fournissent un fruit noir connu sous le nom de *mûre* ; il est très recherché par les enfants dans nos campagnes.

Le framboisier est une variété de ronce cultivée dans nos jardins pour son fruit parfumé et d'un goût très agréable.

RONGEURS. Petits mammifères qui forment un ordre dans la classification du règne animal. Le caractère principal des rongeurs est d'avoir des incisives isolées et tranchantes, qui croissent indéfiniment et leur servent à ronger soit leurs aliments, soit les objets qu'ils veulent couper ou détruire. Les rongeurs nous fournissent deux animaux domestiques, qui sont le lapin et le petit cochon d'Inde. Le lièvre, l'écureuil, le castor, le phascolome, etc., appartiennent à cet ordre, qui comprend des animaux malfaisants, tels que les rats, les mulots, les souris, les loirs, les hamsters, les lemmings, les campagnols, etc.—V. ces mots.

ROQUEFORT. Le fromage de Roquefort, fabriqué dans l'Aveyron avec du lait de brebis, est un des meilleurs fromages que l'on connaisse. La fabrication de ce fromage est une des industries les plus lucratives du pays qui le produit ; ses qualités exquises dépendent de la qualité des pâturages et de la disposition des caves de Roquefort, qui sont creusées dans le roc, et qui contribuent beaucoup, dit-on, à donner à ce produit le goût qui le caractérise. Le fromage de Roquefort est exporté partout, en France comme à l'étranger, et partout il est placé au premier rang des productions de ce genre.

ROQUETTE. Plante de la famille des crucifères. La roquette est quelquefois cultivée pour ses feuilles, mangées en salade; du reste, cette crucifère offre peu d'intérêt au cultivateur.

ROSACÉES. Famille de végétaux qui offre un grand intérêt par les arbres, les arbrisseaux et les plantes herbacées qui la composent. Les pommiers, les poiriers, les cognassiers, les cerisiers, les pruniers, les abricotiers, les amandiers, les pimprenelles, les fraisiers, les potentilles, les spirées, etc., appartiennent à cette intéressante famille. Les rosacées sont aussi remarquables par les fruits qu'elles fournissent que par leurs fleurs, qui embellissent nos jardins et nos parterres.

ROSE. Fleur du rosier. La rose est considérée comme la plus belle des fleurs d'ornement. Ses couleurs, son odeur suave, la rendent agréable partout. Très rustique, d'une multiplication facile, la rose croît dans tous les sols, dans les climats les plus âpres.

La culture a fait une infinité de variétés de roses, qui ornent nos parterres, nos parcs, nos jardins, et même nos croisées.

La feuille de rose sert à faire une eau employée contre les ophtalmies.

ROSEAU. Genre de la famille des graminées. Ce genre est remarquable par la grande quantité de variétés de plantes, souvent très développées, qu'il produit. La canne à sucre est un roseau. Les feuilles fraîches de quelques roseaux fournissent un assez bon fourrage. Ils croissent de préférence dans les sols humides, dans les fossés, sur les bords des étangs, etc.

On cultive quelquefois dans les jardins, sous le nom de roseau panaché (rubans, liserets), un phalaris, comme plante d'ornement, pour ses feuilles bigarrées de diverses manières.

ROSÉE. Quantité d'eau condensée sur l'herbe ou autres corps par suite de la fraîcheur des nuits. La théorie de la formation de la rosée est simple : l'atmosphère contient toujours de la vapeur d'eau en suspension ; quand cette vapeur est en contact avec des corps dont la température est plus basse que celle du milieu où elle se trouve, elle se condense sur ces corps refroidis et forme la rosée. C'est ce que nous observons, dans nos climats, surtout pendant les nuits froides du printemps et de l'automne. Les végétaux ou les minéraux ont abandonné dans ce cas leur calorique, qui a rayonné dans l'atmosphère, et la vapeur d'eau s'est condensée sur eux par suite de leur abaissement de température.

On observe exactement le même phénomène physique lorsque pendant l'été on expose dans un appartement une bouteille de liquide qui sort d'une cave fraîche. On voit alors la vapeur d'eau se condenser et former des gouttelettes d'eau de manière à faire dire à ceux qui ne connaissent pas cette théorie que *la bouteille sue*, ce qui du reste est un caractère de la fraîcheur du liquide qu'elle contient. Lorsque la température de la bouteille s'est élevée au degré de celle de l'appartement où elle se trouve, la vapeur qui s'était condensée disparaît, la bouteille *ne sue plus*.

Les rosées sont très abondantes en Afrique, comme dans d'autres pays chauds, où les nuits sont relativement fraîches.

Lorsque la température descend au dessous de zéro, la rosée se congèle et forme la gelée blanche. Cette gelée est souvent nuisible à la végétation, et aux animaux qui mangent l'herbe congelée. — V. *Avortement*, *Dégel*, *Gelée blanche*.

ROSIER. Genre de la famille des rosacées. Les rosiers sont des arbustes cultivés comme végétaux d'ornement pour leurs fleurs. La culture a créé des variétés infinies de rosiers. Les feuilles de roses servent à faire des essences et de l'eau employée en lotions contre les inflammations des yeux.

ROSSIGNOL. Le rossignol appartient à l'ordre des passereaux. Quelques naturalistes en ont fait un genre à part, et il mérite bien cette distinction par le rang qu'il occupe parmi les oiseaux chanteurs. Le rossignol, qui ne reste dans nos climats que pendant la belle saison, est de tous les oiseaux connus celui qui a le chant le plus agréable, le plus harmonieux et le plus varié. Il aime les lieux ombragés, solitaires, sans être cependant éloignés des habitations de l'homme. Il chante depuis son arrivée dans nos climats, pendant la ponte de sa femelle, et pendant sa couvaison; mais, quand ses petits sont nés, il cesse de faire entendre sa voix. Tout occupé de leur éducation et des soucis de la famille, il passe son temps à veiller sur elle et à l'élever.

On prend assez facilement le rossignol avec des piéges. Il suffit de gratter la terre sur laquelle on place les engins, et d'y mettre quelquelques insectes, surtout des vers de farine. Lorsque le rossignol est pris, on peut l'élever en cage, mais il lui faut des soins particuliers et une nourriture spéciale que tout le monde ne sait pas préparer.

Le rossignol est insectivore, et par conséquent très utile à l'agriculture par la grande quantité d'insectes qu'il détruit.

ROTATION. Mot adopté en agriculture comme synonyme de marche suivie dans la succession des végétaux cultivés. Les rotations sont de deux, trois, quatre, cinq, six ans, suivant la nature de l'assolement adopté. — V. *Assolement.*

ROTULE. Nom donné à l'os mobile qui fait fonction de poulie de renvoi à la pointe de l'angle formé par l'articulation fémoro-tibiale des animaux. Cette région correspond au genou de l'homme. On observe quelquefois des luxations de rotule, dans le cheval surtout. Cet accident est d'autant plus grave que, quand une fois il arrive, il peut se renouveler très fréquemment et mettre les animaux dans l'impossibilité de travailler. On s'assurera si des traces de feu n'indiqueraient pas un traitement qui aurait été nécessité par cette luxation.

ROUAN. On donne le nom de rouanne à la robe du cheval composée de poils rouges, noirs et blancs. Si le poil rouge domine, le cheval est dit rouan vineux; si c'est le poil blanc, au contraire, il est rouan clair; il est foncé si le le fond de la robe est plus caractérisé par le poil noir.

ROUGE-GORGE. Petit oiseau du genre fauvette, qui rend de grands services à l'agriculture par la quantité d'insectes nuisibles qu'il consomme. Au lieu de détruire les rouges-gorges par la chasse au filet, on devrait au contraire protéger leur développement, comme celui des mésanges, et de tous les insectivores en général qui ne sont point nuisibles à l'agriculture; la chasse de ces oiseaux devrait être toujours prohibée.

ROUGEOLE. (*Mal rouge, Rouget.*) Maladie qui se déclare quelquefois sur le porc. Les praticiens ne sont pas d'accord sur la nature de cette affection : les uns la croient contagieuse, d'autres affirment le contraire. Les porcs qui en sont affectés sont mis à un régime diététique et rafraîchissant; ils ne devront pas être exposés au froid; on leur donnera une litière sèche et abondante.

ROUILLE. On donne le nom de rouille, en agriculture, à des taches rouges plus ou moins multipliées qui se développent sur les tiges de certains végétaux, notamment des pailles et des fourrages. Ces taches sont dues à la formation de champignons très petits, par suite de l'humidité causée par les inondations, les pluies, les brouillards, ou d'autres causes qui ne sont pas toujours appréciables. On a reconnu aussi que l'épine-vinette causait par son influence, dont on n'a pas expliqué le mode d'action, la rouille au blé qui croît près des tertres où elle se trouve.

Quelle que soit la cause qui la produit, la rouille est toujours nuisible à l'agriculture. Non seulement elle altère les végétaux par son action corrosive, et en se développant à leurs dépens, mais encore elle est un véritable poison pour les animaux qui consomment les fourrages rouillés. L'expérience a malheureusement prouvé la vérité de ce fait. Des maladies épizootiques, charbonneuses, se sont déclarées à des époques où les bestiaux ont consommé des fourrages rouillés, et ces époques ont été de véritables temps de calamités pour les agriculteurs qui en ont été victimes.

On devrait donc, autant que possible, éviter de donner des fourrages rouillés aux animaux. S'il y a force majeure, s'il est impossible d'avoir d'autres substances alimentaires, on devra battre, secouer les pailles ou foins rouillés, on devra les laver même, si c'est possible, et les asperger d'eau salée, pour tâcher de diminuer, autant qu'on le peut, leurs effets nuisibles.. —V. *Sel.*

ROUISSAGE. Opération qui a pour but de dissoudre les matières agglutinatives qui collent les fibres des écorces des plantes textiles, pour en obtenir les produits. On rouit les plantes dans l'eau où à la rosée. Les fossés dans lesquels on fait le rouissage se nomment routoirs. Leur présence près des habitations est insalubre, par les gaz qui s'y développent à la suite de la décomposition des produits végétaux tenus en suspension dans leur eau; il est donc utile que ces fossés soient assez éloignés des habitations, pour ne pas vicier l'air respiré par l'homme, comme par les animaux.

ROULEAU. Instrument d'agriculture composé d'un cylindre de longueur et de grosseur différentes, en bois, en pierre ou en fonte, employé à briser les mottes, à tasser ou unir la terre, ou au battage des grains.

Les rouleaux destinés à briser les mottes sont quelquefois hérissés d'inégalités formées par des bosselures, des cannelures, et même de chevilles en fer ou en bois. Ceux, au contraire, qui sont destinés à aplanir la terre ou à la tasser sont unis.

Dans le midi, on a adopté un gros rouleau en pierre ou en fonte pour dépiquer les grains, au lieu de les faire piétiner par des chevaux. Dans les départements des Pyrénées-Orientales, de l'Aude, des Bouches-du-Rhône, etc., le nombre des troupeaux de chevaux élevés pour battre les grains (manades, aigatades) diminue tous les jours par l'adoption du rouleau, dont l'usage est infiniment plus économique. —V. *Aigatade, Camargue, Manade.*

ROUTINE. Suivant la définition généralement adoptée par les dictionnaires de la langue française, la routine serait *une capacité, une faculté acquise par la pratique.* Cette définition ne me paraît pas juste. Elle ne donne pas l'idée exacte que l'on doit attacher au mot *routine*, en agriculture surtout. Suivant nous, la routine est une habitude bonne ou mauvaise contractée dans l'exécution d'un procédé employé, soit en agriculture, soit dans les arts et l'industrie. C'est un manuel opératoire bien adapté ou vicieux, suivant que celui qui l'exécute a été bien ou mal dirigé pour l'apprendre et le mettre en pratique. Telle est l'idée que l'on doit attacher au mot *routine*. Celui qui la suit ne raisonne pas, il fait absolument comme une machine à laquelle on fait exécuter des mouvements dans un sens ou dans un autre, suivant la manière dont elle est disposée. On conçoit, d'après cette définition, que la routine peut être bonne ou mauvaise, suivant la nature de l'impulsion qu'elle a reçue. Un ouvrier qui a été bien dirigé dans l'opération qu'il est chargé de pratiquer, qui est guidé par une intelligence qui le surveille et rectifie ses erreurs, quand il se trompe, afin de le maintenir dans une bonne voie, finit par contracter de bonnes habitudes, qu'il conserve. Il se forme à une manière d'opérer qui peut être une vraie capacité, une bonne routine. Mais, lorsqu'au contraire, un ouvrier exécute sans guide, sans bonne direction, un procédé vicieux, contraire à la raison autant qu'aux plus simples éléments d'une pratique éclairée et judicieusement dirigée, il suit alors une routine qui, loin d'être une *capacité*, est une *incapacité* ruineuse pour celui qui en est victime. Si je prends, par exemple, dans la Flandre française, l'un des pays les mieux cultivés du monde, un laboureur bien dressé, pourvu d'une bonne charrue et d'un bon attelage, et que je le place dans un champ bien disposé, bien assolé, ce laboureur labourera suivant sa routine, mais, comme il aura été bien dirigé dans son apprentissage, il aura contracté une bonne routine, et il fera un excellent travail. Si je prends, au contraire, un laboureur des montagnes du Limousin, de l'Auvergne ou d'ailleurs, avec une mauvaise charrue mal attelée et dont il se sert habituellement, et que je le place dans un champ, il me fera un mauvais travail, parcequ'il aura été mal dirigé dans son apprentissage.

Ces deux ouvriers peuvent être aussi ignorants, aussi routiniers l'un que l'autre; mais le premier aura été bien dirigé; pourvu de bons instruments, il aura appris à bien s'en servir, et il aura parfaitement opéré, tandis que le second, mal dirigé, mal appris, pourvu de mauvais instruments, n'a fait et n'a pu faire qu'un mauvais travail qui ne peut avoir que de tristes résultats.

La routine peut donc être bonne ou mauvaise, être une *capacité* ou une *incapacité*, suivant la nature de son point de départ.

Ce point de départ est la pierre d'achoppement de l'agriculture, et par conséquent de la richesse nationale et du bien-être de nos populations. La bonne routine sur l'art d'exploiter le sol chez nous est malheureusement trop bornée ; on peut dire même qu'elle est l'exception, tandis que la mauvaise routine est la règle. Il est facile de comprendre et d'expliquer cette vérité : de toutes les carrières suivies, l'agriculture non seulement est celle qui demande la plus grande masse de connaissances humaines, en histoire naturelle surtout, mais encore elle exige beaucoup d'esprit d'observation et beaucoup de jugement. Eh bien! quelle est la classe de la société qui, jusqu'à ce jour, a été chargée de pratiquer l'agriculture, de faire produire au sol toutes les richesses qu'il peut procurer? C'est la classe qui a été la plus négligée, non seulement au point de vue de l'instruction générale, mais à celui de l'instruction spéciale, de l'instruction professionnelle. Les ouvriers des villes sont instruits dans les écoles, ils suivent des cours publics faits pour eux, sur les sciences diverses applicables à leur métier ; on leur enseigne la chimie, la physique, appliquées aux arts et métiers, à l'industrie, les mathématiques, le dessin, jusqu'à la musique, qui exerce une si heureuse influence sur les mœurs; d'un autre côté, ils ont de bonnes maisons d'apprentissage, de bons ateliers, dirigés par des intelligences spéciales à chaque état. Mais, dans nos campagnes, où sont les écoles, les cours publics? Où ont été jusqu'ici, c'est-à-dire avant le décret du 3 octobre 1848 sur l'enseignement de l'agriculture, les maisons d'apprentissage, les ateliers dirigés par des intelligences spéciales! Ces ateliers, ces maisons n'existaient pas: voilà la cause de l'infériorité des progrès de l'agriculture comparés aux progrès de l'industrie manufacturière, il n'y en a pas d'autre; la mauvaise routine, celle qui est si communément observée dans nos campagnes, n'a pas d'autre origine; et, si l'enseignement de l'agriculture ne préservait pas notre pays de ses conséquences malheureuses, il en serait victime dans les siècles futurs, comme il l'a été dans les siècles passés. — V. *Agriculteur*, *Agriculture*, *Enseignement*, *Ferme-École*, *Régional*.

ROUTOIR. Excavation dans laquelle on fait rouir le chanvre. Les routoirs sont très insalubres ; on doit donc les établir loin des habitations. — V. *Rouissage*.

ROUVIEUX. Nom vulgaire donné à la gale qui se déclare à la région cervicale de l'encolure des vieux chevaux, notamment des chevaux entiers. On traite cette maladie par les mêmes moyens que la gale. — V. *Gale*.

RUADE. Mouvement par lequel les animaux projettent vivement leurs membres postérieurs en arrière. Pour empêcher un animal de ruer, il suffit de l'empêcher de baisser la tête. La ruade, en effet, ne peut s'opérer que quand le corps fait la bascule sur les membres antérieurs, qui servent de point d'appui et permettent aux postérieurs de quitter le sol. Si la tête et l'encolure ne peuvent se baisser de manière à faire contre-poids, le corps de l'animal ne peut pas basculer, et la ruade est impossible

On empêche encore un animal de ruer en levant un de ses membres antérieurs. Son corps ne pouvant basculer sur un seul membre de devant, les membres de derrière ne quittent pas le sol, leur appui est devenu indispensable pour la station.

RUBANIER. Plante de la famille des typhacées. — V. *Sparganier*.

RUBÉFACTION. Rougeur causée sur la peau par l'application d'un rubéfiant. — V. *Rubéfiant*.

RUBÉFIANT. Terme de médecine vétérinaire. Substance médicamenteuse qui, appliquée sur la peau, a la propriété de l'irriter et d'y appeler le sang, de manière à y déterminer de la rubéfaction et de la chaleur. Les sinapismes, les vésicatoires, etc., sont des rubéfiants. On emploie ces médicaments comme résolutifs ou comme fondants pour dissoudre des tumeurs, des engorgements indolents qui persistent malgré l'emploi des moyens ordinaires.

RUBIACÉES. Famille de plantes qui fournit des végétaux précieux aux arts et à l'industrie, comme à l'art culinaire. La garance, le quinquina, le café, etc., appartiennent à cette famille.

RUBICAN. On nomme rubican un cheval dont le fond de la robe offre quelques poils blancs isolés. On distingue des bais rubicans, des alezans rubicans aux flancs, à la croupe, aux côtes, etc., suivant les lieux où les poils blancs se trouvent. — V. *Signalement*.

RUCHE. Les abeilles à l'état de nature établissent leur logement dans des arbres creux, dans des fentes de rochers, dans des cavités de vieux murs, qu'elles disposent de manière à contenir convenablement leurs rayons. Lorsqu'on a domestiqué ces précieux insectes, on a dû naturellement chercher à leur faire des logements artificiels aptes à les contenir de la même manière, et même avec des conditions meilleures. C'est, à n'en pas douter, de cette époque que date l'idée de la fabrication des ruches. Des troncs d'arbres creux ont dû être les premières ruches employées pour domestiquer les abeilles; mais, comme il n'a pas été toujours facile de s'en procurer en suffisante quantité, surtout dans les pays déboisés, on a dû chercher les moyens de remplacer autant que possible ces ruches naturelles par d'autres, affectant à peu près la même forme, offrant aux abeilles les mêmes conditions de protection et de sûreté. C'est là l'origine de la confection des ruches diverses, qui varient à l'infini dans les différents lieux où on les étudie. Les ruches les plus communes dans nos campagnes sont faites en paille ou en osier. Elles ont la forme d'un cône, dont la base ouverte repose sur un plateau (tablier) en pierre ou en bois. Le sommet, terminé en pointe fermée, est souvent pourvu d'un petit manche en bois qui sert à les transporter. Les ruches en paille sont faites au moyen de torsades enroulées en spirales et cousues les unes aux autres avec des liens, de petits harts d'osier, de ronces ou de tout autre végétal flexible. Le diamètre des torsades est de trois à quatre centimètres, pour donner à la ruche une épaisseur suffisante, afin de parer le mieux possible aux inconvénients du froid en hiver et de la chaleur en été. Une ruche dont les parois sont trop minces n'a pas cet avantage.

Les ruches en osier affectent la même forme que celles qui sont confectionnées en paille, mais on les fait d'une autre manière. On tresse l'osier comme pour faire des paniers ou autres objets de vannerie, en donnant toujours à la ruche la forme conique. Cependant, cette tresse étant à jour, on est obligé de la récrépir, pour boucher les ouvertures, avec un mastic composé de bouse de vache et de terre argileuse (onguent de saint Fiacre).

Ces deux espèces de ruches sont les plus simples et les plus économiques. Mais on en fait aussi en planches sous forme de caisse carrée, recouverte à sa partie supérieure par un couvercle fixe et incliné. Dans tous les cas, l'intérieur de ces ruches doit être pourvu de traverses, au nombre de deux, trois ou quatre, pour que les abeilles puissent y fixer leurs gâteaux solidement.

Hubert de Genève, dont les études sur les abeilles sont si intéressantes, avait imaginé une ruche qui a été perfectionnée par M. le docteur Debeauvoys. Cet apiculteur distingué a publié sur l'apiculture un ouvrage dans lequel il fait ressortir les avantages de la ruche divisée en compartiments, pour faciliter la récolte du miel et la pratique des soins à donner aux abeilles. Nous avons étudié avec soin cette ruche, et nous croyons devoir en recommander l'emploi aux agriculteurs qui peuvent faire la dépense qu'entraîne sa complication. Son prix de revient est d'environ cinq francs. Voici comment est disposée cette ruche; je prends les dimensions sur la ruche même de M. Debeauvoys. Cette ruche simule une caisse carrée, dont le diamètre est de 33 cent.; la planche qui forme la face antérieure a de 35 à 40 cent. de hauteur; celle qui forme la face postérieure en a de 45 à 50. Il en résulte que le couvercle est légèrement incliné, en forme de toit, d'avant en arrière. Les planches latérales, qui sont mobiles et fixées avec des crochets, affectent le trapèze, et doivent bien s'adapter au cadre qui les reçoit; elles sont pourvues inférieurement de cinq à six petites ouvertures pour le passage des abeilles. L'intérieur de la ruche est pourvu de neuf cadres, espacés régulièrement, de manière à ce que les abeilles puissent librement circuler entre eux, lorsqu'elles les ont garnis avec leurs gâteaux. Ces cadres, pourvus de deux traverses qui servent à les consolider et à poser les gâteux de cire, de miel ou de couvain, sont mobiles; on peut les extraire les uns après les autres pour visiter la ruche ou pour récolter le miel à volonté. On peut ainsi juger en connaissance de cause et opérer de même en toute occurrence. Cette ruche est l'une de celles qui offrent le mieux à l'agriculteur intelligent les moyens de bien étudier l'éducation des abeilles, comme les soins nécessaires à la prospérité de cette industrie, aussi attrayante que lucrative.

Pour prolonger la durée des ruches en bois, il est utile de les peindre à l'huile en dehors, afin de les garantir autant que possible de l'humidité. On couvre généralement celles qui sont en paille ou en osier avec une chemise en paille. Ce procédé a l'avantage non seulement de préserver les ruches de l'humidité, mais encore de préserver les abeilles du froid pendant l'hiver, et de la chaleur du soleil pendant l'été. Ces chemises en paille offriraient les mêmes avantages si on les adaptait aux ruches en bois, mais on n'a pas l'habitude de s'en servir dans ce cas.

RUCHER. Le lieu où l'on place les ruches prend le nom de rucher. On est généralement d'avis que l'exposition du levant est la plus convenable aux abeilles, quand elle est possible. Les ouvrières pourvoyeuses sont alors plus matinales, parceque les premiers rayons du soleil les excitent à aller aux champs de bonne heure pour ramasser leurs provisions. A défaut d'exposition de l'est, celle du midi leur convient également. Les ruches, placées sur des plateaux élevés à environ 50 centimètres du sol, pour ne pas être exposées à l'humidité, et être le plus possible à l'abri des atteintes des reptiles, de la vermine de toute nature, doivent aussi être protégées par des barrières contre les animaux qui pourraient les renverser. Les ruchers sont généralement adossés à des murs ou à des tertres. Ils ne devront pas être éloignés des habitations, pour que la surveillance en soit plus facile. Il est utile que l'eau soit à leur portée, pour que les abeilles puissent se désaltérer sans être obligées d'aller courir au loin afin de satisfaire à ce besoin, pressant pour elles, surtout pendant les grandes chaleurs. Du reste, l'importance d'un rucher doit toujours être subordonnée aux ressources des localités où il est établi pour la nourriture des abeilles. Les lieux couverts de bruyères, de prairies naturelles, de bois taillis, d'ajoncs, d'arbres fruitiers, etc., permettent l'éducation d'abeilles nombreuses, ce qui n'arrive pas dans les sols labourés et destinés aux céréales.

Les pays de montagnes gazonnées, boisées, sont surtout favorables à l'élevage et à la multiplication des abeilles, et la qualité du miel qu'elles y fabriquent est généralement préférable à celle du miel des pays de plaines, où les plantes aromatiques sont moins communes que dans les pays élevés. — V. *Abeille, Miel.*

RUE. Genre de plante de la famille des rutacées. La rue a une odeur repoussante tout à fait caractéristique. Son action spéciale sur l'utérus fait quelquefois employer sa décoction en breuvages ou en lavements pour activer le part des femelles ou leur délivrance. On sait que cette plante est considérée comme pouvant provoquer l'avortement. Son usage d'ailleurs est peu fréquent en médecine vétérinaire.

RUMEN. (*Panse, Herbier.*) Premier renflement du canal digestif des ruminants. Le rumen est le plus considérable des quatre estomacs des ruminants. Il est facile d'en expliquer les raisons. On sait que les ruminants prennent le fourrage et l'avalent gloutonnement après une mastiation très imparfaite, pour être soumis plus tard à une mastication secondaire plus complète. Avalé d'abord sans être suffisamment trituré pour la digestion, ce fourrage devait être déposé dans une espèce d'entrepôt, en attendant la nouvelle trituration qu'il doit subir plus tard. Le rumen est cet entrepôt, ce magasin temporaire qui permet à l'animal d'attendre le moment favorable pour la rumination ; cet estomac devait donc être assez spacieux pour recevoir tous les aliments pris par les ruminants, et qui tiennent d'autant plus d'espace qu'ils ont été mal mâchés, peu divisés.

Le rumen est loin d'avoir les mêmes dimensions à toutes les époques de la vie des sujets. Dans le jeune âge, pendant l'allaitement et avant l'usage des fourrages, un grand magasin n'était pas nécessaire. Aussi, le rumen alors est-il très petit, et d'un volume inférieur à celui de la caillette. A mesure que l'animal mange des fourrages, la panse se dilate et finit par acquérir le volume énorme qu'on lui connaît.

Les aliments temporairement déposés dans le rumen sont quelquefois dans des conditions qui déterminent leur fermentation dans cet estomac. Il en résulte alors un dégagement de gaz divers qui, n'ayant pas d'issue, occasionnent les gonflements qu'on nomme tympanite. Ces gonflements sont si considérables que souvent les animaux en sont victimes. Ils sont suffoqués par la pression exercée sur le diaphragme, refoulé dans la poitrine par la distension énorme du rumen, tendu comme un ballon. On emploie plusieurs moyens pour combattre les gonflements du rumen, mais, lorsque ceux qu'on emploie d'abord ne réussissent pas, le procédé le plus sûr est la ponction du rumen. — V. *Ponction*, *Trocart*, *Tympanite*.

RUMINANTS. Les ruminants sont au nombre des animaux qui offrent le plus d'intérêt au naturaliste comme au cultivateur. Ce sont eux qui ont fourni à l'homme civilisé le plus d'espèces domestiques. Nous leur devons, en France, le bœuf, le mouton et la chèvre. Le nord de l'Europe leur doit le renne, qui fait la principale richesse des tristes régions qui se rapprochent du pôle. L'Afrique, l'Orient, la Chine, leur doivent de plus que nous le chameau et le dromadaire, le buffle, le zébu, l'yack. Ils ont fourni au Nouveau-Monde le lama et l'alpaca. La nombreuse et intéressante famille des antilopes : les daims, les cerfs, les chevreuils, les chevrotains, les chamois, les bouquetins, les bisons, la girafe, la vigogne, etc., appartiennent à l'ordre des ruminants.

Les caractères qui font distinguer les ruminants sont bien tranchés : essentiellement herbivores, ils n'ont pas d'incisives à la mâchoire supérieure; ces dents y sont remplacées par un bourrelet formé de tissu fibreux, dur et très résistant, contre lequel s'appuient les incisives inférieures pour arracher l'herbe; leur tube intestinal est pourvu de quatre renflements principaux, qu'on nomme estomacs; chacun de ces renflements, désignés par les noms de rumen, de réseau ou bonnet, de feuillet et de caillette (V. ces mots.), a une fonction spéciale pour concourir à la digestion. — V. *Digestion, Rumination.*

Les pieds des ruminants sont toujours fourchus, et chaque dernière phalange est pourvue d'un onglon, espèce de boîte osseuse qui les protége. — V. *Onglon, Sabot.*

Les ruminants sont, pour la plupart, pourvus de cornes qui leur servent d'armes de défense ou d'attaque; mais ces armes ne sont pas disposées chez tous de la même manière. Ainsi, tandis que chez les uns elles sont formées par un prolongement osseux, recouvert par un étui corné ordinairement contourné de diverses manières, comme dans le bœuf, le mouton, la chèvre, le buffle, le chamois, tous les antilopes en général, etc., chez d'autres elles forment des proéminences osseuses, tantôt recouvertes par la peau, comme chez la girafe, tantôt résultant d'excroissances osséiformes, à plusieurs divisions, qui se détachent périodiquement de l'os qui les a fournies, comme on l'observe dans les cerfs, les daims, etc.

Les ruminants sont les animaux qui fournissent à l'homme le plus de produits, soit pour sa nourriture, soit pour les usages divers des arts, du commerce et de l'industrie. Ce sont les ruminants, en effet, qui nous procurent la plus grande partie de la viande que nous consommons; ils nous donnent du lait avec lequel nous faisons du beurre et du fromage; leurs poils, leur laine, leurs cornes, leur suif, leur peau, etc., sont exploités de diverses manières pour nos usages divers; enfin ces animaux nous servent de puissants auxiliaires pour exploiter nos terres, transporter nos produits. Nous les utilisons soit comme animaux de trait, soit comme bêtes de somme, et, sous ce rapport, leur concours dans quelques lieux les rend les animaux les plus précieux que nous ayons soumis à la domesticité. Nul animal, par exemple, ne saurait remplacer le chameau dans les vastes déserts de l'Afrique, dans les plaines inhabitées des pays où l'homme ne pourrait pénétrer et transporter ses produits sans le secours de ce précieux ruminant.

Les ruminants, qui sont tous des animaux alimentaires, sont à peu près les seuls dont les poils ou les laines servent à nous vêtir. Aucune autre espèce d'animaux n'offre cet avantage à un aussi haut degré que ces précieuses conquêtes faites par l'homme sur le règne animal.

RUMINATION. Fonction par laquelle les aliments remontent du rumen dans la bouche des ruminants, pour être soumis à une seconde mastication, après laquelle ils sont avalés de nouveau pour être digérés.

Le mécanisme au moyen duquel les aliments sont pris dans le rumen n'est pas rigoureusement connu. Voici ce qu'on observe pendant la rumination : Lorsqu'un ruminant a rempli sa panse (rumen) et qu'il est libre, il se retire ordinairement dans un lieu où il puisse être tranquille. Souvent il se couche. Tout à coup on voit les parois de l'abdomen se contracter légèrement. Le rumen est alors comprimé, et les aliments qu'il contient sont nécessairement poussés en avant vers son ouverture. Après un temps d'arrêt très court, on voit le bol alimentaire remonter rapidement dans l'œsophage par un mouvement antipéristaltique de cet organe; et, lorsqu'il est parvenu dans la bouche, la mastication commence. Quand elle est terminée, l'animal avale une seconde fois ses aliments; mais cette fois, au lieu de se rendre dans le rumen, ils suivent la gouttière de l'œsophage, passent par la petite courbure du feuillet, et tombent dans la caillette, pour y être soumis à la même action que les aliments en général dans l'estomac des autres animaux. C'est là que commence la véritable digestion; les autres opérations n'ont été que préliminaires.

Cependant le feuillet reçoit entre ses lames des substances qui sont sans doute les plus grossières, afin de les élaborer encore et les mieux préparer pour subir l'action de la caillette. — V. *Feuillet.*

Telle est la marche des aliments ruminés.

Plusieurs théories ont été avancées sur la manière dont le bol alimentaire est pris, quand il est poussé en avant du rumen par les contractions des parois de l'abdomen; mais dans l'état actuel de la science, il n'y a pas encore d'opinion définitivement arrêtée sur ce sujet. Cependant on a pensé que le réseau recevait le bol alimentaire poussé dans son intérieur par les contractions des parois de l'abdomen qui compriment le rumen, et que ce réseau, après avoir déterminé la quantité de matières à ruminer, se contracte à son tour et pousse vers l'ouverture inférieure de l'œsophage, qui la reçoit, la bouchée qui remonte dans la bouche pour être remâchée. Cette théorie de l'action du réseau est-elle un fait? Nous ne connaissons pas d'expérience qui en ait démontré l'exactitude absolue.

Quoi qu'il en soit, l'acte de la rumination s'accomplit sous l'influence de fonctions qui, si elles ne sont pas encore étudiées comme elles méritent de l'être, n'en sont pas moins l'un des sujets d'études les plus intéressants de la physiologie générale et comparée. — V. *Caillette*, *Digestion*, *Feuillet*, *Indigestion*, *Réseau*, *Rumen*, *Ruminant*, *Tympanite.*

RUPTURE. Déchirure de divers organes des animaux par suite d'efforts violents ou de chutes. On observe quelquefois des ruptures de l'estomac dans le cheval. Cet accident est toujours mortel. On voit aussi des ruptures de la vessie, dont les conséquences sont les mêmes; des ruptures de tendons et de ligaments, etc. Ces dernières lésions sont le plus souvent causées par de violents efforts musculaires ou des entorses. Il est difficile de prescrire les moyens de traiter ces lésions. Ils sont subordonnés à des conditions dont le praticien ne peut être juge qu'en présence de l'animal malade, et après avoir examiné la nature de l'accident.

RUSTICITÉ. Qualité d'une plante ou d'un animal qui leur fait supporter plus ou moins facilement les conditions peu avantageuses auxquelles ils sont exposés. Cette qualité est précieuse dans une infinité de cas. Sans elle, divers produits précieux par les services qu'ils rendent ne pourraient pas être acclimatés, naturalisés, élevés, dans certains climats ou dans certains sols peu favorables à l'adoption d'êtres animés. Que de pays habités seraient déserts à tout jamais sans les plantes rustiques qui y sont cultivées, sans les animaux qui y sont élevés, et qui partagent avec l'homme la sévérité du climat, la dureté des privations de toute nature !

La rusticité est surtout une qualité précieuse pour les animaux de travail : non seulement elle leur fait plus facilement supporter les fatigues, les privations et les mauvais traitements auxquels ils ne sont que trop souvent exposés, mais ils sont plus rarement malades, d'un entretien plus facile, et par conséquent plus disposés à rendre les services qu'on exige d'eux. On ne saurait donc assez se préoccuper, dans les acquisitions d'animaux de travail surtout, des conditions physiologiques de leur organisation, comme de celles de leur conformation au point de vue de la rusticité. — V. *Acclimatation, Conformation, Fatigue, Montagne, Perfectionnement, Reproducteur, Tempérament, Travail.*

RUT. V. *Chaleur.*

RUTABAGA. Plante de la famille des crucifères et du genre chou. Le rutabaga, qui est une espèce de chou-navet, est cultivé pour la nourriture des bestiaux. Les vaches laitières le recherchent avec avidité, et il augmente la sécrétion de leur lait. Les moutons le mangent aussi avec empressement. Très rustique, supportant bien les froids, le rutabaga résiste aux hivers sans s'altérer, et on peut le laisser en terre jusqu'au printemps. On ne saurait cultiver une racine fourragère plus utile pour nourrir les ruminants pendant les saisons rigoureuses de l'hiver, et leur donner un aliment aqueux qui convienne mieux à l'organisation de leur tube digestif.

RUTACÉES. Famille de plantes dont la rue est le type. Les rutacées offrent peu d'intérêt au cultivateur. — V. *Rue*.

S

SABINE. Plante de la famille des conifères et du genre genévrier. La sabine est un arbrisseau qui croît dans le midi de la France. Les propriétés de cette plante, d'ailleurs peu employée en médecine vétérinaire, ont beaucoup d'analogie avec celles de la rue. La décoction de ses jeunes rameaux et de ses feuilles agit avec énergie sur l'utérus, l'irrite, et peut provoquer l'avortement. Cependant on a employé quelquefois la sabine pour hâter la parturition ou la délivrance des femelles domestiques à une dose moitié moindre que la rue. En médecine humaine, elle a été conseillée comme vermifuge, mais à très petites doses. Dans des vues criminelles, on s'est quelquefois servi de la sabine pour provoquer des avortements dans l'espèce humaine, et souvent des malheureuses en ont été victimes.

La sabine ne doit être employée en médecine qu'avec précaution, et par des mains exercées. — V. *Abortif*.

SABLE. Fragments de roches désagrégées, formant des couches plus ou moins étendues. Mélangés aux sols cultivés, les sables constituent les terrains sablonneux ; ils forment les dunes, et, quand ils sont mouvants, ils recouvrent de grands espaces de terrain qu'ils ont envahis. — V. *Dunes*.

Le sable sert à divers usages. On l'utilise avec la chaux pour confectionner les mortiers employés en maçonnerie. Les sables fins servent aux ménagères dans nos campagnes pour nettoyer les ustensiles de cuisine, pour laver les tables, les planchers, les escaliers. On en sable les allées de jardins, les cours, etc. Mélangés aux terres fortes, argileuses, ils les rendent plus faciles à labourer, plus meubles, plus accessibles aux agents atmosphériques, à l'air, à l'humidité. Les sables modifient donc favorablement, dans ce cas, la texture du sol.

SABLER. Lorsqu'on veut avoir, dans les jardins ou les parcs, des allées praticables en toute saison, par la pluie comme par le beau temps, on les sable, pour éviter la formation de la boue. On sable aussi les lieux sur lesquels on veut empêcher l'herbe de croître, comme dans les cours, les allées des parterres et jardins.

SABLONNEUX (*Terrain*). Les sols sablonneux sont formés par la désagrégation de roches primitives (granit, gneis, quartz, etc.), ou par leur décomposition mélangée avec de l'humus ou d'autres matières terreuses. Ces sols sont ordinairement légers, d'un travail facile, mais très poreux, très perméables à l'air et à la chaleur; ils craignent beaucoup la sécheresse ; on les amende avec avantage par l'emploi des argiles, des marnes, surtout quand elles sont argileuses.

Les parmentières, et toutes les racines en général, cultivées dans les terrains sablonneux, sont de bonne qualité. D'autre part, leurs binages, leurs sarclages, leurs buttages, sont plus faciles, moins dispendieux. Il en résulte que, si ces végétaux sont moins abondants dans ces sortes de terrains, ils compensent, dans certaines proportions, le déficit par leur qualité et par l'économie de la main-d'œuvre.

SABOT. Chaussure en bois, très usitée parmi les agriculteurs. Dans beaucoup de pays, les cultivateurs font eux-mêmes, pendant l'hiver, les sabots de toute la famille.

Les meilleurs bois employés pour faire les sabots sont le noyer, l'ormeau, le frêne; viennent ensuite le bouleau, le hêtre, le pin. Les sabots sont une bonne chaussure dans nos campagnes quand ils sont bien faits ; ils préservent du froid, et surtout de l'humidité, dans les rues boueuses des villages et dans les neiges.

Dans certains pays, la fabrication des sabots donne lieu à une industrie lucrative. On en fait souvent des exportations considérables ; dans le département du Cantal, par exemple, la ville d'Aurillac fabrique des sabots en noyer qui ont eu les honneurs de l'exposition. Cette ville en exporte pour divers lieux de France ou de l'étranger.

SABOT. On nomme sabot, en économie du bétail, l'ongle qui enveloppe le pied du cheval. Cet organe est très compliqué; il forme un appareil d'élasticité, de protection et de cohésion, le plus admirablement disposé qu'il soit possible d'imaginer.

Le sabot du cheval est composé de trois sortes de cornes, qui diffèrent autant par leur texture que par leur forme et leurs usages. Cet organe est sujet à une infinité d'altérations, qui sont la cause de fréquentes boiteries. Le traitement de ces affections exige souvent beaucoup de pratique et de dextérité de la part des praticiens. Quand ces boiteries sont intermittentes, elles donnent lieu à la rédhibition des animaux. — V. *Boiteries, Fourchette, Muraille, Pied.*

SACCHARIMÈTRE. Instrument dont on se sert pour juger de la quantité de sucre contenue dans les liquides, tels que les jus de betterave, les sirops, etc.

SACCHARIN. (*Végétal saccharin.*) On nomme saccharins les végétaux qui contiennent du sucre, et surtout ceux dont on l'extrait. La betterave, la canne à sucre, etc., sont des plantes saccharines.— V. *Betterave, Canne.*

SACRUM. D'un mot latin qui veut dire *sacré.* Dans l'antiquité, dit-on, on donnait le nom de sacrée à la région du corps dont l'os sacrum est la base, parcequ'on l'offrait aux divinités dans les sacrifices : cela s'explique. L'os qu'on nomme sacrum, en anatomie, est celui qui occupe le centre de la croupe à son sommet. Les muscles qui le recouvrent, soit au dessus, soit au dessous, fournissent la viande de première qualité. On comprend dès lors qu'elle était choisie par les payens pour les sacrifices et pour l'offrir aux divinités. Il paraîtrait donc qu'à cette époque on n'ignorait pas plus qu'aujourd'hui quelles sont les parties du corps des animaux de boucherie où se trouvent les morceaux de viande du premier choix, et dignes d'être offerts aux dieux.

SAFRAN. Genre de plante de la famille des iridées. Le safran, originaire d'Orient, est cultivé en France dans plusieurs contrées.

Celui qui est le plus estimé est celui du Gatinais. On emploie cette plante, répandue dans le commerce, à divers usages. L'art culinaire, celui du teinturier, font un emploi fréquent du safran. Malgré son action spéciale sur l'utérus, la médecine vétérinaire fait peu usage du safran comme médicament.

SAGOU. Espèce de fécule que l'on extrait d'une variété de palmier appelée sagoutier. Le sagou du commerce, qui vient surtout des îles Moluques, a les mêmes propriétés nutritives à peu près que les autres fécules. On le consomme en potages, ou préparé de divers manières; il est d'une digestion facile et très bon pour les convalescents.

SAIGNÉE. La saignée est une opération qui consiste à ouvrir un vaisseau avec un instrument pour en tirer du sang. Cette opération, simple, économique, souvent très efficace, est, de tous les moyens employés pour combattre les maladies des animaux, le plus usité, surtout dans les maladies inflammatoires.

Les instruments dont on se sert pour faire la saignée sont la flamme et la lancette. Les veines que l'on ouvre sont la jugulaire, surtout dans les maladies qui ont des symptômes généraux d'inflammation, la veine des ars et de l'éperon chez le cheval, et enfin la veine saphène, qui se trouve à la face interne de la cuisse.

Suivant le but proposé et le point où elle est pratiquée, la saignée est dite générale ou locale : elle est générale quand elle a pour but de diminuer la masse générale du sang ; elle est locale au contraire lorsqu'on la pratique pour agir localement, comme dans les tumeurs, dans les engorgements sur lesquels on fait des scarifications pour faire dégorger et provoquer leur résolution.

On fait aussi des saignées dites de précaution. C'est surtout au printemps, lorsque les animaux commencent le régime du vert en quittant celui du sec, qu'on les pratique. Souvent ces saignées sont inutiles; mais quelquefois elles sont indiquées. Sans être absolument malades dans ce cas, les animaux sont dans un état pléthorique qui se trahit par la rougeur de leurs membranes muqueuses, la chaleur de la bouche, etc. Une saignée de précaution alors peut être utile et prévenir des maladies inflammatoires.

La pratique de la saignée n'est pas difficile, les cultivateurs peuvent l'apprendre facilement; mais, quoique bien faite, elle peut avoir des conséquences plus ou moins graves. La maladie la plus fréquente causée par cette opération est le trombus. — V. ce mot.

On a vu quelquefois aussi des animaux succomber par suite de l'introduction de l'air par l'ouverture de la veine. Cet accident, qui peut arriver aux opérateurs les plus habiles, est cependant assez rare.

SAILLIE. V. *Copulation*, *Monte*.

SAINDOUX. (*Graisse douce.*) Graisse qui se forme dans le ventre du porc. C'est sous le péritoine, et entre ses lames, que se dépose le saindoux dans le porc. Cette graisse, très estimée dans nos campagnes, sert non seulement à préparer les aliments, surtout les légumes, mais encore à divers autres usages domestiques; en médecine des animaux, elle est utilisée pour faire des onguents, des pommades. — V. *Axonge*, *Onguent*, *Pommade*.

SAINFOIN. (*Esparcette.*) Genre de la famille des légumineuses. Ce genre compte plusieurs espèces, dont deux sont particulièrement cultivées en France; toutes deux sont d'une grande ressource dans notre agriculture, et elles font de très bonnes prairies artificielles. Moins exigeant sur la nature du sol que la luzerne et que le trèfle, le sainfoin croît sur les terrains secs, rocailleux, surtout lorsqu'ils sont calcaires. Les terrains crayeux, si peu convenables à la végétation en général, donnent des récoltes passables de sainfoin. Du reste, cette plante fourragère est l'une de celles qui réussissent le mieux dans ces sortes de sols.

L'esparcette donne une moins grande quantité de fourrage que le trèfle et la luzerne; cependant, dans le midi de la France, elle peut fournir de trois à quatre coupes; dans le nord et le centre elle n'en donne pas plus de deux. On la sème ordinairement sur des céréales, et assez épaisse, pour que ses tiges soient ainsi plus fines et plus tendres. Les porcs mangent très bien son herbe.

Le sainfoin dure plusieurs années. On en a observé de cinq à dix ans et plus, suivant les localités et la nature des sols. Quand on récolte ce fourrage, on doit avoir soin de le faire bien sécher : s'il était humide, il moisirait et se détériorerait dans les fenils.

L'une des deux espèces de sainfoin cultivées en France ne

donne qu'une coupe et un pâturage; l'autre croît plus vite et donne deux coupes dans les pays même les moins favorisés, mais celle-ci est plus exigeante sur la qualité du terrain.

On doit avoir soin de choisir la graine de l'année pour semer le sainfoin. Sa qualité germinative disparaît de bonne heure; après trois ans, elle est faible ou n'existe plus. On devra donc porter son attention sur ce point essentiel. —V. *Foin*, *Fourrage*, *Prairie*.

SALADE. Nom donné ordinairement à des végétaux crus propres à être consommés avec l'huile, le vinaigre et le sel. On mélange les salades avec d'autres ingrédients, qui leur servent de condiment, d'assaisonnement : tels sont les oignons, l'ail, la ciboule, l'estragon, le persil, le cerfeuil, le cresson, la capucine, la pimprenelle.

Les végétaux consommés en salade sont les laitues, le céleri, les chicorées, le pissenlit, le pourpier, la raiponce, la doucette, quelques variétés de choux, etc. ; ceux qu'on mange de la même manière, après les avoir fait cuire, sont la parmentière, la betterave, les choux.

Les salades sont d'une grande ressource dans nos campagnes, surtout pendant les chaleurs de l'été; elles donnent une nourriture, sinon très substantielle, du moins agréable et rafraîchissante.

SALAISON. Procédé de conservation des viandes au moyen du sel marin. Les salaisons sont très usitées dans nos campagnes; elles offrent aux populations rurales le seul moyen qu'elles connaissent pour la conservation de leurs viandes pendant toute l'année. Les méthodes de salaison sont simples et bien connues des cultivateurs. La plus répandue est celle qui est pratiquée dans des cuves, le plus souvent en pierre. On stratifie la viande coupée en tranches amincies avec le sel un peu égrugé. On a soin de bien le répandre sur toutes les surfaces de ces tranches, et on les laisse ainsi saler, après avoir bien recouvert la cuve, pour que les rats et autres animaux n'y pénètrent pas. Au bout de vingt-cinq ou trente jours on retire cette viande, on la pend généralement aux planchers des cuisines pour la faire sécher. Après sa dessiccation, on l'enferme dans le lieu où on a l'habitude de la conserver. Souvent même on la laisse pendant toute l'année suspendue aux plafonds.

Dans quelques endroits on sale la viande sur des claies, à l'air, dans les greniers. Cette méthode est généralement moins usitée que la première.

On conserve par la salaison les viandes de porc, de bœuf, de mouton, et même de chèvre. On sale aussi la viande d'oie dans quelques provinces de la France.

Dans le nord de l'Europe, et même en France, on fait de grandes salaisons de poissons qui donnent lieu à un commerce considérable. On sale la morue, les harengs, les sardines, les saumons, les anchois, les maquereaux, le thon, les anguilles, et jusqu'aux huîtres. Tous ces poissons salés sont transportés et consommés sur tous les points du globe.

SALAMANDRE. Genre de reptile batracien qui comprend plusieurs espèces, dont la plupart vivent presque toujours dans l'eau, excepté la salamandre terrestre. Celle-ci, bien connue des cultivateurs, habite les lieux humides; je l'ai trouvée dans les montagnes du Centre et aux Pyrénées, celle-ci noire et mouchetée de taches jaunes sur le corps. Ce reptile fait ses petits vivants. Il se nourrit d'insectes, de vers, et il est tout à fait inoffensif, loin d'être vénéneux comme on le pense encore dans beaucoup de lieux.

SALERS (*Race bovine de*). L'espèce bovine élevée sur les montagnes de Salers est une des plus estimées que nous ayons en France. Nous n'avons pas, en effet, de race qui réunisse au même degré qu'elle les trois conditions d'aptitude au travail, à la graisse et à la production du lait pour la fabrication du fromage. Sa taille est développée; ses tissus sont d'une finesse remarquable; et si sa conformation était ce qu'elle pourrait devenir, si on savait la modeler par de bons choix de reproducteurs, par des accouplements raisonnés et une nourriture plus appropriée, elle marcherait peut-être à la tête des races les plus estimées de l'Europe. Comme nature de tissus et de tempérament, elle ne le cède à aucune race; mais elle laisse à désirer sous le rapport de la conformation.

Les principaux défauts qu'on lui reproche sont d'avoir les

membres trop longs, d'*être trop enlevée*, d'avoir les reins et la croupe trop étroits pour sa taille, d'avoir les ischions trop rapprochés l'un de l'autre, trop peu élargis, ce qui lui fait paraître le derrière pointu. On lui reproche encore avec raison de manquer de culotte. Remédions à ce défaut de conformation, et nous aurons dans le salers l'une des premières races que nous puissions désirer.

Non seulement le bœuf de Salers est de bonne qualité en général, mais il est sobre, rustique, fort et robuste, leste et agile, et il résiste admirablement à tous les climats. Je l'ai vu depuis les riches plaines de la Normandie, de la vallée d'Auge, jusque dans le Roussillon, aux frontières d'Espagne, et partout il se portait bien, partout il était aussi estimé pour le travail que pour l'engraissement.

Les exportations du bœuf salers sont considérables. Il doit sortir annuellement des montagnes où il est élevé de cinquante à soixante mille individus, que l'on reconnaît partout aux caractères suivants : robe rouge vif, rarement tachée de blanc, sur des points indéterminés du corps, par de petites taches d'ailleurs insignifiantes; cornes en croissant relevées et contournées vers le bout; membres nerveux; ventre un peu levretté; forte poitrine, ordinairement profonde; queue légèrement relevée à sa base; croupe un peu tranchante, se terminant en pointe vers les ischions; fesses manquant de culotte; jarrets généralement droits; caractère moral docile, regard doux; poils fins, quelquefois un peu frisés; peau généralement fine, souple et bien détachée.

Tels sont les caractères distinctifs de la race qui nous occupe.

Le bœuf du Salers, élevé par troupeaux considérables et nombreux dans les montagnes de la haute Auvergne, se fait remarquer partout où il est, non seulement par sa rusticité, sa sobriété, son aptitude au travail et à l'engraissement, mais par son rendement à la boucherie. Jusqu'ici on n'a que par exceptions encore engraissé des salers jeunes. Ils travaillent jusqu'à l'âge de six ou sept ans, et ce n'est que vers cette époque qu'ils sont abattus. Cependant, quoique cet âge, un peu trop avancé pour la boucherie, soit défavorable au rendement en viande nette (on sait, en effet, que le rendement relatif est plus considérable dans les jeunes que dans les vieux sujets), les salers ont toujours tenu la tête dans les concours annuels des animaux de boucherie, et ils l'ont emporté sous ce rapport même sur les jeunes animaux de diverses autres espèces. Ainsi, aux concours de Poissy, depuis 1845 jusqu'à 1850, le rendement en viande nette des salers a été de 64 environ à 70 kilogrammes pour cent de poids vif. Ce dernier chiffre est le plus élevé qui ait été obtenu dans les concours sur tous les animaux qui y ont été présentés et ont obtenu des prix. — V. *Rendement.*

Le type salers est donc un bon type de boucherie; son aptitude au travail est proverbiale, elle n'a jamais été contestée. Quant à ses qualités laitières, sans être du premier ordre, elles le placent cependant dans un bon rang. On voit dans le Salers des vacheries qui, après avoir élevé le tiers de leurs veaux, donnent assez de lait pour faire jusqu'à deux cents kilogrammes de fromage par tête. Or une vache qui, après avoir allaité un veau aux deux tiers de ses besoins pour être bien alimenté, donne assez de lait pour faire dans le courant de l'année deux cents kilogrammes de fromage, est essentiellement dans de bonnes conditions laitières, surtout quand elle est soumise au régime pastoral tel qu'il est exigé sur les hautes montagnes de l'Auvergne. — V. *Fromage, Fromagerie*, *Montagne*, *Parc*, *Parcage.*

SALICINÉES. Famille de plantes qui fournit plusieurs arbres très répandus. Les saules, les peupliers, etc., appartiennent à cette famille. — V. *Osier*, *Peuplier*, *Saule.*

SALICAIRE. Plante de la famille des lythrariées. La salicaire croît dans les lieux humides, le long des fossés. Elle offre peu d'intérêt à l'agriculture. Cependant les bestiaux, et surtout les moutons, la mangent volontiers quand elle est tendre.

La beauté de la fleur de la salicaire la fait quelquefois cultiver dans les jardins et les parcs comme plante d'ornement. On l'a quelquefois employée comme astringente dans les dyssenteries des animaux.

SALICORNE. Genre de plante de la famille des chénopodées. Les salicornes croissent sur les bords de la mer. On les coupe pour les brûler et faire de la soude qu'on livre au commerce.

SALIÈRE. Les chevaux ont quelquefois au dessus de l'arcade orbitaire une cavité, souvent due à leur vieillesse, mais le plus souvent à leur maigreur. Cette cavité porte le nom de salière. On dit que, pour la faire disparaître, des maquignons ont eu l'idée d'y insuffler de l'air. On n'emploie plus aujourd'hui ce moyen ridicule, dont je n'ai d'ailleurs jamais eu occasion d'observer les effets.

SALIFÈRES. Nom donné aux terrains qui contiennent du sel. La Camargue, le Roussillon, etc., ont, sur divers points, des terrains salifères. Ces sols sont d'une culture souvent peu profitable. Le sel qui s'effleure à leur surface nuit à la végétation. Il en est dont la culture est improductive, par la très grande abondance de sel qu'ils contiennent. On n'y voit croître que quelques plantes salées, des tamarix, etc.

SALIVAIRE. (*Glandes, Canaux, Fistules salivaires.*) Les glandes salivaires des animaux sécrètent la salive, et sont pourvues de canaux qui conduisent ce liquide dans la bouche. Ces canaux sont appelés salivaires. La salive s'écoule quelquefois en dehors de ses voies naturelles, par suite de quelque lésion, ce qui constitue les fistules salivaires. — V. *Mastication, Salivation, Salive.*

SALIVATION. Fabrication de la salive. La sécrétion des glandes salivaires produit la salive, qui est indispensable à la digestion. Non seulement la salive sert à faciliter la mastication et la déglutition, mais elle dissout certaines matières et agit chimiquement sur elles pour les préparer à l'action de l'estomac.

La salivation est d'autant plus active et abondante que les aliments demandent plus de travail de mastication et de digestion. Ainsi les herbivores qui mangent du foin sec ont une salivation plus abondante, pour humecter, insaliver ce fourrage pendant la mastication, que lorsqu'ils mangent de l'herbe ou des racines fourragères, dont la trituration est plus facile et moins lente à être effectuée.

Les herbivores sont, de tous les animaux, ceux dont la salivation paraît la plus abondante, parceque leur genre de nourriture l'exige. On a recueilli jusqu'à 1 kilog. 750 grammes de salive d'une glande parotide d'un cheval en 24 heures. On pense que la quantité de salive sécrétée par les glandes salivaires de l'homme peut être de 400 grammes environ par 24 heures. — V. *Déglutition, Digestion, Mastication.*

SALIVE. Liquide visqueux, incolore, sécrété par les glandes salivaires, et transporté dans la bouche par les canaux particuliers qui se nomment aussi salivaires. La salive joue un grand rôle non seulement dans la mastication et la déglutition des aliments, mais encore dans leur digestion. — V. *Déglutition*, *Digestion*, *Mastication*, *Salivation*.

SALPÊTRE. Sel de nitre. — V. *Nitre*.

SALSIFIS. (*Trogopogon.*) Plante de la famille des composées. On cultive le salsifis dans les jardins pour sa racine, consommée comme légume.

SANG. Liquide contenu dans les artères et les veines des animaux. Le sang, de couleur rouge dans les animaux vertébrés, est le produit de la digestion. Il forme l'extrait des molécules nutritives des aliments élaborés dans le canal intestinal, et absorbé par les vaisseaux spéciaux qui le conduisent dans le torrent de la circulation. Ce liquide comprend deux parties bien distinctes, qui sont le sérum et la fibrine. Le sérum, liquide légèrement coloré en jaune, se sépare de la partie solide du sang qui compose le caillot. Ce caillot n'est autre chose que la fibrine formée par une infinité de globules microscopiques, qui se coagulent quand le sang est sorti des vaisseaux qui les contenaient.

Le sang, qui circule dans toutes les parties du corps pour y porter la nourriture et la vie, renferme dans sa composition les principes élémentaires de toutes les parties du corps de l'animal. Le nom de *chair coulante*, qui lui a été donné, ne rend pas toute l'idée qu'on doit en avoir. Le sang est plus que la chair coulante, car, outre les éléments de la chair, il contient ceux des os, des dents, des cartilages, du système cutané, du système pileux et corné; il renferme, en un mot, les principes de tous les organes, de tous les corps solides, liquides ou gazeux, observés dans les corps des animaux et formés dans des conditions spéciales. C'est ainsi que dans les glandes mammaires le sang forme le lait; il forme le sperme dans les testicules, la bile dans le foie, la salive dans les glandes salivaires, la synovie aux articulations, l'urine dans les reins, les poils et la corne dans les corps qui les sécrètent; enfin il forme les membranes diverses, le cerveau, foyer de la pensée, les organes des sens, de la digestion, de la respiration, de la circulation, etc.; en un mot tous les appareils de la vie, tout ce qui est nécessaire à son entretien et à sa transmission pour la conservation des espèces.

On conçoit, d'après ce court exposé, de quelle importance est le sang dans l'économie animale, et quelle est la nature de son rôle. On peut voir aussi quelle influence il doit exercer sur la santé et la vigueur des animaux, suivant les bonnes ou mauvaises conditions de sa formation dans les diverses espèces. — Pour plus de détails, V. *Aliment*, *Chyle*, *Circulation*, *Digestion*, *Hygiène*, *Sécrétion*, *Tempérament*, *Transfusion*.

SANG DE RATE. (*Maladie de sang, Coup de sang.*) Après la clavelée, le sang de rate est une des maladies les plus meurtrières qui puissent attaquer l'espèce ovine. C'est surtout dans les pays riches en culture, sur les sols calcaires qui produisent beaucoup de légumineuses, telles que différents trèfles, la lupuline, la luzerne, le sainfoin, etc., que cette affection exerce ses ravages. Mon honorable ami le professeur de Lafond a fait de cette maladie une étude approfondie sur les lieux mêmes, où il a été envoyé par l'administration pour l'étudier. Il a signalé, dans son excellent travail sur cette question importante, publié en 1843, des faits de pertes considérables qui auraient eu lieu en Beauce lorsqu'il y était pour étudier cette maladie. « ... Annuellement, dit-il (page 7 de son ouvrage), et en moyenne, les pertes s'élèvent (dans la Beauce) à vingt pour cent. Souvent, dans les localités dont le sol est sec et calcaire, la mortalité va jusqu'au quart, au tiers, et dépasse parfois la moitié du troupeau... »

D'après les renseignements officiels fournis en 1842 à M. de Lafond par M. le préfet du Loiret, l'arrondissement de Pithiviers

aurait perdu.	23,559	têtes de moutons.
Celui d'Orléans.	12,403	
Total. . .	35,403	

Ces deux arrondissements auraient donc perdu pour un million de moutons, au moins, en 1842.

M. de Lafond estime, suivant les données qu'il a pu avoir, que la Beauce entière ne perd pas moins de sept millions annuellement par la mortalité de ses moutons atteints du sang de rate.

On voit, d'après l'importance de ces pertes, combien le sang de rate mérite d'attirer l'attention des agriculteurs, comme celle de l'administration, combien il importe de remédier à ses ravages.

Le sang de rate une fois déclaré chez un animal cause sa mort. Jusqu'ici on n'a trouvé aucun remède à lui opposer; les hommes les plus habiles, les plus expérimentés, sont d'accord sur ce point; il importe donc de le prévenir par le régime et par des soins hygiéniques bien entendus. Ainsi donc, quand cette affection commencera à se déclarer dans un troupeau, il faudra diminuer sa nourriture et le mettre même à la diète, si on a l'habitude de lui donner à manger à la bergerie; on suspendra surtout l'usage des grains et des farineux, si on en donnait aux moutons. Si au contraire le troupeau parque, s'il a contracté la maladie dans des pâturages dont les herbes sont trop nourrissantes, l'émigration dans un pays dont le sol produit peu de légumineuses, et sur lequel les graminées croissent en grande majorité, est le moyen le plus efficace pour arrêter la maladie. Les bons effets produits dans cette circonstance ont été toujours constatés, et aujourd'hui on n'a aucun doute à cet égard.

On avait déploré de tout temps les pertes causées par le sang de rate; on avait toujours reconnu l'incurabilité de cette affection chez les animaux qui en étaient affectés, et qui tombaient même quelquefois comme foudroyés, avec l'apparence d'une bonne santé; mais on n'avait pas regardé cette maladie comme contagieuse et pouvant faire périr par contagion non seulement d'autres animaux, mais encore des hommes. Ce fait a été étudié avec soin par une commission de médecins et de vétérinaires de l'arrondissement de Chartres. Les observations de cette commission scientifique ont occupé même l'Académie de médecine de Paris, et il paraît que désormais le sang de rate du mouton est classé par beaucoup d'esprits sérieux parmi les maladies contagieuses.

La Société d'agriculture de Bourges fut saisie de cette question importante; elle nomma une commission pour l'étudier et faire des expériences afin de voir si, comme celles qui furent faites par la commission de Chartres, elles auraient les mêmes résultats. Ces résultats furent identiques et trop importants au point de vue de la santé publique et de la conservation du bétail pour ne pas trouver place ici. Voici le rapport qui fut fait à ce sujet par M. Godeau, vétérinaire, rapporteur de la commission :

« 1re EXPÉRIENCE. — La première expérience, dit M. Godeau, fut pratiquée le 29 juillet 1853, à 11 heures du matin, sur un mouton et deux lapins. Le sang inoculé provenait d'un mouton mort du sang de rate le 28 juillet, à 6 heures du soir, au domaine de la Vallée, chez Mme Porcheron, qui ce jour-là même perdit huit bêtes.

» L'inoculation, pratiquée 17 heures après la mort, eut lieu à la face interne des cuisses, au moyen de deux piqûres.

» Le mouton inoculé mourut le 1er août, à 4 heures du matin, 65 heures après l'inoculation. — Les lapins moururent le 31 juillet, à 9 heures du soir, 58 heures après l'inoculation.

» Autopsie du mouton : pétéchies à la surface de la conjonctive; rate molle diffluente, se réduisant en bouillie à la moindre pression; ganglions mésentériques ramollis; caillette vivement injectée; serosité rougeâtre dans l'abdomen.

» La seule lésion appréciable chez les lapins se remarquait dans le sang, qui était épais, boueux.

» 2e EXPÉRIENCE. — *Inoculation au 2e degré.* Immédiatement après l'autopsie des lapins et du mouton, c'est-à-dire le 1er août, à 10 heures du matin, un mouton et deux autres lapins furent inoculés comme précédemment, avec du sang de la rate du mouton mort le même jour à 4 heures du matin.

» Le mouton inoculé mourut le 3 août, à 5 heures du matin, 43 heures après l'inoculation; les lapins moururent le même jour, 2 heures plus tard, 45 heures après l'inoculation.

» Autopsie : mêmes lésions.

» 3e EXPÉRIENCE. — Ce jour-là même, 3 août, nous étant procuré du sang d'un mouton mort du sang de rate le matin même, chez Mme Porcheron, où la maladie continuait à faire de très grands ravages, nous inoculâmes le sang à un mouton, deux lapins et une très bonne jument, jeune, vigoureuse, mais qui, depuis six semaines, avait un tour de reins. Ces inoculations furent pratiquées comme les autres, à la face interne des cuisses, au moyen de deux piqûres.

» Elles eurent lieu à 5 heures du soir.

» Le mouton mourut le 5 août, à 3 heures du matin, 34 heures après l'inoculation; les lapins le même jour, à 6 heures du soir,

15 heures plus tard; la jument succomba le 7 août, 85 heures après l'inoculation.

» Autopsie de la jument :

» Infiltration œdémateuse, répandue çà et là dans le tissu cellulaire sous-cutané, épanchement dans l'abdomen d'une petite quantité de liquide séro-sanguinolent, ganglions mésentériques ramollis, rate molle diffluente.

» 4e EXPÉRIENCE. — *Inoculation au 2e degré.* — Le 5 août, à 7 heures du soir, nous inoculâmes le sang du mouton mort le matin même à un lapin et deux poulets; en même temps nous inoculâmes le sang d'un des lapins morts depuis une heure seulement à deux poulets et un autre lapin, les inoculations de lapin à lapin n'ayant point encore été faites.

» Les deux lapins inoculés, l'un avec le sang de mouton, l'autre avec le sang d'un lapin, moururent dans la nuit du 6 au 7 août, 35 heures environ après l'inoculation.

» Les deux poulets inoculés avec le sang du mouton moururent douze jours après l'inoculation.

» Les deux autres poulets inoculés avec le sang du lapin survécurent.

» 5e EXPÉRIENCE. — *Autre inoculation au 2e degré.* — Le 7 août, à 6 heures du soir, deux lapins et un mouton furent inoculés avec le sang de la jument morte le matin même. Cette bête, on se le rappelle, avait été inoculée le 3 août.

» Les deux lapins moururent le 9 août, l'un à 6 heures, l'autre à 10 heures du soir, 50 heures après l'inoculation.

» Le mouton mourut le 10, 9 heures plus tard.

» 6e EXPÉRIENCE. — Le 17 septembre, nous étant procuré la rate d'une brebis morte depuis 11 heures (cette bête provenait du troupeau de Mme Massé, de la Madeleine, ravagé dans ce moment par le sang de rate), nous inoculâmes le sang ou plutôt la boue de cet organe à un mouton, deux lapins et une ânesse.

» Le mouton mourut le 18, à 11 heures du soir, 31 heures après l'inoculation.

» Les lapins 7 heures plus tard, et l'ânesse le 22 septembre, à 7 heures du matin, 111 heures après l'inoculation.

» Cette bête, qui avait été inoculée non seulement à la face interne des cuisses, mais au côté droit de l'encolure et dans sa région médiane, présentait de ce même côté et en avant du poitrail une tumeur énorme, ayant tous les caractères des tumeurs charbonneuses symptomatiques.

» L'autopsie fit voir les mêmes lésions que celles rencontrées sur la jument. La tumeur qui existait le long de l'encolure du côté droit était formée par une infiltration jaunâtre du tissu cellulaire; lorsqu'on l'incisa, cette tumeur répandit une odeur infecte, due au dégagement du gaz renfermé dans son intérieur.

» 7ᵉ EXPÉRIENCE. — *Inoculation au 2ᵉ degré.* — Le 23 septembre, à 6 heures du soir, un mouton et deux lapins furent inoculés avec du sang de l'ânesse morte le 22.

» Le mouton mourut le 25, à 11 heures du soir, 53 heures après l'inoculation.

» Les lapins le 26, à 5 heures du matin, 6 heures plus tard.

» 8ᵉ EXPÉRIENCE. — Le 13 octobre, M. Adolphe Mignan nous ayant envoyé la rate d'un mouton mort le même jour, nous inoculâmes la boue de cet organe à un mouton et deux lapins.

» Le mouton mourut le 15, à 7 heures du matin, 39 heures après l'inoculation.

» Les lapins succombèrent le même jour, à 6 heures du soir, 50 heures après l'inoculation.

» 9ᵉ EXPÉRIENCE. — *Inoculation au 2ᵉ degré.* — Le jour même où le mouton et les lapins moururent, nous inoculâmes, à 7 heures du soir, à un mouton et deux autres lapins, le sang du mouton mort le matin à 7 heures.

» Le mouton et les lapins moururent : le premier, le 17 octobre, à 6 heures du matin, 35 heures après l'inoculation ; et les lapins dans la nuit du 17 au 18 octobre, 63 heures environ après l'inoculation.

Sang de rate de la vache.

» 10ᵉ EXPÉRIENCE. — Le 7 août, une vache étant morte au domaine de Bijou, où quelques jours plus tôt on avait fait émigrer le troupeau de Mᵐᵉ Porcheron, décimé par cette terrible maladie, nous nous procurâmes du sang de cette vache, qui servit à inoculer un mouton et deux lapins.

» L'inoculation ne fut pratiquée que 40 heures après la mort de l'animal, c'est-à-dire le 8 août, à 7 heures du soir.

» Les deux lapins moururent le 10, à 5 heures du matin, 33 heures après l'inoculation.

» Le mouton mourut le même jour, à 3 heures du soir, 44 heures après l'inoculation.

» Il est un fait digne de remarque, et que par cela même nous avons cru devoir signaler, c'est la mort, pour ainsi dire, simultanée, des deux lapins qui servaient à chaque expérience; il n'y avait quelquefois que deux minutes d'intervalle.

» En résumé, trente-cinq inoculations de sang de rate, au 1er et au 2e degré, furent pratiquées, savoir :

» Neuf sur des moutons, vingt sur des lapins, une sur une jument, une autre sur ânesse et quatre autres sur des poulets. Tous ces animaux succombèrent, à l'exception de deux poulets inoculés avec le sang d'un des lapins qui avait servi à l'expérience n° 4.

» Telles sont, Messieurs, les expériences auxquelles la commission s'est livrée et qu'elle aurait désiré rendre plus nombreuses, en opérant sur une plus grande quantité de troupeaux; mais heureusement, il faut le dire, cette terrible maladie n'a atteint cette année qu'un petit nombre de troupeaux, dans lesquels elle a été très meurtrière.

» Ces expériences, faites avec tous les soins que commandait leur importance, car notez-le bien, Messieurs, les moutons qui ont servi aux inoculations ont été achetés dans la ville, à des personnes qui les avaient élevés isolément; ces expériences, disons-nous, prouvent d'une manière irrécusable les propriétés contagieuses de cette affection et sa transmissibilité aux animaux.

» Les faits suivants, qui nous sont fournis par l'histoire de la maladie du sang de la rate qui a régné cet été chez Mme Porcheron, vont nous démontrer d'une manière aussi évidente sa transmissibilité vis-à-vis de l'homme.

» Le 28 juillet 1853, Mme Porcheron, ayant perdu huit bêtes de son troupeau, me fit demander en toute hâte. Je me rendis immédiatement à son invitation. A mon arrivée, je trouvai dans la cour de la ferme plusieurs bêtes qui n'avaient point encore été dépecées. J'en fis l'ouverture et reconnus, comme du reste je l'avais pressenti, que ces bêtes étaient mortes du sang de rate.

» Ce jour-là même, une femme attachée à l'exploitation de Mme Porcheron avait introduit son doigt dans le rectum de plusieurs bêtes, pour, disait-elle, *leur crever la boutiffle qu'ils avaient dans le corps.*

» Ne connaissant point de moyens curatifs certains de cette affection, je conseillai à Mme Porcheron de faire émigrer son troupeau à Bijou, où l'on pouvait l'envoyer paître dans des prés bas, humides, je dirai même marécageux, ce à quoi Mme Porcheron consentit; et le lendemain le troupeau y fut amené.

» Il y avait donc tout lieu de croire que ces animaux, placés dans des conditions toutes différentes, ne se nourrissant plus que d'herbes aqueuses, je dirai même de mauvaise nature, car la plupart appartenaient à la famille des joncées et équisetées, tandis que celles qu'ils mangeaient à la vallée du Subdray, où le sol est sec, calcaire, étaient fines, aromatiques, et, sous un petit volume, nourrissant beaucoup; il y avait donc tout lieu de croire, dis-je, que l'émigration produirait de bons effets.

» Malheureusement il n'en fut point ainsi, la maladie continua ses ravages.

» Effrayée des pertes qu'elle éprouvait, en présence de la déclaration franche que je lui avais faite de l'impuissance de la médecine pour combattre cette terrible maladie, Mme Porcheron fit appeler un autre vétérinaire, qui traita tout le troupeau. Mais, malgré ce traitement, la maladie continua à sévir avec une telle intensité que, de 400 bêtes qui composaient alors le troupeau, aujourd'hui il n'en reste plus une seule.

» Le 2 août suivant, les moutons, qui périssaient au nombre de 15 à 20 par jour, furent ramenés à la vallée de Subdray.

» Ce jour-là même, la femme qui, le 28 juillet, avait fouillé plusieurs moutons, tomba malade. Elle était, disait-elle, courbaturée. Le lendemain, cette femme se trouvant plus mal, l'on fit venir un médecin, qui, malgré les soins intelligents et empressés qu'il lui donna, ne put enrayer la maladie. Cette femme, atteinte d'une fièvre septique ou charbonneuse, mourut dans la nuit du 3 au 4 août.

» Un enfant, âgé de trois ans, qui appartenait à un locataire de la même exploitation, fut atteint, le même jour (2 août), d'une pustule maligne très grave à la lèvre supérieure, du côté gauche.

Cette affection avait acquis un caractère de gravité telle qu'il fut un moment considéré comme perdu. Elle ne céda qu'à des cautérisations actuelles très fortes et répétées.

» Cet enfant s'était amusé à tremper ses mains dans le sang de plusieurs cadavres que l'on venait de dépouiller.

» Le samedi suivant (6 août), une bergère, qui avait enlevé la peau à plusieurs moutons morts la veille, fut atteinte, à la face supérieure de la main gauche, d'une pustule maligne très grave qui ne céda qu'à un traitement énergique mis en pratique par notre honorable collègue le docteur Guérin.

» Le 11 août, une autre bergère, qui, deux jours plus tôt, m'aidant à faire l'ouverture d'un mouton, s'était fait jaillir un peu de sang au visage, fut aussi atteinte au menton d'une pustule maligne qui ne céda qu'à une cautérisation actuelle très forte, mise en pratique par notre collègue M. Guérin.

» En même temps que ces faits de transmission de la maladie des animaux à l'homme avaient lieu à la vallée du Subdray, que se passait-il au domaine de Bijou, où les moutons avaient émigré pendant cinq jours? Une vache et un cheval succombaient atteints du sang de rate, ou plutôt de la fièvre charbonneuse, la vache le 7, et le cheval le 11 août, à quatre jours d'intervalle.

» C'est le sang de cette vache qui a servi à l'expérience n° 10.

» Une personne de la ferme, que j'eus occasion de voir quelques jours après, me raconta que les bergères qui, lors du séjour des moutons à Bijou, avaient dépouillé un grand nombre de ces bêtes, s'étaient plusieurs fois lavées les mains dans le réservoir contenant l'eau destinée à abreuver ces animaux.

» Telle est l'histoire de la maladie de sang qui a régné cet été chez Mme Porcheron.

» Nous devons ajouter à ces faits que deux de nos honorables collègues ici présents ont eu, depuis plusieurs années, non seulement leurs bergeries, mais encore et simultanément leurs écuries, ravagées par cette terrible maladie.

» Ainsi M. Adolphe Mignan perdit, en 1846, 200 moutons sur 800, et 7 chevaux sur 20.

» M. du Tronçay, propriétaire au Preuil, perdit, en 1850, 320 moutons sur 350, 5 chevaux sur 7, et un bœuf.

» Ces faits, d'une authenticité irrécusable, prouvent donc,

Messieurs, comme l'ont avancé les médecins et les vétérinaires de la Beauce, que le sang de rate du mouton est une affection contagieuse, identique dans sa nature à la fièvre charbonneuse du cheval, à la pustule maligne de l'homme, à la maladie de sang de la vache, affections toutes de nature septique et susceptibles de se transmettre soit des animaux à l'homme, soit de l'homme aux animaux.

» Nous ne vous dirons rien, Messieurs, touchant les moyens préservatifs et curatifs de cette maladie, devant laquelle la thérapeutique est venue constamment avouer son impuissance; nous pouvons dire que nous personnellement, dans le cours de notre pratique, nous avons essayé les médications débilitante, purgative, excitante, antiputride, et que toutes ont été impuissantes pour combattre cette affection.

» Nous savons bien que certains hommes, nous dirons même certains vétérinaires, se disent possesseurs de spécifiques qui guériraient cette maladie comme par enchantement. Malheureusement ces spécifiques n'étant point à la connaissance de la commission, elle a le regret de ne pouvoir les faire connaître à la société.

» Quoi qu'il en soit, espérons, Messieurs, que la découverte de la nature de cette affection permettra au médecin, sinon d'en triompher, du moins d'en atténuer les ravages. »

Ce document est de la plus haute importance à connaître dans nos campagnes. Les agriculteurs ne sauraient prendre assez de précautions pour se préserver des effets de la contagion de la maladie si commune qui décime les moutons dans certains pays, et pour empêcher qu'elle étende ses ravages par le contact des animaux malades ou de leurs cadavres avec des animaux bien portants.

SANGLIER. Mammifère de l'ordre des pachydermes. Le sanglier est le type du porc; c'est lui qui a fourni par la domestication ce dernier animal précieux, pour nos campagnes surtout. D'un tempérament très robuste, très rustique, le sanglier est très répandu; il vit presque sous toutes les latitudes, dans tous les climats, comme le porc. En Afrique il est très commun, parcequ'il n'était pas chassé avant l'arrivée des Français. L'agriculteur doit employer tout moyen de le détruire, parcequ'il n'a pas de plus intrépide ennemi de ses cultures : les blés, les parmentières, les légumes, les vignes, les prairies naturelles, artificielles, les racines fourragères, les récoltes de toute nature, tout lui est bon. C'est pendant la nuit qu'il exerce ses ravages, et quelquefois par troupes. Du reste, le sanglier est, comme le porc, omnivore, et il mange de tout. Le régime animal lui convient comme le végétal ; il dévore les grenouilles, les escargots, les serpents, tout ce qu'il trouve ; mais il préfère, par dessus tout, les châtaignes, les glands, le maïs et le blé. — V. *Porc*.

SANGSUE. La sangsue fait partie de la famille des hirudinées. De temps immémorial on se sert des sangsues pour pratiquer des saignées locales dans l'homme. On les emploie aussi pour les petits animaux domestiques.

Au commencement de la conquête de l'Algérie, les sangsues ont causé de graves accidents sur les animaux : comme elles sont très communes dans les abreuvoirs, les animaux les avalaient quelquefois très petites, à l'état filiforme ; elles s'arrêtaient dans les fosses nasales, autour de la glotte ; là elles se développaient en suçant le sang, et elles y formaient des groupes assez volumineux pour fermer le passage de l'air et causer l'asphyxie. Ces exemples ont été fréquents. On a pu s'en assurer à l'ouverture des cadavres des animaux. Lorsqu'on a connu les effets de la présence des sangsues, trahie par l'écoulement des liquides sanguinolents sortant des naseaux ou de la bouche, on a injecté dans ces cavités des décoctions de tabac ou de l'eau de mer. Ce moyen simple faisait tomber le plus souvent les sangsues. On a vu aussi des militaires en avaler, en buvant, de très petites, qui se collaient à leur arrière-bouche et s'y développaient.

On détruit les sangsues dans les abreuvoirs en y plaçant des tortues d'eau douce, qui en sont très friandes. L'emploi de ce moyen fut indiqué par un journal français. Ce journal rapporta qu'un pharmacien avait eu ses sangsues dévorées, dans un réservoir, par des tortues d'eau douce qu'il y avait placées, sans connaître leur voracité pour elles.

L'industrie de la production des sangsues prend, sur quelques points de la France, une importance qui paraît devoir un jour nous affranchir du tribut que nous payons à l'étranger pour ces rayonnés si utiles en médecine. Déjà dans les landes de Bordeaux on en élève de grandes quantités, livrées au commerce. Sur plusieurs autres points de la France, on commence à se livrer à ce genre de production.

SANGUIN. Tempérament sanguin. — V. *Tempérament.*

SANGUISORBE. Genre de plante de la famille des rosacées. La sanguisorbe, vulgairement connue sous le nom de grande pimprenelle, parcequ'elle a beaucoup d'analogie avec cette plante, a ses fleurs réunies en forme de tête ovoïde d'un rouge brun foncé. Cette plante croît dans les prairies sèches; ses feuilles fournissent un bon fourrage, mais ses tiges sont dures et ligneuses lorsque la plante est en état de maturité. — V. *Pimprenelle.*

SANICLE. Petite ombellifère qui croît dans les bois, à l'ombre, le long des chemins et des ornières. Cette plante est assez insignifiante pour l'agriculture.

SANSONNET. V. *Etourneau.*

SANTOLINE. Espèce d'arbuste de la famille des composées. La santoline, qui se fait remarquer par ses fleurs jaunes et ses feuilles blanchâtres et velues, croît dans le midi de la France; elle est quelquefois cultivée comme plante d'ornement, mais elle n'offre, d'ailleurs, aucun intérêt à l'agriculture.

SAPE. Instrument qui sert à moissonner le blé. C'est surtout en Flandre que la sape est utilisée pour couper les céréales. Par sa forme, cet instrument se rapproche plus de la faux que de la faucille. Il offre l'avantage de pouvoir couper la paille très près de terre, et le moissonneur peut faire avec lui autant de travail, et même plus, qu'avec sa faucille.

SAPERDE. Insecte de l'ordre des coléoptères. Les saperdes font de grands ravages dans quelques arbres; elles comprennent plusieurs variétés, qui attaquent diverses essences, telles que les peupliers, les arbres fruitiers. — V. *Insectes.*

SAPHÈNE. On donne le nom de saphène à une veine qui rampe sous la peau, à l'intérieur de la cuisse des animaux. Dans le cheval, on pratique quelquefois la saignée à cette veine. — V. *Saignée*.

SAPIDE. Propriété d'un corps qui a une saveur accentuée et caractéristique. Ce mot s'applique surtout aux aliments.

SAPIN. Genre de la famille des conifères. Les sapins comprennent plusieurs espèces, qui croissent sur les sommets des montagnes. Ils fournissent des arbres toujours verts, dont les troncs droits s'élèvent à de grandes hauteurs. Leur bois est très utilisé pour les constructions. La marine en fait une grande consommation. Non seulement ces arbres servent à faire des mâts, de très bonnes charpentes, mais on en fait des planches très estimées.

On extrait du sapin des résines employées dans les arts et l'industrie, sous plusieurs formes, et sous le nom de goudron, de poix noire, de poix de Bourgogne. C'est surtout dans les régions élevées, sur les hautes montagnes, que croissent les sapins; leur produit est souvent la principale, sinon l'unique ressource des habitants de ces froides contrées.

SAPONAIRE. Plante de la familles des caryophillées. La saponaire, assez commune dans les campagnes, est généralement connue de tout le monde; elle a la propriété de faire mousser l'eau dans laquelle on la frotte, comme si elle contenait du savon, et c'est à cette particularité qu'elle doit son nom. Du reste, cette plante, quelquefois cultivée comme plante d'ornement pour ses fleurs, offre peu d'intérêt à l'agriculture.

SARCELLE. Nom donné à une espèce de canard sauvage de petite taille, que l'on chasse comme gibier. Les mœurs de la sarcelle sont exactement les mêmes que celles du canard sauvage. — V. *Canard*.

SARCLAGE. Opération qui consiste à sarcler les plantes pour les purger des mauvaises herbes qui croissent dans les cultures. On opère les sarclages soit avec la main, soit avec divers instruments, tels que les échardonnoirs, les ratissoirs, les binettes, les houes, les sarcloirs, etc.

Le sarclage des plantes doit se faire en temps opportun. Il est plus facile après les pluies, lorsque le terrain est humide, que lorsqu'il est sec. Les racines alors s'arrachent plus facilement, parceque la terre est moins tenace. On doit toujours sarcler, autant que possible, avant que les plantes soumises au sarclage soient développées de manière à souffrir de la présence des sarcleurs dans les champs. D'un autre côté, il ne faut pas attendre que les mauvaises plantes soient en graines. Il importe toujours beaucoup d'empêcher leur reproduction par semis.

Un bon assolement, bien compris et bien dirigé, diminue, dans de grandes proportions, les frais de sarclage. — V. *Assolement*.

SARCLÉ, ÉE. (*Plante sarclée.*) On donne le nom de *sarclées* aux plantes qui ont besoin de sarclage pour bien réussir. Elles commencent ordinairement la rotation d'un assolement; on les met sur une forte fumure, afin de détruire par le sarclage les mauvaises plantes qui sont toujours produites par le fumier. Les racines fourragères, le maïs, les choux, les haricots, les parmentières, les betteraves, etc., sont des plantes sarclées. Une bonne culture de plantes sarclées est toujours un indice certain d'une agriculture plus ou moins avancée. Les pays arriérés ne font que peu ou point de plantes sarclées, qui se composent souvent de plantes industrielles, soit textiles, soit oléagineuses, soit saccharines, et qui donnent le plus souvent des produits relativement très considérables. — V. *Assolement*.

SARCOCELLE. D'un mot qui signifie *chair* et *tumeur*. On donne le nom de sarcocelle, en médecine vétérinaire, aux excroissances charnues qui se développent sur les testicules ou aux engorgements de ces organes essentiels de la reproduction. Ces affections peuvent devenir graves. La castration est le meilleur moyen de guérir les animaux des sarcocelles, quand les procédés ordinaires ont échoué.

Lorsque cette maladie commence à se déclarer, on se sert ordinairement d'injections et de cataplasmes émollients pour la combattre. A ces moyens on fait succéder les astringents, les résolutifs; quand ces remèdes ne réussissent pas, on castre les animaux.

SARMENT. Nom donné aux pousses de la vigne.

SARMENTEUX. On donne ce nom aux végétaux dont les tiges, semblables à celles des vignes, ont besoin de tuteurs. Les clématites, les chèvrefeuilles, etc., sont des plantes sarmenteuses.

SARRASIN. (*Blé noir.*) Genre de plante de la famille des polygonées. Le sarrasin, originaire de l'Asie, est cultivé dans les pays de montagnes, notamment dans les contrées pauvres dont le sol est peu fertile. La Bretagne, la haute Auvergne, récoltent d'assez grandes quantités de sarrasin. Dans les montagnes élevées, sa culture est assez chanceuse; la moindre gelée pendant sa floraison, un vent du nord froid pendant l'humidité de l'atmosphère, en compromettent la réussite. Sa fleur rougit alors, se dessèche, et le grain ne se forme pas. On fait avec la farine de sarrasin des galettes, des farinettes, des bouillies, que l'on consomme dans les ménages. Les volailles sont très avides de son grain, qui sert à les engraisser, ainsi que d'autres animaux. Le sarrasin donne un excellent engrais vert quand on l'enfouit au moment de sa floraison. Il est souvent employé à cet usage.

La paille de sarrasin n'est pas recherchée par les animaux. On s'en sert ordinairement pour faire litière dans les pays où on la récolte.

SARRIETTE. Plante de la famille des labiées. La sarriette comprend plusieurs variétés, dont l'une, connue sous le nom de sarriette des jardins, est cultivée comme plante assaisonnante. Son odeur la fait rechercher, et sa saveur la fait employer dans l'art culinaire pour donner du goût à certains ragoûts.

SATURNE (*Sel de*). Nom donné à l'acétate de plomb employé en dissolution comme astringent en médecine vétérinaire. — V. *Extrait de saturne.*

SAUGE. Plante de la famille des labiées. Les sauges, qui comprennent plusieurs variétés, sont, comme les autres plantes de leur famille, aromatiques, stimulantes et toniques. On emploie leurs décoctions à l'intérieur dans la médecine des animaux pour exciter la circulation dans les maladies de langueur. On emploie aussi ce remède en lotions sur des engorgements chroniques, ou en bains, pour tonifier les tissus ou activer le travail qui doit hâter leur guérison. — V. *Labiées.*

Quelques sauges sont cultivées comme plantes d'ornement. Celle des prés donne une fleur d'un beau bleu.

SAULE. Genre de la famille des salicinées. Les saules comprennent des arbres et arbrisseaux, très communs dans les sols humides des pays froids. On les remarque surtout sur les bords des rivières et des ruisseaux, le long des fossés, où leur croissance est très rapide; on les exploite souvent en têtards.

Le saule-pleureur est cultivé comme plante d'ornement et comme emblème de douleur; de pieux souvenirs le font quelquefois planter sur des tombeaux.

L'écorce de saule peut être employée en décoction ou en poudre pour combattre certaines maladies des animaux. On lui attribue des propriétés toniques analogues à celles du quinquina et de la gentiane. Du reste on la mélange généralement avec ces deux produits végétaux.

SAURIENS. Groupe de reptiles qui comprend les lézards, les caméléons, les crocodiles, etc.

SAUSSAIE. Nom donné aux plantations de saules, généralement faites dans les lieux aqueux.

SAUT. Mouvement du corps par bonds. Le saut s'opère par la détente énergique des membres fléchis, soit pour franchir un obstacle, soit pour courir. Le cheval fait quelquefois des sauts pour se défendre et renverser son cavalier. Le mouton, en bonne santé, saute, bondit de joie quelquefois en sortant de la bergerie, ainsi que les agneaux et les chevreaux, quand ils jouent entre eux ou avec leurs mères.

SAUTERELLES. Insectes orthoptères. Les sauterelles comprennent plusieurs espèces, dont quelques unes sont nuisibles à l'agriculture. Les courtilières sont de ce nombre; les grillons, les criquets (V. ces mots), sont aussi classés dans les sauterelles.

SAUVAGEON. Nom donné aux arbres fruitiers à l'état sauvage. On obtient des sauvageons par semis, pour les greffer et avoir des fruits cultivés de diverses natures.

SAXIFRAGE. Genre de plante de la famille des saxifragées. Les saxifrages comprennent plusieurs variétés, qui croissent sur les hautes montagnes. Elles sont communes surtout sur les Pyrénées. On en cultive plusieurs comme plantes d'ornement, soit isolément, soit en bordures. Du reste, ces plantes offrent peu d'intérêt à l'agriculture.

SAXIFRAGÉES. Famille de plantes qui comprend les saxifrages. — V. *Saxifrage.*

SCABIEUSE. Plante de la famille des dipsacées. Les scabieuses croissent dans les prairies. On les reconnaît facilement à leurs fleurs bleues. Elles donnent un fourrage dur, peu substantiel. Quelques scabieuses sont cultivées dans les jardins comme plantes d'ornement.

SCAPULUM. (*Omoplate.*) Nom donné à l'os large qui forme la base de l'épaule. La longueur de cet os et son inclinaison déterminent ces deux bonnes conditions de l'épaule, qui sont une beauté recherchée, chez les animaux de vitesse surtout. — V. *Épaule.*

SCARABÉES. Insectes coléoptères, très inoffensifs par eux-mêmes pour l'agriculture; mais leurs larves, qui ressemblent beaucoup à celles du hanneton (ver blanc), sans être aussi voraces, aussi nuisibles qu'elles, causent souvent des ravages en dévorant les racines des végétaux. Les bousiers appartiennent à ce groupe.

SCARIFICATEUR. Instrument d'agriculture pourvu de pieds quelquefois recourbés sur un châssis en forme de herse, ordinairement triangulaire. On se sert de cet instrument pour scarifier la terre et déchirer les gazons. Les scarificateurs remplissent à peu près les mêmes effets que la herse, dont ils ne diffèrent que par une plus grande énergie d'action.

SCARIFICATION. Opération qui consiste à faire des incisions plus ou moins profondes dans des tumeurs des animaux, pour provoquer la sortie du sang ou de la sérosité qu'elles contiennent et hâter leur guérison. On scarifie des engorgements quelquefois produits par des vésicatoires, des sinapismes, etc., afin d'y établir une révulsion plus active. On scarifie aussi des œdèmes, des tumeurs froides, pour les irriter, les animer, y appeler la vie, et activer leur résolution.

SCAROLE. V. *Chicorée.*

SCHISTE. Roche facile à reconnaître à sa texture feuilletée de couleur grise plus ou moins foncée, quelquefois d'un noir bleuâtre. Les ardoises ne sont que des schistes employés à recouvrir les toits. Ces roches se trouvent dans les terrains d'ancienne formation ; leur composition est variée et multiple, leur décomposition produit des sols dont les qualités se rapprochent de terrains argileux.

Les schistes sont très répandus; ils sont souvent exploités pour les tuiles qu'ils fournissent, et qu'on emploie à couvrir les toits.

SCHISTEUX (*Terrain*). On nomme schisteux les sols qui ont le schiste pour base. Les amendements calcaires conviennent parfaitement à cette nature de terre. Les sols schisteux sont froids, souvent humides, et conviennent mieux à la production du bois et du fourrage qu'à celle des céréales.

SCILLE. Genre de plantes de la famille des liliacées. Quelques variétés de scille sont cultivées comme plantes d'ornement. La scille appelée maritime est pourvue d'un très gros ognon écailleux, qui a des propriétés médicamenteuses. On prépare cet ognon de diverses manières, pour être administré, soit comme diurétique, pour activer la sécrétion des urines, soit contre les hydropisies ou contre les bronchites chroniques.

SCION. Nom donné aux jeunes pousses d'un arbre dont le bois est encore tendre. Le mot *scion* est plus spécialement réservé aux rejetons qui partent de la racine.

SCIRPE. Genre de plante de la famille des cypéracées. Les tiges des scirpes, qui, pour le vulgaire, ont quelque analogie avec celles des graminées, en diffèrent en ce qu'elles n'ont jamais de nœud. Les scirpes croissent dans les lieux humides, les marais, et fournissent toujours un mauvais fourrage, dur et peu nutritif.

SCLÉROTIQUE. Nom donné à la membrane dure, résistante, de couleur blanche, qui forme la coque de l'œil sur toutes ses surfaces, excepté sur le point occupé par la cornée lucide (vitre). La partie qu'on nomme blanc de l'œil est une portion de la sclérotique. C'est sur cette membrane que se fixent les muscles qui font mouvoir le globe de l'œil dans tous les sens. De toutes les membranes de l'œil, la sclérotique est la plus épaisse, la plus résistante; son tissu blanc est très solide. Elle est percée en arrière par un trou au travers duquel passe le nerf optique qui porte au cerveau l'impression de la lumière. — V. *OEil, Vision*.

SCOLYTES. Insectes coléoptères, dont les larves font des ravages considérables dans les forêts. Lorsque les scolytes s'emparent d'un arbre, ils font des galeries sous son écorce; ils rongent son bois et le font périr. Une énorme quantité d'arbres d'essences diverses, et notamment d'ormes, meurent chaque année, surtout dans nos promenades, par les ravages du scolyte. Cet insecte est très nuisible. Guérin Méneville et Eug. Robert ont fait sur lui des études de mœurs très intéressantes. Pour prévenir ses dégâts, M. Eug. Robert a conseillé la décortication longitudinalement partielle des arbres qui en sont atteints. Par ce moyen il les en délivre complétement. J'ai vu une infinite d'ormes des Champs-Elysées, des boulevarts et des promenades de Paris débarrassés des scolytes par ce procédé.

SCORPION. Insecte aptère trouvé dans le midi de l'Europe, où il est peu développé. Pourvu d'une queue terminée par un aiguillon, le scorpion pique et inocule le venin dont il est pourvu. Sa piqûre est peu dangereuse en Europe, mais, dans les climats chauds, elle cause quelquefois, dit-on, des accidents assez graves. J'ai eu occasion de voir des scorpions en Afrique, sans avoir jamais observé d'accident causé par leurs piqûres.

SCORSONÈRE (*d'Espagne*, *Salsifis noir*). Plante de la famille des composées. La scorsonère se cultive et se mange comme le salsifis ordinaire. On a fait quelques expériences pour démontrer la possibilité de nourrir le ver à soie avec des feuilles de scorsonère, et de faire des éducations de ces insectes pour la fabrication de la soie. J'ai vu des cocons produits par ce mode d'élevage à l'Aigle (Orne), et je crois qu'il mérite toute l'attention des éducateurs, pour la multiplication de cette industrie lucrative.

SCROFULAIRE. Genre de plante de la famille des scrofulariées. La scrofulaire croît dans les lieux frais et humides, sur les bords des fossés. Elle comprend plusieurs espèces, qui n'offrent aucun intérêt à l'agriculture. On lui a attribué des propriétés médicinales contre les maladies scrofuleuses de l'homme; cependant elle est peu usitée pour les combattre. La scrofulaire n'est point utilisée comme plante médicinale en médecine vétérinaire.

SCROFULARIÉES. Famille de plantes nombreuse, offrant peu d'intérêt à l'agriculture comme végétaux fourragers. Quelques plantes de cette famille sont cependant utilisées en médecine : tels sont le bouillon-blanc, la digitale. Quelques scrofulariées sont considérées comme nuisibles à l'agriculture : tels sont les rhinantes (crêtes-de-coq). — V. *Rhinante.*

SCROTUM. (*Bourses.*) Nom donné à l'enveloppe cutanée des testicules des animaux. Le scrotum des reproducteurs doit être mince, exempt d'engorgement et d'adhésion aux testicules. Ce caractère est un indice de l'intégrité des organes générateurs.

SCUTELLAIRE. Genre de plante de la famille des labiées. Cette plante offre peu d'intérêt aux cultivateurs.

SÉBACÉ, ÉE. (*Humeurs sébacées, follicules sébacés.*) On nomme humeur sébacée un liquide, plus ou moins épaissi et onctueux, sécrété à la surface de la peau par de petites glandes nommées follicules. On remarque surtout cette humeur aux aines des moutons; elle y est entassée sous forme jaunâtre et concrétée.

SÉCATEUR. Instrument d'horticulture inventé pour remplacer la serpette dans la taille des arbres. Il opère comme des cisailles, au moyen d'une lame convexe qui comprime les tiges contre une mâchoire recourbée, et la coupe. On se sert aussi du sécateur emmanché à une perche pour écheniller. On le fait agir au moyen d'une ficelle.

Lorsque le sécateur a été inventé, son utilité a d'abord été vivement contestée. On affirmait que sa mâchoire meurtrissait les branches et causait du dommage aux branches coupées. La pratique éclairée et l'expérience ont aujourd'hui fait justice de l'opposition faite à son adoption. Le sécateur est maintenant entre les mains de tous les jardiniers et de tous les pépiniéristes, et il est devenu un des instruments les plus usités du jardinage.

SÉCHERESSE. Privation d'eau et d'humidité dans le sol. L'eau étant un des éléments essentiels de la végétation, la sécheresse lui est naturellement nuisible, et par conséquent contraire au développement normal des végétaux et de leurs produits. C'est surtout dans les terrains légers, sablonneux, que la sécheresse exerce sa funeste influence, notamment au printemps avant le développement des récoltes. — V. *Sève*.

Les animaux souffrent généralement des sécheresses, surtout dans les pâturages, où l'herbe se dessèche, se flétrit et ne pousse pas. Quelquefois même ils souffrent de la soif par privation d'eau. Aussi, dans les grandes sécheresses, les ruminants surtout maigrissent, et la sécrétion du lait des vaches laitières diminue dans les pâturages des pays où elles n'ont d'autres ressources que l'herbe de leurs parcours.

SECONDAIRE. Nom donné à un terrain qui résulte du mélange de plusieurs couches de natures diverses. Ces couches contiennent généralement du calcaire, des débris fossiles, etc. Ces sols sont ordinairement fertiles et d'une culture facile.

SÉCRÉTION. Fonction qui a pour but la fabrication de certaines substances par des organes spéciaux, dans les végétaux ou dans les animaux. L'étude des sécrétions, comme leurs divers modes, offrent au naturaliste et à l'agriculteur un sujet d'observations les plus intéressantes. Chaque appareil sécréteur a son travail particulier, par lequel il extrait du sang les éléments propres à la fabrication des corps qu'il fournit, et qui ont chacun dans leur genre des propriétés et des fonctions particulières. Tantôt les corps sécrétés ont pour but de fabriquer des poils, des fourrures, pour protéger les animaux contre la rigueur des saisons; tantôt ils fabriquent des cornes, des griffes, etc., qui servent d'armes défensives, des onglons ou des sabots pour recouvrir les extrémités des doigts. Ici ce sont des dents qui sont sécrétées pour broyer des aliments, ailleurs de la laine que nous récoltons pour notre usage. Le castoréum, le musc, la civette, la graisse, la cire, la soie fabriquée par le ver à soie, etc., sont des corps sécrétés par des organes particuliers aux animaux qui produisent ces substances. Quelques animaux sécrètent un liquide particulier au moyen duquel ils empoisonnent, tuent leurs adversaires : tels sont les serpents vénéneux, le scorpion, etc., qui sécrètent le venin ; d'autres sécrètent des matériaux qui leur servent de vêtement et de maison : tels sont les escargots, les huîtres, les tortues, les écrevisses ; le porc-épic, le hérisson, sécrètent de petites lances qui les protégent contre leurs ennemis.

Les végétaux ont aussi leurs sécrétions. Ainsi les résines, les gommes, les sucs âcres, vénéneux, tels que ceux des orties, des euphorbes, les liquides sucrés et mielleux de certaines plantes, sont des produits des sécrétions de certains de leurs organes.

L'une des sécrétions qui intéressent le plus l'économie rurale est la sécrétion du lait, soit qu'il soit consommé en nature, ou qu'il serve à fabriquer le beurre ou le fromage. Cette sécrétion, avec celle de la laine et de la soie, offre à notre industrie agricole comme à nos subsistances des ressources immenses. — V. *Laine*, *Lait*, *Soie*.

Les sécrétions servent tantôt à purifier l'économie animale de liquides qui lui seraient nuisibles, comme les urines sécrétées par les reins ; tantôt elles fournissent la salive par les glandes salivaires pour servir à la mastication et à la digestion (V. *Insalivation*, *Mastication*) ; tantôt les sucs gastriques et pancréatique, la bile (V. ces mots), pour favoriser la digestion, les déjections ; par les testicules, elles donnent la matière fécondante qui concourt à la multiplication des espèces ; enfin aux yeux elles fournissent les liquides transparents qui doivent favoriser l'action du sens de la vue, et les larmes si utiles pour humecter les surfaces des yeux exposées à l'air. — V. *Larmes*.

On ignore encore par quel procédé physique ou chimique s'opèrent les sécrétions. On observe des résultats, mais comment sont-ils obtenus ? C'est encore un secret caché pour l'intelligence humaine.

SÉDATIF. D'un mot latin qui veut dire *calmer*. Nom donné, en médecine vétérinaire, aux médicaments employés pour calmer les douleurs. Les substances émollientes, en lotions, en cataplasmes, les bains, les préparations narcotiques, opiacées, sont des sédatifs.

SÉDUM. Genre de plantes de la famille des grassulacées. Les sédums, qui ont de l'analogie, par leur nature, avec les joubarbes, comprennent plusieurs variétés. Ils offrent, d'ailleurs, peu d'intérêt à l'agirculture. Le sédum des vignes (orpin grassette, joubarbe des vignes) offre le plus d'intérêt, en ce que les bestiaux, et surtout les cochons, le consomment volontiers.

Le sédum vermiculaire (pain d'oiseau, poivre de muraille) a un suc âcre qui le fait repousser par les animaux. Ce sédum est très commun sur les vieux murs, sur les rochers humides. Il se reconnaît facilement à ses rameaux nombreux, disposés en gazons, en touffes, à ses fleurs jaunes et à ses feuilles petites et charnues.

SEIGLE. Plante de la famille des graminées. Le seigle est un des grains les plus répandus et les plus précieux que nous puissions cultiver. Peu difficile sur la qualité des terrains, robuste, résistant au froid le plus intense, il croît et mûrit dans les montagnes les plus élevées. Des neiges le couvrent souvent pendant six mois de l'année sans que ses récoltes en souffrent. Quand il se découvre, après leur fonte, il est aussi vert, aussi bien portant qu'aux plus beaux jours de sa végétation. Les pays pauvres, froids, les sols légers qui ne produisent pas de blé, donnent du seigle, et c'est avec lui que les habitants se nourrissent. Son pain, d'ailleurs, est savoureux, sain et nourrissant.

Si le grain du seigle est précieux, sa paille ne l'est pas moins pour certains usages : elle sert à faire des liens pour attacher les herbes des autres céréales. Aucune d'elles ne fournit de paille qui l'égale pour la confection des toits en chaume, pour faire des paillassons, des abris, pour faire des paillasses de lit, et rempailler des chaises dans nos habitations rurales. Cette paille est excellente aussi pour faire litière. Mélangée au regain, les ruminants la consomment volontiers. En vert, le seigle donne un bon fourrage, et un excellent engrais lorsqu'on l'enfouit au moment où il est en fleurs. Mêlée aux pois, aux vesces, à l'avoine, cette céréale donne aussi un excellent fourrage vert, très recherché par les bestiaux.

Le seigle est donc une des conquêtes les plus précieuses faites par l'agriculture sur le règne végétal.

On cultive dans certaines contrées un seigle de printemps dont le grain est plus petit que celui du seigle d'hiver. Sa culture est généralement peu répandue.

On a beaucoup parlé, il y a quelques années, de la variété de seigle appelée multicaule. On a dit qu'il donnait un bon fourrage d'abord en automne, et une bonne récolte l'été suivant. Le fait ne paraît pas avoir été suffisamment démontré par l'expérience. La culture de ce seigle, sur laquelle j'ai fait moi-même des essais qui n'ont pas bien réussi au point de vue de la production du fourrage, est peu répandue

Le seigle est soumis à une maladie particulière qu'on a appelée ergot. Cette dénomination a sans doute son origine dans l'analogie de la forme de son grain malade avec celle de l'ergot d'un coq. On ne connaît pas absolument la cause qui détermine l'ergot du seigle. Cependant on a pensé qu'il était produit par le développement d'un champignon sur son grain au moment de sa formation, surtout dans les temps humides. Le grain qui en est affecté prend un développement extraordinaire; il s'allonge, se recourbe un peu, et sort de l'épi de manière à être aperçu de loin dans un champ de seigle. Le seigle ergoté, de couleur bleuâtre, quelquefois d'un gris foncé, a des propriétés particulières : il agit spécialement sur l'utérus, dont il provoque les contractions; aussi la médecine profite-t-elle de cette action spéciale de l'ergot pour faciliter les accouchements dans des cas d'inertie utérine.

Le seigle ergoté produit, dans l'économie animale, d'autres résultats qui sont fâcheux : il occasionne la gangrène des extrémités, quand il est consommé en quantité suffisante. On explique ce phénomène particulier par une oblitération qui s'opérerait dans les vaisseaux capillaires, par suite de la coagulation du sang provoquée par l'ergot, ce qui causerait l'accident que je viens de signaler. On conçoit d'après cela combien il est important de séparer le seigle ergoté du grain employé à la nourriture de l'homme ou des animaux. Cette séparation est du reste facile, soit à la gerbe, soit par des nettoyages au moyen de bons cribles.

SEIME. Maladie qui résulte de la fente partielle ou totale du sabot des animaux, dans la direction des fibres de sa corne. C'est donc du haut en bas, et de la couronne à la sole, que cette fissure se forme. Les causes qui déterminent les seimes sont variées : un mode vicieux de sécrétion, une altération accidentelle de la couronne ou de la peau qui la sécrète, la sécheresse de l'ongle, etc., peuvent causer des seimes. On traite ces maladies, suivant leur gravité, par des soins simplement hygiéniques ou par des opérations. Les praticiens spéciaux peuvent seuls bien prescrire les moyens curatifs, toujours subordonnés à la nature du mal comme à sa gravité.

SEL. Les chimistes ont appelé sel toute substance qui résulte de la combinaison d'un acide avec une base. La médecine des animaux comme celle de l'homme utilisent plusieurs de ces substances comme médicaments variés suivant leurs propriétés médicinales. Tels sont les sels de potasse, de soude, de magnésie, d'ammoniac, d'alumine, de fer, de zinc, de mercure, d'argent, etc.; mais le sel le plus utilisé, le plus répandu par l'usage qui en est fait pour les assaisonnements des aliments et leur conservation, c'est celui qui résulte de la combinaison de l'acide chlorhydrique avec l'oxyde de sodium, et qui est connu sous le nom de sel marin. C'est de ce sel que nous allons nous occuper spécialement.

De toutes les substances minérales employées par l'homme, il n'en est pas dont l'usage soit plus répandu, plus généralisé, que le sel marin. Non seulement ce sel est indispensable comme condiment pour la préparation des aliments, mais il fournit le moyen le plus simple comme le meilleur pour leur conservation au moyen des salaisons; et cependant que de discussions n'ont pas été soulevées, tantôt pour nier son utilité et son influence, tantôt pour soutenir que son emploi est indispensable non seulement à l'alimentation de l'homme et des animaux, mais à leur santé, à leur nutrition!

Trois questions se rattachent à l'emploi du sel marin; ces questions sont : 1° Le sel est-il utile pour la conservation des aliments, soit de l'homme, soit des animaux? 2° Est-il nécessaire pour la nutrition de l'homme et des animaux? Comment peut-il concourir à la conservation de leur santé? 3° Offre-t-il des avantages comme amendement pour les terres.

Il n'est pas difficile d'examiner successivement ces trois points et de démontrer que ceux qui ont nié l'utilité du sel marin ou son importance ne l'avaient pas bien étudié au point de vue pratique, du moins dans les deux premiers cas que nous venons de signaler.

D'abord comment refuser au sel ses propriétés spéciales pour la conservation des substances animales? Comment se font les salaisons dans nos campagnes? N'est-ce pas avec le sel marin que la grande majorité de nos populations rurales salent la viande afin de la conserver d'une année à l'autre pour leur consommation? On sale les porcs, les bœufs ou vaches, les moutons, les chèvres, les poissons; on conserve des légumes, des fruits, dans des dissolutions de sel; on sale le fromage pour le rendre meilleur et d'une conservation plus facile; on sale le beurre pour l'empêcher de rancir; on sale enfin toute substance préparée pour l'alimentation de l'homme, surtout quand elle doit être conservée un temps plus ou moins long avant d'être consommée. Le sel marin peut être considéré comme l'antiputride général dont on fait usage dans nos campagnes comme de la substance la plus économique, la plus répandue et la plus facile à employer pour la conservation des aliments de l'homme.

Quant aux aliments des animaux, l'usage du sel marin est aussi d'une importance majeure. On sait que les fourrages mal récoltés, ceux qui sont moisis, rouillés, sont toujours une mauvaise nourriture, et que leur usage non seulement alimente mal les animaux, mais altère leur santé et cause des maladies générales, des épizooties, qui dévastent quelquefois nos campagnes et ruinent nos cultivateurs. On modifie toujours la mauvaise nature des fourrages et on les améliore en les salant au moment où ils sont emmagasinés, ou en les aspergeant avec une dissolution d'eau salée au moment ou où les administre aux animaux. Il n'est pas un praticien qui n'ait observé les bons effets de ce procédé. Le sel est donc ici un préservatif contre les épizooties des bestiaux, en général, quand elles sont causées par des fourrages avariés, et les praticiens savent qu'il prévient aussi des maladies spéciales à certains animaux, comme la pourriture du mouton, la ladrerie du porc, les maladies vermineuses des ruminants en général.

Lorsqu'on veut saler les fourrages, surtout ceux qui sont mal récoltés, pour borner leur détérioration d'une part, et, de l'autre, modifier leur action malfaisante sur les animaux, on les dispose par couches que l'on sale à raison de deux kilog. de sel par mille kilog. de fourrage. Pour les bons fourrages qui ne sont pas avariés, cette quantité peut suffire en général; mais, dans des cas d'avarie, il est nécessaire d'augmenter la dose du sel pour qu'il agisse avec plus d'énergie et d'efficacité.

Considéré comme prophylactique, l'emploi du sel a une double action. D'une part, il agit sur les fourrages, dont le sel favorise la bonne conservation, et modifie les principes délétères qu'ils contiennent; de l'autre, il exerce une influence spéciale sur l'organisation animale, lui donne du ton, la fortifie et la dispose à une plus grande résistance contre les agents qui tendent à troubler les fonctions de la vie. Tous les physiologistes praticiens expliquent parfaitement l'effet du sel marin sur l'économie animale. L'un des hommes qui ont bien étudié cette action spéciale, le docteur de Saive, ancien directeur de l'école vétérinaire de Liége, traite cette question d'une manière remarquable dans un mémoire qui lui valut une médaille d'or, décernée par l'académie de médecine de Bruxelles à la suite d'un concours sur cette question.

« Les effets du sel sur l'économie animale, dit M. de Saive, peuvent être primitifs ou consécutifs.

» Les effets *primitifs* se manifestent au point de contact du sel avec les tissus vivants; ils résultent de la réaction chimique de ses éléments.

» Les effets *consécutifs* procèdent des effets *primitifs*; ils résultent des changements provoqués dans les tissus par l'usage du sel.

» Placez du sel dans la bouche d'un animal; peu d'instants après, la portion des tissus que le sel aura touchée rougira: c'est l'effet *primitif*. Puis la salive coulera avec abondance, la soif augmentera : ce sont les effets *consécutifs*.

» Le sel est éminemment soluble; cette propriété étend l'action du sel par contiguïté d'organes; elle lui permet de passer sans obstacle dans le torrent de la circulation. Les molécules du sel, portées par voie d'absorption dans la masse du sang, pénètrent avec lui dans toutes les parties du corps, et vont impressionner ainsi directement tous les organes, en y déterminant une série de phénomènes dont il importe d'examiner les plus frappants.

» Le premier de ces phénomènes, c'est, comme on vient de le voir, la rubéfaction de la membrane muqueuse de la bouche et la provocation de la sécrétion salivaire. L'action du sel est exactement la même sur la membrane muqueuse qui tapisse l'estomac; elle y détermine une légère congestion sanguine, qui réveille l'activité de l'appareil digestif, et accélère la conversion des aliments en chyme. C'est ainsi que le sel rend la digestion plus prompte et le retour de la faim plus rapproché.

» Un proverbe populaire dit, avec beaucoup de bon sens : on ne vit pas de ce qu'on *mange,* mais de ce qu'on *digère.* Les propriétés digestives du sel sont également précieuses pour les bêtes de travail, dont les services sont proportionnés à leur vigueur, et pour les bêtes de rente, dont les produits sont en raison directe des aliments employés, dans un temps donné, à leur accroissement par assimilation.

» L'action du sel n'est point limitée à l'estomac ; suivons-la dans le duodénum, qui participe à la stimulation de cet organe.

» L'excitation de la surface interne du duodénum se communique rapidement au foie et au pancréas, dont l'action sécrétoire ne tarde point à être augmentée. Alors la bile, unie au liquide pancréatique, est versée dans l'intestin, et les molécules de sel sont absorbées en même temps que le chyle, ce liquide d'apparence laiteuse, qui renferme les éléments de la nutrition.

» L'accroissement de richesse du liquide vivifiant, résultant de l'influence du sel sur la rapidité de la digestion, ne tarde point à réagir sur les contractions du cœur. La fréquence et l'élévation du pouls suivent ce surcroît d'activité des mouvements du cœur ; la respiration s'accélère ; la chaleur animale, conséquence de l'hématose, est sensiblement augmentée ; les vaisseaux capillaires se gorgent d'une plus grande quantité de fluide sanguin ; ce fluide circule avec un redoublement de vitesse ; enfin la nutrition, ce résumé des fonctions de la vie animale, se fait mieux et plus vite : tout cela résulte de l'emploi du sel dans l'alimentation.

» Ce n'est pas tout : la force musculaire s'accroît ; l'œil devient plus brillant, plus animé ; l'animal est plus gai, son bien-être s'annonce par des mouvements plus prompts et plus faciles ; toutes les sécrétions sont plus abondantes ; toutes les fonctions, y compris celles de l'appareil génital, en éprouvent un redoublement d'activité. Tels sont les phénomènes les plus saillants que provoque chez les animaux le sel administré avec méthode et intelligence. »

Telle est l'opinion de M. de Saive au sujet de l'action du sel sur l'économie animale.

M. Amédée Turck explique l'effet direct de cette substance sur la digestion et la circulation. « Le sel, en se mêlant au sang, dit M. Turck, donne à ce liquide d'une haute importance le degré de fluidité nécessaire pour qu'il puisse circuler dans les vaisseaux et entretenir la vie. Chacun sait que le sang tiré d'un animal se sépare bientôt en deux parties, l'une à demi solide, le caillot, l'autre liquide, le sérum; avec un peu de sel et de soude, ainsi que l'a démontré le savant docteur Denis de Commercy, on peut changer en sérum le caillot du sang, et, si l'on ôte au sérum le sel et la soude qu'il contient, il devient lui-même un caillot très ferme. La soude dont nous venons de parler n'est elle-même qu'un des produits de la décomposition du sel, qui est formé de sodium, cent parties, et de chlore, cent cinquante parties. La soude du sang est un des produits de la digestion du sel, de sa décomposition; et, tandis qu'elle vient agir si puissamment sur la plus importante de nos humeurs, le chlore, que la digestion en a séparé en le convertissant en acide hydrochlorique, fournit au suc gastrique la puissance de dissoudre les aliments, condition indispensable à toute digestion.

» Le sel joue donc, dans l'économie vivante, un rôle de première importance; c'est par lui que le sang se fluidifie et peut circuler dans les vaisseaux, et c'est par un de ses composants que la digestion s'opère. Il n'est donc pas étonnant que tous nos animaux domestiques recherchent avec tant d'avidité une substance qui leur est si utile. »

L'action excitante, tonique, du sel sur l'économie animale, ne saurait être révoquée en doute. Tous les physiologistes sérieux l'admettent et l'expliquent, tous les praticiens en ont observé les heureux effets.

M. Demesmay, qui a beaucoup contribué dans ces derniers temps à attirer l'attention de l'opinion publique sur la nécessité de la réduction de l'impôt du sel, signala à la tribune nationale, le 27 mai 1845, un fait pratique frappant qui doit être reproduit textuellement ici pour démontrer les heureux effets de l'usage du sel sur la santé des animaux comme sur le perfectionnement et la multiplication de leurs races : « Entre la Suisse et les régions » de l'est de la France, dit M. Demesmay, se trouvent les montagnes du Jura; aux sommités de leurs chaînes les plus élevées

» s'étend la frontière; des deux côtés, un sol de même nature, » ondulé du côté de la France, en pentes rapides du côté de la » Suisse, va s'abaissant jusqu'à la région où se cultivent la vi- » gne et les semences réservées aux climats tempérés; sur la ci- » me de la montagne, sur ses flancs, dans la plaine, les cultures » identiques sont pratiquées par les Suisses et les Français; au » sommet, les mêmes pâturages, séparés seulement par une bor- » ne; plus bas, les mêmes prairies, les mêmes produits agrico- » les; plus loin encore, les mêmes cultures dans l'un et l'autre » pays; et pourtant en Suisse, depuis le chalet du Jura jusqu'aux » Alpes, c'est-à-dire sur la montagne comme dans la plaine, » partout on trouve un bétail nombreux, admirable de taille, de » santé et d'embonpoint, des taureaux et des bœufs vigoureux, » des vaches pouvant à peine se mouvoir, embarrassées qu'elles » sont par le poids de leurs mamelles.

» En France, au contraire, à part chez les cultivateurs aisés » des campagnes, le bétail est, en général, de taille grêle, et ne » peut être comparé au bétail suisse pour la viande et le laitage » qu'il produit. D'où vient cette différence? Le sel en Suisse est » de 22 centimes et demi, 27 ou 30 centimes le kilogramme, sui- » vant les cantons, tandis qu'en France il est de 40 à 60 centi- » mes, bien que ce soit la France qui fournisse la Suisse. Dans » ce dernier pays on prodigue le sel aux animaux, en France on » le ménage. »

D'après ce fait comme d'après tant d'autres de même nature, il n'est donc pas possible de nier la bienfaisante influence du sel sur le bétail; il active toutes les fonctions vitales, il contribue à la conservation de la santé, en donnant aux animaux plus de vigueur pour résister aux agents qui tendent à les rendre malades; il favorise leur multiplication, leur perfectionnement, en les rendant plus prolifiques et plus robustes.

La quantité de sel à donner aux animaux n'a pas encore été bien déterminée. Elle varie suivant les pays, et elle doit varier suivant la taille des animaux, leur âge et les conditions du régime auquel ils sont soumis. On conçoit que, lorsque les aliments que consomment les animaux contiennent une quantité notable de sel marin, ce qui s'observe dans les terrains qui sont naturellement salés, comme dans les pays où se trouvent des bancs de sel gemme, ou sur le littoral des mers, la quantité de sel à administrer aux animaux doit être moindre que dans le cas où la proportion relative de cette substance dans les fourrages est insuffisante. Cependant on admet dans la généralité des cas, que les quantités de sel à administrer journellement aux animaux doivent être les suivantes :

Pour les bœufs de travail, de. . .	60 à 70 grammes.
Pour les vaches laitières, de. . .	60 à 70
Pour les bœufs à l'engrais, de. .	80 à 100 et 150
Pour un veau à l'engrais, de. .	30 à 40
Pour un cheval.	30
Pour un mouton, de.	1 à 2

M. Barral, directeur du *Journal d'agriculture pratique*, a fait le travail le plus complet que nous connaissions sur l'étude du sel marin au point de vue de son application à l'agriculture ; il a étudié cette question importante sous toutes ses faces, et les nombreuses recherches qu'il a faites, les expériences qu'il a signalées, les développements théoriques par lesquels il les explique, les résultats obtenus, détruisent toutes les assertions soutenues contre l'utilité du sel pour l'élevage, la multiplication, le perfectionnement et l'engraissement du bétail. Il n'est plus possible aujourd'hui de soutenir avec succès toutes les erreurs qui ont été avancées pour empêcher la réforme qui fut opérée par la Constituante sur l'impôt du chlorure de soude. M. Barral aurait voulu non seulement la diminution de cet impôt, mais la *suppression absolue, «parceque aucun impôt, dit-il, ne doit peser sur la source même de la vie ; or le sel, abondamment répandu dans la nature, est une des sources de la vie de l'humanité.»*

Malgré l'utilité bien reconnue d'administrer une quantité suffisante de sel au bétail, son prix, quoique bien réduit depuis 1848, est encore trop élevé, surtout pour les pays pauvres. Il en est où l'on ne donne du sel aux animaux que par bien petites pincées, et à des intervalles plus ou moins éloignés. Dans les montagnes de l'Auvergne, par exemple, où l'on élève d'immenses quantités de bêtes à cornes, on ne donne que rarement du sel aux animaux de travail et aux porcs. Les vaches laitières seulement reçoivent, au moment de la traite du matin et du soir, une petite prise de sel qui n'est guère plus forte qu'une prise de tabac. Ce sont cependant ces vaches laitières qui sont la base de la richesse de ce pays; mais un but d'économie, peut-être mal entendue, ne permet pas d'augmenter la dose de sel administrée à ces animaux.

L'effet du sel employé comme amendement dans le sol n'a pas encore été assez étudié pour tirer une conclusion rigoureuse. Cependant l'on affirme que les résultats de son action ne sauraient être niés. Quelques agriculteurs pensent que c'est surtout au sel que les plantes marines, employées comme engrais sur les bords des côtes de l'océan, doivent leurs propriétés fertilisantes. On assure que le sel, mis dans la terre comme amendement, active la végétation des plantes et contribue surtout au développement de leurs parties herbacées. Cependant il ne faut pas qu'il soit en excès, car on sait qu'il rend infertiles les sols qui en contiennent en trop grandes quantités. On observe ce fait sur le bord des mers. En France, il est frappant dans la Camargue comme dans le Roussillon; j'ai vu dans ces pays des sols tout à fait improductifs par une trop grande abondance de sel qui s'effleurit à leur surface.

On reconnaît deux espèces de sel: l'un est obtenu sur les bords des mers par la volatilisation de l'eau de mer dans de grands bassins disposés à cet effet; l'autre espèce de sel, appelé sel gemme, est extraite de bancs de sel qui se trouvent dans le sol, et qui y forment de véritable mines qu'on exploite. Souvent on trouve dans les pays où sont les mines, comme en Lorraine, dans le Doubs, le Jura (à Lons-le-Saunier), des sources d'eau qui ont traversé les bancs de sel et sont salées. On extrait le sel de ces eaux en les faisant volatiliser.

Le sel du commerce est de deux qualités : l'un est blanc, l'autre est gris. On pense dans divers pays que celui-ci sale mieux que le premier; c'est une erreur. L'unique différence qu'il y a entre ces deux sels, c'est que le blanc est pur, tandis que le gris contient des substances étrangères qui lui donnent sa couleur. En le purifiant, ce sel devient blanc; et, du reste, tous ces sels, soit qu'ils proviennent de la mer, ou des mines dont on l'extrait, et qui sont diversement colorés, sont toujours blancs lorsqu'ils sont purifiés, parceque la couleur blanche est la couleur naturelle des chlorures de soude purs.

SÉLECTION. Mot adopté en économie de bétail pour indiquer le choix fait de reproducteurs dans une race ou une famille d'animaux afin de les accoupler ensemble et de les améliorer. Le mot sélection serait donc synonyme d'amélioration des races par elles-mêmes. Je suis très partisan de la sélection. Il est bien regrettable, à mon avis, que notre esprit d'observation soit débordé, sous ce rapport en France par la mode, le caprice, ou par d'autres influences qui ne valent pas mieux. Nous avons chez nous de très bons types dans diverses espèces : nos chevaux percherons, nos boulonnais, sont des modèles de chevaux de trait; nos bretons, nos franc-comtois, sont aussi de très bons types; nos espèces bovines flamandes, cotentines, franc-comtoises, charrolaises, auvergnates, limousines, gasconnes, perfectionnées par elles-mêmes, pourraient nous donner les plus heureux résultats; mais nous ne savons pas profiter de tous les avantages offerts par les reproducteurs de choix qu'il serait possible de trouver dans ces différentes races, et qui les perfectionneraient. — V. *Accouplement, Croisement, Étalon, Perfectionnement, Producteur.*

SÉLÉNITEUX, SE. Nom donné aux eaux qui contiennent en dissolution du sulfate de chaux. Ces eaux cuisent mal les légumes et ne dissolvent pas le savon. Elles ne sont donc pas bien propres au service culinaire et au blanchissage du linge. Les eaux de puits sont souvent séléniteuses; aussi sont-elles quelquefois une mauvaise boisson pour les animaux. — V. *Abreuvoir, Eau.*

SELLE. Harnais fait pour le cheval qui doit porter un cavalier. La forme des selles varie d'une infinité de manières, suivant qu'elles doivent servir à la promenade, aux voyages, etc.

Les chevaux propres à la selle appartiennent généralement aux espèces légères. — V. *Cheval.*

SELLETTE. Petite selle qui sert à supporter la dossière des chevaux de charette, afin de soutenir les brancards.

SEMAILLES. Le mot *semailles* est un peu vague en agriculture. Tantôt on l'emploie comme synonyme de l'action de semer (faire les semailles); tantôt il indique les ensemencements faits. On dit que les semailles sont très belles lorsque les semis sont dans de bonnes conditions de germination. On dit aussi les semailles d'automne, de printemps, en parlant des ensemencements de ces époques.

Considérées comme ensemencement, les semailles sont toujours une des opérations les plus importantes et les plus délicates du cultivateur. C'est dans cette opération surtout que la pratique joue un rôle essentiel. Sans elle, les développements théoriques sont presque inutiles. Le plus savant agronome qui n'a jamais pratiqué sera le plus mauvais semeur; le plus ignorant cultivateur en théorie, au contraire, sèmera bien s'il a bien appris à semer; il connaîtra quelle est la quantité de grain qu'il lui faut pour un espace donné, et il égalisera sa semence de manière à arriver juste au but qu'il s'est proposé; il n'en est pas de même, tant s'en faut, du semeur qui manque de pratique.

Un bon praticien fera plus, il saisira admirablement le temps propice à sa localité pour les semailles. Je dis le temps propice à sa localité, parceque, si chaque sol a ses exigences sous ce rapport, chaque localité les a aussi. L'esprit d'observation et l'expérience le prouvent tous les jours. Pour les semailles, on devra donc choisir la saison, les conditions favorables du temps et des lieux, et surtout une semence de bonne qualité.

Les semailles se font à diverses saisons, suivant la nature des végétaux et les pays ou l'on opère; mais le plus généralement c'est en automne et au printemps qu'elles ont lieu; elles se font d'ordinaire à la volée, et on les couvre avec la herse ou avec l'araire.

Le travail le plus remarquable qui ait été publié sur les semailles à la volée est celui de M. Pichat, ancien professeur à l'Institut agricole de Grignon, aujourd'hui directeur de l'école régionale de La Saulsaie. On trouvera, dans cet intéressant résumé de la question, la description des divers procédés mis en pratique pour ensemencer suivant les bonnes règles indiquées par la pratique raisonnée.

On ensemence quelquefois en ligne, mais le plus souvent, dans ce cas, on a conseillé l'usage des semoirs, dont l'emploi paraît économique au point de vue de la quantité de semence employée comme sous bien d'autres rapports. Ainsi, le semoir non seulement égalise la semence d'une manière régulière, mais il sème toutes les graines a peu près à une même profondeur déterminée et convenable, ce qui est un grand avantage. Lorsque le grain est enterré trop profondément par la charrue, au lieu de germer, il se pourrit quelquefois, parcequ'il n'a pas l'air et la chaleur nécessaires à sa bonne germination. C'est peut-être ce fait qui explique en partie l'économie obtenue sur la quantité de semence par les semoirs. D'un autre côté, un grain de blé trop profondément enfoui dans la terre talle moins, donne moins de tiges, que celui qui est placé à une profondeur convenable. Ce fait explique aussi pourquoi on a observé qu'avec une moins grande quantité de semence on avait des récoltes plus abondantes.

Les semoirs fonctionnent avec succès dans les grands établissements modèles, tels que Grignon, etc.; mais il n'en est pas de même dans la petite culture, ce que l'on doit attribuer, sans doute, à l'élévation du prix de ces instruments. D'ailleurs, tous les terrains ne se prêtent pas à leur usage. Les sols pierreux, rocailleux, accidentés, surtout lorsqu'ils sont en pente, ne permettent pas facilement l'usage des semoirs.

SEMENCES. Grains destinés aux semailles. La nature des semences exerce une grande influence sur les récoltes. Le cultivateur attachera la plus grande importance à leur choix; il s'assurera donc de leurs bonnes conditions germinatives et de leurs qualités; il les purgera de mauvaises graines étrangères qu'elles peuvent contenir, et qui saliraient ses récoltes; il examinera aussi si elles ne sont pas attaquées par des insectes nuisibles, tels que l'alucite, le charançon, etc.; enfin, il leur fera subir les préparations prescrites pour préserver les végétaux qu'elles doivent produire de maladies diverses, telles que la carie, le charbon, etc. Le chaulage, le sulfatage, etc., sont généralement employés avec succès dans ce cas pour les blés. — V. *Chaulage*, *Sulfatage*.

SEMER. Pratiquer les semailles. — V. *Semailles*.

SÉMINAL, LE. (*Feuilles séminales, Vésicules séminales.*) On nomme feuilles séminales celles qui sont formées par les cotylédons de quelques graines. Le haricot, par exemple, a des feuilles séminales qui sortent quand la tige prend racine et commence à se nourrir par elle.

Les vésicules séminales sont de petites bourses qui, dans les animaux, servent de réservoir au sperme sécrété par les testicules. — V. *Testicule.*

Le chien n'a pas de vésicule séminale; c'est ce qui explique pourquoi les sexes restes unis quelque temps après leur rapprochement. Ce temps était indispensable pour que les testicules pussent sécréter la quantité de sperme nécessaire à la fécondation de la femelle, puisque ce liquide n'était pas dans un réservoir spécial qui pût le verser immédiatement, comme on l'observe dans les animaux qui en sont pourvus.

SEMIS. Le mot *semis* s'applique plus spécialement aux ensemencements de graines d'arbres et de légumes. Dans tous cas, il a la même signification que le mot *semailles.* — V. *Semailles.*

SÉNÉ. Nom donné aux feuilles et aux gousses de quelques arbustes de la famille des légumineuses et du genre cassia. Ces arbustes se trouvent dans plusieurs contrées chaudes de l'Afrique, telles que le Sénégal, la Syrie, le sud de l'Egypte. Le séné que l'on trouve dans le commerce vient particulièrement de l'Egypte. Sa décoction est employée en médecine vétérinaire comme purgatif. On l'associe ordinairement, pour l'administrer, à d'autres purgatifs minéraux, tels que le sulfate de magnésie, de soude, etc. L'aloès, l'huile de ricin, etc., servent aussi au même but.

SENEÇON. Plante qui forme un genre nombreux de la famille des composées. Les seneçons sont communs dans nos champs et nos prairies. Quelques uns ont d'assez belles fleurs pour être cultivés comme plantes d'ornement.

Certains seneçons ont des propriétés émollientes, mais on en fait peu d'usage en médecine vétérinaire.

SENS. Faculté par laquelle un animal perçoit l'impression des propriétés des corps. On distingue cinq sens, qui sont : la vue, l'ouïe, le goût, l'odorat et le toucher. Certains sens sont extrêmement développés chez quelques animaux : tels sont l'odorat dans le chien, la vue dans le chat, le toucher dans la chauve-souris, etc. Le sens du toucher est quelquefois assez obtus, lorsque surtout il n'est pas d'une grande importance, dans certains animaux. Il s'effectue ordinairement avec les doigts; or les animaux qui ont les extrémités garnies d'un sabot, comme le cheval, le bœuf, le porc, le mouton et la chèvre, ont le toucher assez obtus. Les herbivores ont l'odorat et le goût très caractérisés, afin de pouvoir choisir leurs aliments. Les sens jouent dans la vie des animaux un rôle d'une telle importance, que sans eux ils ne sauraient vivre et se multiplier. Sans le sens de la vue, les animaux ne pourraient pas saisir leur proie; sans celui de l'odorat et du goût, les herbivores seraient empoisonnés par les plantes vénéneuses, dont ils ne pourraient pas distinguer les propriétés malfaisantes. Les animaux timides ne pourraient pas se soustraire à la voracité de leurs ennemis sans les sens de la vue et de l'ouïe. Les sens sont donc, dans le règne animal, une condition essentielle de la vie.

SENSATION. Effet des fonctions d'un ou plusieurs organes des sens. Quand les sensations sont produites chez les animaux par les corps extérieurs, elles sont dites sensations externes. Quand leur cause est dans l'organisme même de l'animal, elles sont dites internes. L'action de la lumière, par exemple, produit une sensation externe, tandis que celle de la faim en produit une interne. — V. *Sens*.

SENSIBILITÉ. Faculté de sentir. La sensibilité est un attribut spécial des animaux. Ils peuvent percevoir par leurs sens l'action exercée sur eux par les différents corps qui les entourent. Le foyer de la sensibilité est dans le système nerveux et le cerveau. — V. *Cerveau*, *Nerf*, *Sens*.

SENSITIVE. Plante du genre mimosa et de la famille des légumineuses. La sensitive a des feuilles composées, dont les folioles ont la propriété de se contracter et de se rapprocher lorsqu'on les touche. Du reste les étamines de l'épine-vinette ont la même propriété lorsqu'on touche leur filet à la base avec la pointe d'une épingle. La cause de la contractilité des feuilles de la sensitive est inconnue.

SEP. Nom donné à la pièce de la charrue qui s'adapte au soc. Le sep est en bois, en fonte ou en fer.

SÉPALE. On donne ce nom à une pièce du calice polysépale, c'est-à-dire pourvu de plusieurs folioles. Le sépale est au calice ce que le pétale est à la fleur.

SÉQUESTRATION. Isolement. Dans les maladies contagieuses des animaux, dans les grandes épizooties qui se communiquent ou dont la contagion est douteuse, on doit soumettre les animaux à la séquestration. Cette mesure doit toujours être prescrite par l'autorité pour le bien général, et parcequ'elle est ordonnée par les règlements de police sanitaire.

On voit souvent, dans des cas d'affections contagieuses, de malheureux cultivateurs et des villages entiers désolés, ruinés, par la perte de leurs bestiaux, pour avoir négligé la séquestration des premiers individus atteints de la maladie. L'autorité doit donc exercer à ce sujet la surveillance la plus rigoureuse. — V. *Contagion*, *Péripneumonie*, *Typhus*.

SEREIN. Dans nos campagnes on nomme souvent serein l'humidité produite par la condensation de la vapeur d'eau qui se trouve dans l'atmosphère. — V. *Rosée*.

SÉREUX. Corps séreux, qui contient de la sérosité.

On nomme séreuses en anatomie les membranes qui forment des sacs clos de toutes parts. Ces membranes sécrètent sur leurs surfaces un liquide séreux qui permet et facilite leur glissement sans irritation. Leur but est de protéger certains viscères et de faciliter leur déplacement. Le péritoine dans l'abdomen, la plèvre dans la poitrine, etc., sont des membranes séreuses. — V. *Péritoine*, *Plèvre*.

Les articulations sont pourvues d'un autre ordre de membranes séreuses qui sécrètent un liquide huileux, filant (synovie), qui facilite admirablement le mouvement des articulations. — V. *Synoviale*, *Synovie*.

SÉROSITÉ. Liquide aqueux sécrété par les membranes séreuses pour faciliter le glissement de leurs surfaces les unes sur les autres.

L'excès de sérosité dans des cas de maladie des séreuses constitue les hydropisies de poitrine, de l'abdomen, etc. — V. *Hydropisie*.

SERPE. Instrument à tranchant recourbé, pourvu d'un manche plus ou moins long. Les serpes varient à l'infini de forme et de dimension; mais elles sont toujours employées dans le jardinage et en agriculture pour élaguer les arbres, pour couper les menues branches, les broussailles, les buissons, etc. La serpe est un des instruments les plus indispensables au cultivateur, surtout dans les pays boisés.

SERPENT. Les serpents forment l'ordre des ophidiens dans la classe des reptiles. Ils sont toujours dépourvus de pieds. Leur corps est allongé, vermiforme, pourvu d'écailles. Quelques serpents sont très dangereux par leur venin. Tels sont les serpents à sonnettes, les trigonocéphales, etc. Dans nos climats il n'y a que la vipère dont la morsure soit dangereuse, parcequ'elle seule a du venin; les couleuvres ne sont pas à craindre sous ce rapport. — V. *Couleuvre, Vipère.*

SERPENTIN. Tube plus ou moins allongé, contourné et plongé dans un récipient qui contient de l'eau froide ou tout autre réfrigérant. C'est dans ce long tuyau que passe et se condense la vapeur des liquides obtenue par la distillation. — V. *Alambic, Distillation.*

SERPETTE. Instrument tranchant recourbé dont se servent les jardiniers ou les vignerons pour tailler les arbres fruitiers ou la vigne. L'usage du sécateur a borné celui de la serpette, malgré toute l'opposition qui a été faite à l'adoption de cet instrument lorsqu'il a été inventé. — V. *Sécateur.*

SERPOLET. Plante de la famille des labiées. Le serpolet croît dans les lieux secs et pierreux, dans le midi de la France surtout, et sur les montagnes arides. Son odeur est agréable. Il donne un goût savoureux à la viande des animaux qui le broutent, et au miel, des qualités qui le font distinguer partout dans le commerce. C'est le serpolet, dit-on, qui concourt à donner au fromage de Roquefort ses qualités si recherchées. Le miel de Narbonne doit aussi à cette plante le goût exquis, le parfum qu'on lui connaît.

SERRE. Local ordinairement pourvu de vitrages, destiné à la conservation des végétaux qui craignent les froids, et souvent à leur multiplication. Les serres sont modifiées à l'infini. Les unes sont chauffées au moyen de poêles, de calorifères, etc.: on les nomme serres chaudes; d'autres, bien exposées au soleil, ne reçoivent de calorique que de ses rayons : elles sont dites tempérées.

Les serres peuvent être utiles à l'agriculture pour faire des semis précoces et obtenir des plants pour être repiqués de bonne heure au printemps. Dans la culture maraîchère, on se sert souvent des serres pour obtenir des fruits ou des légumes précoces, des primeurs de toute espèce. — V. *Primeur*.

SÉRUM. Partie aqueuse du lait, du sang, du chyle et de la lymphe.

Le sérum du lait, séparé du caillé, se nomme petit lait. La médecine l'emploie comme rafraîchissant. Dans beaucoup de pays, on le donne à boire aux animaux. Dans les montagnes de l'Auvergne, il sert à engraisser des porcs. — V. ***Fromagerie, Montagne, Vacherie.***

Le sérum du sang est la partie aqueuse qui se sépare de la fibrine lorsque le caillot se forme. — V. *Sang*.

SÉSAME. Plante de la famille des bignoniacées. Le sésame est une plante très cultivée en Orient, notamment en Égypte. La France importe de grandes quantités de son huile pour la fabrication du savon. Cette plante n'est pas cultivée en Europe, mais il paraît que nous pouvons l'obtenir avec avantage dans nos possessions d'Afrique.

SÉSAMOIDES. Nom donné à de petits os qui servent de poulies de renvoi aux tendons des muscles. Ils concourent aussi à l'écartement de ces organes. Ces os contribuent de plus à la solidité des articulations contre lesquelles ils sont placés, et qu'ils servent à compléter. Les sésamoïdes sont situés en arrière de l'articulation des boulets du cheval, et au dessous du paturon, où ils prennent le nom d'os naviculaires Les bonnes conditions de ces os résident dans leur épaisseur. Plus il sont épais et volumineux, plus ils écartent les tendons des rayons des membres, ce qui favorise leur action. — V. *Tendons*.

SÉSÉLI. Genre de plante de la famille des ombellifères. Le séséli croît dans les prairies hautes, sur les montagnes du centre de la France. Ses graines ont une odeur aromatique et des propriétés toniques qui les ont fait quelquefois employer en médecine humaine. Le séséli offre peu d'intérêt à l'agriculture.

SESLÉRIE. Plante de la famille des graminées. La seslérie croît dans nos prairies élevées, sur les montagnes; sa fleur est bleuâtre. Elle fournit un bon fourrage, et sa végétation est très précoce.

SESSILE. On nomme sessiles, en botanique, les fleurs dépourvues de pédoncules. Lorsque les feuilles n'ont pas de pétioles, elles sont aussi appelées sessiles.

SÉTON. Ruban de fil ou mèche introduit sous la peau des animaux pour y produire une irritation, et y entretenir ensuite une suppuration plus ou moins prolongée. Les sétons sont employés comme révulsifs dans diverses maladies des animaux, surtout dans celles qui affectent la poitrine. Ils ont l'avantage de produire des effets instantanés et de prolonger leur action aussi long-temps que la santé de l'animal l'exige. On peut rendre l'action des sétons plus ou moins énergique avec de l'onguent vésicatoire ou tout autre corps irritant.

SÈVE. Les corps organisés et vivants ne peuvent absorber leur nourriture que sous forme liquide. Les animaux liquéfient eux-mêmes les aliments qu'ils prennent par les diverses fonctions de leurs organes de la digestion. Ils triturent les aliments, les avalent après les avoir humectés par la salive. L'eau qu'ils boivent, les sucs divers sécrétés dans leur tube intestinal, suffisent ensuite pour disposer les molécules assimilables de manière à être absorbées par les vaisseaux chylifères. Dans les végétaux, il n'en est pas de même : les plantes, n'étant pas pourvues d'un tube intestinal, et par conséquent d'organes de la digestion dans lesquels cette fonction puisse s'opérer, devaient trouver dans le sol et l'atmosphère la nourriture toute préparée, toute liquéfiée, toute *digérée*, pour qu'elles pussent se l'approprier par leurs vaisseaux absorbants. Cette nourriture, qui se trouve en dissolution dans les liquides, prise par les végétaux, est le principe élémentaire de la sève, qui, au moment où elle est absorbée, peut être comparée au chyle pris dans le canal intestinal des animaux par les vaisseaux chylifères.

C'est d'abord par les vaisseaux absorbants (chylifères) des racines que la sève est absorbée dans le sol, qui est aux végétaux ce que le tube intestinal est aux animaux. Cette sève contient donc les éléments nutritifs des végétaux, comme le chyle contient les éléments nutritifs des animaux ; mais, comme le chyle des animaux, la sève absorbée, avant de servir à la nutrition des plantes, a besoin d'être soumise à l'action vivifiante de l'air, c'est-à-dire à la respiration ; ce n'est que lorsqu'elle a subi cette élaboration essentielle qu'elle devient nutritive, comme le sang artériel chez les animaux.

Il résulte de ce que nous venons de voir que l'on doit distinguer deux natures de sève, comme l'on distingue deux natures de sang (le veineux et l'artériel). La sève absorbée dans le sol avant d'avoir subi l'action de l'air est appelée sève ascendante : elle monte en effet par les vaisseaux des plantes pour se rendre à leurs *poumons*, représentés par les parties vertes herbacées et les feuilles. Après son élaboration dans ces organes, elle se rend dans les diverses parties du végétal pour y apporter les molécules nutritives qu'elle contient, et elle prend alors le nom de sève descendante. Cette sève descend entre le bois et l'écorce des arbres pour y déposer le cambium, qui doit former les couches d'aubier au moyen desquelles les arbres croissent en grosseur comme en hauteur. Elle porte aux organes floraux les éléments de la fleur ; à ceux de la génération, les éléments de la fécondation ; à ceux de la fructification, les éléments des fruits et des graines ; aux organes des sécrétions, les éléments des principes qu'ils sont chargés de produire, etc, etc.

La sève a donc la plus grande analogie avec le sang des animaux, par le rôle qu'elle joue dans la vie des végétaux.

Au point de vue du mode de circulation, la sève diffère cependant du sang. Celui-ci, en effet, est poussé par une sorte de machine hydraulique plus ou moins compliquée (cœur) du centre à la circonférence des animaux, ce qui n'a pas lieu dans les végétaux. Chez ceux-ci la circulation s'opère en vertu de phénomènes physiques qui ne sont pas encore bien expliqués ; ils sont produits sous l'influence d'une action vitale dont il n'est pas possible de contester les effets constants et réguliers dans les circonstances normales où ils sont observés.

Toutefois, si la circulation des végétaux n'a pas d'agent spécial, de cœur, qui soit chargé de présider à sa marche, cette marche est cependant modifiée dans le règne animal comme dans le règne végétal par la température de l'atmosphère. On sait, en effet, que le froid ralentit la circulation dans les animaux, et cette particularité est surtout sensible dans les reptiles. Dans les mammifères la circulation se ralentit dans les parties du corps qui sont refroidies, et nous en avons une preuve nous-mêmes dans nos extrémités, pendant les froids de l'hiver. Ceux qui ont les doigts, les pieds gelés, comme on dit, n'éprouvent cet accident que parceque la circulation a été ralentie ou interrompue par le froid dans ces parties.

L'action du froid est très caractérisée dans la marche des liquides chez les végétaux. Pendant l'hiver, par exemple, la circulation de la sève est très obscure ou nulle, et, lorsqu'elle est en pleine activité, un froid subit la ralentit brusquement. On est témoin de ce fait par la suspension de la végétation au printemps, lorsque la température s'abaisse tout à coup.

La circulation de la sève a surtout deux époques bien distinctes dans le courant de l'année. Elle a lieu au printemps d'abord. Excitées à la sortie de l'hiver par la douceur de la température, les racines des plantes commencent à prendre la nourriture qui doit concourir à l'alimentation des végétaux, et la sève se met en mouvement dans les vaisseaux qui la contiennent. La sève de cette époque est la plus considérable, celle qui produit l'effet le plus étendu dans l'accroissement des plantes et dans leurs produits. La seconde sève est celle d'automne, observée vers le mois d'août dans notre climat. C'est pendant la circulation de cette sève que l'on pratique les greffes *à œil dormant*.

On peut voir, d'après ce que nous venons de dire, combien l'étude de la sève est importante pour les agriculteurs. Cette étude nous donne la clef de la théorie de la greffe, si utile à connaître pour la production des fruits et leur perfectionnement; elle nous fait connaître l'analogie qui existe entre la circulation, la respiration et la nutrition dans les végétaux et les animaux; elle nous explique comment les végétaux absorbent leur nourriture dans le sol d'abord, et comment agissent les irrigations et les engrais. Ceux-ci contenant les éléments nutritifs des plantes, l'acide carbonique, par exemple, divers sels, etc., l'eau des irrigations ou de la pluie les dissout et les rend ainsi propres à être absorbés par les végétaux et à circuler dans les vaisseaux. Pendant les grandes sécheresses, lorsque l'eau manque pour dissoudre les molécules alimentaires, pour former enfin le *chyle* des plantes, celles-ci ne peuvent pas prendre de nourriture, et non seulement alors elles ne peuvent pas croître, mais elles se flétrissent souvent et meurent même lorsque leurs racines ne plongent pas profondément dans la terre pour profiter des avantages de l'humidité qui se trouve dans ses profondeurs.

D'autre part, l'étude de la sève nous explique pourquoi nous ne devons pas couper le bois quand elle commence à se mettre en mouvement. On conçoit, en effet, que, si on coupe un arbre pendant que sa nourriture circule dans ses tissus pour les nourrir et en augmenter la quantité, cette nourriture s'échappe par le tronc coupé et s'écoule en pure perte, puisqu'elle ne peut plus être employée à la croissance de l'arbre abattu. — Pour plus de détails, V. *Absorption*, *Accroissement des plantes*, *Arbre*, *Circulation*, *Chyle*, *Digestion*, *Feuille*, *Greffe*, *Nutrition*, *Respiration*, *Sang*, *Sécrétion*.

SEVRAGE. Opération qui consiste à priver le jeune sujet du lait dont il était nourri, soit par sa mère, soit par allaitement artificiel. Lorsqu'on veut sevrer de jeunes animaux, il n'est pas inutile de prendre quelques mesures hygiéniques, tant pour la mère que pour son nourrisson. Le sevrage ne doit jamais être fait brusquement. On y préparera le nourrisson peu à peu, en diminuant chaque jour la quantité de lait qu'il tète, et en remplaçant ce liquide par une bonne nourriture, en harmonie avec son âge et la force de ses organes digestifs. Pour les herbivores, les farines, les eaux blanches, les grains concassés, peuvent très bien remplacer le lait, en augmentant leur quantité chaque jour, jusqu'au sevrage complet.

Quant à la mère, si elle est destinée à rester laitière, comme les vaches, les chèvres, et quelquefois les brebis, on n'a aucune précaution à prendre, puisque la sécrétion de son lait ne doit pas être suspendue; on n'a qu'à continuer à la bien nourrir, à la bien soigner et à la traire. Mais pour les femelles dont le lait n'est point utilisé, comme les juments, on agira différemment : on doit, pendant les premiers jours du sevrage, diminuer leur nourriture, leur donner des aliments moins substantiels ; on les trait irrégulièrement ; souvent on les purge et on les met à un régime diététique, si la sécrétion du lait semble vouloir se continuer malgré l'emploi des premiers moyens, qui réussissent ordinairement. Par ces simples procédés mis en pratique pour le sevrage, on évite tout accident, et les jeunes sujets, comme leurs mères, se ressentent peu de ses effets.

SEXE. Attribut de tout être vivant qui le fait distinguer en mâle ou femelle. Les êtres vivants, quels qu'ils soient, n'ont qu'une existence passagère ; ils meurent tous après avoir rempli leur destinée ; mais, avant de cesser de vivre, ils se reproduisent, et c'est par l'union des sexes que leur reproduction a lieu. Les sexes sont séparés dans tous les vertébrés, c'est-à-dire que les mâles et les femelles forment deux groupes distincts. Chez eux, l'hermaphrodisme est proscrit. On ne trouve d'hermaphrodites que dans des animaux des derniers échelons et dans des plantes. La destinée principale des êtres vivants, unisexuels ou hermaphrodites, est de perpétuer l'existence des espèces, existence dont ils ne sont qu'usufruitiers pour quelque temps. C'est par la fécondation que le but de la nature est atteint ; mais cette opération, au moyen de laquelle la vie est transmise par une nouvelle création d'individus semblables à ceux dont ils procèdent, se fait de diverses manières, suivant les espèces. Dans le règne animal, lorsque les individus sont parvenus à l'âge fixé par la nature pour la reproduction, les sexes se recherchent, se rapprochent, et les femelles sont fécondées. Les sujets des deux sexes vivent souvent ensuite isolément ; quelquefois cependant ils restent ensemble pour élever la jeune famille qui doit être la conséquence de leur accouplement.

Dans les végétaux, ils n'en est pas absolument de même : les sexes ne se recherchent pas ; les organes sexuels sont souvent réunis dans le même sujet, et la fécondation a lieu par des procédés spéciaux, suivant les dispositions des organes sexuels et les circonstances qui sont plus ou moins favorables à leur action. — V. *Animal, Corps, Fécondation, Reproduction, Végétal.*

SEXUEL. (*Organes sexuels.*) Les organes sexuels, de la génération, établissent la différence des sexes. Si les animaux sont soumis à la reproduction de l'espèce, ces organes doivent être dans des conditions de bonne reproduction; on pourra s'en assurer par leur examen. — V. *Étalon*, *Testicule*.

Les végétaux, comme les animaux, ont leurs organes sexuels. — V. *Etamine, Fécondation*, *Pistil*, *Sexe*.

SIFFLAGE. V. *Cornage*.

SIGNALEMENT. On nomme signalement la description simple et laconique des signes particuliers par lesquels on peut reconnaître un animal. Le signalement d'un sujet, quelle que soit son espèce, a pour repères spéciaux sa race, son âge, quand il peut être reconnu, sa taille, la couleur de son poil et les particularités de nuances et de couleurs qui peuvent caractériser sa robe. Certains caractères de conformation particulière, soit du corps, soit des membres, servent aussi au même but.

Les chevaux sont de tous les animaux ceux que l'on signale le plus fréquemment. Tous les chevaux de troupe sont signalés. Les animaux qui donnent lieu à des contestations par suite d'action en rédhibition sont aussi signalés, pour qu'ils soient bien reconnus, et afin de prévenir toute fraude. Voici des exemples de signalements de chevaux :

1° Jument de trait, de race boulonnaise, âgée de quatre ans, taille d'un mètre cinquante-cinq centimètres à la potence, robe bai-marron marquée de feu aux fesses et aux naseaux, balzane postérieure droite, trace de balzane antérieure du même côté, tache de ladre au bout du nez.

2° Cheval de trait, de race percheronne, entier, taille d'un mètre soixante centimètres, gris pommelé clair, légèrement truité aux flancs, yeux vairons, crins de l'encolure et de la queue plus foncés que le fond de la robe.

3° Cheval de selle, de race normande, taille d'un mètre soixante-huit centimètres, bai-clair, deux balzanes haut chaussées postérieures, rubican aux flancs et à la croupe, pelotte en tête, petites moustaches sur les côtés du bout du nez.

4° Jument de selle, de race limousine, cinq ans, taille d'un mètre quarante-deux centimètres, robe noir jais zain, coup de hache à l'encolure, trace de séton au poitrail.

5° Cheval hongre, propre à la selle, de race auvergnate, six ans, taille d'un mètre quarante-huit centimètres, noir franc miroité, rubican aux flancs et à l'encolure, pelotte en tête se prolongeant en liste étroite jusque sur le naseau gauche; balzane antérieure droite herminée, tache de ladre à la lèvre inférieure.

6° Jument de selle, de race navarrine, âgée de sept ans, taille d'un mètre cinquante-cinq centimètres, sous poil alezan doré, liste en tête se prolongeant jusqu'au bout du nez, deux balzanes postérieures, trace de balzane antérieure droite.

7° Cheval de trait, de race bretonne, âgé de quatre ans, taille d'un mètre quarante-deux centimètres, robe fleur de pêcher clair, tache de ladre au naseau droit et à la lèvre inférieure, trace de feu au boulet antérieur droit.

8° Jument de trait, de race normande, cinq ans, taille d'un mètre soixante-quatre centimètres, robe pie noire, crins de la crinière et de la queue blancs, ladre aux naseaux, aux lèvres et à la vulve.

9° Cheval de race ardennaise, propre au cabriolet, quatre ans, taille d'un mètre soixante-deux centimètres, robe pie-bai, cicatrice résultant d'une blessure sur le côté droit du garrot.

10° Jument poulinière, de race arabe, six ans, taille d'un mètre quarante-huit centimètres, robe gris truité, traces de ladre à la paupière inférieure droite et aux ouvertures naturelles, corne du sabot antérieur blanche.

Pour signaler les ânes et les mulets, on procède exactement de la même manière que pour les chevaux; mais, comme ces animaux ont plus d'uniformité dans leurs robes, leur signalement est généralement plus simple.

La robe de l'espèce bovine est généralement moins compliquée que celle de l'espèce chevaline. Cependant on fait aussi leur signalement dans certaines circonstances. On le fait à peu près de la même manière que pour les chevaux, en tenant compte de leur race, de leur sexe, de leur âge, de leur taille, et de toutes les particularités de la robe qui peuvent concourir à faire distinguer les individus. Voici quelques modèles de signalements de bœufs et de vaches :

1° Bœuf de race normande, âgé de quatre ans, taille d'un mètre soixante-trois centimètres, robe alezan bringé, taches blanches sous le ventre, cornes contournées en avant.

2° Vache laitière bretonne, âgée de cinq ans, taille d'un mètre dix centimètres, robe pie noire, cornes noires contournées en arc en haut, crins de la queue blancs.

3° Bœuf de race de Salers, âgé de six ans, taille d'un mètre cinquante-cinq centimètres; robe rouge-cerise foncé, une petite tache blanche au grasset droit, cornes disposées latéralement en spirale et relevées au bout.

4° Taureau de race limousine, âgé de six ans, taille d'un mètre quarante-deux centimètres; robe froment clair, cornes blanches, avec leurs extrémités noires; poils du tour des yeux et du mufle moins foncés que ceux du fond de la robe; poils du front légèrement frisés.

5° Vache laitière de race flamande, âgée de cinq ans, taille d'un mètre quarante centimètres, robe rouge foncé; mamelons du pis fortement accentués. L'écusson de cet organe est celui qui caractérise la classe des courbelines du premier ordre de Guénon; cornes minces contournées en arc en avant.

On signale aussi les chiens, surtout ceux qui appartiennent aux grands équipages de chasse. Comme pour les autres animaux, on indique l'espèce, la race, l'âge, la taille, la robe, on dit aussi à quel nom ils répondent. Nous ne donnons pas de modèles de signalements de ces animaux, parceque tous les propriétaires de chiens savent parfaitement les signaler au besoin.

SILÈNE. Genre de la famille des caryophyllées. Les silènes forment un groupe nombreux de plantes qui croissent dans nos prairies et dans nos champs. Assez recherchés par les bestiaux, les silènes contribuent à former un bon fourrage. Plusieurs silènes sont cultivés comme plantes d'ornement pour leurs fleurs, souvent très belles, et de couleurs variées.

SILICE. La silice est très répandue dans la nature. Elle est contenue dans une infinité de roches variant en composition comme en couleur, et qui sont toujours d'une dureté et d'une consistance plus ou moins caractérisée. La silice forme la base des sables, des silex, dont on faisait des pierres à fusil, des quartz de diverses natures, du verre, du cristal, des pierres meulières, et de diverses pierres précieuses, telles que les agates, les jaspes, etc.

La silice entre dans la composition des sols. Ceux qui en contiennent beaucoup, par suite de la décomposition ou des détritus de roches siliceuses, sont légers comme des terrains sablonneux; ils craignent la sécheresse. On amende les terrains siliceux par des marnes; celles qui sont argileuses surtout leur conviennent particulièrement.

SILICEUX, SE. Roche siliceuse, terrain siliceux. — V. *Silice.*

SILIQUE. Nom donné à des espèces de gousses très étroites et allongées qui contiennent les graines. Les colzas, les choux, plusieurs autres crucifères, ont des siliques.

SILLON. Ouverture faite au sol par la charrue. Les sillons sont plus ou moins profonds, larges et longs, suivant la nature du sol et la force des attelages. — V. *Charrue, Labour.*

SILO. Cavité pratiquée dans le sol pour contenir des récoltes. En France on emmagasine surtout les racines fourragères dans les silos. Dans les pays chauds, notamment en Afrique, on dépose dans ces sortes de magasins économiques les grains, qui s'y conservent parfaitement. Nous ne comprenons pas bien en France les avantages que l'on pourrait retirer des silos, soit pour la conservation des grains, qui paraissent y être à l'abri des insectes, soit pour contenir nos racines fourragères. On construit sur divers point de l'Europe des silos, de dimensions et de formes diverses. Les uns sont simplement creusés dans le sol, et on les abandonne après s'en être servi, pour en creuser d'autres ailleurs plus tard. Quelquefois ils sont construits en maçonnerie et permanents. Dans tous les cas, ils doivent toujours être établis dans un sol sec et à l'abri des infiltrations d'eau. Du reste les silos paraissent avoir été en usage de toute antiquité, notamment en Orient, chez les peuples anciens. Cela s'explique facilement, surtout chez les peuples qui n'avaient ni constructions, ni caves, ni greniers, pour contenir leurs provisions. Les silos leur étaient indispensables pour servir de magasins.

SINAPISME. En médecine vétérinaire on donne le nom de sinapisme à la farine de moutarde préparée en forme de cataplasme pour l'appliquer sur la peau des animaux et y établir une révulsion ; ce moyen médicamenteux est fréquemment employé pour le traitement des animaux domestiques. Les effets des sinapismes produisent un dérivatif assez énergique, mais de peu de durée. Souvent on fait des scarifications sur des tumeurs qu'ils ont produites, dans le double but de les irriter et de provoquer une évacuation sanguine salutaire.

SINUS. Nom donné en anatomie aux cavités qui sont dans quelques os de la tête. On trouve des sinus dans les os frontaux et dans les grands maxillaires supérieurs, etc. Ces cavités ont l'avantage de grossir le volume des os sans augmenter celui de leur substance osseuse et leur pesanteur. Les conditions offertes par les sinus ou cavités dans les os sont souvent indispensables à leur conformation architecturale, soit pour leur solidité, soit pour la forme qui est nécessaire à leurs fonctions. — V. *Os*.

SIROP. Préparation plus ou moins liquide et visqueuse, qui contient des matières sucrées et souvent des substances médicamenteuses.

On ne fait usage de certains sirops médicamenteux, en médecine des animaux, que pour de petites espèces domestiques, telles que les chiens et les chats.

SISYMBRE. Genre de plantes de la famille des crucifères. Le genre sisymbre offre surtout de l'intérêt par sa variété connue sous le nom de cresson de fontaine. Dans les environs de Paris et des grandes villes, on établit, pour l'approvisionnement des marchés, des cressonnières qui donnent des produits avantageux pendant toute l'année et sans beaucoup de frais. — V. *Cressonnière*.

SOC. Partie tranchante qui dans la charrue coupe horizontalement le sol. Le soc est la pièce la plus essentielle et la plus importante de la charrue. A la rigueur, toutes les autres pourraient être envisagées comme accessoires. La construction de cette pièce demande de la solidité, de la dureté, pour résister longtemps au frottement du sol. Son tranchant doit toujours être en bon état, pour donner le moins de tirage possible, en coupant facilement les racines et les tranches de terre soulevées et renversées par le versoir. Les socs sont fabriqués soit avec du fer aciéré, soit avec de la fonte. Ceux-ci sont plus économiques, mais il ne conviennent pas dans les sols rocheux; ils se cassent brusquement, surtout avec des attelages vigoureux, lorsque la charrue rencontre quelque roche. Les socs en fer doux résistent mieux au choc; on peut de plus les aciérer plusieurs fois, à mesure qu'ils s'usent par le frottement, surtout dans les terrains sablonneux. Les socs en fonte n'offrent pas cet avantage; quand ils sont usés, on est obligé de les remplacer par des neufs, et la fonte qui reste n'a presque pas de valeur dans nos campagnes éloignées des forges où l'on fabrique le fer.

Le soc, dans certains pays où l'agriculture est arriérée, est remplacé, dans de mauvaises araires à timon raide ou brisé, par des espèces de barres de fer carrées qui se terminent en pointe, ces barres sont contenues dans une rainure pratiquée dans l'épaisseur d'une sorte de sep dont la forme ressemble à un énorme coin. Ces variétés de socs sont les plus mauvais instruments que l'on puisse employer en agriculture pour labourer: non seulement ils ne tranchent ni la terre ni les racines, mais ils ne font que déchirer ou égratigner le sol, en donnant aux attelages un tirage considérable. Ces sortes d'instruments devraient être proscrits de toute exploitation qui serait conduite avec intelligence. — V. *Araire*.

SODIUM. V. *Soude*.

SOIE. V. *Ver à soie*.

SOIE. On donne le nom de soie, en médecine des animaux, à une maladie du porc, et dont aucun autre animal n'est atteint. On a ainsi nommé cette affection parcequ'on a remarqué au centre d'une tumeur qui se développe à la région de la gorge des animaux malades et sur ses côtés un bouquet de soies groupées, auxquelles on a attribué la cause du mal. Cette tumeur n'est pourtant que l'effet de la maladie, au lieu d'en être la cause.

D'après les observations faites à ce sujet, la soie reconnaîtrait quelquefois pour cause la mauvaise nourriture, l'insalubrité des loges mal tenues. Dans d'autres cas, elle se déclarerait sous des influences inconnues. Du reste, sa nature ne paraît pas bien déterminée. Cependant elle cause rapidement la mort des individus qu'elle attaque, si on n'y apporte un prompt remède. Lorsqu'on s'aperçoit qu'un animal est triste, abattu, et que des engorgements se déclarent de chaque côté de sa gorge, avec un bouquet de soies raides au centre, on doit l'isoler pour le soumettre à un régime et à un traitement exigés, et à des conditions hygiéniques convenables. On lui donne des boissons purgatives d'abord, puis toniques. Les praticiens des campagnes lui enlèvent le bouquet de soies du centre des tumeurs de la gorge, jusqu'à leurs racines. On a même conseillé d'y appliquer ensuite une pointe de feu avec un fer rouge.

Tels sont les moyens indiqués pour guérir la soie; mais les praticiens ne paraissent pas bien fixés sur sa nature.

SOIF. Sentiment, souvent très vif, provoqué par le besoin de prendre des boissons. Le désir de boire manifesté quelquefois par les animaux prouve combien ce sentiment est impérieux chez eux. C'est surtout pendant les grandes chaleurs, et lorsque les animaux transpirent beaucoup, qu'ils ont le plus soif. Les animaux de travail méritent, sous ce rapport, des soins particuliers. On évitera toujours de les laisser boire quand ils sont en transpiration. Les boissons froides peuvent leur donner alors des coliques, des rhumes, des pneumonies, des pleurésies mortelles. Si la température de l'eau est trop basse, on la modifiera en l'agitant avec la main, ou avec de l'eau chaude, et surtout en y mélangeant de la farine ou du son. Quant aux animaux de rente, on s'en occupe moins: ne travaillant pas, ils sont moins exposés aux transpirations. Lorsqu'ils sont dans les pâturages, ils boivent suivant leur besoin, sans qu'il en résulte d'inconvénient, si, d'ailleurs, les eaux des abreuvoirs sont saines. — V. *Abreuvoir*.

SOINS. V. *Hygiène*.

SOL. La couche de terre cultivée prend le nom de sol en agriculture; ce qui le prouve, ce sont les mots ***assolement***, ***sole*** et ***sous-sol***, qui se rattachent à la même idée. Les sols varient non seulement de profondeur arable, mais de composition et de nature. On les distingue en granitiques, schisteux, siliceux, sablonneux, argileux, calcaires, volcaniques, d'alluvion. — V. ces mots.

Chaque nature de sol demande sa spécialité de culture, suivant les lieux, les latitudes, où il est cultivé. Il produit aussi sa spécialité de végétaux, suivant les mêmes conditions. Chacun d'eux exige donc une étude théorique et expérimentale en même temps, dans chaque contrée où il est exploité. C'est à la pratique locale, éclairée par la science, d'employer les moyens les plus convenables de culture pour en tirer le meilleur parti possible. — V. *Terrain.*

SOL (*à battre les grains*). Dans quelques pays on nomme sol l'aire sur laquelle on bat les grains. — V. *Aire.*

SOLANÉES. Famille de plantes d'une importance majeure pour l'agriculture par quelques uns de ses produits. Nous devons mettre à la tête des solanées les plus utiles les parmentières (V. ce mot). L'aubergine, la tomate, le piment, le tabac, dont l'usage est si répandu aujourd'hui, appartiennent à la même famille. Les solanées fournissent aussi plusieurs plantes médicinales employées en médecine vétérinaire comme narcotiques : telles sont la jusquiame, la morelle, la belladone, la mandragore. — V. ces mots.

SOLE. On nomme sole, en agriculture, la pièce de terrain qui contient successivement l'une des cultures adoptées dans la rotation des assolements. On distingue la sole des plantes sarclées, celles des céréales, des fourrages artificiels. —V. *Assolement.*

SOLE. Partie de corne qui forme avec la fourchette la surface plantaire du sabot du cheval. La conformation de la sole a une disposition particulière, exigée par ses fonctions. En effet, cette partie du sabot, recevant la surface plantaire de l'os du pied, concourt pour une très grande partie au support du poids du corps de l'animal. Or, pour résister à l'action de ce poids, il lui fallait une disposition particulière que l'on trouve, dans la nature comme dans les arts, partout où il est besoin d'une grande résistance avec peu de moyens proportionnels d'action. Cette disposition est celle de la voûte. La sole est donc ce qu'elle doit être, voûtée pour bien remplir ses fonctions de support.

D'autre part, la corne de la sole jouit d'une élasticité marquée, et s'affaisse légèrement au moment de l'appui. Par cet affaissement, elle s'écarte et contribue ainsi à l'élasticité du pied, en obligeant la muraille à s'écarter elle-même pour revenir à son état naturel, comme un ressort tendu, lorsque la cause de sa distension cesse.

La sole, de forme arrondie, se trouve échancrée en arrière, en forme de V, jusque vers son centre, pour loger la fourchette.

Pour être bien conformée, une sole doit être creuse, voûtée, exempte de bosselures (ognons, bleimes; V. ces mots.); toute sole aplatie constitue un pied plat, qui est mauvais; si elle est convexe en dehors, elle constitue le pied comble, plus mauvais encore. On devra donc bien faire attention à sa conformation, car elle exerce une grande influence sur la bonté des pieds des animaux.

La sole est le siége de diverses lésions, dépendantes soit de sa mauvaise conformation, soit de contusions accidentelles, de blessures de corps pénétrants, et quelquefois de l'action du fer chaud, qui la brûle. Chacune de ces maladies exige un traitement spécial, subordonné à leur gravité. Les praticiens éclairés peuvent seuls les exécuter ou les prescrire suivant les cas particuliers qui se présentent. — V. *Pied.*

SOLEIL. (*Grand-soleil.*) V. *Héliante.*

SOLIDAGE. Genre de plantes de la famille des composées. Les solidages offrent peu d'intérêt à l'agriculture. Une de leurs variétés est cultivée comme plante d'ornement, sous le nom de verge d'or.

SOLIDES. Les corps organisés sont composés de solides et de liquides. Les solides, dans les animaux, sont les os, les muscles, les tendons, les ligaments et aponévroses, les téguments, les vaisseaux, etc. Dans les végétaux, les solides comprennent le bois, l'écorce, les feuilles, les poils, les glandes, etc.

Quand on observe la nature organisée et que l'on étudie les fonctions des solides, soit dans les animaux, soit dans les végétaux, on voit qu'ils ont chacun une spécialité de texture, de conformation, de dureté, de solidité, suivant les usages auxquels ils sont destinés. Ainsi, par exemple, dans les animaux, les fonctions des os qui forment leur charpente doivent offrir de la solidité, de la résistance, soit pour protéger certains organes essentiels à la vie, soit pour former les colonnes des membres, qui supportent le corps des animaux et servent à leur locomotion. La nature leur a donné de la solidité au moyen d'un corps minéral (*phosphate de chaux*) qui, mélangé avec une substance animale (*gélatine*), leur donne toute la dureté, toute la résistance, nécessaires pour la fin proposée. Les muscles, les tendons, les ligaments, les membranes, les dents, la corne, etc., offrent aussi des spécialités de texture, de densité, de résistance, qui les rendent admirablement aptes aux fonctions particulières que ces divers organes doivent remplir. — V. *Ligaments, Muscles, Os, Tendons, etc.*

Les solides contiennent les liquides, et ces corps, par leur action réciproque et mutuelle, entretiennent non seulement la vie dans les végétaux et les animaux, mais ils fournissent les moyens de la transmettre, pour la multiplication des individus et la conservation des espèces. — V. *Liquides, Sexes.*

SOLIPÈDE. Nom improprement donné au genre cheval. Le mot *monodactyle* caractérise mieux ce genre, classé dans les pachydermes, et qui comprend six espèces différentes, qui sont le cheval, l'hémione, l'âne, le zèbre, le dauw et le couagga. — V. *Monodactyle, Pachyderme.*

SOLITAIRE (*Ver*). V. *Ténia.*

SOLUBILITÉ. Propriété de certains corps solubles dans des liquides. Ainsi le sucre, le sel, etc., se dissolvent dans l'eau; la résine se dissout dans l'alcool, etc. La solubilité des substances médicamenteuses facilite les moyens de les donner aux animaux sous forme de breuvages, de lavements ou de lotions, dont l'usage est aussi simple que facile.

C'est à l'état de dissolution que les substances alimentaires sont absorbées par les animaux comme par les végétaux; aussi les êtres vivants sont-ils tous pourvus d'organes spéciaux qui sécrètent les liquides, les réactifs propres à agir chimiquement ou physiquement, et à dissoudre les substances dont ils se nourrissent. — V. *Absorption, Circulation, Digestion, Nutrition.*

SOLUBLE. Corps qui jouit de solubilité. — V. *Solubilité.*

SOMMEIL. Suspension périodique des fonctions animales pour le repos nécessaire aux organes qui les exécutent pendant la veille. Les animaux, comme l'homme, ont besoin de sommeil, et c'est surtout pendant la nuit qu'il a lieu. Les animaux se couchent généralement pour dormir, ce qui facilite le repos du système musculaire en même temps que celui de tous les autres organes des fonctions de relation. La respiration, la circulation, la digestion et les sécrétions continuent leur travail durant le sommeil comme pendant la veille; leur mouvement est permanent et ne cesse qu'avec la vie. Leurs dérangements, leur action anormale, causent des troubles et peuvent compromettre l'existence des animaux et causer la mort.

Les plantes elles-mêmes semblent avoir aussi leur sommeil. On voit, en effet, certaines fleurs se fermer pendant la nuit comme pour se reposer. Certains végétaux de la famille des légumineuses, la sensitive notamment, et plusieurs autres sujets du genre auquel elle appartient, ont leurs folioles qui se rapprochent les unes contre les autres, comme pour se grouper, à la chute du jour et pendant la nuit, pour s'étaler de nouveau au soleil levant. L'absence de la lumière paraît être le principal agent de ce singulier phénomène. On a pu intervertir l'ordre au moyen d'une lumière artificielle dans un appartement bien fermé et obscur. On n'est pas encore parvenu à expliquer la véritable cause du phénomène végétal qu'on a nommé sommeil des plantes. — V. *Repos*.

SON. Ecorce du grain séparée, par la mouture, de la farine quelle recouvre. Le son, qui par lui-même est peu nutritif, n'a de qualités alimentaires qu'en raison de la quantité de farine qu'il contient. La mouture et le blutage ont atteint aujourd'hui un degré de perfection tel, que la substance corticale du grain reste sèche et presque totalement isolée de la farine qu'elle contenait. Cependant on le donne aux animaux, surtout aux porcs, mélangé avec d'autres substances cuites, telles que les pommes de terre, divers légumes, des eaux grasses, etc. La meilleure manière de faire consommer le son serait peut-être de le mélanger avec des farines de qualité inférieure et d'en faire du pain. La panification et la cuisson ne pourraient qu'être favorables à son emploi comme aliment pour les bestiaux.

On fait souvent consommer le son en barbottage dans l'eau, surtout pour les bestiaux malades. On s'en sert pour des lavements, pour des bains, qu'il rend émollients et adoucissants; on en met aussi sur les cataplasmes employés pour adoucir la peau et calmer les douleurs. C'est surtout pour ramollir la corne des pieds des animaux que l'on fait usage de ces cataplasmes dans les maladies diverses de ces parties du corps, si exposées aux altérations de toute nature.

SONDAGE. Opération qui consiste à sonder le sol pour connaître les couches de terre qui le composent, et leur nature. On pratique les sondages avec des sondes confectionnées à cet effet. L'agriculture ne fait pas assez usage des sondages soit pour découvrir des sources, soit pour chercher des marnes ou d'autres produits qui serviraient à manier la terre cultivée. Un puits artésien n'est que la conséquence d'un sondage fait en vue d'obtenir de l'eau. — V. *Puits artésien.*

SOPHORA. Le sophora est un grand et bel arbre qui appartient à la famille des légumineuses. Introduit du Japon en France, il réussit bien dans nos climats, où il augmente le nombre de nos arbres d'ornement et nos richesses végétales. Le sophora croît très rapidement surtout dans son jeune âge; ses feuilles, composées d'un vert obscur, sont d'un bel effet soit dans les bosquets, soit dans les promenades.

SONDE. Instrument métallique, le plus souvent en fer aciéré, pour faire des sondages. — V. *Sondage.*

SONDE. Instrument de chirurgie. On donne le nom de sonde, en médecine des animaux, à des tiges disposées de manière à sonder des plaies, des fistules, etc.

Certaines sondes sont creuses pour être introduites dans des cavités qui contiennent des liquides, afin de les faire écouler. Dans les animaux tympanisés, le genre de l'instrument employé pour les ponctions offre un exemple fréquent de l'utilité de cette espèce de sonde. — V. *Trocart*, *Tympanite.*

SOPHISTICATION. La mauvaise foi de certains commerçants les porte souvent à sophistiquer les substances diverses employées soit en médecine, soit pour la nourriture de l'homme ou des animaux; on les mélange avec des matières qui peuvent même souvent être nuisibles à la santé publique. Ces fraudes sont toujours coupables et devraient être sévèrement punies pour prévenir les récidives. On sophistique aussi les engrais vendus aux agriculteurs par le commerce. — V. *Falsification.*

SORBIER. Genre de végétaux de la famille des rosacées. On cultive une variété de sorbier (le cormier) pour ses fruits, appelés cormes. Le sorbier des oiseaux (sorbier sauvage), qui croît dans les pays froids, est quelquefois utilisé comme arbre d'ornement; ses fruits, d'un rouge vif, produisent en automne un bel effet dans les bosquets. Les oiseaux, notamment les merles et les grives, mangent ce fruit quand il est mûr.

SORGHO. (*Gros-millet.*) Genre de plantes de la famille des graminées. On cultive le sorgho dans quelques points de la France, notamment dans le midi, pour la nourriture de la volaille. Ses tiges, pleines, grosses, à épis droits et raides, servent à faire des balais.

SOUCHE. Nom vulgairement donné à la partie d'un arbre qui se trouve entre le tronc et les racines. C'est de la souche que partent les racines et les jets du bois dans les taillis. — V. *Taillis.*

SOUCHET. Genre nombreux de la famille des cypéracées. Les souchets croissent généralement dans les prairies humides, tourbeuses; comme toutes les cypéracées, ils fournissent un mauvais fourrage, dur et peu nutritif.

On cultive, dans quelques pays chauds, une variété de souchet dit comestible. Cette variété fournit une espèce de tubercule qui contient de la fécule, mais les avantages qu'il offre dans les pays civilisés sont trop minimes pour avoir fait adopter son exploitation.

SOUCI. Genre de la famille des composées. Le souci est quelquefois cultivé comme plante d'agrément, mais il offre peu d'intérêt à l'agriculture.

SOUCIS DES MARAIS. V. *Populage.*

SOUDE. Genre de plante de la famille des salsolées. Les soudes croissent sur les bords de la mer et de quelques fleuves ; leur culture est peu pratiquée en France ; elle pourrait, dans certains cas, donner peut-être des bénéfices pour l'extraction de la soude, si on la cultivait dans les terrains salés dont on ne peut d'ailleurs tirer aucun parti. Ce serait un moyen de les utiliser et d'occuper des bras.

SOUFRE. Corps indécomposé très répandu dans la nature. Le soufre est un des corps des plus utiles, et dont les usages sont les plus variés. Ses préparations sont employées en médecine des animaux, notamment contre les maladies de la peau. Combiné à la potasse, à la chaux, à l'oxygène, à la soude, il concourt à faire le sulfure de potasse, l'acide sulfurique, le sulfure de soude, de chaux, etc.

Ces diverses substances sont très utilisées en agriculture. Elles le sont aussi dans diverses circonstances, soit dans les arts ou l'industrie, soit dans l'économie domestique.

Le soufre sublimé (fleur de soufre) a été préconisé et très employé contre la maladie de la vigne. C'est surtout pour les treilles qu'il a été utilisé. On l'insuffle sur les raisins au moyen de soufflets fabriqués exprès pour cette fin, et il paraît que les résultats en ont été très avantageux. Cependant ce procédé ne saurait être appliqué sur une grande échelle et de manière à être pratiqué dans les vignobles. — V. *Plâtrage*, *Plâtre*, *Sulfatage*, *Sulfate*, *Sulfure*, *Sulfurique*.

SOUPE. On donne le nom de soupe, en économie du bétail, à des aliments végétaux cuits dans l'eau et administrés avec elle aux animaux, surtout à ceux d'engrais et aux vaches laitières. Ainsi préparés, les végétaux sont toujours d'une plus facile digestion, et les animaux les recherchent avec plaisir. Tous les légumes, les racines fourragères, les fourrages secs eux-mêmes, peuvent entrer dans la composition des soupes et être administrés comme tels. Cette manière d'alimenter les animaux offre toujours des avantages dans les pays où le combustible est commun et à bon marché.

SOURCE. Ouverture naturelle du sol qui donne écoulement à une quantité plus ou moins considérable d'eau. Les eaux de source sont plus ou moins fraîches, suivant la profondeur de leur origine dans le sol; elles sont généralement limpides et potables. Les plus pures sont celles des terrains granitiques, mais elles sont généralement peu fécondantes pour les irrigations. Celles qui traversent des terrains calcaires sont meilleures pour les prairies, parcequ'elles tiennent toujours en dissolution plus ou moins de calcaire favorable à une bonne végétation. Les pays de montagnes sont infiniment plus riches en sources que ceux de plaines; aussi les prairies naturelles y sont-elles plus productives.

On devrait toujours amasser dans des réservoirs les eaux de source, surtout quand elles sont peu abondantes. On aurait ainsi le double avantage de les rendre meilleures pour les irrigations, en les mélangeant avec des fumiers, et d'étendre au loin leur action. — V. *Réservoir*.

SOURCIL. Arc plus ou moins marqué par les poils au-dessus des yeux. Les sourcils des animaux sont très peu apparents; on n'en aperçoit guère la trace que dans le fœtus.

SOURD. Privé du sens de l'ouïe. — V. *Surdité*.

SOUS-RACE. Nom donné à des espèces d'animaux obtenues par le croisement de deux producteurs de race pure. Une sous-race peut être considérée comme le résultat d'un métissage conservé dans les conditions où il a été obtenu après un premier croisement. — V. *Croisement*.

SOURIS. Petit mammifère rongeur du genre rat. La souris, que tout le monde connaît, est l'un des animaux nuisibles les plus répandus. On la trouve dans nos villes comme dans les campagnes; c'est surtout dans les maisons qu'elle établit son domicile. Ses mœurs, ses goûts, sont les mêmes que ceux des rats; ces animaux se nourrissent des mêmes substances, ils s'introduisent dans les garde-manger, dans les greniers, partout où l'on enferme des provisions. On détruit les souris avec des piéges et avec du poison. Les chats leur font une guerre permanente, et finissent souvent par nous débarrasser de ces rongeurs importuns.

SOUS-SOL. Nom donné au terrain qui se trouve sous le sol labouré. La nature du sous-sol exerce une grande influence sur la culture des terres qui le recouvrent. S'il est de nature imperméable, argileux, s'il ne se laisse pas traverser par l'eau, il rend les terres humides, froides, souvent improductives ; s'il jouit, au contraire, d'une perméabilité convenable, les terres sont saines, sans molières, et leur culture réussit bien. Certains sous-sols sont composés de mauvaises terres ferrugineuses, improductives ; il faut se garder, dans ce cas, de les attaquer avec la charrue, pour ne pas ramener leur terre sur la surface. Si on est obligé de le faire pour obtenir des labours plus profonds, pour avoir une plus grande couche de terre végétale, il faut agir avec beaucoup de prudence, n'enlever chaque année qu'une couche amincie de sous-sol. Mais, avant d'opérer ainsi, il faut toujours expérimenter sur une petite étendue de terrain, afin de juger de l'effet produit. Les praticiens éclairés, du reste, ne s'y trompent pas; ils savent parfaitement à quoi s'en tenir sur ce point essentiel de la prospérité de leurs cultures.

SOUTDOWN. Espèce ovine. Race de mouton anglais, dont quelques types ont été importés en France. Ce mouton, dont la chair est excellente, est très sobre, très rustique ; il réussit bien, en général, dans nos pays arides. Son croisement paraît avoir donné des résultats satisfaisants, et il serait important d'en faire des études pratiques sérieuses, pour savoir quels avantages réels l'adoption de ce mouton peut offrir à notre production animale.

SPARGANIER. Genre de plantes de la famille des typhacées. Le sparganier est très répandu, il croît dans les lieux humides, dans les fossés; quand il est tendre, il peut être consommé par le bétail.

SPARGONTE. V. *Spergule*.

SPÉCIFIQUE. Nom donné aux médicaments qui ont une action spécifique dans certaines maladies ou sur certains organes. Ainsi, les préparations d'iode sont des spécifiques contre les engorgements glanduleux. Le seigle ergoté est un spécifique contre l'inertie de l'utérus dans la parturition. La rue, la sabine, ont aussi une action spécifique sur l'utérus; la digitale pourprée a une action de même nature sur le cœur. Les préparations de soufre sont des spécifiques contre les maladies de la peau des animaux, etc.

SPERGULE. Genre de plante de la famille des caryophyllées. La spergule pousse spontanément dans les champs ; elle est assez recherchée par les bestiaux. On cultive comme fourrage vert une variété de spergule très développée appelée géante. On peut aussi la faner et en faire un fourrage sec très recherché par les ruminants. On affirme que cette plante augmente la sécrétion du lait des vaches laitières, qui l'aiment beaucoup. La spergule géante, qui donne un fourrage abondant, ne reste que peu de temps dans le sol ; trois mois environ suffisent à sa croissance, et elle offre des avantages réels sous ce rapport. Je l'ai cultivée moi-même, et elle m'a donné un bon produit en fourrage vert.

SPERMATOZOIDES. Nom donné à des animalcules microscopiques qui sont contenus dans le sperme des animaux adultes. Ces animalcules, dont le corps paraît se rapprocher par sa forme de celui des têtards, semblent être un des éléments de la fécondation des femelles. Jouissant de mouvements assez vifs dans le liquide qui les contient, ils peuvent se mouvoir dans toutes les directions. Le sperme des jeunes animaux est dépourvu de spermatozoïdes, qui ne se développent que quand les sujets sont en état de féconder les femelles.

La découverte des spermatozoïdes date bientôt de deux siècles (1677). Des expériences répétées ont démontré que les animaux dont le sperme est dépourvu de spermatozoïdes sont inféconds. — V. *Sperme*.

SPERME. (*Matière séminale.*) Le sperme est la matière fécondante sécrétée par les testicules et déposée dans des vésicules particulières nommées vésicules spermatiques.

Tous les animaux ne sont pas pourvus de ces petits réservoirs. Les chiens n'en ont pas ; chez eux le sperme est sécrété pendant l'acte de la copulation. C'est pour cette raison que le mâle reste attaché à la femelle après la copulation, par l'effet d'une disposition particulière des organes de la génération.

Le sperme a été sérieusement étudié par les savants. On a remarqué que, pour féconder la femelle, ce liquide doit être pourvu de petits animalcules nommés spermatozoïdes. (V. ce mot.) La présence de ces animalcules paraît être un signe de ses propriétés fécondantes. On affirme que, chez les animaux sauvages, les spermatozoïdes ne sont dans le sperme que pendant le temps du rut des femelles. Après cette époque ils disparaissent, pour se produire encore dans le temps fixé par la nature. La domestication aurait donc modifié cette condition singulière, les spermatozoïdes existeraient sans interruption chez les animaux qui y sont soumis. Aussi les mâles sont-ils toujours propres à la fécondation, quelle que soit l'époque à laquelle on leur présente les femelles.

D'après les opinions émises, le sperme qui ne serait pas pourvu de spermatozoïdes ne serait pas propre à la fécondation, ce qui expliquerait pourquoi certains mâles, dans les diverses espèces, sont impropres à la reproduction, même malgré leur ardeur pour rechercher les femelles. Les mulets, assure-t-on, n'ont pas de spermatozoïdes, ce qui expliquerait leur infécondité.

SPHÉNOIDE. Nom d'un os qui concourt à former le crâne et semble servir de base à la charpente de cette boîte osseuse.

SPHINCTER. D'un mot grec qui signifie *serrer*. Nom donné aux muscles disposés en anneau. Par leur contraction, ces muscles serrent les ouvertures qu'ils entourent comme le font les cordons d'une bourse. Le sphincter de l'anus ferme ainsi cette ouverture naturelle. — V. *Anus*.

SPIRÉE. (*Reine des prés.*) Genre de plantes de la famille des rosacées. On trouve la spirée assez communément dans les lieux humides, sur les bords des ruisseaux. Sa tige est élevée, sa fleur forme un panache blanc. On la connaît sous le nom de *reine des prés*. On cultive quelques spirées comme plantes d'ornement. Du reste, elles ne donnent qu'un fourrage dur et de médiocre qualité.

SPLANCHNIQUE. On nomme plauchniques les cavités qui renferment le cerveau, les poumons et les intestins les animaux. Le crâne, le thorax et l'abdomen sont les cavités splanchniques. — V. *Abdomen*, *Crâne*, *Thorax*.

SPONGIEUX. Nom donné en anatomie aux parties des os

dont le tissu est criblé de petites ouvertures, de celluleuses, comme des éponges ; les os spongieux sont légers, peu compactes. On les trouve sur les points où leurs fonctions exigent un certain volume sans une grande solidité. C'est surtout aux extrémités articulaires des os des membres que se trouve le tissu spongieux de ces organes. — V. *Articulation*, *Os*.

SPONGIOLE. On a conservé en botanique l'ancienne dénomination de spongioles aux extrémités des racines des végétaux. Ce nom avait été donné à ces parties des organes de la nutrition des plantes parcequ'on supposait qu'elles absorbaient les sucs nutritifs du sol comme une éponge absorbe l'eau. — V. *Absorption*, *Nutrition*.

SPORADIQUE. Nom donné en médecine vétérinaire aux maladies des animaux qui se déclarent isolément sans se communiquer par la contagion. L'usage des mauvais fourrages cause souvent des maladies sporadiques dans nos campagnes. — V. *Abreuvoir*, *Foin*, *Moisissure*, *Rouille*.

SQUELETTE. D'un mot grec qui signifie *desséché*. On nomme squelette, en économie du bétail, la réunion de tous les os articulés naturellement ou artificiellement, et formant la charpente du corps d'un animal. C'est de la disposition architecturale du squelette que dépend la conformation générale des individus. Si cette disposition est mauvaise, ils sont mal conformés, défectueux ; dans le cas contraire, ils réunissent les conditions d'une bonne confection mécanique, condition importante surtout pour les animaux de travail. L'étude du squelette est l'une des plus intéressantes de l'histoire naturelle, comme l'une des plus importantes pour bien connaître les animaux et bien apprécier les bonnes conditions de leur conformation. C'est sur le squelette, en effet, qu'on peut bien étudier les os dans leur ensemble, soit comme leviers pour favoriser l'action des puissances musculaires, soit comme protecteurs d'organes essentiels à la vie. Par la manière dont les os des membres sont disposés et articulés, par exemple, on peut juger s'ils sont favorables à la force ou à la vitesse. Par la conformation et la disposition des côtes, on juge de la capacité de la poitrine. La disposition des os de la tête articulés ensemble nous fait connaître les bonnes conditions de cette importante partie du corps des animaux. La connaissance intime du squelette nous initie enfin aux détails les plus minutieux non seulement de la conformation générale des animaux pour bien connaître leurs défauts de structure, mais de ceux de l'art d'apprécier les qualités des individus au point de vue de leur race, de leur aptitude, et même de la finesse de leurs tissus. Un mécanicien exercé juge au premier coup d'œil des qualités d'une machine par l'examen de la confection de ses rouages. De même, un connaisseur de bestiaux qui a étudié à fond son métier juge au premier coup d'œil des qualités d'un individu comme d'une race, par l'examen des squelettes des animaux qui la composent. La comparaison que j'établis ici est rigoureusement exacte. La seule différence que l'on peut y trouver dépend de l'habileté des ouvriers qui ont confectionné les deux appareils que nous avons comparés. L'un est l'œuvre des hommes, l'autre est l'œuvre de la nature, quelquefois modifiée par les éleveurs; mais, dans l'un et l'autre cas, les machines examinées sont rigoureusement soumises aux mêmes lois de bonne confection au point de vue physique, dynamique, etc. — V. *Conformation, Mécanique, Os.*

SQUIRRHE. Nom donné en médecine vétérinaire à des tumeurs dont le tissu est compacte, dur, de couleur blanchâtre ou grisâtre; ces tumeurs sont ordinairement incurables. On est obligé de les extraire quand on veut les faire disparaître.

STABULATION. D'un mot latin qui veut dire *étable*. On donne le nom de stabulation au séjour que font les animaux à l'étable. Suivant que ce séjour est temporaire ou permanent, la stabulation a été elle-même distinguée en temporaire et permanente. La stabulation temporaire est celle qui est le plus généralement adoptée. Les animaux sont dans les pâturages pendant le jour, et rentrent dans les habitations pendant la nuit. Ce mode de stabulation offre aussi le plus d'économie dans l'éducation du bétail, qui va chercher lui-même sa nourriture dont les frais de transport sont ainsi évités. D'un autre côté, les animaux gagnent en force et en santé aux pâturages. Ils y respirent toujours un air pur; ils y font un exercice salutaire, et les jeunes sujets y trouvent les moyens de s'ébattre suivant leurs besoins et les vœux de la nature.

Ainsi, au point de vue sanitaire, la stabulation temporaire offre des avantages incontestables, surtout dans les pays où le régime pastoral est à peu près le seul qui puisse être pratiqué avec succès, soit par rapport à la nature du sol ou du climat, soit par rapport au mode de culture adopté.

Cependant la stabulation permanente, malgré ses inconvénients, offre aussi ses avantages, et elle est quelquefois même la seule possible. Dans les pays très avancés en culture, dans ceux où le sol, d'une grande valeur par sa fertilité et la manière dont il est cultivé, donne non seulement beaucoup de fourrages, mais de grandes quantités d'autres produits sur une étendue relative très restreinte, le régime pastoral occasionnerait une perte réelle. On obtient par la culture sur un terrain donné trois, quatre fois plus de nourriture pour un animal en stabulation permanente, qu'on n'en aurait s'il était en stabulation temporaire. Aussi, dans ce cas, y a-t-il économie à le nourrir à l'étable.

La stabulation permanente a un autre but, qui en agriculture doit toujours dominer : c'est celui d'augmenter la masse des fumiers, qui est le nerf de la fertilité du sol. Ce mode de nourrissage donne d'énormes quantités d'engrais, quand on les soigne bien. Ici rien n'est perdu ; urines et excréments, tout peut être mis à profit pour engraisser le sol : aussi, si le régime pastoral exclusif peut être considéré comme le premier degré d'un système cultural, la stabulation permanente peut être considérée comme le dernier. La période pacagère est le premier gradin de l'échelle culturale, la stabulation est le dernier, sans en distraire la culture maraîchère, qui est sans contredit la plus perfectionnée; celle-ci commande nécessairement la stabulation permanente.

On le voit donc, la stabulation permanente est le caractère essentiel d'une culture avancée. Si elle a des inconvénients, si en tout état de cause elle est peu favorable à la santé des animaux, surtout à leur élevage, d'autre part elle donne plus de produits; or, comme le produit est toujours le but de toute opération agricole, le problème doit toujours être résolu par des chiffres.

Les pays où la stabulation permanente est observée ne sont généralement pas des pays d'élevage; ils achètent les animaux, soit pour les engraisser, soit pour la production du lait. Or, dans le premier cas, les conditions de santé des animaux ne sont que secondaires; l'animal une fois engraissé est livré au boucher. Dans le second, c'est le bénéfice qui règle la conduite du cultivateur; s'il a intérêt à compromettre la santé de ses animaux pour en avoir plus de produit, il ne tient généralement pas compte des conditions d'insalubrité combinées en vue de la prospérité de son industrie. — V. *Hygiène*, *Nourrisseur*, *Pommelière*.

Les pays d'élevage sont donc ceux de stabulation temporaire. Ici on doit rechercher l'emploi de tous les moyens qui peuvent rendre les habitations salubres, ils sont indispensables au succès. — V. *Ecurie*, *Etable*.

Pour donner de bons produits, les reproducteurs doivent être entourés de tous les soins hygiéniques qui peuvent conserver une bonne santé et la donner à leurs élèves. Il n'y a pas de bon élevage possible sans cette condition indispensable.

Dans certaines contrées de montagnes élevées, couvertes de pâturages, comme l'Auvergne, le Rouergue, etc., la stabulation permanente est nécessitée pendant l'hiver. Pendant l'été les animaux vivent parqués dans les herbages élevés. En hiver, lorsque ces herbages sont couverts de neige, le séjour permanent à l'étable est nécessité pendant plusieurs mois, suivant l'élévation des lieux. Ce sont ces montagnes qui sont les pays d'élevage par excellence, surtout de bêtes à cornes; aussi en exportent-elles des quantités considérables tous les ans. Sur ces hauteurs il n'y a pas de culture possible. Le régime pastoral est commandé par les *éléments*. Les animaux y sont robustes, sobres, d'une bonne santé, et propres surtout à être employés aux travaux agricoles. Ce fait n'a jamais été contesté, et il fournit la preuve la plus victorieuse en faveur de l'élevage en liberté pour obtenir la force, la vigueur, l'agilité, la santé, la sobriété, la rusticité, toutes les qualités enfin exigées des animaux de travail, surtout des chevaux.

L'élevage en stabulation permanente est loin d'offrir ces avantages. Les jeunes animaux n'y trouvent pas les conditions que réclament impérieusement leur âge, leur développement musculaire, leur santé. Ils ont besoin d'un exercice, d'une gymnastique, indispensables à leur nature, et ils ne peuvent s'y livrer comme le commandent leurs instincts que lorsqu'ils sont en liberté. Soutenir le contraire, ce serait méconnaître les éléments les plus simples de la physiologie et de l'hygiène.

On nous objectera peut-être que l'on peut cependant faire de bons élèves même en stabulation permanente, et la preuve, c'est qu'on voit des éleveurs faire des chevaux d'une grande énergie sans le concours des pâturages.

Nous répondrons que ces éleveurs peuvent dans ce cas exceptionnel ne pas faire pâturer leurs animaux, mais ils leur donnent un exercice bien étudié, bien compris, qui correspond à celui que les animaux prendraient dans les herbages et en liberté. Si ces élèves, en effet, étaient nourris à l'écurie, privés de l'exercice qui est indispensable à leur développement musculaire comme aux bonnes conditions de toutes les fonctions vitales, de leur économie, ils ne pourraient jamais acquérir toute la somme des qualités que comporte leur nature, et qui est exigée par les animaux de travail. La stabulation permanente ne saurait donc être favorable à l'élevage des animaux de travail si elle était absolue; elle ne peut être avantageuse que dans le cas que nous venons de signaler, c'est-à-dire pour l'engraissement et la production du lait.

STAPHYSAIGRE. Plante de la famille des renonculacées. Une variété de staphysaigre connue sous le nom de pied-d'alouette est souvent cultivée comme plante d'ornement. La graine de cette plante, mélangée en poudre avec un corps gras, ou en décoction, est employée contre la vermine. Cette graine est un poison. En médecine vétérinaire on en fait quelquefois usage comme purgatif; mais il faut l'administrer avec beaucoup de réserve, pour ne pas empoisonner les animaux. Elle agit avec beaucoup de violence. — V. *Dauphinelle.*

STELLAIRE. Plante de la famille des caryophyllées. Les stellaires sont communes dans les champs et les haies. Elles fournissent des plantes fourragères de qualité médiocre; du reste elles offrent peu d'intérêt à l'agriculture.

STERCORAL, LE. Matières stercorales. — V. *Excréments.*

STÈRE. Mesure de solides employée spécialement à mesurer le bois; un stère contient un mètre cube. — V. *Mètre, Métrique.*

STÉRILE. Infertile, qui ne produit pas. Le mot *stérile* s'applique aux animaux comme aux végétaux improductifs, et aux terres infertiles. — V. *Fécondité, Infécond.*

STERNUM. Nom d'un os placé à la partie inférieure de la poitrine des animaux. Le sternum reçoit les côtes, auxquelles il donne un point d'appui plus ou moins fixe, suivant la nature de leurs usages — V. *Côtes*.

Dans les oiseaux, le sternum est comparativement plus développé que dans les mammifères. Il est surmonté d'une crête très prononcée qui sort longitudinalement du centre de cet os et donne attache aux puissants muscles pectoraux qui font mouvoir les ailes. Cette disposition du sternum des oiseaux était indispensable au but proposé par la nature dans les oiseaux qui volent. Nous avons la preuve de ce fait dans les oiseaux qui ne volent pas, comme le casoar, l'autruche, etc. Le sternum de ces oiseaux est dépourvu de la crête centrale dont nous venons de parler.

STÉTHOSCOPE. De deux mots grecs qui signifient *poitrine* et *examiner*. Instrument dont on se sert en médecine vétérinaire pour percevoir les différents bruits qui ont lieu dans la poitrine pendant la respiration et juger de son état.

Depuis quelques années la médecine des animaux se sert avec beaucoup de succès du stéthoscope pour juger de la nature comme de la gravité des affections de poitrine. Ce genre d'étude a beaucoup facilité à ceux qui l'ont faite les moyens de bien reconnaître les degrés divers des affections des poumons ou des plèvres, et ceux de les traiter avec discernement.

STIGMATE. Nom donné à la partie du pistil qui reçoit le pollen des fleurs. — V. *Étamines*, *Pistil*.

STIMULANT. Médicament qui a la propriété de stimuler les fonctions vitales des animaux. Les spiritueux, tels que les vins, les alcools, les cidres, etc., sont des stimulants.

STIPULE. Appendice foliacé qu'on observe quelquefois sur les tiges aux points de naissance des feuilles. On en voit des exemples à la naissance des pétioles des feuilles de charme. Les pétioles des feuilles de rosiers ont des stipules qui leur sont soudées comme de petites ailes aux points de leur insertion aux tiges.

STOLON. On nomme stolons en botanique certaines tiges qui rampent sur le sol et prennent racine sur plusieurs points de leur longueur. Les stolons se développent en quantité dans les fraisiers, et fournissent les moyens de multiplier ces plantes, dont l'art du jardinier a fourni une infinité de variétés cultivées dans nos jardins.

STOMACHIQUE. Substance médicamenteuse ou alimentaire qui exerce une influence bienfaisante sur l'estomac et favorise sa digestion ; ainsi, les infusions aromatiques, le vin, le quinquina, etc., sont des stomachiques qui activent les fonctions digestives, et, par conséquent, l'assimilation des principes alimentaires par les animaux. Cependant on n'administre ces médicaments que dans certains cas de maladies ou d'atonie du tube intestinal.

STRAMOINE. (*Pomme épineuse.*) La stramoine appartient aux solanées. Elle a des propriétés narcotiques communes aux plantes de cette intéressante famille. (V. *Solanées.*) La stramoine est quelquefois employée en médecine des animaux. Ses effets dans ces cas sont à peu près les mêmes que ceux de la belladone. — V. *Belladone.*

STRANGULATION. Accident qui produit les même effets que l'asphyxie. — V. *Asphyxie.*

STRATIFICATION. Opération par laquelle on place par couches superposées certaines substances pour les conserver ou les mélanger. On remplit ce double but en agriculture lorsqu'on stratifie du regain qui n'est pas bien sec avec de la paille. Non seulement, dans ce cas, il y a mélange de ces deux fourrages, mais le regain communique son goût à la paille, qui concourt en même temps à sa dessiccation et à sa conservation. Ce fourrage ainsi stratifié est assez recherché par les ruminants ; il est bon pour les vaches laitières.

On stratifie aussi les différentes substances dont on fait des composts. — V. *Compost.*

STRONGLE. Espèce de ver intestinal qui se développe dans les intestins des animaux domestiques.

STRYCHNÉES. Famille de plantes dont un genre fournit la

noix vomique, qui est un poison violent pour les carnivores. — V. *Noix vomique*.

STRYCHNINE. Principe végétal extrait de quelques fruits des strychnées, et notamment de la noix vomique et de la fève de saint Ignace. La strychnine, découverte par Pelletier et Caventou en 1818, est un des poisons les plus violents connus. C'est ce principe qui agit dans la noix vomique, employée pour empoisonner les carnivores, notamment les renards, les chiens et les loups. Son action porte surtout sur le système nerveux, dont il trouble ou suspend les fonctions. L'usage de la strychnine comme médicament est inusité en médecine des animaux, mais on pourrait l'employer pour détruire les carnivores nuisibles, tels que les loups, les renards, les fouines, les putois, les rats, etc.

STYLE. Partie du pistil qui se trouve entre l'ovaire et le stigmate dans les fleurs. C'est par le style que le pollen déposé sur les stigmates par les anthères descend dans l'ovaire, et féconde les germes des graines qui y sont renfermées. — V. *Anthère*, *Pistil*.

SUBLIMÉ CORROSIF. Nom donné au bichlorure de mercure. Cette substance, très corrosive, est quelquefois employée en médecine vétérinaire pour corroder des chairs de mauvaise nature, les plaies ulcéreuses. On donne encore le nom de soufre sublimé à la fleur de soufre dont on fait usage pour composer des pommades ou des onguents antipsoriques. Dans ces derniers temps, on a employé le soufre sublimé contre la maladie de la vigne. — V. *Soufre*.

SUC. Liquide extrait des plantes qui le contiennent ou le sécrètent. On obtient les sucs végétaux en exprimant les plantes, ou à l'aide d'opérations particulières faites sur leurs tiges, leurs troncs ou leurs fruits : tels sont les résines, l'opium, etc.

En physiologie, on nomme sucs différents liquides sécrétés par divers organes, tels que l'estomac, le pancréas, qui sécrètent le suc gastrique, le suc pancréatique, etc. Ces sucs animaux servent à la digestion par leur action chimique spéciale sur les aliments. — V. *Digestion*.

SUCCESSION DES CULTURES. V. *Assolement.*

SUCCINTURIÉ. Nom donné au deuxième estomac des oiseaux. Cet estomac est situé entre le jabot et le gésier. Ses fonctions sont de sécréter un liquide qui humecte les aliments et les dispose à subir l'action du gésier. — V. *Digestion.*

SUCCULENT. Un fruit, une racine, sont succulents lorsqu'ils ont une chair tendre, spongieuse, et contenant beaucoup de suc. Les pêches, plusieurs espèces de poires, les melons, sont succulents.

SUCRE. Substance plus ou moins cristallisable, soluble dans l'eau, d'une saveur douce, agréable. Le sucre, très répandu dans le règne végétal, est contenu dans diverses parties de certaines plantes; on le trouve dans leurs racines, dans leurs tiges et dans leurs fruits. Les végétaux qui en contiennent le plus sont la canne à sucre, de la famille des graminées, et la betterave, de celle des atriplicées. Le sucre que nous consommons, et qui donne lieu à une branche de commerce très étendue, est extrait de ces deux plantes. Son extraction de la betterave donne lieu, en France, à une industrie très avantageuse pour l'agriculture, au triple point de vue de l'engraissement du bétail, de la production du fumier et des bénéfices qu'elle procure.

Les usages du sucre sont très multipliés aujourd'hui dans l'économie domestique, dans l'art culinaire, dans l'industrie du distillateur ; dans celle du confiseur surtout, cette substance joue un rôle immense. Avant la création des sucreries indigènes, notamment pendant les guerres de l'empire, le prix du sucre en bornait l'emploi. Il se vendait alors de 10 à 12 francs le kilog.; mais, depuis sa fabrication en France, il n'est presque pas de ménage qui n'en consomme plus ou moins, et son usage est devenu aujourd'hui une sorte de nécessité. Si la production du sucre était libre, il ne se vendrait peut-être pas au delà de 60 à 70 cent. le kilog., et sa consommation serait bien plus considérable dans toutes les classes de la société.

Dans le département du Nord, où les sucreries de betteraves sont assez nombreuses, on engraisse avec les pulpes qui en proviennent, des quantités considérables d'animaux. Depuis que l'industrie sucrière est introduite dans le pays, celle de l'engraissement, de l'espèce bovine surtout, s'y est développée dans des proportions très considérables. — V. *Pulpe.*

SUDORIFIQUE. Nom donné aux substances qui ont la propriété d'activer l'action de la peau et de provoquer la transpiration. Les infusions chaudes de fleur de sureau, de tilleul, de plantes aromatiques, de bourrache, etc., sont sudorifiques.

SUFFOCATION. V. *Asphyxie.*

SUIE. Produit de la fumée qui contient des principes résineux, du charbon, des huiles empireumatiques, et diverses autres substances provenant de la distillation du bois aux foyers des cheminées ou des poêles. La suie, d'une odeur désagréable, comme les huiles empireumatiques en général, a une saveur très amère; elle se forme dans les cheminées, partout où la fumée la porte en s'élevant. Elle s'enflamme facilement, et cause souvent des incendies dans nos campagnes. Les agriculteurs devraient être très circonspects sous ce rapport, et faire ramoner leurs cheminées à des périodes assez rapprochées pour éviter tout désastre.

La suie est un bon engrais; mêlée aux cendres, à la chaux, aux boues des rues, elle concourt à former un bon compost, surtout pour les prairies; elle produit aussi un bon effet dans les jardins.

SUIF. Nom réservé à la graisse qu'on trouve entassée aux reins et aux intestins du bœuf, du mouton et de la chèvre. Cette graisse est blanche, dure, et sert à faire des chandelles. La chimie a trouvé le moyen de traiter le suif de manière à en extraire la partie huileuse et à en faire des bougies connues dans le commerce sous différents noms, qui leur sont donnés par les fabricants.

Les vieux animaux ont ordinairement plus de suif que les jeunes, ce qui les fait préférer par les bouchers. Chez les jeunes animaux, la graisse est plus également répartie dans toutes les parties du corps, notamment dans leurs muscles, ce qui rend leurs formes généralement plus potelées, d'une part, et leur viande plus succulente, plus juteuse, de l'autre. La concentration de la graisse dans l'abdomen, chez les vieux sujets, rend au contraire leur viande plus sèche, moins savoureuse, et leurs formes sont plus anguleuses. — V. *Accroissement, Engraissement.*

SUINT. Matière grasse, onctueuse, jaunâtre, sécrétée par la peau des moutons. Le suint est contenu dans la laine, à laquelle il donne l'odeur particulière qu'elle a avant le dessuintage. Les laines qui restent en suint se conservent mieux dans les magasins qu'après leur lavage; elles sont moins exposées aux attaques des insectes. — V. *Laine.*

SUJET. En terme de jardinage on nomme sujet un sauvageon ou un arbre quelconque sur lequel on greffe une essence d'une espèce différente, en vue d'un meilleur produit.—V. *Franc, Greffe.*

SULFATAGE. Opération qui consiste à faire dissoudre du sulfate de cuivre (*vitriol bleu*) dans l'eau, pour en imbiber les blés destinés à être semés, afin de les préserver de diverses maladies, telles que la rouille, le charbon, la carie. — V. *Carie.*

SULFATE. Nom donné aux sels formés par l'acide sulfurique et certaines bases avec lesquelles il se combine. On emploie plusieurs sulfates en économie du bétail ou en agriculture. Le sulfate de cuivre (vitriol bleu) est considéré comme un spécifique contre la carie des blés (V. *Carie*); le sulfate de chaux (plâtre) est utilisé pour amender les terres, et surtout pour plâtrer les prairies artificielles composées de légumineuses, telles que le trèfle, le sainfoin, la luzerne, etc.; le sulfate de fer (couperose verte) est employé en dissolution pour fixer l'ammoniaque qui se dégage des fumiers et des purins. Le phénomène chimique qui se passe dans ce cas est fort simple : l'ammoniaque, ayant beaucoup d'affinité pour l'acide sulfurique, s'empare de celui que lui cède le sulfate de fer en se décomposant, et il en résulte un sulfate d'ammoniaque fixe. Par ce moyen, non seulement la mauvaise odeur des fumiers est détruite, mais le gaz ammoniac, en état de combinaison avec l'acide sulfurique de manière à former un corps solide, concourt à former un engrais très actif et très riche, par l'azote qu'il contient.

En médecine vétérinaire, le sulfate de fer est utilisé comme tonique et astringent, surtout en lotions à l'extérieur, soit pour réduire les engorgements, en resserrant les tissus, soit en activant la vitalité de ces mêmes tissus en état d'atonie; le sulfate de magnésie (sel d'Epsom) sert de purgatif; celui de soude (sel de glauber) est employé aux mêmes usages; le sulfate de zinc (couperose blanche) est un astringent très usité à l'extérieur, notamment contre les maladies des yeux des animaux.

SULFURE. Combinaison du soufre avec un autre corps. Deux sulfures sont spécialement utilisés en médecine vétérinaire, ce sont : le sulfure d'antimoine, employé contre les toux, les irritations anciennes des voies aériennes ; et le sulfure de potasse en dissolution, soit en lotions, soit en bains, contre les maladies de la peau, surtout contre la gale des chiens. — V. *Soufre.*

SULFURIQUE (*Acide, Huile de vitriol*). L'acide sulfurique est un liquide très caustique, beaucoup plus lourd que l'eau. Il est le résultat d'une combinaison d'oxygène avec le soufre. En médecine vétérinaire, on se sert de l'acide sulfurique pour cautériser les chairs de mauvaise nature, les plaies ulcéreuses, dont la cicatrisation est difficile. Très étendu dans l'eau, il fournit des boissons acidules rafraîchissantes. Son usage d'ailleurs est dangereux entre des mains inexpérimentées. Les praticiens habiles seuls peuvent le prescrire et s'en servir.

SUPERFÉTATION. Deuxième conception d'une femelle domestique. On a vu des exemples de juments qui, après avoir été fécondées par le cheval, l'ont été ensuite par le baudet, et ont produit en même temps un poulain et un mulet. Le fait de superfétation est aujourd'hui hors de doute par suite des observations qui ont été faites à ce sujet dans plusieurs lieux, non seulement dans la jument, mais dans d'autres espèces d'animaux. Les femelles multipares, telles que les chiennes, par exemple, offrent des exemples fréquents de superfétation, par les diverses variétés de chiens qui proviennent des mâles d'espèces différentes qui les ont fécondées. — V. *Fécondation.*

SUPPURATION. Formation de pus dans une plaie ou un abcès. — V. *Pus.*

SURDITÉ. Les animaux, comme l'homme, subissent les infirmités de la vie. On voit souvent de vieux chiens sourds ; ce défaut se remarque moins dans les autres animaux, surtout sur ceux de boucherie, parcequ'ils ne parviennent pas ordinairement à un âge avancé, aux époques de la vie où la surdité se fait remarquer le plus fréquemment.

La surdité serait un défaut dans le cheval, qui n'entendrait pas le commandement de son maître. Il serait difficile du reste de s'en convaincre en l'achetant, parcequ'on ne le soumet jamais à l'épreuve qui peut constater ce vice du sens de l'ouïe.

SUREAU. Genre de la famille des caprifoliacées. Le sureau est très connu et très commun. Sa fleur est employée en médecine des animaux, en décoction comme astringent, surtout contre les maladies des yeux, et en infusion, comme sudorifique, contre les arrêts de transpiration des animaux. Le sureau a une croissance très rapide. On l'utilise quelquefois pour former des haies; on pourrait aussi en faire des abris qui seraient bientôt en état d'être utilisés, par la célérité avec laquelle les pousses de cet arbuste se produisent.

SUROS. Nom donné à des tumeurs osseuses, généralement ovoïdes, qui se développent quelquefois sur les os des membres des chevaux. Lorsque ces tumeurs se trouvent près des tendons ou des ligaments, elles peuvent irriter ces organes par leur frottement et causer des claudications. Elles peuvent aussi borner le jeu des articulations, si elles sont placées sur leurs bords.

Les inconvénients de la formation des suros dépendent donc de la place qu'ils occupent. Ils sont inoffensifs s'ils sont isolés, s'ils ne peuvent irriter par leur contact les organes du mouvement ou le jeu des articulations.

SUSPECT. Animal suspect. — V. *Douteux*, *Morve*.

SUTURE. Opération qui consiste à rappocher dans un animal des lambeaux de peau, et à les fixer au moyen de fils ou d'épingles pour qu'ils puissent se souder ensemble. Plusieurs moyens sont employés pour obtenir la suture des tissus déchirés ou coupés. C'est au praticien à employer les procédés qui sont indiqués par la nature de la plaie.

SYCOMORE. V. *Érable*.

SYMPTOME. En médecine vétérinaire, on donne le nom de

symptôme aux signes par lesquels on découvre l'existence d'une maladie, comme on détermine sa nature.

Les symptômes des maladies du bétail sont plus ou moins apparents ou obscurs. Les animaux malades ne pouvant pas être interrogés comme l'homme, il faut que le jugement et l'esprit d'observation du praticien suppléent aux renseignements qu'il ne peut pas obtenir par la parole. — V. *Diagnostic.*

SYNOVIAL. (*Membrane synoviale.*) Membrane séreuse qui garnit les articulations et y sécrète la synovie, afin de faciliter leur mouvement. Les dilatations anormales des synoviales constituent les petites tumeurs molles qu'on observe aux articulations ou sur les trajets des tendons des membres. On connaît ces tumeurs sous les noms de molettes ou vessigons — V. ces mots.

SYNOVIE. Liquide visqueux, gluant, limpide et incolore, sécrété par les membranes synoviales aux articulations et aux coulisses dans lesquelles glissent les tendons des muscles. La synovie remplit, dans les lieux où elle est sécrétée, les mêmes fonctions que les huiles ou les graisses dans les rouages des machines utilisées dans les arts. La différence est dans son action, bien plus parfaite chez les animaux que dans les machines inanimées. L'altération de la synovie peut troubler le jeu des articulations et causer des maladies plus ou moins graves dans les organes importants qui composent ces charnières. Lorsque la sécrétion des synoviales n'est plus normale, la synovie, qui en est la conséquence, n'a plus les qualités indispensables à son action; les surfaces articulaires s'irritent parceque leur glissement ne peut plus se faire d'une manière convenable, et il en résulte des irritations par frottement qui ont pour conséquence des vessigons, des ankyloses, des molettes, etc. — V. *Ankylose*, *Molette*, *Vessigon.*

SYRINGA. Genre de plantes de la famille des jasminées. Le syringa est un arbrisseau cultivé pour l'ornement des parterres ou des parcs. Sa fleur a une odeur assez agréable; sa patrie originaire est inconnue. La culture a produit plusieurs espèces de syringa, généralement estimées. Du reste, le syringa est très rustique; il croît et se reproduit dans tous les climats, et il est, avec le lilas, l'un des arbrisseaux d'ornement les plus répandus.

T

TABAC. Plante de la famille des solanées. Il n'est pas de végétal cultivé dont l'usage soit plus généralement répandu sur le globe que le tabac. On le trouve chez tous les peuples, même dans les peuplades les moins civilisées. On le prend de diverses manières pour satisfaire les sens du goût, de l'odorat, etc. On le fume pour en savourer la fumée; on le réduit en poudre pour le priser et en sentir l'odeur; enfin on prépare ses feuilles, ou l'on s'en sert souvent pour en en exprimer le jus dans la bouche. L'usage de ce produit devient le plus souvent une habitude si impérieuse, que les consommateurs ne peuvent pas s'en passer, et que sa privation est une véritable souffrance, comme celle de la faim, de la soif. On se demande pourquoi cette plante est non seulement la seule solanée, mais le seul végétal (dont on pourrait se passer à la rigueur, puisqu'il n'est pas alimentaire), qui soit un pareil appât pour les races humaines. Plus que jamais son usage tend à se répandre dans toutes les classes de la société : pauvres et riches, jeunes et vieux, civilisés et sauvages, habitants des pôles et des tropiques, tous lui paient leur tribut, sur mer comme sur terre. Quelques animaux même sont avides de tabac. On sait en Afrique, par exemple, que certaines gazelles privées sont avides de bouts de cigares que leur donnent les fumeurs.

J'ai vu moi-même, dans une ménagerie ambulante, en Alsace (à Obernay, en 1831), un gros singe macaque qui s'agitait avec violence et criait dans sa cage lorsqu'il voyait fumer. Pour le calmer, il fallait lui donner une pipe; quand il l'avait, il se retirait tranquille dans un coin, et il fumait exactement comme l'aurait fait un fumeur consommé, et avec la même apparence de délice.

Le tabac est encore une conquête faite sur l'Amérique. Lorsque Christophe Colomb y pénétra avec ses Espagnols, les naturels s'en servaient. Sa graine fut envoyée en Europe vers le commencement du seizième siècle. Quelque temps après, un ambassadeur français nommé Nicot l'expédiait du Portugal en France ; c'était, dit-on, en 1560. On lui donna plusieurs noms : herbe à la reine, médicée, parceque Catherine de Médicis en fit usage pour priser ; herbe du grand prieur, herbe de sainte croix. Enfin le nom de tabac fut définitivement adopté en mémoire du pays où il fut trouvé, dans les Antilles, et qui se nomme Tabago.

Aujourd'hui le tabac donne lieu à une culture très étendue en France, et à une grande importation. Son usage tend de plus en plus à se répandre. Est-ce un bien, est-ce un mal ? La civilisation, la perfectibilité humaine, y gagnent-elles ? Il est permis d'en douter.

On conçoit que, si le tabac eut ses partisans absolus lorsqu'il fut importé en Europe, il eut aussi ses détracteurs. Il y eut à ce sujet de vives polémiques de la part des savants de tous les pays. Certains souverains d'Europe, et même d'Orient, en défendirent non seulement l'usage, mais la culture, sous les peines les plus sévères, même sous peine de mort. Aujourd'hui on use du tabac comme on l'entend, on semble même favoriser sa consommation dans les pays où il est imposé, parcequ'elle procure des sommes considérables au fisc. On affirme que le monopole du tabac produit en France près de cent millions.

Quant à la culture de cette plante, elle est libre dans certains pays ; mais elle est bornée en France à quelques départements. La régie surveille exactement les champs où il est semé ; elle connaît la quantité de pieds de tabac cultivés en France, et jusqu'au nombre de feuilles que porte chacun de ces pieds. Il en résulte que l'administration doit savoir le nombre des feuilles de tabac récoltées sur le sol français.

En médecine vétérinaire on emploie le tabac comme remède, on l'utilise en décoction contre la vermine des animaux, et quelquefois contre certaines maladies cutanées.

TABLE (*des dents*). En médecine vétérinaire on nomme table des dents les surfaces de frottement de ces organes. On distingue la table des dents incisives, qui sert quelquefois à déterminer l'âge des animaux, et celle des mâchelières. Ces tables sont plus ou moins rugueuses, suivant les fonctions des dents ; ainsi celles des mâchelières dans les herbivores sont disposées de manière à former de véritables meules propres à moudre les grains ou à broyer les fourrages dont se nourrissent ces animaux. — V. *Age, Dent.*

TAIE. (*Albugo dragon.*) La vitre de l'œil est quelquefois le siége de taches blanchâtres plus ou moins étendues, qu'on nomme taies lorsque ces taches sont sur les côtés de la cornée lucide. Quand elles sont bornées de manière à ne pas intercepter la lumière qui doit passer par la pupille et se rendre au fond de l'œil, elles peuvent avoir peu de gravité, quoiqu'elles déprécient toujours un peu la valeur d'un animal; mais, lorsqu'elles sont au milieu de la vitre, en face de la pupille, elles portent atteinte à l'intégrité de la vue de l'animal, et diminuent par conséquent son prix. Du reste, la cause qui produit la taie doit être prise en considération ; elle est grave si elle a son origine dans une maladie profonde de l'œil lui-même; elle peut être de peu d'importance, au contraire, si elle est le résultat d'une légère contusion, d'un coup de fouet, ou de tout autre incident qui peut être sans suite fâcheuse. — V. *Ophthalmie*, *Fluxion périodique.*

TAILLE. En termes de jardinage, la taille a deux buts : le premier est d'augmenter la production des fruits et de les rendre meilleurs; le second est de borner le plus possible l'espace qu'occupent les arbres fruitiers dans les potagers. Aussi, l'art du jardinier donne-t-il une infinité de formes aux arbres cultivés pour leurs fruits : tantôt ils sont taillés en éventail, fixés le long des murs avec des branches symétriquement disposées; tantôt ils sont en forme de quenouilles, de colonnes, de pyramides, de gobelets, etc.; enfin ils simulent quelquefois des haies vives rangées le long des allées de manière à les embellir, sans cesser de donner d'excellents produits.

L'art de tailler les arbres est arrivé à un degré de perfection tel, sous le double point de vue proposé, qu'on ne saurait s'empêcher d'admirer la forme des espaliers de toute nature autant que la beauté de leurs fruits, notamment dans les environs des grandes villes. Le muséum d'histoire naturelle de Paris, le jardin du Luxembourg, offrent sous ce rapport des modèles qui peuvent servir d'école pratique à tous ceux qui veulent se perfectionner dans l'art de la taille.

La taille de la vigne a le même but que celle des arbres fruitiers sous le rapport du produit; mais elle diffère sous celui de l'économie du terrain qu'elle doit occuper. Le sol des vignes est loin d'être aussi borné que celui des jardins; on a donc moins à s'occuper de ménager son étendue.

Les instruments qui servent à la taille sont la serpette et le sécateur. Mais cette opération ne saurait être pratiquée avec discernement par tout le monde. Elle demande des notions de physiologie végétale pour bien distinguer les pousses qu'il faut couper, celles qu'il faut ménager, la quantité des fruits que l'arbre peut produire sans altérer sa santé, sans s'épuiser. Ce n'est pas tout, en effet, que de savoir diriger la production d'un espalier. Ici deux intérêts sont toujours en présence : l'intérêt actuel, qui est celui de la production du moment, et l'intérêt futur, qui consiste dans la durée de l'arbre taillé. Un bon jardinier sait concilier ces deux conditions de son produit. Cependant ces exemples sont généralement rares, dans nos campagnes surtout; la taille y est ordinairement mal faite, parceque la physiologie végétale, qui doit être le guide de la main du jardinier, manque aux ouvriers pour bien opérer. La routine est presque toujours leur maître, ils ne peuvent faire que ce qu'elle leur a appris. La science de la taille des arbres, alliée à la pratique, ne saurait être assez répandue. Elle pourrait rendre partout des services immenses par la révolution qu'elle occasionnerait dans la production des fruits de toute nature dans chaque spécialité de climat.

TAILLIS. On donne le nom de taillis aux bois exploités périodiquement sur souches. On donne aussi ce nom au jeune bois de semis avant l'âge de vingt-cinq ou trente ans.

La nature du sol des taillis règle la périodicité des coupes. Elles ont lieu tous les dix, douze ou quinze ans dans les mauvais fonds; la raison en est simple: ces fonds ne peuvent fournir qu'une certaine quantité de bois dans un temps donné. Après son développement normal au lieu où il pousse, le bois ne croît plus; il faut couper le taillis pour en obtenir de nouvelles pousses. Dans les bons fonds, au contraire, où le bois se développe dans de grandes proportions, on peut attendre vingt-cinq, trente ans et plus, pour son exploitation en taillis, parceque la nourriture ne manque pas aux besoins de sa croissance.

La périodicité des coupes des bois taillis est donc subordonnée à la nature du sol qui les fournit. Elle est essentiellement bornée dans les mauvais fonds, tandis que dans les bonnes terres on peut attendre le temps le plus convenable aux exploitations avantageuses, parceque le développement des essences ne s'arrête pas.

TALLE. Nom donné à l'ensemble des pousses d'un végétal partant du collet de la racine et disposées autour de sa tige principale. On remarque des talles dans les graminées, notamment dans les céréales. Les talles, qui forment de véritables touffes, sont toujours plus nombreuses et plus fortes dans les sols riches, bien travaillés et bien fumés, ce qui explique surtout la quantité de leur rendement relatif. — V. *Rendement, Semailles.*

TALLER. Pousser des talles.

TALON. Nom donné à chaque partie du sabot du cheval qui se trouve placée sur les côtés de la base de la fourchette. Les talons sont formés par la muraille qui se replie à angle aigu pour gagner le centre de la sole. — V. *Muraille, Pied.*

TAMARISCINÉES. Famille de plantes généralement composée d'arbres ou d'arbrisseaux. Le tamarix, qui forme le type de cette famille, croît en abondance dans le midi de la France, notamment sur les côtes de la Méditerranée. Cet arbrisseau est très commun, surtout dans la Camargue.

TAMARIX. Genre de plante de la famille des tamariscinées. Le tamarix est un arbrisseau très répandu dans le midi de la France, sur les bords de la mer, des ruisseaux et des rivières ; sa croissance est très rapide; on pourrait l'employer soit pour en former des haies, soit pour tirer partie des terrains salés, infertiles, et faire de la soude. Le tamarix, qui pousse aussi très facilement dans les sables, serait utile pour contribuer, par des plantations bien combinées, à borner les dunes de la mer partout où elles sont menaçantes pour l'agriculture.

Dans la Camargue, les chevaux broutent les branches de tamarix pendant l'hiver, lorsqu'ils ne trouvent que peu d'herbes pour se nourrir.

TAMIS. Instrument qui sert à une infinité d'usages dans l'économie domestique, notamment dans nos campagnes. On se sert des tamis pour tamiser tous les objets pulvérulents; les tamis en crins sont employés à tamiser les farines dans les ménages, et même dans les petits moulins des villages.

TAN. (*Tannée.*) Ecorce de chêne séchée et réduite en poudre plus ou moins grossière pour tanner les peaux des animaux. C'est avec cette écorce que l'on fait les mottes à brûler, vendues partout où il y a des tanneries.

TANAISIE. Genre de plantes de la famille des composées. La tanaisie jouit à peu près des mêmes propriétés que l'absinthe. Ses fleurs sont employées en médecine vétérinaire comme toniques et excitantes contre les maladies de langueur, contre la pourriture, etc. Ses infusions sont considérées aussi comme vermifuges et sudorifiques. Ses feuilles sèches, consommées par les moutons, paraîtraient être un préservatif contre la cachexie, dont ces animaux sont souvent atteints, dans les pays humides surtout.

TANGUE. Nom donné aux engrais qui se forment sur les bords de la mer par le mélange combiné de débris d'animaux marins, de végétaux et de vases. Les cultivateurs des côtes de l'Océan font un emploi très répandu de la tangue pour engraisser leurs terres. Souvent on la stratifie avec d'autres substances pour en faire des composts. — V. *Compost.*

TANNIN. Substance astringente qui se trouve dans une infinité de végétaux, dans leurs écorces, dans leurs feuilles, jusque dans leurs fruits. Le tannin est surtout abondant dans l'écorce du chêne. C'est le tannin de cette écorce qui est employé pour tanner les cuirs. — V. *Tan.*

TAON. Insecte diptère qui vit aux dépens du sang des animaux. Ces espèces de grosses mouches se tiennent surtout dans les lieux boisés, pendant l'été et une partie de l'automne. Elles tracassent les animaux de manière à les faire fuir et à les rendre furieux par leurs bourdonnements; ce sont surtout les individus de l'espèce bovine, qui quittent les pâturages au galop, la queue relevée, pour rentrer dans les étables et se soustraire à l'insecte qui les harcelle, et les pique cruellement, afin de sucer leur sang. Pendant les fenaisons, les taons tracassent tellement les attelages, que souvent on est obligé d'employer une personne pour les chasser avec des branchages feuillus, afin que les animaux restent tranquilles pendant qu'on charge les récoltes.

TAPIOCA. V. *Manioc*.

TAPIR. Genre de mammifère de la famille des pachydermes. Le tapir, qui a la taille d'un âne, habite diverses contrées de l'Amérique, où il a été domestiqué en plusieurs lieux, notamment au Brésil. M. Linden, membre de la Société zoologique d'acclimatation, assure qu'au Brésil le tapir est quelquefois employé comme bête de somme, et qu'il est aussi fort qu'une mule. Sa chair est de bonne qualité. Il serait peut-être utile de faire des études sur cet animal pour savoir si son acclimatation pourrait offrir quelques avantages à nos contrées.

TARE. Vice, défaut, généralement causé par la fatigue ou l'usure dans les animaux. C'est surtout aux membres de l'espèce chevaline qu'on observe des tares. Les bœufs d'attelage en offrent aussi des exemples. Les exostoses de toute nature, les engorgements chroniques des tendons, des articulations, les tumeurs indurées, etc., sont des tares plus ou moins graves qui déprécient la valeur des individus qui en sont affectés. Ces tares, en effet, peuvent occasionner des boiteries ou toute autre particularité qui rend les animaux peu aptes à leur destination, surtout lorsque ce sont des animaux de travail. — V. *Exostose, Forme, Jarde, Molettes, Suros, Vessigons*.

TARÉ. Animal taré, qui a des tares, qui a les membres fatigués ou usés. — V. *Exostose*, *Fatigue*, *Tare*, *Usure*.

Un arbre, une pièce de bois, sont aussi tarés quand ils ont quelque vice accidentel qui les rend impropres à certains usages déterminés, comme la confection de meubles, d'instruments, de charpentes, etc.

TARSE. Nom donné aux os réunis du jarret des animaux. Ceux du genoux composent le carpe. — V. *Jarret*.

TARTRATE. Sel qui résulte de la combinaison de l'acide tartrique avec une base. Les tartrates de potasse et d'antimoine constituent le tartre stibié ou émétique, dont la médecine vétérinaire fait par fois usage. Ses effets varient selon le mode d'administration et les quantités qu'on en donne aux animaux. Tantôt on l'emploie en pommade sur la peau pour produire une révulsion énergique; tantôt il agit à l'intérieur comme purgatif, ou comme vomitif pour les animaux qui peuvent vomir; enfin il sert à combattre certaines affections de poitrine et du canal aérien.

L'emploi du tartre stibié demande beaucoup de prudence et de pratique. Il ne peut être bien dirigé que par des praticiens habiles.

TARTRE. Matière saline qui se dépose en croûte sur les parois des tonneaux de vin. Sa couleur varie suivant celle du vin lui-même. La lie, dont on le retire, en contient des quantités notables.

On nomme aussi tartre une matière dure qui s'attache aux dents des animaux. La couleur de cette substance varie. Elle est jaunâtre chez le cheval et le bœuf. Dans le mouton et la chèvre, elle est souvent noire.

TARTRE STIBIÉ. V. *Émétique*, *Tartrate*.

TARTRE (*Crème de*). Médicament composé de tartrate de potasse et d'acide borique. La crème de tartre est quelquefois employée comme purgatif pour les animaux.

TAUPE. Petit mammifère de l'ordre des carnassiers et de la famille des insectivores, qui comprend les hérissons, les chauve-souris, les musaraignes, les desmans, etc. Tous les cultivateurs connaissent la taupe, comme les dégâts qu'elle fait partout où elle s'établit, et tous lui font une guerre incessante pour la détruire et s'en débarrasser.

La taupe fait sous terre des galeries combinées de manière à être toujours en sûreté contre ses ennemis et à se mettre à l'abri de tout danger pressant. Étienne Geoffroy Saint-Hilaire a fait de cet insectivore une étude détaillée du plus haut intérêt. Il raconte de la manière suivante comment sont disposées ces galeries, qu'il observa en 1823 avec M. Henri Lecourt : « La taupe, » dit l'illustre professeur du Muséum d'histoire naturelle, ne » craint point et n'a pas lieu de craindre que sa demeure soit » rendue distincte par un plus grand volume et par un plus » grand tassement des terres, parceque ses précautions sont con- » çues de telle sorte qu'elle ne peut être prise dans cette habita- » tion. Le lieu où sera le gîte est choisi avec discernement ; il ne » pourra être foulé ni écrasé, par l'attention qu'a la taupe de le » construire au pied d'un mur, d'une haie ou d'un arbre. Par » des déblais plus considérables, l'animal s'est procuré une plus » grosse taupinière ; le tout en est bientôt façonné, au moyen » d'une galerie circulaire sous clef ; non contente d'avoir ouvert » cette galerie en se glissant entre deux terres, la taupe continue » ses tassements de dedans sur le dehors par des poussées de » son corps et de sa tête. Une autre galerie circulaire au dessous » de la première est plus grande et de niveau avec le terrain en- » vironnant ; la taupe y fait les mêmes tassements. Les galeries » communiquent entre elles par cinq boyaux également espacés, » et la galerie supérieure aboutit au sommet du gîte par trois » routes. Le gîte, ou la chambre qu'habite la taupe, est pour- » vu à son fond d'un trou qui fait l'entrée d'une route de sauve- » tage, si elle est menacée. »

La taupe a donc pris, *en architecte habile*, comme le dit Geoffroy Saint-Hilaire, ses précautions pour être à l'abri des dangers et s'y soustraire quand ils sont imminents.

Cependant, lorsqu'on a bien étudié les mœurs de cet insectivore et les dispositions de ces galeries, il n'est pas bien difficile de la détruire. Il importe pour cela de reconnaître la galerie de passage par laquelle la taupe se rend de son gîte aux lieux où elle va faire ses ravages, et d'y tendre des piéges ; on est toujours assuré de la prendre, parcequ'elle ne manque jamais de suivre cette galerie plusieurs fois dans la journée. Les taupiers, si habiles pour détruire les taupes, n'emploient pas d'autre procédé ; tout leur secret est là.

C'est surtout dans les prairies que les taupes sont nuisibles. Leurs taupinières étouffent l'herbe de la place où elles se trouvent, et, de plus, elles contrarient les faucheurs, qui ne peuvent faucher qu'avec difficulté les prés où ces monticules de terre sont multipliés. Dans les champs, dans les jardins, les taupes ne sont pas moins malfaisantes. Étienne Geoffroy Saint-Hilaire a compté, avec Lecourt, jusqu'à quatre cent deux brins de blé entraînés dans une galerie de ces insectivores pour y construire un nid.

Les galeries des taupes sont encore nuisibles quand elles sont faites sur les bords ou sur les berges des canaux d'irrigation ou des réservoirs, et sur des digues: l'eau s'échappe par ces galeries. C'est surtout pendant les grandes sécheresses, lorsque les taupes recherchent la fraîcheur, qu'on observe ce fait. J'ai vu des réservoirs qui ne pouvaient plus contenir l'eau. Elle s'échappait par les taupinières, et des réparations assez considérables étaient nécessitées pour arrêter ces fuites, dont il n'était pas toujours facile de trouver les ouvertures au travers des maçonneries.

Cependant, malgré les dégâts incontestables des taupes, on s'est demandé si la grande quantité d'insectes qu'elles détruisent ne compense pas le mal qu'elles font. Elles dévorent, en effet, les courtilières (*taupes-grillons*), les vers blancs du hanneton, insectes bien plus redoutables encore que les taupes. Ces derniers surtout sont trop souvent un véritable fléau pour l'agriculture.

Du reste, la taupe est d'une grande voracité et ne peut pas vivre long-temps sans manger. L'énorme activité qu'elle déploie dans son travail incessant explique son grand appétit. « Toutes » les fois qu'une taupe est demeurée seulement trois ou quatre » heures sans manger, elle paraît affamée, dit M. Flourens, et, au » bout de cinq ou six heures, elle commence à tomber dans un » état de débilité extrême. »

M. Geoffroy Saint-Hilaire s'est convaincu que ces animaux pressés par la faim se dévorent entre eux. « Je désirai prendre » une connaissance personnelle de mœurs aussi singulières et » aussi faciles à observer, dit Geoffroy Saint-Hilaire; on m'adres- » sa des taupes vivantes, mais d'une campagne écartée de huit » lieues. Quelques unes, expédiées séparément, moururent de » faim; mais on imagina de m'en envoyer deux ensemble, ren- » fermées dans la même boîte. Or l'une seulement me parvint vi- » vante; la seconde, traitée comme provision de voyage, fut dé- » vorée par sa camarade. »

Ces faits de voracité des taupes et du pressant besoin de manger souvent expliquent pourquoi ces animaux travaillent sans cesse à fouiller la terre pour chercher leur nourriture et apaiser leur faim.

On détruit les taupes au moyen de piéges disposés de diverses manières ; quelquefois aussi on les empoisonne avec de l'arsenic mis dans le corps d'insectes ou dans de la viande qu'on place dans leurs galeries. La voracité de ces animaux rend facile ce moyen de destruction.

TAUPE-GRILLON. V. *Courtilière.*

TAUPINIÈRE. Monticule de terre formé par les taupes. On ne doit jamais manquer de disperser les taupinières, surtout dans les prairies que l'on fauche : non seulement elles étouffent l'herbe qu'elles couvrent, mais elles contrarient les faucheurs dans leur travail.

TAUREAU. Étalon de l'espèce bovine. Le choix de l'étalon joue toujours un grand rôle dans le perfectionnement de toutes les races. Nous connaissons tous les efforts tentés pour le choix des types légers dans l'espèce chevaline. Quelques uns de nos éleveurs des espèces bovines, comme l'état, ont fait aussi de judicieuses tentatives pour se procurer de bons béliers, surtout dans l'espèce mérinos ; mais nos espèces bovines ont été trop négligées sous le rapport des producteurs mâles. Dans les pays où l'élevage est très multiplié, comme en Auvergne, dans les montagnes d'Aubrac, les taureaux, les plus précieux comme les plus communs, sont vendus ou castrés jeunes encore. Souvent les plus beaux sont vendus avant la monte par les cultivateurs qui ont besoin d'argent, et ces beaux types sont exportés dans des pays où ils sont castrés, parcequ'on n'y élève pas. Il résulte de ces procédés désastreux que de très beaux étalons sont perdus pour la production locale et le perfectionnement de la race. Afin d'obvier à ce triste état de choses, il faudrait faire pour l'espèce bovine ce que l'on a fait pour le cheval : primer de beaux reproducteurs chez les propriétaires, ou bien en former des dépôts dans les lieux qui en manqueraient, comme on le fait pour l'espèce chevaline. Par ce procédé bien simple, on conserverait dans les localités d'élevage de bons taureaux qui y rendraient de grands services.

Dans les montagnes du Cantal, où la précieuse race de Salers est élevée pure de tout mélange, on conserve précieusement les bons types femelles; mais l'on vend toujours les mâles, quels qu'ils soient, après une ou deux montes au plus, et souvent même avant d'avoir été employés à la reproduction. Aussi la race bovine de ces montagnes s'améliore-t-elle lentement par suite de ce procédé, qui la prive de ses beaux types reproducteurs. Pour être de bonne qualité, un taureau doit avoir une bonne santé, une conformation régulière et une bonne nature de tissus. On reconnaîtra l'une et l'autre de ces conditions aux caractères suivants : peau généralement fine, souple, recouverte de poils soyeux, fins au toucher, moelleux, lisses et luisants; poitrine bien développée, ce que l'on reconnaît à sa profondeur, à sa longueur et à la courbure des côtes; celles-ci doivent toujours être arrondies de manière à former un cylindre; membres courts, bien musclés et d'aplomb; croupe large, longue, bien fournie de muscles; fesses et cuisses bien culottées et descendues; ventre peu volumineux; ligne du dos et des reins droite et bien soutenue; tête courte, large, naseaux bien ouverts, yeux grands, regard doux, mais franc et assuré; oreilles fines, amincies, bien découpées et mobiles.

On ne doit pas négliger d'examiner les signes caractéristiques des types laitiers de Guénon; bien que ces signes ne soient pas aussi développés chez les taureaux que chez les vaches, ils n'en existent pas moins, et il est toujours utile de s'assurer de leur disposition.

Tels sont les caractères généraux auxquels on reconnaîtra les qualités d'un taureau propre au bon entretien d'une espèce précieuse ou à son amélioration.

TAURELLIÈRE. Nom donné aux vaches qui recherchent souvent le mâle, sans être fécondées. Les cultivateurs ne doivent jamais conserver des vaches taurellières. Elles se tracassent toujours en recherchant les taureaux, et cet état de surexcitation des organes de la génération les rend non seulement impropres à la production du lait, mais au but proposé dans l'élevage de la vache. Une taurellière doit être immédiatement livrée au boucher.

TÉGUMENT. D'un mot latin qui veut dire *couvrir*. On donne le nom de téguments, en anatomie du bétail, aux enveloppes qui recouvrent les animaux ou protègent certains de leurs organes. La peau, les membranes muqueuses qui tapissent toutes les ouvertures naturelles, sont des membranes tégumentaires, des téguments. — V. *Muqueuse, Peau.*

TÉGUMENTAIRE. V. *Tégument.*

TEIGNE. Genre d'insecte lépidoptère. Ce genre comprend diverses variétés qui font de grands ravages, soit dans nos récoltes, soit dans nos provisions de bouche ou dans les objets divers qui nous servent de vêtements, de fourrures, etc. Nos meubles, nos draps, nos pelleteries, les tissus de laine et les laines elles-mêmes en magasin sont dévorés par des teignes, dont il est bien difficile de se préserver. On cherche à éloigner ces insectes par l'emploi du tabac, du poivre. Les teignes de la laine font souvent des ravages dans les magasins de laine lavée; mais elles n'attaquent pas les laines en suint. Le meilleur moyen de se préserver des ravages des teignes, c'est de visiter souvent les objets qu'elles attaquent, de les brosser, de les battre périodiquement, surtout en automne. On fait ainsi tomber les œufs que pondent leurs papillons, et on prévient leur éclosion dans les objets qui les contiennent.

TEILLER. Séparer les filaments du chanvre ou du lin des tiges qui les produisent. Après le rouissage, on teille le chanvre surtout au moyen d'instruments nommés broies, ou à la main.

TEINTURE. Dissolution de certaines substances médicamenteuses dans l'alcool. En médecine vétérinaire, les teintures d'aloès et de cantharides sont celles dont on fait le plus d'usage. Cette dernière est employée en frictions, pour produire sur la peau une action vésicante. L'autre sert aux pansements des plaies dont la cicatrisation est lente. On frictionne aussi avec des teintures certaines tumeurs indolentes pour y exciter la vie et hâter leur résolution; la teinture d'iode surtout a dans ce cas une action spéciale.

TEMPÉRAMENT. Constitution particulière aux animaux. Les tempéraments des animaux sont de diverses natures. On les a distingués en tempéraments sanguins, lymphatiques, et nerveux. Les sujets dont le tempérament est sanguin ont les organes de la circulation et de la respiration bien développés; ils sont robustes, vigoureux. Leur force musculaire est grande. Ces animaux sont les plus propres au travail. Le cheval percheron, le breton, dans l'espèce chevaline; le bœuf Salers, celui d'Aubrac, du Limousin, dans l'espèce bovine, sont des sujets à tempérament sanguin.

Les tempéraments lymphatiques sont caractérisés par la prédominance du système lymphatique. Les animaux de cette nature ont les formes empâtées, leurs tissus sont flasques, leur système pileux est abondant, leurs allures sont molles et féminines, et leurs membranes apparentes sont peu colorées en général. Le cheval, le bœuf flamand, le bœuf normand, appartiennent aux espèces lymphatiques. Les lieux bas et humides, les aliments grossiers, de mauvaise qualité, contenant peu de principes nutritifs proportionnellement à leur volume, tendent à favoriser le développement des tempéraments lymphatiques.

Les sujets nerveux sont généralement élancés, vifs, irritables; leurs formes sont grêles, légères, souvent anguleuses. Ces animaux ont une grande activité d'action, mais ils se fatiguent rapidement. Les chevaux de course anglais, dans l'espèce chevaline, sont des types de tempéraments nerveux. Les petits bœufs bretons dont la robe est pie-noire sont aussi des sujets nerveux dans leur espèce, mais dans de bonnes conditions.

Les animaux à tempérament sanguin sont ceux qu'il faut préférer comme types de force et de travail. Les lymphatiques sont propres à la production du lait et à l'engraissement. Les sujets nerveux de l'espèce bovine partagent à peu près ces avantages avec les lymphatiques. Quant aux sujets nerveux et irritables de l'espèce chevaline, ils ont beaucoup d'ardeur au travail, mais ils demandent beaucoup de ménagement et des soins hygiéniques bien entendus. Les chevaux de vitesse créés par les Anglais pour leurs jeux d'hippodrome, et pour des courses à outrance à courte distance, avec un poids très léger, peuvent être considérés comme les types des animaux à tempérament nerveux; mais ces types ne sont généralement pas propres à faire de bons animaux de travail. — V. *Courses*.

TEMPÉRATURE. On donne le nom de température au degré relatif de chaleur contenue dans les corps. La température de l'atmosphère est plus ou moins élevée, suivant les saisons et les temps. On l'apprécie au moyen d'instruments gradués nommés thermomètres.

La température exerce une grande influence sur les divers modes de culture adoptés. On est obligé, en effet, de cultiver les végétaux qui conviennent à leur action locale et de repousser ceux auxquels elle est défavorable; le plus souvent les différences de cultures observées au Nord et au Midi, sur les montagnes élevées et dans les vallées qui sont à leurs pieds, n'ont pas d'autre raison que l'élévation ou l'abaissement de la température, ou sa régularité; suivant qu'elle est basse ou élevée, la température est nuisible ou favorable aux végétaux comme aux animaux. — V. *Dégel*, *Gelée*.

TEMPORAL. Os qui concourt à la formation de la tête des animaux. Le temporal sert de base à la tempe.

TÉNACITÉ. Propriété d'un corps tenace, qui résiste beaucoup à la force de traction et se déchire difficilement. Dans les animaux, les tendons, les ligaments, les aponévroses, sont très tenaces. Cette qualité leur était indispensable pour bien remplir leurs fonctions. — V. *Aponévroses*, *Ligaments*, *Tendons*.

La ténacité des terrains rend quelquefois leur exploitation difficile; leur labour demande de forts attelages et de bons instruments pour être bien fait. Les terrains argileux nous en offrent des exemples : leur ténacité est quelquefois telle, pendant les temps de sécheresse, qu'il est impossible d'y faire entrer la charrue, et qu'il faut attendre un degré d'humidité convenable pour les labourer dans de bonnes conditions. On amende ces sortes de terrains avec des marnes, surtout lorsqu'ils sont sablonneux.

TENDINEUX. Tissu animal de la nature des tendons. — V. *Albuginé*, *Aponévrotique*, *Tendon*.

TENDON. On donne le nom de tendons aux cordes qui servent de prolongement à la plupart des muscles des animaux, surtout à ceux des membres. Les fonctions de ces organes sont de transmettre l'action musculaire aux lieux où ils s'insèrent. — V. *Muscle*.

La forme des tendons varie en longueur comme en grosseur et

en configuration, suivant les points du corps où ils se trouvent et la force du muscle dont ils doivent subir les tiraillements. Aux membres des animaux, ces organes sont généralement arrondis, et simulent sous la peau, dans les chevaux surtout, de véritables cordes tendues. Chez ces animaux, on exigera que les tendons soient gros, nets, bien dessinés, et détachés de manière à faire paraître la région des canons très élargie d'avant en arrière, et aplatie d'un côté à l'autre.

Du reste, l'écartement des tendons, qui est toujours une beauté, doit être régulier, de manière à rendre ces cordes parallèles à la direction des canons. Si elles s'en rapprochent à la partie supérieure, ce qui fait paraître le membre étranglé, comprimé en arrière sous le genoux, les tendons sont dits faillis. Cette disposition est contraire à une bonne action de la force musculaire des animaux, et par conséquent à un bon résultat dans les mouvements comme dans la station.

Les tendons doivent être lisses, sans engorgement ni empâtement, sans bosselure partielle ou générale; ils seront ainsi exempts de tares auxquelles les animaux de travail surtout sont exposés par suite des fatigues qu'ils supportent.

TENDON D'ACHILLE. Le tendon d'Achille est formé par la réunion des tendons de deux muscles (*bi-femoro-calcanéen* et *femuro-phalangien*) tordus en forme de véritable corde pour que leur action soit mieux combinée. Les fonctions de ce tendon sont de la plus haute importance, puisqu'il doit résister à tous les efforts faits par l'animal pour chasser le corps en avant, dans les allures rapides surtout, ou dans le saut. — V. *Jarret.*

TÉNIA. (*Ver solitaire.*) Nom donné à un ver aplati, crénelé sur les bords en forme de scie. Le ténia se développe dans le canal intestinal des animaux comme de l'homme. Cet entozoaire, qui comprend plusieurs variétés, est assez commun dans le chien. On l'observe aussi quelquefois dans le bœuf et le mouton.

Pour débarrasser les animaux du ténia, on leur donne des purgatifs, des décoctions d'écorce de racine de grenadier. On assure que l'huile empyreumatique est un très bon vermifage dans ce cas. La décoction de racine de fougère mâle est aussi regardée comme un bon moyen de détruire le ténia. Le médicament qui semble avoir produit les meilleurs effets contre le ténia est la poudre d'une plante appelée *cousso*. Cette poudre a été importée d'Abyssinie par M. Rochet d'Héricourt. Il paraît que les habitants de ce pays la considèrent comme un spécifique assuré.

TÉNOTOMIE. En médecine vétérinaire, on donne le nom de ténotomie à la section des tendons fléchisseurs, et notamment du tendon perforant. Cette opération est surtout pratiquée dans les chevaux fortement bouletés. On pense que la direction anormale de leur boulet est due au raccourcissement des muscles par suite de leur travail excessif, et on cherche à y remédier en coupant leurs tendons. Les bouts de ces cordes s'écartent après leur section, et permettent ainsi au boulet de prendre sa position normale. Bientôt une matière tendineuse se forme entre les extrémités des tendons coupés et les soude ensemble; mais les nouvelles fatigues ne tardent pas à produire sur le membre opéré les mêmes effets que les précédentes, et la ténotomie dans un animal déjà fatigué ne nous paraît pas remplir convenablement le but proposé dans ses conséquences futures, si elle a semblé avoir un effet immédiat satisfaisant.

TENSION. Etat d'un corps tendu. Les tendons sont dans une tension permanente pendant que les animaux travaillent ou sont debout. — V. *Tendons*.

TENTHRÈDES. (*Mouches à scie.*) Les tenthrèdes sont des insectes hyménoptères nuisibles à l'agriculture. Leurs larves, qui ressemblent beaucoup aux chenilles, dévorent les feuilles de plusieurs végétaux. Elles attaquent celles des arbres fruitiers, des arbres silvestres, des rosiers, des groselliers, etc.

TÉPHRINE. Roche volcanique très utilisée comme pierre de taille pour les constructions. Lorsqu'elle est taillée, la téphrine est d'un beau gris qui noircit avec le temps. Les sols qui contiennent ces roches sont volcaniques et de bonne qualité. La pierre de Volvic est une téphrine. Cette pierre est très commune dans les montagnes de l'Auvergne.

TÉRÉBENTHINE. Substance résineuse extraite de plusieurs conifères et employée à divers usages dans les arts et en médecine vétérinaire. La récolte de la térébenthine est un produit agricole assez lucratif dans les pays où elle est faite. C'est surtout du mélèze et du pin qu'on la retire. L'opération est facile : on perfore les arbres, ou bien on fait sur leur tronc des entailles ou blessures desquelles coule la térébenthine qu'on recueille.

Par la distillation, la térébenthine produit l'essence du même nom, si connue dans l'industrie et dans les arts pour la préparation des vernis, des peintures. Cette substance produit encore la résine et la poix.

En médecine vétérinaire, on emploie la térébenthine pour préparer des onguents fondants très énergiques, avec l'addition du sublimé corrosif. On fait aussi avec elle des emplâtres agglutinatifs. Quelquefois on l'administre à l'intérieur comme tonique. Son essence est d'un usage fréquent pour faire des frictions irritantes sur la peau des animaux et déterminer la guérison de certains engorgements, notamment dans les membres. Pour mitiger son action, toujours douloureuse dans le cheval, on mélange souvent cette essence soit avec le vinaigre ou l'eau-de-vie, soit avec l'essence de lavande, etc. — V. ***Poix, Résine***.

TERMITE. (*Fourmi blanche*, *Pou de bois*.) Insecte de l'ordre membreux des névroptères. Les termites peuvent être classés au nombre des insectes les plus nuisibles qui se trouvent dans les habitations. Ce ne sont pas les récoltes, ni nos provisions, qu'ils attaquent, mais les meubles en bois, les charpentes. Ces insectes rongent le bois de manière à ne laisser intacte que sa couche extérieure ; tout l'intérieur est vermoulu, et les meubles se brisent, les poutres se cassent tout à coup, sans qu'on ait pu s'apercevoir de l'existence des insectes qui les ont rongés. Il n'y a pas bien long-temps encore, le préfet de l'Eure signala à l'Académie des sciences des faits de ravages des termites, en priant cette savante assemblée de lui signaler les moyens de se soustraire à leur voracité.

Les termites se multiplient par quantités dans les pays chauds, notamment entre les tropiques. Ils paraissent avoir été introduits en Europe par des navires. Les naturalistes ont fait sur les mœurs de ces insectes des observations qui n'offrent pas moins d'intérêt que celles faites sur les abeilles et les fourmis. Comme elles, les termites vivent en société, et leurs instincts offrent de curieux exemples d'organisation sociale et de prévoyance.

TERRAIN. Le mot *terrain* en agriculture est synonyme de terre, de sol. Les géologues, au contraire, appellent terrains les différentes formations de roches qui constituent les diverses couches du globe terrestre. Suivant les époques présumées de ces formations et la nature des roches qui les composent, les terrains ont été divisés en primitifs, secondaires et tertiaires; cependant cette classification n'a pas paru fondée de manière à être définitivement adoptée par tous les géologues. En tout cas les terrains primitifs seraient, suivant les opinions les plus généralement admises, ceux dans lesquels on ne trouve aucun débris de corps organisés, tels sont les terrains granitiques; les terrains secondaires seraient ceux qui contiendraient des débris de végétaux dans leurs couches; et enfin les tertiaires seraient caractérisés par la présence de débris animaux, notamment par des ossements de mammifères.

Les classifications géologiques des terrains offrent moins d'intérêt aux agriculteurs que la nature de leur composition. Le fait important pour eux est de bien connaître la nature des terrains qu'ils ont à exploiter pour leur confier les récoltes qui leur conviennent le mieux, ou pour modifier leur composition par des amendements ou des engrais, de manière à les rendre les plus fertiles possible.

La composition des terrains varie suivant la nature des roches dont ils sont formés ou les amendements qu'ils ont reçus. Ainsi, ils sont granitiques, sablonneux, schisteux, argileux, calcaires, etc., suivant qu'ils sont formés de détritus des différentes roches constituantes du sol. Ils sont dits terrains d'alluvion lorsqu'ils ont été formés de couches de terre entraînées par les eaux et déposées à la surface du sol. Ces derniers terrains, qui sont dus à de véritables colmatages, sont généralement les meilleurs et les plus fertiles de tous ceux qui sont en culture.

La nature des produits varie suivant celle des terrains : aussi a-t-on cherché à établir en quelque sorte une classification des terrains suivant les espèces de plantes qu'ils produisent. Sans accepter ce mode de classement comme rigoureux, il n'est cependant pas possible de ne pas le prendre en considération. Ainsi on sait, en général, que les terrains calcaires sont plus favorables à la culture des légumineuses que les granitiques, les schisteux et les argileux. Le sainfoin, par exemple, ne réussit bien que dans les sols calcaires. On sait aussi que les amendements faits avec de la chaux et de la marne, dans les sols froids et humides, modifient leurs plantes fourragères, et favorisent le développement comme la multiplication des trèfles, des lupulines, des lotiers, etc.

La nature des sols, ayant une action directe sur les produits végétaux, réagit essentiellement sur les animaux. Ainsi, tandis que les bestiaux des terrains granitiques sont généralement de petite taille, et souvent chétifs, quoique quelquefois robustes et énergiques, ceux des terrains calcaires et d'alluvion sont forts et bien développés. Ce fait est remarquable, surtout dans les pays où les changements de composition du sol sont brusques et tranchés. J'ai vu en Auvergne, par exemple, des villages dont les terrains sont granitiques avoir des animaux chétifs comparativement à ceux des villages voisins, dont le sol est volcanique. Ce fait est si vrai que, dans les foires et marchés, on n'a pas besoin de consulter les vendeurs sur la provenance de leurs animaux. A leur taille, comme à leur conformation, un praticien juge facilement si les sujets qu'il observe ont été élevés sur le sol volcanique ou granitique.

De tous les terrains cultivés, les granitiques sont les moins fertiles, surtout quand ils ne sont pas amendés et engraissés convenablement. Les terrains d'alluvion, au contraire, ceux qui sont calcaires dans de bonnes proportions, sont les plus fertiles. — V. *Alluvion*, *Amendement*, *Argile*, *Calcaire*, *Colmatage*, *Granit*.

TERRE. On donne le nom de *terre* au globe terrestre en général. Ce mot s'applique aussi aux détritus des roches diverses qui forment le sol. — V. *Terrain*.

TERREAU. Substance produite par la décomposition des matières organiques. Les terres de bruyère, celles des forêts, les tourbes, etc., contiennent beaucoup de terreau ou humus, qui favorise la végétation par sa combinaison avec l'oxygène de l'air et l'acide carbonique qui en résulte. — V. *Humus*.

Les terreaux acides tels que ceux qui sont quelquefois produits dans les lieux humides, les tourbières, etc., ont besoin d'être traités par la chaux. On forme avec eux des composts qui font d'excellents amendements.

TERRIER. Nom des trous que font les lapins, les renards et les blaireaux, pour se loger et se cacher au besoin.

TERTIAIRE. On a nommé tertiaires les terrains qui paraissent avoir été formés les derniers. Ces sols sont généralement composés de couches stratifiées, déposées par les eaux, et qui sont d'une fertilité remarquable. Ils contiennent des détritus animaux de toute espèce, des coquillages, des ossements fossiles. Ces terrains se trouvent sur une infinité de points du globe. — V. *Terrain*.

TERTRE. On nomme tertre une élévation naturelle ou artificielle de terrain. On forme quelquefois des tertres pour clore des héritages. En Normandie on les dispose entre deux fossés, et on y fait des plantations pour les rendre infranchissables par les bestiaux.

Dans certaines contrées de montagnes surtout, les tertres boisés fournissent beaucoup de bois, même de futaie, pour les constructions; d'autre part, ces tertres boisés concourent à l'embellissement du paysage, en divisant les propriétés auxquelles ils servent de limites et d'abris.

TESTICULES. Glandes qui sécrètent le sperme (V. ce mot). Pour être dans de bonnes conditions, les testicules doivent être égaux en grosseur, exempts d'engorgements, d'adhérences qui pourraient être les conséquences de maladies plus ou moins graves. Leur intégrité est importante à constater dans les animaux qui doivent être soumis à la reproduction.

L'enlèvement des testicules, à toutes les époques de la vie, opère une véritable révolution dans l'économie animale. — V. *Castration*.

TÉTANOS. Le tétanos est une maladie qui se déclare quelquefois chez les animaux comme chez l'homme. On l'observe surtout dans le cheval, l'âne et le mulet; des blessures, des opérations, l'occasionnent. Il se développe aussi quelquefois sans cause connue ; quand il existe, toutes les parties du corps se raidissent et semblent formées d'une seule pièce ; les muscles sont tendus ; les animaux sont raides et sans mouvement. On ne connaît pas de remède spécial pour le tétanos. Les soins hygiéniques doivent être rigoureusement observés ; quant à un traitement raisonné, la science, jusqu'à ce jour, n'a pu donner d'éclaircissement convenable.

TÊTARD. Nom donné aux arbres dont on a abattu la cime pour exploiter périodiquement leurs branchages ; ces arbres fournissent du bois de chauffage et des feuilles pour les bestiaux. On exploite surtout en têtards les saules, les osiers, les frênes, les ormes, et même quelques chênes. C'est au voisinage des fermes et villages, dans les haies et les tertres, que se trouvent les têtards, pour être mieux à portée des cultivateurs.

TÊTE. La tête est l'une des parties du corps des animaux qu'il est le plus important d'étudier, pour juger non seulement de la qualité des individus, de leur finesse, de la distinction de leur type et de leur race, mais encore de leur intelligence, de leur énergie et de leur caractère moral. Les animaux, en effet, par la configuration générale de leur tête, l'expression de leurs yeux, celle de leur face, etc., nous donnent les moyens de les apprécier. La physionomie de chacun d'eux peut servir de guide pour reconnaître ses facultés morales et physiques. Ainsi, de grands yeux, bien ouverts, dont le regard est franc, doux, indiquant de la confiance dans l'animal, caractérisent ordinairement un sujet docile, sans méchanceté ; tandis que des yeux petits, couverts, dont le regard est en dessous, comme on dit vulgairement, donnent un air sournois, une expression de perfidie qui nous porte naturellement à nous en défier. L'œil, a-t-on dit en parlant de l'homme, est le miroir de l'âme ; on pourrait en dire autant des animaux, si on leur accordait une âme. Dans tout cas, cet organe peut être considéré, chez eux, comme le miroir de leur caractère moral. On ne se trompe guères sur les intentions d'un chien, d'un cheval, d'un bœuf, qui sont méchants, en examinant attentivement leur regard ; à la manière dont ils nous fixent, ils nous inspirent de la confiance ou de la défiance, surtout lorsque nous devons nous approcher d'eux. Du reste, ce n'est pas seulement d'après les yeux que nous jugeons du caractère moral des animaux, toute leur physionomie sert à nous le dévoiler; elle nous indique de plus les sentiments de colère dont ils peuvent être animés. Le chien, le chat surtout, traduisent ces sentiments d'une manière très caractéristique.

L'étude de la tête des animaux nous fournit encore les moyens de juger de leur intelligence relative, non seulement dans les espèces d'un même genre, dans les individus d'une même famille; mais encore dans les races. Ce fait, d'abord observé dans les races humaines en général, a naturellement déterminé les physiologistes à en faire l'application aux animaux, et les résultats ont été à peu près analogues. Entrons dans quelques courtes considérations à ce sujet.

Le développement de l'intelligence est généralement en raison du rapport qui existe entre le crâne et la face des individus dans les vertébrés, et principalement dans les mammifères qu'on a eu la facilité de mieux étudier. La face, en effet, est la partie de la tête qui contient les organes de mastication et de l'odorat, et ces appareils paraissent être développés en raison de la prédominance des facultés instinctives sur les facultés morales. Ainsi, dans l'homme, la race caucasique, qui est reconnue par l'observation des faits pour être la plus intelligente, a le crâne très développé comparativement aux os de la face. Ses maxillaises sont courts, comme refoulés en arrière, et ses incisives se rapprochent en ligne droite, c'est-à dire en formant des angles droits avec l'horizontale. Chez la race nègre, dont l'intelligence est plus obtuse et les facultés instinctives si tranchées, les maxillaires s'allongent, tendent à dessiner le museau, et agrandissent la face. Les incisives, obliques, forment, en se rapprochant, une courbe en avant, comme on l'observe dans les singes. Le front du nègre est déprimé; sa voûte crânienne, formée par le coronal et les pariétaux, est affaissée et comprimée circulairement ou latéralement, ce qui fait paraître sa tête en quelque sorte pyramidale.

On voit des têtes de nègres et de Hottentots dont la conformation a plus de ressemblance avec la tête d'un singe du genre orang qu'avec celle d'un homme de la race caucasique. On peut s'en assurer au cabinet d'anatomie comparée de Paris, comme par l'examen des sujets vivants. Ce fait incontestable est la conséquence d'une loi de la nature, qui ne procède que par gradation dans la descente de l'échelle des êtres dont l'homme occupe le sommet. Du point où il est, aux rangs inférieurs, il n'y a pas de transition brusque, saccadée. Le dernier homme, en s'éloignant graduellement de son type, se rapproche du premier animal qui le suit et qui descend graduellement aussi vers celui qui est au dessous. Dans l'ordre nombreux et varié des quadrumanes, quelques sujets du genre orang se rapprochent beaucoup de certaines races humaines par les rapports de leur crâne avec leur face. Ils s'éloignent au contraire brusquement des singes cynocéphales, parceque les mâchoires de ceux-ci sont très allongées, et que leur cerveau est très petit en comparaison. La configuration de la tête des singes cynocéphales a la plus grande analogie avec celle des carnivores qui les suivent. Aussi, quelle différence d'intelligence entre ces deux variétés de singes! On pourrait peut-être dire qu'elle est dans les mêmes rapports que ceux qui sont observés entre l'intelligence d'un homme supérieur de la race caucasique et celle du dernier des nègres ou des Hottentots.

Le principe sur lequel on s'est fondé pour dire que la stupidité ou la férocité des animaux paraissent être en raison du développement des mâchoires, comparé à celui du cerveau, a été appuyé par l'autorité de Cuvier. Ce principe fut sans doute le point de départ de Camper, quand il imagina de mesurer le degré d'intelligence des races, et même des individus, par l'ouverture de leur angle facial. Cet angle, en effet, se ferme d'autant plus que les animaux s'éloignent davantage du type, qui est l'homme, et se rapprochent de ceux qui occupent les derniers degrés de l'échelle animale. On voit des animaux dont la tête ne semble formée que par deux mâchoires horizontales; ils paraissent ne pas avoir de crâne : le crocodile nous en fournit un exemple dans les reptiles, et le brochet dans les poissons.

L'intelligence est donc en raison de l'étendue de la région crânienne comparée à celle de la face, dans les mammifères en général, et dans les races en particulier. Ne trouvons-nous pas dans ce principe les motifs pour lesquels nous estimons la tête courte et carrée du cheval arabe, par exemple? Il a le front large, le crâne développé, la physionomie intelligente, les yeux grands, vifs et placés bas. Le cheval abâtardi, au contraire, a le front étroit, le crâne rétréci, l'œil petit et haut placé, les maxillaires rapprochés et allongés, ce qui lui fait paraître la tête longue. Et si nous admettons ce principe, que devient la règle établie par Bourgelat? il veut que la tête ait une longueur déterminée par la hauteur du cheval, du sommet du garrot à terre. — V. *Proportions*.

Nous venons de parler de la position de l'œil. On n'y a pas assez fait attention dans les animaux en général: nous devons une explication sur ce point.

Dans les mammifères, l'œil se trouve vers la partie du crâne qui est la plus déclive chez les individus dont la position de la tête se rapproche plus ou moins de la verticale. Il doit donc paraître placé d'autant plus haut que la face est plus allongée et le cerveau plus petit. Ainsi, chez les enfants, dont la face est courte, par exemple, parceque les molaires ne sont pas développées, tandis que le cerveau et le front le sont beaucoup, les yeux semblent placés au milieu du visage; ils paraissent naturellement être plus bas que chez l'adulte. Dans le nègre, qui a peu de front, les yeux sont plus près du sommet de la tête. Nous pouvons donc dire, en général, que les yeux sont d'autant plus haut, que le cerveau est plus petit et la face plus allongée. Eh bien! dans les animaux, cette différence de la position des yeux influe beaucoup non seulement sur l'expression de la physionomie, mais sur le jugement que nous pouvons porter sur leur intelligence. Le cheval, le bœuf, etc., qui ont les yeux trop rapprochés de la nuque, ont dans l'expression de leur face quelque chose d'hébété. Les oiseaux qui ont le bec très allongé, et qui paraissent par conséquent avoir les yeux placés très en arrière ou très haut, ont un air de stupidité que n'ont pas les autres. Tels sont l'ibis, la bécasse, la cigogne, etc., comparés aux passereaux, aux gallinacés, etc. Ce que nous disons ici semblera peut-être hors de notre sujet, mais nous avions besoin de le signaler pour appuyer nos opinions, qui ne seront peut-être pas contestées pour les animaux en général.

Outre les indices fournis par la tête pour juger du caractère moral des animaux et de leur intelligence, cette partie de leur corps est l'une de celles qui offrent les caractères de race les mieux tranchés et les plus faciles à reconnaître. Ainsi la tête du cheval oriental, celle du cheval arabe, par exemple, a une conformation spéciale qui fait parfaitement distinguer le type de son espèce. Il en est de même des différentes races de chiens : ainsi les lévriers, les dogues, les mâtins, les caniches, les chiens-loup, les chiens de chasse, ceux d'arrêt et les courants, ont dans la tête des caractères parfaitement tranchés. Dans l'espèce bovine, les diverses races ont aussi une conformation de tête spéciale à chacune d'elles. Le bœuf normand diffère, sous ce rapport, du charolais; celui-ci du breton, ce dernier de l'auvergnat, l'aubrac du franc-comtois, etc.

L'espèce ovine offre aussi dans la tête des caractères spéciaux. La tête du mérinos diffère de celle du dishley; celle du berrichon, de la tête des moutons flamands, normands, du Causse de Rodez, etc.

La tête renferme tous les organes des sens, comme le foyer de l'intelligence. C'est à son sommet que se trouve le cerveau, d'où partent les nerfs qui perçoivent l'action de la lumière, celle des saveurs, des odeurs, des sons, et par conséquent les organes spéciaux dans lesquels ont lieu ces différentes fonctions importantes. C'est dans la tête que sont les organes de préhension, de mastication et d'insalivation des aliments etc., fonctions indispensables à la digestion, et par conséquent à la vie. C'est aussi à la tête que les espèces bovine et canine ont leurs armes de défense ou d'attaque.

Le cheval est, de tous les animaux domestiques, celui dont la tête a été le mieux étudiée, celui chez lequel cette partie du corps joue un rôle spécial; c'est par la tête que le cheval est conduit, gouverné par l'homme, pendant le travail, et c'est dans le cheval de selle surtout qu'elle offre de l'intérêt. En équitation, on attache à son action une importance d'autant plus grande qu'elle joue un puissant rôle dans les mouvements variés que le cavalier habile exige de sa monture. Placée à l'extrémité du long balancier formé par l'encolure, on conçoit, en effet, que le déplacement de la tête en haut ou en bas, à droite ou à gauche, en avant ou en arrière, modifie le centre de gravité de l'animal, suivant les mouvements qu'il exécute volontairement ou qu'on lui fait exécuter. Pour être convaincu de ce fait, on n'a qu'à observer avec attention un cheval en liberté, quand il joue dans les pâturages, et qu'il se livre à des mouvements variés : la tête et l'encolure sont toujours les premières à indiquer ces mouvements avant leur exécution. Un cavalier observateur reconnaît toujours, à la manière dont un cheval dispose sa tête et son encolure, quel est le moyen de défense qu'il veut employer lorsqu'il ne veut pas obéir, et il fournit ainsi le moyen de savoir quel procédé d'équitation doit lui être opposé, pour prévenir la faute qu'il se dispose à commettre. Pour plus de détails, V. *Bouche*, *Cerveau*, *Chanfrein*, *Crâne*, *Encolure*, *Front*, *Goût*, *Insalivation*, *Lèvres*, *Mastication*, *Naseaux*, *Odorat*, *Oreille*, *Ouïe*, *Sens*, *Yeux*.

TÉTINE. V. *Pis*.

TÉTRADACTYLE. Nom donné aux animaux qui ont quatre doigts aux extrémités. Le chien, le chat, etc., sont tétradactyles.

Le porc est nommé tétradactyle irrégulier, parcequ'il a les deux doigts de derrière plus courts que ceux de devant.

TÉTRAS. (*Coq de bruyère*, *gélinote*.) Genre de la famille des gallinacés. Le genre tétras comprend plusieurs individus, qui fournissent tous un excellent gibier. Le tétras connu sous le nom de grand coq de bruyère est de la taille d'un petit dindon. Il serait utile d'examiner s'il serait possible de domestiquer ce bel oiseau. Les tétras sont très rustiques. Ils habitent dans les plus hautes montagnes de l'Europe, dans les forêts de sapins surtout. On en trouve dans les Pyrénées et dans les forêts de diverses autres montagnes élevées de France.

TEXTILE (*Plante*). Les plantes textiles sont celles qui sont culivées pour faire des tissus. Le chanvre, le lin, etc., sont les uniques plantes textiles adoptées aujourd'hui en France. La culture de ces plantes sur une grande échelle indique toujours un bon fonds, et généralement une agriculture avancée. Le département du Nord est un de ceux qui fournissent la plus grande quantité de lin, et cette plante donne lieu à une branche d'industrie très étendue. — V. *Chanvre*, *Lin*.

On cultive en Chine une ortie avec laquelle on fait d'excellentes toiles, très fines. J'ai vu moi-même de très belles chemises fabriquées avec des fibres de ces orties.

THÉORIE. Explication des faits pratiques; développement sur les procédés au moyen desquels ils s'effectuent. Toute opération de la nature ou de l'art a lieu en vertu d'actions, de phénomènes physiques, chimiques ou mécaniques. L'explication de ces phénomènes se nomme théorie. Il ne saurait y avoir d'autre définition en agriculture, qui est une science de faits, et non une science d'hypothèses, un produit d'imagination vague. La science de l'exploitation du sol doit donc être à la fois théorique et pratique. Un cultivateur qui ne raisonne pas, qui ne se rend pas compte théoriquement de ses opérations, n'est pas un agriculteur; c'est un manœuvre. D'un autre côté, tout homme qui ignore la pratique raisonnée, qui ne connaît que la théorie, ne sait que des phrases; il ne saît pas l'agriculture, et il ne tarderait pas à en avoir la preuve à ses dépens s'il voulait la pratiquer: il faut donc pour faire un bon agriculteur un bon industriel, un bon producteur, réunir à la fois la théorie à la pratique. Sans cette condition on n'opérera jamais suivant de bons principes. — V. *Enseignement, Ferme école, Régional, Routine.*

THÉRAPEUTIQUE. Partie de la médecine qui s'occupe de tous les moyens propres à guérir une maladie. Les procédés médicinaux, chirurgicaux, comme les moyens hygiéniques, sont donc du domaine de cette science.

THÉRIAQUE. Les anciens ont nommé thériaque un médicament qui contient une infinité de drogues mélangées. On pensait que parmi ces drogues nombreuses il pouvait s'en trouver une qui fût propre à combattre la maladie contre laquelle on l'employait. Aujourd'hui on fait encore de la thériaque pour les animaux; mais on a réduit de beaucoup la quantité des substances employées jadis pour sa composition. On utilise ce remède comme tonique contre les maladies de langueur et contre les diarrhées.

THERMOMÈTRE. Instrument qui a la propriété de mesurer la température des corps et de rendre compte de ses variations. L'action du thermomètre est le résultat de la dilatation des corps par le calorique, et de leur condensation par le refroidissement. Les thermomètres les plus usités dans nos campagnes sont à mercure ou à esprit de vin coloré; ils sont faits avec des tubes en verre ajustés sur des planchettes en bois graduées. On distingue les thermomètres centigrades, qui portent à 100 degrés la température de l'eau bouillante, et ceux de Réaumur, qui ne marquent que 80 degrés à la même température.

Les thermomètres sont très utiles aux cultivateurs pour se rendre un compte exact de la température, soit de l'atmosphère, soit des habitations ou des étables.

THLASPI. Genre de plantes de la famille des crucifères. Les thlaspis offrent peu d'intérêt à l'agriculture. L'une de leurs variétés est quelquefois cultivée comme plante d'ornement.

THORAX. (*Poitrine.*) On nomme thorax, en anatomie des animaux, la cavité splanchnique qui contient les poumons et le cœur, et compose la poitrine. Formée latéralement par la courbure des côtes, supérieurement par le corps des vertèbres dorsales, inférieurement par le sternum, et postérieurement par le diaphragme, le thorax est certainement la partie du corps des animaux dont l'étude demande le plus d'attention. C'est, en effet, de sa conformation que dépend la capacité des poumons, foyer de vie d'autant plus énergique, que les organes renfermés dans cette cavité sont plus développés. Les os qui jouent le plus grand rôle dans la conformation du thorax sont les côtes. Ces os, en effet, contournés et placés les uns à côté des autres, forment la cage de la poitrine, qu'ils rendent plus ou moins spacieuse, suivant qu'ils sont plus longs et plus contournés. On conçoit, en effet, que plus la courbure et la longueur des côtes sont étendues chez un animal, plus la cage qu'elles forment est vaste, et contient, par conséquent, de vastes organes respiratoires.

Pour qu'une poitrine soit bien développée, il faut donc qu'elle soit profonde du haut en bas, et cette hauteur est déterminée par la longueur des côtes; il faut de plus qu'elle soit cylindrique, bien ouverte, au lieu d'être comprimée d'un côté à l'autre. Elle doit encore se prolonger en arrière le plus possible, de manière à gagner sur les flancs de l'animal, ce qui est un caractère de force et de vigueur ajouté à ceux que je viens de signaler. Les animaux qui ont le flanc creux et long ont généralement les reins faibles, le thorax petit, et la poitrine délicate.

L'étude de la poitrine mérite non seulement une attention toute spéciale du cultivateur au point de vue de sa conformation, mais encore à celui de l'intégrité des organes qu'elle contient. Les animaux de travail surtout sont exposés aux affections de poitrine, soit par suite d'excès de fatigue, soit par suite d'arrêts de transpiration, et quand ces affections ont existé, il est bien rare qu'elles ne laissent pas des traces toujours préjudiciables à la santé des individus qui les ont éprouvées, surtout lorsqu'elles n'ont pas été traitées convenablement.

Pour qu'un thorax soit dans de bonnes conditions, il faut qu'il soit le plus spacieux possible dans toutes les dimensions. Un animal qui a les côtes courtes et droites, a la poitrine serrée, aplatie d'un côté à l'autre. Non seulement il manque de force, mais sa santé est délicate; il est mauvais travailleur, s'il travaille; et c'est un mauvais animal de rente ou d'engrais, s'il est destiné à ces deux dernières conditions. — V. *Côtes*, *Flancs*, *Poumons*, *Respiration*.

THROMBUS. On nomme thrombus, en médecine vétérinaire, une tumeur qui résulte d'un épanchement de sang hors d'une veine, sous la peau, à la suite d'une saignée. Cet accident est causé par un frottement sur l'ouverture de la veine même, ou par un mauvais procédé opératoire. Quand on s'aperçoit de la formation du thrombus, on doit chercher à prévenir son développement par des applications d'eau froide, qu'on peut rendre plus actives au moyen d'astringents. Si ce simple moyen ne suffit pas pour arrêter la formation de la tumeur, on cherche à la combattre par des émollients, et enfin par des fondants, lorsque le mal passe à l'état chronique. Dans tous cas on devra toujours prendre les précautions nécessaires pour préserver les animaux de cette affection; elle devient quelquefois très grave par l'inflammation des veines blessées. — V. *Saignée*.

THUYA. Genre de plantes de la famille des conifères. Le genre thuya comprend plusieurs espèces, dont quelques unes sont cultivées dans les jardins, les parcs ou les bosquets, comme arbres d'ornement toujours verts.

Les thuyas sont très rustiques. Ils servent à faire des allées, des berceaux, des abris. Ils se laissent tailler facilement, et leur bois, très dur et très résistant à la décomposition, peut être utilisé avec avantage dans les arts et l'industrie.

THYM. Genre de plante de la famille des labiées. Le thym est une plante aromatique assaisonnante pour les fourrages. Elle rend la chair des animaux savoureuse partout où elle croît. C'est surtout sur les lieux élevés du midi de la France qu'elle est commune. La viande du mouton comme celle des autres animaux qui mangent le thym est de très bonne qualité. Elle a un fumet particulier qui la fait toujours distinguer par les gourmets.

THYMELÉES. Famille de plantes dont un assez grand nombre ont une écorce âcre et irritante. Le bois de garou appartient à cette famille. — V. *Garou.*

THYMUS. (*Riz de veau.*) Glande particulière aux jeunes sujets. Le thymus, qui disparaît dans les adultes, est placé sous la trachée, depuis ses divisions dans la poitrine jusqu'à la base de l'encolure. Les usages de cette glande sont encore inconnus.

TIBIA. Nom de l'os qui forme la base de la jambe. Le tibia est situé entre le fémur et les os tarsiens, avec lesquels il s'articule par ses extrémités. — V. *Jambe.*

TIC. On a donné le nom de tic à une manie ou à un besoin éprouvé par certains chevaux de déglutir de l'air, ou de rendre par la bouche des gaz avec un certain bruit. Pour tiquer, l'animal appuie ses dents contre la mangeoire ou contre d'autres corps, ce qui caractérise le tic d'appui. L'animal dans ce cas lève la tête sans l'appuyer. On dit alors qu'il tique en l'air.

Lorsque le tic est apercevable par l'usure des dents, on peut se convaincre de son existence, et il n'est pas rédhibitoire. S'il ne laisse aucune trace par laquelle il soit caractérisé, il est classé dans les vices rédhibitoires reconnus par la loi de mai 1838. Il importe donc d'examiner les dents incisives des animaux pour s'assurer si elles ne sont pas usées par le frottement, et, dans ce cas, prendre les mesures jugées convenables pour faire reprendre le tiqueur à celui qui l'a vendu.

Le tic indique le plus souvent, dit-on, une altération plus ou moins prononcée du canal intestinal, notamment de l'estomac. On voit des tiqueurs qui sont toujours maigres, et ils ont des coliques fréquentes. On en voit d'autres qui maigrissent, si on les empêche de tiquer, soit par un collier serré près de la tête, soit par tout autre moyen.

Le tic de l'ours est caractérisé par un mouvement exécuté avec la tête portée alternativement d'un côté à l'autre. Cette manie n'a aucune influence sur la santé de cet animal, et n'indique nullement un état maladif.

On assure que différents tics des animaux n'ont lieu que par imitation.

TIGE. Partie du végétal qui, partant de la racine, s'élève hors du sol, et porte les branches, les feuilles et les fruits. La tige n'existe pas dans tous les végétaux ; on en voit dont les feuilles ainsi que les fruits, au niveau du sol, sont supportés par le collet des racines même. Ces végétaux sont appelés acaules (ce qui signifie privé de tiges).

Les tiges jouent un rôle immense dans la production et dans les usages domestiques. Celles qui sont herbacées fournissent les fourrages pour alimenter nos animaux. On les fait consommer en vert et en sec. Pendant l'été elles nourrissent, ainsi que les feuilles, les bestiaux dans les pâturages, et pendant l'hiver dans les étables; quelques unes servent aussi à la nourriture de l'homme, et sont consommées comme légumes : telles sont les tiges d'asperges, etc.

Le rôle des tiges ligneuses n'est pas moins important. Elles servent à tous nos travaux de construction terrestre et maritime, à confectionner nos instruments de travail, à nous chauffer, à nous procurer les objets d'art, d'agrément, d'ameublement, etc.

Les tiges diffèrent autant de forme que de texture dans les deux grandes classes de végétaux dicotylédonés et monocotylédonés. Dans les premiers, elles ont une moelle centrale et des couches concentriques superposées en forme de cônes qui résultent de leur croissance annuelle : les arbres de nos forêts appartiennent à cette classe. Dans les seconds, point de moelle centrale ni de couches concentriques, comme on peut s'en convaincre dans les palmiers, dans les tiges des graminées, etc. — V. *Accroissement des végétaux.*

TIGELLE. Partie de la graine qui doit former la tige du jeune sujet pendant la germination. La tigelle supporte la gemmule. — V. *Gemmule, Germination, Végétation.*

TILIACÉES. Famille de végétaux dont le tilleul est le type. — V. *Tilleul.*

TILLEUL. Arbre de la famille des tiliacées. Le tilleul est un des plus beaux arbres de nos campagnes, de nos promenades et de nos parcs. On le cultive souvent comme arbre d'ornement, pour son beau feuillage, dans nos héritages et autour des habitations. Il prend un développement considérable. On fait avec son bois des planches d'assez bonne qualité, employées dans nos constructions, surtout pour les panneaux des portes, etc. Le tilleul comprend plusieurs variétés, dont la plus belle et la plus remarquable est le tilleul à grandes feuilles, très rustique, d'une croissance rapide. Ce tilleul est surtout utilisé pour faire des allées dans les promenades publiques. On le taille, on lui donne toutes les formes désirables, et toujours il répond parfaitement à tout ce qu'on exige de lui. Les tilleuls forment l'une de nos essences indigènes les plus intéressantes. La fleur du tilleul sert à faire des infusions très agréables et sudorifiques, souvent prescrites en médecine humaine, etc.

TINCTORIAL, ALE. On donne le nom de tinctoriales aux plantes cultivées pour la teinture. La garance, la gaude, le pastel, etc., sont des plantes tinctoriales. La garance est, de toutes les plantes employées dans l'art du teinturier, celle qui est le plus répandue, surtout depuis l'adoption de la couleur garance pour l'armée. Dans le sud de la France elle donne lieu à une branche d'industrie assez considérable.

TIQUE. On donne le nom vulgaire de tique à l'ixode (insecte aptère), qui s'attache à la peau du chien, surtout à ses oreilles, et y prend un développement très considérable. On remarque souvent ces insectes, dont le ventre est d'un bleu noirâtre, se développer dans de grandes proportions sur les chiens de chasse qui vont dans les bois.

TIQUEUR (*Cheval*). On donne le nom de tiqueurs aux chevaux qui ont le tic. — V. *Tic*.

TISONNÉ. Une tache noire irrégulière, qui semble avoir été faite avec un charbon sur la robe d'un animal, est caractérisée par le mot *tisonné*. Un cheval ou un bœuf sont tisonnés aux membres, à la croupe, à l'encolure, etc., suivant le point où la tache noire se trouve.

TISSU. Tous les corps organisés, végétaux et animaux, sont composés de liquides et de solides. Ceux-ci prennent le nom de tissus, dans les uns comme dans les autres. Le tissu fondamental, celui qui paraît fournir tous les autres, se nomme tissu cellulaire. Du reste, ce tissu cellulaire se trouve dans toutes les parties des corps organisés, quelle que soit leur nature. Dans les végétaux, il forme la base des tiges, des feuilles, des écorces, des racines, des vaisseaux de toute nature; et dans les animaux il remplit le même rôle, on le trouve dans les tissus musculaires, osseux, vasculaires, tégumentaires, ligamenteux, etc.

La nature des tissus, leur finesse, leur texture, leur arrangement moléculaire, déterminent les bonnes ou mauvaises conditions des corps qui en sont composés, et par conséquent leur valeur commerciale. Les végétaux de bonne qualité ont les tissus fins, serrés, compactes, au lieu de les avoir grossiers, mal disposés, mous et lâches. Il en est de même dans les animaux; aussi leur étude est-elle indispensable pour bien juger de leurs qualités relatives. Les races fines, distinguées, qui se font remarquer par leur énergie, leur courage, et qui fournissent de si bons produits de tout ordre, ont en général les tissus fins. Elles diffèrent de celles qui sont communes, molles et lymphatiques, dont les tissus sont grossiers; aussi, les véritables connaisseurs qui ont étudié leur anatomie et leur physiologie savent-ils les reconnaître et les apprécier à leur valeur.

La nature des tissus des animaux comme des végétaux diffère non seulement suivant les espèces, mais encore suivant les lieux qui les produisent. Ainsi, certains climats comme certains sols fournissent d'excellents végétaux comme des animaux de très bonne qualité, tandis que d'autres n'en donnent que de mauvais. — V. *Montagne*, *Production*.

TITHYMALE. (*Réveille-matin.*) V. *Euphorbe.*

TOISON. Nom donné à la laine du mouton après la tonte. Les toisons sont plus ou moins abondantes suivant la nature des espèces ovines et les soins qu'on leur a donnés. De mauvaise ou médiocre qualité dans quelques espèces, comme on l'observe dans certaines races des Pyrénées, du Quercy, etc., elles sont d'un prix élevé dans les races distinguées, comme celles de mérinos, notamment celles de Naz et de Mauchamp. — V. ces mots.

Suivant les statistiques admises, les toisons de nos diverses espèces ovines nous fournissent environ 66,000,000 de kilog. de laine en suint, ce qui ne donnerait guère que la moitié environ de cette quantité lavée et préparée pour être employée à la consommation. Il en résulterait que nous ne produisons qu'un kilog. environ de laine par habitant en France, quantité bien inférieure à celle qui est nécessaire à notre consommation. Nous sommes obligés d'importer pour 80 à 100,000,000 de francs de laine chaque année, tribut énorme, que notre pays pourrait ne pas payer s'il voulait donner à l'agriculture, et notamment à l'élevage de nos animaux, les encouragements judicieux et l'impulsion dont ils ont besoin. — V. *Laine, Mérinos, Mouton.*

TOMATE. (*Pomme d'amour.*) Fruit d'une variété de morelle cultivée comme assaisonnement. La pomme d'amour est un produit de la famille des solanées, qui nous a donné la parmentière, l'aubergine, le tabac, etc. Elle est très répandue dans nos jardins. On en fait des assaisonnements pour nos ragoûts. On la prépare aussi pour être mangée seule, et on en fait des conserves pour l'hiver.

TONDEUR. Ouvrier dont le métier est de tondre les animaux, notamment les moutons, les chevaux, les chiens, etc. — V. *Tonte.*

TONIQUE. Nom donné à certaines substances qui ont la propriété de donner de la force aux animaux, de combattre leurs maladies de langueur, leur faiblesse, le défaut d'énergie de leurs fonctions vitales. Les toniques sont fournis par le règne minéral et le règne végétal. Parmi les substances qui nous sont fournies par le règne minéral, nous classons au premier rang le fer avec ses préparations. On l'administre à l'intérieur comme à l'extérieur. On le donne en dissolution dans les boissons, en électuaires, en bols; on l'administre en lotions, en bains. Les eaux minérales qui contiennent du fer sont toujours toniques; leur usage est d'un bon effet, quand il est possible, pour les animaux languissants.

Les toniques fournis par le règne végétal sont : le quinquina, la gentiane, la patience, le houblon, l'écorce du saule, etc.

L'administration des toniques a pour but de donner de l'énergie au tube intestinal, afin de rendre les digestions plus faciles et plus complètes; d'activer la circulation et la respiration, et de fournir, par conséquent, un sang mieux oxygéné, plus riche et plus nutritif; de stimuler les sécrétions de toute nature, les fonctions de la peau; d'opérer enfin un changement dans toutes les fonctions vitales languissantes, et de donner aux animaux une force qu'ils ont perdue.

Mais pour arriver à ces heureux résultats, l'administration des toniques doit être prolongée. Leur action est plus ou moins lente : il s'agit donc de calculer les dépenses qu'ils pourront occasionner, et de les comparer à la valeur relative de l'animal malade ou débilité. C'est ainsi, d'ailleurs, qu'il faut toujours opérer pour le traitement des maladies des animaux.

TONNE. Berceau d'agrément fait dans les jardins. On garnit souvent les tonnes avec des plantes grimpantes, telles que les liserons, les chèvrefeuilles, la clématite, l'aristoloche, les vignes, etc.

TONNEAU. Vase formé avec des douves pour contenir les vins ou autres liquides. Plusieurs espèces de bois servent à faire des tonneaux, mais le plus estimé est le chêne. — V. *Merrain*.

TONNERRE. Bruit résultant de la rencontre de deux fortes étincelles électriques de nature différente, qui, partant des nuages, se combinent ensemble dans les airs. Lorsqu'on entend le tonnerre, on n'a plus rien à craindre de la foudre; elle a éclaté au moment où l'on voit l'éclair. — V. *Electricité*.

TONTE. Opération qui consiste à couper la laine du mouton,

et les poils aux autres animaux. On fait la tonte des moutons tous les ans, au moment où les chaleurs commencent. A cette époque on n'a pas à craindre le froid, dont l'action sur les animaux subitement dépouillés serait préjudiciable. La tonte du mouton doit être faite uniformément. Le tondeur prendra garde de ne pas blesser la peau, surtout dans ses plis, avec les cisailles ou les ciseaux.

Quant aux autres animaux domestiques, notamment à ceux de travail, la tonte produit chez eux les meilleurs résultats, ce qui est facile à concevoir, pour deux raisons qu'il importe de signaler ici.

L'action de la peau joue dans la vie des animaux en général un rôle plus important qu'on ne pense. Nous sommes à chaque instant témoins de ce fait dans nos campagnes : le plus léger refroidissement, un arrêt de transpiration, occasionnent des toux, des bronchites, des pleurésies, des pneumonies, des affections de poitrine plus ou moins intenses et souvent mortelles. Lorsque les animaux sont pourvus de tout leur poil, surtout de celui d'hiver, et qu'ils sont en transpiration, ils se trouvent avoir sur le corps une enveloppe humide, qui, en se refroidissant, arrête brusquement la transpiration de la peau, dont l'action est interrompue pour plusieurs heures. On voit, en effet, des animaux dont la fourrure épaisse reste mouillée pendant très long-temps sans pouvoir se sécher; il est impossible qu'il n'en résulte pas dans la santé de l'animal ainsi mouillé et refroidi un trouble plus ou moins caractérisé, surtout lorsque la température de l'atmosphère est basse, comme en automne, en hiver, ou au commencement du printemps; aussi est-ce à cette époque que les affections de poitrine sont les plus communes.

La tonte offre le double avantage d'empêcher les animaux de s'échauffer facilement et d'avoir des transpirations abondantes, quand ils ne sont pas chargés de leur fourrure, d'une part, et, de l'autre, de pouvoir se sécher rapidement quand ils sont mouillés. D'un autre côté, le pansage des animaux domestiques, toujours si important, surtout dans les conditions où ils se trouvent pendant les travaux pressants, est toujours plus facile comme plus efficace quand le poil est court et rare que lorsqu'il est long et touffu. La conséquence de ce fait est que la santé des animaux tondus est moins exposée à s'altérer, sous l'influence d'une bonne fonction de la peau, et que les animaux de travail comme ceux de rente sont dans de meilleures conditions de production.

Des faits pratiques observés comparativement ont démontré que des animaux tondus s'engraissent mieux que ceux qui ne le sont pas. Ce fait ne peut s'expliquer, pour des animaux qui ne travaillent pas et qui ne sont pas exposés à des refroidissements et à des arrêts de transpiration, que par l'influence heureuse de l'action de la peau sur les fonctions générales de la nutrition des animaux. M. Jacques Valserres a lu dernièrement sur ce sujet, à la société protectrice des animaux, une note très intéressante, dans laquelle les expériences, rapportées telles qu'elles ont été faites dans le Nord, ne laissent aucun doute sur ce point important de physiologie et d'économie rurale....

« Mais c'est surtout sous le rapport de l'engraissement, a dit M. Jacques Valserres, que la tonte est précieuse pour l'éleveur; avec la même quantité de nourriture et dans le même espace de temps, il obtiendra plus de viande et plus de graisse chez un animal tondu que chez un animal non tondu. A cet égard, des expériences faites par M. B. Cheval doivent lever tous les doutes.

» Au mois de novembre 1852, M. Cheval choisit douze bœufs de même race et de conformation identique, qu'il divisa en deux lots, les uns tondus, les autres non tondus, et qu'il soumit au même régime. Les six tondus pesaient ensemble 2,600 kil.

» Les non tondus. 2,808

» La ration se composait de la manière suivante pour chaque tête :

1°	Pulpe de betterave.	9 kil.	3 gr.
2°	Mélange de trèfle, de paille, de féverolles et de paille blé ; un tiers de chaque.	5	»
3°	Tourteaux de lin concassés.	2	»
4°	Sel blanc.	»	100

» Pendant les deux premiers mois de l'expérience, M. Cheval observa que le lot tondu mangeait sa ration avec plus d'avidité, au point qu'elle semblait insuffisante, tandis que le lot non tondu pouvait à peine l'achever.

» Au bout de deux mois, les six bœufs tondus pesaient 3,258 kilos, les non tondus 3,068. L'augmentation avait été de 138 kilos pour le premier lot, et de 60 kilos seulement pour le second. La différence en plus au profit des tondus était de 23 kilos par tête.

» A l'expiration de cette première période, M. Cheval augmenta la ration de tourteaux de 1 kilogramme par jour et par tête de bœuf. Après une nouvelle période de deux mois, il fit un second pesage. Les bœufs tondus lui donnèrent 3,714 kilos, et les non tondus 3,550 kilos. Le premier lot avait gagné 76 kilos, et le second 62 kilos; la différence en plus au profit des tondus était de 14 kilos par tête.

» Un mois après, M. Cheval fit un troisième pesage. Les tondus lui donnèrent 3,900 kilos, et les non tondus 3,756. Le premier lot avait gagné 186 kilos, et le second 206 kilos; pour chaque bœuf tondu, le progrès avait donc été de 41 kilos, et pour les non tondus de 36 kilos seulement. Chaque tête tondue était donc en avance sur les autres de 5 kilos.

» Si maintenant nous récapitulons les diverses expériences, nous arrivons aux résultats suivants :

» Pendant la première période, de 60 jours, les tondus ont gagné 23 kilog. par tête de plus que les non tondus.

» Pendant la seconde période, également de 60 jours, les tondus ont gagné 14 kilos de plus par tête.

» Enfin, pendant la troisième période, de 30 jours seulement, les tondus ont gagné 5 kilos par tête de plus que les non tondus.

» Ces chiffres plaident plus éloquemment que je ne pourrais le faire moi-même la cause de la tonte. Cette pratique est donc très favorable au point de vue de l'hygiène, du travail et de l'engraissement. »

Ces faits, comme nous l'avons dit, ne peuvent s'expliquer que par les bonnes conditions de toutes les fonctions vitales des animaux sous l'influence d'une bonne et régulière transpiration cutanée et de la propreté de la peau qui la favorise.

C'est en automne, lorsque les animaux commencent à prendre leur fourrure d'hiver, qu'on les tond. On doit les préserver, après cette opération, des refroidissements auxquels ils seraient sensibles, par la transition rapide de l'état de leur peau, couverte de poils d'abord, et dépouillée brusquement de sa fourrure. Les sujets tondus devront donc être couverts pendant quelques jours avec une couverture de laine, lorsqu'ils sortiront des écuries et qu'ils devront être exposés au froid. Pour plus de détails, V. *Pansage*, *Peau*, *Transpiration*.

TOPINAMBOUR. Comme la parmentière, le topinambour est une conquête faite sur le Nouveau Monde. Originaire du Nord de l'Amérique, il fut importé en Europe vers le commencement du seizième siècle. Sa culture en grand est généralement peu répandue; cependant elle offrirait des ressources à la nourriture du bétail, tant par ses feuilles que par ses tubercules. Du reste, on pourrait cultiver le topinambour dans tous les pays, même les plus froids. Sa rusticité lui fait supporter, sans s'altérer, les températures les plus basses. Il croît sur les terrains médiocres, et à toutes les expositions; il est regrettable que, dans les pays de montagnes surtout, où l'on élève de grandes quantités de bétail, on n'ait pas expérimenté les services que cette plante peut rendre, notamment durant les temps où la maladie fait tant de ravages sur la parmentière.

TORCHIS. On nomme torchis la terre plus ou moins glaiseuse pétrie avec du foin, des mousses, de la paille hachée, des poils, etc. Ces corps sont mélangés avec cette terre afin de la rendre plus tenace et de s'en servir pour certaines constructions rurales. Dans les pays dépourvus de pierres, les torchis peuvent être d'un bon emploi et rendre des services. — V. *Pisé*.

TORMENTILLE. Genre de plantes de la famille des rosacées. La tormentille croît le long des chemins, sur les bords des bois, etc. Elle offre peu d'intérêt à l'agriculture, mais on lui a attribué des propriétés toniques qui pourraient la rendre utile. La racine de tormentille est astringente. On a employé sa décoction contre les diarrhées et les hémorrhagies.

TORPILLE. Espèce de poisson du genre des raies. La torpille a la singulière propriété de provoquer des commotions électriques. La gymnote produit le même effet quand on la touche.

TORRENT. Cours d'eau impétueux, permanent ou momentané, observé surtout dans les pays de montagnes. Les torrents momentanés sont la conséquence de fonte subite de neiges ou de grands orages ; ils causent quelquefois des ravages que rien ne peut arrêter dans les pays en pente; ils renversent tout ce qu'ils trouvent sur leur passage. On peut d'autant moins éviter leurs effets, que leur arrivée est imprévue, et que leur force, dépendant de leur rapidité et de leur volume, est incalculable ; dans les lieux où ils passent ordinairement, on cherche à les borner par des plantations de saules et par des digues, souvent entraînées malgré les soins et les précautions prises pour les faire solides. Non seulement les torrents accidentels entraînent les terres et les obstacles qu'on leur oppose, mais ils laissent quelquefois dans les lieux où ils passent des masses de roches et de graviers considérables. — V. *Inondation.*

TORTUE. Reptile chélonien dont le corps est protégé par une écaille dure. Certaines tortues vivent dans la mer et prennent un développement considérable ; d'autres se trouvent dans les eaux douces ; enfin on en reconnaît de terrestres : celles-ci sont très communes dans nos possessions d'Afrique.

TOUCHER. (*Sens du toucher.*) Les animaux exercent le sens du toucher soit avec leurs doigts, soit avec leurs lèvres. Ce sens est très obtus aux extrémités des animaux pourvus de sabots, comme le cheval, le bœuf, etc. La peau est généralement un large foyer de sensibilité dans toutes ses parties. — V. *Peau, Sens.*

TOUFFE. Nom donné à un groupe de végétaux nombreux et serrés. Des branches d'arbres sont quelquefois disposées par touffes ; certains végétaux poussent par touffes. Les graminées en offrent de nombreux exemples par la faculté qu'elles ont souvent de taller. — V. *Talle.*

TOUPET. Touffe de poils plus ou moins forte qui, partant de la nuque, recouvre le front des chevaux. La finesse des crins du toupet, leur longueur et leur rareté, caractérisent les races de sang.

TOURACHE. Espèce bovine. Nom donné à une race de bœufs très robuste élevée dans les pays de montagnes de la Franche-Comté. — V. *Comtois.*

TOURBE. La tourbe est une espèce de feutre végétal qui s'est formé dans les sols humides, surtout dans les pays où la température n'est pas élevée. Dans les lieux où la chaleur favorise la décomposition des végétaux, il se forme du terreau au lieu de tourbe. On remarque beaucoup de tourbières dans le nord de l'Europe. Il y en a moins dans le midi, parceque l'élévation de la température des eaux dans lesquelles la tourbe pourrait se former décompose les végétaux, qui se pourrissent et forment de l'humus. La tourbe est exploitée pour être brûlée, après avoir été desséchée sous forme de briques aplaties, dans les lieux où le bois est rare. Les usines, comme les ménages, en emploient des quantités considérables. Quelques cultivateurs s'en servent pour faire litière aux animaux et augmenter ainsi la masse des fumiers. Cependant, comme elle contient des principes acides, il convient de la mélanger avec des marnes ou de la chaux. Elle fait alors d'excellents composts pour engraisser les terres; les sols tourbeux ne fournissent pas généralement une bonne végétation. Leurs fourrages surtout sont peu abondantes et de qualité médiocre; les bois n'y croissent pas bien. On peut amender ces sols par le drainage, par des assainissements, par des marnages et par des fumiers, quelquefois même par la combustion d'une partie de la tourbe qu'ils contiennent.

TOURBIÈRE. Terrain où se forme la tourbe. Comme ce combustible se reproduit par les racines des végétaux, les tourbières se renouvellent périodiquement, et sont exploitées à des époques déterminées plus ou moins éloignées. Ces sortes de carrières végétales sont donc des espèces de forêts souterraines, soumises à des coupes réglées plus ou moins éloignées, suivant la rapidité de formation de leurs produits; c'est ce qui se pratique dans le nord de l'Europe, notamment en Hollande.

TOURNESOL. (*Grand soleil.*) Plante de la famille des composées qui fournit une grande fleur rayonnée. On cultive le tournesol comme plante d'ornement dans les jardins, où il produit un effet agréable, tant par la hauteur de ses tiges que par la dimension de ses belles fleurs étoilées. La graine de tournesol est oléagineuse; mais elle n'a pas été jusqu'ici cultivée pour l'huile qu'elle pourrait donner; les volailles la consomment volontiers.

TOURNIS. Maladie particulière au mouton. Cette affection se déclare aussi quelquefois chez le bœuf, mais je n'ai jamais eu occasion de l'observer dans cet animal. Le tournis est causé par le développement d'un ver nommé hydatide dans le cerveau. Le volume qu'il y acquiert comprime sa substance, et détermine la maladie. Si ce ver se forme à droite, l'animal tourne de ce côté; s'il est à gauche, il tourne à gauche; s'il se trouve au centre et en avant, la tête est portée bas. L'animal la porte en arrière et en haut au contraire si l'hydatide est en arrière. Dans tout cas, la démarche de l'animal qui a le tournis est circulaire, quelquefois vagabonde. On le dirait privé de son intelligence pour marcher et se diriger. La couleur bleuâtre de la membrane de l'œil est un signe souvent certain de la maladie.

On ne connaît pas de traitement curatif contre le tournis, et le meilleur parti que l'on puisse tirer de l'animal affecté est de le vendre de suite au boucher. Quelquefois les os du crâne sont amincis par la présence des hydatides de manière à fléchir sous la pression des doigts. J'ai vu dans ce cas trépaner des animaux, ce qui est facile, et extraire l'hydatide. Le mouton alors est soulagé, il guérit même souvent, mais il se forme quelquefois d'autres vers qui ne sont pas toujours faciles à enlever, parceque la place qu'ils occupent ne permet pas toujours de juger du point où ils sont, et par conséquent d'opérer avec certitude de succès. La maladie augmente alors tous les jours. L'animal maigrit et finit par périr dans le marasme.

Le tournis ne paraît pas toujours reconnaître pour cause le développement des vers hydatides dans le cerveau. Il paraît que des praticiens se sont assurés que cette maladie peut être aussi occasionnée par la présence des larves d'œstres des moutons dans les sinus frontaux de ces animaux. Nous n'avons jamais eu occasion d'observer ce fait, tandis que nous avons souvent étudié le tournis causé par les hydatides, comme les moyens de traiter cette affection par la trépanation.

TOURTEAU. Nom donné aux résidus des huileries, pressés dans des moules pour en extraire l'huile. A l'état frais, on fait souvent consommer les tourteaux par les animaux, surtout par ceux qui sont à l'engrais, en les mélangeant avec d'autres aliments. Cependant on affirme, et je me suis convaincu moi-même de ce fait, qu'ils donnent une graisse huileuse et des chairs peu fermes lorsqu'on en continue l'usage jusqu'au moment où l'on abat les animaux. Il est donc utile de cesser de leur en administrer quelque temps avant la fin de l'engraissement, afin qu'une autre alimentation modifie cet effet, et le fasse disparaître par la modification de la cause qui le produit.

On emploie aussi les tourteaux comme engrais dans le sol. Leur action est très énergique; aussi les sème-t-on en poussière comme la poudrette.

On a assuré que les tourteaux de faines pouvaient causer des empoisonnements aux animaux qui les consomment. Je n'ai jamais eu occasion de me convaincre de ce fait. Il est cependant utile de le signaler ici, pour attirer l'attention des cultivateurs sur ce point.

Les tourteaux de graine de lin sont les plus estimés pour engraisser les animaux. Ils joignent à leurs qualités nutritives la propriété rafraîchissante et mucilagineuse, qui produit un bon effet sur le tube intestinal des animaux. — V. *Lin*.

TOUX. Expiration subite et saccadée faite avec bruit, et provoquée par une irritation des voies de la respiration. La toux caractérise donc toujours une maladie plus ou moins grave ou légère d'un ou plusieurs organes de l'appareil respiratoire. — V. ***Angine***, ***Bronchite***, ***Phthisie***, ***Pneumonie***.

Souvent la toux est provoquée momentanément soit par l'introduction accidentelle de poussière ou d'autres corpuscules, soit par quelque gaz irritant ou par la présence accidentelle de parcelles alimentaires ou autres corps étrangers dans le larynx. Dans ce cas, elle a peu de gravité ; elle disparaît le plus souvent avec la cause qui l'a produite.

TOXICOLOGIE. V. *Toxique*.

TRAÇANTE (*Racine*). On donne le nom de racines traçantes à celles qui, au lieu de pivoter et de plonger verticalement dans le sol, se développent et croissent horizontalement à une plus ou moins grande profondeur. Les racines du robinier sont traçantes ; celles du prunier, du cerisier, du rosier, etc., le sont aussi, et donnent des rejetons qui le prouvent sur plusieurs points du sol qui les entoure.

TRACHÉE. On donne le nom de trachée, en anatomie des animaux, au long tube aérien qui conduit l'air aux poumons. La trachée part du larynx, suit la région inférieure de l'encolure sous le corps des vertèbres, passe entre les deux premières côtes, et se rend aux poumons, où elle se divise pour former les bronches. La trachée simule un canal cylindrique. Ce mode de construction était celui qui convenait le mieux, afin que le canal pût conserver cette forme de cylindre sans aplatissement, sans perdre de sa souplesse, nécessitée par les mouvements divers de l'encolure. La nature l'a composée de cerceaux cartilagineux, élastiques et ajustés les uns à la suite des autres au moyen de ligaments particuliers. Ces cerceaux, véritables bandelettes cartilagineuses taillées en biseau à leurs extrémités, sont contournés de manière à ce que les bouts se croisent comme ceux des cerceaux d'un tonneau. Un système musculaire particulier unit ces cerceaux, et peut, au besoin, en modifier le diamètre et par conséquent celui de tout le tube qu'ils forment.

Par cette admirable disposition, la trachée artère remplit parfaitement le but proposé par la nature; elle conserve toujours sa forme de cylindre creux, sans aplatissement qui aurait essentiellement gêné le passage de l'air et compromis la vie des individus.

Les végétaux ont des vaisseaux qui portent aussi le nom de trachées. Mais chez eux les trachées ne remplissent pas le même but que chez les animaux. Elles servent à la circulation.

TRACHÉOTOMIE. Opération qui consiste à enlever une partie des cerceaux de la trachée artère pour donner passage à l'air. Cette opération est quelquefois nécessitée par quelque maladie des parties supérieures des voies de la respiration qui sont obstruées et empêchent l'air de pénétrer dans les poumons On adapte ordinairement à cette ouverture un tube métallique qui permet à l'air de circuler avec liberté, et l'on voit des chevaux vivre long-temps avec cet appareil.

Lorsque la maladie qui a nécessité la trachéotomie a disparu, et que le canal des voies aériennes est devenu libre, on ôte le tube, et la guérison s'opère. Cependant, lorsque la trachéotomie n'a pas été bien faite, ce qui arrive quand un ou plusieurs cerceaux cartilagineux ont été coupés transversalement, leurs tronçons se recourbent quelquefois en dedans de la trachée et forment un obstacle au passage de l'air. Les animaux alors sont souvent corneurs (V. ce mot). Il est utile de faire attention à cette circonstance dans les acquisitions d'animaux, pour n'être pas trompé par des vendeurs de mauvaise foi.

TRAGOPOGON. (*Salsifis sauvage.*) Nom donné à une plante du genre des composées. Les tragopogons, assez communs dans les prairies grasses surtout, sont recherchés par les enfants, qui en mangent la tige lorsqu'elle est encore tendre. Quand elle a porté graine, cette tige est très dure. Elle donne même un mauvais fourrage.

TRAINASSE. (*Polygonum avium, Renouée.*) V. *Renouée.*

TRAIT (*Chevaux de*). Nous avons en France les plus beaux types de chevaux de trait que l'on puisse désirer. Il est impossible, par exemple, de voir un plus bel animal de gros trait que le cheval bien choisi du Boulonnais, et qu'un beau percheron pour le trait léger. Toutes nos races de trait, et elles sont assez nombreuses, remplissent bien le but proposé en général soit pour le roulage, soit pour les postes et messageries, ou l'agriculture, le halage, soit pour les divers services de trait de l'armée; nos espèces de selle seules sont dégradées, et leurs anciens types n'existent plus. — V. *Cheval, Boulonnais, Breton, Percheron, Perfectionnement.*

TRANSFUSION. On nomme transfusion, en physiologie, l'opération par laquelle on fait pénétrer le sang d'un animal dans les veines d'un autre. Quand on a songé à pratiquer cette opération, vers le milieu du dix-septième siècle, on a cru avoir fait une grande découverte. On a pensé que l'on pourrait prolonger la vie de l'homme, par exemple, en infusant dans les veines d'un vieillard du sang d'un jeune animal. Mais des accidents graves ne tardèrent pas à faire connaître l'erreur dans laquelle on était tombé. Les globules du sang varient de forme comme de volume, suivant les espèces d'animaux; et il en résulte que le sang qui peut circuler dans les capillaires de tel individu ne peut plus couler dans les vaisseaux de tel autre, ce qui provoque un trouble dans la circulation générale, et par suite la mort. Des accidents de cette nature, observés chez l'homme, firent défendre cette opération hardie.

Cependant la transfusion a été faite avec quelque succès dans des individus de même espèce. On cite des faits qui le prouvent. Vers 1825 et 1826, cette opération eut lieu sur des femmes qui, ayant perdu leur sang par suite d'hémorragies utérines, furent rappelées à la vie par du sang d'homme injecté dans leurs veines.

La transfusion n'a pas été pratiquée avec succès, que je sache, dans les animaux; on ne l'a faite chez eux qu'à titre d'expérience physiologique. — V. *Circulation, Sang.*

TRANSHUMANCE. Émigration des animaux d'un point à un autre. Des transhumances nombreuses ont lieu pour les troupeaux de la Provence qui passent l'hiver dans ce beau pays afin d'aller paître durant l'été dans les pacages des sommets plus ou moins élevés des Alpes. Les transhumances ont été conseillées dans les cas de maladie de sang de rate des moutons (V. *Sang de rate*), et l'expérience a souvent démontré l'efficacité de ce moyen.

TRANSPIRATION. On nomme transpiration la transsudation du liquide qui constitue la sueur et les vapeurs aqueuses qui s'échappent, soit par la peau, soit par les poumons, au moment de l'expiration. Cette fonction est l'une des plus importantes de la vie des animaux. Sa suppression est toujours une cause de dérangement dans la santé, notamment de maladies de poitrine. C'est surtout pour les animaux que les arrêts de transpiration ont des conséquences fâcheuses; on devrait donc toujours prendre la précaution de les en préserver.

Suivant qu'elle a lieu par la peau ou par les poumons, la transpiration se nomme cutanée ou pulmonaire. La transpiration cutanée est celle qui paraît être la plus abondante dans les animaux en général; elle est insensible dans l'état ordinaire de la vie, mais elle devient plus ou moins abondante pendant le travail, et elle se condense de manière à mouiller les animaux, surtout lorsqu'on exige d'eux plus de fatigue que de coutume.

La transpiration cutanée du chien est moins abondante que

celles du cheval et du bœuf. On ne voit jamais suer cet animal, mais il rend beaucoup d'eau par l'expiration, ce qui a fait dire que les chiens *suent par la langue.*

Lorsque la transpiration insensible est supprimée chez les animaux, leur peau est sèche, le poil devient terne, et ces caractères indiquent l'existence d'une maladie ou d'une indisposition passagère, aussi, lorsqu'on a observé ce symptôme, l'on doit s'empresser de couvrir les animaux avec des couvertures de laine pour tâcher d'activer l'action de leur peau et d'y rappeler la transpiration au moyen de sudorifiques, d'infusions chaudes, ou par un traitement approprié à l'affection dont ils peuvent être atteints. — V. *Hygiène, Pansage, Peau, Tonte.*

Outre la propriété qu'ont les transpirations de servir d'exutoires, de purger les liquides du corps des animaux des parties qui doivent être rejetées par les excrétions et les sécrétions, la transpiration a l'avantage de concourir à l'égalité permanente de la température du corps des animaux. En effet, lorsqu'ils sont exposés à une trop grande chaleur, la volatilisation de la sueur emprunte au corps de l'animal du calorique, de manière à le maintenir dans son état naturel de température. Ce phénomène physique sert à expliquer pourquoi nous pouvons supporter une température de quarante-cinq degrés et plus, sans que la chaleur animale des individus qui y sont soumis s'élève sensiblement. Aussi remarque-t-on que la quantité de transpiration est toujours en raison directe de la chaleur qui la provoque. — *Volatilisation.*

Les végétaux, comme les animaux, ont leur transpiration, on s'est assuré de ce phénomène par des expériences concluantes; mais, quel que soit le rôle de cette fonction dans les plantes, elle est loin d'être aussi importante chez elles que chez les animaux.

TRANSPLANTATION. Opération qui consiste à transplanter un végétal. On transplante surtout les arbres, mais on doit le faire avant qu'ils soient trop développés. Cependant, avec des précautions, on peut changer de place des sujets déjà vieux. Dans ce cas, on choisit le moment des gelées. On fait une tranchée autour de leurs racines. On arrose avec de l'eau la terre qui les contient, et, quand elle est gelée de manière à former une masse compacte, on peut transporter l'arbre au lieu où on le désire.

Cependant on doit l'assujettir d'abord de manière à pouvoir résister aux vents, et on peut lui faciliter cette résistance en l'élaguant avec discernement. En Russie, on emploie avec succès ce procédé de transplantation d'arbres déjà très développés ou adultes.

TRAQUENARD. Nom donné à une allure défectueuse du cheval. Le traquenard est une espèce d'amble précipité dans lequel chaque pied fait entendre sa foulée.

TRAVAIL (*Animal de*). On distingue en agriculture les animaux de travail et les animaux de rente. L'élevage de ceux-ci n'a qu'un but, celui d'obtenir le plus de rendement possible de leurs produits. Pour eux, tout est dirigé dans ce sens. Pourvu qu'on obtienne beaucoup de viande au meilleur marché possible, beaucoup de graisse, de lait, de laine, etc., le but est atteint, les autres considérations ne sont que secondaires. Pour parvenir à ce résultat, on emploie souvent des moyens hygiéniques, des procédés, qui compromettent même la santé et la force de constitution des animaux (V. *Nourrisseur*). Mais il n'en est pas de même quand il s'agit de faire des travailleurs. Ici il faut des conditions de force, de santé, de sobriété, de docilité, de rusticité, etc., qui sont la base de la valeur commerciale des sujets. Pour obtenir des animaux ces conditions heureuses, il faut une bonne constitution, un bon tempérament. Leur élevage doit tendre à obtenir d'abord une charpente osseuse qui réunisse les conditions mécaniques et physiologiques propres à bien remplir le but. Il faut de plus favoriser par une bonne nourriture le développement des muscles, des tendons et des ligaments; celui d'une forte poitrine, d'un bon système circulatoire, d'un tube intestinal qui fournisse du sang en quantité et de bonne qualité, par des digestions faciles et bien faites.

On le voit donc, il doit y avoir une grande différence entre les animaux de travail et ceux de rente. Les éleveurs ne doivent pas l'ignorer. La prospérité de leur industrie en dépend.

Du reste, quelles que soient les conditions d'un animal de travail, les fatigues auxquelles il est soumis doivent être toujours en harmonie avec la force de ses moyens. Si on exige trop de la somme d'action dont il peut disposer, non seulement on le fatigue, on le ruine rapidement, mais on l'expose à des maladies de toute nature, qui l'empêchent de rendre les services qu'on lui demande; souvent même sa vie est compromise. Il faut donc toujours subordonner le travail à la puissance d'action de l'animal d'abord, et lui prodiguer ensuite tous les soins que prescrivent les bonnes règles hygiéniques. — V. *Fatigue*, *Hygiène*, *Repos*, *Usure*.

On donne le nom de travail, en agriculture, à un appareil disposé pour contenir les animaux, afin de pouvoir pratiquer sur eux des opérations chirurgicales, ou de les ferrer lorsqu'ils sont indociles. Dans certains pays, chaque ferme a son travail pour ses bestiaux de labour. Le maréchal se rend dans les exploitations, ce qui vaut infiniment mieux. On ne perd pas ainsi un temps précieux pour l'agriculture. Ce sont surtout les bœufs que l'on ferre au travail, lorsqu'ils sont difficiles à réduire.

TRÈFLE. Genre de plantes de la famille des légumineuses. Les variétés de trèfles sont nombreuses dans nos champs, dans nos prairies naturelles, et elles donnent toujours et partout un excellent fourrage. Du reste, le trèfle partage cette qualité spéciale avec la plupart des plantes fourragères de sa famille.

L'agriculture cultive deux espèces de trèfles : l'un est connu sous le nom de trèfle cultivé, l'autre sous celui d'incarnat ou farouch. L'un et l'autre fournissent un fourrage abondant et de bonne qualité. Mais le plus répandu est le trèfle cultivé.

Nous devons à l'adoption du mérinos en France la principale cause de l'adoption du trèfle dans nos assolements. C'est donc aux savants, tels que Daubenton d'abord, puis à Gilbert, à Tessier, etc., que nous devons surtout en être reconnaissants. L'adoption du mérinos, en effet, donna, dès son début, des bénéfices si assurés et si satisfaisants, que, pour l'élever, l'agriculture fut obligée de faire des fourrages artificiels, et le trèfle fut celui qui convint le mieux au mode d'assolement suivi. Les obstacles les plus puissants de son adoption générale en France sont l'ignorance des avantages qu'il offre, et la mauvaise routine, qui repousse systématiquement toute innovation.

La dessiccation du trèfle, et par conséquent son fanage, sont assez difficiles. Ses feuilles tombent, et, pour les conserver, il faut des précautions assez minutieuses, que l'on ne connaît pas toujours. — V. *Faner, Fenaison.*

Le trèfle incarnat ou farouch est moins rustique que le trèfle commun qui croît dans tous les climats; mais sur un terrain donné il fournit une plus grande quantité de fourrages. C'est surtout dans le centre et le midi de la France qu'il est cultivé, et il est annuel au lieu de durer deux ou trois ans, comme le trèfle cultivé. C'est surtout en vert qu'il est donné aux animaux. L'avantage offert par cette plante est celui de croître rapidement au printemps, et d'être précoce. On peut, après sa coupe, obtenir une seconde récolte en raves, en maïs, en parmentières, etc.

Lorsqu'on veut semer des trèfles, soit communs, soit incarnats, on ne doit jamais négliger de s'assurer si leur graine est dans de bonnes conditions de germination. Il est facile d'en faire l'épreuve de la manière suivante : on prend une pincée de graines, on les place sur un morceau de drap mouillé, et l'on met ce drap au coin de la cheminée de la cuisine, ou dans tout autre lieu où la température est élevée; si la graine est bonne, on ne tarde pas à la voir crever et germer sur le morceau de drap; dans le cas contraire, elle ne fait que se gonfler sans apparence de germe.

TREILLE. Nom donné à des pieds de vignes cultivés dans des jardins en espaliers, et au pied des murs des maisons pour les orner et récolter leurs fruits. La plus grande quantité de raisin consommé pour la table, tels que les chasselas, est obtenue des treilles. Leur culture est le sujet d'une industrie très considérable et très productive aux environs des grands centres de consommation, notamment de Paris.

TREILLIS. Sorte de grosse toile employée dans nos campagnes pour faire des sacs, et quelquefois même des draps de lits.

TRÉMIÈRE. (*Rose trémière, passe-rose.*) La rose trémière est une plante de la famille des malvacées qui est cultivée dans nos jardins et nos parterres comme plante d'ornement. Sa tige s'élève souvent à deux mètres et plus. Elle porte des fleurs simples ou doubles, de diverses couleurs, suivant l'espèce. Ces fleurs sont espacées sur la tige, et elles s'épanouissent les unes après les autres, en commençant par celles dont les boutons ont été les premiers formés.

TRÉMOIS. Variété de froment de printemps cultivée dans certains pays.

TRÉPAN. Instrument dont on se sert en médecine vétérinaire pour enlever certaines parties osseuses. C'est surtout pour les os de la tête qu'on emploie le trépan.

TRÉPANATION. Opération par laquelle on enlève, avec le trépan, des parties osseuses malades. Souvent on pratique la trépanation à la tête des animaux, soit pour remédier aux maladies des os, soit pour ouvrir les sinus qu'ils forment à cette partie, dans le but de donner issue à des matières contenues dans leurs cavités. On trépane des chevaux morveux, des bœufs, des moutons, dans certaines circonstances que les praticiens instruits peuvent seuls bien juger.

TRIENNAL (*Assolement*). On nomme triennal l'assolement dont la rotation est de trois ans. Ce mode de culture en général ne se prête pas suffisamment à la multiplicité des végétaux adoptés par l'agriculture moderne et raisonnée. On ne le conserve guère que dans les pays peu avancés dans l'art d'exploiter le sol. — V. *Assolement.*

TRIGONELLE. Genre de plantes de la famille des légumineuses. Les trigonelles fournissent un bon fourrage, mais elles ne croissent que dans les pays chauds. On trouve ces plantes dans le midi de la France.

TRIOLET. Nom vulgaire donné à plusieurs trèfles et à la capucine qui croissent dans les prairies et les champs. On les nomme ainsi, dans beaucoup de pays, à cause de leurs feuilles à trois lobes. Les pâturages où les triolets sont abondants sont de bonne qualité. C'est surtout dans les sols calcaires que l'on trouve ces légumineuses.

TRITURATION (*des aliments*). V. *Mastication.*

TROCART. Instrument de chirurgie employé en médecine vétérinaire pour pénétrer dans une cavité, afin de donner issue aux liquides ou aux gaz qui s'y sont accidentellement développés. Le trocart se compose 1° d'une tige cylindrique pourvue d'un manche d'un côté, et d'une pointe à trois angles en forme de grain de sarrazin de l'autre; 2° d'un fourreau qui reçoit cette tige lorsqu'on veut se servir de l'instrument. C'est surtout dans la tympanite du bœuf et du mouton qu'on emploie le trocart. Tout cultivateur qui l'a vu employer une fois peut s'en servir, et prévenir ainsi des pertes de bestiaux. — V. *Ponction*, *Tympanite*.

TROCHISQUES. Nom de certains médicaments irritants employés en médecine vétérinaire pour déterminer sous la peau une révulsion plus ou moins active. On emploie souvent le garou pour faire des trochisques dans le bœuf. On place ordinairement ces réactifs sour la peau du fanon de ces animaux.

TROÈNE. Genre d'arbrisseau de la famille des jasminées. Les troënes sont communs dans nos haies. Ils offrent peu d'intérêt à l'agriculture. On les cultive quelquefois dans les parcs comme plantes d'agrément pour leurs fleurs blanches, qui fleurissent au printemps.

TROGLODYTE. (*Roitelet.*) Charmant petit oiseau qui habite toujours nos climats. Le troglodyte est un de nos oiseaux qui dévorent le plus d'insectes, tant pour se nourrir eux-mêmes que pour alimenter leur nombreuse famille. Le troglodyte est toujours utile, et jamais nuisible à l'agriculture. On devrait autant que possible en favoriser la multiplication. Son chant est très agréable, et il chante presque en toute saison, même pendant l'hiver, autour des habitations, dans les haies des jardins et sous les toits en chaume, dans lesquels il se réfugie souvent, pour se garantir du mauvais temps. La femelle du troglodyte pond jusqu'à quinze ou dix-huit œufs, et quelquefois plus. Son nid est une véritable petite maison construite en mousse, close de toute part et n'ayant pour toute ouverture qu'une petite porte arrondie qui a juste la dimension nécessaire pour le passage de ses habitants.

TROGOSITE. Insecte coléoptère. Une espèce de trogosite produit la larve nommée *cadelle* en Provence. Cette larve fait des ravages dans les blés en magasin ; mais comme elle craint le froid, elle est bornée dans quelques contrées du midi. — V. *Cadelle.*

TROMBE. Tourbillon produit par des vents impétueux. La force des trombes est quelquefois énorme : on voit des arbres déracinés ou brisés, des toits de maisons emportés, des meules dispersées dans les champs, des voitures renversées, etc. ; enfin, de véritables désastres, que rien ne peut prévenir, sont quelquefois la conséquence de l'action des trombes, dont on ne saurait expliquer la cause. — V. *Vent.*

TROMBUS. V. *Thrombus.*

TRONC. Nom générique des tiges des arbres privées de leurs branches et de leurs racines. On nomme aussi tronc le corps d'un animal dépourvu de ses membres et de la tête.

TROT. Allure naturelle des animaux, notamment du cheval. Le trot s'exécute par l'action simultanée des bipèdes diagonaux, qui se meuvent alternativement. Dans cette allure, le corps des animaux est toujours porté par deux membres seulement ; au moment de leur appui, les autres se lèvent pour se porter en avant, et réciproquement. Comme les membres diagonaux foulent ensemble le sol et le quittent de même, il en résulte qu'il ne peut y avoir dans le trot régulier que deux foulées.

TROUPEAU. Réunion d'animaux qui paissent dans des pacages. On forme des troupeaux de bœufs, de vaches, de moutons, de chèvres, de porcs, etc. Cependant ce sont spécialement les moutons qui sont réunis en troupeaux. Ces animaux ne sont jamais seuls dans les pacages ; ils y sont toujours en troupes plus ou moins considérables. Il n'en est pas de même des autres espèces, dont les individus sont souvent isolés chez de petits cultivateurs. — V. *Mouton.*

TRUFFE. Végétal du genre des champignons, qui croît dans le sol. On connaît plusieurs variétés de truffes, toutes consommées et plus ou moins recherchées, suivant leurs qualités.

La truffe n'est pas cultivée ; elle croît spontanément dans certains pays. La manière de la produire et de la multiplier est inconnue. On se sert ordinairement des porcs pour chercher ces productions végétales; ces animaux les découvrent en flairant les lieux où elles croissent. Pour les déterrer ils fouillent la terre avec leur boutoir. C'est ainsi qu'on les ramasse et qu'on les récolte.

TRUIE. Femelle du porc. Pour faire produire les truies on choisit les jeunes femelles les plus fortes et les mieux conformées de l'espèce qu'on veut multiplier. Dès l'âge de six mois, elles peuvent être fécondées; elles donnent quatre mois après environ jusqu'à douze et quinze cochonnets. Il est rare qu'on garde plus de neuf à dix de ces produits; on vend les autres ou on les consomme dans les ménages comme cochons de lait. Sauf des cas exceptionnels, on engraisse les truies après une ou deux portées, et après les avoir castrées. Il faut avoir soin de bien nourrir ces femelles après leur parturition, pour qu'elles puissent bien allaiter leurs nombreux petits, qu'on surveille pendant les premiers jours de leur naissance, pour empêcher leur mère de les dévorer, ce qui arrive quelquefois.

TRUITÉ, ÉE. Nom donné aux robes grises des animaux qui ont des mouchetures rouges. On remarque beaucoup de chevaux truités dans les races orientales et leur descendance. Une robe truitée donne en général une bonne idée de l'animal qui la porte; on le croit ordinairement vigoureux et énergique, parcequ'on pense qu'il est d'une bonne origine.

TRUITE. Poisson d'eau douce. La truite est un des poissons les plus estimés de nos ruisseaux et rivières. Elle aime les eaux courantes. On la trouve dans presque toutes les eaux limpides des montagnes. On cherche à multiplier aujourd'hui les truites, comme divers autres poissons, par la fécondation artificielle de leurs œufs. — V. *Pisciculture*.

TUBE (*intestinal*, *aérien*, *trayeur*). On nomme tube intestinal, en anatomie et en physiologie, le long canal parcouru par les aliments, depuis la bouche jusqu'à l'anus. Les fonctions de ce tube varient, dans un même individu, suivant les fonctions spéciales à chacune de ses parties, comme il varie dans les diverses espèces, suivant leur genre de nourriture; mais, quelles que soient ses formes ou ses dimensions dans les espèces diverses comme dans les individus, on reconnaît toujours quatre parties bien distinctes dans le tube intestinal. La première (œsophage) sert au passage des aliments de la bouche au lieu où ils doivent être digérés; la seconde (estomac) est la partie dans laquelle la digestion s'opère; c'est dans la troisième (intestin grêle et gros intestin) que se fait l'obsorption des matières assimilables des aliments; enfin, les résidus des matières nutritives sont rejetés par la quatrième de ces parties (rectum).

Ainsi donc le tube intestinal peut être comparé à tout appareil qui, dans l'iudustrie, sert à faire plusieurs opérations successives et différentes afin d'extraire un produit d'une substance donnée. Pour citer ici, entre mille, un exemple connu de tout le monde, je prends un moulin à blé. L'appareil destiné à moudre le blé comprend d'abord la partie dans laquelle le grain est placé pour être conduit sous la meule; là le grain est moulu, et passe dans l'appareil qui doit extraire la farine et rejeter les résidus.

La comparaison que je fais ici entre un moulin et le tube intestinal d'un animal trouve une application rigoureuse dans le tube intestinal des oiseaux granivores, tels que la poule, le dindon, la perdrix, le canard, etc. Ces oiseaux prennent avec leur bec les grains, qui sont conduits par l'œsophage dans un réservoir particulier qu'on nomme le jabot. De là ils passent par un tube nommé estomac succinturié, pour se rendre dans le gésier, chargé des mêmes fonctions que les meules d'un moulin, c'est-à-dire qu'il broie les grains de manière à les réduire en farine. Lorsque cette opération est faite, la substance broyée se rend dans l'estomac pour y être digérée. Elle passe ensuite dans l'intestin grêle et le gros intestin, où se fait l'absorption des matières nutritives (de la farine), et les résidus (le son) sont rejetés par l'anus.

Telle est l'analogie qu'il y a dans les fonctions d'un tube intestinal et celles d'appareils employés dans les arts pour extraire certains principes. Je ne parle pas ici des phénomènes chimiques qui ont lieu pour que les substances alimentaires soient rendues assimilables. Nous trouverions là encore la plus grande analogie entre l'action chimique des appareils du tube intestinal des animaux, les réactifs employés, et les appareils chimiques des laboratoires de chimie.

Du reste, en étudiant chaque appareil de la vie des animaux, nous trouverions leurs analogues dans les arts; l'étude de l'anatomie et de la physiologie nous fournirait la preuve que la nature employait avant nous des procédés de fabrication que l'imagination de l'homme a cru inventer. Ces procédés sont mis en pratique à son insu, depuis la création, dans les usines animées que nous avons soumises à la domestication. Ces usines nous servent, soit comme locomotives, soit pour nous fabriquer avec les fourrages, qui sont les matières premières dont ils se servent, les substances qu'elles nous fournissent. —V. *Absorption*, *Bouche*, *Digestion*, *Gésier*, *Intestin*, *Jabot*, *Mastication*, *OEsophage*, *Rumen*, *Salivation*, *Sécrétions*.

Le tube aérien est beaucoup moins étendu et moins compliqué que le tube intestinal. Il consiste en un canal par lequel passe l'air pour se rendre dans les poumons. Simple d'abord, commençant aux naseaux dans les mammifères et les oiseaux, il suit la partie trachélienne de l'encolure pour se rendre dans la poitrine, où il se divise et se subdivise dans la substance des poumons, de manière à ce que l'air puisse arriver dans toutes les parties de cet important organe, et servir à la respiration. —V. *Hématose*, *Naseaux*, *OEsophage*, *Respiration*.

Les tubes trayeurs sont de petits tubes cylindriques que l'on a cru utiles, il y a quelques années, pour traire les vaches. On place ces tubes, faits en os, en ivoire ou toute autre matière, comme une sonde, dans le petit canal des mamelons du pis des vaches, et le lait coule seul, sans effort, sans le concours de la main de l'homme. Je me suis moi-même servi de ces tubes comme sujet d'expérience. On pourrait peut-être dans certains cas employer ces petits instruments avec avantage, surtout dans des cas d'engorgement et de maladie du pis.

TUBERCULE. Corps charnu qui se développe quelquefois à la racine de certains végétaux. La parmentière et le topinambour en fournissent des exemples — V. *Parmentière*, *Topinambour*.

En médecine vétérinaire on appelle tubercules de petites concrétions grisâtres ou blanchâtres formées par un dépôt de substance calcaire dans les poumons des animaux, ou dans d'autres organes. Dans la pommelière, la phthisie, on remarque quelquefois une infinité de ces petits corps, plus ou moins développés. Leur présence cause toujours une maladie grave, parcequ'ils agissent comme corps étrangers, et que jusqu'à ce jour on n'a pas trouvé les moyens de les faire disparaître. — V. ***Phthisie, Pommelière.***

TUBERCULEUX. Corps tuberculeux, pourvu de tubercules. Les poumons des animaux atteints de la pommelière, et un grand nombre de ceux qui sont phthisiques, sont tuberculeux. Beaucoup de chevaux morveux sont aussi tuberculeux. — V. ***Phthisie***, ***Pommelière***, ***Morve***, ***Tubercule.***

TUF. Nom donné à une sorte de roche plus ou moins friable et tendre souvent formée par l'agglomération de plusieurs substances terreuses. Plusieurs tufs se désagrégent par l'influence des agents atmosphériques, et forment de la terre végétale. Il y a des tufs qui contiennent du calcaire, du sable, de l'argile, etc. D'autres, appelés volcaniques, sont constitués par d'autres principes. On en trouve qui sont employés aux constructions des maisons, des voûtes, des fours, des murailles de clôture, etc.

TULIPE. Genre de plantes de la famille des liliacées. Les tulipes sont exclusivement cultivées comme plantes d'agrément; leurs variétés ont été multipliées à l'infini par la culture. On voit de ces fleurs qui ont des nuances diverses formées par les plus riches couleurs; elles offrent un des plus beaux ornements de nos parterres.

TULIPIER. Arbre de la famille des magnoliacées. Le tulipier est un grand et bel arbre d'ornement, importé de l'Amérique septentrionale vers le commencement du dix-huitième siècle; il réussit parfaitement dans nos contrées, où il est acclimaté maintenant. C'est par ses graines qu'on le multiplie. Ses fleurs ont de l'analogie par leur forme avec les fleurs de tulipe, ce qui lui a valu son nom.

TUMÉFACTION. On donne le nom de tuméfaction à l'augmentation de volume d'une partie du corps d'un animal. Les tuméfactions sont la conséquence d'une inflammation passagère ou d'infiltrations, etc. Des contusions, des piqûres, des causes inconnues, peuvent aussi les occasionner. Les tuméfactions sont souvent plus ou moins douloureuses. En y appliquant la main, on sent que la température y est élevée. On combat les tuméfactions inflammatoires par des applications émollientes, des cataplasmes, des bains de même nature, après avoir essayé de les résoudre, à leur début, par des réfrigérants. Si ces premiers moyens ne réussissent pas, on emploie les résolutifs, les frictions astringentes, etc.

TUMEUR. Engorgement plus ou moins volumineux, circonscrit, de consistance variée, qui se développe sur différentes parties du corps des animaux. On emploie pour guérir les tumeurs les mêmes moyens que pour guérir les tuméfactions; mais souvent ils ne réussissent pas; leur traitement exige généralement plus d'énergie et nécessite même souvent l'emploi du fer et du feu. On est quelquefois obligé de les opérer par incisions, ou de les cautériser, pour les faire disparaître.

TUNIQUE ABDOMINALE. Nom d'un ligament jaune, élargi, placé sous la peau, et qui concourt à former les parois inférieures de l'abdomen. L'élasticité de la tunique abdominale favorise la dilatation du ventre, et concourt à soutenir la masse intestinale. Le tissu de la tunique abdominale est de la même nature que le gilament cervical. — *Cervical*, *Ligament*.

TURION. Pousse de certaines plantes herbacées avant de produire les feuilles. Les bouts d'asperges, de houblons, etc., sont des turions, quand ils sortent de terre.

TURNEPS. Nom d'origine anglaise donné aux navets. — V. *Navet.*

TUSSILAGE. Genre de plantes de la famille des composées. La variété de tussilage nommée pas-d'âne croît dans les sols gras et humides, sur les bords des ruisseaux et des rivières. Ses feuilles sont supportées par un pétiole radical. Ce tussilage pousse avec une grande rapidité, et il est assez difficile à détruire. Ses fleurs servent à faire une tisane pectorale et sudorifique. Une variété de tussilage, nommée pétasite, est beaucoup plus développée que le pas-d'âne; elle croît, comme la première, dans les terrains gras et humides et sur les bords des ruisseaux.

TUTEUR. On appelle tuteur, en agriculture, les échalas ou tout autre équivalent employé pour soutenir des plantes grimpantes ou de jeunes arbres qui n'ont pas encore la force de résister à l'action des vents. Les houblons, diverses variétés de haricots, etc., ont besoin de tuteurs.

TYMPANITE. (*Météorisation.*) Le gonflement accidentel de l'abdomen des animaux, et notamment du bœuf et du mouton, se nomme *Tympanite, Météorisation, Enflure, Phalère, etc.* Dans les ruminants, ce gonflement est causé principalement par l'usage de la luzerne ou des trèfles, surtout quand ils sont mouillés, pris gloutonnement et en abondance. Parvenus dans le rumen, ces végétaux ne tardent pas à s'échauffer, à fermenter, et à produire des gaz qui gonflent cet estomac, refoulent le diaphragme en avant, diminuent la capacité de la poitrine, et empêchent les poumons de se dilater. Les animaux ainsi ballonnés ne tardent pas à périr asphyxiés, si on n'y porte remède. Les exemples de cet accident ne sont pas rares dans nos campagnes.

Lorsqu'on s'aperçoit que les animaux sont menacés par la tympanite, on doit les frictionner pour faciliter la circulation; on leur administre une boisson froide contenant de l'ammoniaque ou de l'éther ; on leur donne aussi quelquefois de l'eau de chaux, afin que la chaux s'empare de l'acide carbonique dégagé pour former un carbonate de chaux, et de diminuer ainsi le gonflement que ce gaz occasionne. Si, malgré ces moyens simples, la tympanite augmente toujours, si le malade est menacé d'être asphyxié, l'unique moyen de le soustraire à une mort certaine est de lui percer le ventre au centre du flanc gauche, pour pénétrer dans le rumen, distendu comme un ballon.

Dans les campagnes, certains cultivateurs percent simplement le flanc gauche des animaux tympanisés avec un couteau, et les gaz s'échappent par l'ouverture, avec des liquides et des matières alimentaires. Le meilleur instrument employé dans ce cas est le trocart, qui a été imaginé et très ingénieusement fait pour cette opération. Les gaz s'échappent par le fourreau de cet instrument, fixé au moyen de cordons passés sous le ventre de l'animal. Quand la tympanite n'est plus à craindre, on retire l'instrument; on soumet l'animal à un régime diététique, dans l'étable, pendant quelques jours, et la cicatrisation de la plaie ne tarde pas à se faire. — V. *Ponction*, *Trocart*.

TYPHA. V. *Massette*.

TYPHACÉES. Petite famille de plantes, qui comprend les massettes et les sparganiers.

TYPHUS (*du bœuf*). On a donné le nom de typhus à une maladie particulière au bœuf. Sa contagion a été constatée par des faits nombreux. Aujourd'hui il n'y a plus de doute à ce sujet. Le typhus contagieux des bêtes à cornes est l'affection la plus grave, la plus meurtrière, qui puisse attaquer nos bestiaux. L'Europe en a eu des exemples terribles pendant des siècles. Observé au commencement du siècle passé, il a ravagé les campagnes de diverses nations jusqu'au commencement de celui-ci. Cependant en France il n'a pas sévi depuis la fin des guerres de l'empire.

D'après les calculs des savants qui ont fait l'histoire du typhus, et notamment suivant l'opinion de Paulet, de Vicq-d'Azir et du professeur de Lafond, la France et la Belgique auraient perdu, de 1713 à 1796, dix millions de têtes de gros bétail, qui représenteraient un capital d'environ quinze cents millions.

Le typhus s'est surtout fait observer, dans les différentes nations de l'Europe comme en France, à la suite des grandes guerres et pendant leur durée. Les bestiaux qui suivent les armées pour leur approvisionnement contractent cette maladie, soit par son développement spontané, soit par contagion, et la répandent partout sur leur passage. En 1844 cette maladie épizootique se déclara en Hongrie; l'Allemagne fut menacée d'être envahie. La France envoya sur les lieux des hommes spéciaux pour l'étudier, et l'on se proposait de prendre les mesures nécessaires pour préserver notre agriculture de ce fléau. Heureusement elle fut bornée aux lieux où elle avait pris naissance ; ce que l'on doit attribuer sans doute à l'emploi de moyens de police sanitaire bien compris et mis à exécution.

Du reste, l'agriculture française a payé depuis quelques années un large tribut aux maladies qui déciment nos animaux. Depuis une vingtaine d'années, et dans ces derniers temps surtout, la péripneumonie des bêtes à cornes désole plusieurs de nos départements. Elle n'a pas été moins meurtrière pour nous que le typhus, par sa persévérance et par sa ténacité à se produire et à se répandre. — V. *Péripneumonie.*

Le typhus fait périr les animaux en très peu de temps et par quantités immenses; il laisse à peine sur son passage quelques rares animaux. Sa présence est toujours une calamité publique.

Les traitements qu'on oppose à cette maladie sont peu efficaces. Il faut donc que l'administration comme les propriétaires veillent avec le plus grand soin à s'en préserver. Si le fléau se déclare sur un point, de bons moyens de police sanitaire judicieusement indiqués et ponctuellement exécutés doivent immédiatement borner son action.

U

ULCÈRE. (*Chancre.*) Nom d'une sorte de plaie de mauvaise nature observée sur la peau ou sur les membranes muqueuses des animaux. Ces plaies particulières exigent non seulement un traitement local, mais souvent un traitement général des animaux qui en sont affectés. Les caustiques, les astringents, quelquefois le feu, sont employés pour traiter les ulcères.

Les arbres sont aussi quelquefois ulcérés. Un traitement spécial est nécessaire à leur guérison. — V. *Chancre.*

URÉDINÉES. Nom donné à plusieurs champignons parasites très petits. Ces champignons se développent sur les végétaux et causent les altérations que l'on nomme rouille, carie, charbon, etc. — V. ces mots.

URÉTÈRE. Canal qui part des reins pour se rendre à la vessie. L'urétère conduit l'urine sécrétée par ces glandes dans le réservoir (vessie) qui la reçoit. Ce canal remplit pour les reins les mêmes fonctions que l'urètre pour la vessie : l'un et l'autre servent de canaux excréteurs à ces deux organes.

URÈTRE. Le canal qui, partant de la vessie, sert à l'écoulement des urines, se nomme urètre. Il aboutit à la partie postérieure et inférieure du vagin dans les femelles, et au bout du pénis dans le mâle.

URINE. Liquide sécrété par les reins (rognons). L'urine, qui concourt à former le purin avec les matières liquides des fumiers, est un excellent engrais. Elle devrait être soigneusement recueillie pour être employée, surtout dans les prairies. Elle y produit toujours d'excellents effets. Souvent on en arrose les fumiers pour augmenter leurs propriétés fertilisantes. — V. *Purin*.

Les urines humaines, si riches en principes fertilisants, sont presque toutes perdues dans nos villes et villages. Elles devraient être recueillies, au contraire, avec le plus grand soin dans des vases destinés à cet effet, pour être jetées sur les fumiers ou les composts, ou pour arroser les champs ou les prairies. Elles fourniraient ainsi un des meilleurs engrais que nous puissions employer. La colombine, le guano, ne doivent peut-être leurs grandes qualités comme engrais qu'aux principes qu'ils tiennent de l'urine des oiseaux mélangée avec leurs excréments.

URTICÉES. Famille de plantes dont l'ortie forme le type. Quelques genres de cette famille offrent un grand intérêt à l'agriculture. Le chanvre, qui est une de nos meilleures plantes textiles, est de ce nombre. Il donne lieu a un commerce immense pour la fabrication des toiles de toute espèce et de cordages, tant pour la marine que pour les divers usages domestiques, les arts et l'industrie. Le houblon appartient aussi aux urticées.

USAGER. Nom donné aux habitants des campagnes qui ont droit d'usage dans certaines forêts, dans les communaux ou dans d'autres propriétés.

USAGE. Espèce de droit concédé de temps immémorial à des usagers qui peuvent aller dans les forêts y prendre du bois, suivant certaines stipulations, soit pour le chauffage, soit pour des constructions, ou pour y faire pacager des bestiaux. D'autres usages autorisent la vaine pâture, le ratelage, le grapillage, le glanage, le chaumage, etc. — V. ces mots.

Les usages sont toujours plus ou moins nuisibles aux propriétés, comme aux progrès de l'agriculture. Les législateurs se sont souvent occupés de cette grave question sans la résoudre. Les usagers, trop souvent peu soucieux du bien d'autrui, comme du bien général, font des dégâts dans les bois, dans les récoltes, sous prétexte d'user d'un droit qu'ils croient fondé. Leurs bestiaux surtout, mal gardés, font des ravages incalculables partout où ils sont conduits, soit dans les bois, soit dans les champs, par la vaine pâture. — V. *Affouage, Parcours, Vaine pâture.*

USURE (*d'un animal*). Les fatigues auxquelles sont soumis les animaux de travail déterminent leur usure plus ou moins rapide ou avancée, suivant leur âge, leur race, la nature des services auxquels ils sont soumis, comme aussi suivant les espèces. Ainsi, jamais les animaux de l'espèce bovine, par exemple, n'arrivent au degré d'usure des chevaux, des ânes et des mulets. Les animaux de l'espèce bovine, en effet, sont engraissés et livrés aux bouchers avant leur usure avancée, tandis que les chevaux, les ânes et les mulets travaillent, malgré leur usure la plus avancée, jusqu'à leur mort.

L'intérêt de tout propriétaire est de prolonger le plus long-temps possible la durée de ses animaux de travail, notamment de ceux qui ne sont pas utilisés pour la boucherie. Il est donc important pour eux de les entourer de tous les soins hygiéniques qui peuvent leur conserver leur santé, et modérer la marche de leur usure.

Parmi les causes les plus actives de la rapidité de l'usure des animaux, il faut ranger en première ligne un travail prématuré. Les jeunes animaux, dont on est si disposé à abuser, avant tout le développement de leurs forces et celui de leur organisation, ne tardent pas à être fatigués et bientôt usés, si on n'y porte remède. Un animal de travail ne devrait être soumis à un service fatigant que lorsque son organisation est parvenue à toute la plénitude de sa force.

L'usure a non seulement l'inconvénient d'abréger le temps de service auquel sont destinés les animaux, mais encore elle est une cause grave de dépréciation pour les sujets destinés à être engraissés pour la boucherie. Un animal fatigué, en effet, usé, souffre plus ou moins, et tout animal qui souffre s'engraisse peu ou difficilement; il paie très mal en produits animaux, les denrées qu'il consomme. — V. *Age*, *Arqué*, *Bouleté*, *Course*, *Engraissement*, *Hygiène*.

UTÉRUS. (*Matrice.*) Réservoir membraneux destiné à recevoir l'œuf fécondé de la femelle, à le protéger, à le contenir, et à lui fournir l'alimentation nécessaire au développement du nouvel individu qu'il doit produire. L'utérus est à l'œuf de l'animal qu'il reçoit, ce que la terre est à celui du végétal (la graine) qu'on y sème. Si la graine, en effet, trouve dans le sol la nourriture comme les autres éléments qui doivent faire développer le végétal dont elle est le germe, l'utérus fournit aussi à la graine de l'animal l'alimentation comme les autres conditions qui lui sont indispensables pour la fin proposée. La comparaison que je fais ici est rigoureusement juste; le principe de la vie, dans les animaux comme dans les végétaux, trouve donc des conditions analogues pour se transmettre dans tous les êtres organisés et vivants, quel que soit leur règne, et le développement des individus s'opère en vertu de fonctions à peu près identiques. —V. *Fécondation*, *Germination*, *Graine*, *OEuf*.

V

VACCIN. D'un mot latin qui veut dire *vache*. Le vaccin est un liquide incolore, visqueux, transparent, qui se développe quelquefois sur le pis des vaches. On se sert de ce liquide pour pratiquer la vaccination dans l'homme, et le préserver de la variole (petite vérole). — V. *Vaccine*.

VACCINATION. Opération qui consiste à inoculer le vaccin dans l'homme, pour le soustraire aux accidents de la variole. — V. *Vaccin*.

VACCINE. Maladie particulière à la vache. La vaccine est caractérisée par de petites pustules qui se développent au pis des vaches, et notamment sur leurs trayons; ces pustules contiennent le vaccin, qui communique, en vertu de sa propriété contagieuse en l'inoculant, la maladie dontil est l'effet. La vaccine se pratique de la vache à l'homme et le préserve de la variole. La découverte précieuse de cette propriété du vaccin ne remonte pas bien haut; elle n'était pas connue en Europe en 1775. A cette époque le docteur Jenner, chargé par le gouvernement anglais d'inoculer la petite vérole, constate que ses inoculations ne réussissaient pas sur quelques sujets. Il en chercha la cause, et il apprit par les paysans eux-mêmes que les hommes qui soignaient les vaches, et contractaient naturellement la vaccine sur leurs mains en les trayant, n'étaient jamais atteints de la petite vérole. Ce fait avait été toujours observé ; il était connu dans les campagnes, et personne ne doutait de son exactitude dans le pays où il était connu. Cette circonstance fut un trait de lumière pour Jenner. Ce praticien habile observa, expérimenta, et il découvrit la vaccine. Il l'inocula et il réussit. Il publia le résultat de ses travaux; mais il eut, comme dans toutes les grandes découvertes, des luttes à soutenir contre les savants de tous les pays. Cependant, comme une vérité est toujours une vérité, malgré la jalousie, l'ignorance ou la routine des opposants, la découverte de Jenner resta acquise à l'humanité, et le nom de son auteur sera immortel dans les annales de la science. Aujourd'hui il n'y a plus de doute sur l'efficacité de la vaccine pour les hommes de bonne foi, exempts d'esprit systématique.

Du reste, ce ne fut qu'après de longs travaux que Jenner fit triompher son idée. Sa découverte date de 1775, et ses travaux ne furent publiés dans toute leur extension qu'en 1798, c'est-à-dire après vingt-trois ans de recherches et d'expériences réitérées. On peut juger d'après cela quelle force de volonté, et quelle persévérance il faut à un homme de cœur et de savoir pour produire une vérité et la faire adopter par l'opinion publique. Heureux ceux qui y parviennent et qui ne succombent pas à la peine, en passant souvent pour fous, pour charlatans, etc., avant d'avoir joui d'une gloire qui s'attache plus tard à leur mémoire !

VACHE. La vache est, de toutes nos espèces domestiques,

l'animal le plus estimé, le plus utile à l'agriculture. Non seulement elle donne le lait, le beurre, le fromage, son veau et sa viande; mais elle laboure nos champs dans plusieurs pays, transporte nos produits agricoles dans nos marchés; elle sert aux charrois et à une infinité de travaux variés. Elle fait ceux du bœuf, dont l'entretien dans certaines contrées est loin d'être toujours lucratif. Dans les pays de montagnes élevées, par exemple, où la neige empêche toute espèce de travail de la terre pendant cinq ou six mois de l'année, le bœuf reste à l'étable; il ne produit rien, et il ne fait que consommer. Parvenu à un certain âge, il perd tous les jours de sa valeur en vieillissant. Il est donc doublement onéreux, dans ce cas. La vache, au contraire, produit toujours. Elle fournit le lait qui alimente le ménage ou qui est vendu à la ville chaque jour, le beurre et le fromage portés au marché, et son veau élevé ou livré au boucher. Dans le pays de Salers, par exemple, où l'on fait de nombreux élèves, tous les bœufs sont vendus jeunes pour les pays qui les font travailler ou les engraissent. On ne conserve que les vaches, pour travailler la terre, faire des élèves, et fournir le fromage qui est consommé dans le midi de la France sous le nom de fourme ou de fromage du Cantal. Tous les petits laboureurs ont des vaches; ils ne peuvent pas avoir des bœufs, et ces vaches sont la ressource journalière du ménage du cultivateur; dans certains pays, une vache est toute la fortune de beaucoup de pauvres familles!

Pendant l'été, les vieillards ou les enfants les conduisent attachées au bout d'une corde le long des chemins pour les faire paître, et l'on ramasse les herbes perdues, les orties, les feuilles, etc., qu'on fait sécher pour les nourrir pendant l'hiver. Combien de pauvres ménages de campagne seraient dans la plus affreuse misère sans la mamelle de leur vache, leur unique ressource, leur providence de chaque jour!

Mais les services rendus par la vache sont naturellement en raison de ses qualités. On en voit qui donnent quinze, vingt litres de lait et plus; d'autres, dans les mêmes conditions de soins et de nourriture, ne produisent que le tiers, le quart ou le cinquième de cette quantité. On voit en Normandie des vaches donner par semaine jusqu'à huit et neuf livres de beurre au moins, tandis que d'autres n'en fournissent, dans quelques pays, qu'une ou deux livres à peine. Dans les montagnes de l'Auvergne, on trouve des types qui font jusqu'à 200 kilog. de fromage par an et plus; d'autres en donnent 50 kilog. à peine. Il y a donc un choix à faire dans les vaches; elles sont, de toutes les femelles domestiques, celles qui méritent le plus d'attention.

Les praticiens éclairés et exercés se trompent peu sur les qualités d'une vache; ils la jugent en général du premier coup d'œil; ils n'ont ensuite que quelques examens de détail à faire. Au premier aspect, ils voient quelle est sa conformation, la nature de ses tissus, et ils exigent les conditions suivantes : peau souple, moelleuse, mince et très détachée des tissus sous-jacents, surtout des côtes; poils fins, rares, lisses, luisants et bien couchés sur la peau; tête petite, fine, avec un muffle bien développé, des naseaux bien ouverts, de grands yeux recouverts par des paupières amincies, très souples, très mobiles, et ornées de longs cils; les cornes doivent être minces, blanches ou noires, luisantes et d'un tissu serré très compacte; encolure amincie, pourvue d'un fanon très petit ou nul; côte arrondie, poitrine vaste, épaules obliques; corps allongé, apophyses du dos apparentes et séparées; les reins et la croupe larges sont une belle qualité, mais une vache bonne laitière peut ne pas avoir cette conformation. Les cuisses sont souvent plates. Les extrémités doivent être minces, fines, les tendons bien dessinés. La queue doit être amincie, le ventre moyennement volumineux. Cependant on trouve d'excellentes laitières avec un abdomen très développé. Les veines mammaires qui sont sous cette région et qui, partant du pis, se dirigent en avant pour se plonger dans ses parois, sont quelquefois considérées, par leur développement, comme un bon signe. Le pis doit avoir la peau mince, très souple, recouverte d'un duvet rare et fin; il doit être volumineux avant la traite, très réduit quand elle a eu lieu. Les quatre trayons doivent être bien espacés et bien marqués. — V. *Pis*.

Du reste, d'après sa constitution générale et sa nature, la vache doit paraître d'un caractère doux et vif en même temps, ce que l'on observe généralement dans les bons types laitiers.

Tels sont les signes auxquels on reconnaît en général une bonne vache. Viennent ensuite les marques qui ont été indiquées par le cultivateur Guenon. On doit toujours les prendre en considération, et, chose remarquable, ici comme dans les autres conditions d'organisation animale, tout se lie et marche de front. En général, les vaches qui d'après le système Guénon sont bien marquées ont aussi tous les autres caractères de la bonne vache laitière que nous venons de signaler, *et vice versa*. Avec ces deux moyens d'examiner une vache, on peut être à peu près sûr de faire un bon choix.

Mais on repoussera les vaches qui ont des formes masculines, la peau épaisse, dure, couverte de poils longs, touffus et secs; la tête forte, avec de petits yeux et de grosses cornes. Ces animaux ont l'encolure forte, robuste, avec un fanon développé et pendant. Elles ont les membres forts, la queue grosse, fournie de crins abondants à son extrémité. Leur pis comme leurs trayons sont petits et couverts d'un poil long et épais. L'aspect de ces animaux est plutôt celui d'un bœuf ou d'un taureau que celui d'une vache. Ces sortes de vaches pourraient être rustiques, fortes et bonnes travailleuses, mais le lait leur manquera. On doit donc se tenir pour averti.

L'utilité de la vache, les services qu'elle rend dans nos campagnes, sont chaque jour mieux appréciés. Si elle n'a pas la force musculaire du bœuf ni sa résistance aux travaux agricoles, elle est plus active, plus leste; elle marche plus vite, et, pour un travail léger, qui n'exige pas une grande force de traction, mais de la célérité, elle est préférée au bœuf. Aussi, les petites exploitations l'ont-elles toujours adoptée de préférence comme animal de travail, et les grandes exploitations tendent à en augmenter le nombre pour diminuer celui des bœufs.

En 1830, nous avions, sur 9,100,000 têtes de l'espèce bovine environ, 391,000 taureaux, 2,033,000 bœufs, 4,628,300 vaches, 2,078,200 veaux. En 1840, le nombre des taureaux et des veaux était à peu près le même; mais celui des bœufs n'était plus que de 1,968,838, et celui des vaches était monté à 5,501,825. En dix ans, il y avait donc eu diminution de 64,162 bœufs et le nombre des vaches avait augmenté de 873,525 têtes. Ces chiffres, admis par les statistiques, sont une preuve évidente que les services rendus par la vache, les avantages qu'elle offre aux cultivateurs, sont tous les jours comparativement mieux appréciés.

Mais, si l'entretien de la vache dans nos fermes laisse plus de bénéfices que celui des bœufs, elle demande aussi des soins mieux entendus. Sa nourriture doit être bonne, substantielle; on doit la ménager au travail, surtout pendant sa gestation et après la parturition. On devra donc avoir pour elle les précautions hygiéniques sans lesquelles elle ne répondrait pas au but de son élevage, soit comme animal de travail, soit comme animal de rente. — V. *Avortement*, *Gestation*, *Hygiène*, *Parturition*, *Travail*.

VACHER. Nom donné dans les montagnes de l'Auvergne à l'ouvrier qui est chargé de la fabrication du fromage et de l'administration de la vacherie. — V. *Fromagerie*, *Montagne*.

VACHERIE. Dans certains pays on appelle vacherie le lieu où logent les vaches. Dans d'autres, tels que les montagnes d'Auvergne, du Rouergue, etc., on nomme vacherie une réunion de vaches destinées à la fabrication des fromages. Les logements des vaches doivent réunir toutes les conditions prescrites par une bonne hygiène. (V. *Étable*, *Hygiène*.) Quant aux vacheries qui sont formées par une réunion de vaches dont on exploite les produits, les sujets qui les composent doivent être d'un bon choix, bien nourris et convenablement soignés. — V. *Fromagerie*, *Montagne*, *Vache*.

VAGIN. Canal qui se trouve entre la vulve et l'utérus des femelles. — V. *Utérus*.

VAGUE. On nomme généralement terrain vague un sol de mauvaise qualité et abandonné sans culture. Les terrains vagues servent ordinairement de parcours aux bestiaux, qui n'y trouvent qu'un maigre pâturage. Il serait possible de tirer un parti bien plus avantageux qu'on ne le fait de ces sortes de terrains. Les uns pourraient être mis en culture régulière, les autres devraient être plantés. En confiant à chaque nature de sol les essences qui leur conviendraient le mieux, on pourrait fertiliser et rendre productifs la plus grande partie des terrains vagues, dont le rendement est presque nul depuis des siècles. — V. *Lande*, *Plantation*, *Reboisement*.

VAINE PATURE. On donne ce nom à un droit réciproque, acquis aux habitants d'une commune ou d'un village, de faire paître leurs animaux dans toutes les terres dépourvues de récoltes. De tout temps les hommes sérieux se sont élevés contre ce triste usage en général. La vaine pâture, en effet, s'oppose d'abord à tout progrès en agriculture ; elle est souvent, en second lieu, une source d'immoralité par les abus qui en résultent et l'atteinte qu'elle porte à la propriété. Non seulement l'adoption des assolements raisonnés est impossible avec la vaine pâture, mais on ne peut pas faire de prairie artificielle, pas plus que des racines fourragères : on ne peut donc pas augmenter, comme on le désire, la production du bétail, base de tout progrès dans l'exploitation du sol.

Cependant le droit de vaine pâture trouve des adhérents, des soutiens, dans plusieurs départements de France. Voyons quelles peuvent être les raisons qui sont alléguées pour soutenir cette opinion, et dans quelles conditions les parcours ou vaine pâture ont des inconvénients moins graves.

Royer, professeur à l'institut agronomique de Grignon, et plus tard inspecteur général de l'agriculture, avait divisé la marche des progrès agricoles en plusieurs périodes. La première période était naturellement la période pastorale ou pacagère, la moins avancée de tous les procédés agricoles ; la deuxième période était celle de la culture des céréales, à l'exclusion des autres plantes cultivées ; la troisième, celle des plantes fourragères et industrielles ; la quatrième était la période de la culture maraîchère, la plus raffinée, la plus productive des cultures. Examinons successivement ces divers degrés des progrès de l'agriculture, et nous pourrons ainsi mieux juger la question de la vaine pâture.

La période pacagère peut tolérer la vaine pâture. On comprend, en effet, qu'un sol qui ne produit que de l'herbe dont on ne peut tirer d'autre parti que celui de la faire consommer sur place, et quelques maigres céréales, tels que des seigles, peut subir sans grands dommages la présence des bestiaux. Il est vrai que, lorsque les animaux d'un village ou d'une commune parcourent indistinctement toute l'étendue d'un terrain, nul n'est individuellement intéressé à soigner spécialement ce terrain pour le rendre plus productif : il reste en permanence dans l'état naturel de sa production, sans augmentation du produit. Il est enfin tel qu'il a été dans les siècles passés. J'ai observé ce fait dans bien des pays, presque partout où l'on trouve des communaux, des landes, des terrains vagues et incultes. Il est même des contrées où il n'est guères possible de faire autre chose que ce qui a été pratiqué de tout temps. Les montagnes de l'Auvergne, de Pyrénées, des Alpes, etc, nous en offrent des exemples. Les sommets élevés au dessus de la zone de bois, et qui ne produisent que de l'herbe qu'on ne peut faire pacager que pendant trois ou quatre mois de l'année et un peu de seigle ou d'avoine, n'ont pas beaucoup à souffrir de la vaine pàture; dans cette condition, je comprends parfaitement les défenseurs du droit en vertu duquel cette coutume est en vigueur.

La période pacagère peut donc tolérer sans grands dommages la vaine pâture; mais la période qui suit commence à en limiter le droit. Les animaux, en effet, ne peuvent parcourir les campagnes que pendant un temps déterminé, lorsque toutes les récoltes sont enlevées et qu'elles ne peuvent pas être dévorées par les bestiaux. Ainsi donc, nous voyons la vaine pâture bornée dans la deuxième période des progrès de l'agriculture. Ici encore les animaux peuvent parcourir les campagnes après l'enlèvement des récoltes, sans faire beaucoup de dommages, et les partisans de la vaine pâture peuvent défendre le droit en vertu duquel elle a lieu. Mais si l'on veut se rendre à leurs raisons, si l'on veut tolérer les parcours des bestiaux, il faut rester au deuxième degré des progrès de l'exploitation du sol. Il est impossible de passer aux autres périodes de l'agriculture avec la vaine pâture. Voyons pourquoi.

Supposons que, dans un pays exploité dans la deuxième période de l'agriculture, un propriétaire instruit veut progresser et passer dans la troisième période : il cultivera nécessairement les fourrages artificiels, soit herbacés, comme le trèfle, la luzerne, le sainfoin, les vesces, les gesses, la spergule, le maïs, les céréales consommées en vert, etc., soit comme racines fourragères. Mais comment pourra-t-il le faire avec la vaine pâture? Comment pourra-t-il avoir dans ses champs des prairies artificielles, des racines fourragères, telles que la carotte, la betterave, les navets et raves diverses, les choux, etc., s'ils sont exposés à l'invasion des bestiaux du village ou de la commune, au parcours et à la vaine pâture enfin ? Il lui sera matériellement impossible alors de passer de la deuxième période du progrès agricole à la troisième. Son agriculture restera nécessairement stationnaire en vertu du droit acquis de vaine pâture, et il ne pourra pas augmenter la quantité de ses bestiaux pour la production de la viande, des laines, des engrais, de toute la production animale enfin, beaucoup trop insuffisante chez nous. Ce que je dis ici d'un propriétaire s'applique à tous les pays cultivés sans exceptions.

Si la vaine pâture borne nécessairement l'agriculture à la deuxième période de ses progrès, si avec elle il est impossible d'aller plus loin, comment pouvons-nous concevoir le troisième et le quatrième degré des progrès agricoles? Supposons un instant que le département du Nord, qui est l'un des mieux cultivés et des plus productifs de la France, est forcé d'admettre le droit de vaine pâture, et que les bestiaux peuvent parcourir les campagnes sans exception après l'enlèvement des céréales. Ce riche pays ne peut plus cultiver les plantes industrielles et fourragères. Plus de colzas pour faire des huiles, plus de lins pour la fabrication des toiles si estimées, plus de betteraves pour la fabrication du sucre, plus de prairies artificielles! Partout diminution du bétail des quatre cinquièmes au moins; diminution des engrais dans les mêmes proportions, et par conséquent diminution dans des proportions énormes des éléments de prospérité, de richesse du département du Nord, et passage obligé d'un état florissant et d'abondance de ce pays à un état de pauvreté et de misère, conséquence forcée du nouvel état de l'agriculture par le fait seul de la vaine pâture.

Ce que je dis ici de la vaine pâture peut, dans un pays parvenu au troisième degré du progrès de son agriculture, s'appliquer, à bien plus forte raison, à la culture parvenue à sa quatrième période : comprendrait-on, par exemple, les bestiaux des environs de Paris lâchés dans les cultures maraîchères, après la récolte des céréales?

Mais ce n'est pas tout. La vaine pâture est un obstacle aux plantations, à la confection des haies vives, et par conséquent à un bon système de clôtures; elle porte donc atteinte au libre exercice du droit de propriété, et il y a lieu de s'étonner qu'une loi n'ait pas encore réglé la question des parcours et de la vaine pâture, pour déterminer dans quelles circonstances le droit qui autorise cette coutume peut être toléré, dans quels cas ce droit doit être aboli d'une manière absolue et irrévocable.

VAIRON. On nomme vairons les yeux des animaux dont l'iris est d'un blanc généralement opalin. On voit assez fréquemment des chevaux avec des yeux vairons.

VAISSEAU. Nom des canaux dans lesquels circulent le sang et la lymphe dans les animaux. Les vaisseaux sont distingués en artériels ou veineux, capillaires ou lymphatiques, suivant la nature des liquides qu'ils contiennent et leur volume. Les vaisseaux sont très répandus dans l'économie animale. Les tissus en ont des quantités innombrables ramifiées à l'infini; la pointe d'une aiguille la plus aiguë ne saurait traverser la couche la plus mince de la peau, par exemple, sans en blesser plusieurs et donner écoulement à un liquide, soit séreux, soit sanguin.

Les vaisseaux servent tous à la circulation des liquides qu'ils contiennent; mais tous n'ont pas les mêmes dispositions, soit sous le rapport de leur texture, soit sous celui de l'organisation dont la nature les a pourvus. Ainsi, les artères qui reçoivent le sang poussé dans leur intérieur par les contractions du cœur sont formées par un tissu jaunâtre essentiellement dilatable, élastique, qui, en revenant sur lui même, comprime le sang contenu et le force à circuler vers les extrémités, parceque la disposition des valvules qui se trouvent à l'embouchure des troncs artériels qui partent du cœur ne lui permet pas de marche rétrograde. — V. *Artère.*

Les veines reçoivent le sang de toutes les parties du corps pour le conduire au cœur, et, comme ce liquide n'est pas poussé dans leur intérieur avec la même violence que dans les artères, leurs parois n'ont pas besoin d'autant de solidité. Aussi ces parois sont infiniment plus minces dans les veines que dans les artères. D'autre part, l'intérieur des veines est pourvu, dans le trajet de leur canal, de valvules disposées de manière à empêcher le sang de rétrograder et de le forcer à suivre sa marche vers le cœur. — V. *Veine.*

Les vaisseaux capillaires sont ceux qui commencent au point où finissent les artères, pour s'aboucher avec les veines. Ils sont formés par les dernières ramifications des artères et les premiers ramuscules des veines; ils sont donc les intermédiaires de ces deux espèces de vaisseaux sanguins. Ces vaisseaux sont d'une ténuité extrême, et leurs ramifications sont infinies dans les tissus. C'est dans les capillaires que le mouvement du sang est le plus lent, surtout quand la température de l'atmosphère est basse. Du reste, leur nombre varie suivant la nature des tissus. Rares dans les ligaments, les tendons et les os, ils sont très multipliés dans les muscles, et surtout dans le tissu cutané.

Les vaisseaux lymphatiques servent à la circulation de la lymphe et du chyle. Comme les veines, ils sont pourvus de petites valvules dans leurs canaux pour servir aux mêmes usages que dans le système veineux. L'origine de ces vaisseaux est généralement inconnue, à l'exception des vaisseaux chylifères, qui prennent nécessairement naissance dans le tube intestinal. — V. *Chylifères*, *Circulation*.

Les végétaux ont aussi leurs vaisseaux pour la circulation de leurs liquides. — V. *Respiration*, *Sève*, *Végétal*.

VALÉRIANE. Genre de plantes de la famille des valérianées. La variété de valériane appelée officinale (herbe-aux-chats) croît dans les prairies humides, sur les bords des ruisseaux. Sa racine est considérée comme ayant une action spéciale sur le système nerveux. Elle est employée comme antispasmodique, en médecine vétérinaire, contre l'épilepsie, le tétanos, le vertige, contre toutes les affections nerveuses en général. On la mélange quelquefois avec le camphre, l'assa fœtida et l'opium, pour favoriser son effet et lui donner plus d'énergie. Les chats semblent rechercher beaucoup l'odeur de la valériane ; ils se frottent contre ses tiges et se roulent sur ses feuilles avec plaisir.

VALÉRIANÉES. Famille de plantes dont la valériane est le type.

VALÉRIANELLE. V. *Mâche*.

VALLÉE. Les vallées, dont le sol est souvent composé d'alluvions, de terres entraînées par les eaux des montagnes, sont généralement fertiles ; elles doivent leur fertilité non seulement à la nature de leur sol, mais encore à celle de leur climat, généralement plus doux, et souvent aux irrigations par les ruisseaux ou rivières qui y coulent. Les végétaux, abrités par les montagnes, d'une part, irrigués et alimentés dans un bon fonds, de l'autre, prennent un grand développement ; mais, toute proportion gardée, ils sont loin d'être relativement aussi riches en principes nutritifs et toniques que les végétaux des montagnes; aussi, si les animaux qui s'en nourrissent sont plus grands, plus développés, sont-ils loin d'avoir l'énergie, la vivacité, la puissance musculaire des montagnards. — V. *Montagne*.

VALLISNERIE. Plante de la famille des hydrocharydées. La vallisnerie croît dans les eaux douces ; elle est commune dans le canal du Midi. Cette plante est remarquable par son mode de fécondation. Sa fleur femelle est supportée par un pédoncule en spirale qui la retient au fond des eaux. Quand elle doit être fécondée, cette spirale se déroule, et la fleur monte à leur surface ; les fleurs mâles qui s'y trouvent flottantes et libres la fécondent. Après cette opération, les fleurs femelles sont entraînées vers les collets de leurs racines par leurs spirales, qui se contractent et se roulent. C'est dans cette condition que les graines se forment et mûrissent sous l'eau.

VAN. Ustensile, généralement en osier, qui sert à nettoyer les grains, et surtout l'avoine qu'on donne aux chevaux.

VANAGE. Opération qui consiste à séparer les grains des balles et des arêtes, après le battage. Dans quelques lieux, de petite culture surtout, on vanne les grains à un courant d'air ; mais le tarare convient mieux pour cette opération. — V. *Tarare*.

VANNEAU. Genre d'oiseau de l'ordre des échassiers. Les vanneaux sont des oiseaux de passage en France ; ils fournissent un bon gibier, généralement recherché. Ces oiseaux, loin d'être nuisibles à l'agriculture, lui sont utiles, au contraire, en dévorant des insectes nuisibles, des vers de terre. Les sols humides et les bords des étangs sont surtout fréquentés par les vanneaux.

VAPEUR. Fluide gazeux contenu dans l'atmosphère, et produit par la volatilisation de l'eau exposée à l'action du calorique. Les brouillards, les nuages, ne sont que de la vapeur d'eau, qui forme la pluie, la grêle ou la neige, sous l'influence du froid qui en détermine la condensation ou la congélation dans les hauteurs de l'atmosphère.

Dans les arts et l'industrie, on emploie la vapeur d'eau comme moteur. Son application tend de plus en plus à se répandre sous ce rapport, et à remplacer les moteurs animés, surtout lorsqu'il faut l'action d'une grande puissance sans interruption.

La force de la vapeur n'a point encore été utilisée en agriculture comme elle le sera indubitablement un jour. Dans les arts et l'industrie, elle a transformé la production en multipliant les procédés de fabrication dans des proportions énormes. En agriculture, la même transformation s'opérera un jour, lorsque la vapeur labourera, battra nos céréales, nous prêtera son concours pour une infinité de travaux qui souffrent par défaut de bras que les machines remplaceront avec avantage. — V. *Machine*, *Mécanique*.

En médecine vétérinaire, on emploie quelquefois la vapeur d'eau comme émollient, soit en la faisant respirer aux animaux, soit comme bains, après avoir enveloppé les malades de couvertures.

VARAIRE. Genre de plantes de la famille des colchicacées. Le varaire est une plante vénéneuse qui croît dans les pays élevés. On en distingue deux variétés, le blanc et le noir. Le varaire blanc est souvent commun dans certaines montagnes. Sa racine est un poison assez violent. Dans les campagnes, on se sert quelquefois de cette racine pour empoisonner les poules qui dévastent les jardins. Ce poison est facile à préparer; il suffit de faire bouillir les racines de varaire avec du grain que l'on jette ensuite aux lieux où l'ont veut empoisonner les volailles.

VARECH. Plante marine de la famille des algues. Les varechs sont employés sur les bords de la mer comme engrais, et pour la fabrication de la soude. — V. *Fucus*.

VARENNE (*Terre de*). On nomme terre de varenne, dans certains lieux, celle qui est sablonneuse, composée de détritus, de granits, de gneis, etc. Les terres de varenne sont légères, faciles à travailler, mais généralement peu fertiles; elles craignent beaucoup la sécheresse.

VARICE. Dilatation partielle d'une veine. Les varices sont assez rares dans les animaux. On les observe cependant dans le cheval. Leur siége est surtout à la veine saphène, à son passage au pli du jarret. La varice est un vice plus ou moins grave suivant son développement.

VARICOCELLE. Dilatation des veines du cordon testiculaire des animaux. Cette affection, peu observée en médecine vétérinaire, trouve une guérison radicale dans la castration.

VARIÉTÉ. Nom donné en botanique ou en zoologie à des individus dont les caractères particuliers les font distinguer de leurs types et entr'eux. Ainsi, on reconnaît plusieurs variétés de roses, d'œillets, de blés, de chiens, de chevaux, de moutons, etc. Les variétés, dans les différents règnes organiques, dépendent soit de l'accouplement ou du croisement des espèces, soit de l'influence des lieux. — V. *Accouplement, Croisement.*

VARIOLE. V. *Vaccine.*

VASE. Boue qui se dépose au fond des eaux stagnantes. Les vases sont composées de terre entraînée par les eaux, et de détritus de matières organiques, végétales ou animales, en décomposition. Les vases qui proviennent du curage des rivières, celles notamment des fossés, des étangs, des mares et réservoirs, etc., servent comme engrais. Mais il faut les laisser exposées plusieurs mois à l'air pour leur laisser dégager des gaz nuisibles, et subir les influences de l'atmophère. On mélange souvent les vases avec de la chaux ou des marnes pour en faire des composts.

VASÉ, ÉE. Les eaux troubles qui couvrent les prairies dans les inondations déposent sur les fourrages qu'elles contiennent un limon qui non seulement les altère, mais y cause souvent la rouille et des moisissures par l'humidité qu'il y entretient. Ces fourrages sont dits vasés, et ils sont de mauvaise qualité. Il est bien rare qu'ils ne causent pas des maladies aux animaux qui les consomment. Ce qu'on aurait de mieux à faire dans ce cas, ce serait d'en faire litière. Si on est forcé de les faire consommer, il faut les battre, les secouer. S'il était possible de les laver pour les débarrasser de la terre qu'ils contiennent, ce serait encore mieux. Il est utile aussi de les asperger d'eau salée pour diminuer autant que possible leur mauvaise nature. Mais, je le répète, il y a toujours danger à faire consommer des fourrages vasés, quelques soins qu'on prenne pour atténuer leurs effets délétères. Des maladies graves et multipliées ont été trop souvent la conséquence de leurs effets sur les animaux.

VEAU. Jeune produit de la vache. Suivant les localités, les veaux sont destinés à la boucherie ou à l'élevage. Dans les environs des grandes villes, où les débouchés sont toujours assurés et le prix de la viande élevé, l'engraissement des veaux donne lieu à une industrie lucrative, et elle y est exercée avec succès. Là, elle offre deux avantages : le premier est immédiat, il résulte de la vente du veau; l'autre résulte de la production du lait, toujours bien vendu sur les marchés. Si le jeune sujet était conservé, il téterait sa mère, ce qui diminuerait nécessairement la quantité de lait qu'elle donne pour la vente journalière.

Dans les pays d'élevage éloignés des centres de consommation on engraisse peu de veaux. On les élève pour les vendre à un âge plus ou moins avancé aux pays qui n'élèvent pas. Ce procédé est mis en pratique dans les montagnes de l'Auvergne. Cependant, comme l'industrie de la fabrication du fromage offre dans ce pays de grands avantages, on n'élève généralement que la moitié des veaux pour l'exportation comme jeunes taureaux ou génisses. Les autres sont vendus peu de temps après leur naissance aux bouchers des bourgs et villages du pays, et à vil prix.

Il y aurait un bon choix à faire dans les animaux conservés pour l'élevage. Ici le système de Guénon pourrait être d'un grand secours à l'éleveur, parcequ'à l'âge où il vend ses veaux au boucher, ses qualités ne sont pas encore apparentes par des signes généraux bien caractéristiques (V. *Vache, Bœuf*). Par le système Guénon, on pourrait choisir les sujets bien marqués, et livrer les autres à la consommation. Cette mesure, qui pourrait être féconde par ses résultats, n'a pas encore été mise en pratique. On sacrifie ainsi chaque année des sujets d'élite qui pourraient faire plus tard la fortune des pays, s'ils étaient élevés pour la production du lait. — V. *Fromagerie, Vacherie.*

VÉDELAT. Nom donné, dans les montagnes du Cantal, au petit bâtiment destiné à loger les veaux. Le védelat est toujours situé près du buron, pour être sous la surveillance immédiate du vacher. — V. *Buron*, *Vacher*, *Vacherie*.

VÉGÉTAL. Corps organisé qui, comme l'animal, naît, se nourrit, se développe, se reproduit et meurt. Le végétal est donc un être vivant, puisqu'il a tous les attributs de la vie, qui sont la naissance, la faculté de se nourrir, de se développer, de se reproduire et de cesser de vivre. Cependant, si le végétal est comme l'animal un être vivant, il en diffère par des caractères tranchés définis au mot *Corps* (V. ce mot)

Le végétal est généralement pourvu de deux parties distinctes. L'une est plongée dans les profondeurs de la terre, et le fixe au sol; elle y puise la nourriture propre au développement de la plante et à son existence : on la nomme racine. L'autre s'élève vers le ciel, et puise dans l'atmosphère des éléments qui doivent servir à sa respiration comme à sa nutrition (V. ces mots).

Les végétaux varient à l'infini de formes, de développement, de durée, de texture, etc. Les uns sont microscopiques, les autres sont relativement énormes; les uns sont éphémères, annuels, bisannuels, les autres durent des siècles, des milliers de siècles (V. *Baobad*). Leur végétation, leurs produits, diffèrent de la même manière. Les uns croissent avec une rapidité extraordinaire, et meurent immédiatement après avoir assuré leur reproduction. D'autres croissent lentement, long-temps, et multiplient pendant plusieurs années les individus de leur espèce. On en voit qui produisent par leurs fruits ou leurs sécrétions des poisons plus ou moins énergiques D'autres, au contraire, sur le même sol, dans le même climat, sous les mêmes influences physiques, donnent des fruits exquis, des produits sucrés, délicieux. A côté de l'ananas, du pêcher, du dattier et du prunier, etc., croissent la ciguë, le mancenilier, l'euphorbe, la renoncule, etc. Du reste les animaux ne nous offrent-ils pas les mêmes exemples ? N'avons nous pas la vache qui nourrit de son lait, et la vipère qui tue avec son venin ? N'avons-nous pas l'abeille qui d'un côté nous donne le miel qu'elle élabore après en avoir choisi les éléments dans le calice des fleurs, et de l'autre fabrique un venin très actif qui cause toujours des effets plus ou moins marqués dans les fonctions de la vie des animaux qu'elle pique ; quelquefois il les fait périr.

La réunion des végétaux constitue le règne végétal. Ce règne est indispensable au règne animal, puisqu'il le nourrit. Les végétaux sont chargés par la nature de prendre dans le sol et l'atmosphère les éléments de notre alimentation, de les élaborer, de les préparer et de les mettre à la portée de nos organes pour être assimilés. Ainsi, après notre mort, nous rendons au sol les substances qu'il nous a prêtées pendant notre vie par l'intermédiaire des végétaux.

Les végétaux ont encore une autre mission importante à remplir. Par sa respiration continuelle, le règne animal vicie l'air en expirant de l'acide carbonique. Les végétaux décomposent cet acide impropre à la respiration ; ils s'assimilent le carbone qui entre dans leur composition, et rendent à l'atmosphère l'oxygène que le règne animal lui avait enlevé. Ainsi le règne animal doit la vie au règne végétal sous un double rapport. Les animaux ne pourraient donc pas exister sans les végétaux. D'un côté ceux-ci leur fournissent la nourriture, de l'autre ils purifient l'air, qui ne serait pas respirable sans leur intervention. — V. *Animaux*.

Les services essentiels rendus par les végétaux pour l'alimentation, la respiration, de tous les individus du règne animal ne sont pas les seuls ; ils procurent de plus des remèdes pour le traitement de nos maladies et de celles des animaux ; ils sont employés dans les arts, l'industrie, l'économie domestique. La majorité des substances médicamenteuses sont fournies par les plantes, soit par leurs fleurs, leurs feuilles, leurs tiges, soit par leurs racines, leurs fruits, leurs sécrétions et excrétions diverses. Les arts, l'industrie, l'économie domestique, etc., font un usage permanent des végétaux pour les constructions de toute nature, pour les ameublements, les décorations, les vêtements, les embellissements de toute espèce.

Les végétaux sont divisés en trois grandes classes : la première, la plus importante, comprend les plantes dicotylédones ; la deuxième, les monocotylédones, et la troisième, les acotylédones. — V. ces mots, et *Arbre*, *Plantation*, *Reboisement*.

VÉGÉTATION. On donne le nom de végétation, en botanique comme en agriculture, aux phénomènes vitaux par lesquels la graine d'une plante placée dans les conditions convenables au but proposé par la nature, produit le végétal dont elle est le germe. L'étude qui s'occupe de cette partie des sciences agricoles est d'autant plus importante, que c'est d'elle que dépend la prospérité de toute la production du sol, soit végétale, soit animale.

Les conditions d'une bonne végétation dépendent 1° de la nature du germe du végétal; 2° des éléments qui sont indispensables à son développement. Une graine altérée, mal nourrie, pourra fournir une plante d'une mauvaise végétation. Une bonne graine pourra en faire autant, si les principes qui doivent concourir à son alimentation sont insuffisants ou dans de mauvaises conditions.

Pour obtenir une bonne végétation, il faut donc choisir d'abord une bonne graine, et la placer dans des conditions favorables à sa germination et à l'accroissement du végétal qu'elle doit produire. Les premiers éléments de toute végétation, ceux qui lui sont rigoureusement indispensables, sont l'air, la chaleur et l'humidité. Ces trois principes sont non seulement fondamentaux, mais leur action doit être réciproque et simultanée. Sans cette condition, il n'y a pas de végétation possible. Ainsi, on ne verra jamais une plante végéter à une température qui sera celle de la formation de la glace. Il en sera de même si on la prive d'air, et si elle n'a pas d'eau pour que les éléments minéraux dont elle se nourrit puissent circuler dans ses vaisseaux, et être rendus assimilables par leur dissolution. Une graine bien sèche, placée dans un lieu dépourvu d'humidité, non seulement ne donnera pas de plante, mais elle ne germera pas, elle restera dans son état de graine pendant des siècles.

Cependant les premiers éléments de la végétation que je signale ici sont loin de suffire aux bonnes conditions de cette fonction multiple des plantes; si une graine peut germer et produire un végétal avec l'air, la chaleur et l'humidité, il lui faut de plus la lumière pour parcourir convenablement toutes les phases de son existence. Un végétal, en effet, qui serait privé de la lumière, ne pourrait pas se nourrir convenablement; il serait, par conséquent, dans l'impossibilité de se développer; il s'étiolerait, et il mourrait avant d'avoir pu se reproduire. Voici les raisons de ce fait incontestable :

Les végétaux se nourrissent par leurs racines, d'une part, en absorbant les principes alimentaires contenus dans le sol; de l'aûtre, ils absorbent dans l'atmosphère l'acide carbonique qui y est contenu, au moyen des feuilles et des parties vertes, pour décomposer ce gaz et s'approprier le carbone, principal élément de leur composition; mais pour que la décomposition de l'acide carbonique se fasse, le concours de la lumière est indispensable. Ce corps est donc nécessaire à une bonne végétation. On est à chaque instant témoin de ce fait dans nos caves ou dans les lieux obscurs où se développent accidentellement des végétaux sous l'influence de l'air, de l'humidité, et d'une température convenable. Ces végétaux sont souffreteux, étiolés, blancs au lieu d'être verts, et ils ne peuvent ni prendre tout leur accroissement normal, ni porter graine; ils meurent avant de pouvoir fournir les germes de leur reproduction. La lumière est donc indispensable à une végétation normale, suivant les lois ordinaires de la nature.

Mais ce mode de végétation normale ne suffit pas toujours pour la prospérité du cultivateur et pour répondre aux besoins des populations de certaines localités; et c'est pour modifier les conditions normales de la végétation, c'est pour la rendre plus productive, que les études de l'agriculture, comme celles des sciences naturelles qui s'y rattachent, sont utiles, indispensables.

Qu'exige-t-on d'un végétal? On exige qu'il donne le plus de produit possible, avec le moins de frais relatifs d'exploitation; il faut donc étudier les phénomènes de la nature qui peuvent le mieux faciliter l'emploi des moyens de résoudre ce problème difficile, et je dirai insoluble pour ceux qui ne sont pas éclairés par le savoir; c'est là que se trouve le nœud de la question. Pour le rompre, il faut étudier la nature du végétal cultivé, celle du produit que l'on veut en obtenir en fourrage, en graine, en huile, en substances comestibles, industrielles, etc., etc. Après cette étude, vient celle du climat où l'on se trouve, celle du sol qui doit produire, et enfin l'examen des moyens de rendre ce sol fertile, de le mettre dans les conditions qui doivent le mieux favoriser la végétation des plantes qu'on se propose de lui confier. Cette étude comporte donc celle de la composition du sol, celle des engrais et amendements, des labours et façons diverses; l'examen des instruments bien adaptés à l'exploitation, celui des assolements les mieux appropriés à l'espèce de végétaux adoptée, aux animaux élevés, aux exigences de la consommation locale, aux ressources offertes par les débouchés. — Pour plus de détails, V. *Accroissement*, *Amendement*, *Assolement*, *Circulation*, *Fécondation*, *Germination*, *Respiration*, *Sève*, *Végétal*.

VEINE. Vaisseau chargé de rapporter vers le centre de la circulation (le cœur) le sang qui vient des diverses parties du corps des animaux. On distingue deux sortes de veines : les unes contiennent le sang noir, elles sont les plus nombreuses comme les plus développées; les autres contiennent du sang artériel qu'elles sont chargées de conduire des poumons au cœur, après la respiration. Dans tous les cas, les fonctions des veines sont de transporter le sang des animaux de la circonférence au foyer de la circulation, tandis que les artères sont chargées de le porter de ce foyer à toutes les parties du corps. Il en résulte que, si l'origine des artères est au foyer de la circulation, c'est-à-dire au cœur, et leurs extrémités à sa circonférence, c'est le contraire dans les veines. L'origine de celles-ci est à leurs radicules, aux vaisseaux capillaires, et leurs extrémités sont à leurs troncs qui versent le sang au cœur. Du reste, les veines sont ramifiées comme les artères; mais comme le sang circule avec moins de vitesse dans leur intérieur que dans celui des artères, où il est poussé avec force par les contractions du cœur, il en résulte que leurs divisions sont plus nombreuses, que leur calibre est relativement plus fort, et que la somme de capacité est plus grande dans les veines que dans les artères. Ce fait est facile à expliquer. Une même quantité de liquide donnée qui coule très rapidement dans un tuyau, comme celui d'une pompe foulante, par exemple, demande moins de capacité de ce tuyau que lorsqu'elle coule naturellement et sans pression. La grande quantité relative d'eau qui sort par la petite ouverture d'une lance de pompe à incendie en est un exemple.

Les veines sont pourvues, dans leur trajet, de petites valvules qui empêchent le sang de refluer vers leur origine et facilitent ainsi la circulation veineuse. Ces valvules n'existent dans les artères qu'à la sortie du cœur, pour empêcher le sang d'y revenir lorsqu'il en est sorti.

C'est généralement aux veines que l'on pratique les saignées, et leurs dilatations constituent les varices. — V. *Circulation, Respiration, Saignée, Varices, Vaisseau.*

VEILLOTTE. Nom donné dans quelques pays au fourrage disposé en très petites meules dans les prés, pour le soustraire à l'action de la rosée ou à la pluie. Quand ce fourrage est sec, on peut attendre ainsi le moment où il sera possible de l'emmagasiner.

VEINEUX. Système veineux. Appareil de vaisseaux chargé de porter le sang veineux dans le foyer de la circulation. — V. *Artère, Capillaire, Circulation, Vaisseau, Veine.*

VÉLAR. Plante de la famille des crucifères. Les vélars offrent peu d'intérêt à l'agriculture. Quelques variétés sont cultivées comme plantes d'agrément.

VÈLE. Nom donné au veau femelle dans certains pays. — V. *Génisse, Veau.*

VENDANGE. Récolte du raisin. — V. *Vigne, Vin.*

VENIN. Liquide particulier, vénéneux, sécrété par certains animaux, tels que plusieurs serpents dont la vipère fait partie. L'abeille, la guêpe, sécrètent aussi du venin.

Suivant sa nature et sa quantité, le venin, quand il est inoculé dans l'économie animale, produit la mort ou des accidents morbides plus ou moins appréciables, quoique souvent passagers.

VENT. Météore qui résulte du mouvement plus ou moins violent de l'air dans une direction déterminée. Les causes des vents ne sont pas absolument connues; cependant les physiciens ont admis comme causes présumables les condensations ou les dilatations accidentelles de l'atmosphère sur les divers points du globe ou dans l'air. Il est évident, en effet, que la chaleur dilate l'air, et que le froid le condense. Par ces alternatives de dilatation et de condensation, il y a déplacement des colonnes atmosphériques, soit par répulsion, soit par attraction. Il en résulte par conséquent des courants plus ou moins violents, suivant l'intensité des phénomènes qui les occasionnent. D'un autre côté, lorsque l'eau des fleuves, des rivières, des lacs, de la mer, etc., se réduit en vapeur par l'action du calorique et forme des brouillards ou des nuages, elle refoule une qantité d'air dont elle occupe la place. Si tout à coup cette vapeur, venant à se condenser par le froid, forme la pluie, la grêle ou la neige, le vide qu'elle fait se remplit immédiatement et provoque des déplacements de colonnes d'air et de courants subits. Ne peut-on pas ainsi expliquer les vents violents des ouragans, des tourbillons et des trombes.

Suivant la direction que leur imprime la cause qui les produit, les vents sont dits du nord, du sud, de l'est ou de l'ouest. On leur donne aussi d'autres noms, tels que ceux du sud-est, du nord-est, etc.

Mais, quelles que soient les origines des vents, quel que soit leur mode de formation, leur action a pour résultat de bons ou mauvais effets, suivant les circonstances. Ils produisent de bons effets lorsqu'ils conduisent les nuages dans les différents lieux pour y produire la pluie nécessaire aux terres desséchées par l'ardeur du soleil. Ils favorisent ainsi la végétation, et concourent à entretenir les sources qui servent aux irrigations. Les vents facilitent aussi la fécondation des plantes en agitant doucement leurs fleurs et en faisant voltiger leur matière fécondante. C'est ainsi qu'on explique la fécondation de certaines plantes femelles à de longues distances. — V. *Fécondation.*

D'un autre côté, les vents concourent à la salubrité de l'air, en chassant les miasmes des lieux où ils se forment, et en y apportant l'air purifié par l'action des végétaux dans les campagnes, notamment dans les forêts. Les villes surtout deviendraient inhabitables par leur insalubrité, si des courants d'air ne chassaient pas les émanations insalubres de toute nature qui y sont occasionnées par l'agglomération des populations et les immondices. — V. *Désinfection.*

Les vents provoquent dans certains lieux des sécheresses extrêmes, quand ils sont chauds surtout, et qu'ils ne transportent pas des nuages. Les vents du désert, en Afrique, dessèchent, brûlent toute la végétation. Celui du sud en fait autant souvent dans le midi de l'Europe. Les vents impétueux, les ouragans, les trombes renversent les arbres, déracinent, brisent les cheminées et souvent les toits des maisons, surtout quand ils sont en chaume, et causent quelquefois des dégâts considérables, dans les villes comme dans les campagnes. On a vu des charrettes renversées sur les chemins par les vents, des tabliers des ponts suspendus enlevés et précipités dans les fleuves.

Mais si sur terre les vents sont quelquefois nuisibles par leur nature ou leur impétuosité, ils sont bien plus terribles encore sur mer. Que de désastres, que de malheurs, que de navires perdus, que de ruines, que de familles dans le deuil, par suite de coups de vents !

L'action nuisible des vents ne se borne pas toujours aux effets que nous venons de signaler. Elle réagit quelquefois sur la santé des hommes comme sur celle des animaux. Certains vents, tels que ceux du nord, causent des refroidissements, des suspensions de transpiration, des catarrhes. De plus, les vents, quand ils sont très froids, ce qui arrive lorsqu'ils traversent des montagnes couvertes de neige, nuisent souvent aux récoltes, qui les craignent. Quelquefois une récolte de sarrasin est perdue par un coup de vent froid. On voit les fleurs et les tiges de cette plante changer d'aspect du soir au matin ; elles rougissent ; leurs organes de la génération se racornissent, la fécondation ne s'opère pas, et par conséquent point de grain ; la récolte est nulle. C'est pour ce motif que la réussite du sarrasin est si chanceuse, surtout dans les pays de montagnes élevées.

Les vents servent aux agriculteurs à prévoir le beau et le mauvais temps, la pluie, la sécheresse, les orages, etc. Suivant les pays, ils sont les précurseurs certains de la sécheresse, de la chaleur ou de l'humidité, etc. Dans telle contrée on est toujours assuré d'avoir la pluie avec le vent du midi ; dans telle autre, c'est avec celui de l'est, de l'ouest ou du nord. Les praticiens trouvent presque toujours dans la direction variée des vents l'indice certain du temps qu'il fera, et ils dirigent leurs opérations suivant la nature de ces météores, qui les trompent rarement. Ils les reconnaissent à la direction des nuages, de la fumée des cheminées, des girouettes, des feuilles des arbres, au son des cloches, et au bruit des eaux des rivières ou des fleuves qu'ils apportent, etc.

On peut voir d'après ces simples considérations de quelle importance est l'étude des vents pour le cultivateur.

VENTILATEUR. Appareil ou instrument disposé pour établir un courant d'air, soit dans des habitations, soit dans des greniers ou magasins, ou dans des galeries souterraines. Les ventilateurs peuvent avoir diverses formes et être mis en mouvement par des moteurs divers. Les cheminées sont de véritables ventilateurs, qui servent à assainir les maisons où elles se trouvent. — V. *Aérage*.

VENTILATION. Procédé par lequel on renouvelle l'air dans un lieu pour l'assainir. — V. *Aérage*.

VENTOUSE. Vase, ordinairement en verre, dans lequel on fait le vide après l'avoir appliqué sur la peau de certains animaux. L'effet des ventouses est d'attirer le sang et d'établir une révulsion sur les points où on les place. Les ventouses sont dites sèches ou scarifiées suivant qu'on fait couler le sang au moyen de scarifications, ou qu'on laisse la peau avec le simple gonflement produit, sans évacuation sanguine

On fait le vide dans les ventouses, soit au moyen d'une pompe aspirante qui y est adaptée, soit en raréfiant l'air dans le vase qui les forme, en y faisant brûler du papier, ou mieux une boulette de coton imbibée d'esprit-de-vin.

VENTRE. Région du corps des animaux située en arrière de la poitrine, sous les reins et les flancs. Le ventre est plus ou moins volumineux; chez les ruminants il prend quelquefois un développement considérable, surtout dans la vache. Ce développement est quelquefois le caractère d'un tempérament lymphatique, mou, et d'une race commune. Souvent il est la conséquence d'une alimentation grossière, peu riche en substances nutritives. Un cheval, par exemple, qui a un gros ventre (ventre de vache), est généralement un animal commun, pourvu de peu d'énergie, incapable d'une vitesse raisonnable, et de soutenir de longs travaux aux allures vives. La physiologie comme la mécanique l'expliquent: un gros ventre, en effet, est lourd; en affaissant les côtes, il gêne la respiration par son poids sur la peau comme sur les muscles qui forment les parois de l'abdomen, et qui se fixent au cercle cartilagineux des côtes; la dilatation de ces derniers organes, qui concourent à former la cage de la poitrine, est donc plus difficile.

Pour être bien conformé, le ventre devra être peu volumineux dans tous les animaux. Il formera avec la poitrine un cylindre uniforme dans toutes ses parties. Les faits comme la science ont démontré que cette conformation est la meilleure. Un ventre trop petit, levretté, indique des animaux qui se nourrissent mal, ou qui peuvent être malades. Les sujets qui ont cette région ainsi conformée peuvent avoir de l'ardeur au début de l'action, surtout dans l'espèce chevaline; mais ils supportent mal les fatigues, et quelquefois ils rendent leurs excréments à l'état liquide, ce qui prouve que leur digestion s'est mal opérée. Presque tous les chevaux levrettés offrent ces inconvénients.

VENTRICULE. Nom donné aux cavités de certains viscères. Le cœur a deux ventricules (V. *Cœur*). Le cerveau a aussi ses ventricules.

VENTS. Gaz qui se développent quelquefois dans les intestins des animaux, et sont rendus par l'anus.

VER. On donne vulgairement le nom de ver à de petits animaux dont le corps, plus ou moins allongé et dépourvu de pattes, est généralement cylindrique et se replie en tous sens. Les vers de terre, les vers intestinaux, sont classés par les naturalistes dans les rayonnés. Les vers intestinaux se développent dans diverses parties du corps des animaux aux dépens desquels ils vivent. On trouve de ces parasites dans le canal intestinal des individus de toutes les classes, dans leurs tissus divers, dans le cerveau, dans les vaisseaux, dans les reins, dans le foie, dans le tissu cellulaire, dans les poumons, dans les yeux, dans les muscles, etc. Leur présence dans le cerveau du mouton cause le tournis; la ladrerie du porc est due à un ver. Les moutons ont dans leur foie des vers nommés douves hépatiques, quand ils ont la pourriture; les chiens ont souvent des vers solitaires, etc.

On a nommé vers, par imitation, les larves de certains insectes : tels sont les vers blancs du hanneton, les vers de l'olive, ceux des cerises, du fromage, les vers à soie, etc.

Le *ver à soie* intéresse au plus haut degré l'agriculture comme l'industrie par les fils qu'il produit, et qui sont une source de richesse pour tous les pays qui l'élèvent. Jusqu'ici nous n'avons connu pour fabriquer la soie que le ver du mûrier (*bombryx mori*). Mais la Société zoologique d'acclimatation s'occupe de l'importation d'autres vers à soie, qui sont appelés à augmenter dans de grandes proportions la production de cette matière première de fabrication de tissus précieux. L'un de ces vers est celui du chêne, qu'on élève avec le plus grand succès en Chine.

La Société zoologique a voté des fonds, et s'est mise en rapport avec les missionnaires français en Chine, pour obtenir ce ver et en doter la France, si son élevage peut être profitable à notre industrie. Elle s'est occupée aussi du cécropia, qui se nourrit de feuilles de divers arbres, et notamment de feuilles de saule; du luna, qui vit de feuilles diverses, surtout de noyers, et enfin du polyphème, qu'on peut élever avec des feuilles de hêtre, de chêne, etc. Ces trois dernières espèces de vers se trouvent dans les forêts des États-Unis d'Amérique du sud, notamment dans la Louisiane, la Géorgie et la Caroline. M. Blanchard, membre de la Société zoologique d'acclimatation, en a fait une étude spéciale, dont les résultats ont été communiqués à la Société

Déjà le Muséum d'histoire naturelle de Paris a fait des expériences qui ont prouvé que le cécropia peut très bien réussir en France. Les mêmes études expérimentales furent faites sur le luna avec un égal succès. La Société zoologique d'acclimatation a fait des démarches pour se procurer ces insectes précieux et pour s'assurer des ressources qu'ils pourraient offrir à notre agriculture.

En attendant qu'elle soit en mesure de se livrer à ces études de bombyx nouveaux, elle s'occupe d'un autre ver, originaire d'Orient, et qui est connu sous le nom de ver à soie du ricin ou *bombyx cynthia.* Elle a commencé ses expériences sur des sujets qu'elle a reçus de Turin, et qu'elle doit à l'obligeance de M. l'abbé Baruffi. Plusieurs membres de la Société en possèdent, et leur élevage peut être fait à partir du printemps prochain sur une échelle assez étendue pour qu'on sache ce que nous pouvons attendre des ressources qu'offriront ces vers à notre agriculture comme à notre industrie.

L'éducation du ver à soie du mûrier est bien connue en France; mais nous ignorons encore les procédés employés pour l'élevage du *bombyx cynthia.* La Socité zoologique d'acclimation s'est empressée de se procurer les renseignements nécessaires à ce sujet, et dans la livraison de son Bulletin du mois d'octobre 1854, pages 336 et suivantes, elle fait connaître à ses lecteurs, pour qu'ils puissent être bien renseignés, l'instruction qui a été communiquée par M. Griseri, membre de l'Académie d'agriculture de Turin, à M. le duc de Guiche, ambassadeur de France en Piémont. Nous reproduisons textuellement cette instruction, pour ceux qui désireraient faire des éducations du ver à soie du ricin.

INSTRUCTION SOMMAIRE
SUR L'ÉDUCATION DU VER A SOIE DU RICIN.

« On maintient les œufs à une température de dix-huit à vingt degrés Réaumur, et, lorsque l'éclosion a lieu, on place quelques parcelles de feuilles de ricin sur les œufs. Dès qu'elles sont chargées de jeunes vers, on les transporte sur un papier étendu sur une claie. Tous ceux qui éclosent le même jour doivent être mis ensemble et ne forment qu'une seule famille.

» Le lendemain, de bonne heure, on recommence la même opération; cette éclosion doit être également soignée et disposée comme on l'a fait pour la première. Les jours suivants on procédera de même, formant autant de familles qu'il y aura de jours d'éclosion.

» Le nombre des repas doit être de cinq pendant les quatre premiers âges.

» Le premier repas sera distribué de quatre à cinq heures du matin, le second entre neuf et dix heures, le troisième entre une heure et deux, le quatrième de cinq à six, et enfin le cinquième de dix à onze heures du soir.

» Il est indispensable d'observer scrupuleusement ces préceptes, car ces vers, quoique réunis en société, se dispersent dès qu'on retarde trop l'heure des repas et qu'ils manquent de nourriture.

» Pendant le cinquième âge, il n'y a plus de règle possible : on leur administre la feuille au fur et à mesure de la consommation. C'est alors qu'il faut redoubler de soins pour ne pas les exposer à jeûner.

» La feuille du *palma christi* se fane promptement; on doit donc avoir l'attention de la couper pour tous ces âges : autrement on risquerait de perdre bien des vers, qui mourraient étouffés dans les feuilles. D'ailleurs elles sont, par leur nature méme, faciles à corrompre; c'est donc une précaution qu'il ne faut pas négliger. On les coupera donc en bandes étroites pour le premier âge, soit avec des ciseaux, une demi-lune ou un couteau, exactement comme on le fait pour la salade à la chicorée. On l'administre plus grossièrement taillée au fur et à mesure de la croissance des vers. L'expérience apprendra bientôt comment on doit procéder.

» Il convient de maintenir la température toujours égale, à dix-huit degrés Réaumur environ. Cependant il n'y aurait aucun inconvénient à la laisser tomber à 16 degrés; l'éducation serait seulement retardée.

» Ces vers à soie sont sujets à quatre mues, ainsi que les autres, et leur éducation dure à peu près le même espace de temps.

» A compter depuis le jour de l'éclosion jusqu'à celui de la montée, ils emploient trente jours à peu près, durée qui peut être subordonnée à la température plus ou moins élevée. Le troisième âge est celui dont la durée est plus brève, puisque le ver ne reste sous cette peau que trois jours environ.

» La couleur du ver à sa naissance est d'un jaunâtre obscur, avec la tête noire et ses douze anneaux ornés d'épines et de poils noirs en guise de panaches; mais, à mesure qu'il grandit, sa couleur devient plus claire, les épines noires font place à d'autres presques blanches, et pendant les deux derniers âges il prend une teinte blanche azurée.

» A l'approche de chaque mue, ils se rangent en peloton, serrés en ligne comme des soldats, et se dépouillent de leur vieille peau. Leur tête alors est d'un blanc gélatineux; mais elle ne tarde pas à reprendre sa couleur noire, hormis pendant les deux derniers âges, qu'elle conserve sa nuance blanchâtre azurée.

» Lorsqu'il s'agit de transporter la feuille du ricin, il est bien de la mettre dans des boîtes de bois mince : de cette manière on peut la conserver plus long-temps que si on la laissait exposée à l'air; mais lorsqu'elle vient à se faner, il faut étaler chaque feuille sur l'eau, et en moins de deux heures elle reprend sa fraîcheur.

» La maturité du ver se reconnaît à sa transparence; il se raccourcit et tend alors à faire son cocon. Cependant il monte difficilement, préférant le faire sur les feuilles mêmes du ricin où il se trouve. Il est donc important de tenir les vers sur une claie, une natte, ou tout autre objet de semblable nature, maintenu dans un état parfait de propreté; on peut alors laisser les vers qui ne veulent pas monter libres de faire leurs cocons sur les feuilles mêmes où ils se trouvent placés. Ceux qui sont d'une humeur trop vagabonde, on les introduit dans de petits cartons ou cornets de papier: ils y fileront à merveille.

» Une fois que le ver est renfermé dans son cocon, il se passe cinq ou six jours avant qu'il se soit métamorphosé en chrysalide; on doit attendre une dizaine de jours avant de détacher les cocons. On les dépose alors dans de grands cartons dont le couvercle doit être de gaze verte ou bleue, afin que l'air puisse librement circuler; c'est dans cet état qu'on attend patiemment la sortie des magnifiques papillons, qui ressemblent aux belles espèces connues vulgairement sous le nom de paons.

» Dès que ces papillons se sont accouplés, on les saisit délicatement au moyen d'une pince, et on les transporte dans une autre boîte de la même dimension que la précédente, dans laquelle on aura placé une grande feuillé de papier bleu.

» Les mâles ou femelles en nombre excédant, qui n'auraient pas trouvé à s'accoupler, seront enlevés et placés dans une autre boîte à part, afin de les réserver pour les accouplements du lendemain.

» Ces papillons restent accouplés pendant plusieurs jours, jusqu'à dix quelquefois; l'expérience a démontré qu'il ne fallait pas les désunir trop tôt, ni les laisser ainsi à leur volonté, car ils meurent souvent dans cet état. Il faut donc les laisser quatre ou cinq jour unis, et après ce temps il convient de les séparer. On mettra les femelles dans de grandes boîtes disposées comme il a été dit ci-dessus, c'est-à-dire recouvertes d'une gaze bleue ou verte et l'intérieur revêtu d'une grande feuille volante de papier bleu. C'est sur cette feuille que la femelle déposera ses œufs, en tas réguliers, ayant la forme d'une pyramide.

» Les mâles qui ont déjà servi se mettent à part, pour les utiliser au besoin. Lorsqu'on ouvre la boîte le soir, il faut le faire avec beaucoup de précaution, parcequ'ils s'envolent comme des oiseaux, et qu'il devient ensuite fort difficile de les rattrapper.

» L'éducation se termine ainsi avec la ponte.

» Il est ensuite très nécessaire de bien surveiller la semence; il faut la visiter tous les jours, car en moins de vingt jours les œufs sont tous éclos, et on peut procéder à une nouvelle éducation. C'est pourquoi il sera prudent de semer du ricin à différentes époques de l'année, afin de ne pas manquer de feuilles pour les éducations successives.

» Si l'on voulait s'épargner la peine d'élever les vers, on pourrait disposer les premières feuilles chargées de jeunes vers sur la plante même du ricin, et l'éducation marcherait d'elle-même à ciel découvert.

» Mais il faudrait alors faire une chasse active aux fourmis, aux araignées, aux oiseaux et aux diverses espèces de souris, qui, toutes, sont très friandes de ces insectes.

» Du reste, les vers à soie du ricin supportent parfaitement les intempéries de l'air, et ni eux ni leurs cocons ne souffrent des pluies, quelque fortes qu'elles soient, ni du vent, ni des orages.

» Les rayons brûlants du soleil ne les incommodent même point; mais la grêle pourrait les détruire ainsi que la plante.

» Si l'on désirait en élever pour son agrément dans de faibles proportions, on pourrait en mettre sur des plantes de ricin tenues dans des vases à fleurs. En mettant une ou deux chenilles sur chaque feuille, on obtiendrait des cocons sur la plante même. »

Telle est l'instruction de M. Griseri sur le *bombyx cynthia*.

Non seulement ce vers à soie réussit bien avec la feuille de ricin, mais il paraît, d'après des expériences faites et bien constatées, que son élevage peut se faire avec des feuilles de saule et de laitue, ce qui faciliterait la multiplication de ce ver précieux.

Peu de produits sont plus rapidement et plus économiquement obtenus que ceux du ver à soie; nul ne fournit à l'industrie une augmentation graduée de valeur plus élevée que la soie, depuis son état de cocon jusqu'à celui de tissu. Ainsi la soie en cocon, telle que le ver l'a fournie, est vendue par l'agriculture de 4 à 5 fr. le kilog., suivant le temps et la qualité. La filature qui l'a achetée à ce prix la vend, après l'avoir filée, de 62 à 74 fr. le kilog. Enfin le fabricant de soieries vend le kilog. de soie en tissus depuis 150 jusqu'à 250 francs, suivant la beauté des étoffes, et l'on conçoit à combien de familles la soie a procuré du travail pour s'élever à ce prix dans le commerce.

L'industrie séricicole est loin de suffire à la consommation de la France. Nous sommes obligés d'importer chaque année de grandes quantités de soies pour alimenter notre industrie, soit pour la consommation de la France, soit pour ses exportations de tissus. Cependant, quelles immenses ressources n'offre pas la France pour la production de la soie! Sans parler de nos départements du midi de la France, l'Algérie pourrait faire des soies pour le monde entier. Nul pays n'est plus favorable que cette belle et riche possession française à l'élevage du ver à soie, aux plantations de mûriers, à la culture du ricin, etc. — Pour plus de détails, V. *Muriers*, *Muscardine*.

VÉRATRE. V. *Varaire*.

VERBÉNACÉES. Famille de plantes qui ont les verveines pour types. Les verbénacées offrent peu d'intérêt à l'agriculture; quelques unes de ses variétés sont cultivées comme plantes d'agrément, et donnent de belles fleurs pour l'ornement des parterres.

VERGE. Organe de la génération du mâle. La verge est pourvue d'un canal pour l'évacuation de l'urine, et pour déposer dans l'utérus des femelles la matière qui doit féconder ses œufs. Cet organe varie de forme comme de dimension dans les divers animaux. Dans le chien, elle est pourvue d'un os qui se trouve vers son centre.

VERGER. On appelle verger un clos planté d'arbres fruitiers. Ces clos sont généralement placés près des habitations, pour que la surveillance en soit plus facile, et ils servent ordinairement d'herbages aux bestiaux. Dans tous les cas on prendra des précautions pour qu'ils ne puissent pas nuire aux arbres et manger les fruits. En Normandie, on met aux vaches qui paissent dans les vergers une sorte de martingale qui les empêche de lever la tête et de saisir les branches des arbres ou leurs fruits.

VERGLAS. Pendant les froids des hivers on voit souvent les routes, les rues, couvertes d'une couche mince de glace lisse et luisante, sur laquelle les animaux glissent et tombent. Cette glace se nomme *verglas ;* elle est causée par des pluies généralement fines, ou par des brouillards épais qui se condensent sur le sol par le refroidissement. Pour pouvoir voyager sur les chemins couverts de verglas, on est obligé de ferrer les animaux à glace ; sans ce moyen, il leur est impossible de marcher sans tomber souvent, et se blesser quelquefois.

VERMICEL. Espèce de pâte obtenue avec la farine du blé pour faire des potages. Dans certains pays, la fabrication du vermicel donne lieu à une industrie très étendue.

VERMIFUGE. Tout médicament qui a la propriété de chasser du corps des animaux les vers qu'il contient est nommé vermifuge. L'écorce de grenadier, la tanaisie, l'absinthe, la racine de fougère, etc., sont des vermifuges.

VÉRONIQUE. Genre de plantes de la famille des scrophulariées. Les véroniques croissent dans les lieux frais. Elles offrent peu d'intérêt à l'agriculture; quelques variétés de cette plante sont cultivées pour l'ornement de nos parterres.

VERRAT. Étalon de l'espèce porcine. On doit exiger du verrat les qualités dont nous avons parlé au mot *Porc*. Ce reproducteur devant servir non seulement à la multiplication de l'espèce, mais à son amélioration, on doit exiger de lui les conditions qui peuvent le mieux concourir à ce double but. — V. *Porc*.

VERRUE. Excroissance qui se développe quelquefois sur la peau des animaux, notamment près des ouvertures naturelles. Le moyen de guérir les verrues est simple : il suffit ordinairement de les couper avec des ciseaux et de les cautériser ensuite avec un fer chaud.

VERSÉ, ÉE. Blé, fourrages versés. Les blés et les fourrages versent quelquefois quand les sols trop gras ont été trop abondamment fumés. Un bon assolement peut prévenir cet accident pour les céréales; quant aux prairies, le meilleur moyen d'empêcher les foins versés de se pourrir, c'est de les couper immédiatement et de les récolter. Si on les laisse versés dans les prairies, ils y subissent des altérations de toute nature.

VERNIS DU JAPON. (*Ailante.*) Arbre de la famille des xanthoxylées. Le vernis du Japon est un bel arbre d'ornement, originaire de l'Orient. Ses grandes feuilles, composées de folioles, sont d'un bel effet. La croissance du vernis du Japon est très rapide, et son bois, qui a de l'analogie avec celui de l'érable, peut être utilisé en menuiserie.

VERSOIR. Partie de la charrue qui renverse la bande de terre coupée par le soc et le coutre. Le versoir est formé par une plaque de forte tôle ou de fonte contournée. On en fait aussi en bois ; le versoir, dans ce cas, est souvent nommé oreille de l'araire.

VERT. (*Régime du vert.*) Les animaux, notamment les chevaux, sont mis temporairement au régime du vert au printemps, lorsque l'usage de l'herbe est jugé nécessaire à leur santé. Ce sont surtout les sujets fatigués, maladifs ou convalescents, échauffés par une nourriture sèche long-temps continuée, que l'on met au vert, pour les rafraîchir. Sa durée n'est pas absolument déterminée. On la prolonge plus ou moins, suivant les besoins de l'animal et suivant le bien ou le mal qu'il en éprouve; cependant le temps le plus ordinaire de ce régime est de trente jours environ.

On reconnaît qu'un animal a besoin du vert lorsque, sans avoir de maladie caractérisée, il paraît triste, fatigué, quelquefois constipé; il urine souvent, mais peu à chaque déjection ; son poil, au lieu d'être lisse, moelleux et luisant, est hérissé, sec et terne.

Les effets du vert ne tardent pas à se faire remarquer chez les animaux : leurs urines deviennent immédiatement abondantes ; leurs excréments, au lieu d'être secs, sont humides et bientôt ramollis par une sorte d'effet purgatif produit par l'herbe; le poil devient souple et luisant, et les sujets paraissent plus vifs, plus gais, sous l'influence du nouveau régime.

Cependant, si ces symptômes n'existaient pas chez les chevaux, s'ils continuaient à être tristes, abattus, s'ils maigrissaient, si une diarrhée débilitante et soutenue se faisait remarquer chez eux, ce serait une preuve que le régime du vert ne leur convient pas, et il faudrait le supprimer immédiatement.

C'est surtout aux jeunes animaux que le vert est ordinairement d'un bon effet. Lorsqu'ils sont fatigués, et qu'ils ont souffert d'une mauvaise nourriture, on voit leur santé se transformer du soir au lendemain; ils engraissent à vue d'œil, et ils indiquent, par leur gaîté et leurs allures, tout le bien qu'ils éprouvent de leur nouveau régime; souvent même un état pléthorique se déclare chez eux et nécessite des saignées.

Lorsqu'on met des chevaux au vert, il est utile de ne pas les faire passer brusquement de leur régime sec à l'herbe pure. On a soin de mélanger cette herbe avec du foin pendant les trois ou quatre premiers jours, pour habituer peu à peu les animaux à l'action attendue du fourrage vert; souvent même on continue à leur donner de l'avoine, en en diminuant, toutefois, la ration. Quand on veut remettre les chevaux au sec, on procède aussi graduellement; on mélange l'herbe au foin, et, au bout de trois ou quatre jours, on cesse le régime du vert.

Le vert a une action spéciale sur la poitrine; ce qui le prouve, c'est l'effet qu'il produit sur les chevaux poussifs. J'ai vu des chevaux dont les symptômes de la pousse disparaissaient totalement pendant l'usage de l'herbe, pour reparaître lorsque l'animal était remis au sec. Les Arabes n'ignorent pas cette influence spéciale de l'herbe sur les chevaux. Voici comment j'ai eu occasion d'en être convaincu. En 1836, j'achetai à un Arabe, en Afrique, un beau cheval gris; il était d'apparence très bien portant. Au bout deux ou trois jours du régime du corps où je servais, je m'aperçus qu'il toussait, et je ne tardai pas à me convaincre qu'il avait le *soubresaut* de la pousse. Je le remis au vert, et ce symptôme disparut. Heureusement pour moi, le chef de tribu de mon vendeur était connu de l'aga des Arabes, qui était colonel de mon régiment (M. Marey-Monge), et on lui fit reprendre le cheval, parcequ'il fut prouvé qu'il le savait affecté de la pousse.

Le régime du vert est essentiellement rafraîchissant. S'il convient aux animaux échauffés, il n'est pas favorable à ceux qui ont des maladies chroniques, surtout lorsqu'ils ont besoin d'une alimentation tonique, d'un régime fortifiant. On a observé, par exemple, que les symptômes de la morve et du farcin ne tardent pas à augmenter et à devenir d'autant plus graves que le régime du vert est plus prolongé.

Le vert est donné à l'écurie, ou le cheval le prend en liberté.

Dans ce dernier cas, on n'a qu'à mettre le cheval dans la prairie; mais le plus souvent on lui apporte l'herbe au ratelier, et alors il est utile de prendre quelques précautions que prescrit par l'économie autant que l'hygiène des animaux. D'abord on donnera peu d'herbe à la fois, afin que l'animal puisse la consommer à mesure qu'il la reçoit; lorsqu'on en donne trop d'un seul coup, l'animal s'en dégoûte et il la laisse au ratelier; on est alors obligé de la retirer pour la remplacer par de l'herbe fraîche. On veillera aussi à ce que cette herbe ne soit pas coupée dans la prairie en trop grande abondance, et surtout qu'elle ne soit pas mise en tas considérables dans les écuries: non seulement, dans ce cas, elle se flétrit, mais elle s'échauffe et elle perd les propriétés rafraîchissantes qu'on exige d'elle. D'un autre côté, les animaux la refusent ou ne la mangent pas avec plaisir.

La quantité de vert à donner aux animaux n'est pas déterminée. On leur en donne tant qu'ils veulent en manger pendant la journée. Cependant la ration pour les chevaux de selle peut être de 40 à 45 kilog. Un cheval de dragon, qui représente le développement moyen des chevaux de selle, consomme environ 40 kilog. d'herbe. C'est la ration la plus commune que j'aie observée pendant le temps que j'ai passé dans l'armée. Je pense que 50 kilog. peuvent suffire à un cheval de trait de forte taille, surtout si l'on continue à lui donner son avoine.

Du reste, on ne négligera pas de choisir pour le vert des fourrages de bonne qualité. Comme ce régime est une sorte de médication employée pour rétablir la santé des animaux, on conçoit que de mauvais fourrages de prairies basses et humides, contenant des plantes nuisibles, vénéneuses, manquant de propriétés nutritives, rempliraient fort mal le but proposé.

VERTÉBRAL, LE. (*Canal vertébral, colonne vertébrale.*) Chaque vertèbre articulée l'une à l'autre concourt à former la colonne vertébrale. Chaque trou qui traverse les vertèbres dans leur centre contribue à former le grand canal, qui, partant de la tête, va jusqu'aux apophyses du sacrum. Ce canal, nommé vertébral ou rachidien, pourvu d'une infinité de petites ouvertures latérales le long de son trajet, reçoit et protège, d'une part, la moelle épinière, de l'autre, donne passage aux nerfs qu'elle fournit, et qui se distribuent dans toutes les parties du corps, pour y porter le mouvement et la sensibilité.

La colonne vertébrale, longue tige centrale qui est formée par la réunion des vertèbres, unit le train antérieur des animaux au train postérieur. Elle supporte, de plus, les côtes, sert de base à l'encolure, et soutient la tête au moyen de ses muscles et du ligament cervical. — V. *Dos*, *Encolure*, *Ligament*, *Rachidien*, *Reins*.

VERTÈBRE. Nom donné aux os dont la réunion forme la colonne vertébrale. Le rôle des vertèbres est de la plus haute importance dans les animaux : elles sont chargées de former le canal vertébral ou rachidien, qui contient la moelle épinière. Outre leur fonction générale de former le canal vertébral, les vertèbres ont d'autres fonctions spéciales, suivant les lieux qu'elles occupent. Leur conformation doit donc varier; aussi celles de l'encolure diffèrent-elles de celles du dos, et celles-ci des vertèbres des lombes.

Les vertèbres du cou, au nombre constant de sept, chargées de supporter la tête et de servir de base à l'encolure, ont le corps plus fort que celles du dos. Elles sont hérissées d'apophyses, surtout sur leurs côtés; ces apophyses donnent attache aux muscles nombreux qui font exécuter tous les mouvements variés du balancier qu'elles forment. — V. *Encolure*.

Les vertèbres du dos donnent attache par leur corps et leurs apophyses latérales aux côtes qui forment la cage de la poitrine; à leur partie supérieure, elles fournissent des prolongements osseux qui servent de base au garrot et au dos. — V. *Dos*, *Garrot*.

Les vertèbres des lombes forment la base des reins. Elles offrent sur leurs côtés des apophyses allongées qui déterminent la largeur de cette partie du corps des animaux. — V. *Reins*.

Les vertèbres sont fortement articulées les unes aux autres, non seulement par les dispositions mécaniques de leurs surfaces articulaires, mais par les puissants ligaments qui les attachent ensemble. Cette solidité de leurs articulations était indispensable à la vie des animaux. En effet, comme toute lésion grave de la moelle épinière est mortelle, la luxation des vertèbres qui la contiennent et la protègent causerait à ce prolongement cérébral des lésions plus ou moins profondes, et la vie des animaux serait ainsi sérieusement menacée. La nature a prévenu cet accident par de puissants modes articulaires de la colonne vertébrale.—V. ***Moelle épinière, Nerf, Rachidien.***

VERTÈBRE. Nom donné à tous les animaux pourvus de vertèbres et qui ont le squelette intérieur. Dans le règne animal, ces animaux forment quatre grandes classes, qui sont : les mammifères, les oiseaux, les reptiles et les poissons. — V. ces mots.

VERTIGE. D'un mot latin qui signifie *tourner*. Le vertige est une affection cérébrale assez commune dans le cheval. Elle est due à diverses causes, dont l'origine n'est pas toujours bien connue. Tantôt le vertige est la conséquence d'une maladie spéciale du cerveau ou des membranes qui l'enveloppent; tantôt il est causé par des indigestions ou des maladies du tube intestinal. Les animaux vertigineux souffrent horriblement; on peut en juger par les mouvements désordonnés auxquels ils se livrent : ils se précipitent avec fureur contre les murs, contre les rateliers, la tête la première, et se font de fortes contusions au crâne. Indifférents, insensibles à tout ce qui les entoure, à tout ce qu'on leur fait, aux violentes contusions qu'ils reçoivent à la tête, leur maladie est toujours très grave, il est rare qu'ils en guérissent; s'ils n'en meurent pas, ils s'en ressentent long-temps, si ce n'est pendant toute leur vie.

On n'est pas toujours d'accord sur le traitement du vertige; tantôt on saigne les animaux, tantôt on s'en abstient. Les réfrigérants sur le crâne sont prescrits; les sinapismes, les vésicatoires, sont appliqués aux fesses. Du reste, on conçoit que le traitement de cette grave maladie doit varier, suivant qu'elle est causée par une maladie du cerveau, de l'estomac ou du tube intestinal. C'est aux praticiens, dans ce cas, à prescrire le traitement le plus convenable.

VERVEINE. Plante de la famille des verbénacées. Les verveines sont de peu d'importance pour l'agriculture. Les fleuristes les cultivent pour l'embellissement des parterres.

VESCE. Plante de la famille des légumineuses. Les vesces comprennent plusieurs variétés, qui sont toutes fourragères. La plus connue est la vesce commune ou cultivée. Elle donne un bon fourrage artificiel, recherché par les bestiaux, notamment par les ruminants.

On distingue deux variétés de vesces : l'une de printemps, l'autre d'automne. La culture de la vesce est très ancienne. Olivier de Serres la recommande; il la semait partout avec de l'avoine. Comme sa tige est mince et grimpante, et ne peut pas se soutenir seule, il lui faut des tuteurs, qui lui sont fournis par les céréales, telles que le seigle, l'avoine, l'orge, avec lesquels on la mélange.

La vesce est très rustique. Elle pousse spontanément dans tous les sols et sous tous les climats. Elle offre donc des ressources fourragères partout où l'on veut l'adopter. Sa graine est très nourrissante; on la donne, soit en grain, soit en farine, aux animaux, comme à la volaille et aux pigeons.

VÉSICANT. Nom donné aux substances qui, appliquées sur la peau, ont la propriété de l'irriter d'une manière plus ou moins énergique. La poudre de cantharides est le type des médicaments vésicants. L'ammoniaque liquide, l'émétique, l'écorce de garou, le suc d'euphorbe, sont aussi des vésicants.

La plupart des vésicants sont employés dissous dans des liquides, ou incorporés dans des graisses. Dans ce cas, ils composent des teintures, des pommades, des onguents, usités pour établir des révulsions sur la peau, pour changer la nature de certaines plaies de mauvaise nature, pour provoquer la résolution de tumeurs chroniques, indurées et froides. Leur usage est fréquent en médecine vétérinaire.

VÉSICATOIRE. Substance vésicante qui, appliquée sur la peau, y cause une irritation plus ou moins intense, suivant le but proposé. On donne aussi quelquefois ce nom à la place produite par l'application du vésicant. Les vésicatoires sont employés pour opérer des révulsions propres à détourner des irritations, des maladies, du lieu où elles se sont développées, en déterminant un siége d'inflammation artificielle. C'est surtout dans des cas de maladies de poitrine qu'on y a recours. La poudre de cantharides, sous forme d'onguent, est le vésicatoire le plus utilisé en médecine vétérinaire. On emploie aussi les vésicatoires contre les tumeurs indurées, contre les molettes, les vessigons, les suros à leur début, et contre une infinité de tares des membres, surtout dans le cheval.

VÉSICULE. Petite vessie, petit réservoir spécial, destiné à recevoir certains liquides et à les conserver jusqu'à leur emploi. La vésicule du fiel, les vésicules séminales, offrent des exemples de ces petits réservoirs.

La vésicule du fiel n'existe pas dans tous les animaux. Très volumineuse dans le bœuf, on ne la trouve pas dans le cheval. C'est par le canal cholédoque que la vésicule biliaire verse dans le canal intestinal la bile qu'elle contient.—V. *Bile*, *Digestion*, *Foie*.

On nomme vésicules pulmonaires les dernières ramifications bronchiques qui reçoivent l'air et le mettent en communication avec le sang. — V. *Bronches, Respiration*.

VESSIE. Réservoir membraneux qui reçoit l'urine sécrétée par les reins au moyen des urétères. Lorsque la vessie est remplie d'urine, un sentiment particulier en prévient l'animal, et il en provoque l'expulsion.

VESSIGON. Les vessigons sont de véritables molettes, et ils en ont les inconvénients; les mêmes causes les déterminent, et on leur oppose le même traitement.

Les vessigons sont donc des molettes qui ont leur siége à la région du jarret. La complication de cette articulation multiple et son travail important sont la principale cause de ces petites tumeurs indolentes. Leur volume comme leur siége autour du jarret varient. Le traitement des vessigons est loin d'être toujours fructueux, surtout quand ils sont la conséquence de la fatigue et de l'usure; ils peuvent guérir lorsqu'ils sont occasionnés par une dilatation de la membrane synoviale par suite d'une cause qui n'est pas toujours appréciable; ils disparaissent alors quelquefois, comme les molettes, sans traitement. Du reste, l'application des réfrigérants, des astringents, des vésicants, quelquefois du feu, suivant les circonstances et la gravité du mal, sont mis en usage pour les combattre. — V. *Molette*.

VÉTÉRINAIRE. (*Médecine vétérinaire.*) Science qui s'occupe du traitement des maladies des animaux. La médecine vétérinaire fut créée par Bourgelat, d'après les indications de Buffon.

(V. *Muséum.*) La première école où cette science fut enseignée est celle de Lyon, fondée en 1762. Bourgelat, qui dirigea ce premier établissement, appliqua parfaitement l'idée de Buffon au point de vue de l'étude des animaux malades, mais il négligea malheureusement la question de leur multiplication et de leur perfectionnement. Nous comprenons du reste cette lacune dans l'œuvre de Bourgelat, et la tâche qu'il a si bien remplie nous permet des regrets, et non du blâme. La vie d'un homme est si courte, qu'il n'est pas toujours possible d'appliquer une idée dans toute l'étendue qu'elle comporte. Mais lorsque la médecine vétérinaire pure fut créée, et que son enseignement fut en pleine prospérité à Lyon et à Alfort, il était possible alors de s'occuper non seulement des bons moyens de multiplier et de perfectionner les espèces que nous avions, mais encore de ceux d'en augmenter le nombre, suivant le vœu de Buffon. Son illustre ami et collaborateur Daubenton avait parfaitement compris cette pensée; et, s'il avait pu rester professeur à Alfort lorsqu'il fut chargé d'y enseigner l'économie rurale, il n'est pas douteux qu'il aurait doté l'agriculture de la science de la zootechnie, dont la France a été privée. Nous en avons la preuve dans le passage suivant, rapporté par M. I. Geoffroy Saint-Hilaire dans son excellent livre sur la domestication et la naturalisation des animaux utiles, pages 137 et suivantes. Ce passage est extrait de la première leçon du cours d'histoire naturelle fait à l'école normale par Daubenton. Voici ce que disait à ce sujet l'illustre professeur du Muséum d'histoire naturelle auquel l'agriculture et l'industrie française doivent l'acclimatation du mérinos.

« L'objet de la science vétérinaire est d'exposer les moyens de maintenir les animaux domestiques dans les bonnes qualités qu'ils ont acquises par nos soins, et de faire des tentatives pour rendre ces animaux encore plus utiles qu'ils ne l'ont été jusqu'à présent. Il faut tâcher de soumettre à l'état de domesticité des espèces d'animaux sauvages dont nous puissions tirer des services et de l'utilité.

» Il y a beaucoup d'animaux des pays étrangers qui pourraient être d'une grande utilité en France, si l'on parvenait à les y naturaliser... Nous pourrions dompter le zèbre comme l'onagre et le cheval sauvage... Si l'on naturalisait le tapir en France, nous aurions non seulement une nouvelle viande de boucherie, mais encore un nouvel objet de commerce... Il y a beaucoup d'animaux en Amérique dont la chair est très bonne à manger : le pécari,... le cariacou,.... le paca,... l'agouti,... l'akouchi. Il y a des tatous dont la chair est blanche et aussi bonne que celle du cochon de lait. Tous ces animaux mériteraient que l'on fît des tentatives pour les avoir en France et pour les réduire à l'état de domesticité.

» Les recherches à faire pour l'économie vétérinaire ne se bornent pas aux animaux quadrupèdes, elles doivent s'étendre aux oiseaux et aux autres classes d'animaux..... Nous pourrions introduire dans nos basses-cours l'outarde et la canepetière... Le rouge et le pilet, le faisan de montagne, et surtout le coq de bruyère, feraient de très bonnes volailles.

» Pourquoi y a-t-il des poissons particuliers à certaines mers et à quelques lacs? N'est-il pas possible de naturaliser en France, dans des eaux courantes, l'umble ou l'ombre chevalier, qui n'a été jusqu'à présent que dans le lac de Genève, et le lavaret, qui n'est que dans le lac du Bourget et d'Aigue-Belette en Savoie?

» J'ai insisté sur le rétablissement de l'art vétérinaire en entier, pour faire voir que les rapports qu'il aurait avec l'histoire naturelle seraient plus utiles que ne l'est à présent sa relation avec la médecine... Les animaux sauvages, farouches ou étrangers, dont on espérerait tirer du profit ou de l'agrément, seraient indiqués et remis aux vétérinaires pour les dompter, les apprivoiser et les dresser aux usages auxquels on voudrait les accoutumer. »

Telle était la judicieuse opinion de Daubenton sur l'enseignement de la science vétérinaire.

L'idée de Buffon sur la multiplication et l'acclimatation des animaux, et celle de Daubenton qui la rattachait à la médecine vétérinaire, fut parfaitement comprise pendant la révolution française et l'empire. Au commencement de ce siècle, un cours d'économie rurale fut créé à Alfort et professé par Victor Yvart; et, à la réorganisation des haras, en 1806, des étalons devaient être placés dans les écoles vétérinaires pour faire des études sur la reproduction des espèces et leur multiplication. Ces idées heureuses eurent un commencement d'application; mais les conséquences en furent à peu près nulles. Le cours d'économie rurale fut retranché de l'enseignement vétérinaire en 1824. L'idée de Daubenton de rattacher l'art vétérinaire à l'agronomie et à la zoologie appliquée, en créant une ménagerie d'expériences à l'école d'Alfort, comme le rapporte M. Isidore Geoffroy Saint-Hilaire, fut donc réduite au néant. Ce fait est regrettable pour l'agriculture. Nul enseignement n'était plus capable que celui des écoles vétérinaires d'éclairer le pays sur la grave question de la multiplication et du perfectionnement de nos races d'animaux; question débattue en France depuis des siècles, et plus embrouillée aujourd'hui que jamais par le choc des opinions contradictoires qui sont émises chaque jour à ce sujet.

VIANDE. Après la production des céréales, dans nos climats, celle de la viande est la plus importante. Dans l'état actuel de notre société, elle est un élément indispensable de nos subsistances. Aussi, la multiplication des animaux qui la produisent est-elle un sujet permanent de sollicitude, tant pour les gouvernements divers qui se succèdent en France que pour les administrations locales et les associations agricoles. Les encouragements à l'agriculture, les primes aux bestiaux, les importations de types reproducteurs, tout ce qui se rattache au perfectionnement du bétail n'a d'autre but que celui d'augmenter la production de la viande. Cependant ces moyens, que j'approuve au point de vue du perfectionnement des animaux, sont loin de répondre au but proposé. Ce n'est pas tout que d'améliorer les races; je ne considère ce point que comme un accessoire de la question à résoudre. C'est la multiplication des animaux, l'augmentation du produit de la viande, qui est le but essentiel de nos efforts. Buffon a dit : A CÔTÉ D'UN PAIN IL NAÎT UN HOMME. Nous devons dire par conséquent : A CÔTÉ D'UNE BOTTE DE FOURRAGE IL NAÎT UN ANIMAL. On ne pourra donc obtenir un animal de plus que ceux que nous avons, qu'à la condition d'augmenter nos fourrages. Et nous devons le dire ici en passant, si nous avons fait de vains efforts pour multiplier nos espèces de boucherie, si nous sommes si loin d'avoir satisfait à nos besoins, cela tient à ce que nous n'avons pas songé à multiplier dans des proportions convenables les fourrages, sans lesquels il n'y a pas de multiplication possible de bétail. L'administration du pays s'occupe beaucoup, et avec raison, de nos subsistances, surtout en céréales; mais supposons un instant qu'elle ne penserait qu'au perfectionnement du pain, sans songer à en augmenter la quantité par des approvisionnements de blé, parviendrait-elle au but proposé? Non, certes. Eh bien! croit-on sérieusement augmenter la quantité de viande en cherchant à perfectionner nos races sans s'occuper activement de la multiplication des fourrages? Si on le croyait ce serait une erreur matérielle. Le fourrage est la matière première de la fabrication de la viande, comme le blé est la matière première du pain. Or, sans augmentation de matière première d'un produit, comment augmenter le produit lui-même?

Du reste, il ne serait pas difficile de se convaincre de l'exactitude du fait que j'avance ici sur la multiplication des animaux qui nous fournissent la viande de boucherie. Si nous avions des statistiques comparatives bien faites, à des intervalles assez rapprochés, nous verrions que la quantité des têtes de bétail serait toujours en raison de celle du produit fourrager.

En 1812, les statistiques portaient le nombre total des animaux de l'espèce bovine à 6,681,952 têtes, réparties de la manière suivante dans les divers départements de la France actuelle :

Taureaux.	214,131
Bœufs..	1,701,740
Vaches.	3,909,959
Génisses.	856,122
Total.	6,681,952

Les veaux furent probablement compris dans cette statistique au nombre des taureaux et génisses. Aujourd'hui le nombre des têtes de bétail s'est accru dans des proportions notables; il est porté par les statistiques, en 1840, à 9,936,539, savoir :

Taureaux	399,026
Bœufs.	1 968,838
Vaches	5,501,826
Veaux.	2,066,849
Total.	9,936,539

En 1812, le produit de la quantité de viande de tous les animaux de boucherie, les moutons et les porcs compris, était de 503,528,000 kilogr., ce qui faisait pour une population de 29,327,388 habitants, 17 kilog. environ de viande par individu.

Cette quantité de viande était fournie par les diverses espèces d'animaux, dans les proportions suivantes :

Espèce bovine.

857,000 bœufs et vaches égorgés, à 175 k.	de viande, par tête.	149,975,000 k.
2,082,000 veaux, à 22 kil.	dito. poids net et en moyenne.	46,845,000
5,256,000 moutons, à 12 k. 5 hect.	dito.	65,698,000
3,443,000 porcs, à 70 k.	dito.	241,010,000
	Total.	503,528,000 k.

L'augmentation de la production fourragère de toute nature a seule fait augmenter la quantité de nos animaux de boucherie, comme le poids total de chaque individu. Voici les résultats fournis par les statistiques en 1840 :

Statistique de la consommation en 1840 et 1841.

	Animaux abattus.	Poids total, kilog.
Bœufs,	492,905	122,446,618
Vaches,	718,956	103,567,986
Veaux,	2,487,362	72,874,391
Moutons,	3,432,166	56,664,356
Brebis,	1,337,327	16,695,674
Agneaux,	1,035,188	6,313,291
Porcs,	3,957,407	290,446,475
Chèvres,	157,416	1,906,385
Total de l'espèce bovine.		
	3,699,233	298,888,995
Total de l'espèce ovine.		
	5,804,681	79,673,321
Total général.		
	13,618,727	673,389,781

La consommation de la viande, en Angleterre, est bien autrement importante qu'en France; on pourra en juger par le chiffre des animaux abattus, et que nous reproduisons ici d'après les statistiques de 1840.

Consommation anglaise.

Bœufs	2,208,000
Veaux	1,153,500
Moutons	15,173,500
Agneaux	5,330,000
Porcs.	3,550,000
Total.	27,415,000

En 1812, la quantité moyenne de viande consommée en France était, comme nous l'avons vu, de 17 kilog. environ par chaque habitant; aujourd'hui cette quantité s'est augmentée de 3 kilog., dans les proportions suivantes :

Poids brut de chaque tête.	Kilog.	Poids net, kilog.	Consommat. par habit.
Bœufs,	413	248	6.74
Vaches,	240	144	» »
Veaux,	48	29	2.17
			8.91
Moutons,	28	17	2.19
Brebis,	20	12	» »
Agneaux,	10	6	0.19
Porcs,	91	73	8.65
Chèvres,	22	12	0.06
		Total.	20.00

C'est donc 20 kilogrammes de viande environ consommée en moyenne par individu.

La statistique générale de nos animaux de boucherie était, en 1840, de :

	Nombre d'animaux.
Taureaux.	399,026
Bœufs	1,968,838
Vaches	5,501,825
Veaux	2,066,849
Béliers	575,715
Moutons	9,462,180
Brebis	14,804,946
Agneaux	7,308,589
Porcs.	4,910,721
Chèvres.	964,300

D'après ces statistiques comparatives, on voit que la quantité de nos animaux de boucherie, comme celle du poids de chaque individu, a augmenté dans des quantités très notables; ce qui n'est dû qu'à l'augmentation du produit fourrager. Sans cette condition essentielle, nous n'aurions pas plus de viande aujourd'hui qu'en 1812.

Cependant le chiffre des importations de bestiaux augmente chaque année; ce qui prouve évidemment que la consommation de la viande s'accroît dans de grandes proportions. L'habitant des campagnes, en effet, consomme aujourd'hui plus de viande que dans les temps passés; et c'est surtout ce qui explique la cherté toujours croissante de ce produit essentiel de nos subsistances.

Voici un chiffre d'importation qui était donné dernièrement par les journaux. On pourra voir dans quelle proportion croissante nous achetons des bestiaux à l'étranger :

Importations depuis 1852 *jusqu'en* 1854 *inclus.*

	1852	1853	1854
Bœufs et taureaux,	2,886	4,698	24,828
Vaches,	6,021	10,021	27,934
Veaux et génisses,	9,834	13,057	25,085
Moutons et brebis,	69,858	89,713	186,065

Nous ne parlons pas ici de l'importation des viandes salées, dont le chiffre doit être considérable depuis la réduction des tarifs de douane qui a eu lieu dernièrement.

Les importations en viande de boucherie sont donc augmentées dans des proportions énormes. Cependant le prix de cet élément essentiel de nos subsistances est plus élevé aujourd'hui que jamais, non seulement à Paris, mais dans tous les points de la France. Pour remédier à cet état de choses si onéreux pour nos populations indigentes surtout, nous n'avons qu'un seul moyen, celui d'augmenter notre production fourragère.

VICE. Défaut de conformation d'un animal, tare ou maladie dont il peut être atteint. Les vices sont plus ou moins graves; ils sont apparents, visibles pour tout observateur, ou cachés. Dans ce dernier cas, ils peuvent être classés dans les vices rédhibitoires reconnus par la loi de mai 1838 sur le commerce et échange des animaux domestiques. — V. *Conformation*, *Loi*, *Rédhibitoire*, *Tare*.

VIEILLESSE. Dernière phase de la vie des végétaux et des animaux. L'âge des animaux est de la plus haute importance à connaître en agriculture. Si, à l'époque de leur entier développement, les sujets jouissent des facultés qui déterminent les meilleures conditions de toutes leurs fonctions, il n'en est pas de même dans un âge avancé. A cette époque de la vie, les rouages de la machine, plus ou moins usés ou fatigués, remplissent mal le but proposé. Les organes de la digestion n'assimilent pas bien les substances alimentaires. Il en résulte un déficit au détriment de la santé comme des forces et du bon entretien des bestiaux, surtout de ceux de travail. D'un autre côté, leur engraissement est plus difficile, plus dispendieux. Un bon agriculteur ne gardera donc jamais des animaux jusqu'à leur vieillesse; il aura soin de s'en débarrasser avant cette époque de leur vie, s'il ne veut pas être en perte. S'il existe par hasard des exceptions à cette règle pour quelques types reproducteurs précieux, elles n'infirment pas la règle générale. — V. *Accroissement*, *Age*, *Bœuf*, *Engraissement*, *Mouton*, *Porc*, *Travail*, *Vache*, *Veau*.

VIEILLE COURBATURE. V. *Courbature*.

VIEUX MAL. Maladie ancienne, boiterie de vieux mal. — V. *Boiterie*.

VIGNE. La vigne est un végétal acclimaté. Elle est, dit-on, originaire d'Orient. L'Arabie Heureuse serait sa première patrie, suivant les botanistes. L'histoire rapporte qu'elle fut importée par les Phocéens qui fondèrent Marseille. Le produit de cette plante donne lieu à l'une de nos industries agricoles les plus étendues; 2,000,000 d'hectares environ sont consacrés à sa culture, et l'on peut dire qu'elle est l'une des mieux comprises de l'exploitation de notre sol. Nul pays ne fait de meilleurs vins que la France, nul ne fabrique plus d'alcools, nul n'exporte plus de produits de bons vignobles que nous. Aussi, le commerce du vin, soit à l'intérieur, soit à l'étranger et au delà des mers, est-il considérable. Il est l'objet de l'une des branches les plus importantes de nos exportations.

Parmi nos pays producteurs de vins, la Bourgogne, la Champagne, le Languedoc, la Provence, le Roussillon, le Quercy, la Gascogne, le Bordelais, tiennent le premier rang. Le vin de Bourgogne est surtout consommé en nature, soit en France, soit dans diverses nations de l'Europe. Les vins du Languedoc fournissent de grandes quantités d'alcools consommés en Europe ou exportés dans divers pays d'outre-mer; les crus de Bordeaux donnent des vins consommés dans le monde entier, parcequ'ils supportent avec beaucoup d'avantage les voyages en mer.

La Champagne cultive une variété de vigne qui fournit un vin réputé dans toutes les parties du globe par les qualités qui le distinguent. Ce vin est connu sous le nom de vin de Champagne. Tous les pays nous envient le monopole de cette fabrication; tous cherchent à l'imiter par mille procédés chimiques imaginés pour atteindre ce but.

La culture de la vigne était en pleine prospérité, en France, surtout dans sa partie méridionale; jamais elle n'avait été plus florissante, lorsqu'une maladie, qui est aujourd'hui un véritable fléau, une calamité publique, pour les pays vignobles surtout, est venue non seulement borner son exploitation, mais en diminuer l'étendue dans de grandes proportions. Beaucoup de propriétaires de vignes, désolés et menacés de ruine par la maladie, arrachent les souches pour mettre le sol qu'elles occupent en culture d'autres végétaux. D'un autre côté, la fabrication des alcools par les distilleries de betterave, qui se fondent sur une grande échelle sur divers points de la France, établit une concurrence redoutable pour les contrées productrices d'esprits de vin, et la terre employée à produire ces derniers sera indubitablement livrée à d'autres productions désormais plus profitables à l'agriculture locale.

VIN. Liquide fermenté provenant du fruit de la vigne. Sa fabrication est simple : elle consiste à extraire le jus du raisin, à le laisser fermenter dans des vases destinés à cet usage, pour le conserver ensuite, soit dans des tonneaux, soit dans des bouteilles, et être livré à la consommation.

On distingue deux espèces de vins : les uns sont rouges plus ou moins foncés, les autres sont blancs. La production du vin a été très considérable en France jusqu'à ces derniers temps, où la maladie du raisin tend à la faire diminuer dans de grandes proportions, si elle continue quelques années encore. On évalue la quantité moyenne des vins produits annuellement en France, de 35 à 40,000,000 d'hectolitres. La France consommerait, suivant les statistiques, une moyenne de 25,000,000 d'hectolitres; 12,000,000 d'hectolitres environ seraient brûlés pour en obtenir les alcools et eaux-de-vie; et le surplus serait exporté, soit chez les diverses nations de l'Europe, soit au-delà des mers sur tous les points du globe.

Les qualités de nos vins varient suivant les cépages et les crus, et suivant les soins et l'habileté de ceux qui les préparent et dirigent leur fabrication.

Nos vins les plus estimés sont ceux qui sont produits par le Bordelais et la Bourgogne. Parmi les premiers, on distingue les crus du clos Laffitte, de Château-Margot, de Sauterne, de Saint-Emilion, de Médoc, etc.

Parmi les crus de Bourgogne, on met en première ligne les Clos-Vougeot, les Chambertin, les Volnay, les Nuits, les Beaune, les Pomart, les Chablis, etc.

La Champagne a le monopole d'une spécialité de vins blancs, recherchée dans tout pays. Les crus qui fournissent ces vins sont ceux d'Aï, d'Épernay, de Sillery, etc.

Nous avons aussi d'autres variétés de vins renommés et qui proviennent de divers pays : tels sont les vins de l'Ermitage, de Saint-Péray, de Frontignan, de Tavel, de Cahors, de Rivesaltes, de Saint-Georges, etc.

VINAIGRE. Liquide acide, de couleur rouge ou blanche, obtenu des liqueurs fermentées, telles que les vins, les alcools, les cidres. Les vinaigres sont très usités dans l'économie domestique, surtout dans nos campagnes, pour la préparation des salades et divers autres mets. Employé pour aciduler l'eau, le vinaigre donne une boisson rafraîchissante et modifie sa nature, surtout quand elle n'est pas de bonne qualité. En médecine des animaux, on emploie quelquefois en frictions le vinaigre qu'on a fait chauffer, pour rubéfier la peau; il sert aussi à faire diverses préparations médicinales.

VINETIER. V. *Épine-vinette.*

VIOLACÉES. Famille de plantes dont la violette est le type. Cette famille offre peu d'intérêt à l'agriculture.

VIOLETTE. Genre de plantes qui fournit à l'art du fleuriste deux fleurs très estimées pour l'ornement des jardins. Ces fleurs sont la violette odorante et la pensée.

VIORNE. Genre de plantes de la famille des caprifoliacées. La variété de viorne connue sous le nom de boule-de-neige (obier) est cultivée dans nos parcs et jardins comme plante d'agrément. — V. *Obier.*

VIPÈRE. Reptile de l'ordre des ophidiens. Les vipères sont de petits serpents qui ont beaucoup d'analogie avec les couleuvres. Elles ont un venin sécrété par des glandes particulières; ce venin est inoculé aux animaux mordus au moyen de petites dents cannelées, recourbées et couchées dans un pli des gencives du reptile. Lorsqu'il veut mordre, il les redresse et s'en sert. La morsure de la vipère est mortelle pour les petits animaux; elle produit toujours une altération plus ou moins intense dans la santé des animaux mordus, et suivant leur taille. Les chiens sont quelquefois mordus par les vipères; les chasseurs traitent les morsures en les lavant avec l'alcali volatil (ammoniaque liquide).

VIPÉRINE. Genre de plantes de la famille des borraginées. Les vipérines sont assez communes; elles sont faciles à reconnaître à leurs fleurs bleuâtres, disposées en panache. Elles croissent sur les rochers, sur les vieux murs, etc. Elles offrent, d'ailleurs, peu d'intérêt au cultivateur.

VIREUX, SE. Plante vireuse, qui a des propriétés délétères. La ciguë, le colchique, l'euphorbe, etc., sont des plantes vireuses.

VIRUS. Le virus est une production morbide qui se développe primitivement dans certains animaux. Son caractère spécial est de transmettre, par contagion, la maladie qui l'a produit. On ignore quel est d'abord son mode de formation. Toutes les maladies contagieuses ont leur virus, et se communiquent par son action. Ainsi, le virus qu'on nomme claveau communique la clavelée; ceux du charbon, de la pustule maligne, communiquent ces maladies; le virus de la morve contagieuse du cheval détermine la même affection; la rage se communique par le virus rabique, etc.

On comprend que, pour préserver les animaux de ces diverses maladies, essentiellement contagieuses, il faut les soustraire à l'action de leur virus. Dans le cas d'inoculation préservatrice, comme dans la clavelée du mouton, la variole de l'homme, l'on fait choix d'un virus spécial, qui peut communiquer ces maladies avec des caractères sans gravité, pour prévenir l'invasion d'affections qui peuvent mettre la vie des malades en danger.

L'action des virus peut s'opérer de plusieurs manières. Les uns s'inoculent directement, immédiatement, par le contact des animaux entre eux; d'autres sont transportés par l'air, par des insectes, par les ustensiles de pansage, les harnais, les vêtements d'homme; d'autres ont besoin d'être introduits directement dans le torrent de la circulation pour produire leur effet : tel est, par exemple, le virus de la rage. Cette cruelle maladie se communique par les morsures qui l'inoculent, ou par le contact de son virus avec des membranes muqueuses qui peuvent l'absorber. — V. *Charbon*, *Clavelée*, *Désinfection*, *Morve*, *Rage*, *Vaccine*.

VISCÈRE. Nom donné en général aux organes contenus dans les cavités viscérales, telles que le cerveau, la poitrine, l'abdomen. Le cerveau, le cœur, les poumons, l'estomac, le foie, les intestins, etc., sont des viscères.

VITRE (*de l'œil*). — V. *Cornée lucide*.

VITRÉ. (*Corps vitré.*) Nom donné à un liquide transparent placé dans le globe de l'œil, derrière le cristalin. Le corps vitré est très limpide, et il est contenu dans une membrane particulière qui l'entoure comme une enveloppe.

VITRIOL. Ancien nom donné à des corps formés par l'acide sulfurique et des bases. Ainsi, on appelait l'acide sulfurique huile de vitriol; le sel qu'il forme avec le cuivre (sulfate de cuivre) se nomme vitriol bleu. Dans le commerce, le vitriol blanc est le sulfate de zinc; le sulfate de fer et le vitriol vert, etc.

VIVACE. Nom donné aux plantes qui durent plusieurs années.

VIVIPARE. Animal vivipare, qui produit des petits vivants,

comme les mammifères. Les oiseaux, les reptiles, les poissons, etc., sont ovipares.

VOLAILLE. On donne le nom de volaille à tous les oiseaux de basse-cour. — V. *Canard, Oie, Poule, Poulailler.*

VOLATIL, ILE. On nomme volatil tout corps qui se volatilise sans se décomposer. Les huiles essentielles, telles que l'essence de térébenthine, celle de rose, et l'éther, l'alcool, le musc, etc., sont volatils, et c'est par la volatilisation de leurs molécules dans l'air que nous percevons leurs odeurs.

VOLCANIQUE. (*Terres volcaniques.*) Les terres volcaniques sont des détritus de roches particulières qui forment un sol généralement fertile. Ces roches sont celles qui ont été vomies par les volcans : telles sont les basaltes, les trachytes, les téphrines, etc. Les terres de l'Auvergne sont pour la plupart volcaniques ; elles ont un degré de fertilité souvent très élevé. La Limagne d'Auvergne en est un exemple frappant.

VOLUBILE. Nom donné aux plantes grimpantes qui entourent les tiges des arbres ou arbustes pour se soutenir et croître. Les convolvulus, l'aristoloche, les haricots, le houblon, etc., sont volubiles.

VOMISSEMENT. Sortie anormale des aliments par la bouche. Le vomissement a lieu à la suite d'une disposition maladive de l'estomac. Il s'opère par les contractions brusques et énergiques des muscles qui forment les parois de l'abdomen, et sans doute aussi par celles de la couche musculaire de l'estomac. Le vomissement, facile dans le chien, le chat, le porc, est d'une difficulté telle dans le cheval et le bœuf, que ce n'est que par très rare exception qu'on l'observe chez eux. Le vomissement du cheval, qui rend les aliments par les naseaux, est généralement un symptôme de mort, parcequ'il est le signe de quelque lésion mortelle. On a observé dans ce cas la rupture de l'estomac, celle du diaphragme, etc.

Le bœuf, comme le mouton et la chèvre, ruminent (V. ***Rumination***) ; mais, lorsque leurs aliments sont parvenus dans l'estomac où se fait la véritable digestion (la caillette), il n'y a plus de vomissement possible, sauf un trouble extraordinaire dans les organes digestifs. La disposition des estomacs de ces animaux, et celle de leur œsophage, expliquent clairement ce fait. — V. *Caillette*, *Feuillet*, *Réseau*, *Rumen*.

VOMIGUIER. Arbre de la famille des strychnées. Le vomiguier croît dans plusieurs pays du Levant. Il produit la noix vomique, qui est un poison violent pour les carnivores. —V. *Noix vomique*.

VOMITIF. Nom donné aux médicaments qui provoquent le vomissement. L'émétique et l'ipécacuana sont les vomitifs les plus usités en médecine vétérinaire. Du reste on n'emploie ces médicaments que pour les petits animaux, tels que les chienset les chats.

VRILLE. Production végétale de certaines plantes sarmenteuses ou grimpantes. Les vrilles sont filiformes, elles naissent à l'extrémité des branches, à l'aisselle des feuilles, etc. Dans les branches des vignes, les gesses, etc., on les voit se contourner sur les branches ou les tiges des autres végétaux pour s'y accrocher, et fixer ainsi, pour les soutenir, les plantes qui en sont pourvues.

VULPIN. Nom d'une plante de la famille des graminées. On nomme ainsi cette plante parceque son épi a la forme d'une petite queue de renard. Les vulpins, communs dans les prairies, donnent un fourrage de bonne qualité.

VULVE. Nom donné à l'orifice externe des organes générateurs de la femelle. — V. *Utérus*.

Y

YACK. (*Vache grognante.*) Le travail le plus remarquable qui ait jamais été fait sur les yacks est le rapport que M. Duvernoy a fait à la Société zoologique d'acclimatation, au nom d'une commission nommée pour étudier ceux de ces animaux que la France doit au dévoûment de M. de Montigny, consul de France à Chang-Haï. Ces animaux sont originaires des régions froides des montagnes élevées du Thibet, où ils sont employés comme bêtes de somme et de trait.

« Les yacks, dit M. Duvernoy, habitent le revers sud de l'Hymalaya, entre le vingt-septième et le ving-huitième degré de latitude nord, et s'étendent de là dans le petit Thibet ou le Ladack, le grand Thibet ou le Thibet proprement dit, et le nord de la Chine. Ils deviennent rares en Mongolie. Ceux que Gmélin et Pallas ont vus en Sibérie s'y trouvaient comme un objet de curiosité.

» Ils vivent dans ces contrées à l'état sauvage et à celui d'animal domestique.

» Ils s'y contentent de l'herbe la plus courte, qu'ils coupent tout près du sol avec une grande dextérité. Ils peuvent encore se nourrir des arbrisseaux qui végètent dans les froides montagnes qui sont leur séjour de prédilection.

» Dans le revers sud de l'Hymalaya, le yack ne descend guère plus bas que dix mille pieds au dessus du niveau de la mer.

» Lorsque l'intrépide voyageur Moorcroft entreprit, en 1812, de traverser le col de Riti, il trouva des yacks pour lui servir de monture dans le village de ce nom, qui est élevé de dix à onze mille pieds au dessus du niveau de la mer.

» Il put gravir, par leur moyen, cette montagne escarpée et tellement froide, que l'air, par sa basse température et par sa vivacité, lui produisit des fissures, à la peau du visage et des mains, qui se changèrent en plaies, et que le sang jaillissait de ses lèvres.

» Al. Gérard a vu près de Nako, à une hauteur de onze mille huit cent cinquante pieds anglais, de forts yacks traîner la charrue; l'orge et le froment donnent encore, à cette hauteur, de riches moissons.

» Il avait rencontré près de Schipke, à dix mille pieds de hauteur, les plus beaux yacks paissant avec des chèvres de Cachemire et des moutons à laine fine.

» Dans un autre voyage, exécuté en 1829 à travers le col de Para-Laha, au-delà des frontières méridionales du royaume de Ladak, parvenu à une hauteur de seize mille pieds, le même Al. Gérard vit des troupeaux de yacks et de chèvres de Cachemire, qui trouvaient encore le moyen de se nourrir dans les maigres pâturages de ces contrées élevées, tout près des limites des neiges éternelles.

» Ainsi, dans ces régions glacées où le cheval et le mulet ne peuvent plus se nourrir, le yack avec la chèvre et le mouton parviennent à s'alimenter de l'herbe courte qui y végète. »

Le savant professeur du Muséum d'histoire naturelle et du Collége de France classe, d'après l'étude sérieuse qu'il en a faite, l'yack dans le genre bœuf. Voici comment il s'exprime à l'occasion de l'opinion des naturalistes qui avaient été jusqu'ici incertains sur la classification définitive du ruminant du Thibet :

« On n'a jamais hésité de classer l'yack dans la famille des
» bœufs ou bovidés ; mais les naturalistes ont varié sur le genre
» de cette famille auquel il doit être réuni. On en en a fait un
» bison, un buffle, puis un bœuf.

» A présent que nous avons sous les yeux douze individus, de
» divers âges, qui appartiennent aux deux races pourvues de
» cornes et sans cornes, grâce au zèle pour la science, à la fois
» éclairé, entreprenant et persévérant, de M. de Montigny, il est
» facile de décider au premier coup d'œil que l'yack a tous les
» caractères du genre bœuf, dans la forme générale de sa tête et
» dans celle de ses cornes, rondes, lisses, et courbées en croissant.

L'yack, classé par M. Duvernoy dans le genre bœuf, d'après ses caractères zoologiques les plus saillants, a le corps couvert d'une laine soyeuse, longue et touffue, et sa queue est garnie de crins dans toute son étendue, absolument comme celle d'un cheval. Du reste, il a une disposition toute particulière de son garrot, de son dos, de ses reins, de sa croupe et de l'attache de la queue. Sous ce rapport, cet animal a la plus grande analogie avec les chevaux de sang oriental. Son garrot, en effet, est très proéminent et se prolonge très en arrière sur le dos. Celui-ci est court, ainsi que les reins, qui sont très larges. La croupe est longue, horizontale, bien musclée, et la queue s'y attache absolument de la même manière que chez le cheval arabe. Aussi, lorsque l'yack marche ou qu'il court, porte-t-il sa queue horizontalement vers la base pour se courber ensuite avec élégance comme un panache et par son propre poids, absolument comme dans un cheval de race noble. Voici ce que dit à ce sujet M. Duvernoy dans son savant rapport :

« Le dos et les reins du yack sont conformés de manière à donner à ce ruminant une aptitude toute particulière pour le service de la selle et de la somme.

» Le garrot de cet animal est très élevé; cette saillie s'abaisse insensiblement jusque vers les lombes.

» Il ressemble à celui des chevaux de race orientale et à celui de la race anglaise qui en dérive.

» Cette forme particulière vient de la longueur des apophyses épineuses des sept premières vertèbres dorsales, de la grande proportion, et conséquemment de la grande force des muscles qui s'y attachent. Elle contribue à rendre ces animaux plus propres à la course, soit en élevant le garrot pour le saut, soit en ramenant avec énergie les lombes en avant.

» Cette proportion dans la longueur des apophyses épineuses des vertèbres dorsales et des muscles qui s'y attachent fournit aussi aux ligaments une plus grande surface d'attache ; elle donne à cette région plus de solidité, et à l'animal plus de résistance ou de puissance pour supporter les fardeaux dont on le charge.

» Les reins du yack sont courts, élargis, bien musclés, bien soudés à la croupe. Ils offrent tous les caractères de force, de solidité et de résistance, que l'on recherche dans les bêtes de somme.

» Ce n'est pas seulement par la conformation de son dos et de ses reins que le yack offre de l'analogie avec les bêtes de somme ou de selle. Sa croupe, relativement longue, arrondie, horizontale, ressemble à celle du cheval. La queue s'y attache de la même manière, et, lorsque l'animal marche ou qu'il court, il la relève comme le fait un cheval arabe.

» En résumé, le yack ressemble au cheval par son garrot, son dos, sa croupe.

» Ses grandes épaules, le développement en hauteur de sa poitrine, ses membres courts bien musclés, ses cuisses bien emboîtées, ses larges jarrets, son corps trapu, le caractérisent, au premier coup d'œil, comme un animal rustique et vigoureux.

» Ses sabots élevés verticalement, arrondis, de petites proportions, montrent, par leur disposition, qu'ils reçoivent avec fermeté le poids du corps dans cette direction, et non obliquement ; ce qui explique en partie la démarche sûre de ces animaux. »

La Société zoologique d'acclimatation a placé les yacks que le gouvernement a mis à sa disposition chez deux de ses membres, MM. Cuénot et Jobez, qui habitent les montagnes du Doubs et du Jura. Ces habiles agriculteurs étudient ces animaux au double point de vue de la production de la laine et du travail auquel ils peuvent être soumis, soit pour la somme dans les montagnes, soit pour le trait. Quant à leurs produits, leur viande paraît être de très bonne qualité, comme celle de tous les animaux de boucherie des montagnes, qui mangent de l'herbe fine et aromatique, et leur lait est de très bonne qualité. La laine de ces animaux a été envoyée à la Société industrielle de Mulhouse. Cette société, après l'avoir examinée et fait travailler, a écrit à la Société zoologique d'acclimatation que l'industrie pourrait l'utiliser avec avantage pour fabriquer des tissus ; des échantillons de fil de qualités différentes ont été mis sous les yeux du conseil de la Société zoologique d'acclimatation aux dernières séances de novembre 1854.

Il paraît du reste, d'après les opinions de M. Montigny, qui a étudié et conservé des yacks pendant long-temps, que l'acclimatation de ces animaux ne sera pas difficile en France. Déjà l'une des femelles du troupeau que nous possédons a mis bas un jeune yack très bien portant dans le Jura. M. Jobez en a informé la Société zoologique d'acclimatation.

YÈBLE. Plante vivace de la famille des caprifoliacées et du genre sureau. L'yèble a une grande analogie, par ses fleurs, son fruit et ses feuilles, avec le sureau. Sa tige est herbacée. Les enfants fabriquent avec ses graines, qu'ils font cuire, une encre d'assez mauvaise qualité, dont ils se servent dans les écoles des campagnes. Les cultivateurs regardent comme de bonne nature les terres qui produisent cette plante, dont la racine plonge profondément dans le sol. Bosc disait qu'un aveugle pouvait juger de la bonne qualité d'une terre par la présence de l'yèble, dont l'odeur forte est très caractéristique.

YUCCA. Plante de la famille des liliacées. Les yuccas offrent peu d'intérêt à l'agriculture. Originaires des contrées chaudes, on les cultive comme plantes d'agrément.

Z

ZAIN. Nom donné aux chevaux dont la robe n'a pas un seul poil blanc. Un cheval noir bai ou alezan, etc., qui n'a pas de poils blancs, est zain. — V. *Signalement*.

ZÈBRE. Mammifère du genre cheval, comme l'hémione, le dauw, etc. Le zèbre, remarquable par ses bandes noires, régulièrement disposées sur tout son corps, devrait être acclimaté et domestiqué avec avantage. Non seulement il pourrait faire une très bonne bête de somme ou d'attelage, mais une élégante monture. Le zèbre est commun au cap de Bonne-Espérance. Le Muséum d'histoire naturelle a possédé des zèbres qui furent facilement dressés pour être montés.

ZÉBU. Ruminant du genre bœuf. Le zébu ressemble à un petit bœuf pourvu d'une bosse au dessus du garrot. Cet animal, quelquefois employé comme bête de somme en Orient, est commun en Afrique, où il est domestique. Il s'acclimaterait facilement dans nos contrées, mais sa naturalisation n'offrirait peut-être pas de grands avantages à notre agriculture. Du reste, le zébu n'a jamais été étudié chez nous sous ce rapport, et notre opinion ne saurait être arrêtée sur ce point.

ZINC. Métal très répandu aujourd'hui pour les usages domestiques. Le zinc sert à faire des vases divers, des toitures.

En médecine vétérinaire, le sulfate de zinc est assez fréquemment employé comme astringent, surtout contre les ophtalmies.

ZONE (*culturale*). Nom donné, en agriculture, aux régions bornées où l'on cultive certaines espèces de végétaux. On reconnaît la zone culturale de la vigne, du maïs, de l'olivier, etc.

ZOOLOGIE. Science qui s'occupe de l'étude de tous les animaux. La zoologie embrasse nécessairement dans ses immenses attributions l'anatomie et la physiologie générales, comme tout ce qui peut intéresser le naturaliste sur la connaissance du règne animal.

La zoologie, appliquée à l'agriculture, aurait pu rendre d'immenses services; mais elle est généralement restée dans le cercle de la spéculation des savants. Les exceptions sont très rares, et c'est ce qui explique l'état arriéré de notre production animale. La zoologie, qui n'est que la science des animaux, devrait nécessairement être appliquée à l'étude de la production et du perfectionnement du bétail, comme la chimie, la physique, la mécanique, les mathématiques, ont été appliquées aux arts, à l'industrie, aux manufactures, aux ponts et chaussées, etc. Les travaux du savant zoologiste Daubenton sur le mérinos démontrent clairement les avantages immenses que la richesse nationale aurait trouvés dans le concours de la zoologie en faveur de l'agriculture.— V. *Acclimatation, Mérinos, Perfectionnement.*

ZOOPHYTE. Nom donné aux animaux du dernier degré de l'échelle animale, qui ont de l'analogie avec les plantes. Les éponges, le corail, les polypes divers, sont des zoophytes.

ZOOTECHNIE. On a donné le nom de zootechnie à la science qui traite de l'art de confectionner, de modeler les races, suivant un but proposé.

La science de la zootechnie est à créer en France. Au double point de vue de la théorie et de la pratique, elle n'existe pas. A l'exception du mouton, qui a été modelé par Daubenton à partir de 1776, et dans ces derniers temps par MM. Gros et Malingié (V. *Mérinos, Charmoise, Mauchamp*), nous n'avons pas une seule race perfectionnée par la main de l'homme. Nos espèces bovines, chevalines, porcines, ovines, caprines, en général, sont des produits naturels du sol. Les individus qui ont été modelés suivant les véritables règles de l'art sont des exceptions aussi rares que circonscrites. Les agriculteurs instruits doivent chercher les éléments épars qui peuvent servir de bases à ces règles, les grouper, les rattacher aux faits, et former un corps de doctrine qui serve de guide à l'une des industries les plus importantes de l'économie rurale et de notre richesse nationale.

La zootechnie doit être le complément des sciences naturelles, surtout de la zoologie, dans ce qu'elles ont d'applicable à la production animale de toute nature, aux locomotives vivantes employées pour l'exploitation du sol, par le commerce, l'industrie, l'armée, les messageries, etc.

Pour appuyer l'opinion que je viens d'émettre sur la zootechnie, il suffit de rappeler l'usage que nous faisons des animaux réduits à la domesticité. Un animal domestique, en effet, qu'il soit de rente ou de travail, ne peut être considéré que comme une usine vivante, composée d'appareils mécaniques ou chimiques, multiples et variés, fabriquant avec la nourriture qu'on lui donne tous les produits animaux utilisés pour nos subsistances, l'industrie ou le commerce. La viande, les graisses, les laines, les cuirs, les cornes, les os, les tendons, exploités sous tant de formes diverses, ne sont que des produits chimiques fabriqués par les appareils des animaux avec la nourriture qu'on leur donne et qui n'est que la matière première de ces substances. Leur qualité, comme la quantité obtenue, dépend des bonnes conditions des appareils qui les produisent. C'est donc ces appareils qu'il faut étudier et bien confectionner pour qu'ils fonctionnent suivant nos vues.

Mais pour bien faire un animal suivant les règles prescrites par la zootechnie, il faut non seulement bien connaître sa conformation et la nature de ses tissus divers, mais encore les conditions agricoles et économiques dont on peut disposer pour faire un bon élevage. Il faut se rendre compte des rapports qui peuvent exister entre les animaux à faire et les moyens dont on peut disposer pour les obtenir dans des conditions lucratives. C'est là un des points essentiels d'une bonne exploitation. Pour appliquer avec fruit les principes de la zootechnie, il faut donc bien connaître les conditions de production du sol, des débouchés, comme celles de l'amélioration des races, de leur accouplement ou croisement. — V. *Accouplement*, *Croisement*, *Étalons*, *Perfectionnement*, *Production*.

FIN DU DEUXIÈME ET DERNIER VOLUME.

www.ingramcontent.com/pod-product-compliance
Ingram Content Group UK Ltd.
Pitfield, Milton Keynes, MK11 3LW, UK
UKHW020543180726
13838UKWH00001B/9